计算机科学丛书

并行多核体系结构基础

[美] 汤孟岩（Yan Solihin）著

钱德沛 杨海龙 王锐 栾钟治 刘轶 译

Fundamentals of Parallel Multicore Architecture

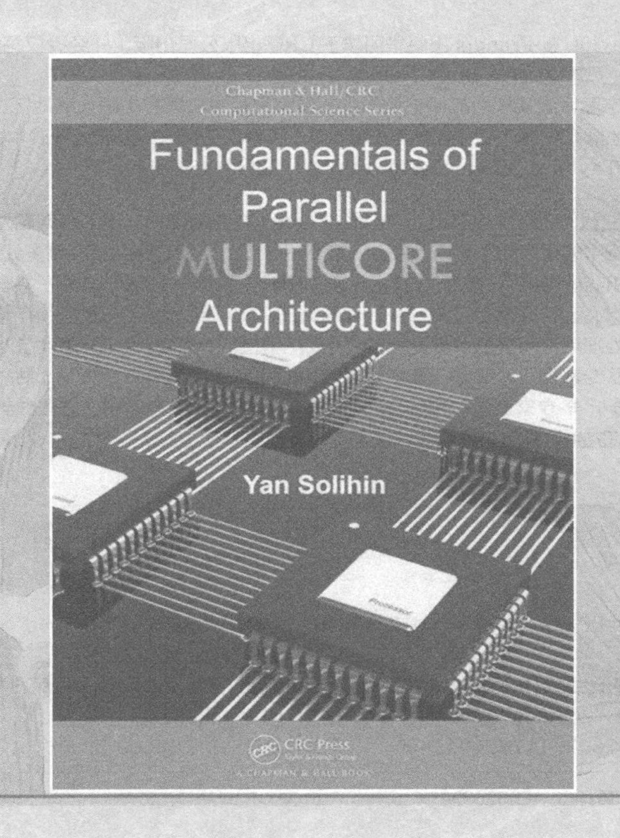

机械工业出版社
CHINA MACHINE PRESS

图书在版编目（CIP）数据

并行多核体系结构基础 /（美）汤孟岩（Yan Solihin）著；钱德沛等译．—北京：机械工业出版社，2018.10（2025.1 重印）
（计算机科学丛书）
书名原文：Fundamentals of Parallel Multicore Architecture

ISBN 978-7-111-61041-0

I. 并…　II. ①汤…　②钱…　III. ①并行程序 – 程序设计　②微处理器 – 计算机体系结构
IV. ① TP311.11　② TP332

中国版本图书馆 CIP 数据核字（2018）第 226457 号

北京市版权局著作权合同登记　图字：01-2018-4594 号。

并行编程和性能调优对许多程序员而言已经成为不可或缺的能力。本书以问题为引导，系统地讲解了并行多核体系结构中的根本问题。第一部分（第 2 ～ 4 章）介绍了在共享存储多处理器中的编程问题，如编程模型、规则和非规则应用的并行化技术。第二部分（第 5 ～ 12 章）介绍了共享存储多处理器体系结构，包括存储层次、设计共享存储并行多处理器时的基本问题、缓存一致性、存储一致性、同步、互连网络，以及图形处理单元系统的单指令流多线程编程模型。本书最后部分提供了对多核体系结构领域专家的访谈记录，从专家视角理解并行多核体系结构的发展过程和未来趋势。本书在阐述过程中采用了“理论讲解 + 案例分析 + 专家访谈”相结合的方式，视角独特、内容新颖、方法独到。本书的内容适用于计算机相关专业研究生、高年级本科生，以及受过计算机科学或工程训练的专业人士。

出版发行：机械工业出版社（北京市西城区百万庄大街 22 号　邮政编码：100037）
责任编辑：佘　洁　　责任校对：殷　虹
印　　刷：北京建宏印刷有限公司　　版　　次：2025 年 1 月第 1 版第 5 次印刷
开　　本：185mm×260mm　1/16　　印　　张：24
书　　号：ISBN 978-7-111-61041-0　　定　　价：99.00 元

客服电话：（010）88361066　68326294

译者序

随着“内存墙”和“能耗墙”的出现，提高单核处理器性能变得愈发困难，越来越多的研究者和制造商开始将视线转向多核体系结构，从而获得进一步的处理器性能提升。然而，基于多核体系结构的处理器并不是“免费的午餐”，软件开发人员需要充分了解多核体系结构的特点，并且编写与之相适应的并行程序，才能充分发挥多核体系结构的性能优势。随着多核逐渐成为未来处理器设计的主流架构，如何调整现有的计算机体系结构课程内容，讲授多核体系结构知识，对教学而言是很大的挑战。

本书的出现正好弥补了多核体系结构教材的缺失，基于多核体系结构领域多年的研究和教学实践经验，作者尽可能地涵盖多核体系结构最基础的内容，帮助读者掌握多核体系结构的精髓。本书大致可以分为两大部分，第一部分首先介绍了多核体系结构的由来，在此基础上引入了并行计算机的分类方法，并对未来多核体系结构进行了展望。第二部分主要针对共享存储多处理器体系结构，介绍了其中的核心知识，包括存储层次、缓存一致性、存储一致性、同步、互连网络，以及单指令流多线程编程模型等。本书的最后引用了作者与多核体系结构领域专家的访谈内容，通过专家的视角对多核体系结构的发展进行了总结和展望。此外，为了增加可阅读性，本书插入了不少简短的案例分析、有趣的事实或者讨论内容。同时在每章的结尾配备了课堂和课后习题，通过解题过程帮助读者掌握相关知识。

本书作者 Yan Solihin 为北卡罗来纳州立大学电子与计算机工程系教授，长期从事计算机体系结构方向的研究工作，研究兴趣包括计算机体系结构、计算机系统建模方法和图像处理，在计算机体系结构和性能建模领域发表过大量高水平论文，入选了高性能计算机体系结构（HPCA）国际会议名人堂（2015 年）。此外，作者长期从事计算机体系结构的教学工作，具有丰富的教学经验；创立和领导了针对性能、可靠性和安全的体系结构研究小组，并且开源了大量针对多核体系结构性能建模和性能优化的软件工具。

书中有些术语目前还没有统一译法，所以在翻译过程中保留了其英文名称。由于时间和水平有限，译文中难免存在错误和不妥之处，恳请广大读者和同行不吝批评指正。

本书在翻译过程中得到了北京航空航天大学计算机学院老师和同学的大力支持。另外，本书的出版还得到机械工业出版社的大力帮助，在此对出版社同仁在排版和校对等环节的辛勤付出表示衷心的感谢。我们希望本书的出版能对国内体系结构的教学和人才培养起到促进作用。

钱德沛

前 言

Fundamentals of Parallel Multicore Architecture

从大概 10 年前开始，处理器的设计方式发生了巨大的变化。从表面上看，似乎没有什么明显的变化：晶体管密度依然按照摩尔定律每 18 ～ 24 个月翻一番。但如果仔细分析，会发现很多地方都发生了显著的变化。曾经按照摩尔定律增长的处理器时钟频率开始变得停滞不前。处理器生产商开始从在管芯上设计单核处理器转向设计多核处理器，通常也被简称为多核（multicore)。这些多核芯片的发展标志了处理器行业的一个重要转变。从物理的角度来看，转向多核设计的原因在于设计更高性能（更深或更宽的流水线）的单核处理器所带来的功耗密度增长无法接受。这也是处理器设计第二次遭遇功耗的物理限制，第一次遭遇导致处理器设计由双极型晶体管全面转向采用更高功效的互补金属氧化物半导体（CMOS）晶体管。而这次没有可以替代 CMOS 晶体管的功效更高的技术，因此功耗限制需要通过体系结构的改变来解决，即从单核处理器转变为多核处理器。虽然并行体系结构已经出现了很长一段时间，但随着向多核处理器的转变，并行体系结构将会成为当代处理器的主流设计。

从处理器设计者的角度来看，理论上性能可以通过首先转向多核，之后增加管芯上的核心数来保持很长一段时间的增长。然而从编程人员的角度来看，转向多核会导致一个很重要的结果：性能的增长依赖于程序员编写并行代码的能力，以及如何调优并行代码使其具有较好的可扩展性。在多核处理器之前，程序员只需要关注增加可编程性或者编程抽象的层次，即便这样做会导致代码复杂度的增加以及执行效率的降低，因为他们知道处理器核会变得越来越快从而抵消这些不利影响。然而，现在程序员如果希望克服可编程性和抽象层次增加对性能的不利影响，需要考虑如何利用多核处理器所提供的并行优势来编写程序。换句话说，并行编程和性能调优对许多程序员而言已经成为不可或缺的能力。

尽管多核已经成为主流体系结构，但在写作本书时，市场上几乎没有任何教科书涵盖了并行多核体系结构。虽然有很多关于并行编程以及传统并行体系结构的教科书，也有一些与多核体系结构相关的特定主题的短篇讲义，但是笔者未找到完整的讲解多核体系结构的教科书。这方面的缺失促成了笔者完成本书。笔者希望本书关于多核体系结构的内容有助于当前教授计算机体系结构的教师讲授相关内容。笔者同时也希望本书能够帮助还没有教授多核体系结构的教师开设该课程。最后，笔者希望本书能够成为多核编程或者设计多核芯片的专家的工具书。

笔者在写作本书时面临一些重大的挑战。首先，微处理器技术的变化节奏非常快。本书涵盖的一些主题仍然处于不断变化中，导致笔者对相关内容进行了多次迭代。例如，在写作之初，一个典型的多核处理器包含两个处理器核并共享 L2 高速缓存，然而在完成本书写作时，管芯上的处理器核数量增加到了 16 个，并且具有更深、更复杂的存储层次。撰写变化如此之快的相关技术非常具有挑战性。此外，另一个重大的挑战是关于多核体系结构有太多的主题，单就一本教科书的厚度无法全部涵盖。因此，笔者在写作本书时需要做出决定：包含哪些主题和不包含哪些主题。因此非常遗憾，本书无法满足所有读者的需求，一些读者可能会发现他们感兴趣的主题并没有包含在内或者不够深入。然而，笔者尝试着涵盖多核体系结构中最基础的内容，并希望以此为跳板供读者继续阅读其他资料。笔者相信本书可以为读者提供预备知识，进而继续阅读多核体系结构领域的研究论文。

本书基于笔者在 2009 年写作并出版的《并行计算机体系结构基础：多芯片和多核系统》（Fundamentals of Parallel Computer Architecture: Multichip and Multicore Systems）。与该书相比，本书不仅扩展了所涵盖的有关多核体系结构的内容，而且将多核体系结构作为讨论的中心。

本书在写作过程中始终遵循以下理念。第一，本书的内容适用于研究生、高年级本科生，以及受过计算机科学或工程训练的专业人士。一些涉及操作系统（进程、线程、虚拟内存）和计算机组成（指令集、寄存器）的基本概念在书中只是简单提及，笔者假设读者已经了解相关基本概念。

第二，当介绍一个概念时，笔者首先构建一个场景并引导读者理解该问题，之后再引入相关概念。因此，对于有些读者来说本书的叙述可能有些烦琐，但对另一些读者来说这将有助于他们更清晰地理解相关问题和概念。

第三，除了一些特例之外，本书各章都设计得相对较短，因此读者利用一个周末完成一章的阅读并没有太大难度。笔者希望学生可以完整阅读本书，即使需要跳过本书的一些内容，也希望是跳过整章而不是一章的部分内容。为了缩短各章的长度，笔者将本书的内容分解为更多的章节（相对于本领域的典型教科书而言）。例如，关于高速缓存一致性（后文简称缓存一致性）的内容被划分为 3 章：第 6 章引出问题，第 7 章介绍了广播缓存一致性协议，第 10 章介绍了目录式缓存一致性协议和更多高级主题。

第四，笔者致力于让本书更具吸引力。一个独特的地方就是分散在本书不同地方的“**你知道吗?**”文本框，用于展示小的案例分析、不同的观点、例子，或者有趣的事实和讨论内容。另一个独特的地方就是在本书的最后包含了对并行多核体系结构领域的专家访谈，通过专家的视角介绍了多核体系结构的过去、现在和将来。这些访谈中提到的一些技术可能还不成熟，但仍然是有价值且能激发读者思考的。读者并不需要完全接受受访者以及笔者的观点，而应将这些观点作为跳板，并基于本书内容形成自己的思考。

本书包括网上的补充材料，有助于加深读者对内容理解的编程作业和解答也会发布在网上。[⊖]

本书的组织

在对多核体系结构进行概述（第 1 章）之后，本书分为三个部分。第一部分包括第 2 ～ 4 章，介绍在共享存储多处理器中的编程问题，如编程模型、并行化规则和非规则应用的技术。第一部分的目标是让读者理解什么样的软件原语是重要的，以及需要什么样的硬件来支持这些软件原语。第一部分的目标并不是深入讨论并行编程，因为已经有很多教科书涵盖了并行编程的内容。

第二部分包括第 5 ～ 12 章，其中第 5 ～ 11 章是本书的核心，介绍了共享存储多处理器体系结构，包括存储层次、设计共享存储并行多处理器时的基本问题、缓存一致性、存储一致性、同步和互连网络；第 12 章由笔者的同事 Huiyang Zhou 撰写，该章介绍了主要用于图形处理单元（GPU）系统的单指令流多线程（SIMT）编程模型。

⊖ 关于本书教辅资源，只有使用本书作为教材的教师才可以申请，需要的教师可到原出版社网站注册下载，若有问题，请与泰勒・弗朗西斯集团北京代表处联系，电话为 010-8250 3061，电子邮件为 janet.zheng@tanfchina.com。——编辑注

本书的最后一部分即对多核体系结构领域专家的访谈内容。笔者很高兴能邀请到以下专家通过访谈的形式为本书提供素材：

- Josep Torrellas：并行多核体系结构访谈
- Li-Shiuan Peh：片上网络设计访谈
- Youfeng Wu：并行多核体系结构编译技术访谈
- Paolo Faraboschi：以数据为中心的系统的未来内存和外存体系结构访谈

建议的课程安排

本书涵盖的内容要多于通常三学分学期制课程所能讲授的内容。因此，根据授课教师想要强调的主题，可根据不同的方式在课程中使用本书的内容。而剩余的内容则可以作为另一门课程的主要部分，如更高阶的研究生课程。在北卡罗来纳州立大学，笔者更加强调硬件部分的主题，课程的设置如下图左列所示。如果更加关注软件部分的主题，则课程的设置可以如下图右列所示。在这两列中，上半部方框所包含的内容更适合导论性质的研究生课程和三学分学期制课程。下半部方框所包含的内容更适合独立的、高阶的研究生课程。

根据笔者的经验，如果采用更强调硬件的课程设置，并行编程部分会占据课程内容的近三分之一，而并行体系结构部分会占据课程内容的剩余三分之二。

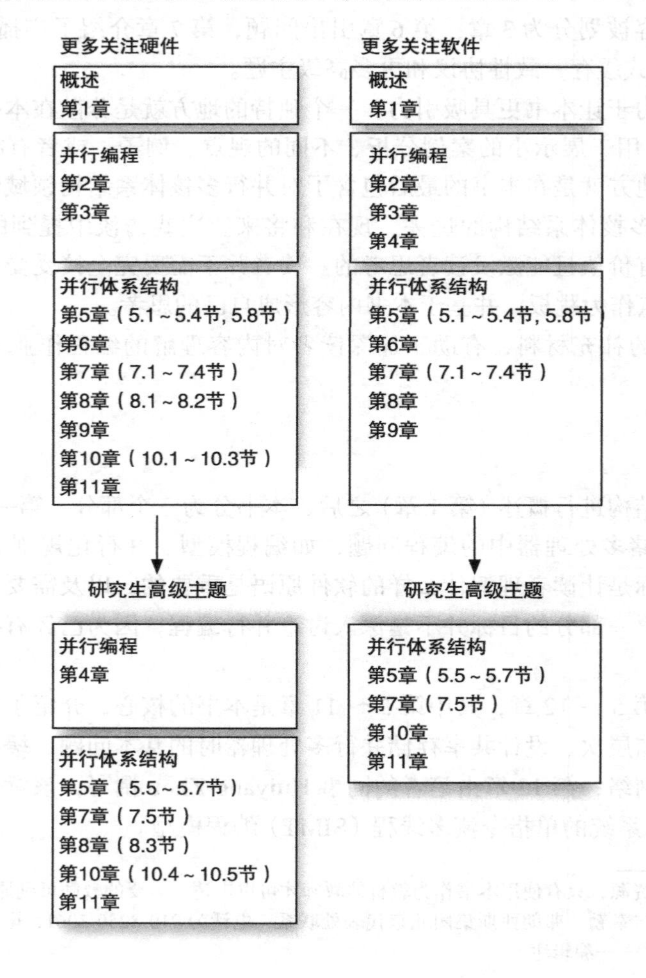

致谢

感谢选修 NCSU 2006 年秋季 CSC/ECE 506 课程的同学，你们激发了我完成本书前身的撰写。感谢选修 CSC/ECE 506 后续课程的同学对本书的反馈及鼓励。同时感谢所有已毕业的博士生，你们的鼓励使我完成了本书的撰写：Mazen Kharbutli（2005 年）、Seongbeom Kim（2007 年）、Fei Guo（2008 年）、Brian Rogers（2009 年）、Xiaowei Jiang（2009 年）、Siddhartha Chhabra（2010 年）、Fang Liu（2011 年）、Ahmad Samih（2012 年）、Anil Krishna（2013 年）、Devesh Tiwari（2013 年）和 Ganesh Balakrishnan（2013 年）。感谢 Fang Liu、Ahmad Samih、Brian Rogers、Xiaowei Jiang、Sharad Bade、Asaf Ebgi 和 Venkata 为本书提供了实验数据。

关于作者

汤孟岩（Yan Solihin）是北卡罗来纳州立大学电子与计算机工程系教授。1995 年在万隆理工学院获得计算机科学学士学位，1995 年在印尼公开大学获得数学学士学位，1997 年在南洋理工大学获得计算机工程硕士学位，1999 年和 2002 年在伊利诺伊大学香槟分校分别获得计算机科学硕士和博士学位。获得 2005 年和 2010 年 IBM Faculty Partnership 奖、2004 年美国国家自然科学基金杰出青年基金、1997 年 AT&T 领军人物奖。入选 HPCA 名人堂，排名第二（截至 2015 年）。IEEE 高级会员。

自 2002 年开始参与计算机体系结构教学。研究兴趣包括计算机体系结构、计算机系统建模方法和图像处理。在计算机体系结构和性能建模领域发表过 50 多篇论文。相关研究受到美国国家自然科学基金、Intel、IBM、Samsung、Tekelec、Sun Microsystems 和 HP 的资助。开源了若干软件，包括：ACAPP 高速缓存性能模型工具集、HeapServer 安全堆管理库、Scaltool 并行程序可扩展性检测工具、Fodex 文件检测工具集。撰写研究生教材《并行计算机体系结构基础：多芯片和多核系统》。

在北卡罗来纳州立大学期间，建立和领导了针对性能、可靠性和安全的体系结构研究小组。指导毕业博士生 13 人、硕士生 8 人，目前正在指导博士生 5 人。

缩写词表

Fundamentals of Parallel Multicore Architecture

AAT	平均访问时间，即访问存储层次平均时间的指标
CCR	通信 - 计算比率，即线程通信量与计算量的比率。参数为处理器数量和输入大小
CISC	复杂指令集计算机，即一个指令集体系结构（ISA）具有相对复杂的指令，从而可以在一个指令里完成若干个简单的操作。例如，CISC 中的一个指令可以包含多种寻址模式，可以访问寄存器和内存操作数等
CMP	片上多处理器，即多个处理器核在同一个芯片上实现，也称作多核处理器
COMA	高速缓存式存储体系结构，即一种多处理器体系结构，其中主存被设计成类似于高速缓存，支持高速缓存式的放置、复制和替换
DMA	直接存储器访问，即一个设备可以将数据传入和传出存储器（主存或者片上便笺式存储器）而不需要通过处理器。处理器只在传输完成时被中断
DRAM	动态随机存取存储器，指一种存储器类型，它能够被随机访问，但是随着时间推移存储的内容会丢失。DRAM 存储单元需要周期性地被刷新从而保存其中的内容
DSM	分布式共享存储，即一种多处理器体系结构，其中每个节点都有自己本地的存储，并且整体被抽象为共享存储系统。也称为 NUMA
FSM	有限状态机，即一种机器存在不同状态以及状态之间的转换。在 FSM 中状态的转换只依赖于事件的类型和当前状态
HTM	硬件事务内存，即用于支持事务内存编程模型的硬件机制
ILP	指令级并行，即存在于指令层面的并行性，其中来自串行流的不同指令可以被并行执行，因为这些指令要么被投机执行，要么彼此之间相互独立
ITG	迭代空间遍历图，即迭代空间遍历顺序的一种图形表示方法，表明了迭代的访问顺序
LDG	循环传递依赖图，即通过图来表示真、反和输出依赖，其中节点表示迭代空间中的一个点，直连边表示依赖的方向
LDS	链式数据结构，即一种数据结构，其由指针相连的节点组成。如链表、散列表、树和图
LINPACK	即并行评测集，包括数值线性代数库。Linpack 被用于评测 www.top500.org 中超级计算机的性能
LL	加载链接或加载锁定，即 load 指令被链接到一个特定的地址。LL 与一个匹配的条件存（SC）指令搭配使用。LL 被用于实现其他基本原语，如原子指令和锁
LRC	惰性释放一致性，即一种松弛存储一致性模型，其中在释放同步之前被写入的值随着释放同步被一起传播出去
LRU	最近最少使用，即高速缓存中的一种替换策略，其中最近最少被访问的缓存块会被替换出高速缓存，从而为新的数据块提供空间
MESI	即高速缓存一致性协议，其对一个缓存数据块保留四种状态：修改（M）、排他（E）、共享（S）和无效（I）
MIMD	多指令流多数据流，即多个处理单元执行不同的指令流，并且不同的指令操作不同的数据。MIMD 是在 Flynn 分类中最具灵活性的一类机器
MISD	多指令流单数据流，即一种体系结构，其中多个处理单元执行一个指令流，数据从一个处理单元流入另一个处理单元。MISD 是 Flynn 并行计算机分类中的一种
MLP	存储级并行，即对主存的多个访问可以相互重叠
MOESI	即一种高速缓存一致性协议，可以对一个缓存块保留五个状态：修改（M）、拥有（O）、排他（E）、共享（S）和无效（I）
MPI	消息传递接口，即一种应用编程接口（API）标准，进程之间通过显式消息交互获得并行
MSHR	缓存缺失状态保持寄存器，即一个寄存器可以跟踪缓存缺失的状态，从而协助唤醒导致缓存缺失的 load 指令，或者在存入高速缓存之前将写入的值合并到数据块中。MSHR 可以同时服务多个缓存缺失

（续）

MSI	即一种保存三种缓存块状态（修改、共享、无效）的缓存一致性协议
NINE	既不包含又不排他，是一种缓存的设计策略，该策略中，下层缓存既不是完全包含上层缓存中的数据，也不是完全不包含
NUMA	非一致性存储访问体系结构，是一种多处理器体系结构，其中每个节点包含它们的本地内存，而所有内存被抽象成为一个完整的共享内存。也称为 DSM
OOO	乱序执行，指一种探索指令并行化的技术，通过发射与程序顺序不完全一致的指令序来实现，这种发射顺序取决于每个指令的操作数何时准备好
OpenMP	指一种在程序源码级别提供并行性的应用编程接口标准。OpenMP 包括一个平台独立的 Fortran/C/C++ 语言扩展、一个库和一个运行时系统
OS	操作系统，是位于硬件和应用之间的一个软件层。它管理硬件，给应用程序提供一个机器的抽象，并且保护应用程序独立运行
PARSEC	普林斯顿共享存储计算机应用程序库，一组共享存储的并行基准测试程序，包含新兴的非科学计算应用程序
PC	处理器一致性，指一种存储一致性模型，它同顺序一致性模型几乎一样严格，但是允许一个较晚的 load 操作越过一个较早的 store 操作
RC	释放一致性，也是一种存储一致性模型，它允许存储器访问的重排序，除非有同步边界。在获取和释放之间的同步访问是隔离的
RISC	精简指令集计算机，指一种指令集体系结构，它有相对简单的指令集，易于实现流水线
SC	指条件存指令或者顺序一致性模型。①条件存指令与一个加载链接（LL）指令相配对，以给一组指令提供原子性保证；当一个更早的加载链接的链接地址与在 SC 执行时的 SC 地址不匹配时，条件存指令失效。②顺序一致性模型指存储器访问顺序模型，这个模型与程序编写者的期望顺序是一样的
SIMD	单指令流多数据流，指一种并行体系结构，其中一个单独的指令操作多个数据。SIMD 是 Flynn 分类中的一种机器类别
SISD	单指令流单数据流，一种体系结构，其中一个处理单元执行一个指令流，每个指令操作一个数据流。SISD 也是 Flynn 分类中的一种机器类别
SMP	对称多处理器，指一种多处理器系统，其中从任意一个处理器访问任意一个位置的存储器的时延都是相等的。SMP 经常指基于总线的多处理器
SMT	同时多线程，指一种处理器体系结构，其中一个处理器核可以同时运行多个线程。大多数处理器资源都可以被多个线程上下文共享，除了与线程相关的结构如程序计数器和栈指针之外
SPEC	标准性能评价公司，一个非营利性公司，主要目标是建立、维护和宣传基准测试程序集来评价计算机性能，其中的一个测试套件就是 SPEC CPU 2006—— 一组测试评价处理器和缓存存储器性能的程序集
SRAM	静态随机访问存储器，指一种存储器类型，它可以被随机访问，而且不会随时间丢失存储的内容
STM	软件事务内存，指一种支持事务内存编程模型的软件机制
TLB	旁路转换缓冲，指一种片上存储器，它保存了最近使用过的虚拟 – 物理地址翻译。TLB 与操作系统的页表联合使用以支持操作系统的存储器管理功能
TM	事务内存，指一种编程模型，它允许编程人员指定特定的代码段以原子方式执行（要么全部执行，要么全都不执行）
WO	弱序，指一种一致性模型，它允许存储器访问的重排序，除非遇到了同步点

目 录

Fundamentals of Parallel Multicore Architecture

第1章
Fundamentals of Parallel Multicore Architecture

多核体系结构概述

本书介绍并行多核体系结构。什么是并行多核体系结构？多核体系结构是指在单一管芯上集成多个处理器核（core）的一种体系结构[⊖]。处理器核也就是俗称的中央处理器（CPU）。处理器核或CPU通常是指能够独立地从至少一个指令流获取和执行指令的处理单元。因此，核通常包括诸如取指单元、程序计数器、指令调度器、功能单元、寄存器等逻辑单元。除此之外，其他哪些组件属于核的一部分并没有清晰的界定。对许多人来说，与核紧密集成的小型存储器——一级高速缓存（L1 Cache）——被视为核的一部分。对某些人来说，二级高速缓存（L2 Cache）被认为是核的一部分，因为它是核私有的。术语"处理器"的使用也同样是不一致的，有时它用来指代集成核的管芯，有时是指CPU。为了避免混淆，在本书中术语"核"仅包括CPU，而不包括L1和L2高速缓存；术语"处理器"指CPU，而不考虑特定的核；指代管芯或芯片（chip）时使用术语"处理器管芯"或"处理器芯片"。

图1-1给出了最近多核管芯的一个示例。图中显示了集成在一个管芯上的16个核，它们共享8个L3高速缓存bank，这些bank通过交叉开关（crossbar）互连到核。请注意，该图隐含地将L1和L2高速缓存看作核的一部分。

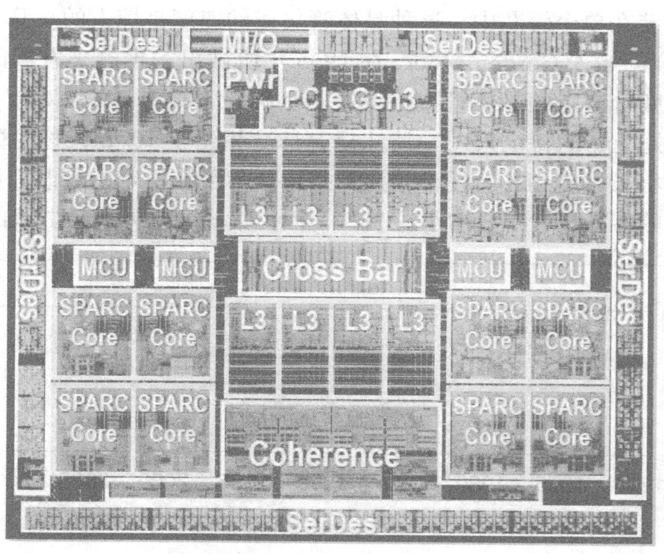

图1-1 Oracle T5多核的管芯照片，显示了管芯上的16个核

并行体系结构是指这样一种体系结构，其将多个CPU紧密耦合，以便它们一起工作以解决单个问题。纵观计算机系统的历史，并行计算机一直是计算机的一个重要类别。并行计算机通过将大量处理单元（CPU）组合成单个系统，获得以数量级提升的速度来更快地执行大量的计算。科学家和工程师依靠并行计算机运行模拟来解决重要的科学问题。随着时间的

⊖ 有些人根据管芯（die）上集成的核的数量来区分多核（multicore）与众核（manycore）。本书将统一使用"多核"这一术语，而不管管芯上集成了多少内核。

推移，并行计算机找到了更广泛的受众。例如，公司需要从大量数据库中挖掘数据，这是一个计算密集过程；企业依赖于并行计算机上的数据分析和事务处理，而互联网搜索引擎提供商则使用并行计算机对网页进行排序，并根据搜索标准评估其相关性；游戏玩家要求游戏显示更真实的物理现象模拟和三维图像的真实再现。简而言之，现在对并行计算机有需求，而未来还会有更多的需求。

多核体系结构是一种相对较新的设计，仅在微处理器40多年发展历史的最近十来年才出现。在下一节中，将讨论促使微处理器设计师开始设计多核体系结构的因素。

1.1　多核体系结构的由来

多核体系结构的出现是并行计算机体系结构演进的一个重要转折点——从强大且昂贵的大型计算机系统所采用的体系结构发展到当前服务器、桌面甚至移动设备（如手机）等主流的多核体系结构。2001年以前，并行计算机主要用于服务器和超级计算机，客户机（台式机、笔记本电脑和移动设备）都是单核系统。第一个多核芯片IBM Power 4在2001年的上市标志着转折点的到来，其中的各种原因将在后面详细讨论。Power 4芯片是第一个在单个管芯上组合两个核的非嵌入式微处理器，核的紧密集成用来支持并行计算。在2001年之前的30年中，设计方法使得单个核变得更加复杂并且运转更快。自2001年以来的十多年，设计方法转变为在单个芯片中实现多个处理器核。在撰写本书时，8核的IBM Power7已经上市，而Intel Haswell 8核芯片正准备投入生产。是什么导致了从单核到多核设计的转变？

向多核体系结构过渡的一个有利发展是晶体管的日益小型化。通过这种小型化，越来越多的晶体管可以封装在单个管芯中，这种晶体管集成的速度是惊人的。几十年来，这种趋势都是按照Intel联合创始人Gordon Moore在1965年所做出的预测来发展的，即可以在单个集成电路（IC）中廉价制造的晶体管数量将每两年翻一番。图1-2以对数y轴的尺度绘制了1971～2010年微处理器的特征尺寸。请注意，1μm相当于10^{-6}m，称为微米。特征尺寸是光刻中与晶体管栅极长度密切相关的一个尺寸指标。为了在恒定的管芯面积内容纳两倍数量的晶体管，晶体管的特征尺寸需要缩小约30%，因为集成的晶体管是二维的。

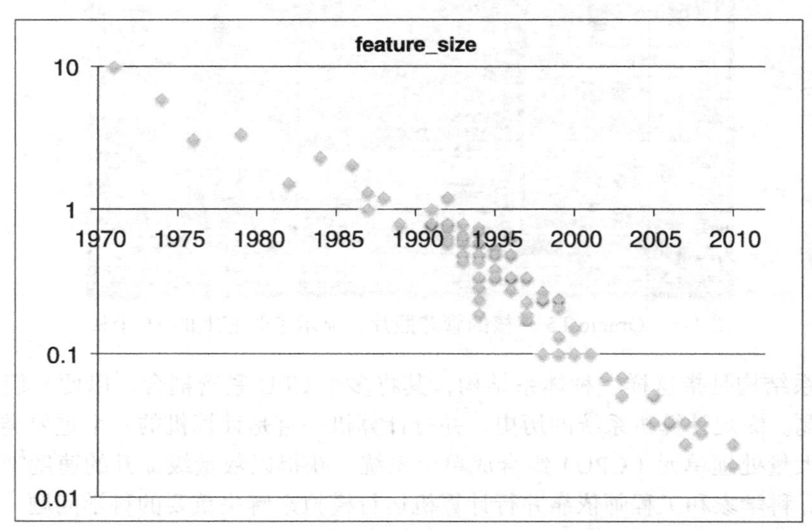

图1-2　1971～2010年晶体管的特征尺寸（单位：μm）

资料来源：cpuDB[16]

图 1-2 显示，在过去 40 年中，特征尺寸确实是按指数量级减小的。有趣的是，前二十年的缩小速度比后二十年慢。从 1971 ～ 1992 年，特征尺寸大约每三年减少 30%，而从 1993 ～ 2010 年，特征尺寸大约每 18 个月减少 30%。这种惊人的增长导致在单个微处理器管芯上集成的晶体管数量显著增加：从 1971 年的 2 300 个到 2012 年的 23 亿个，增加了 100 万倍。

3

■ 你知道吗？

虽然特征尺寸的减小是管芯上晶体管数量增加的主要原因，但是还有其他因素在起作用。每个管芯晶体管数量的增加远快于特征尺寸的减小。造成这种情况的一个因素是管芯尺寸，它从 Intel 386 时的 $103mm^2$ 增加到 Intel Core i7 时的 $296mm^2$。管芯面积的增加可能受益于制造工艺的进步，即使管芯面积有所增加，制造工艺也能保证提高成品率（制造的总管芯中好管芯的数量）。第二个因素是在最近的产品中金属层的数量从 2 个增加到 10 个或更多（IBM Power7 + 具有 13 个金属层），晶体管密度由于更好的布线而增加。第三个因素是更多的管芯区域被分配给更密集的结构，如高速缓存。自 Intel 386 发布以来的 25 年中，所有这三个因素为晶体管密度提供的增幅超过了仅通过特征尺寸的减小所带来增长的四倍[17]。

表 1-1 以 1971 ～ 2011 年开发的 Intel 处理器为例，展示了晶体管集成度如何快速改变处理器体系结构的历史回顾。其他制造商，如 Motorola、AMD、IBM 等，在同一时间段内的处理器体系结构也发生了显著变化。同时，处理器的时钟频率也从 750kHz 增加到 3.5GHz，增加了 4 667 倍，而处理器的宽度也从 8 位增加到 64 位。管芯上的晶体管数量增加了六个数量级，从 1971 年的几千只增加到 2012 年的几十亿只。管芯上晶体管数量的增加并没有浪费：处理器设计者越来越多地向处理器芯片添加能增强性能的特性以及新的功能。例如，Intel 80286（以及其他如 Motorola 68030 和 Zilog Z280 等处理器）中添加的虚拟存储和保护被认为是现代操作系统的关键特性；在 Intel 386、486 和 Pentium 芯片中引入了流水线、集成浮点运算单元、片上高速缓存、动态分支预测等提高微处理器性能的基本技术。2006 年，Intel Xeon 处理器在一个管芯上集成了两个核。最近，Intel Sandy Bridge 芯片在管芯上集成了图形处理功能，以及如 TurboBoost 等复杂的电源管理技术。

■ 你知道吗？

从 1971 ～ 2000 年，芯片上晶体管的数量增加了 18 260 倍，时钟频率增加了 18 519 倍，这意味着大约 40% 的年增长率。

Gordon Moore 曾经开玩笑说：“如果汽车工业能同半导体工业发展同样迅速，劳斯莱斯每升汽油可以行驶 20 万公里，扔掉它要比停车便宜。”

表 1-1 Intel 处理器的演进（根据摩尔定律，其他芯片制造商在晶体管集成度扩展方面也经历了类似进程）

年度	处理器	规格	新功能
1971	4004	740kHz，2300 只晶体管，10μm，640B 可寻址存储器，4KB 程序存储器	
1978	8086	16 位，5 ～ 10MHz，29 000 只晶体管，3μm，1MB 可寻址存储器	

（续）

年度	处理器	规格	新功能
1982	80286	8 ～ 12.5MHz	虚拟存储与保护模式
1985	386	32 位，16 ～ 33MHz，27.5 万只晶体管，4GB 可寻址存储器	流水线
1989	486	25 ～ 100MHz，120 万只晶体管	集成浮点运算单元（FPU）
1993	Pentium	60 ～ 200MHz	片上 L1 高速缓存，支持 SMP
1995	Pentium Pro	16KB L1 高速缓存，550 万只晶体管	乱序执行
1997	Pentium MMX	233 ～ 450MHz，32KB L1 高速缓存，450 万只晶体管	动态分支预测，MMX 指令集
1999	Pentium III	450 ～ 1400MHz，256KB 片上 L2 高速缓存，2800 万只晶体管	SSE 指令集
2000	Pentium IV	1.4 ～ 3GHz，5500 万只晶体管	超流水线，SMT
2006	Pentium 双核	64 位，2GHz，1.67 亿只晶体管，4MB 片上 L2 高速缓存	双核，支持虚拟化
2011	Sandy Bridge（i7）	64 位，最高可到 3.5GHz，23.7 亿只晶体管，最高支持 20MB L3 高速缓存	图形处理器，TurboBoost

管芯上晶体管数量每 1.5 ～ 3 年翻一番，一个有趣的问题是：为什么有些功能实现得比其他功能早？这个问题有助于我们分析为什么在一个管芯上集成多个核这一进展发生在 2001 年（在 Intel 486 出现三十年后），与其他各种进展相比晚出现很多年（见表 1-1）。首先，晶体管集成度的提高有助于将单个处理器中某些本来不适合于片上的部件集成到芯片中。例如，Intel 486 将浮点运算单元（FPU）集成到芯片上，之前浮点运算是由协处理器完成的。随着越来越多的晶体管可以集成到芯片上，处理器增加了在指令级别开发并行性的功能，如流水线（Intel 386）、乱序执行（Intel Pentium Pro）和动态分支预测（Intel Pentium MMX）。由于主存储器的速度跟不上处理器速度的增长，因此有必要引入存储器层次结构，在芯片上集成更小的存储器以实现更快的数据访问。在 Intel Pentium 中首先集成了一级（L1）数据和指令高速缓存，在 Intel Pentium III 中集成了二级（L2）高速缓存，在 Intel Sandy Bridge 中集成了三级（L3）高速缓存。

那么，为什么利用大量晶体管在管芯上集成多个核的进展会“输”给上面讨论的那些进展，比如浮点运算单元集成、高速缓存、流水线、乱序执行，甚至向量指令集？微处理器工业中确实有人曾在高速缓存或流水线之前考虑过将多个核集成到一个管芯上。事实上，在过去的并行计算机研究中，研究人员很早就考虑过在一个管芯上放置多个核。此外，在多核出现之后，管芯上还继续集成了多个组件，如内存控制器、三级高速缓存、加速器、嵌入式 DRAM 等。因此，为什么在管芯上集成各种组件会遵循这样一个发展历程看起来似乎有其合理的解释。

也许可以根据“低挂果”理论来做出适当的解释。对于一棵假想的果树，农民首先摘下树上悬挂最低的果实，因为它们摘起来最省力。最低的果实被采摘之后，相对更高一些的果实会依次被陆续采摘。如果我们分析出现在多核之前的那些集成在管芯上的组件，会发现它们基本上是单个核的组件，并使用来自单个流的指令来加速单个线程的执行。单个指令流内的并行性不需要程序员或编译器将程序分割成不同的指令流，也不需要程序员改变其编写代码的方式。因此，可以从指令级并行获得的性能改进对于程序员来说在很大程度上是透明的，即使硬件实现可能是复杂的。相比之下，利用多核体系结构来提高性能通常需要并行编程，这需要程序员付出巨大的努力。原因在于大多数高级编程语言将计算表示为一系列程序员已经习惯了的操作。因此，为单个程序指定多个指令流需要程序员明确的努力，他们通常必须考虑数据竞争、同步和线程通信等问题，以确保并行程序的正确执行。考虑到编程上的困难，在其他条件都相同的情况下，微处理器设计者可能会选择（实际上确实会选择）用于指令级并行的体系结构技术，而不是多核。

然而，指令级并行性作为“低挂果”逐渐被采摘完毕，从单个核的执行中获得的性能回报开始递减。提高可被处理器利用的指令级并行有两个关键方法，一个是用更多的流水段处理指令，使运行的时钟频率更高（即增加流水线深度），另一个是在一个流水段上处理更多指令（即增加流水线宽度）。当流水线开销变得显著并且关键延迟不受流水线深度影响时，增加流水线深度会遇到效率问题。2002 年发表的几篇论文涉及并分析了效率低下的问题，如文献［23］。

能够在一个周期中处理多条指令的处理器被称为*超标量处理器*。如 Palacharla 等人在文献［44］中所讨论的，在超标量处理器中增加流水线宽度还会遇到复杂性问题，其中处理指令所需逻辑电路的复杂性随着流水线宽度的增加而以平方量级增加（在某些情况下甚至更糟）。观察 Intel Pentium 4 Northwood 的管芯照片可以发现，执行指令实际计算的功能单元仅占总管芯面积的 5%，而接近 90% 的管芯面积用来实现确保足够的指令速率和将数据传输到功能单元的逻辑。由于大部分管芯已经被超标量逻辑占用，增加流水线宽度需要管芯上逻辑量近乎平方的增加。因此，发展可利用的指令级并行变得越来越困难。

功耗问题

在 21 世纪头十年，*功耗问题*浮出水面。大约从 1971 年到 20 世纪末，指令级并行的开发导致*功率密度*——即每单位管芯面积消耗的功率——的增加。20 世纪 90 年代后期一些主题演讲和出版物表明，如果按照过去的发展趋势外推，微处理器的功率密度将达到核反应堆甚至太阳的功率密度。在大约 2001 年以前，功率密度的增加可以通过空气或者增加风扇尺寸冷却处理器来解决。但是，用空气冷却来耗散高功率密度芯片产生的热量存在 75W 左右的限制。除此之外，设计人员要么不得不改用液体冷却，这种冷却成本很高，无法满足某些计算机系统（尤其是笔记本电脑和智能手机）的外形规格；要么不得不改变设计方法，在将越来越多的晶体管封装在单个管芯上的情况下，保持功率密度不变。 [6]

为了讨论功耗问题，我们首先重新审视功耗的基本概念。区分*能量*（energy）和*功率*（power）是很重要的。能量是一个物理系统对其他物理系统做功的能力，通常以焦耳（J）为单位，把一茶匙水加热 1℃需要 4J 多一点。能量守恒定律指出，能量可以从一种形式转换成另一种形式，但不能被消灭或创造（除非通过核反应）。例如，汽油中的化学能在汽车发动机中燃烧时转化为动能和热量。功率是能量以一种形式消耗（并转换成不同形式）的速率。功率以瓦特（W）为单位测量，1W 定义为在 1s 内消耗 1J。微处理器设计的问题是功率密度（每单位面积的功率），因为是热量而不是能量需要耗散，而且热量耗散必须与热量产生的速率相同。由电池供电的设备则有所不同，电池充电的时间长度很关键，对于这样的装置，来自电池的功率和总能量都很重要。

在管芯上有静态和动态两种功耗来源。动态功耗是由晶体管开关活动（从 1 到 0 和从 0 到 1）引起的。静态功耗不是由晶体管开关引起的，而是由通过理想的绝缘体泄漏的小电流引起的，此电流被称为*泄漏电流*。管芯中的动态功耗遵循式（1.1）。

$$\mathrm{Dyn}P = ACV^2f \tag{1.1}$$

其中 A 是正在开关的晶体管的占比，C 是晶体管的总电容，V 是提供给晶体管的电压（电源电压），f 是开关或时钟频率。因此，动态功耗与电源电压的平方相关，但与时钟频率是线性关系。此外，晶体管的最大时钟频率受电源电压的影响。

$$f_{\max} = c\,\frac{(V - V_{\mathrm{thd}})^{\alpha}}{V} \tag{1.2}$$

其中 V_{thd} 是阈值电压，也就是晶体管导通的最小电压。α 和 c 是常量，α 的值大约为 1.3。

如果将式（1.2）中的 $f_{\max}$ 替换为式（1.1）中的 f，则可以看出动态功耗至少受电源电压三次方（或 V^3）的影响。因此，影响动态功耗的最重要的杠杆可能是晶体管的电源电压。然而，虽然降低电源电压在降低功率密度方面非常有效，但其代价是使逻辑电路变慢以及降低最大时钟频率 $f_{\max}$，除非阈值电压能够被充分降低以进行补偿，从而保持 $\frac{(V - V_{\mathrm{thd}})^{\alpha}}{V}$ 不变。

6

阈值电压能够随着电源电压的降低而成比例地降低吗？不幸的是，降低阈值电压并不容易，因为我们可能遇到另一个问题：静态功耗。

管芯的静态功耗仅仅是电源电压和泄漏电流的乘积。泄漏电流与阈值电压的关系见式（1.3）。

$$I_{\mathrm{leak}} > f_1(w)\mathrm{e}^{-V_{\mathrm{thd}} f_2(V,T)} \tag{1.3}$$

其中 f_1 是栅极宽度 w 的函数，f_2 是电源电压和温度的函数。之所以有“>”符号，是因为右侧表达式仅解释了一种类型的由阈下泄漏引起的泄漏电流，这可能是泄漏电流的最主要来源。式（1.3）显示泄漏电流随着阈值电压的降低呈指数增加。虽然这个不等式已经存在了很长时间，但直到 20 世纪末，静态功耗的幅度都小到足以忽略。21 世纪以来，阈值电压无法像特征尺寸那样快速缩减，同时将静态功耗限制在可接受的范围限度内。这个问题在今天变得更糟，一些专家甚至认为阈值电压可能需要提高。由于式（1.2）显示最大时钟频率严重依赖于电源电压和阈值电压之差，所以如果不能按比例降低阈值电压将导致微处理器的最大时钟频率突然减慢。图 1-3 证实了 2001 ～ 2005 年间微处理器时钟频率增长的突然放缓。这种减速支持这样的理论，即自 2001 ～ 2005 年以来，静态功耗再也不能被忽略，并且随着特征尺寸的继续缩小，阈值电压的降低变得越来越困难。

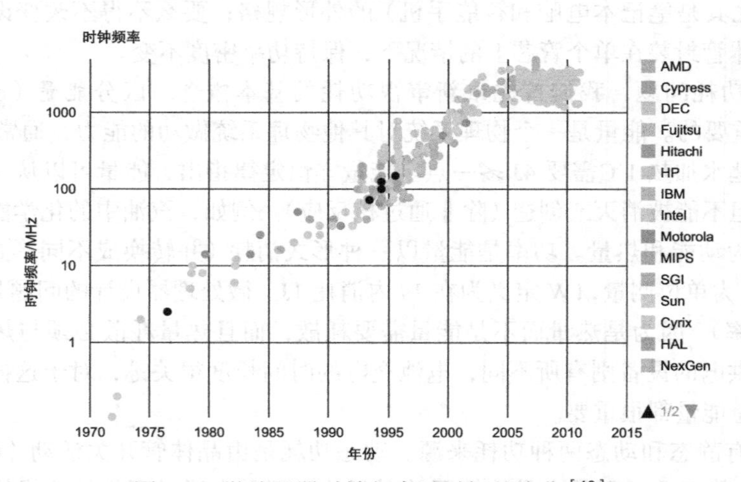

图 1-3　微处理器时钟频率随时间的演化[16]

需要注意的是，与时钟频率增长的停滞相吻合，2001 ～ 2005 年正是单核设计放弃选择增加流水线宽度，而向多核设计转变的时期。事实上，与增加流水线宽度相反，2001 ～ 2005 年以来，体系结构设计师并没有将相同的工作分割成越来越多的流水段，而是将相同的工作压缩到更少的流水段。图 1-4 显示了微处理器中每个时钟周期的 FO4 延迟数。FO4 延迟是标准逻辑门的延迟，定义为扇出系数为 4 的反相器（即驱动四个反相器作为其输出的反相器）的延迟。图中显示了一个时钟周期或一个流水段可以容纳多少 FO4 延迟。从 1985 年到 2001 ～ 2005 年，体系结构设计师通过将处理器中的指令处理划分为越来越多的流水段来深化流水线，导致每个流水段仅 20 个 FO4 延迟。然而，这一趋势在 2001 ～ 2005 年出现逆转，较高的 FO4 延迟体现出一个流水段中包含了更多的逻辑工作。然而，因为依赖于指令和指令处理的复杂性，所以流水段的总数可能并不会成比例地减少。 8

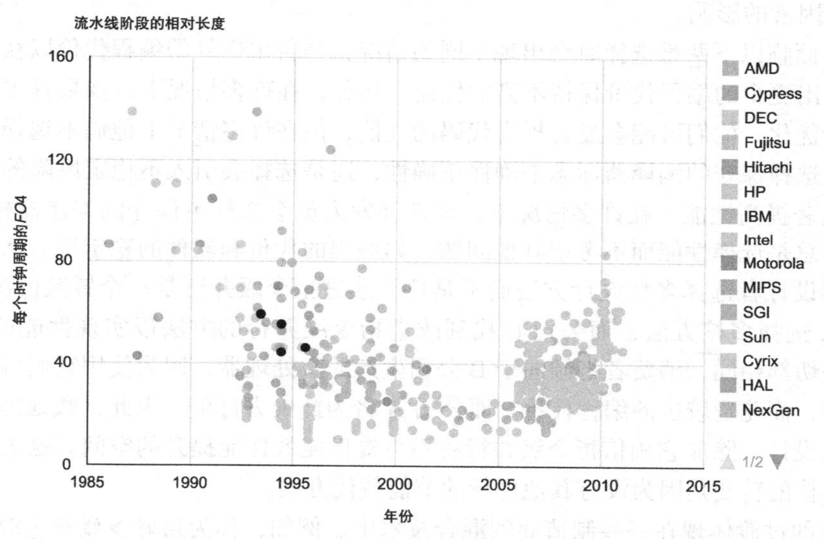

图 1-4　微处理器随时间演化的 FO4 延迟。FO4 延迟是扇出系数为 4 的反相器的延迟 [16]

以上讨论了“功率墙”对流水线深度和时钟频率的影响，而想知道“功率墙”如何影响流水线宽度和处理器复杂性是很自然的。它是否也阻碍了处理器复杂性和流水线宽度的增长？事实证明，它们的增长确实放慢或停滞不前了。流水线宽度和深度是相关的。处理器核中正在运行的指令总数决定了处理器核的复杂性。执行指令的数量与流水线深度和宽度的乘积成比例。随着流水线深度停止增加，处理器的复杂性随之降低，并且越来越依赖于流水线宽度。然而，由于增加流水线宽度会使处理器核的复杂度呈二次方增长，所以流水线宽度的增长也很困难，也会放慢速度或停滞。

因此，总的来说，自 2001 ～ 2005 年以来，作为性能主要增长途径的指令级并行的开发已经在很大程度上减少了，而倾向于多核设计。这种转变表明，在利用指令级并行方面不再有较多的“低挂果”可以采摘，也就是说，在不显著增加处理器功耗的情况下已经没有显著提高性能的技术了。另一方面，即使需要额外的编程工作以使程序从中受益，通过多核设计来提高性能也已成功。因此，直观的问题是多核设计是否比单核设计具有能效更显著的性能改进优势。 9

假设我们希望将处理器系统的性能提高一倍。在性能随流水线深度线性增加的理想情况下，一种实现方法是将流水线深度加倍。然而，从式（1.2）可知，这将需要大约两倍的电源电压（或大约一半的阈值电压）。因此，由于电源电压和时钟频率加倍，处理器动态功耗增加了8倍。增加流水线深度的替代方案是增加流水线宽度，再次假设流水线宽度能够成比例地增加性能的理想情况。但是，当流水线宽度增加时，许多结构的复杂度（因此也导致功耗）呈二次方增加，这导致处理器动态功耗增加了4倍。最后，如果我们将核的数量增加一倍，在性能随核数增加的理想情况下处理器动态功耗会增加一倍。因此，在完美的世界中，多核设计是提升性能最具能效的方式。显然，上述分析过于简单，它假定了线性加速比，即将核数增加一倍就意味着性能增加一倍。实际上，对于在大量数据元素上执行相同计算的程序来说（称为具有*数据并行性*），通常可以实现线性加速比，但是对于没有数据并行性或不规则代码结构的程序，很难实现线性加速比。其次，核数增加一倍并不能*自动*提高一倍性能，这取决于几个因素，包括需要程序员编写程序，以便能够并行运行，从而利用多个核。不能低估后一种限制因素的影响。

程序员面临以下两难选择时会出现不同的情况：是付出额外的编程代价以获得更好的性能，还是付出更少的编程代价保持不高的性能。例如，在许多情况下，如果程序员在汇编语言级别进行优化，他们可能会显著提高代码的性能，但在许多情况下他们不选择这样做。另一个例子是选择保守的编译器标志来确保正确性，还是选择会引入不稳定风险的激进的编译器标志以显著提高性能。在许多情况下，软件开发人员会选择更保守的编译器标志。因此，程序员并不总是选择性能而不考虑其他问题，如编程的代价和软件的稳定性。从这个观点来看，处理器设计者选择多核设计方法而不是持续改进指令级并行是一个冒险的决定。例如，假设公司A选择多核方法，而公司B找到改进指令级并行的方法以实现性能的类似改进。假设其他一切都相同，消费者将倾向于B公司生产的微处理器，因为使用它们可以获得相同的性能水平，而花费较少的编程代价。而公司A将为此失去订单。因此，微处理器公司不会过渡到多核设计，除非它确信指令级并行将不再提供能效性能提升的空间。这表明，从指令级并行到多核的转变是因为没有其他可行的节能替代方案。

向多核的过渡体现在一些制造商的混合技术中。例如，称为同时多线程（SMT）的技术允许大量利用为指令级并行而设计的处理器资源实现并行执行。在2006年推出双核处理器之前，Intel于2002年发布了一款具有双路SMT的处理器，它允许两个线程同时在一个处理器核上执行。

一个有趣的问题是，从指令级并行到多核设计的转换是否有效地解决了“功率墙”问题。图1-5展示了微处理器的功率密度（W）。图中比较了两个系列的数据：基于工艺技术参数（如电源电压、阈值电压等）测算的理论功耗和实际功耗。从图中可以看出，处理器时钟频率提高的停滞能够减缓但不能停止微处理器功耗的增长。2001～2005年至2012年期间，测算的理论功耗持续增加。然而，实际功耗自2001～2005年以来停止增长，此后甚至有所下降。这表明，时钟频率停滞本身不足以抑制动态功耗，但是在电路和微体系结构优化中加入其他优化工作，如时钟门控，则足以抑制动态功耗[17]。

10～11

表1-2列出了写作本书时（2012～2013年）最新多核系统的一些例子。列出的处理器用于服务器平台，它们显示管芯上放置了6～16个核，每个核能够在2～4个线程上下文之间执行。IBM Power7＋添加了几个加速器来帮助处理器核实现特定的计算目的。制造工艺从22nm到32nm，能够达到的最大时钟频率介于3.6GHz～4.4GHz之间。这些处理器有三级高速缓存，最后一级高速缓存介于8～15MB之间，Power7＋是例外，它使用密度更高的嵌入式DRAM（IvyBridge和T5将SRAM用于最后一级高速缓存）以实现80MB容量。

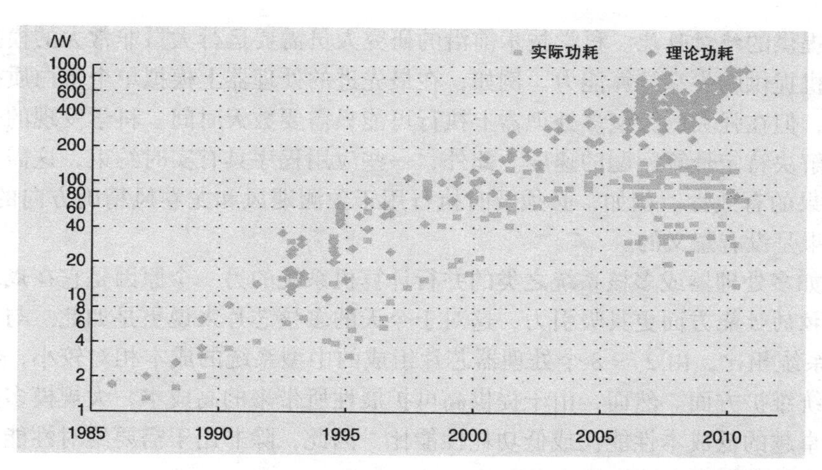

图 1-5 微处理器的功率密度：根据技术参数测算的理论值和实测值[17]

表 1-2 最新多核处理器示例

特性	Intel IvyBridge	Oracle Sparc T5	IBM Power7+
核	6 个超标量双路 SMT 核	16 个双发射超标量核	8 个超标量、4 路 SMT 核，附带加速器
工艺	22nm	28nm	32nm，13 个金属层，567mm²，21 亿只晶体管
时钟频率	最高 4.0GHz	3.6GHz	最高 4.4GHz
高速缓存	64KB L1，256KB L2（每核），最高 15MB L3（共享）	16KB L1（每核），128KB L2（每核），8MB L3（共享）	256KB L2（每核），80MB eDRAM L3（共享）

■ **你知道吗？**

专家认为，功耗问题很可能会一直存在于未来若干代微处理器中，并可能随着时间的推移而恶化。他们创造了一个术语“暗硅”（dark silicon），表示由于功率预算不足而导致管芯中越来越多的部分无法接通电源的情况。Intel 最近推出的 Sandy Bridge 芯片具有 TurboBoost 功能，在芯片上以 2.5GHz 的正常频率运行 8 个核，但如果只有 1 个或 2 个核处于活动状态，则它们可以分别以 3.5GHz 或 3.4GHz 运行。TurboBoost 很可能意味着一种温和形式的暗硅的出现，在这种情况下，没有足够的功率预算完全以 3.5GHz 的频率运行所有 8 个核。

1.2 并行计算机概述

前面讨论了微处理器从单核到多核设计的转变，接下来将在并行计算机的背景下继续讨论。当今大多数多核系统可以被认为是一种并行计算机，因为核的紧密集成，足以为并行计算提供平台。多核首次实现了芯片上的并行计算。在多核之前，用户必须依靠购买由多个处理器组成的通常十分昂贵的系统来执行并行计算。如今，几乎所有新的计算机系统，从服务器、台式机、笔记本电脑到手机都是并行计算机。因此，从并行计算机设计的角度考虑多核体系结构是很有帮助的。

是什么促使人们使用并行计算机？一个原因是与单个处理器系统提供的性能相比，并行计算机能够提供的绝对性能。科学技术前沿的研究人员需要运行大量非常大的模拟，并且需要并行计算机提供的尖端计算能力。例如，在最先进的处理器上模拟单个蛋白质折叠可能需要数年时间，但在强大的大型多处理器上执行可能只需要数天时间。科学发现的速度取决于在计算机上解决特定计算问题的速度。此外，一些应用程序具有实时约束，这需要计算足够快以保证结果的有效性。例如，必须及时执行用于预测飓风和龙卷风精确方向的气候模型，否则预测结果是没有意义的。

使用诸如多处理器或多核系统之类的并行计算机系统的另一个原因是它在成本调控的性能或功耗调控的性能方面更具吸引力，这对于今天的多核芯片来说更是如此。与具有2个或8个独立的系统相比，由2～8个处理器芯片组成的中型系统的成本相对较小，特别是在软件成本和系统维护方面。然而，由于提供高可扩展性所带来的高成本，大规模多处理器系统很少能实现卓越的低成本性能比或低功耗性能比。因此，除非用于需要绝对性能的小量计算场景，否则这些系统不会被构建。

12

在回顾并行计算机的历史时，应该记住摩尔定律是如何改变处理器体系结构的。并行体系结构最初只是一个自然而然的想法，因为芯片上没有足够的晶体管来实现一个完整的微处理器，因此用这些芯片分别实现处理器的不同组件，或者用它们分别实现不同处理器的组件时，让这些芯片彼此通信就很自然了。最初，并行计算机体系结构中考虑了所有级别的并行性：指令级并行以及数据并行等，并行体系结构的定义并不清晰，但随着时间的推移这个定义已经具体化了。

Almasi和Gottlieb[3]将并行计算机定义为："并行计算机是一系列处理单元的集合，它们通过通信和协作以快速解决一个大的问题。"

虽然定义看起来很简单，但有多种体系结构都适合这一定义。以"处理单元的集合"为例，什么构成处理单元？处理单元是具有处理一条指令能力的逻辑。它可以是功能单元、处理器上的线程上下文、处理器核、处理器芯片或整个节点（节点中的处理器、本地存储器和磁盘）。根据该定义，指令级并行可以被认为是对作为处理单元的功能单元上的指令的并行处理。这是否意味着超标量处理器可以被认为是并行计算机？超标量处理器检测指令之间的依赖关系，并尽可能地在不同的功能单元上并行执行独立的指令。这里的定义似乎将超标量处理器视为并行计算机。与此相反，今天许多人并不认为超标量处理器是并行计算机。这种模棱两可在当时是可以理解的，因为可以利用的并行等级并不明确。然而，今天流行的观点认为处理器核是定义处理单元的边界。在这种观点下，核之间的并行性被认为是并行计算机的范围，而核内的并行性被认为不是并行计算机的范围。

流行的观点虽然合理，但也存在着一些缺陷。例如，同时多线程（SMT）的核具有多个程序计数器，并且可以执行来自不同线程甚至程序的指令。因此，SMT核为并行编程提供了一个平台，这样将其称为并行计算机似乎是合适的。另一个例子是向量核，它可以从单个程序计数器获取指令，但是每个指令可同时处理多个数据项。例如，向量加法指令提取一个数组的元素和另一个数组的元素，并且成对地将两个不同数组的对应元素进行相加，再将结果写入第三个数组。同样，将向量核称为并行计算机似乎也是合适的。因此，将处理单元定义为从单个程序计数器提取指令且每个指令对单个数据项集合进行操作的逻辑是有用的。为此，Flynn提供了一种有用的分类方法，它根据程序计数器（"指令流"）和数据项集（"数据流"）的数量对并行计算机进行分类，本书将在后面讨论。

13

术语"通信"是指处理单元彼此发送数据。通信机制的选择确定了两类重要的并行体系结构：共享存储系统，在处理单元上运行的并行任务通过读取和写入公共存储空间来通信；或者消息传递系统，所有数据都是本地的，并行任务必须向彼此发送显式消息以传递数据。通信介质（如使用什么互连网络来连接处理单元）也是确定通信延迟、吞吐量、可扩展性和容错的重要问题。

术语“协作”是指并行任务在执行过程中相对于其他任务的同步。同步允许对操作进行排序，如要求一个任务在另一个任务开始计算之前完成某个计算，同步才能确保正确性。同步中的重要问题包括同步粒度（任务同步的时间和频度）以及同步机制（实现同步功能的操作序列）。这些问题会影响可扩展性和负载均衡属性。

“快速解决一个大的问题”表示处理单元共同处理一个问题，其目标是性能。有趣的是，可以选择使用通用或专用体系结构。可以针对特定的计算进行设计和调优，使得机器对于该类型计算能够快速和可扩展，但是对于其他类型的计算则可能较慢。

并行计算机也可以用来指代多处理器。在本书的其余部分中，将使用术语“多处理器”来指代处理器的集合，而不管这些处理器是在不同的芯片中实现还是在单个芯片中实现的，而多核特别地指代在单个芯片上实现的多个处理器。

在并行计算机的早期阶段，对不同类型的并行性进行了研究。随着时间的推移，哪种类型的并行性更适合跨处理器核或在核内实现变得很明确。例如，现在指令级并行在核内实现，因为它需要指令之间的寄存器级通信，这可以在核内以低延迟完成。

随着晶体管的不断集成，整个微处理器可放入单个芯片中（例如1971年的Intel 4004）。此后，单个微处理器的性能迅速提高，大致遵循了摩尔定律描述的晶体管集成速度。如前所述，这种快速性能增长是由晶体管小型化推动的，但更主要的是由利用指令级并行性和高速缓存等大量“低挂果”实现的。从这些体系结构技术中获得的收益如此之大，以至于单处理器系统可以在几年内赶上并行计算机的性能，同时只需付出并行计算机成本的很小一部分。由此很难证明购买昂贵的并行计算机是合理的，除非对密集计算有紧迫的需求，比如在超级计算机领域。

举例来说，假设生产了一台有100个处理器的系统，并且对于所考虑的应用可以实现100倍的完美加速，也就是说，如果相同的应用在单个处理器系统上运行，那么它将较之慢100倍（即为多处理器上速度的1/100）。但是，当单个处理器的速度按照摩尔定律增长时（每18个月增长一倍或年增长60%），一年后，应用程序在最新单处理器系统上的速度仅慢$100/1.6 = 62.5$倍（即为多处理器上速度的1/62.5），两年后，应用程序在最新单处理器系统上的速度仅慢$100/1.6^2 = 39$倍（即为多处理器速度的1/39），以此类推。10年后，在最新的单处理器系统上运行应用程序的速度与10年前有100个处理器的系统运行速度相同。如果一台大型且昂贵的并行计算机的性能在短短几年内就会被一个单处理器系统所掩盖，那么购买它就很难证明是合理的。除了少数处于科学发现前沿的大公司和国家实验室之外，很少有公司能找到购买这种产品的经济理由。本例使用了乐观假设，而使用悲观假设将降低并行计算机相对于单处理器系统的优势。第一，在有100个处理器的系统中，大多数应用程序的可实现加速比通常远小于100。第二，即使对于可以达到100倍加速的应用程序，获得加速比往往需要数周到数月高度手动的并行性能调优，而在单处理器系统上运行应用程序通常只需要简单的调优工作。第三，高度并行系统的市场很小，因此无法从大量产品的价格优势中获益。因此，并行机的成本可能是单处理器系统的1000倍以上。第四，设计并行计算机体系结构是一项非常复杂的任务，用于互连处理器以形成紧密耦合的并行计算机的逻辑并不简单。这导致了大量额外的开发时间，即当并行计算机开始运行时，其组成部分的处理器往往

14

比现有的最新单处理器系统慢得多。总之，所有这些因素的结合使得并行计算机在多核设计之前很难获得广泛的商业成功。

低成本分布式计算机是在 20 世纪 90 年代通过将许多单处理器系统与现成的网络组装而发展起来的。这就产生了一个工作站网络，后来更普遍地称为集群。与并行计算机相比，分布式计算机便宜得多，但处理器之间的通信延迟很高。然而，某些类别的应用程序没有太多的处理器间通信，并且当它们在集群上运行时可扩展性是相当好的。

1.2.1 并行计算机的 Flynn 分类法

Flynn 根据指令流和数据流的数量定义了并行计算机的分类[18]，如表 1-3 和图 1-6 所示。指令流是由单个程序计数器产生的指令序列，数据流是指令操作的存储空间地址。控制单元（CU）从单个程序计数器获取指令，对它们进行解码，并将它们发射到数据处理单元（DPU），假定 DPU 是包括功能单元的处理指令的逻辑。指令和数据都是由存储器提供的。

表 1-3 并行计算机的 Flynn 分类

		数据流数量	
		单	多
指令流数量	单	SISD	SIMD
	多	MISD	MIMD

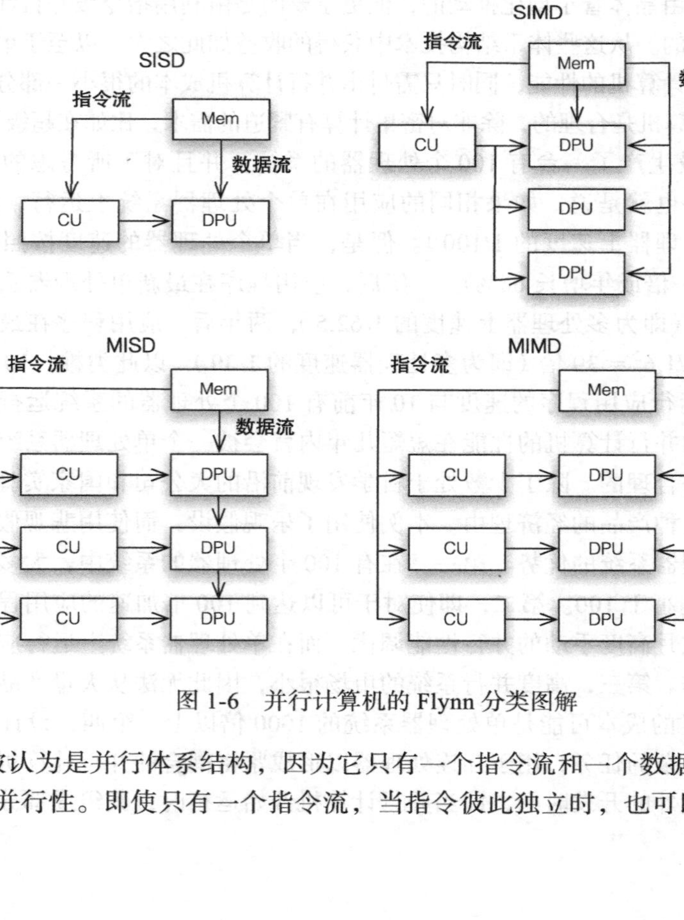

15

图 1-6 并行计算机的 Flynn 分类图解

SISD 不被认为是并行体系结构，因为它只有一个指令流和一个数据流。然而，SISD 可以利用指令级并行性。即使只有一个指令流，当指令彼此独立时，也可以利用来自该流的指令之间的并行性。当今非 SMT 处理器核是利用指令级并行的 SISD 机器的示例。

SIMD 是一种并行体系结构，其中单个指令对多个数据进行操作。可以在向量处理器中找到 SIMD 体系结构的示例。许多处理器中体现了 SIMD 模式的扩展。作为一个简单的示例，考虑将标量 a 和数组 X 相乘。对于 SISD，需要执行一个循环，在每次迭代中，在 a 和数组 X 中的一个元素之间执行乘法。使用 SIMD 则整个操作可以用一个标量 - 向量乘法指令执行，而无须使用循环。SIMD 以其在执行计算任务所需指令数方面的高效而著称。使用循环对多个数据执行单个操作效率低下：每个数据项需要一条指令，并且存在诸如循环索引计算和条件分支等循环开销。

如今，SIMD 体系结构可以在许多图形处理单元（GPU）和大多数指令集体系结构的多媒体扩展中找到，如 Intel MMX/SSE、AMD 3DNow！、Motorola Altivec、MIPS MIPS-3D 等。单个指令对多个数据项进行操作的方式因体系结构而异。在一些 GPU 中，核以锁步方式来运行执行相同指令的线程，并且该指令对不同的数据进行操作，因此核的作用类似于向量处理器中的向量通道。这种执行模型通常被称为 SIMT（单指令多线程），将在第 12 章中更详细地讨论。多媒体扩展通常不是真正的 SIMD，因为不是单个指令对许多数据项进行操作，而是对多个小数据项打包后的单个数据进行操作，比如 8 个 8 位数据项打包成 1 个数据项。并行计算机最常见的实现形式是 MIMD 体系结构。

16

MISD 体系结构是多个处理单元从不同的指令流执行，并且数据从一个处理单元传递到下一个处理单元。这种机器的一个例子是脉动阵列（systolic array），如 iWarp[8]。数据从一个处理单元传递到下一个处理单元的要求意味着它会被限制在某一类型的计算场景中，但是一般来说很难应用。

MIMD 是当今大多数并行计算机使用的体系结构。它是最灵活的体系结构，因为其对指令流或数据流的数量没有限制（尽管与 SIMD 体系结构相比，它在用于执行单个计算任务的指令数量方面效率较低）。

1.2.2 MIMD 并行计算机分类

由于 MIMD 是最流行的并行计算机类型，我们将研究 MIMD 体系结构中处理器是如何物理互连的。可以选择的方式如图 1-7 所示。图 1-7a 显示了一种体系结构，其中处理器共享某一级的高速缓存（通常是 L2 或 L3 高速缓存，但共享 L1 高速缓存也是可能的）。这方面的示例包括许多当前的多核系统，如 Intel Ivy Bridge、IBM Power7+、Oracle T5 等。早期的多核体系结构允许核共享 L2 高速缓存，而最新的多核体系结构允许核共享 L3 高速缓存。核共享最后一级高速缓存的一个原因是，最后一级高速缓存是非常重要的资源，其占用管芯上非常大的面积。当所有核共享高速缓存时，可以避免高速缓存的容量碎片。如果某些核处于休眠状态，则活动的核仍可使用共享高速缓存。

另一种选择是在专用高速缓存之间提供互连（见图 1-7b）。这种体系结构通常称为对称多处理器（SMP）。在 SMP 体系结构中，不同的处理器共享存储器，并且对存储器具有大致相等的访问时间。互连可以利用总线、环、交叉开关或点对点网络。因为所有处理器可用近似相同的延迟时间访问存储器，所以这类 MIMD 计算机也称为一致存储访问（UMA）体系结构。如今，SMP 可以用多核芯片作为构建块来搭建。许多目标用于服务器的多核芯片已经在管芯上包含了路由器，以将芯片连接到其他芯片，从而创建由若干芯片组成的大型共享存储器系统。

图 1-7c 展示了每个处理器都有私有高速缓存和本地存储器的体系结构，但是硬件提供跨越所有本地存储器的互连以给出单个存储器的抽象。然而，由于远端存储的访问时间比本地存储长，因此存储器访问延迟会有所不同。这种体系结构被称为非一致存储访问（NUMA）或分布式共享存储（DSM）。它们包括诸如 SGI Origin 和 Altix 系统以及 IBM p690 系统等。

在图 1-7d 展示的体系结构中，每个处理器都是一个完整的节点，具有自己的高速缓存、本地存储器和磁盘；并且通过 I/O 连接提供互连。因为 I/O 连接的延迟很大，所以硬件可能不会提供单个存储器的抽象（尽管软件层可以以相对较高的开销实现相同的抽象）。因此，它们通常被称为分布式计算机系统，或者更普遍地被称为集群。在集群中，每个节点都有自己的系统，运行自己的操作系统（OS）实例。集群为那些不需要在进程或线程之间进行低延迟通信的计算提供并行计算平台。

17

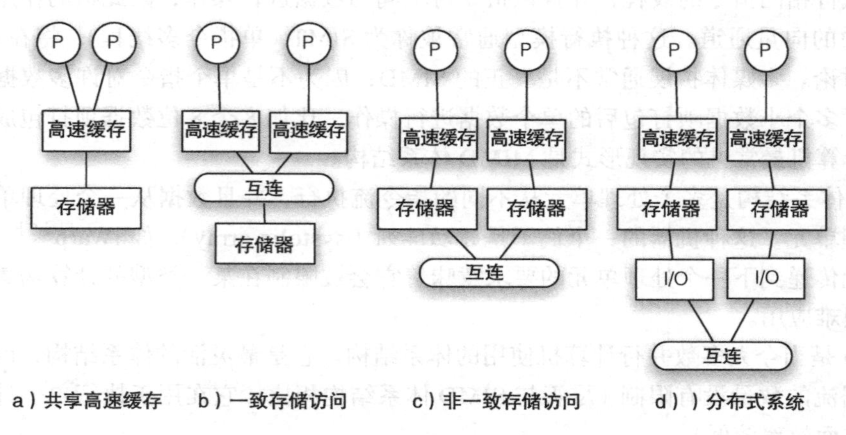

图 1-7　MIMD 并行计算机分类

■ **你知道吗？**

高端并行计算机的排名是根据它们的性能来确定的，世界上最快的 500 台并行计算机的排名公布在 www.top 500.org 上。这个超级计算机系统排名以它们的 Linpack 基准测试性能为基础。Linpack 是一个高度并行并且浮点运算密集的数值线性代数库[29]。该排名中前 10 名的计算机每年都可能发生巨大变化。例如，在 2004 年，地球模拟器获得了最高荣誉，在短短两年后就只能排名第 10！

2013 年 6 月，国防科技大学的并行计算机天河二号（Tianhe－2）位居榜首。该系统在 Linpack 环境下每秒可进行 33.8 万亿次浮点运算。系统有 3 120 000 个处理器核，存储器总容量为 1PB(即 10^{12} 字节)。系统由 16 000 个节点组成，其中每个节点有 195 个核（由两个 Intel Xeon IvyBridge 处理器和 3 个 Xeon Phi 处理器组成）。

1.3　未来的多核体系结构

随着晶体管集成在未来几年如预期般发展，一个有趣的问题是：未来多核体系结构会是什么样子？我们可以肯定的是，无论未来的体系结构是什么，它将取决于不断评估的下一个可以摘到的“低挂果”。这种不断的定量和反复评估使人们难以准确预测未来。

做出预测的最简单方法是预测趋势的延续。这种预测在除了转折点之外的大部分情况下都会是正确的。通过这种方法，人们将预测在未来十年中，会有越来越多的核集成在一个管芯上。几年前，一位计算机体系结构专家甚至预言核的数量将每18个月翻一番。在可预见的未来，多核真的会以每18个月核数翻倍吗？不幸的是，这很令人怀疑。以下是可能不会发生这种变化的几个原因。

18

第一个原因就是促使设计者从利用指令级并行的单核设计转向多核设计的原因：“低挂果”的逐渐消失。类似地，虽然会有更多的晶体管可以用来实现更多的核，但如果没有令人信服的理由，设计人员可能不会选择以这种方式利用晶体管。与其他设计方法一样，多核设计不太可能有无限数量的“低挂果”。例如，并行编程并没有被证明对所有类的程序都有效。并行编程已被证明对于具有相对规则的代码结构的程序，或算法对大量数据项应用相同（或接近相同）计算的程序，其是有效的。并行编程对具有复杂代码结构，并且在大量数据项上不执行相同计算的程序并未显示出有效性。增加更多的核无助于加快此类程序的速度。同时，即使对于易于并行化的应用程序，由于各种原因，它们在超过数百个核时加速比通常不会线性扩展。对于许多程序来说，它们的加速比在达到100个核之前就会停滞，然后下降。从本质上讲，来自增加的核的回报在减少，甚至在经过某一点时会出现负回报。因此，随着核数的增加，从中受益的程序越来越少。最终，当从增加核中受益的程序很少时，从用户的角度来看，拥有更多核的边际效用就很小。

上述分析中需要注意的是，多核平台不一定仅用于并行处理。例如，可能有足够多的串行程序可以同时运行，从而创建可从多核体系结构中受益的多道程序环境。在服务器整合的场景中，多个服务器（如Web服务器、电子邮件服务器、密码服务器等）可以使用不同的虚拟机托管在同一多核平台上。每个服务器可以产生与使用所提供服务的用户数量成比例的大量线程。因此，在相当长的一段时间内，服务器似乎仍然可以受益于核数的增加，这与客户机不同，客户机可以更早地从核数的增加中受益。

第二个原因是，增加更多的核需要以超线性方式填充支撑它们的基础组件。当核处于活动状态时，需要从片外主存储器获取数据。将核数增加一倍需要将主存储器的数据带宽增加一倍。如果核的数量每18个月增加一倍，则数据带宽也必须每18个月增加一倍，以实现平衡设计。由于各种原因，如功耗和对扩展芯片引脚数量的限制，很难快速增加片外带宽。为了避免数据带宽需求的这种快速增加，可以增加管芯上的高速缓存容量以过滤或降低必须从片外存储器获取数据的频率。经验法则（大致适用于平均服务器工作负载[49]）显示，必须将高速缓存大小增加4倍，才能将其缺失率降低50%。这种策略要求为高速缓存分配越来越多的管芯，而为处理器核分配越来越少的管芯。当管芯上一个组件必须比另一个组件生长得更快时，则后者的增速不能像摩尔定律（晶体管集成度生长速度）所述那样快。这反过来又限制了管芯面积的增长。

19

未来核数增长会放缓的第三个原因是，即使能够非常成功地利用多核中的并行性，执行中的非并行部分也将日益成为瓶颈。为了说明这一点，了解Amdahl定律是有帮助的。假设算法或代码的串行执行需要 T_1 个时间单位，而算法或代码在 p 个处理器上的并行执行需要 T_p 个时间单位。假设在程序的整个执行中，s 部分是不可并行的，而 $1-s$ 部分是可并行的，且具有完美的加速比。那么，与串行执行相比，并行执行的总体加速比（Amdahl公式）为：

$$\text{Speedup}_p=\frac{T_1}{T_p}=\frac{T_1}{T_1\times s+T_1\times\dfrac{1-s}{p}}=\frac{1}{s+\dfrac{1-s}{p}} \tag{1.4}$$

对于极大量的处理器而言，假设串行部分 s 是恒定的，并行执行的加速比变成：

$$\text{Speedup}_\infty=\lim_{p\to\infty}\frac{1}{s+\dfrac{1-s}{p}}=\frac{1}{s} \tag{1.5}$$

式（1.5）表示了在无限数量的处理器上可达到的最大加速比。虽然公式很简单，但它具有重要意义。例如，如果串行部分 s 为 5%，则无限数量处理器上的最大加速比将仅为 20！然而，如果串行部分 s 可以减少到 0.5%，则无限数量处理器上的最大加速比将增加到 200。这里的一个重要结论是，获得高度的可扩展性是困难的。它要求程序的所有部分几乎可以完全并行化，并有完美的加速比。所有其他未并行化的部分必须非常小，才能产生可扩展的并行执行性能。另一个结论是，并行化越成功，程序执行速度越依赖于非并行部分。

注意，在实践中 s 并不是限制并行程序性能的唯一部分。其他因素（如负载不平衡）和各种并行开销（如同步开销、通信开销和线程管理开销）同样限制了并行程序性能。假设 s 随着核数的增加而保持不变，但是并行开销的其他部分却会随着核数的增加而增大。因此，现实比 Amdahl 定律所暗示的还要糟糕。可以确定的是，随着并行化的进行，非并行部分和并行开销的相对重要性将不断增加。

回到核数扩展的讨论，限制核数增长的第四个原因是“功率墙”问题。之前讨论了功耗限制如何促使设计人员从单核设计转向多核设计。那么，相同的功耗问题将如何改变未来的多核设计？

基于 Dennard 缩放定律所做的粗略计算会对更好地了解情况有所帮助[63]。假设从现在起经过一代的工艺技术发展，特征尺寸减小 30%，即特征尺寸的缩放比 $\lambda=0.7$。电容同样按 λ 缩放。晶体管面积按 $\lambda^2=0.5$ 缩放，允许相同管芯面积具有两倍数量的晶体管。考虑两种场景。在第一种场景下，电源电压可以按因子 λ 减小（阈值电压按比例减小），从而允许时钟频率按 $1/\lambda=1.4$ 的比例增大。新的管芯具有新的动态功耗：

$$\text{Dyn}P'=A'C'V'^2f'=(2A)(0.7C)(0.7V^2)(1.4f)=ACV^2f=\text{Dyn}P$$

因此，在第一种场景下，新工艺技术中新管芯的动态功耗与原工艺技术中的动态功耗相同。考虑第二种场景，假设阈值电压不能按比例减小，因此电源电压必须保持相同。在这种情况下，$V'=V$，将导致：

$$\text{Dyn}P'=A'C'V'^2f'=(2A)(0.7C)V^2(1.4f)=2ACV^2f=2\text{Dyn}P$$

这意味着在新工艺技术中处理器的动态功耗是原工艺技术的两倍。由于管芯面积没有改变，功率密度随着动态功耗的加倍而加倍。上述粗略计算说明了当阈值电压不能按比例减小时抑制功率密度增加的困难。这种限制最终可能导致“暗硅”，即管芯的一些部分为了控制功率密度的增大而不能被加电导通。显然，除非有办法散热，否则功率密度不能加倍。因此，必须采用在晶体管数量增加时降低功率密度的技术。例如，频率可以保持停滞或降低而不是增加，管芯面积可以减小而不是保持恒定，或者电压降低而不是恒定。虽然有许多其他方法可以降低功率密度，但有一点是清楚的：必须降低用于给定性能级别的功率。换句话说，未来的微处理器必须提高能效。

能量效率可以通过消耗的能量除以所完成的工作来测量。例如，对于给定的 ISA（指令集体系结构），以焦耳为单位度量的 EPI（每条指令的能量）是要优化的重要指标。也可以将

20

功率（瓦特）除以性能（每秒指令）作为优化指标。由于瓦特即焦耳每秒，因此功率-性能比就是焦耳每指令，也就是 EPI。 21

以上讨论了在传统多核设计中增加核数的几个限制因素：用于提高性能的“低挂果”逐渐消失、支持更多核所需的成本日益高昂的基础组件、执行时间中非并行部分重要性的日益增加，以及功率密度的不断恶化使得在未来体系结构中需要提高能效等。所有这些都表明，相对于采用其他设计方法，核数的增长会放缓。例如，与简单地增加核的数量相比，专用加速器可以以更节能的方式改进性能。因此，加速器可能被越来越多地集成在管芯上。另一种可能的方法是用晶体管将系统的其他组件集成到管芯上，如 I/O 控制器、图形引擎和部分主存储器。考虑到由非并行执行造成的日益严重的瓶颈，另一种方法是引入异构性，即可以在管芯上添加具有多种性能和功率特性的核。可以选择实现了最佳功率-性能折中的核来执行不同的程序或程序段，同时关闭其他核。例如，强大的大核可用于加速非并行执行，众多小核可用于执行高可扩展性程序，而中等大小的核可用于执行中等扩展性程序。为了支持更多的核，可能会越来越重视更大、更复杂和更优化的存储器层次结构、片上网络、内存控制器体系结构，以支持核数的增长。未来的多核体系结构可能会变得更加多样化、更加复杂，其管理也将更加精细。

■ 你知道吗？

为了激发关于功耗问题如何影响未来处理器设计的讨论，笔者在并行体系结构研究生课程中请学生思考并回答：如果他们拥有几乎无限的面积，但其他可用的资源（光、热或冷）非常有限，他们将如何设计房子？学生们的反馈是非常有创意和有趣的。

有些学生建议只打开使用中的房间，而关闭其他房间，并将未使用房间的资源转移到使用的房间中。有些学生建议设计一些很少或根本不消耗资源的房间，如露天甲板、阳光房、走廊等。一些学生建议缩小活动范围，如将炉子集成到餐桌上。一些学生建议对房间进行定制化，如房间高度：社交活动场所设计 9 英尺（约合 2.74 米）层高，餐厅设计 7 英尺（约合 2.13 米）层高，卧室设计 4 英尺（约合 1.22 米）层高。

除了“功率墙”之外，未来多核体系结构设计还面临其他相关挑战。其中之一是片外带宽。在传统非多核的多处理器系统中，增加更多的处理器通常涉及增加更多的节点，并且因为节点由处理器及其存储器组成，所以到主存储器的聚合带宽将会随着更多的处理器而增加。相反的情况发生在多核系统中。在芯片上增加更多的核不会增加主存储器的聚合带宽。因此，除非片外带宽能够以与多核中的核数相同的速率扩展，否则每个核的可用片外带宽将下降。工业界的测算显示不能保证问题会得到缓解。芯片上可集成的晶体管数量（也就是核的数量）的预计增长率通常远远高于片外存储器带宽的预计增长率，分别大约为每年 50% ～ 70% 和 10% ～ 15%[28]。这潜在地导致多核体系结构的性能越来越受到核可以使用的片外带宽的限制。这个问题被称为“带宽墙”问题。 22

一般来说，在 CMP 中加倍核的数量和高速缓存的容量以利用不断增长的晶体管数量会导致片外存储器访问量的相应加倍，这意味着为访存请求提供服务的速率也需要加倍以保持平衡的设计。如果所提供的片外存储器带宽不能支持产生访存请求的速率，则增加的访存请求排队延迟将迫使核的性能下降，直到访存请求的速率与可用片外带宽匹配为止。到那时，在片上增加更多的核不再能够产生额外的吞吐量或者性能。这就意味着系统性能和吞吐量更多受限于片外带宽的可用量。

未来影响“带宽墙”问题严重性的因素有几个。一个因素是提供更高的片外带宽是昂贵的：可能需要分配更多的互连引脚，以更高的时钟频率运行片外接口，或者两者兼而有之。它们中的任何一个都将导致片外通信的更高功耗。这恶化了前面讨论的“功率墙”，可能导致管芯上的核数增长放缓。另一个因素是，如果在未来的多核体系结构中性能能够得到显著改善，那么“带宽墙”问题将变得更糟。因此，在“功率墙”和“带宽墙”问题之间存在相互作用，解决其中一个问题可能使另一个问题恶化。一项研究预测了“带宽墙”问题在未来可能变得多么严重，以及哪些技术可能有助于解决这一问题，这项研究可以在文献［49］中找到。其中一个有前途的技术是集成管芯堆叠 DRAM。通过将 DRAM 和逻辑堆叠在一起（在 3D 芯片中）或几乎堆叠在一起（在同一模块中），堆叠的 DRAM 的带宽将比片外存储器的带宽高得多。这使得“带宽墙”问题产生了实质但也只是暂时的缓解。如果多核的数量继续以与过去相同的速度增长，“带宽墙”问题将再次变得紧迫。

但是请注意，与“功率墙”问题相比，“带宽墙”问题的严重性还是稍逊一筹。在不缓解“带宽墙”的情况下，管芯上核的数量仍然可以保持增长，但是其速率小于晶体管密度的增长。其原因在于，通过减缓核数的增长，可以将更多管芯用于高速缓存，这些高速缓存可以过滤与片外存储器的数据通信。因此，有效减缓核数的增长减轻了“带宽墙”问题。另一方面，在未来的多核设计中，为了提高性能必须缓解“功率墙”问题的影响。

23

1.4　习题

课堂习题

1. **工艺技术升级**。假设以前每次工艺技术换代时特征尺寸缩小 30%（$\alpha = 0.7$），现在这种缩小只有 20%。请计算以下情况的动态功耗：（a）阈值电压在每次技术换代时可以降低 20%；（b）阈值电压在每次技术换代时保持恒定。假设管芯面积不变，电容量减小 20%，电源电压减小 20%，时钟频率每次换代则增加 25%。

   答案：

   （a）栅极长度按 $S = 0.8$ 缩放，电容量按 $S = 0.8$ 缩放，晶体管面积按 S^2 缩放，允许晶体管数量按 $\frac{1}{S^2} = 1.56$ 缩放，电源电压按 $S = 0.8$ 缩放，时钟频率按 $1/S = 1.25$ 缩放。因此，芯片的动态功耗与换代前相比不变：$\text{Dyn}P' = A'C'V'^2f' = (1.56A)(0.8C)(0.8V)^2(1.25f) = ACV^2f = \text{Dyn}P$

   （b）在泄漏电流受限的情况下，栅极长度按 $S = 0.8$ 缩放，电容量按 $S = 0.8$ 缩放，晶体管面积按 S^2 缩放，允许晶体管数量按 $1/S^2 = 1.56$ 缩放，电源电压不变，时钟频率按 $1/S = 1.25$ 缩放。因此，芯片的动态功耗每一代增加 56%：$\text{Dyn}P' = A'C'V'^2f' = (1.56A)(0.8C)(V)^2(1.25f) = 1.56ACV^2f = 1.56\text{Dyn}P$

课后习题

1. **工艺技术升级**。在未来工艺技术换代中阈值电压、电源电压和时钟频率不变的情况下，如果想要保持管芯的功耗恒定，应该减少多少管芯面积来实现这一点？假设特征尺寸在未来的每一次换代过程中减小 30%。
2. **设计权衡**。假设在做出工艺技术的设计决策时，希望选择一种针对功率 – 性能比进行优化的设计。更具体地说，有如下三个设计选项：

- 设计 A：单核，电源电压和时钟频率提高 20%
- 设计 B：双核，电源电压和时钟频率不变
- 设计 C：四核，电源电压和时钟频率降低 20%

假设性能与核数和时钟频率成正比，忽略静态功耗，只关注动态功耗。哪种设计在功率 – 性能比方面最具吸引力？

3. **功率管理**。假设有两个相同的处理器采用不同的功率管理：处理器 *A* 采用动态频率调节（DFS），而处理器 *B* 采用动态电压和频率调节（DVFS）。处理器 *A* 可以将频率降低最多 30%，而处理器 *B* 可以将电压和频率降低最多 10%。其中哪一个具有更好的降低动态功耗的能力？假设性能随时钟频率成比例地变化，在各自的低功耗模式下，哪一个处理器的功率 – 性能比最低？请给出计算过程。 24
4. **Amdahl 定律**。如果 5% 的计算是串行的，那么在 10 个、100 个、1000 个和几乎无限个处理器上，程序的最大加速比分别是多少？
5. **Amdahl 定律**。假设希望在 16 个处理器上获得 Amdahl 加速比为 15，计算中的串行部分占多大比例？ 25

第 2 章

Fundamentals of Parallel Multicore Architecture

并行编程概述

本书在第 1 章讲到，并行体系结构使得程序员在编写并行程序时要付出很多努力。在编写一个并行程序时，需将程序分解为能够各自独立正确执行的任务，这些任务间需要通信与合作，以输出与原始串行程序相同的结果。由于多核体系结构的盛行，即使桌面和移动平台也需要并行编程，以使多核资源得到利用。

本书将在接下来三章讲述并行编程，首先在本章讨论各种并行编程模型，之后在第 3 章讲述如何编写共享存储并行程序，并在第 4 章讲述如何使用链式数据结构编写并行程序。这几章的目的是让读者掌握足够的背景知识，以便了解一个并行多核体系结构应当支持哪些编程原语和编程抽象，以及如何让这些支持做到更高效。这些背景知识对于读者学习后续章节（即讨论并行多核体系结构）非常有用。

本章讨论笔者对并行编程模型的理解。从讨论限制并行程序性能的因素开始，指出在大量处理器核上获得可扩展性能所面对的主要挑战，包括无法并行化的部分、负载不均衡，以及管理并行执行的各种开销，如通信和同步。本章随后介绍几种广泛应用的并行编程模型，讨论它们之间的主要差异，以及编程模型与系统体系结构之间的关系。编程模型的选择对于通信和同步开销影响很大，因此它是影响并行程序性能的关键因素。

27

本书介绍并行编程的目的不是让读者完整地掌握这部分内容，实际上有很多教科书专门讲授并行编程知识。本书的这几章只是把重点放在一种编程模型（共享存储编程模型）上，选择它的原因是目前多数多核系统都支持该模型。其他种类的编程模型也很有用，并广泛应用于其他场合，如消息传递模型常用于大型系统（包含很多多核节点），MapReduce 常用于分布式系统上的数据中心计算，等等。在笔者看来，共享存储编程模型是学习并行多核体系结构必需的预备知识，因此，本书选择这种模型进行深入的介绍。

2.1 并行程序性能的限制因素

从根本上讲，程序员对于以并行方式执行算法或代码的期望是获得比串行算法或代码更短的执行时间。一种分析并行程序执行时间的有用工具是 Amdahl 定律。假设一个算法或代码的串行执行时间是 T_1，而其在 p 个处理器（假设 p 个线程）上并行执行的时间是 T_p。再假设在程序的整个执行时间中，占据比例 s 的部分是无法并行的，而剩余的比例 $1-s$ 是可并行的。请回想式（1.4）给出的并行与串行执行相比的理想加速比计算公式：

$$\text{Speedup}_p = \frac{1}{s + \frac{1-s}{p}} \tag{2.1}$$

当拥有数量极多的处理器时，加速比计算公式变为：

$$\text{Speedup}_\infty = \lim_{p \to \infty} \frac{1}{s + \frac{1-s}{p}} = \frac{1}{s}$$

上式表明，要获得高可扩展性是困难的，它要求程序的所有部分都几乎可以完全、完美地并行化。那些无法并行的部分必须很少，这样才可能获得可扩展的并行执行性能。上式还表明一点，通过增加处理器数量来提升加速比所获得的回报是逐渐递减的，这一点可以从图 2-1 中看出，图中画出了三种串行比例下的 Amdahl 加速比：1%、5% 和 10%。能够看到，随着线程 / 处理器个数的增加，所有的加速比曲线坡度都变缓了。也就是说，处理器个数增加所带来的加速比增长有一个临界值。

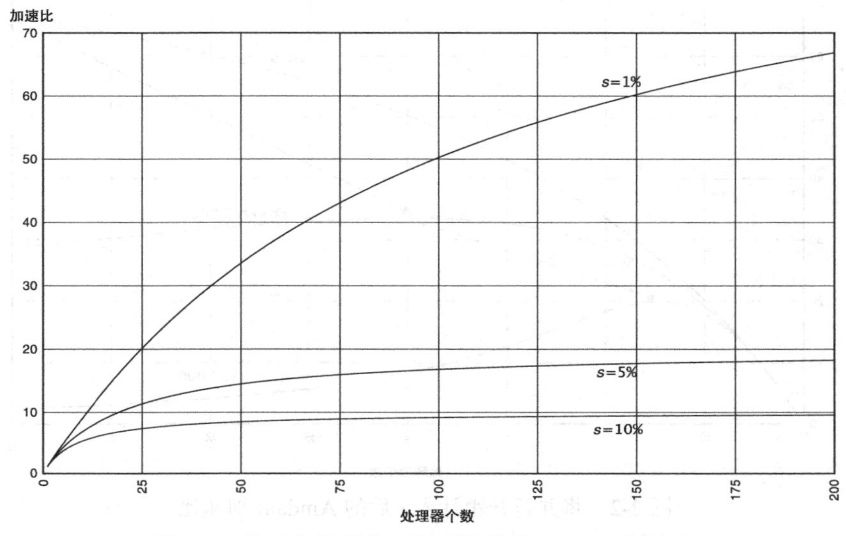

图 2-1　关于串行部分 s 取不同值的 Amdahl 加速比

在实践中，串行比例 s 不是影响加速比的唯一因素。还有一些其他因素会降低加速比，比如负载不均衡、同步开销、通信开销以及线程管理开销。这些因素中的多数开销都会随着处理器个数增加而增大。例如，线程管理开销至少会随着线程个数线性增长，这是因为需要创建线程，以及从受保护的任务队列中分配任务给线程，等等。随着处理器个数的增加同步开销至少会呈平方级增长。随着处理器个数增加，栅障同步、获取锁等操作的时间也随之变长，并将在原始执行时间中占据很大比例。通信开销也倾向于增大，这是因为大量的处理器很难在较短的物理距离上实现互连。任意一对节点的通信延迟都将随着处理器个数增加而增大。因此，如果把这些开销计入 s，s 将随着处理器个数增加而增大，独立于算法自身内在的串行比例。

28

■ 你知道吗?

在理想情况下，如果一个程序可以被完全并行化（即 $s=0$），加速比将会是 $\text{Speedup}_p = p$，它被称为**线性加速比**（linear speedup）。线性加速比是理论上可获取的最大加速比。然而在实践中，一些程序在某些个数的处理器上会呈现出超线性加速比，即它们的加速比超过了线性加速比。其原因是，随着处理器个数的增加，综合的资源量（如总的 Cache 和内存容量）也在增长。在多数情形下，程序的工作集合是大于总 Cache 容量的，然而在某个临界点，通过增加额外的处理器，这一情形可能会被改变，即程序的工作集合可以装入 Cache 空间，此时，Cache 缺失率会显著下降，所有线程的执行速度更快，由此产生超线性加速比。

图 2-2 显示了开销以线性（$s = 0.01 + \frac{x}{10^4}$）或二次方（$s = 0.01 + \frac{x^2}{10^5}$）增长时加速比的曲

线变化。注意，由于开销函数中的系数是任意的，我们更应该注意曲线的趋势而不是其量级。从图中可以看出，线性增长的开销会导致最大加速比的下降，以及用更少的处理器即能得到最大加速比。在开销以二次方增长时能看到同样的现象。还应当注意到在这些开销下，存在一个加速比最优的线程个数，当线程数超过该值时，加速比会下降。

29

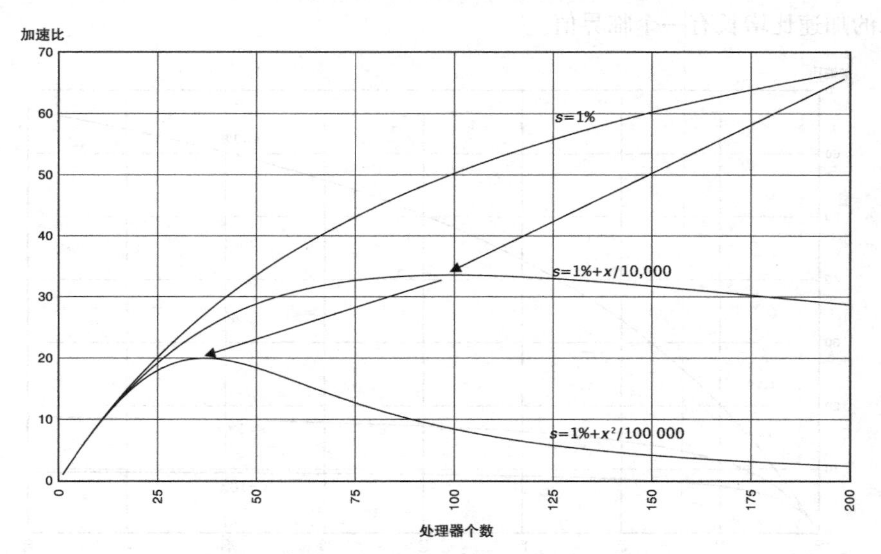

图 2-2　将并行开销计入 s 后的 Amdahl 加速比

线程个数增长的回报逐渐减少这一现象意味着，通过发掘线程级并行能够收获的性能提升非常有限。当越过拐点后，在一个多核芯片中继续增加核数的做法就不再经济了，因为临界性能收益过小或者是负值。

从能效角度看，线程级并行的能效随着线程个数增长而下降。其原因是，功耗至少会随着处理器个数线性增长，与功耗的增长相比，加速比只会按一个较小的比例增长。因此，功耗 - 性能比会随着线程个数增长，它等价于能效的下降。仅当加速比能够完美地随线程个数增长时，能效才可以保持住。尽管从专注于指令级并行转向专注于线程级并行会带来能效的改善，但能效的收益无法单靠增加处理器个数来持续。因此，如果第 1 章讨论的“功率墙”问题变得更加严重，芯片设计者就需要依靠其他方法来改善能效。

通常的情况是，要得到高可扩展的并行程序，需要使用一个很大的输入集合。这是因为，随着计算规模的增长，同步、通信和线程管理开销在整个计算中所占比例会降低。幸运的是，很多重要的科学仿真的确有很大的输入集合。如果输入集合的大小随线程个数按比例增长，则通常称为弱可扩展（weak scaling）；与之相对的是强可扩展（strong scaling），其输入集合是固定的，无论线程个数是多少。关于使用弱可扩展的论据是有一定道理的，因为大型系统一般都用于大型输入集合的计算。

30

■ 你知道吗？

Amdahl 定律中存在一个歧义，即一个程序的串行执行时间（T_1）的构成。这可以有如下几种选项：

1）使用与并行执行相同的并行程序，但以单线程运行在单处理器上。

2）该程序的串行版本。

3）该程序的最佳串行版本。

采用第一种选项是不正确的。因为串行执行不应当包含并行开销，如线程创建、并行库调用等。例如，当使用 OpenMP 编译器编译一个包含 OpenMP 指令的程序时，即使以单线程形式运行该程序，它也会包含 OpenMP 程序库的调用。当然，在使用线程安全的程序库时，虽然其中包含了进入和退出临界区的开销，但如果它是唯一可用的程序库，那么将其用于串行执行也是可以接受的。

第二种使用程序串行版本的选项更正确一些，因为并行开销没有包含在内。但仍应当注意该选项的一个潜在问题，即所使用串行程序的编程实现是否足够理想。

正确的选项是最后一个，它使用该程序的最佳串行版本来测量 T_1，这里所说的“最佳”既指算法层面，也指代码层面。例如，某些算法在设计时主要考虑如何抽取并行性，它可能不是串行实现的最佳选择。第二个层面是对于给定算法，程序代码是否是最佳的串行代码。例如，某些激进的编译优化对于串行执行有益，但在程序被编译为并行执行时常常不被采用，然而如果使用这些优化，则可以生成性能更好的串行代码。

2.2 并行编程模型

编程模型是程序员看到的硬件抽象，它决定了程序员是否能够方便地把算法定义成硬件和编译器支持的任务，以及这些任务是否能够高效地在硬件上运行。在非并行系统中，串行编程模型表现得非常成功，它可以对程序员隐藏硬件细节，并允许程序员将算法高效、直观地表达为一系列顺序执行的步骤。与此对应，在多处理器系统中很难使一种编程模型既对程序员隐藏硬件细节又可实现高效运行。

至少有两种广泛应用的并行编程模型：*共享存储*和*消息传递*。这两种模型都得到了广泛的应用，其中消息传递模型更多地用于较大型系统（数百到数千核），而共享存储模型更多地用于较小型系统。除此之外还有一些其他编程模型，本章后半部分再对其进行讨论。

本书把一个*并行任务*定义为一个计算单元，计算单元间可相互独立执行。多个并行任务可以在不同的处理器（核）上运行。图 2-3 给出了前述两种编程模型的特性。共享存储模型的编程抽象是，不同线程或进程执行的并行任务能够访问内存的任何位置，这样它们可以通过写入（通过 store 指令）和读取（通过 load 指令）内存位置实现相互间的隐式通信，这与同属一个进程的多个线程间共享地址空间类似。在消息传递模型中，线程拥有各自的本地内存，一个线程不能访问另一个线程的内存，这样线程间为了交换数据，就需要通过显式地传递包含数据值的消息彼此通信，这与多个进程互不共享地址空间类似。

31

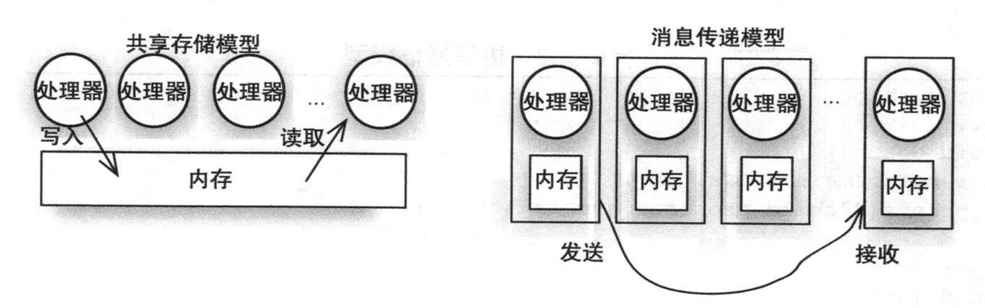

图 2-3 两种不同的并行编程模型

人们一直在争论到底哪一种编程模型更好一些。在笔者看来，这些编程模型之所以都能够得到广泛应用，是因为它们满足了不同的需求，并且分别在不同环境下表现得更好一些。因此，目前还看不出哪一种模型会取代另一种模型的趋势。实际上，与其争论哪种编程模型更加优越，分析讨论每种编程模型的优缺点会更有帮助。可以打个比方来说明前述两种编程模型之间的区别，设想在一个单处理器系统中，多个线程间的通信与多个进程间的通信有何差异，这与共享存储与消息传递两种编程模型之间的差异类似。假定要创建两个线程（或进程），其中主线程（进程）请求工作线程（进程）对两个数求和并显示结果。

在如代码2.1所示的线程模型中，同属一个进程的多个线程共享同一地址空间，因此子线程可以自动地知道变量a和b的值，尽管这两个变量的值是由主线程初始化的。然而，在主线程对变量a和b初始化之前，要阻止子线程访问这两个变量，为此使用一个变量signal，它的值初始设置为0，子线程将等待直到signal的值变为1。最后，在子线程执行完毕之前主线程不能继续运行，因此，主线程一直等待直到signal变量被子线程修改为0。

在进程模型中，由于进程的地址空间是私有的，一个子进程无法自动地知道变量a和b的值。如代码2.2所示，主进程和子进程之间必须通过显式的发送和接收消息来进行通信。代码示例中假定了一种简单的消息传递接口，其中sendMsg(destID, d1, d2, …)表示向目的进程destID发送一条包含d1、d2等数据的消息，类似地，recvMsg(srcID, &d1, &d2, …)表示从源进程srcID接收一条包含数据的消息，该数据将赋值给d1、d2等变量。

由于进程之间并不共享地址空间，主进程必须发送一条包含变量a和b的消息，该消息必须由子进程接收。

代码2.1 线程通信模型

```
1  int a, b, signal;  // 共享变量
2  ...
3  void dosum() {
4    while (signal == 0) {}; // 等待直到收到工作通知
5    printf(``child thread> sum is %d\n'', a + b);
6    signal = 0; // my work is done
7  }
8
9  void main() {
10   signal = 0;
11   thread_create(&dosum)          // 创建子线程
12   a = 5, b = 3;
13   signal = 1;                    // 通知子线程开始工作
14   while (signal == 1) {}         // 等待直到子线程结束
15   printf(``all done, exiting\n'');
16 }
```

代码2.2 进程通信模型

```
1  int a, b;
2  ...
3  void dosum() {
4    recvMsg(mainID, &a, &b);
5    printf(``child process> sum is %d'', a + b);
6  }
7
8  void main() {
9    if (fork() == 0) { // 我是子进程
```

```
10     dosum();
11   }
12   else {                       // 我是父进程
13     a = 5, b = 3;
14     sendMsg(childID, a, b);
15     wait(childID);
16     printf(``all done, exiting\n'');
17   }
18 }
```

总体上，这个简单的代码示例表明了一些事情。对于线程模型来说，由于不需要用显式的通信来传递数据，避免了通信开销，从这个角度讲这种模型更轻量，但它需要同步来控制不同线程的操作顺序；对于进程模型来说，由于需要用显式的通信来传递数据，收发消息的开销难以避免，从这个角度讲这种模型不够轻量，然而从另一方面看，显式的消息收发同时起到了同步两个进程操作顺序的作用。当比较共享存储和消息传递两种编程模型的时候，上述这些差异同样存在。

32

2.2.1 共享存储与消息传递模型的对比

表 2-1 归纳了共享存储模型和消息传递模型之间的差异。这些差异的前两个方面（通信和同步）与前述的线程模型与进程模型之间的差异类似。共享存储模型无须在线程之间传输数据，但需要显式的同步操作来控制进程间访问数据的顺序。消息传递模型通过发送和接收消息在线程间传输数据，这些通信操作隐式地起到了控制线程间访问数据顺序的同步作用。

33

表 2-1 共享存储和消息传递编程模型的比较

	共享存储模型	消息传递模型
通信	隐式（通过 load/store）	显式消息
同步	显式	隐式（通过消息）
硬件支持	通常需要	不需要
编程工作量	较低	较高
调优工作量	较高	较低
通信粒度	较细	较粗

共享存储抽象一般需要专门的硬件支持。在类似于多核处理器这种小规模系统上，处理器核间可能已经共享最后一级高速缓存，因而要支持共享存储抽象就比较简单，在某些情况下甚至是自动支持的。然而，在多节点情况下，每个节点拥有自己的处理器和内存，节点间互连形成一个共享存储系统，这时就需要硬件支持来实现一种映像，即所有节点的内存构成一个可被所有处理器寻址的单一存储器。由于这一原因，提供共享存储抽象的代价随着处理器个数的增加而增大。在另一方面，消息传递模型并不需要这种硬件支持。当处理器个数很多时，以较低代价实现共享存储抽象将变得很困难。目前共享存储系统的规模通常限定在几百到一两千个处理器（例如，1998 ～ 1999 年的 SGI Origin 2000 拥有 128 个处理器，2000 年的 SGI Altix 3700 拥有 2048 个处理器）。在拥有数千或更多处理器的大规模系统中，考虑到实现代价，通常不提供共享存储抽象。

共享存储并行程序通常在开始的时候更易于开发，原因是程序员无须考虑数据如何排布以及如何映射到处理器，因为无论数据位于哪里，以及如何排布，它们都能在处理器间传递。而且由于共享存储抽象提供了隐式的通信，共享存储程序的代码结构通常与其串行版本相差不大。事实上，在很多情况下，程序员需要做的只是在程序源代码中插入编译指令（directives）来标出并行任务、变量范围以及同步点。编译器会将这些编译指令翻译成代码来生成和控制并行线程。而在另一方面，编写一个消息传递程序需要程序员考虑数据在多个处理器间怎样划分，以及如何通过显式的消息发送 / 接收来传递数据。因此，共享存储程序的初始开发工作量相对较低（有时显著低）。

然而，一旦并行程序编写出来并开始运行，如果程序员希望将其扩展到更多处理器上，数据存放在哪里以及如何排布就会对性能造成显著的影响。例如，访问一次远端存储器花费的时间可能数倍于访问一次本地存储器花费的时间，因此，把数据放置在距离访问它的处理器最近的位置就显得很重要。消息传递模型的程序员在开始编程的时候就需要考虑这一问题，而共享存储模型的程序员终将在开发后期面对同样的问题。因此，如果要将程序调优成具有高可扩展性，共享存储程序所需要的调优工作量通常要高于消息传递程序。

34

就通信的粒度来说，消息传递模型常用于任务间通信不很频繁且涉及大量数据的情形，而共享存储模型常用于任务间通信更频繁且每次涉及的数据量较小的情形。原因是发送消息的延迟通常较高，这是由于发送时需要将数据组成消息，并在目的端将消息分拆为数据。当消息传递模型更多地用于大型系统（处理器个数更多）时，上述分析就表现得更加突出。这是因为大型系统的通信延迟更大，因而那些善于较少通信、较长消息的编程模型更适合于这类系统。

由于多数多核芯片具有支持共享存储抽象的硬件，本书将更侧重于共享存储编程模型。

■ 你知道吗?

理所当然，共享存储编程模型更适用于共享存储多处理器系统。然而，共享存储程序也能在分布式计算机上运行，它通过页级粒度的软件层来支持共享存储抽象。这类系统称为软件虚拟共享存储（SVM）系统。SVM 系统的处理器间通信延迟较大，这限制了它的实用性。

有趣的是，在共享存储多处理器系统上运行消息传递编程模型也是有好处的。在无共享存储的情况下，为了发送一条消息，需要将其封装成数据包并在网络中传输，而在共享存储系统中发送和接收消息则很简单，发送一条消息时只需将消息写入内存中的消息缓冲区，并将缓冲区指针传递给接收者，而接收一条消息时只需用发送者传递过来的指针从消息缓冲区中读取消息。由于传递一个指针比发送一个消息包更快，即便是消息传递程序也能受益于共享存储系统。

2.2.2　一个简单的例子

本节通过一个简单的例子来对比共享存储和消息传递模型。所使用的程序代码仅用作示例，因此其在性能上可能不是最优的。程序用伪代码风格编写，它们并不直接对应特定编程语言 / 标准的语法，如流行的共享存储编程标准 OpenMP 或消息传递编程标准 MPI。

假设要在两个处理器上进行矩阵相乘，如代码 2.3 所示，将两个二维矩阵 ***A*** 和 ***B*** 相乘，结果存放到第三个矩阵 ***Y*** 中。

假设在不考虑性能开销和可扩展性的情况下，将矩阵乘的最内层“for k”循环并行化（实际上将外层“for i”循环并行化的开销会更小）。假设用一个线程执行循环的一半迭代，用另一个线程执行剩下的一半循环迭代。线程的 ID 分别为 0 和 1。

35

代码 2.3 矩阵相乘代码

```
1#define MATRIX_DIM 500
2
3double A[MATRIX_DIM][MATRIX_DIM],
4  B[MATRIX_DIM][MATRIX_DIM],
5  Y[MATRIX_DIM][MATRIX_DIM];
6int i, j, k;
7
8     for (i=0; i<MATRIX_DIM; i++) {
9       for (j=0; j<MATRIX_DIM; j++) {
10        Y[i][j] = 0.0;
11        for (k=0; k<MATRIX_DIM; k++)
12          Y[i][j] = Y[i][j] + A[i][k] * B[k][j];
13        } // for k
14      } // for j
15    } // for i
```

基于以上假定，可以得到上述代码的共享存储版本程序，该程序使用的是伪代码命令而不是流行的并行编程标准，目的是为了说明在共享存储编程模型中，语言和编译器应当支持的内容。对应的共享存储程序如代码 2.4 所示。

代码 2.4 代码 2.3 对应的共享存储代码

```
1#define MATRIX_DIM 500
2
3double A[MATRIX_DIM][MATRIX_DIM],
4  B[MATRIX_DIM][MATRIX_DIM],
5  Y[MATRIX_DIM][MATRIX_DIM];
6int i, j, k, tid;
7int kpriv[2], startiter[2], enditer[2];
8. . .
9     for (i=0; i<MATRIX_DIM; i++) {
10      for (j=0; j<MATRIX_DIM; j++) {
11        Y[i][j] = 0.0;
12
13        tid = begin_parallel(); // 创建一个附加线程
14        startiter[tid] = tid * MATRIX_DIM/2;
15        enditer[tid] = startiter[tid] + MATRIX_DIM/2;
16
17        for (kpriv[tid]=startiter[tid]; kpriv[tid]<enditer[tid];
18        kpriv[tid]++) {
19          begin_critical();
20            Y[i][j] = Y[i][j] + A[i][kpriv[tid]] * B[kpriv[tid]][j];
21          end_critical();
22        } // for k
23        barrier();
24        end_parallel(); // 结束附加线程
25
26      } // for j
27    } // for i
28. . .
```

在代码中，首先要定义哪些代码区间需要被多线程执行，以及哪些代码区间只能由一个线程执行。这些并行代码区间用 begin_parallel() 和 end_parallel() 分隔出来。假定操作系统或线程库负责创建或分派第二个线程，并对不同的线程返回不同的 tid，即初始线程（或父线程）得到的返回值是 0，而子线程得到的返回值是 1。接下来，两个线程要运行循环的不同迭代区间，因此它们需要算出各自的循环下标范围。这通过线程特有（thread-specific）

的（startiter 和 enditer）数据拷贝（其值由 tid 计算得出），以及使用线程特有的循环下标变量 kpriv 来实现，这样，每个线程就可以追踪它自己的当前循环下标。请注意，如果使用原始的循环下标变量 k，两个线程将会互相修改覆盖对方的 k 从而造成相互干扰，因此，每一处 k 都必须替换为其线程私有版本 kpriv。通过使用私有变量，线程间不再相互干扰，因为每个线程使用变量的私有拷贝，如线程 0 使用 kpriv[0] 而线程 1 使用 kpriv[1]。这一转换用术语称为*私有化*（privatization）。这些新的变量并不是真正意义上的私有，像线程不能访问或修改其他线程的私有变量那样。这些新的私有变量仍然在共享存储中，只不过它们的用途是私有的，即在没有 bug 的程序中，每个线程只访问自己的变量。

循环体用 begin_critical 和 end_critical 包围。两个线程可能同时更新变量 Y[i][j]，这样就存在一种可能性，即两个线程读取了相同的旧值，各自生成新值并同时写入新值，导致一个新值覆盖了另一个新值。这种结果称为*竞争*（race），它将产生不正确且不可预知的结果。为了避免竞争，一次只能允许一个线程对 Y[i][j] 进行读 - 修改 - 写。因此，线程库必须提供相应的原语支持，在示例代码中，假定的原语是 begin_critical 和 end_critical，它们用来标出*临界区*（critical section）的起始和结束。一个临界区一次只允许一个线程进入，这样，临界区就将执行串行化了，也就是取消了两个线程间的并行性。尽管这对性能不利，但同时也说明，在共享存储并行程序中，为了确保一个计算按照某种顺序执行，需要在代码中显式地插入同步。最后，语句 barrier 是另一种同步原语，用来确保所有线程都到达该同步点之后，才允许任何线程通过该点继续执行。如果后续计算不依赖于先前的并行执行结果，barrier 也可以省略。

36

代码 2.5 给出了对应的消息传递程序。在消息传递程序中，多个进程间不共享同一内存，因此，所有的变量和数据结构在两个进程中都不是同一拷贝。在代码中，假定初始时只有主进程拥有矩阵 ***A*** 和 ***B*** 的准确数据。因此，在主进程请求另一个进程执行一部分循环之前，先要把另一进程计算所需的那部分矩阵数据发送给对方。另一进程将执行循环迭代的另一半，它需要读取矩阵 ***A*** 的右半部分和矩阵 ***B*** 的下半部分。这样，在子进程开始计算之前，父进程必须发送矩阵 ***A*** 和 ***B*** 的一半（第 15 ～ 16 行），同时子进程必须接收父进程发送的一半矩阵（第 19 ～ 20 行）。在矩阵数据传输完毕后，两个线程使用其 startiter 和 enditer 值开始各自的计算。矩阵 ***A*** 和 ***B*** 元素相乘结果累加到一个临时变量 temp 中，在计算结束时，子进程将部分结果发送给主进程。主进程接收这部分结果，并与自身的计算结果合并，写入 Y[i][j]。

37

代码 2.5　代码 2.3 对应的消息传递代码

```
1 #define MATRIX_DIM 500
2
3 double A[MATRIX_DIM][MATRIX_DIM],
4   B[MATRIX_DIM][MATRIX_DIM],
5   Y[MATRIX_DIM][MATRIX_DIM];
6 int i, j, k, tid;
7 int startiter, enditer;
8 double temp, temp2;
9 . . .
10    tid = begin_parallel(); // 创建一个附加线程
11    startiter = tid * MATRIX_DIM/2;
12    enditer = startiter + MATRIX_DIM/2;
13
14    if (tid == 0) {
15      send(1, A[0][MATRIX_DIM/2-1]..A[MATRIX_DIM-1][MATRIX_DIM-1]);
```

```
16        send(1, B[MATRIX_DIM/2-1][0]..B[MATRIX_DIM-1][MATRIX_DIM-1]);
17      }
18    else
19      recv(0, A[0][MATRIX_DIM/2-1]..A[MATRIX_DIM-1][MATRIX_DIM-1]);
20      recv(0, B[MATRIX_DIM/2-1][0]..B[MATRIX_DIM-1][MATRIX_DIM-1]);
21    }
22
23    for (i=0; i<MATRIX_DIM; i++) {
24      for (j=0; j<MATRIX_DIM; j++) {
25        Y[i][j] = 0.0;
26
27
28        temp = Y[i][j];
29        for (k=startiter; k<enditer; k++) {
30          temp = temp + A[i][k] * B[k][j];
31        } // for k
32
33        if (tid == 0) {
34          recv(1, &temp2);
35          Y[i][j] = temp + temp2;
36        }
37        else
38          send(0, temp);
39
40      } // for j
41    } // for i
42  end_parallel();
43
```

在以上代码中能看到几件有趣的事情。首先，数据需要显式地传输，主进程要把子进程计算所需的数据发送给对方。进程各自在其本地内存中保存数据的拷贝，即使是只读数据也是如此。而在共享存储程序中，大多数数据仅在主存中存有一个拷贝（特别是只读数据）。因此，共享存储程序代码和数据的内存占用量较小。另外，共享存储系统的总物理内存是所有本地内存之和，而在非共享存储系统中，每个处理器的主存受限于它自己的物理内存大小。在某些情况下，这一优点足以让一些程序员选择在共享存储系统而不是消息传递系统上运行程序。

38

上述代码假设发送（send）和接收（recv）都是阻塞式的，即当消息缓冲区满时，send 将阻塞；当等待的消息未到达时，recv 将阻塞。因此，send 和 recv 实际上起到了同步两个进程间计算顺序的效果。总体上，代码 2.4 和代码 2.5 重申了共享存储和消息传递两种编程模型的差异，即共享存储程序中的显式同步，以及消息传递程序中的显式通信与隐式同步。

2.2.3 其他编程模型

（1）分区化全局地址空间（PGAS）

正如之前讨论的，共享存储编程模型允许所有线程透明地共享单一地址空间。它在简化并行程序编写的同时，也对程序员隐藏了数据分布。然而，由于数据分布和数据局部性对于并行程序性能调优非常重要，这种透明性在一定程度上将并行编程的复杂性推迟到了后续（调优）阶段，甚至可能会增加调优的难度。实际上，在编程的早期阶段，让程序员能够控制数据如何分布，以及如何分配给不同线程可以提高程序调优的生产率。为了实现这一点，人们提出了混合型编程模型。分区化全局地址空间（partitioned global address space）编程模型，即 PGAS，就尝试将共享存储和消息传递两种编程模型的优点结合到一起，即消息传递模型的数据局部性（分区）特点和共享存储模型的数据访问便利性特点。

PGAS 的存储模型如图 2-4a 所示，其地址空间包括一个私有部分和一个共享部分。每个线程都分配一个私有部分，该部分只能由线程自己访问，在非一致存储系统结构（NUMA）中，它与线程具有自动的亲和力（affinity）。共享部分则可以被所有线程访问（读和写），这部分被分区为多个具有不同亲和力的区域。数据亲和力只是定义了数据的分布，即数据应当被分配在共享空间的哪块内存，因此它可以用于改善局部性，但不能用于限制其他线程访问这些区域。

在 PGAS 模型中，程序员能够控制一个数据结构分配在线程的私有空间还是共享空间。如果数据分配在共享空间，程序员能够为该数据结构的不同部分赋值不同的亲和力。图 2-4b 给出了用 PGAS 编程语言 UPC（Universal Parallel C）定义变量或数据结构的实例。图中的变量定义 int a 将变量 a 分配在私有空间中，即每个线程的私有空间中有一个 a 的实例；而 shared int b 则将变量分配在共享空间中，其亲和力使用线程 0 的缺省值。对于一个矩阵来说，可以逐块为其赋值亲和力：shared [2] x [8][8] 就为该矩阵定义了交错的亲和力值，其中矩阵的每两个连续元素被赋值一个亲和力值，其后的两个连续元素被赋值下一个亲和力值，如此类推直到矩阵边界。还有针对指针分配的规则，例如，一个指针可以定义为一个私有或共享变量，并可以指向一个位于私有或共享空间中的对象，而一个私有指针只能指向私有空间中的对象，或者共享空间中的本地对象。

39

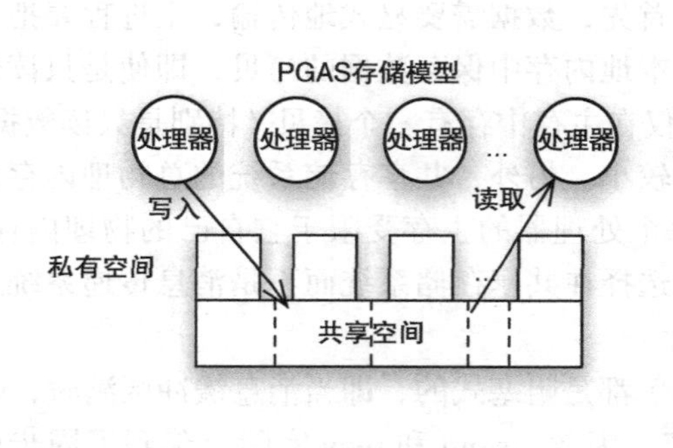

a）PGAS存储模型

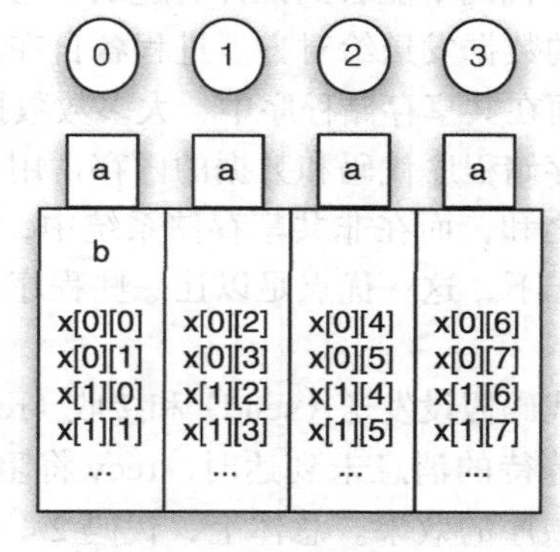

b）数据结构分配示例及其与UPC关系

图 2-4　PGAS 存储模型

■ **你知道吗？**

在 21 世纪早期即 PGAS 初期，出现了多种支持 PGAS 编程模型的编程语言，包括 UPC、Co-Array Fortran、Tianium、X-10 和 Chapel。这些语言不仅定义了一种存储模型，而且还定义了各种同步形式和存储一致性模型。感兴趣的读者可参考 http://www.pgas.org。

图 2-4b 通过实例说明了编程模型如何允许程序员在数据分布上施加更多的控制。为了说明数据分布对于改善局部性有怎样的帮助，代码 2.6 给出了一个矩阵相乘的例子，这个例子实现了矩阵相乘 $\boldsymbol{C} = \boldsymbol{A} \times \boldsymbol{B}$。所有的矩阵都分配在共享空间中。矩阵 $\boldsymbol{A}$ 和 $\boldsymbol{C}$ 按行平均分配

给各线程：给每（$\frac{N \times P}{\text{THREADS}}$）行赋值一个线程的亲和力值，只有该线程访问这些行的矩阵元素。然而，每个线程都需要访问矩阵 **B**，因此矩阵 **B** 并不会得益于哪个亲和力值。因此，简单地定义 shared B[P][M] 不会破坏局部性。在代码中，**B** 被逐列分布以避免形成访问热点，即所有线程都访问共享存储中那块亲和力为缺省值的区域（矩阵 **B** 所在区域）。

对于 NUMA 系统来说，PGAS 允许程序员把数据的不同部分放置在不同位置，比如距离要访问它的线程更近的地方。从本质上讲，这存在着灵活性（程序员能在并行程序中拥有多少控制权）和复杂性（程序员在并行编程时需要处理多少问题）之间的权衡。PGAS 在增加编程灵活性的同时也增加了复杂性（相对于标准的共享存储编程模型而言）。然而，由于在 NUMA 系统中数据局部性是决定性能的关键因素，PGAS 编程模型对于在 NUMA 系统中编写高性能的并行程序也许是必要的。

40

代码 2.6　用 UPC 编写的矩阵相乘示例代码

计算 $C=A\times B$ 的代码，其中矩阵 A 的大小为 $N\times P$，矩阵 B 的大小为 $P\times M$，矩阵 C 的大小为 $N\times M$。假定 $N\times P$ 可被线程个数整除。

upc_forall 指定所有的循环迭代都可以相互独立执行。其前三个参数与 C 语言 for 循环语句的参数相同，最后的参数 &A[i][0] 用于指定执行第 i 次迭代的线程，即与矩阵元素 $a[i][0]$ 具有亲和力的线程。

```
1 shared [N*P /THREADS] double A[N][P]; // 分布矩阵 A 的行
2 shared [N*P /THREADS] double C[N][M]; // 分布矩阵 C 的行
3 shared [M /THREADS] double B[P][M] ; // 分布矩阵 B 的列
4
5 void main(void) {
6   ... // 矩阵初始化
7
8   upc_forall(i=0;i<N;i++;&A[i][0])
9     for (j=0; j<M; j++) {
10      C[i][j] = 0;
11      for(l=0; l< P; l++)
12        C[i][j] +=A[i][l]*B[l][j];
13    }
14  upc_barrier;
15
16  ...
17 }
```

（2）数据并行编程模型

数据并行编程模型是一种与单指令流多数据流（SIMD）计算机紧密关联的编程模型，从本质上讲，它只用一条指令流在大量数据上进行操作。对于非数据并行来说，通常一条指令处理两个源操作数，对这两个数执行一个操作并生成一个结果；而对于数据并行来说，一条指令能够处理两个源操作数的多组数据，生成一组结果，它要求源操作数组织成向量格式。操作数和结果的组数即为向量的宽度（或通道数）。

在进行向量计算时，可以把输入到多个向量通道的数据组织成向量数据，这通过把一组寄存器组成一个向量寄存器来实现。另一种做法是把多个较小的数据装入（pack）一个宽的寄存器中。图 2-5a 就给出了一种 128 位宽的向量寄存器，它能够装入多个数据项，数据项的个数则取决于数据项宽度：两个 64 位数据项、4 个 32 位数据项、8 个 16 位数据项或 16 个 8 位数据项。例如，两个双精度浮点数（double 类型）刚好装入一个向量寄存器而形成一个 2 – 宽度向量，四个单精度浮点数（float 类型）刚好装入一个向量寄存器而形成一个 4 – 宽度向量，16 个字节大小的数据项刚好装入一个向量寄存器而形成一个 16 – 宽度向量，等等。将多个数据项传送到向量寄存器需要装入操作（packing），而保存结果向量则需要取出操作（unpacking）。

41

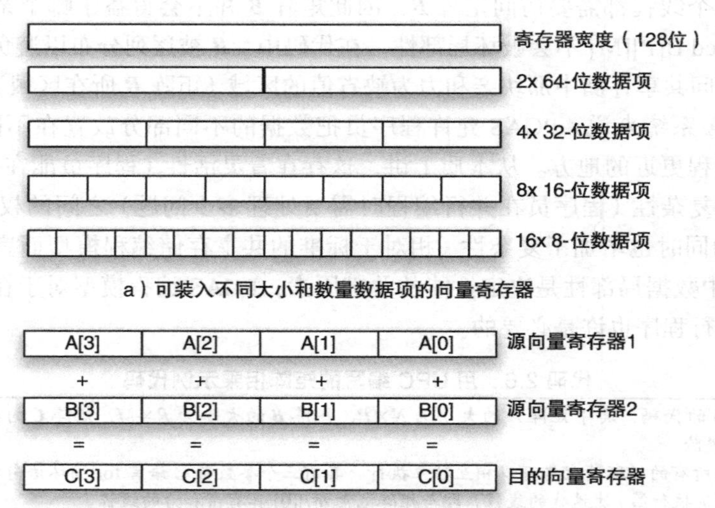

图 2-5　向量寄存器

代码 2.7　使用 Intel SSE 指令的 4 – 宽度向量加操作示例代码

```
1// 包含四个32位浮点数的128位向量结构体
2struct Vector4
3{
4  float x, y, z, w;
5};
6
7// 两个常量向量相加，返回结果向量
8Vector4 SSE_Add ( const Vector4 &Operand1, const Vector4 &Operand2 )
9{
10 Vector4 Result;
11
12 __asm
13 {
14   MOV EAX Operand1        // 将指针装入CPU寄存器
15   MOV EBX, Operand2
16
17   MOVUPS XMM0, [EAX]      // 将未对齐向量放入SSE寄存器
18   MOVUPS XMM1, [EBX]
19
20   ADDPS XMM0, XMM1        // 向量相加
21   MOVUPS [Result], XMM0   // 保存要返回的向量
22 }
23 return Result;
24}
```

42

代码 2.7 给出了 4 – 宽度向量加的示例代码。在代码中，首先将 4 个数据项的指针放入寄存器 EAX（和 EBX），这一过程完成了装入；随后用 MOVUPS 指令将这些数据项加载到向量寄存器 XMM0（和 XMM1）中；当 4 个数据项被装入向量寄存器 XMM0 和 XMM1 后，就可以用一条指令 ADDPS 对其进行相加，如图 2-5b 所示。

数据并行执行非常高效。例如，要完成代码 2.7 所示的四对数据项相加，如果没有向量支持的话，就需要编写一个循环，通过四次迭代才能完成，每次迭代完成一对数的相加。这个循环不仅引入了4条加指令，还包括了更新循环下标的指令、条件分支等。然而，数据并行编程模型不是很灵活，它要求对多个数据项进行相同的计算。当然，一定程度的灵活性也是可能的，如可以给一个向量操作定义一个屏蔽码（mask），使得向量操作只在那些未被屏蔽的数据项上进行，这样，屏蔽码就在向量操作上实现了简单的条件分支。

数据并行编程模型通常要求共享存储系统，原因有几点。首先，需要从内存中读取数据到向量寄存器或从向量寄存器写入数据到内存中，向量数据通常来自于矩阵的元素，在某一时刻，某一个向量通道读/写的数据可能会被标量指令或另一个向量通道读/写，因此，要支持向量执行，处理器核间共享存储则更方便一些。另外，装入/取出操作与处理器支持的寻址模式紧密相关。这样，数据并行编程模型与处理器的指令系统构成紧密相关。因此，数据并行编程模型通常在共享存储模型中支持。

数据并行编程模型的另一个实例是SIMT（单指令多线程），它用在一些图像处理单元（GPU）中，在这类处理器中，多个核运行多个线程，多个线程以锁步的形式执行相同的指令但处理不同的数据。SIMT编程模型将在第12章中详细介绍。

（3）MapReduce

MapReduce是Google提出的一种编程模型，主要用于集群计算。该模型已经在Amazon、Facebook、Yahoo等公司得到了广泛的商业应用。最主流的MapReduce实现大概要算是开源的Hadoop了。在MapReduce编程中，程序员提供（最少）两个函数：map()和reduce()，它们将在不同的阶段执行。在map阶段，map函数处理输入数据并生成中间结果，中间结果的形式是<key, value>对的列表。在reduce阶段，reduce函数读取这些key-value对，将那些key值相同的value值聚合到一起。

为了进一步说明上述过程，设想有一个文档，要统计文档中每个词的出现频率并将其以直方图显示。在该词频统计中，每个map任务从文本格式的文档输入中取出一块，并检查该文本块中的词，对遇到的每个词*w*，生成一个<*w*, 1>对作为中间结果。map阶段结束后reduce阶段开始，每个reduce任务处理一个特定的key（一个不同的词），将该key关联的值（计数值）进行累计。

下面来看一下MapReduce编程模型的主要特性。其中一个重要的特性是，数据不是直接通过位置访问的，数据的位置被抽象了，map阶段使用key值将数据存入中间结果，并在reduce阶段使用key值从中间结果中提取。这就隐含了一个重要的特性：中间结果可以改变其位置和组成而不会影响到MapReduce程序。与此不同的是，无论是共享存储还是消息传递模型，程序员都必须知道数据存放在什么地方（共享存储中的位置或者哪个进程拥有该数据），而在MapReduce中，程序员无须知道数据保存在什么地方。因此，MapReduce既可以在共享存储系统中实现，也可以在非共享存储系统中实现，如图2-6所示。对于前面所举的例子，可以把中间结果存放到文件系统中，如HDFS（Hadoop File System）。这样map进程就可以通过写文件将中间结果存入HDFS，而reduce进程可以通过读文件从HDFS中读取中间结果。在map和reduce之间，在文件系统中对数据进行混洗（shuffle），即把key值相同的key-value对移动到同一节点上，以便后续在该节点上执行reduce来处理这些数据。对于中间结果，还有一种实现方法，就是将其保存在内存的一个数据结构中，典型数据结构如散列矩阵（见图2-6），它用在MapReduce的共享存储实现版本中，如Phoenix。

43

MapReduce 的另一个重要特性是它允许的并行性类型。在 map 阶段，输入记录被分布到各 map 任务，这些 map 任务在分配的不同输入记录上进行相同的计算。reduce 阶段读取中间结果，聚合有相同 key 值的对，其效果就是一种基于 key 的归约。将数据与 key 关联到一起使得可以进行并行归约，因为多个线程 / 进程可以各自处理不同的 key 而不会相互干扰。因此，从并行性角度来看，map 任务实现了数据并行，而 reduce 任务执行了并行归约。

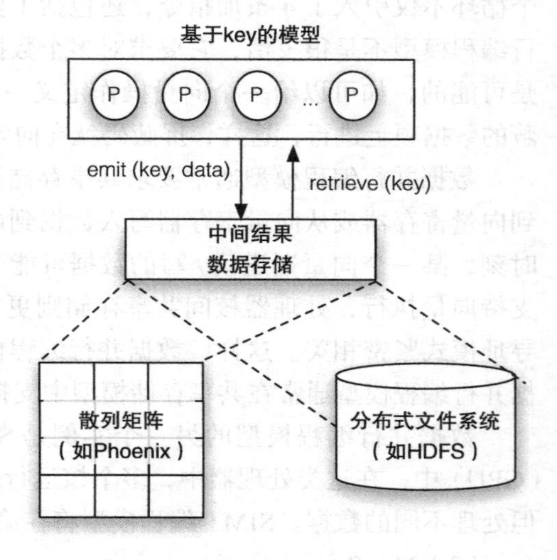

图 2-6　MapReduce 编程模型

MapReduce 并行模型（至少在其基本形式上）存在一些限制。例如，MapReduce 无法在 map 任务间或 reduce 任务间处理流水线并行。然而，这种限制也带来了好处。例如，由于 MapReduce 只涉及数据并行和并行归约，这确保了在 map 或 reduce 阶段，线程或进程间没有冲突，因而也就无需线程或进程间同步。唯一需要的同步是在 map 阶段结束和 reduce 阶段开始之间设置一个 barrier。由于用户程序中不使用锁，死锁也就可以避免。另外，并发管理——比如何时生成及生成多少线程，以及任务队列管理，都可以对程序员透明。

44

> **■ 你知道吗？**
>
> 通过 key 将数据位置抽象化还隐含了一点：MapReduce 程序的性能不再仅由数据位置决定，还取决于关联了哪些 key 数据。这是因为当把一个 <key, value> 对插入中间结果中时，插入操作的性能依赖于这个 key 的值，以及在它之前已被插入中间结果的 key 的值。例如对于词频分析（word count）应用，据报道，当文档中只包含唯一词（一个词仅出现一次）时，其性能比在文档中只包含一个复制了多遍的单词的情况要慢 67 倍 [64]。这种依赖于数据内容的性能在传统的共享存储或消息传递模型中并不常见。

为了更清晰地说明 MapReduce 编程模型，我们举一个反向索引（inverted index）计算的例子。该计算的目标是：给定一个 HTML 文档列表，其中每个文档都可能包含指向其他 HTML 文档的链接，要生成的结果是对每一个不同的链接给出包含该链接的 HTML 文档列表。如图 2-7 所示，其输入为 4 个 HTML 文档，每个文档包含了不同的链接。在 map 阶段，把不同的文件分配给不同的 map 任务，每个任务负责解析分配给它的文件，每当在文档 *D* 中遇到链接 *L* 时，就生成一个 <*L*, D> 对，其中 *L* 是 key，*D* 是 value。在 map 阶段结束时，中间结果中就包含了很多 <*L*, *D*> 对，将这些数据对按 *L* 排序。在 reduce 阶段，把不同的 key 值（即不同的 *L*）分配给不同的 reduce 任务，每个任务合并 key 值相同的所有 value。例如，一个 reduce 任务可能处理 <LinkA, Doc1>、<LinkA, Doc3>、<LinkA, Doc4>，并生成最终输出“LinkA: Doc1, Doc3, Doc4”。其他的 reduce 任务可以处理不同的 key（链接）并生成最终输出。在本例中，map 任务相互并行工作，reduce 任务也相互并行工作，当然，只有在 map 完成后才能启动 reduce。可以看到，中间结果实现了 map 和 reduce 间的解耦，因为数据是根据其 key 值而不是地址来识别的。

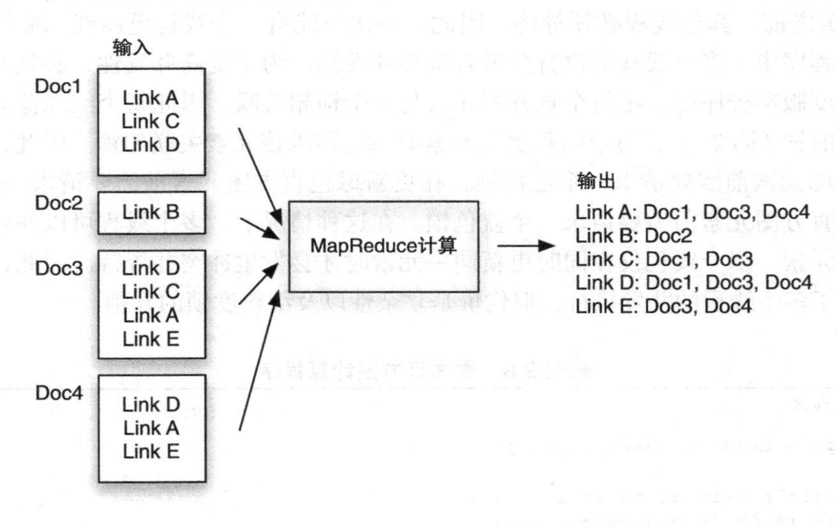

图 2-7 使用 MapReduce 编程模型的反向索引计算

总体而言，MapReduce 这种并行编程模型通过限制可表达的并行性类型来实现简化并行编程的目的，对于那些不要求十分灵活的并行编程的应用领域来说，这种模型非常具有吸引力。

（4）事务内存

事务内存（Transactional Memory，TM）是一种编程模型，它允许程序员将一段代码定义为一个事务。事务的概念来源于数据库编程。在数据库中，一个事务必须具备 ACID 特性，即原子性（atomicity）、一致性（consistency）、隔离性（isolation）和持久性（durability）。原子性要求每个事务要么全部成功执行（事务完成且结果起效），要么什么都不执行（不产生任何效果）；一致性是指无论在任何事件下，事务必须产生正确的状态，即使其中存在编程错误；隔离性是指事务执行过程中的系统状态与顺序执行事务时的状态相符，即事务间互不干扰；持久性是指当一个事务提交后，其结果即被保存，即使发生掉电、系统崩溃或其他错误，也不受影响。

45

在并行编程中，提出“事务”概念的首要目标是将程序员从处理底层的线程同步（如加锁）中解放出来。因此，事务在并行编程中扮演的角色较其在数据库中的作用要窄一些，它的设计只需满足原子性和隔离性。在事务存储中，事务要么全部执行，要么什么都不执行，并且它们生成的结果必须与其串行执行时的输出结果相同。然而，原子性的表示要弱一些，即仅当出现其他事务干扰事务执行的事件时，事务才会全部失败，否则事务就应当成功完成，也就是说，系统失效或者与外部世界交互（如系统调用）不导致事务全部失败。持久性不是 TM 的关注点，因为 TM 是与易失的内存状态打交道，因此并不要求 TM 在系统失效时仍然有效。为此，并行编程所说的 TM 专门在其中添加了“memory”一词。

下面通过一个程序实例来说明程序员如何使用 TM。该程序用于计算图像的直方图，它检查图像中每个像素的红、绿、蓝色强度值，并统计每种颜色强度值的出现次数。代码 2.8 给出了分别使用粗粒度锁和细粒度锁的两种代码实现。在粗粒度锁版本中，为了避免多个线程同时更新同一红 / 绿 / 蓝色直方图元素而导致的竞争，用一对 lock 和 unlock 操作把直方图更新部分的程序“围”起来。lock 操作的语义是它只允许一个线程获取它（加锁），在其被释放（开锁）之前，其他线程必须等待。因此，一次只能有一个线程更新红 / 绿 / 蓝直方图。在粗粒度锁程序中，多个线程的执行并没有很多并发性。为了提高并发性，必须改用细粒度锁，在细粒度版本程序中，把每个直方图元素与一个锁相关联。因此每个红绿蓝元素都关联一个它自己的锁（第 2 行），每个线程更新元素时只需请求该元素关联的锁。因此，程序在更新红色直方图元素前需要请求一个红色锁，在更新绿色直方图元素前需要请求一个绿色锁，在更新蓝色直方图元素前需要请求一个蓝色锁。在这种情况下，多个线程可以并发地更新不同的直方图元素。多个线程仅在同时更新同一元素时才会发生冲突并等待。因此，该细粒度锁程序实现了多个线程的并发执行，但代价是复杂性以及细粒度锁的开销。

46

代码 2.8　图像直方图计算程序

粗粒度锁版本：

```
1  image = Image_Read(fn_input);
2
3  for (i=0; i<image->row; i++) {
4    for (j=0; j<image->col; j++) {
5      lock();
6      histoRed[image->red[i][j]]++;
7      histoGreen[image->green[i][j]]++;
8      histoBlue[image->blue[i][j]]++;
9      unlock();
10   }
11 }
```

细粒度锁版本：

```
1  image = Image_Read(fn_input);
2  lock_t redLock[256], greenLock[256], blueLock[256];
3
4  for (i=0; i<image->row; i++) {
5    for (j=0; j<image->col; j++) {
6      lock(&redLock(image->red[i][j]));
7      histoRed[image->red[i][j]]++;
8      unlock(&redLock(image->red[i][j]));
9
10     lock(&greenLock(image->red[i][j]));
11     histoGreen[image->red[i][j]]++;
12     unlock(&greenLock(image->red[i][j]));
13
14     lock(&blueLock(image->red[i][j]));
15     histoBlue[image->blue[i][j]]++;
16     unlock(&blueLock(image->red[i][j]));
17   }
18 }
```

在 TM 中，程序员只需定义要保证原子性和隔离性的代码区间（即定义事务）。对前述的图像直方图例子来说，程序员无须依赖锁，而只需将更新直方图元素的代码块定义为原子块（事务），对应的代码实现如代码 2.9 所示。TM 提供的是乐观并发性（optimistic concurrency），即线程遇到事务时，将继续执行代码块而不是阻塞。如果两个线程同时执行一个事务代码块来更新同一直方图元素，就发生了冲突，TM 必须能够检测冲突并进行处理，此时为确保原子性，要么回滚两个线程的执行，要么阻止两个线程对内存状态的更新，使得看上去线程压根没有执行过该事务代码块。接着，让线程再重新执行该代码块。因此，

47

一个 TM 系统需要的部件包括冲突检测机制、回滚机制或内存写拦阻机制，以及重新执行机制。

代码 2.9 基于事务内存的图像直方图计算程序

事务内存版本：

```
1  image = Image_Read(fn_input);
2
3  for (i=0; i<image->row; i++) {
4    for (j=0; j<image->col; j++) {
5      atomic {
6        histoRed[image->red[i][j]]++;
7        histoGreen[image->green[i][j]]++;
8        histoBlue[image->blue[i][j]]++;
9      }
10   }
11 }
```

在某种程度上，TM 可以减少或避免在并行程序中使用锁，因而可以简化并行编程，此外它还可以避免潜在的死锁（两个线程间的循环锁依赖导致的一方阻止另一方继续执行）。由于 TM 这种更简单的编程抽象，它曾被认为是可组合的，即使用事务形成代码组件，再用这些组件构建更复杂的事务代码。然而经过反复验证，无论软件还是硬件实现的 TM，TM 的性能都与原子代码块（事务）的粒度选择紧密相关。如果事务代码块过大，冲突概率随之增大，将导致频繁的冲突和回滚。不仅如此，随着事务尺寸的增大，原子性的实现代价也会随之增大。在硬件实现的 TM 中，事务执行过程中的写操作都被暂时缓存在专门的缓冲区（或专用 Cache）中，直到该事务结束并提交，这样，事务的尺寸就受限于缓冲区（或 Cache）容量，一旦超过则 TM 性能将急剧下降。而如果事务代码块过小，并发性也随之减少。因此，程序员仍然需要非常熟悉他们的代码才能选择合适的事务尺寸。

TM 有两种实现方式：软件 TM（STM）和硬件 TM（HTM）。典型的 STM 是针对数据结构的，事务执行过程中在数据节点的副本上进行更新操作，事务提交时将指向数据节点的指针改为指向当前更新过的副本节点。与 STM 不同，HTM 使用高速缓存或特殊的缓冲区来保存未提交事务的更新值，如果事务回滚，这些值将被丢弃，而如果事务成功提交，这些值将被写入内存以使更新值生效。

TM 并没有取代所有的同步原语，因为事务只是提供了互斥执行机制，而没有表达线程依赖关系。例如，如果一个线程需要阻塞等待另一个线程完成某个计算，程序员仍然需要使用标志或信号量。目前有几种处理器支持 HTM，但通常对事务尺寸有限制（事务过大将无法保证其提交）。程序员怎样在既有和未来程序中使用事务仍然有待观察。 48

2.3 习题

课后习题

线性转换计算 $\boldsymbol{Y}=\boldsymbol{A}\times\boldsymbol{B}+\boldsymbol{C}$，其中 $\boldsymbol{Y}$、$\boldsymbol{A}$、$\boldsymbol{B}$、$\boldsymbol{C}$ 的维数分别是 $n\times p$、$n\times m$、$m\times p$、$n\times p$。假设 n、m 和 p 均可被 2 整除。算法如下所示：

```
int i, j, k;
float A[n][m], B[m][p], Y[n][p], C[n][p], x;
...
for (i=0; i<n; i++) {
```

```
   for (j=0; j<p; j++) {
      x = 0;
      for (k=0; k<m; k++)
         x = x + A[i][k] * B[k][j];
      Y[i][j] = x + C[i][j];
   }
}
```

(a) 请使用消息传递编程模型对算法中的“for i”循环进行并行化，假设有两个处理器。请使用send(目的线程，数据清单)和recv(源线程，数据清单)。假设初始时只有线程0拥有所有数据。需确定线程0将哪些数据发送给线程1，反之亦然。

(b) 请使用共享存储编程模型对算法中的“for i”循环进行并行化，假设有两个处理器。请使用“begin parallel”和“end parallel”标出你的并行区域，并插入恰当的同步（如锁和栅障）。需明确哪些数据应为线程私有，哪些数据应为所有线程共用（共享）。

49

第 3 章

Fundamentals of Parallel Multicore Architecture

共享存储并行编程

如上一章所述，本书重点关注共享存储编程模型，因为与它相关的概念对于理解多核架构的体系结构非常重要，除此之外，共享存储编程模型是目前多核架构的主流编程模型。本章的目的是讨论创建共享存储并行程序所需的步骤，重点在于通过分析代码或算法来识别出可以并行的任务、确定变量的范围、协调并行任务，以及向编译器展现并行性。在本章的最后，读者将学习到基本的共享存储并行编程技术。

在学习共享存储多处理器体系结构之前学习共享存储并行编程，有助于读者理解软件如何在系统上运行、什么样的结构是重要的，以及在考虑共享存储多处理器的设计时哪些软件问题是相关的。 51

3.1 并行编程的步骤

一般来说，共享存储并行编程包括如图 3-1 所示步骤。创建并行程序的第一步是识别代码中的并行性来源。程序员可以在不同层面（如代码层面和算法层面）执行多种分析技术以识别并行性。本章中 3.3 节、3.4 节和 3.5 节将讨论这些技术。识别出并行任务后，如果任务很小，还需要将其组合成规模较大的任务。在这一步中，任务将成为一个线程可以执行的最小单元。然后，需要确定任务使用的每个变量的范围（3.6 节）。由于两个任务可能由不同的线程执行，需要确定每个变量是为所有线程共享还是由单个线程私有。接下来就是通过线程同步协调任务的执行。本章将讨论线程需要使用什么类型的同步，以及同步在线程中的使用位置（3.7 节）。最后，本章将讨论如何将任务分配给线程（3.8 节）以及如何将线程映射到处理器（3.9 节）。整体而言，并行性识别、变量范围确定和同步可以统称为任务创建，通过这些步骤线程可以相互合作完成一个完整的计算任务。任务创建相对来说是独立于机器的，程序员不需要了解处理器数量、处理器互连方式以及数据组织形式。 52

下一步就是将任务分配给线程。通常情况下，任务比可用的处理器要多，并且产生比处理器数量更多的线程（这将导致线程分时复用单个处理器），这样往往性能较差，因此需要将多个任务分配给同一个线程处理。任务到线程映射的目标是实现线程间的负载均衡。并行编程的最后一步是进行线程到处理器的映射，以及在存储中组织好数据。该步骤的目标是实现局部通信，即通信的处理器之间彼此靠得很近，以及局部数据，即每个处理器访问的数据尽可能靠近处理器。最后这两个步骤统称为*任务映射*。有时，任务映射对程序员是透明的，如通过使用系统默认的映射方式。但是，这种默认映射有时会产生次优的性能和可扩展性。

任务创建的第一步是识别并行任务，可以从三个层次做到：*程序级*、*算法级*和*代码级*。文件的并行编译是程序级并行任务的一个例子。又例如，并行 make 工具（如 pmake）产生的进程可以并行编译不同的源文件。程序级并行虽然有效，但是只能应用于程序的多个实例可以同时运行的情况。此外，利用程序级并行有时并不能产生明显的性能改善。因此，本章将重点讨论在代码级和算法级上识别并行性。识别代码级并行是一种通用的技术，因为我们只需要分析代码结构，而不需要了解代码所表示的算法。然而，了解算法有时会带来代码级并行无法发现的其他并行机会。

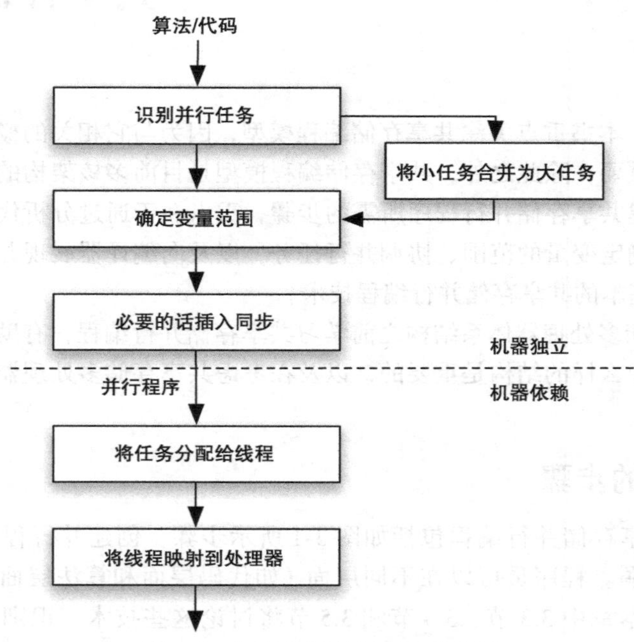

图 3-1　共享存储并行编程的步骤

3.2　依赖分析

依赖分析的目标是发现是否有可以并行执行的代码段。一般而言，两个没有依赖关系的代码段可以并行执行，而两个具有依赖关系的代码段可能无法并行执行（尽管某些代码变换可能会消除一些依赖关系）。依赖分析仅使用源代码中嵌入的信息来识别代码级并行性。对于其他信息，如算法的知识，并没有考虑在内。依赖分析不仅适用于本章重点介绍的共享存储并行编程，也适用于消息传递并行编程。

依赖分析需要处理的第一个问题是如何确定代码分析的粒度。这个选择在很大程度上取决于程序员，但也有一些限制。例如，最小的粒度可能是单个机器指令。机器指令之间的依赖很大程度上取决于寄存器依赖，如一条指令产生另一条指令需要读取的寄存器值。发掘寄存器值上的依赖或非依赖都需要一个通用寄存器，这特别适合于单个处理器上的指令级并行。因此，对于并行编程的最小粒度是源代码语句级别。更大粒度可以是循环体（循环的不同迭代之间或循环嵌套）或小函数体级别，更进一步甚至可以是大型函数体或抽象算法步骤级别。

为了能够系统地执行依赖分析，有必要定义一个框架。这里首先定义几个符号。在源代码中用 S 表示一个语句或一组语句。如果有两个语句 $S1$ 和 $S2$，那么 $S1 \rightarrow S2$ 表示程序执行中语句 $S1$ 在 $S2$ 之前出现。此外，定义下面的依赖关系（或简称为“依赖”）。

53

- $S1 \rightarrow^{T} S2$ 表示真依赖，即 $S1 \rightarrow S2$，并且 $S1$ 写入 $S2$ 读取的位置。换句话说，$S1$ 是数据的产生者，并被使用者 $S2$ 读取该数据。
- $S1 \rightarrow^{A} S2$ 表示反依赖，即 $S1 \rightarrow S2$，并且 $S1$ 读取 $S2$ 写入的位置。

- $S1 \rightarrow^{O} S2$ 表示输出依赖，即 $S1 \rightarrow S2$，并且 S1 写入 S2 写入的同一位置。

为了说明依赖关系，代码 3.1 显示了一个包含四条语句的代码段。

代码 3.1　4 条语句组成的简单代码

```
1 S1: x = 2;
2 S2: y = x;
3 S3: y = x + z;
4 S4: z = 6;
```

代码中对应的依赖关系如下：

- $S1 \rightarrow^{T} S2$，因为 x 在 S1 中写入并在 S2 中读取。
- $S1 \rightarrow^{T} S3$，因为 x 在 S1 中写入并在 S3 中读取。
- $S3 \rightarrow^{A} S4$，因为 z 在 S3 中读取并在 S4 中写入。
- $S2 \rightarrow^{O} S3$，因为 y 在 S2 中写入并在 S4 中也写入。

反依赖和输出依赖也被称为假依赖，因为后续指令并不依赖于先前指令产生的任何值。该依赖关系只是因为它们涉及相同的变量或存储位置。因此，通过重命名变量实际上可以消除假依赖。例如，如果 S3 写入“y2”而不是“y”，那么 S2 和 S3 之间的输出依赖就不存在了。同样的，如果 S4 写入“z2”而不是“z”，那么 S3 和 S4 之间的反依赖就不存在了。真依赖一般难以消除，因此它们是并行化的真正障碍。在一个并行程序中，只有两条语句可以在不同的线程上并行执行时，重命名才是必需的。因此，重命名通常会为每个线程创建一个变量的“私有”副本。为此，并行程序中消除假依赖的典型方法被称为*私有化*。私有化将在 3.6 节中详细讨论。 54

■ 你知道吗？

可以通过组合相邻的语句来实现更大粒度上的依赖分析。这样做的一个原因是可以在语句组之间识别出并行性，而不是语句之间。例如，假设把上面例子中的语句 S1 和 S2 组合为 S_{12}，S3 和 S4 组合为 S_{34}。通过组合，只考虑各个组之间的依赖关系，这样就能够确定以下依赖：

- $S_{12} \rightarrow^{T} S_{34}$，因为变量 x 由语句组 S_{12} 产生，并由语句组 S_{34} 读取。
- $S_{12} \rightarrow^{O} S_{34}$，因为 y 由语句组 S_{12} 写入，并在之后又由语句组 S_{34} 写入。

从上面的例子可以看出，可以任意定义语句组并对语句组进行依赖分析。直觉是，语句组越大，相对来说并行开销越小。此外，如果语句组非常大，语句组之间将越来越多样化，进而可能产生更多的跨组依赖。因此，需要确定合适的语句组合粒度从而在语句组之间识别出更多的并行性。

一种语句组粒度是循环或循环嵌套体。循环结构能够展现出较好的特征。首先，它们常常是规则的且易于分析。其次，它们占据了许多科学应用的大部分执行时间。科学应用通常依赖于对物理现象的模拟，是并行计算机发展的关键驱动力。许多物理现象的模型大量使用矩阵作为其主要数据结构对物理空间中的物体进行建模。访问这些多维数据结构（矩阵）需要使用嵌套循环遍历不同的维度并以时间步迭代。因此，分析循环结构是识别这些应用程序并行性的一个非常有效的方法。非数值应用程序很少使用矩阵。相反，它们使用链式数据结构，如链表、散列表、树和图。虽然遍历这些结构也经常涉及循环，但是这些循环的代码结构要复杂得多，因为许多指针的地址只有在运行时才能获得，并且有时循环还要涉及递归。因此，循环级代码分析在识别非数值应用中的并行性方面效果不佳。

3.2.1　循环级依赖分析

本小节将介绍针对循环的依赖分析。括号“[]”内表示循环迭代空间。例如，迭代空间 [*i*, *j*] 表示在外层循环上迭代 *i* 次并在内层循环上迭代 *j* 次的双重嵌套循环。*S* [*i*, *j*] 表示在特定迭代 [*i*, *j*] 中执行的语句 *S*。如果将整个循环体作为一个语句组，*S* [*i*, *j*] 表示迭代 [*i*, *j*] 中的整个循环体。

循环传递依赖可以定义为一次迭代中的语句与另一次迭代中的语句之间存在的依赖关系，而循环独立依赖为循环迭代内部语句之间存在的依赖关系。它们之间的区别如代码 3.2 所示。

55

代码 3.2　说明循环结构中依赖的代码段

```
1 for (i=1; i<n; i++) {
2   S1: a[i] = a[i-1] + 1;
3   S2: b[i] = a[i];
4 }
5 for (i=1; i<n; i++)
6   for (j=1; j< n; j++)
7     S3: a[i][j] = a[i][j-1] + 1;
8 for (i=1; i<n; i++)
9   for (j=1; j< n; j++)
10    S4: a[i][j] = a[i-1][j] + 1;
```

第一个循环（*S*1）中的第一条语句，对 a [i] 写入并读取 a [i − 1]，这意味着写入 a [i] 的值会在下一次迭代中被读取（第 i + 1 次迭代）。因此，有循环传递依赖 $S1[i] \rightarrow^T S1[i+1]$。例如，在迭代 i = 4 时，语句 *S*1 写入 a[4] 并读取 a[3]，a[3] 的值是在迭代 i = 3 时写入的。除此之外，在同一次迭代中写入 a[i] 的值被 *S*2 语句读取，因此这里有 $S1[i] \rightarrow^T S2[i]$ 循环独立依赖。

在第二层循环中，a[i][j] 中写入的值会在接下来的第 *j* 次迭代中读取，因此有依赖 $S3[i, j] \rightarrow^T S3[i, j+1]$，其中对 for j 循环而言是循环传递依赖，而对 for i 循环而言是循环独立依赖。

在第三层循环中，a[i][j] 中写入的值会在接下来的第 i 次迭代中读取，因此这里有 $S4[i, j] \rightarrow^T S4[i+1, j]$ 依赖，其中对 for i 循环而言是循环传递依赖，而对 for j 循环而言是循环独立依赖。总体来说，依赖关系如下：

- $S1[i] \rightarrow^T S1[i+1]$
- $S1[i] \rightarrow^T S2[i]$
- $S3[i, j] \rightarrow^T S3[i, j+1]$
- $S4[i, j] \rightarrow^T S4[i+1, j]$

3.2.2　迭代空间遍历图和循环传递依赖图

迭代空间遍历图（ITG）以图形方式展示了迭代空间中的遍历顺序。ITG 不能显示依赖性；它只显示循环迭代的访问顺序。

循环传递依赖图（LDG）以图形方式展示了真 / 反 / 输出依赖，其中一个节点就是迭代空间中的一个点，而有向边显示依赖的方向。换句话说，LDG 将最内层循环体中的所有语句视为一个语句组。由于一个节点代表一次迭代中的所有语句，所以 LDG 不显示循环独立依赖。

本质上来说，LDG 可以通过绘制每个迭代的依赖关系获得。例如，代码 3.3 中的例 1 具有如图 3-2 所示的 ITG 和 LDG。LDG 本质上是依赖 $S3[i, j] \rightarrow^{T} S3[i, j+1]$ 的一个展开版本。在图中，我们可以直观地观察到 for j 循环中的循环传递依赖，而 for i 循环中并没有这种依赖关系。

代码 3.3　循环传递依赖的简单代码

例 1:

```
1 for (i=1; i<4; i++)
2   for (j=1; j<4; j++)
3     S3: a[i][j] = a[i][j-1] + 1;
```

例 2:

```
1 for (i=0; i<n; i++) {
2   for (j=n-2; j>=0; j--) {
3     S2: a[i][j] = b[i][j] + c[i][j];
4     S3: b[i][j] = a[i][j+1] * d[i][j];
5   }
6 }
```

例 3:

```
1 for (i=n; i<=n; i++)
2   for (j=1; j<=n; j++)
3     S1: a[i][j] = a[i][j-1] + a[i][j+1] + a[i-1][j] + a[i+1][j];
```

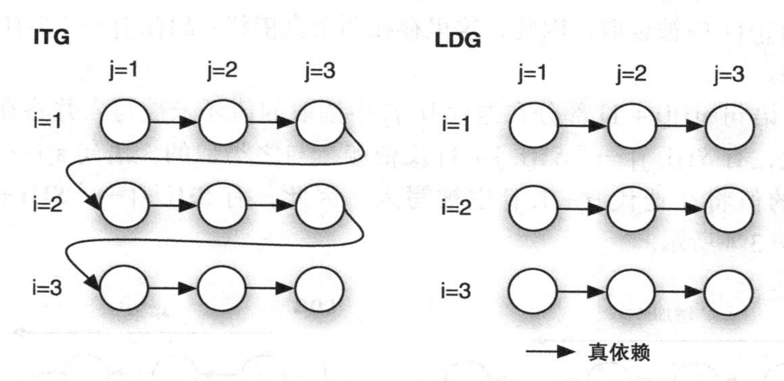

图 3-2　对应代码 3.3（例 1）的 ITG 和 LDG

代码 3.3 的例 2 和例 3 显示了更复杂的情况。在例 2 中，在 for j 上的迭代以每次减 1 的增量从较大的索引值变化到较小的索引值，因此 ITG 将不同于前面的示例。对于依赖关系，b[i][j] 的值由语句 *S*2 读取，并被同一次迭代中的语句 *S*3 写入。因此这里有 $S2[i, j] \rightarrow^{A} S3[i, j]$ 循环独立反依赖。

在迭代循环中，由语句 *S*2 写入到 a[i][j] 的值在接下来的第 j 次迭代中由语句 *S*3 读取。为了更好地展示这种情况，可以在迭代空间中选择两个相邻的点，并比较在一次迭代中读取而另一个迭代中写入的值。例如，如果选择迭代 [i = 3, j = 6]，语句 *S*2 等价于 a[3][6] = b[3][6] + c[3][6]。如果选择接下来的第 j 次迭代，即 [i = 3, j = 5]，语句 *S*3 等价于 b[3][5] = a[3][6] + d[3][5]。注意 a[3][6] 出现了两次：在迭代 [3, 6] 中写入并在迭代 [3, 5] 读取。因此，这

56

里存在 S2[3, 6] $\rightarrow^{T}$ S3[3, 5] 真依赖。一般来说，如果有 S2[i, j] $\rightarrow^{T}$ S3[i, j – 1] 真依赖，对于 for j 循环而言是循环传递的，而对于 for i 循环则不是。ITG 和 LDG 如图 3-3 所示。注意图中并没有给出精确的迭代次数，而是以“增加 i”和“增加 j”来表示迭代过程。因为在依赖分析的过程中，跟踪整个迭代空间的依赖比特定的迭代更为重要。读者可能已经注意到，在迭代空间中，只有在源节点到目的节点的 ITG 中存在边或路径时，才可能会有从源节点到目的节点的依赖。由于 ITG 包含从一个节点到其左侧的另一个节点的边，因此 LDG 中展示的依赖关系与之方向相同。

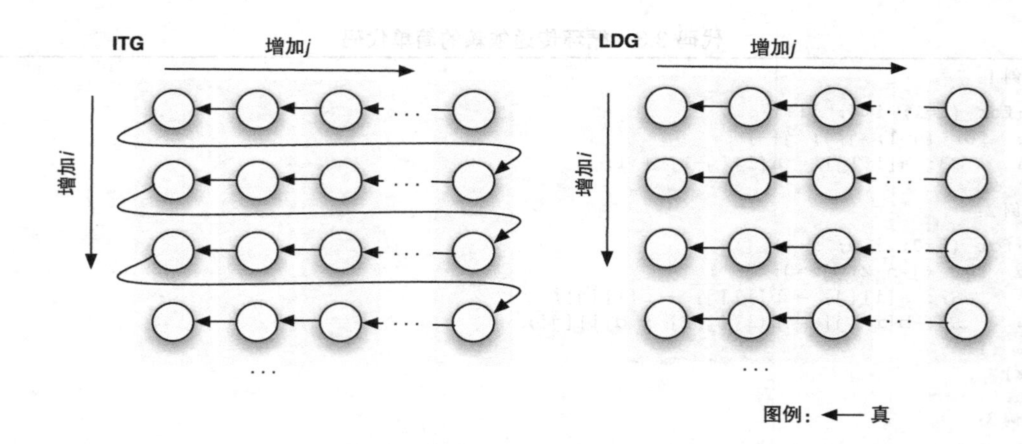

图 3-3　对应代码 3.3（例 2）的 ITG 和 LDG

在例 3 中，写入 a[i][j] 的值在接下来第 j 次迭代（通过语句 a[i][j – 1]）以及第 i 次迭代（通过语句 a[i – 1][j]）中被读取。因此，这里存在两个真依赖：S1[i, j] $\rightarrow^{T}$ S1[i, j + 1] 和 S1[i, j] $\rightarrow^{T}$ S1[i + 1, j]。

除此之外，语句 a[i][j + 1] 部分在迭代 [i, j] 中读取的值还未被写入并将在迭代 [i, j + 1] 中被写入。因此，有 S1[i, j] $\rightarrow^{A}$ S1[i, j + 1] 反依赖。与之类似的，语句 a[i + 1][j] 部分在迭代 [i, j] 中读取的值将在迭代 [i + 1, j] 中被写入。因此，有 S1[i, j] $\rightarrow^{A}$ S1[i + 1, j] 反依赖。ITG 和 LDG 如图 3-4 所示。

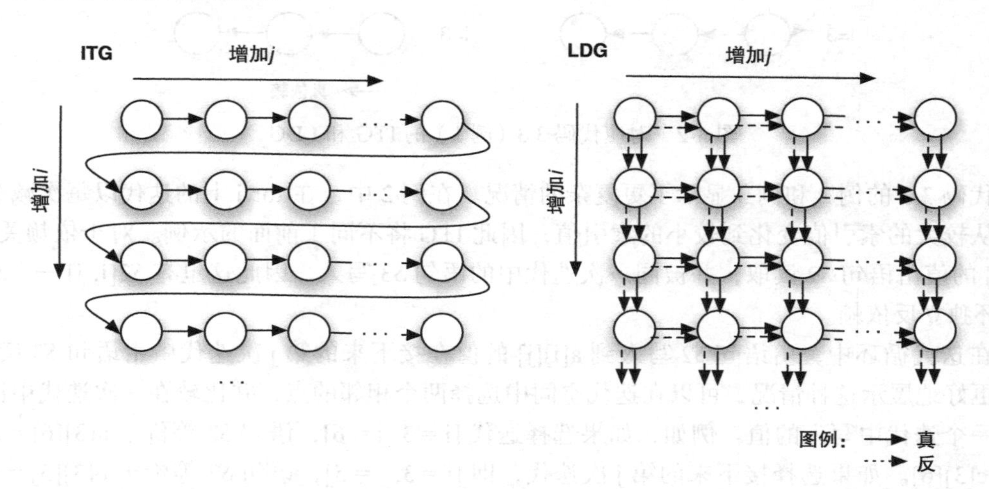

图 3-4　对应代码 3.3（例 3）的 ITG 和 LDG

3.3 识别循环结构中的并行任务

本节将讨论如何分析循环结构来识别各种类型的并行，包括 DOALL、DOACROSS 和 DOPIPE。程序员需要对循环嵌套结构执行拆分、重写等操作，这样并行任务才能通过并行编程语言或编译器很容易地表达出来。

3.3.1 循环迭代间的并行和 DOALL 并行

分析哪些循环迭代可以被并行执行是识别并行的最有效的方法之一。为了做到这一点，首先要分析循环传递依赖。第一个原则是必须遵守依赖关系，特别是真依赖。注意反依赖和输出依赖可以通过私有化移除（稍后在 3.6.1 节中讨论）。暂时假定必须遵守所有的依赖关系。在 LDG 中可以通过观察连接代表迭代的两个节点的边直观地看出两个迭代之间的依赖关系。58 迭代之间的依赖关系也可以被看作连接两个节点的路径（一组边）。只有当两个节点之间没有连接边或路径时，才可以说这两个节点之间没有依赖。彼此之间没有依赖的迭代可以被并行执行。例如，代码 3.4 是一个非常简单的循环。它的 LDG 如图 3-5 所示。

代码 3.4 一个简单的例子

```
1 for (i=2; i<=n; i++)
2   S: a[i] = a[i-2];
```

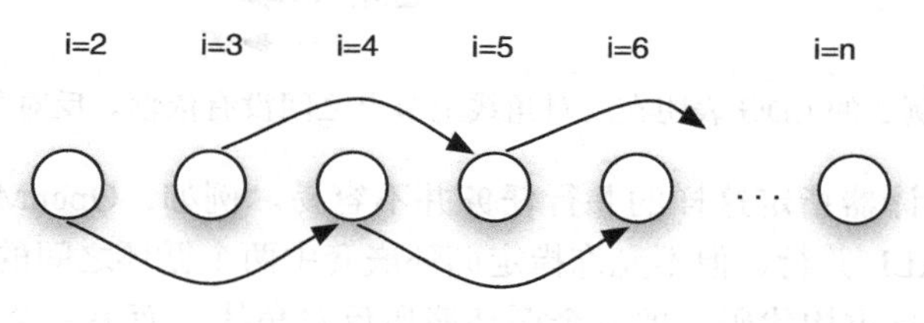

图 3-5 对应代码 3.4 的 LDG

从 LDG 中可以看到，奇数迭代没有指向偶数迭代的边，偶数迭代也没有指向奇数迭代的边。因此，这里可以提取两个并行任务：一个执行奇数迭代，另一个执行偶数迭代。为了实现这一点，可以将循环分成两个较小的循环。这两个循环现在可以相互并行执行，尽管每个循环内仍然需要顺序执行。

识别循环级并行的另一个例子可见代码 3.3 中例 2 的代码，其 LDG 如图 3-3 所示。LDG 显示循环传递依赖在 j 次迭代中，但不在 i 次迭代中。这意味着所有 for i 迭代都是相互独立的，每个迭代都可以是一个并行任务。59 当一个循环的所有迭代都是可并行的任务时，则该循环表现出 DOALL 并行。考虑到运行在大矩阵上的典型循环具有较多迭代次数，其中 DOALL 并行程度可能是相当高的。许多并行语言可以很简单地表示 DOALL 并行。例如，在 OpenMP 中只需要在 for i 语句上面添加一条编译指令（稍后再讨论）。

代码 3.3 中的例 3 是更复杂的例子，对应图 3-4 中的 LDG，显示了 *i* 次迭代和 *j* 次迭代的循环传递依赖。乍看似乎代码中提取不出任何并行任务。但是可以注意到，反对角线循环迭代之间不存在循环传递依赖。在每个反对角线中，图中没有任何两个节点存在彼此指向的边或路径（见图 3-6）。但是，同样的情况对对角线中的节点却并不成立。因为尽管对角线中的节点没有直连边，但它们之间存在路径。

代码 3.5　将代码 3.4 的原循环拆分得到的新循环

```
1for (i=2; i<=n; i+=2)
2  S: a[i] = a[i-2];
3for (i=3; i<=n; i+=2)
4  S: a[i] = a[i-2];
```

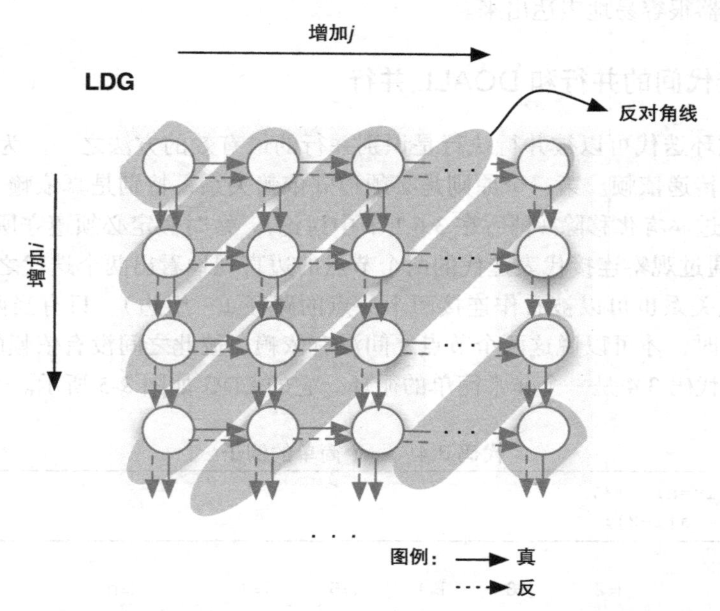

图 3-6　代码 3.3 中例 3 的 LDG 表明在反对角线上节点之间没有依赖。反对角线为灰色阴影部分

不幸的是，为编译器指定这样的并行任务并不容易。例如，OpenMP 并行指令只允许为特定的循环指定 DOALL 并行，但不允许指定循环嵌套中两个循环之间的反对角线并行。解决上述缺陷的一个方法是重构代码，即一个循环遍历反对角线，而另一个内层循环遍历一个反对角线的节点。然后可以为内层循环指定 DOALL 并行。这种方法的伪代码如代码 3.6 所示。

60

代码 3.6　对代码 3.3 例 3 中的反对角线迭代进行重构后的伪代码，其执行的计算与原始循环等效

```
1计算反对角线的数量
2对每条反对角线 {
3   计算当前反对角线上点的数量
4   对当前反对角线上的每个点
5     计算矩阵中的当前点
6   }
7}
```

3.3.2 DOACROSS：循环迭代间的同步并行

在前一章节中描述的 DOALL 并行很简单，因为它所应用的循环中所有迭代都是可并行任务。通常，DOALL 并行循环中并行任务的数量非常大，因此在识别其他类型的并行之前应该先尝试识别 DOALL 并行。然而，在一些循环中，由于循环迭代中的循环传递依赖，导致 DOALL 并行不可行。在这种情况下如何提取并行性？本节将考虑其他提取并行性的方法，并引入 DOACROSS 并行。对于即使存在传递依赖的循环，DOACROSS 并行也可以提取并行任务。

例如，考虑下面这段代码（代码 3.7）。

代码 3.7 循环传递依赖的一个例子

```
1for (i=1; i<=N; i++)
2   S: a[i] = a[i-1] + b[i] * c[i];
```

该循环具有循环传递依赖 $S[i] \rightarrow^{T} S[i+1]$，因此很明显没有 DOALL 并行性。然而，仔细观察后可以注意到，将 *b*[*i*] 与 *c*[*i*] 相乘的语句没有循环传递依赖，这就带来了并行的机会。有两种方法可利用这个机会。第一种选择是将循环拆分成两个循环：第一个循环只执行没有循环传递依赖的语句部分，而第二个循环只执行有循环传递依赖的语句部分。结果代码如下所示（代码 3.8）。该代码为了分离两个语句，第一个循环必须将 *b*[*i*] 和 *c*[*i*] 的相乘结果临时存储在数组 temp[i] 中。采用这个解决方案后，第一个循环具有 DOALL 并行，而第二个循环不具有。不幸的是，这个解决方案有很高的存储开销，因为这样必须引入一个新的数组 temp[i]，而 temp[i] 的规模随着代码中使用的数组规模增大而增大。

61

代码 3.8 代码 3.7 中循环的拆分版本

```
1for (i=1; i<=N; i++)        // 该循环具有DOALL并行
2   S1: temp[i] = b[i] * c[i];
3for (i=1; i<=N; i++)        // 该循环没有
4   S2: a[i] = a[i-1] + temp[i];
```

另一种在具有部分循环传递依赖的循环中提取并行任务的解决方案是采用 DOACROSS 并行性。其中每个迭代仍然是并行任务（类似于 DOALL），但插入了同步以确保使用者迭代（consumer iteration）只读取产生者迭代（producer iteration）产生的数据。这可以通过在有循环传递依赖的语句部分之间插入点对点同步实现。所需的同步原语是：*提交*，由数据产生者调用，表示数据已准备好，*等待*，由使用者调用，并阻塞直到数据就绪。为了简化讨论，假设原语已经命名，即只有当有一个相应的 post(x) 时，wait(x) 才会解锁，其中 x 是唯一标识同步的变量名。一个简单的实现方法是，当有 post(x) 操作时，递增与 x 关联的计数器，而 wait(x) 操作等待直至计数器值非零，之后递减与 x 关联的计数器值。

循环现在变为：

代码 3.9 代码 3.7 中循环的 DOACROSS 并行

```
1post(0);
2for (i=1; i<=N; i++)  {
3   S1: temp = b[i] * c[i];
4   wait(i-1);
5   S2: a[i] = a[i-1] + temp;
6   post(i);
7}
```

在代码 3.9 中，原始语句被分解为两个：没有循环传递依赖的 *S*1 和有循环传递依赖的 *S*2。相乘的临时结果存储在语句 *S*1 中的私有（每个线程）变量 temp 中，并在语句 *S*2 中读取。应用 DOACROSS 后，temp 变为一个私有标量，而不是共享数组。因此，存储开销只随着线程数量的增加而增加，而不是迭代的数量。注意语句 post(i)，post(i) 相当于生产者发出的信号，*a*[*i*] 的值已经产生，并且已经准备好被等待的使用者使用。还要注意的是语句 wait(i – 1)，wait(i – 1) 相当于使用者发出的信号，即使用者必须等到生产者产生 a[i – 1] 的值，在这种情况下是之前的第 i 次迭代。还需要注意在第一次迭代中，语句 *S*2 读取 a[0]，而 a[0] 不由任何迭代产生。因此，我们可以添加 post(0) 来确保第一次迭代不会永远阻塞。随着转换和同步的插入，循环的迭代变成为并行任务，执行过程如图 3-7 所示。

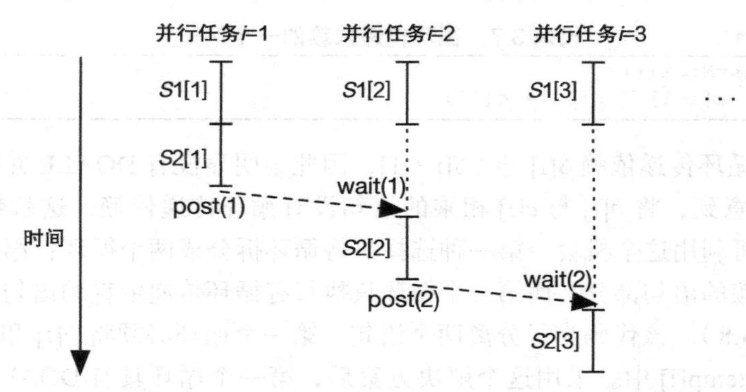

图 3-7　代码 3.9 中 DOACROSS 代码前三个迭代的执行

上述方法可以节省多少执行时间呢？假设同步延迟为 0。T_{S1} 和 T_{S2} 分别表示语句 $S1$ 和 $S2$ 的执行时间。如果循环顺序执行，执行时间是 $N\times(T_{S1}+T_{S2})$。如果使用 DOACROSS 执行，则对于其他迭代中的所有语句可以并行执行 $S1$。$S2$ 语句被顺序执行，其中每个 $S2$ 等待，直到来自先前迭代的相同语句产生了它所等待的数据。因此，执行时间是 $T_{S1}+N\times T_{S2}$，相比原执行时间有所改进。如果假设一个简单的情况，其中 $T_{S1}=T_{S2}=T$，而且 $N>>T$，则加速比是 $\frac{2NT}{(N+1)T}\approx 2$ 倍。实践证明，实际性能得到多少改进取决于循环中没有循环传递依赖的部分（例如 T_{S1}）的执行时间与由于循环传递依赖而必须被串行执行的部分（例如 T_{S2}）的执行时间的比例大小，以及同步开销的大小。由于同步开销通常很大，程序员在使用 DOACROSS 并行时必须小心。减少同步开销的一种方法是将许多并行任务（迭代）分组到一个线程中，这样同步可以在线程之间而不是任务之间执行，所以同步的频率可以大大降低。

[62]

3.3.3　循环中语句间的并行

当一个循环具有循环传递依赖时，另一种并行化的方法是将一个循环分发（distribute）到几个循环中，这些循环执行来自原始循环体的不同语句。例如，考虑代码 3.10 中的循环。

代码 3.10　循环分发的一个例子

```
1 for (i=0; i<n; i++) {
2   S1: a[i] = b[i+1] * a[i-1];
3   S2: b[i] = b[i] * coef;
4   S3: c[i] = 0.5 * (c[i] + a[i]);
5   S4: d[i] = d[i-1] * d[i];
6 }
```

这段循环中有 $S1[i]\rightarrow^{T} S1[i+1]$ 和 $S4[i]\rightarrow^{T} S4[i+1]$ 的循环传递依赖，还有的 $S1[i]\rightarrow^{A} S2[i+1]$ 反依赖。除此之外，还有循环独立依赖 $S1[i]\rightarrow^{T} S3[i]$。语句中缺少循环传递依赖为并行提供了机会。例如，注意到 $S4$ 与循环体中的其他语句没有依赖关系，可以将循环分发到两个循环中。其中，一个循环执行前三条语句，另一个循环执行最后一条语句。修改后的代码如代码 3.11 的第一部分所示。两个循环现在可以相互并行执行，而每个循环内仍需顺序执行。

[63]

与 DOALL 并行和 DOACROSS 并行中每个并行任务对不同的数据执行相似的计算（称为*数据并行*）不同，这里每个并行任务在不同的数据集上执行不同的计算（称为*函数并行*）。函数并行的特点是并行度通常是适中的，而且不会随着输入规模的增大而增加。这是因为函数并行的来源是代码结构，而不是代码操作的数据。由于不同的并行任务执行不同的计算，通常很难在任务间平衡负载。因此，大多数可扩展的程序具有丰富的数据并行。然而，当数据并行有限时，函数并行可以增加并行性。

为了得到代码 3.11 的第一部分所示的转换获得的加速比，这里用 T_{S1}、T_{S2}、T_{S3} 和 T_{S4} 分别表示语句 S1、S2、S3 和 S4 的执行时间。如果循环顺序执行，执行时间是 $N\times(T_{S1}+T_{S2}+T_{S3}+T_{S4})$。转换后，新的执行时间是 $\max(N\times(T_{S1}+T_{S2}+T_{S3}),N\times T_{S4})$。如果假设一种简单的情况：$T_{S1}=T_{S2}=T_{S3}=T_{S4}=T$ 且 $N>>T$，则加速比为 $\frac{4NT}{3NT}\approx 1.33$ 倍，有加速效果但是加速比有限。

代码 3.11 循环分发的一个例子

在分发语句 S4 之后，所产生的两个循环可以相互并行执行：

```
1for (i=0; i<n; i++) {
2   S1: a[i] = b[i+1] * a[i-1];
3   S2: b[i] = b[i] * coef;
4   S3: c[i] = 0.5 * (c[i] + a[i]);
5}
6for (i=0; i<n; i++)
7   S4: d[i] = d[i-1] * d[i];
```

在分发语句 S2 和 S3 后：

```
1for (i=0; i<n; i++)                      // 循环 1
2   S1: a[i] = b[i+1] * a[i-1];
3for (i=0; i<n; i++)                      // 循环 2
4   S4: d[i] = d[i-1] * d[i];
5for (i=0; i<n; i++)                      // 循环 3
6   S2: b[i] = b[i] * coef;
7for (i=0; i<n; i++)                      // 循环 4
8   S3: c[i] = 0.5 * (c[i] + a[i]);
```

注意到依赖 $S1[i]\rightarrow^{A} S2[i+1]$ 表示迭代 i + 1 中的语句 S2 必须在迭代 i 中的语句 S1 之后执行。因此，如果所有的 S2 都是在 S1 之后执行，那么就不会违反该依赖。类似地，依赖 $S1[i]\rightarrow^{A} S3[i]$ 表示迭代 i 中的语句 S3 必须在迭代 i 中的语句 S1 之后执行。因此，如果所有的 S3 都在 S1 之后执行就不会违反该依赖。因此，我们可以进一步将循环分发到四个循环中，如代码 3.11 的第二部分所示。循环的执行如图 3-8 所示。执行语句 S1 和 S4 的前两个循环可以相互并行执行。第一个循环完成后，第三个循环执行语句 S2 和第四个循环执行语句 S3 都可以以 DOALL 并行方式执行。确保第三个和第四个循环仅在第一个循环完成执行之后再执行的机制可以通过点对点同步或栅障来实现。 [64]

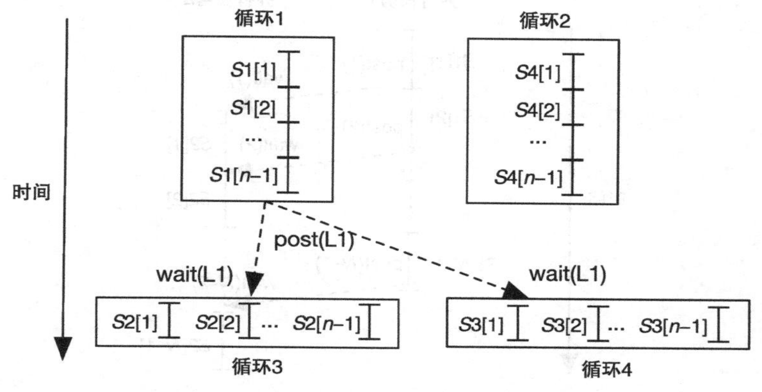

图 3-8 代码 3.11 中分发后循环的执行

应用新策略后，循环的执行时间是 $\max(N\times T_{S1}+\max(T_{S2},T_{S3}),N\times T_{S4})$。再次假设一种简单的情况：$T_{S1}=T_{S2}=T_{S3}=T_{S4}=T$ 且 $N>>T$，则加速比为 $\frac{4NT}{(N+1)T}\times 4$ 倍，相对之前策略的 1.33 倍的加速比有显著提升。

3.3.4 DOPIPE：循环中语句间的流水线并行

对于存在传递依赖的循环，还可以利用流水线并行。例如，考虑代码 3.12 中的循环。循环中有传递依赖 $S1[\mathrm{i}]\rightarrow^{\mathrm{T}} S1[\mathrm{i}+1]$，因此该循环无法进行 DOALL 并行。令 T_{S1} 和 T_{S2} 分别表示语句 $S1$ 和 $S2$ 的执行时间。注意这里可以选择使用上一节的技术来分发循环。第一条语句可以在第一个循环中顺序执行，第二个循环在第一个循环完成后利用 DOALL 并行执行。这种情况下执行时间变为 $N\times T_{S1}+\frac{N}{P}\times T_{S2}$，其中 N 是循环中的迭代次数，P 是处理器的数量。不幸的是，如果处理器数量有限，这种情况下加速并不多。

代码 3.12　适合流水线并行的循环例子

```
1 for (i=1; i<=N; i++) {
2   S1: a[i] = a[i-1] + b[i];
3   S2: c[i] = c[i] + a[i];
4 }
```

在这种情况下可以实现更好的并行性的另一种解决方案是分发循环并引入流水线并行。65 利用流水线并行机制，在第一个循环中语句 $S1$ 产生 a[i] 后，第二个循环执行语句 $S2$，$S2$ 读取刚生成的 $a[i]$ 的值。这种并行性称为 DOPIPE，使用 DOPIPE 后的代码如代码 3.13 所示。图 3-9 展示了 DOPIPE 的执行。

代码 3.13　代码 3.12 中循环的 DOPIPE 并行版本

```
1 for (i=1; i<=N; i++) {
2   S1: a[i] = a[i-1] + b[i];
3   post(i);
4 }
5 for (i=1; i<=N; i++) {
6   wait(i);
7   S2: c[i] = c[i] + a[i];
8 }
```

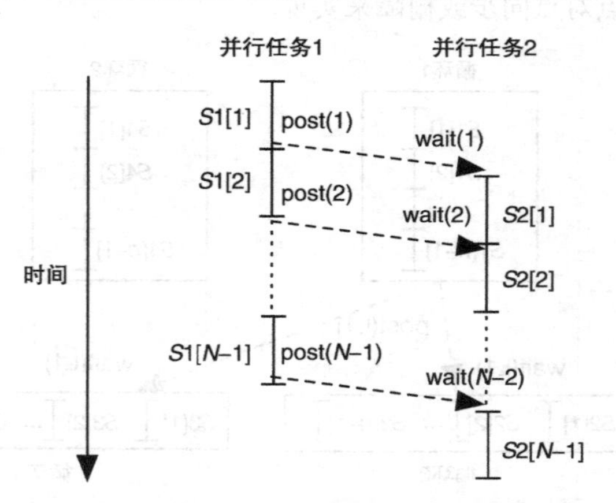

图 3-9　代码 3.12 中 DOPIPE 代码迭代的执行

假定零延迟同步，并且语句 $S1$ 和 $S2$ 的计算时间相同，则执行时间变为 $N \times T$。

相比完成第一个循环之后执行第二个循环的替代方案，这种方案更好。当然，就像其他函数并行一样，DOPIPE 并行的并行性有限，其难以确保并行任务间的负载均衡。

■ **你知道吗？**

DOPIPE 并行可以通过引入同步间隔来减少同步开销。这里可以每 *n* 次迭代后使用一次 post(a[i])（*n* 即同步间隔），而不是每产生一个 a[i] 时就调用一次 post(a[i])。这种方法很简单，程序员只需要用 if (i % *n* == 0) {...} 语句来封装 post 和 wait。

在多核架构中，多处理器核心通常共享最后一级高速缓存。在这样的架构中，DOPIPE 并行的一个独特的好处是它的缓存效率较高，因为由生产者任务产生的数据值几乎立刻被使用者任务所使用。因此，DOPIPE 的时间局部性很好。这与 DOALL 并行是相反的，在 DOALL 并行中，每个任务在不同的迭代中处理大量不同的数据集。如果分配给一个线程的任务很多，那么许多线程将竞争高速缓存空间，并且有可能属于不同线程的工作集在高速缓存内不断被换入换出。

66

DOPIPE 并行是应用在循环层面的一种流水线并行机制。对于某些应用程序，流水线并行可能存在于其他层次上，如跨循环、跨函数或跨算法中的逻辑段。这种任务层的流水线机会需要通过依赖分析进行识别，而编译器很少提供这种依赖分析，通常由程序员来识别和利用流水线并行。

3.4 识别其他层面的并行

尽管循环层面上的并行通常是最有成效的，但有时由于其关键数据结构的设计，有些应用程序没有规则的循环结构。当循环中几乎没有并行机会时，程序员可能要在非循环的粒度下进行分析。本章前面讨论的依赖分析框架也适用于分析其他语句组。

例如，假设要分析一些函数及其调用者之间的依赖关系。需要分析一下函数之间或者函数与函数调用者之间是否可以并行执行。为此，可以将代码分成三组语句：函数调用之前的代码（前置代码）、被调用的每个函数，以及函数调用之后的代码（后置代码）。前置代码、函数和后置代码之间的依赖决定了可以识别的并行任务。任何前置代码、函数和后置代码之间缺少真依赖都会带来并行机会。

代码 3.14 是二进制遍历的代码，它以深度优先的搜索方式遍历整个树，并计算和存储了与被搜索的数据相匹配的节点数目。在函数体中有两个递归函数调用，除了前置语句组（$S1$）和后置语句组（$S4$）之外，可以把它们看作两个语句组（$S2$ 和 $S3$）。依赖分析揭示了以下依赖：

- 由于对 count 的真依赖，有 $S1 \rightarrow^{T} S2$
- 由于对 count 的真依赖，有 $S1 \rightarrow^{T} S3$
- 由于对 count 的真依赖，有 $S1 \rightarrow^{T} S4$
- 由于对 count 的真依赖，有 $S2 \rightarrow^{T} S3$
- 由于对 count 的真依赖，有 $S2 \rightarrow^{T} S4$
- 由于对 count 的真依赖，有 $S3 \rightarrow^{T} S4$

代码 3.14 带有函数调用的示例代码

```
1// search_tree 返回与数据值匹配的节点数量
2int search_tree(struct tree *p, int data)
3{
```

```
4  int count = 0;
5  if(p == NULL)
6    return 0;
7  if (p->data == data)
8    count = 1;
9  count = count + search_tree(p->left);
10 count = count + search_tree(p->right);
11 return count;
12}
```

幸运的是，对 count 的依赖很容易通过重命名来消除，从而得到代码 3.15。

代码 3.15　带有函数调用的示例代码

```
1// search_tree 返回与数据值匹配的节点数量
2int search_tree(struct tree *p, int data)
3{
4  int count1 = 0, count2, count 3;
5  if(p == NULL)
6    return 0;
7  if (p->data == data)
8    count1 = 1;
9  count2 = search_tree(p->left);
10 count3 = search_tree(p->right);
11 return (count1 + count2 + count3);
12}
```

新代码中真依赖数量变少：

- 由于对 count1 的真依赖，有 $S1 \rightarrow^{T} S4$
- 由于对 count2 的真依赖，有 $S2 \rightarrow^{T} S4$
- 由于对 count3 的真依赖，有 $S3 \rightarrow^{T} S4$

这里可以绘制类似于用于循环结构的 LDG 的依赖关系图，如图 3-10 所示。原始依赖关系图（左侧部分）没有显示并行机会，但新的依赖关系图（右侧部分）显示语句组 *S*1、*S*2 和 *S*3 相互之间可以并行执行。但是，它们都必须在执行 *S*4 之前完成。并行性带来的收益大部分来自于 *S*2 和 *S*3 的并行执行，因为它们涉及的计算比 *S*1 更多，尽管正如在 Amdahl 定律中所讨论的那样，不可并行的执行部分往往限制了加速比。

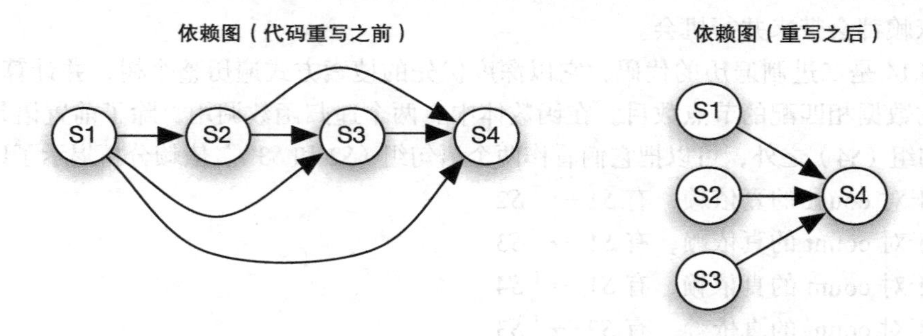

图 3-10　对应代码 3.14（左）和代码 3.15（右）的依赖图

可以进一步利用更大的代码段粒度来寻找更深层的并行，如查看对 search_tree 的第一个函数调用是否与周围的前置代码和后置代码以及其他附近的函数调用有任何依赖关系。确定执行依赖分析的粒度并基于此识别出并行任务是一个复杂的决策，这取决于可并行化的代码规模、可并行度、负载不均衡的程度以及特定目标机器上的并行开销。

3.5 通过算法知识识别并行

有时只分析代码结构并不能带来最大限度的并行性。分析算法可以带来更多机会以提取并行任务。这是因为代码结构中嵌入了不必要的串行，这是串行编程语言的产物。

例如，考虑一个算法来更新一个水粒子受到相邻的 4 个水粒子的作用力，如代码 3.16 所示。

代码 3.16　洋流的仿真代码

主循环的计算算法是：

```
1 While 未收敛到一个解 do:
2   foreach 时间步 do:
3     foreach 横截面 do 一次扫描:
4       foreach 横截面中的点 do:                    // 主循环
5         计算与邻居粒子的相互作用力
```

然后实际的主循环代码引入了人为遍历顺序：

```
1 for (i=1; i<=N; i++) {
2   for (j=1; j<=N; j++) {
3     S1: temp = A[i][j];
4     S2: A[i][j] = 0.2 * (A[i][j]+A[i][j-1]+A[i-1][j]
5                          +A[i][j+1]+A[i+1][j]);
6     S3: diff += abs(A[i][j] - temp);
7   }
8 }
```

分析代码表明唯一的并行机会在反对角线上，因此必须重构代码来利用这个并行机会。然而，计算的基本算法事实上并没有指定任何特定的顺序，从而确定必须优先更新的横截面的元素。该算法仅指定在一次扫描中，横截面中的每个点必须通过考虑与其邻居的交互来更新一次。一旦算法被翻译成代码，则人为地引入一个特定的遍历顺序：首先按照列顺序，然后是行顺序，这可以从 ITG 中观察到。有人可能会合理地质疑是否任何更新顺序都可以产生可接受的结果。如果答案是肯定的，那么可以改变迭代遍历顺序如下。 69

首先，可以在迭代空间中为每次迭代分配一个颜色：黑色或红色。如果迭代的行号加上列号是偶数，那么将其置为黑色，否则将其置为红色。例如，因为 1 + 4 = 5 是奇数，所以迭代 [i = 1, j = 4] 是红色，而 2 + 2 = 4 是偶数，迭代 [i = 2, j = 2] 是黑色。这里可以看出，红色和黑色迭代之间没有直接依赖关系（LDG 中的直连边），但它们之间有间接依赖关系（LDG 中的路径）。由于在单次扫描（主循环的一个实例）中，只有直接依赖是相关的，所以任何黑色迭代的新值与所有其他黑色迭代的旧值都不相关。这可以从图 3-11 中观察到。同样，任何红色迭代的新值与所有其他红色迭代的旧值都不相关。因此，并行地遍历黑色迭代或红色迭代不会违反循环传递依赖。如果首先使用循环扫描黑色迭代，那么循环表现出 DOALL 并行。同样，如果使用一个循环来扫描红色迭代，那么循环表现出 DOALL 并行。但是，在更新任何红色迭代之前更新所有黑色迭代，就必须要更改横截面中点的遍历顺序。如果算法容许，就像本例一样，那么采用该变换，如代码 3.17 所示。 70

另一种可能产生更多并行性的算法分析技术是分析算法是否可以容许非确定性执行。也就是说，是否可以容忍更新顺序的动态变化。如果可以，我们可以简单地忽略依赖，并行执行所有扫描迭代，而不需要将扫描分成黑色和红色扫描。这样迭代遍历顺序将依赖于时序，因为无论哪个线程执行迭代，都会使用邻近邻居更新该矩阵元素的值，而不管邻居是否已更新。有人可能会认为这样会导致结果混乱。然而，结果可能不像人们所想的那样混乱，因为非确定性被限制在一次扫描中，而不是跨扫描。

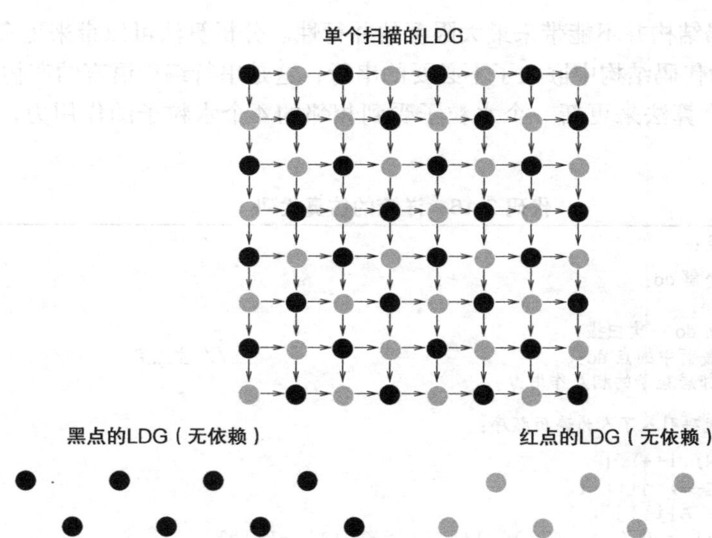

图 3-11　原循环扫描和黑色与红色迭代（以灰色显示）分离后的 LDG

代码 3.17　洋流仿真的红黑分区

```
1// 带有 DOALL 并行的外部和内部循环的黑色扫描
2for (i=1; i<=N; i++) {
3  offset = (i+1) % 2;
4  for (j=1+offset; j<=N; j+=2) {
5    S1: temp = A[i][j];
6    S2: A[i][j] = 0.2 * (A[i][j]+A[i][j-1]+A[i-1][j]
7                   +A[i][j+1]+A[i+1][j]);
8    S3: diff += abs(A[i][j] - temp);
9  }
10}
11
12// 带有 DOALL 并行的外部和内部循环的红色扫描
13for (i=1; i<=N; i++) {
14  offset = i % 2;
15  for (j=1+offset; j<=N; j+=2) {
16    S1: temp = A[i][j];
17    S2: A[i][j] = 0.2 * (A[i][j]+A[i][j-1]+A[i-1][j]
18                   +A[i][j+1]+A[i+1][j]);
19    S3: diff += abs(A[i][j] - temp);
20  }
21}
```

另一个例子是执行图像平滑的算法，如代码 3.18 所示。图像是灰度二维的，并且每个像素的灰度强度存储在 gval 矩阵的每个元素中。

代码 3.18 2D 灰度图像的平滑滤波

```
1 for (i=1; i<N-1; i++) {
2   for (j=1;j<N-1; j++) {
3     gval[i][j] = (gval[i-1][j-1]+gval[i-1][j]+gval[i-1][j+1]+
4                   gval[i][j-1]+gval[i][j]+gval[i][j+1]+
5                   gval[i+1][j-1]+gval[i+1][j]+gval[i+1][j+1])/9;
6   }
7 }
```

分析代码发现没有并行机会，因为跨行、列甚至反对角都存在循环传递依赖，所以本例甚至不能使用红黑分区。然而，平滑算法的主要目标是将每个像素的强度值替换为其本身和所有相邻像素的像素强度的平均值。ITG 在更新像素的过程中（即先按列顺序，然后按行顺序）引入了人为的序列化。可以再次考虑是否任何更新顺序都会产生可接受的结果。在本例中，答案很可能是肯定的，因为由平滑引起的图像轻微变化可能不明显。因此，我们可以忽略所有依赖关系，并同时在 for i 循环和 for j 循环中提取 DOALL 并行。 71

3.6 确定变量的范围

通过代码分析或算法分析确定并行任务后，就可以并行执行这些并行任务。通常情况下，并行任务数量多于可用处理器的数量，因此多个任务在分配给线程执行之前经常会合并为较大的任务。执行任务的线程数通常等于或小于可用处理器的数量。在本节中，假设处理器的数量无限，并且为每个任务分配不同的线程。

下一个步骤就是*变量分区*，这一步确定变量应该具有线程*私有*作用域还是线程*共享*作用域。这一步是共享存储编程特有的；在消息传递模型中，所有变量都是私有的，因为每个进程都有自己的地址空间。

在这一步中，需要通过已经确定的并行任务来分析不同变量的使用，并将其分类到以下行为类别中：

- *只读*：变量只由所有任务读取。
- *读 / 写非冲突*：变量只由一个任务读取、写入或既读取又写入；如果变量是矩阵，则其中不同的元素被不同的任务读取 / 写入。
- *读 / 写冲突*：如果任务并行执行，由一个任务写入的变量可能由不同的任务读取。

考虑代码 3.19 中的例子。如果将 for i 循环中的每个迭代定义为并行任务，那么只读变量包括 n、矩阵 c 和矩阵 d，因为它们未被任何任务修改。读 / 写非冲突变量包括矩阵 a 和 b，因为由每个任务修改的矩阵元素与由其他任务修改的元素不相交。例如，迭代 i = 1 只读并修改 b[1][j]，而迭代 i = 2 只读并修改 b[2][j]，所以这里不存在重叠或冲突，因为不同的任务读 / 写矩阵的不同元素。同样，迭代 i = 1 只读 a[1][j - 1]，而 a[1][j - 1] 是由先前的第 j 次迭代中的相同任务产生的，而不与其他迭代读取或写入的数据重叠。最后，循环索引变量自身 i 和 j 是读 / 写冲突变量。在第 i 次迭代中，循环索引变量 i 被读取并用于访问矩阵，然后在迭代结束时递增。因为 i 是在迭代结束时写入的，所以它的值可能被不同迭代中的另一个任务读取，因此 i 是一个读 / 写冲突变量。对于 i，每个 i 迭代将其设置为零，然后递增直到 n - 1。同时，因为其他任务也以相同的方式使用 i，所以可能会覆盖 *j* 的值。因此，j 也是一个读 / 写冲突变量。 72

代码 3.19　一个代码示例

```
1 for (i=1; i<=n; i++)
2   for (j=1; j<=n; j++) {
3     S2: a[i][j] = b[i][j] + c[i][j];
4     S3: b[i][j] = a[i][j-1] * d[i][j];
5   }
```

同理，考虑下面的代码（代码 3.20）。如果将 for j 循环中的每个迭代定义为并行任务，那么只读变量包括 n、矩阵 c、i 和矩阵 d。请注意，i 是一个只读变量，因为给定一个 for i 迭代，for j 迭代中没有修改 i 的值。读 / 写非冲突变量包括矩阵 a、b 和 e，因为每个任务修改的矩阵元素与其他任务修改的矩阵元素是不相交的。例如，迭代 i = 1 只读并修改 *b*[*i*][1]，迭代 j = 2 只读并修改 b[i][2]，所以这里不存在迭代或冲突，因为不同的任务读 / 写矩阵的不同元素。同样，迭代 j = 1 只读 a[i – 1][j]，而 a[i – 1][j] 是由先前的第 i 次迭代的相同任务产生的，而不与其他迭代读取或写入的数据重叠。最后，循环索引变量自身（即 j）是读 / 写冲突变量，因为 j 由不同任务读取并递增。然而，i 没有在 for j 迭代内写入，因此 i 是只读变量。

代码 3.20　一个代码示例

```
1 for (i=1; i<=n; i++)
2   for (j=1; j<=n; j++) {
3     S1: a[i][j] = b[i][j] + c[i][j];
4     S2: b[i][j] = a[i-1][j] * d[i][j];
5     S3: e[i][j] = a[i][j];
6   }
```

读 / 写冲突变量阻碍并行，因为它引入了线程之间的依赖。因此，这里需要相关的技术来消除这种依赖。其中一种技术就是*私有化*，私有化为每个读 / 写冲突变量创建单线程副本，以便每个线程可以单独工作在自己的副本上。另一种技术是*归约*（reduction），归约为每个读 / 写冲突变量创建单线程副本，使得每个线程能够在自己的副本中产生部分结果，并且在并行部分的结尾处，所有的部分结果合并成全局结果。接下来将更详细地讲述这些技术。

3.6.1　私有化

读 / 写冲突变量阻碍并行。对此一个重要的概念就是*私有化*。私有化创建共享变量的私有副本，以便每个线程在本地副本而不是共享副本上工作。这样做消除了读 / 写冲突并允许并行。默认情况下，在共享存储模型中任何存储位置都可由所有线程访问。因此，通过将单个变量编译成存储在不同存储位置的几个不同变量可创建本地副本。

在什么情况下一个变量可以私有化呢？一种情况是，在原始的顺序程序执行次序中，变量由一个任务首先定义（或写入），然后才能被该任务使用（或读取）。在这种情况下，任务可以写入变量的私有副本（而不是写入共享副本）并从该私有副本读取。其他任务写入变量的值不重要，因为按照执行顺序模型，从变量中读取的值总是与先前由相同任务写入的值相同。

73

变量可以私有化的另一种情况是变量在被同一个任务读取之前没有被定义，但是任务应该从变量中读取的值是事先知道的。在这种情况下，可以使用正确的值定义（或初始化）变量的本地副本，而不管其他任务如何。

私有化可以应用于*标量变量*和*数组或矩阵*。当然，在应用于标量变量时，额外的空间开销很小。当应用于数组或矩阵时，额外的空间开销和初始化它们的开销可能很大，因为开销通常随着输入规模的变大而变大。

举个例子，考虑前面讨论的代码（代码 3.19），该代码中有读 / 写冲突的变量 i 和 j。请注意，这里 i 在每个 for j 迭代中递增，所以 i 的值总是可以提前知道的。例如，执行第 5 次迭代的任务可以假定在执行开始时 i 的值为 5，而不用等待第 4 次迭代对应的任务产生该值。另一方面，变量 j 在进入内层循环时总是已经由每个 for i 迭代任务定义了（或写入）。因此变量 *j* 也可以被私有化。私有化的结果是每个线程都有私有变量 *i* 和 *j*。分配给线程的所有任务将由线程按序执行，因此任务可以重新使用私有化变量。

一种理解创建私有副本的方式是可以认为将标量变量替换为以任务 ID 为索引的变量数组的引用。例如，图 3-12 显示了变量 v 的私有化：保留原始共享副本（v），创建私有副本（v[0], v[1], v[2], …）。然后，每个线程通过将 v 引用替换为 v[*ID*] 的引用读取或写入自己的私有副本，其中 *ID* 是唯一的线程标识，这确保不同的线程访问私有变量的不同元素。应用私有化后，读 / 写冲突变量 v 变为读 / 写非冲突变量 *v*[.]。

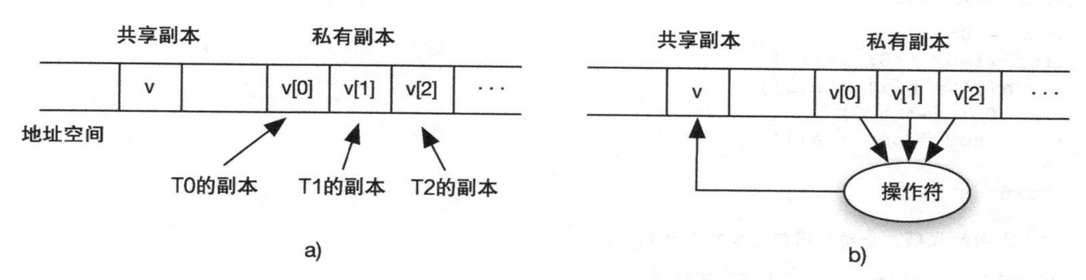

图 3-12　私有变量和归约变量的图示

代码 3.20 是另一个例子，其中每个 for j 迭代是一个并行任务。这里 j 是读 / 写冲突变量。j 在每个 for j 迭代中递增，所以任何任务都可提前知道 j 的值。例如，执行第 5 次迭代的任务可以假定 j = 5，而不用等待第 4 次迭代产生该值。因此，j 可被私有化。

74

私有化消除了线程间的依赖，因为每个线程都在自己的变量副本上工作。由于没有线程需要读取另一个线程产生的值，所以线程相互独立并且可以并行执行。但是，如果读 / 写冲突变量不能被私有化或归约（在下一节讨论），则必须通过同步来保护对其的访问，以确保使用变量值的线程等待直到该变量值由另一个线程产生。

注意有些变量会被编译器自动私有化。例如，在并行区域内声明的变量会被自动私有化。在并行区域内声明的函数的堆栈和局部变量也会被自动私有化。

3.6.2　归约变量和操作

*归约*是与私有化相关的一种技术。归约的计算结果可以由多个并行任务计算的部分结果组成。归约操作的并行策略即每个线程计算一个部分结果并将其存储在变量的私有副本中，最后将所有任务的部分结果合并以形成最终结果，如图 3-12b 所示，该图显示变量 v 被私有化为 v[.]。但是，与常规私有化不同，私有副本中的值使用*归约运算符*合并到共享副本中。由于保存最终计算结果涉及共享副本，所以归约变量 v 有时被称为半私有。

哪些操作适用于归约呢？一个基本的要求是可以将一些数组或矩阵的元素归约到一个标量值。第二个要求是最终结果必须由所有任务计算的部分结果合并而成。在所有数组元素上执行的操作如果是*可交换*和*可结合*的，则满足上述要求。例如对所有的数组元素求和，这满足归约的第一个要求。可以这样划分工作：每个线程将一部分数组元素进行求和，并将部分求和结果存储到它的私有变量中，最后主线程把所有的部分求和结果加起来得到最终总和。因为加法是可交换和可结合的，这意味着不管在线程中执行的求和操作的顺序如何，将部分结果加起来后总能得到正确的全局总和。

更具体地说，假设计算如下：$y = y_{init}\ \mathrm{o}a[0]\mathrm{o}a[1]\mathrm{o} \cdots \mathrm{o}a[n]$。如果 $u\ \mathrm{o}v = v\ \mathrm{o}u$，则运算符 o 可交换；如果 $(u\ \mathrm{o}v)\mathrm{o}w = u\ \mathrm{o}(v\ \mathrm{o}w)$，则运算符 o 可结合。这里把 o 称为*归约运算符*，*y* 称为归约变量。从此可以推断出归约运算符包括求和（元素相加）、求积（元素相乘）、最大值、最小值和逻辑运算（与、或、异或等）。在 OpenMP 中，程序员可以为编译器指定归约运算符和变量，这将把线程之间的计算分解为部分结果，并将部分结果合并到最终结果中。但是，除了加法、乘法和逻辑运算以外，还有其他在 OpenMP 中没有涵盖的运算符也表现出交换性和结合性。这样的运算符要求程序员修改自己的代码来实现归约，如例 3.1 所示。

例 3.1　利用归约的示例

考虑下面的代码：

```
1sum = 0;
2for (i=0; i<8; i++) {
3   a[i] = b[i] + c[i];
4   if (a[i] > 0)
5     sum = sum + a[i];
6}
7Print sum;
```

对于上面的代码，手动利用归约要重写代码为：

```
1begin parallel // 产生一个子线程
2private int start_iter, end_iter, i;
3shared int local_iter = 4, sum = 0;
4shared double sum = 0.0, a[], b[], c[], localSum[];
5
6sum = 0;
7start_iter = getid() * local_iter;
8end_iter = start_iter + local_iter;
9for (i=start_iter; i<end_iter; i++)
10  a[i] = b[i] + c[i];
11  if (a[i] > 0)
12  localSum[id] = localSum[id] + a[i];
13barrier;
14end parallel // 杀死子线程
15
16for (k=0; k<getNumProc(); k++)
17  sum += localSum[k];
18Print sum;
```

归约允许线程的并行执行，这是因为其消除了线程之间由于读 / 写冲突变量而产生的数据依赖。归约允许每个线程将部分结果存储在自己的变量副本中。最后，主线程可以收集所有部分结果并生成完整（全局）结果。

75

3.6.3　准则

只读变量应声明为共享，以避免可能降低性能的存储开销。如果一个只读变量被声明为私有并且被初始化为一个正确的值，程序仍然是正确的。但是，这是以不必要的存储开销为代价的。

由于性能原因，读 / 写非冲突变量也应声明为共享。与之前的情况类似，将读 / 写非冲突变量私有化会带来不必要的存储开销。

对于读 / 写冲突变量必须格外小心。通常情况下，这样的变量需要声明为共享，但必须由临界区保护对它的访问。此外，如果程序执行的正确性依赖于指令执行的正确顺序，则可能需要点对点同步。注意临界区是昂贵的，因为它将序列化对共享变量的访问，并且锁的实现往往不能扩展到大量的处理器中。因此，应该最大限度减少临界区的使用。最直接的策略是检查变量是否满足归约变量的标准。如果是，则应该将其作为归约变量，对其执行的操作应视为归约操作。如果不是归约变量，下一步则检查它是否可私有化。如果变量可私有化，则判断私有化是否合算，即额外存储开销对性能的影响是可以容忍的，并且小于拥有临界区后对性能的影响。若合算，则将该变量私有化。 76

另一种选择是重新分析代码并选择一个不同的并行区域。当并行范围改变时，读 / 写冲突变量通常会变为读 / 写非冲突变量。例如，考虑下面的代码，该代码实现了矩阵 A 和 B 的相乘，并将结果存储到矩阵 Y 中。如果并行区域是 for k 循环（即并行任务是 for k 迭代），则 Y[i][j] 是读 / 写冲突变量，因为 Y[i][j] 可以同时由不同任务读取和写入，所以它需要临界区来保护。然而，如果将并行区域改为 for i 循环，那么对于任何 i 和 j，Y[i][j] 仅由单个任务写入或读取。这样 Y[i][j] 变为读 / 写非冲突变量，并且不再需要临界区来保护对其的访问。

代码 3.21 矩阵乘法代码示例

```
1  for (i=0; i<N; i++) {
2    for (j=0; j<N; j++) {
3      Y[i][j] = 0.0;
4      for (k=0; k<N; k++) {
5        Y[i][j] = Y[i][j] + A[i][k] * B[k][j];
6      }
7    }
8  }
```

3.7 同步

在共享存储模型中，程序员通过同步机制来控制并行线程执行的操作序列。注意同步在线程间而不是任务间执行。所以，在这一步假设任务已经分配给了线程。然而，为了简单起见，这里假定线程和任务一样多，这样任务到线程的映射是一对一的。

三种类型的同步原语应用广泛。第一种是两个并行任务的*点对点*同步，如描述 DOACROSS 和 DOPIPE 并行时用到的*提交*和*等待*。提交操作相当于存放了一个表示数据已经产生的标记，等待操作会阻塞直到有标记被存放，这样可以保证数据准备就绪时使用者才能继续执行操作。

第二种流行的同步是*锁*。一个锁只能由一个并行线程获得，一旦该线程持有该锁，其他线程将无法获得它，直到当前线程释放该锁。获取锁（lock(name)）和释放锁（unlock(name)）是在锁上执行的两个操作。因此，本质上讲锁需要保证排他性。如果一个代码区被一个锁保护，那么可以创建一个*临界区*，临界区是一个在任何时刻都只允许最多一个线程执行的代码区。临界区对于确保一次只有一个线程访问不可被私有化或归约的读 / 写冲突变量是有用的。如果一个数据结构受到锁的保护，则一次只能被一个线程访问。 77

第三种流行的同步是*栅障*。栅障定义了一个点，只有在所有线程都到达该点时才允许线程通过（如图 3-13 所示）。在图 3-13 中，四个线程在不同时间到达栅障点，线程 1、3 和 4

必须在栅障内等待直到最后一个线程（线程 2）到达。只有这时它们才能执行栅障后的代码。这个例子说明栅障简单易用，它使并行执行的总执行时间取决于最慢线程的执行时间。因此当使用栅障时，负载均衡是非常重要的。栅障实现的效率也是设计并行计算机的关键目标。

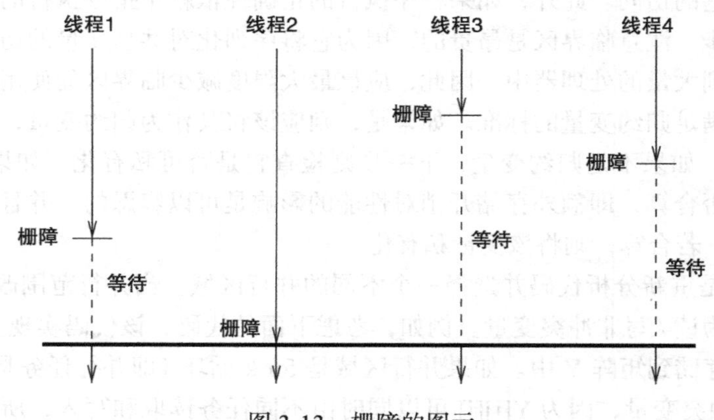

图 3-13　栅障的图示

如果某代码段中使用的值即由它前面的并行代码段所写入的值，那么应该插入一个栅障。例如，数值模拟通常基于时间步工作，并在一个时间步中更新主要数据结构（矩阵）。栅障是在这些时间步之间使用的逻辑同步。栅障确保在进入下一个时间步之前，所有的线程已经完成了对当前时间步的计算。

3.8　任务到线程的映射

任务映射涉及两个方面。第一个方面是如何将任务映射到线程。通常任务比线程更多，这带来了两个问题：哪些任务应该分配给同一个线程，以及如何分配？其中需要解决的问题包括任务管理开销（较大的任务会带来较低的开销）、负载均衡（较大的任务可能会减少负载均衡）以及数据局部性。第二个问题是如何将线程映射到处理器，以确保通信处理器尽可能地相互靠近。

任务映射的一个考量是静态还是动态地将任务分配给线程。静态任务映射意味着任务在执行之前预先分配给线程。例如，这可以通过指定一个线程执行 DOALL 循环的一个迭代来实现。动态任务映射意味着任务在执行之前不会分配给线程。相反，任务队列将在执行期间被创建和保持以保留尚未分配给线程的任务。在执行期间，无论哪个线程变为空闲状态，都会从任务队列中抓取一个任务并执行该任务，这一操作一直重复，直到任务队列为空。动态任务映射给任务队列管理带来了额外的开销，但有时更容易确保所有线程的负载均衡。动态任务映射往往会增加通信量并减少局部性，因为在编译时不知道数据将由哪个线程使用，因此很难将该数据放置到将要使用它的线程中。最后，也可以采用混合映射，其中映射大部分是静态的，但周期性地评测负载均衡情况，然后相应地调整映射。

78

接下来考虑如何将任务分配给线程。在静态分配中，任务固定地分配给线程。对于由循环迭代或连续迭代组形成任务的 DOALL 循环，任务可以以轮询方式分配给线程，这是一个合理的策略。这里将被分组为单个任务的连续迭代的数量称为块大小。块大小的选择对于确定负载均衡有多重要呢？考虑代码 3.22 中的例子。在代码中，内层循环的迭代次数随着外层循环迭代的不同而改变。为了方便说明，假设 n 和 p 的值分别为 8 和 2。外层循环将执行 8

次迭代，而内层循环将分别执行 1、2、3、…、8 次迭代。块大小的选择决定了线程间的不均衡程度。

代码 3.22 负载均衡和 OpenMP 调度子句的示例代码

```
1sum = 0;
2#pragma omp parallel for reduction(+:sum) \
3    schedule(static, chunksz)
4for (i=0; i<n; i++) {
5  for (j=0; j<=i; j++) {
6    sum = sum + a[i][j];
7  }
8}
9Print sum;
```

图 3-14 显示了静态任务分配中各种块大小对负载均衡的影响。例如，如果块大小为 4，则第一个线程（线程 0）执行外层循环的前四个迭代，而第二个线程（线程 1）执行外层循环的后四个迭代。内层循环迭代的总次数（或者说“sum”语句执行的次数）是 36。块大小为 4 的话，线程 0 执行 $1+2+3+4=10$ 个内层循环迭代，而线程 1 执行 $5+6+7+7=26$ 个内层循环迭代。因此，不均衡度（由两个线程执行的迭代次数之差除以所有迭代来衡量）是 $\frac{16}{36}=44\%$。

若块大小为 2，线程 0 执行第一个和第三个外层循环迭代，内层循环迭代次数是 $(1+2)+(5+6)=14$。线程 1 执行 $(3+4)+(7+8)=22$ 个内层循环迭代。不均衡度减小到 $\frac{8}{36}=22\%$。最后，若块大小为 1，线程 0 执行所有的奇数外层循环迭代，内层循环迭代总次数为 $1+3+5+7=16$。线程 1 执行所有的偶数外层循环迭代，内层循环迭代总次数为 $2+4+6+8=20$。不均衡度更是降低到了 $\frac{20-16}{36}=11\%$。这个例子说明了较小的块大小往往会达到更好的负载均衡。当有大量的循环迭代时，减小块大小的策略对实现负载均衡是有帮助的。

实现更好的负载均衡的另一种方法是采用动态任务分配。但是，即便是在动态分配的情况下，块大小仍然是一个重要的参数。如果块太小，任务可能太少，负载不均衡仍然可能发生。 79

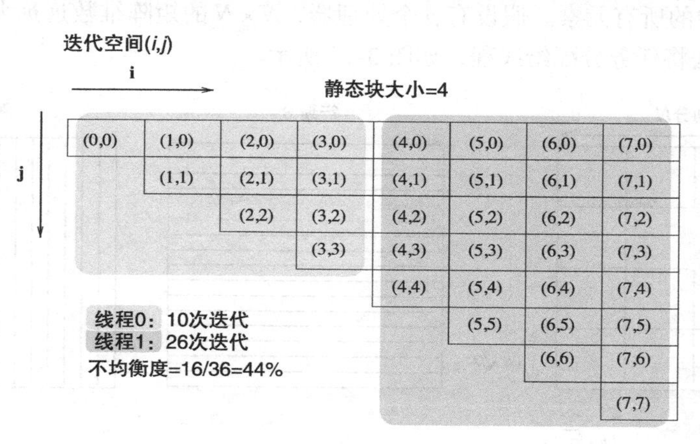

a）

图 3-14 应用静态调度的各种块大小的迭代次数：4（a）、2（b）和 1（c）

静态块大小=2

(0,0)	(1,0)	(2,0)	(3,0)	(4,0)	(5,0)	(6,0)	(7,0)
	(1,1)	(2,1)	(3,1)	(4,1)	(5,1)	(6,1)	(7,1)
		(2,2)	(3,2)	(4,2)	(5,2)	(6,2)	(7,2)
			(3,3)	(4,3)	(5,3)	(6,3)	(7,3)
				(4,4)	(5,4)	(6,4)	(7,4)
					(5,5)	(6,5)	(7,5)
						(6,6)	(7,6)
							(7,7)

线程0：14次迭代
线程1：22次迭代
不均衡度=8/36=22%

b）

静态块大小=1

(0,0)	(1,0)	(2,0)	(3,0)	(4,0)	(5,0)	(6,0)	(7,0)
	(1,1)	(2,1)	(3,1)	(4,1)	(5,1)	(6,1)	(7,1)
		(2,2)	(3,2)	(4,2)	(5,2)	(6,2)	(7,2)
			(3,3)	(4,3)	(5,3)	(6,3)	(7,3)
				(4,4)	(5,4)	(6,4)	(7,4)
					(5,5)	(6,5)	(7,5)
						(6,6)	(7,6)
							(7,7)

线程0：16次迭代
线程1：20次迭代
不均衡度=4/36=11%

c）

图 3-14 （续）

负载均衡和任务开销并不是任务映射中唯一重要的因素，通信成本也是一个重要因素。通信开销分为两种：来自任务映射对算法影响的固有通信和来自任务映射对数据布局方式和架构影响的人为通信。如果不事先了解并行架构是如何设计的，则无法推断出实际的人为通信，所以接下来将首先讨论固有通信。

80

评估固有通信的一个有用指标是*通信 - 计算比率*（CCR）。为了计算 CCR，可以用线程的通信量除以该线程的计算量。参数是处理器的数量和输入规模。

为了说明固有通信如何计算，考虑代码 3.16 中的海洋应用。在一次扫描中，循环遍历 i 和 j 来访问矩阵中的所有元素。假设有 p 个处理器，$N \times N$ 的矩阵维数远远大于 p。这里至少有三种可能的方法将任务分配给线程，如图 3-15 所示。

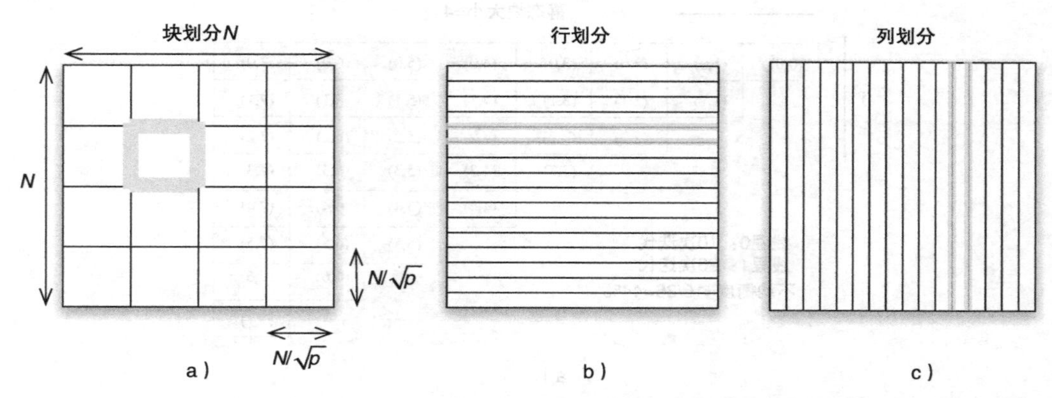

图 3-15　以块为单位（a）、以行为单位（b）和以列为单位（c）将任务分配给线程

图 3-15 假设所有的迭代是并行的（即放宽循环传递依赖的限制）。在这种情况下，可以按块、按行或按列来划分任务，如图 3-15 所示。对于所有情况，每个线程的计算量（以需要更新的矩阵元素的数量表示）是相同的，即 $\frac{N \times N}{p}$。但是，线程间的通信量因不同的映射策略而有所不同。回想一下，在代码 3.16 应用中，每次迭代使用相邻矩阵元素更新一个矩阵元素，而相邻矩阵元素通过相邻迭代更新。因此，对于按块分区策略，在每个块中，而所有边界元素都被多于一个线程访问（在图中用灰色表示），但是内部元素只能由分配该块的线程访问。在边界（顶部、底部、左侧和右侧）上大约有 $4 \times \frac{N}{\sqrt{p}}$ 个元素。因此，以该线程和其他线程之间通信的元素数量表示通信量为 $4 \times \frac{N}{\sqrt{p}}$。因此，CCR 被计算为：

$$CCR = \frac{4 \times \frac{N}{\sqrt{p}}}{\left(\frac{N^2}{p}\right)} = \frac{4 \times \sqrt{p}}{N} = \Theta\left(\frac{\sqrt{p}}{N}\right) \tag{3.1}$$

81

对于按行划分下的每个分区（$\frac{N}{p}$ 行），有 $2 \times N$ 个边界元素与其他线程通信。因此，CCR 可以被计算为：

$$CCR = \frac{2 \times N}{\left(\frac{N^2}{p}\right)} = \frac{2 \times p}{N} = \Theta\left(\frac{p}{N}\right) \tag{3.2}$$

对于按列划分，每个分区由 $\frac{N}{p}$ 列组成，并且有 $2 \times N$ 个边界元素与其他线程通信。因此，按列分区的 CCR 与按行分区相等。

如果问题的规模保持不变，增加处理器的数量也会增大 CCR，但在不同的映射方案中增大比率不同。在按块划分中，增大比率是 $\sqrt{p}$，而在按行和按列划分中，增大比率是 p。因此，就固有通信而言，分块映射性能更好。

但是，如果将人为通信考虑在内，答案就不同了。人为通信必须考虑两个处理器之间共享数据的“乒乓效应”，即在通信处理器之间来回交换数据。这种通信开销不仅取决于数据交换的频率，还取决于每个数据交换的延迟。数据交换的频率取决于存储中的数据布局。例如，在 C/C ++ 中，同一行中的连续列的矩阵元素连续布局。但在 Fortran 中，同一列中的连续行的矩阵元素连续布局。数据以缓存块（通常为 64 或 128 字节）粒度交换，每个缓存块可以容纳 16 ～ 32 个单精度浮点型矩阵元素或 8 ～ 16 个双精度浮点型矩阵元素。这里总（固有和人为）通信量不取决于通信的矩阵元素的数量，而是取决于处理器之间共享缓存块的数量。

为了说明这个问题，假设每个处理器必须计算 64 个矩阵元素，并且有一个可以容纳 2 个连续矩阵元素的缓存块。在按块划分（如图 3-16a）中，在顶行和底行中，矩阵元素被包含在 10 个缓存块中。但是，左右边界中的每个矩阵元素都需要一个缓存块。这样共有 22 个缓存块与其他处理器共享。在按行划分（如图 3-16b）中，顶行和底行中的元素占用 16 个缓存块，因此处理器之间仅共享 16 个缓存块。最后，在按列划分（如图 3-16c）中，每个元素占用一个缓存块，因此共有 $2\times16=32$ 个缓存块被共享。因此，按行划分实现了最少的人为通信，其次是按块划分，最后是按列划分。

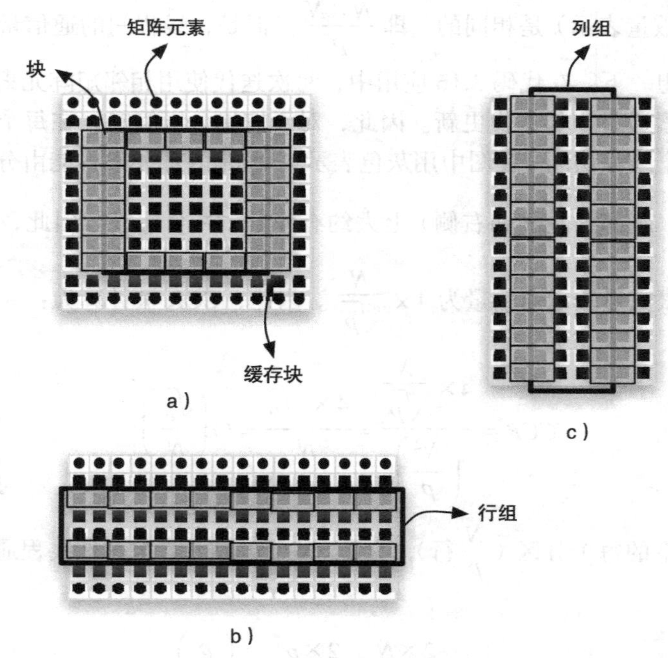

图 3-16　按块分区（a）、按行分区（b）和按列分区（c）中多个处理器共享缓存块的数量，假设存储布局如图所示

这个例子说明了以下几点。首先，尽管具有相同规模的固有通信，但是就总通信而言，按行划分和按列划分差别很大。因此，选择使通信最小化的划分策略是非常重要的。其次，如果块内边界列的矩阵元素通信产生大量的人为通信，则按块划分可能比按行划分的缓存效率低。总的来说，固有通信虽然反映了算法的通信需求，但实际性能更多地取决于总通信量，其不一定与固有通信的行为相同。

82

总之，将任务映射到线程时需要考虑多个因素：负载均衡、任务管理开销以及线程之间的通信成本。后两个因素就量级来说是机器特定的，而且其量级随着执行线程的处理器数量的增加而增大。

3.9　线程到处理器的映射

上一节已经讨论了如何将任务映射到线程，下一个问题自然是如何将线程映射到处理器。解决这个问题的一个简单方法就是什么都不做，即让操作系统线程调度器去决定。操作系统线程调度器决定何时就绪线程应该运行，以及就绪线程应该运行在哪些处理器上。操作系统将响应时间、公平性、线程优先级、处理器的利用率以及上下文切换的开销考虑在内。对于运行来自不同进程的线程集合的系统，操作系统线程调度器在将线程映射到处理器方面做得相当不错。

83

然而，在并行编程的情况下，将线程映射到处理器有几个独特的挑战。第一个挑战是如何安排线程相对于彼此的调度时间。无关的线程彼此不同步，所以可以随时被调度。但是，并行线程通常会同步，无论是使用锁、栅障还是其他方法。并行程序中的线程必须被协同调度才能避免调度效率低下。例如，当一个持有全局锁的线程被切换出去时会导致低效率。其他想要获得该锁的线程无法获得锁，因此即使这些线程在处理器上运行，也无法取得进展。处理器资源将被不必要地浪费，直到持有锁的线程再次被切换进来为止。另一种情况是当多个线程到达栅障时，其中一个没有到达栅障的线程被切换出去了。与锁的情况类似，被切换出去的线程阻止了其他线程的切换。处理器资源再次被浪费，直到该线程被切换进来。最后，在点对点同步中，如果想要发送消息的线程被切换出去，另一个希望接收该消息的线程可能被阻塞等待，无法取得进展。因此，对于一个并行程序，需要确保它的所有线程同时运行或者都不运行。

一些操作系统线程调度器增加了*成组调度*的功能，在成组调度中要么所有线程都被调度运行，要么没有线程运行。这消除了对处理器资源的浪费。对于大型系统来说，更需要这种成组调度的支持，因为系统越大，调度错误的成本越高。在某些情况下，仅有成组调度可能不足以确保并行程序执行的高性能。例如，在对 ASCI Q 超级计算机的研究中[47]发现操作系统内核活动（称为噪声）可能产生短暂而频繁的中断，这大大降低了并行程序的性能。即使有成组调度，每个计算节点中的操作系统仍然需要抢占一个线程来运行其日常活动。每个计算节点相对于其他计算节点可能会产生异步的自身噪声。每次当某个节点受到噪声影响时，参与同一个栅障的所有节点上的所有线程都会变慢。当不同节点中的噪声得到同步时，即推迟操作系统活动并将其在节点上一起调度，线程变慢的频率会小很多，线程的性能也会有所提高。

将线程映射到处理器的另一个重要方面是数据局部性。这适用于 NUMA 系统，其中对远程存储的访问可能比访问本地存储花费的时间要长得多。在这种情况下，线程在所需数据所在的节点上运行是非常重要的。这可以通过两种方法来实现：数据映射或线程到处理器的显式映射。接下来先讨论数据映射。

数据映射允许将数据分配或映射到访问该数据的线程运行所在的节点。在某些情况下，编程模型（如 PGAS）可能允许指定数据映射。在其他情况下，程序员可以使用一些编程语言扩展以在传统编程语言（如 C 和 Fortran）中指定数据映射。

另一种方法是分配或迁移数据到访问该数据的线程。实现该方法可采取页分配和迁移策略。一个并行程序开始执行时，因为它的页还没有被分配，所以会有很多页错误。操作系统可以通过*页分配策略*来选择帧以分配页。在操作系统中，最常用的页分配策略是在最近最少使用的页所在帧处分配页。该帧上的旧页被替换出来，为新页腾出空间。这种策略或其近似策略在许多操作系统中得到了广泛应用。但是，在 NUMA 系统中，这样的策略并不知道页与需要该页的处理器的距离远近，因此可能不会达到最佳性能。所以，在 NUMA 系统中需要使用其他策略。一种策略是在导致页错误的节点上分配帧，如在访问该页的处理器所在的同一节点上分配帧。这种策略被称为*首次访问策略*（first touch policy）。这个策略的基本原理是，首次访问页中数据的处理器可能是访问该页中数据最多的处理器。显然，这是一个近似的、启发式策略。

84

■ **你知道吗？**

某些虚拟机管理程序在调度虚拟机（VM）到处理器上时，实现类似于成组调度的机制。虚拟机管理程序是硬件和操作系统（称为客户虚拟机）之间的一层，它为客户虚拟机提供一个使其直接在硬件上运行的抽象。虚拟机管理程序允许多个客户虚拟机共享相同的处理器硬件，从而提高处理器利用率。为了允许客户虚拟机共享相同的处理器硬件，处理器被虚拟化为虚拟处理器或 vCPU。虚拟机管理程序将 vCPU 映射到实际处理器，并在多个客户虚拟机之间时间共享处理器。一个客户虚拟机可请求 n 个 vCPU，但由虚拟机管理程序决定是否分配 n 个还是少于 n 个物理处理器，即一些 vCPU 时间共享相同的物理处理器。

类似于并行程序，客户虚拟机由操作系统和可同步的线程组成。如果客户虚拟机需要 n 个 vCPU，而虚拟机管理程序只分配少于 n 个处理器，则客户虚拟机可能会有显著的性能下降，其中一些 vCPU 可能会有执行进度，而另一些则会停止。因此，虚拟机管理程序可以实现某种形式的成组调度。例如，VMware 虚拟机管理程序版本 *2.x* 采用严格的同步调度，其中客户虚拟机中某个 vCPU 相比其他 vCPU 的执行进度超过某阈值时，整个客户虚拟机将停止，并且只有当管理程序可以为客户虚拟机分配 n 个处理器时才开始，从而保证 vCPU 的成组调度。但如果所请求的 vCPU 数量大于可用处理器的数量，则严格的同步调度或成组调度可能导致处理器资源碎片化，因为此时客户虚拟机必须等待，直到可用处理器的数量达到 n（3.x 版本放宽了同步调度策略以减少处理器资源碎片）。

当主数据结构（例如矩阵）由不同于在主计算中使用该数据结构的线程初始化时，首次访问策略就会出现缺陷。基于与主计算中的访问模式不一致的初始化模式来分配页会导致在主计算期间出现许多远程存储访问。更糟糕的是，如果初始化仅由主线程执行，则该数据结构的所有页将被分配在同一个节点上。在主计算期间，除了一个节点外，其他节点都将需要访问同一个远程存储。这不仅会导致较高的远程访问延迟，而且还会导致该节点的争用，从而显著增加存储访问延迟。当程序员使用自动并行化编译器时，这种情况可能相当普遍。编译器通常采用（合理的）启发式方法来跳过主体非常小的循环或循环嵌套的并行化。由于初始化循环或循环嵌套通常主体较小，所以通常不会被并行化，从而导致某个线程成为接触大部分数据结构的第一个线程。对于这个问题的常见解决方案是人为强制内部循环的并行化，并确保初始化循环中使用的遍历顺序与主计算中循环使用的遍历顺序相同。

85

另一种页分配策略是*轮询调度*，其中页以轮询调度的方式分配在不同的存储节点中。轮询调度页分配听起来不是一个好办法，因为它理论上会导致很多远程存储访问。但是，轮询调度均衡地跨节点分配页，因此在此策略中很少发生特定节点上的争用。因此，轮询调度可能比首次访问策略的最差情况表现更好。

非最佳页分配策略的另一种解决方案是自适应策略，即监控页的使用，并且页可以从当前被分配的节点迁移到最多访问该页的节点。SGI Origin 2000 系统实现了*页迁移*[38]。但是，由于页的物理地址会发生变化，所以页迁移是一项昂贵的操作。许多处理器会将地址映射（称为*页转换项*或 PTE）缓存在被称为*旁路转换缓冲*（TLB）的硬件结构中。不幸的是，很难知道哪个处理器缓存了某个页的 PTE。因此，为了迁移页面，操作系统必须保守地将每个处理器的 TLB 设置为无效。这是一个非常昂贵的操作，可能会抵消页面迁移带来的好处。

除了分配或移动数据到访问它们的线程，也可以将线程映射到数据分配的位置。NUMA 系统中使用的操作系统通常提供命令以限制线程可以在哪些处理器上运行。Linux 操作系统中的 cset 就是一个例子。在 NUMA 系统中，线程映射的目标是将线程映射到具有该线程将要访问数据的节点，并将相互通信的线程映射到物理上相邻的节点。线程映射可以使用命令行工具或通过编程语言扩展来实现。

编程语言支持数据和线程映射的一个例子如代码 3.23 所示。代码中显示了 SGI Origin 2000 NUMA 系统的 affinity 子句，affinity 子句允许程序员指定执行循环迭代的位置。distribute 子句指定矩阵 a 应该以块、行和列为粒度，在处理器之间交错分配。affinity 子句指定将迭代（i, j）分配给数据 a(i, j) 所在节点上的线程执行。在面向 NUMA 的编程模型（如 PGAS）中提供了类似支持。

代码 3.23 可以在 Origin 2000 系统的编程语言扩展中指定的计算亲和性示例[38]

```
1 !$sgi distribute a(block,block)
2 !$omp parallel do private(i,j), shared(a)
3 !$sgi+ nest(i,j), affinity(i,j) = data(a(i,j))
4       do j = 1, n
5         do i = 1, n
6           a(i,j) = 0.0
7         enddo
8       enddo
9       end
```

86

3.10 OpenMP 概述

本节简要介绍 OpenMP 3.0，更全面的信息可以在 http://www.openmp.org 上找到。本书只介绍 OpenMP 的基础知识，其中涉及前面介绍的各种并行概念。

OpenMP（开放式多处理）是支持共享存储编程的应用编程接口（API）。OpenMP 是由计算机硬件和软件供应商联合制定的一组标准，该标准仍在不断地发展，支持 C/C++ 和 Fortran 语言。OpenMP 标准由一组编译器指令组成，程序员可以使用这些指令来向支持 OpenMP 的编译器表达并行。编译器将指令替换为调用库函数的代码或读取影响程序运行时行为的环境变量。

设计 OpenMP 的最初目的是在循环结构中表达 DOALL 并行。OpenMP 使用 fork-join 执行模型，其中在串行部分由一个线程（主线程）执行计算。当遇到并行段时，主线程会产生子线程来一起执行，直到并行段结束，子线程合并回主线程。

程序员使用 OpenMP 的主要方式是通过在源代码中插入 directive 指令。OpenMP 中的 directive 指令遵循以下格式：

```
#pragma omp directive-name [clause[ [,] clause]...]  new-line
```

例如，为了表示一个循环的 DOALL 并行，可以在循环上插入如下指令：

```
#pragma omp for [clause[[,] clause] ...  ]  new-line
```

其中子句（clause）如下：

- private(variable-list)
- firstprivate(variable-list)
- lastprivate(variable-list)
- reduction(operator: variable-list)
- ordered
- schedule(kind[, chunk_size])
- nowait

要开始一个并行段，可以插入“#pragma omp parallel”，接着是大括号，表示并行部分的开始和结束，如代码3.24所示。并行段内的任何代码都由所有线程执行。当遇到一个DOALL循环，可以使用任务共享结构“#pragma omp for”来将迭代划分到不同的线程中并行执行，而不是每个线程执行所有迭代。

为了表示具有DOALL并行的for循环，可以在代码中插入以下指令（代码3.24）。源文件必须包含头文件omp.h，omp.h中包含了对OpenMP函数的声明。并行区域由“#pragma omp parallel”开始，并用大括号括起来。并行区域的开始会产生线程，产生的线程数量可以由环境变量（如setenv OMP_NUM_THREADS n）指定，或者通过调用函数（如omp_set_num_threads(n)）直接在代码中指定。括号内的代码由所有线程执行。一个并行区域内可以有多个并行循环，因为线程在进入并行时已经被创建，所以每个循环都不会产生新的线程。如果只想并行执行一个循环，可以用指令“#pragma omp parallel for”将并行循环的开始和并行区域的开始合并在一起。

87

代码3.24　OpenMP中的DOALL并行示例

```
1#pragma omp parallel
2{  // 并行区域的开始
3  #pragma omp parallel for default(shared) private(i)
4  for(i=0; i<n; i++)
5    A[i]= A[i]*A[i]- 3.0;
6} // 并行区域的结束
```

OpenMP允许将并行区域指令和任务共享指令合并，如下所示：

```
1I#pragma omp parallel for default(shared) private(i)
2  for(i=0; i<n; i++)
3    A[i]= A[i]*A[i]- 3.0;
```

在代码中default(shared)子句表示，除非另外指定，否则循环范围内的所有变量都是共享的。注意循环索引变量i需要对每个线程设为私有，因此代码中加入了private(i)。

为了表达函数并行性，可以使用下面的结构来并行执行一些代码段（代码3.25）。该代码中两个循环相互并行执行，尽管在每个循环内是顺序执行。

代码3.25　OpenMP中的函数并行示例

```
1#pragma omp parallel shared(A,B)private(i)
2{
3  #pragma omp sections nowait
4  {
5    #pragma omp section
6    for(i=0; i<n; i++)
7      A[i]= A[i]*A[i]- 4.0;
8    #pragma omp section
9    for(i=0; i<n; i++)
10     B[i]= B[i]*B[i] + 9.0;
11  } // omp sections结束
12} // omp parallel结束
```

在OpenMP中，变量类型可以是shared、private、reduction、firstprivate或lastprivate。3.6节中讨论了shared和private两种变量范围。注意如果一个变量位于并行区域外，并且与并行区域内的某个变量的名称相同，而并行区域内的该变量被声明为private，那么这两个变量不共享任何存储空间，这意味着对它们的写入将写入存储中的不同位置。

在 3.6.1 节讨论过，归约变量是一个私有化变量，其在并行部分的末尾被合并并产生单一的结果值。只有当某些运算符被内置在编程语言中，并且可证明对于编译器是可结合和可交换时才可应用归约。因此，在归约子句中只支持某些运算符，如算术运算符（+ 和 *）和逻辑运算符（&、|、&& 和 || 等）。

88

firstprivate 和 lastprivate 是私有变量的特殊类型。firstprivate 在进入并行区域之前，从原始变量的值初始化一个变量的私有副本。lastprivate 表示在循环退出时，变量的原始副本的值会被赋值为线程在最后一个循环迭代所见到的值（仅用于并行循环）。

对于同步原语，OpenMP 隐式地在每个并行循环或并行段之后插入一个栅障。如果程序员发现不需要任何栅障，可以插入一个 nowait 子句。例如，在下面的代码中，任何完成自身任务的线程都可以移动到下一段代码（代码 3.26）。

代码 3.26　消除 OpenMP 中的隐性栅障

```
1#pragma omp parallel for nowait default(shared) private(i)
2for(i=0; i<n; i++)
3  A[i]= A[i]*A[i]- 3.0;
4...
```

在 OpenMP 中，也可以使用指令“#pragma omp critical”来指示临界区并在大括号内包含临界区内的代码。如果所包含的代码内有诸如自增、加法或减法等简单操作，则有时会有相应的单机指令可以快速、原子级地完成这类操作。在这种情况下可以用“#pragma omp atomic”来代替。临界区子句使得程序员不必声明锁变量就可以使用一组加锁和解锁操作。但是，OpenMP 也允许命名锁变量。当需要对数据结构的不同部分使用不同的锁时，锁命名则非常有用。命名后的锁不可用作 directive 指令，但可以通过库被调用：omp_init_lock() 用于初始化一个命名后的锁，omp_set_lock() 和 omp_unset_lock() 用于加锁和解锁操作，omp_test_lock() 用于测试当前锁是否由一个线程持有，omp_destroy_lock() 用于释放锁。

程序员也可以指定只有单个线程应该执行代码的某一部分，即使用指令“#pragma omp single”并用大括号包含仅由单个线程执行的代码。如果需要这个单线程是主线程，那么使用的指令是“#pragma omp master”。

在分配迭代时，也可以用 ordered 子句来指定迭代应该按照程序的顺序来执行。但是，除非有这样做的充分理由，否则不应该使用 ordered，因为这会引入顺序执行并导致较高的开销。

schedule 子句允许指定如何将迭代分组为任务，以及如何将任务分配给线程。schedule 子句有两个参数，即调度类型和块大小。块是一组连续的迭代。调度类型如下所示：

- static：每个块静态分配给一个处理器。
- dynamic：每个块被放在一个任务队列中。每个处理器在空闲或完成计算任务时，抓取任务队列中的下一个块并执行。
- guided：与 dynamic 相同，只是任务大小不统一，后期任务相比早期任务呈指数级减小。
- runtime：调度的选择不是静态确定的。而是由 OpenMP 运行时库在运行时检查环境变量 OMP_SCHEDULE 以确定要使用的调度类型。

89

指定运行 OpenMP 程序的线程数量可以通过将其嵌入到代码中来实现，如使用库调用 omp_set_num_threads()，或者在启动程序之前设置环境变量 OMP_NUM_THREADS。程序将读取该环境变量并设置整个执行过程的线程数量。

OpenMP 3.0 的一项新功能是任务化。“#pragma omp task”允许程序员定义一个由线程执行的不规则任务。与代码段（section）相比，任务使用更加灵活，如一个代码段不允许该段之外的其他代码执行。代码3.27是任务的一个例子，它实现了代码3.14中二叉树遍历的并行化。

代码3.27 代码3.14中二叉树遍历的任务使用示例

```
1 int search_tree(struct tree *p, int data)
2 {
3   int count1 = 0, count2, count 3;
4   if(p == NULL)
5     return 0;
6   if (p->data == data)
7     count1 = 1;
8   #pragma omp task untied firstprivate(p)
9   {
10    count2 = search_tree(p->left);
11  }
12  #pragma omp task untied firstprivate(p)
13  {
14    count3 = search_tree(p->right);
15  }
16  return (count1 + count2 + count3);
17 }
18 ...
19 #pragma omp parallel
20 {
21  #pragma omp single
22  {
23    search_tree(root,sleep_time);
24  }
25 }
26 ...
```

在代码中调用“#pragma omp single”来确保只有一个线程执行对搜索树函数的第一次调用。在函数内用“#pragma omp task”定义一个任务，该任务将在任务队列中排队，稍后可以由一个线程来执行。设置任务（遍历左子树）后，程序立即可以继续执行，为右子树设置任务。untied子句允许将任务从一个线程重新分配到另一个线程，从而有助于实现负载均衡。

下面看一个简单例子：使用OpenMP来并行化矩阵乘法。假设想要将两个二维矩阵$\boldsymbol{A}$和$\boldsymbol{B}$相乘，并将结果存储在第三个矩阵$\boldsymbol{Y}$中，代码如下所示（代码3.28）。在这个例子中将讨论OpenMP的简单并行策略，忽略更高级的优化，如阻塞、分块等。

90

代码3.28 矩阵相乘代码

```
1 #define MATRIX_DIM 500
2
3 double A[MATRIX_DIM][MATRIX_DIM],
4   B[MATRIX_DIM][MATRIX_DIM],
5   Y[MATRIX_DIM][MATRIX_DIM];
6 int i, j, k;
7 . . .
8
9     for (i=0; i<MATRIX_DIM; i++) {
10      for (j=0; j<MATRIX_DIM; j++) {
11        Y[i][j] = 0.0;  // S1
12        for (k=0; k<MATRIX_DIM; k++) {
13          Y[i][j] = Y[i][j] + A[i][k] * B[k][j]; // S2
14        } // for k
15      } // for j
16    } // for i
17 . .
```

从代码中可以看到由三个循环组成的嵌套循环。两个外层循环遍历矩阵的每个维度。第二个循环中的每个迭代都为结果矩阵 Y 中的一个元素赋值。最内层循环访问矩阵 A 中的一行和矩阵 B 中的一列，并将它们的乘积之和累加到矩阵 Y 中的当前元素。

通过嵌套循环的依赖分析，可以发现最内层的语句读取之前第 k 次迭代最后一次设置的 Y[i][j] 的值，然后将其与 A[i][k] × B[k][j] 相加，并将新值写入 Y[i][j]。在接下来的第 *k* 次迭代中，新值将被相同的语句读取。因此，这里有一个真依赖 $S2[i][j][k] \rightarrow^{T} S2[i][j][k+1]$，其中 *S*2 代表最内层的语句。除了前第 *k* 次迭代在 *S*1 和 *S*2 之间存在依赖，没有其他的依赖关系。真依赖对于 for k 循环是循环传递依赖，但对于 for i 和 for j 是循环独立依赖。因此，for i 和 for j 循环都展现出 DOALL 并行。

为了确定变量的范围，从代码中可以看出矩阵 A 和 B 从不写入，所以它们是只读变量。循环索引变量 i、j、k 是读 / 写冲突的，但是可以私有化，因为这里事先知道所有迭代的值。最后，考虑数组 Y 中的元素。如果并行任务是 for i 循环的迭代，那么因为每个并行任务读取和写入矩阵的不同行，所以数组 Y 中的元素是读 / 写非冲突变量。同样，如果并行任务是 for j 循环的迭代，则数组 Y 中的元素是读 / 写非冲突变量，因为对于单个行来说每个并行任务读取和写入矩阵的不同列。因此，对于这两个循环，除了循环索引变量之外，所有变量都应声明为共享。最后，如果并行任务是 for k 循环的迭代，则数组 Y 中的元素是读 / 写冲突的，因为每个第 k 次迭代读取前一个第 k 次迭代写入的值。检查在 Y 上执行的操作，可以发现该操作是矩阵 A 的一行和矩阵 B 的一列的元素的乘积的总和。由于加法运算是可交换和可组合的，所以是一个归约运算符，而且数组 Y 中的每个元素都可以作为归约变量。所有其他变量（循环索引变量除外）都可以被声明为共享。

91

使用 OpenMP，如果只想并行化 for i 循环，可以在 for *i* 循环前插入 OpenMP 指令"#pragma omp parallel for default (shared)"以并行化 for i 循环，或者将该指令插入 for j 循环前以并行化 for j 循环，或者在上述两个位置都插入该指令以并行化两个循环。如果想要并行化 for k 循环，那么可以在 for k 循环前插入 OpenMP 指令"#pragma omp parallel for default (shared)"，但是除此之外，必须用"#pragma omp critical"来保护对 *Y*[*i*][*j*] 的访问（代码 3.29），或者将 Y[i][j] 转换为一个归约变量。不幸的是，因为归约变量必须是标量，而 Y[i][j] 是矩阵的一部分，所以后一种选择不能使用 OpenMP 归约子句来实现。

代码 3.29　矩阵相乘代码

```
1 . . .
2     for (i=0; i<MATRIX_DIM; i++) {
3       for (j=0; j<MATRIX_DIM; j++) {
4         Y[i][j] = 0.0;
5 #pragma omp parallel for default(shared)
6         for (k=0; k<MATRIX_DIM; k++) {
7 #pragma omp critical {
8             Y[i][j] = Y[i][j] + A[i][k] * B[k][j];
9           } // critical
10        } // for k
11      } // for j
12    } // for i
13 . . .
```

最终的并行程序使用带有 – O3 级优化的 Intel icc 编译器在工作站上编译，该工作站具有两个运行频率为 2.0GHz 的 Intel Xeon CPU，每个核心能够同时运行两个线程（双路超线程)。每个 CPU 有一个 512KB 大小的 L2 高速缓存。矩阵乘法被执行 10 次。

图 3-17 显示了使用不同的并行化策略的加速比：仅并行化 for i 循环、仅并行化 for j 循环、仅归约处理 for k 循环和仅用临界区保护 for k 循环最内层语句。顺序执行时间是 20s。并行化 for i 循环的执行时间为 9.47s，产生的加速比为 2.11。这并不奇怪，因为尽管所有四个线程可以同时运行，但由于共享处理器资源会产生资源争用并导致线程变慢。因此，不能获得近似于 4 的完美加速比。并行化 for j 循环的执行时间为 10.13s，产生的加速比为 1.97。执行时间略有增加的原因是因为在 for i 循环中只遇到一个并行区域，而在 for j 循环并行化中，每个 for i 迭代对应于一个并行区域。由于总共有 500 个并行区域，所以建立、进入和退出一个新的并行区域的开销约为 $\frac{10.13-9.47}{500}\times 1\,000 = 1.3\text{ms}$ 或更少。由于更多并行区域的开销，使用归约循环来并行化 for k 循环会进一步增加执行时间到 101.32s。最后，用临界区保护最内层语句从而将 for k 并行化的执行时间达到 720s 以上。

92

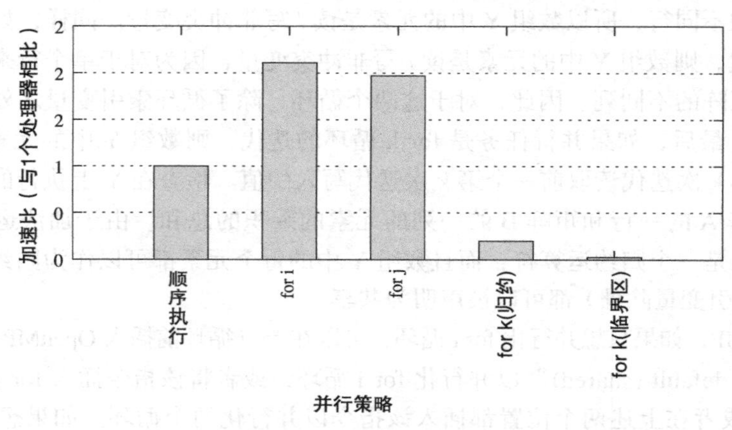

图 3-17　循环嵌套中并行不同循环的加速比

总的来说，评测结果表明并行区域的粒度是非常重要的，因为并行开销可能影响很大。与并行化内层循环相比，应该给予最外层循环并行化更高的优先级。另外，大量使用临界区可能会严重降低性能。

93

3.11　习题

课堂习题

1. **代码分析**。对于下面的代码：

```
...
for (i=1; i<=N; i++) {
  for (j=1; j<=i; j++) {   // 注意索引范围
    S1: a[i][j] = b[i][j] + c[i][j];
    S2: b[i][j] = a[i][j-1];
    S3: c[i][j] = a[i][j];
  }
}
```

(a) 画出它的迭代空间遍历图（ITG）。

(b) 列出所有的依赖关系，并明确指出哪些是循环传递依赖，哪些是循环独立依赖。

(c) 画出它的循环传递依赖图（LDG）。

答案：

循环传递依赖：

$$S1[i, j-1] \rightarrow^{T} S2[i, j] \qquad (3.3)$$

循环独立依赖：

$$S1[i, j] \rightarrow^{T} S3[i, j] \qquad (3.4)$$

$$S1[i, j] \rightarrow^{A} S2[i, j] \qquad (3.5)$$

$$S1[i, j] \rightarrow^{A} S3[i, j] \qquad (3.6)$$

94

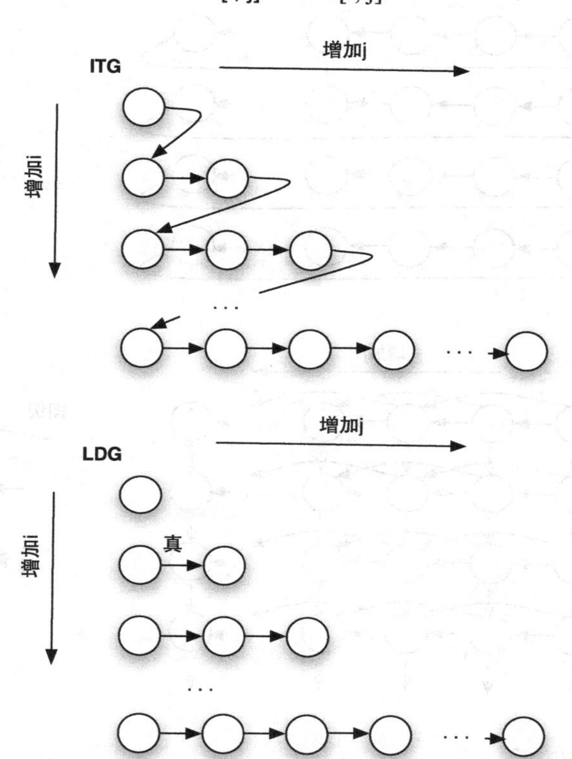

2. **代码分析**。对于下面的代码：

```
...
for (i=1; i<=N; i++) {
  for (j=2; j<=N; j++) {
    S1: a[i][j] = a[i][j-1] + a[i][j-2];
    S2: a[i+1][j] = a[i][j] * b[i-1][j];
    S3: b[i][j] = a[i][j];
  }
}
```

(a) 画出它的迭代空间遍历图（ITG）。

(b) 列出所有的依赖关系，并清晰指出哪些是循环传递依赖，哪些是循环独立依赖。

(c) 画出它的循环传递依赖图（LDG）。

答案：

循环传递依赖：

$$S1[i, j-1] \rightarrow^{T} S1[i, j] \qquad (3.7)$$

$$S1[i, j-2] \rightarrow^{T} S1[i, j] \qquad (3.8)$$

$$S2[i, j] \rightarrow^{O} S1[i+1, j] \quad (3.9)$$

95

$$S3[i-1, j] \rightarrow^{T} S2[i, j] \quad (3.10)$$

循环独立依赖：

$$S1[i, j] \rightarrow^{T} S3[i, j] \quad (3.11)$$

$$S1[i, j] \rightarrow^{T} S2[i, j] \quad (3.12)$$

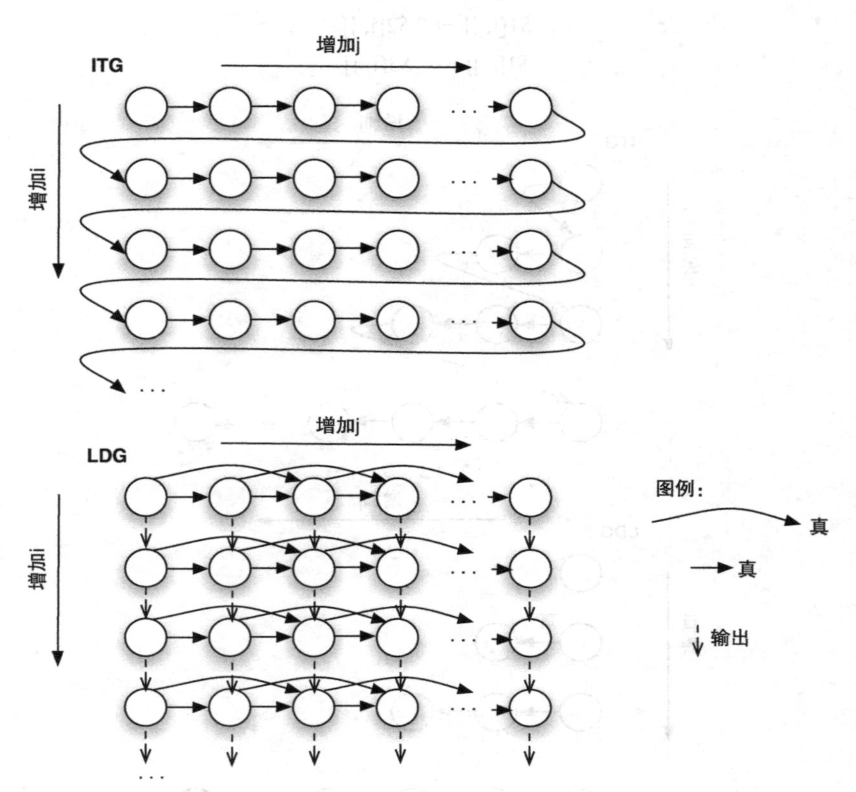

3. **其他并行**。对于下面的代码：

```
...
for (i=1; i<=N; i++) {
  for (j=1; j<=i; j++) {  // 注意索引范围
    S1: a[i][j] = b[i][j] + c[i][j];
    S2: b[i][j] = a[i-1][j-1];
    S3: c[i][j] = a[i][j];
    S4: d[i][j] = d[i][j-1] + 1;
  }
}
```

(a) 写出利用函数并行的代码。

(b) 如果从循环中移除 *S*4，写出最充分地利用 DOACROSS 并行的代码。

96

(c) 如果 *S*4 从循环中移除，写出用尽可能多的线程利用 DOPIPE 并行的代码。

答案：

(a) 由于 *S*4 与 *S*1、*S*2 和 *S*3 之间不存在依赖关系，因此可将该循环拆分为两个循环，一个循环中语句为 *S*1、*S*2 和 *S*3，另一个循环中语句为 *S*4。将循环拆分之后，两个"for i"循环可以相互并行执行：

```
...
for (i=1; i<=N; i++)
```

```
    for (j=1; j<=i; j++)
      S1: a[i][j] = b[i][j] + c[i][j];
      S2: b[i][j] = a[i-1][j-1];
      S3: c[i][j] = a[i][j];
    }
}

for (i=1; i<=N; i++)
  for (j=1; j<=i; j++)
    S4: d[i][j] = d[i][j-1] + 1;
  }
}
```

(b) 为了最充分地利用 DOACROSS 并行性，需要同时考虑“for i”循环和“for j”循环。它们可以通过适当的同步来并行化。

```
...
for (i=1; i<=N; i++)
  for (j=1; j<=i; j++)   // 注意索引范围
    S1: a[i][j] = b[i][j] + c[i][j];
    signal(i,j);

    if (i>1 && j>1)
      wait(i-1,j-1);
    S2: b[i][j] = a[i-1][j-1];
    S3: c[i][j] = a[i][j];
  }
}
```

(c) 为了最充分地利用 DOPIPE 并行，需要将循环内部的三条语句分解为三个线程 / 处理器，每个线程 / 处理器分别只执行语句 $S1$、$S2$ 或 $S3$。这里假设 wait(x) 与 signal(x) 一一对应。

```
...
// 线程 1 代码
for (i=1; i<=N; i++)
  for (j=1; j<=i; j++)
    S1: a[i][j] = b[i][j] + c[i][j];
    signal(i,j);
    signal(i,j);
  }
}
// 线程 2 代码
for (i=1; i<=N; i++)
  for (j=1; j<=i; j++)
    wait(i,j);
    S2: b[i][j] = a[i-1][j-1];
  }
}
// 线程 3 代码
for (i=1; i<=N; i++)
  for (j=1; j<=i; j++)
    wait(i,j);
    S3: c[i][j] = a[i][j];
  }
}
```

97

注意对于 P2 的代码，同步需要满足两个依赖约束条件：在迭代 [i – 1, j – 1] 时由语句 $S1$ 产生的 a[i – 1][j – 1] 的真依赖，以及在同一次迭代中由语句 $S1$ 读取的 b[i][j] 的反依赖。所以，插入的同步应该是两个约束中较为严格的约束，即 wait(i, j) 而不是 wait(i – 1, j – 1)。

4. 考虑一个计算矩阵 $\boldsymbol{Y}=\boldsymbol{A}\times\boldsymbol{B}+\boldsymbol{C}$ 的算法，其中 $\boldsymbol{Y}$、$\boldsymbol{A}$、$\boldsymbol{B}$ 和 $\boldsymbol{C}$ 的维度分别为 $n\times p$、$n\times m$、$m\times p$ 和 $n\times p$。假设 n、m 和 p 都可以被 2 整除。算法如下所示：

```
int i, j, k;
float A[n][m], B[m][p], Y[n][p], C[n][p], x;

...
// 开始线性转换
for (i=0; i<n; i++) {
  for (j=0; j<p; j++) {
    x = 0;
    for (k=0; k<m; k++)
      x = x + A[i][k] * B[k][j];
    Y[i][j] = x + C[i][j];
  }
}
```

通过合适的指令，所有的循环（for i、for j 和 for k）都可以被并行化。当仅并行“for i”循环、仅并行“for j”循环或仅并行“for k”循环时，指出每个变量应声明为私有变量还是共享变量。

答案：

仅并行 for i 循环：

变量	私有	共享
i	X	
j	X	
k	X	
A		X
B		X
C		X
Y		X
x	X	

仅并行 for j 循环：

变量	私有	共享
i		X
j	X	
k	X	
A		X
B		X
C		X
Y		X
x	X	

仅并行 for k 循环：

变量	私有	共享
i		X
j		X
k	X	
A		X
B		X
C		X
Y		X
x		X

注意：变量 x 需要用同步保护，或者用归约运算符“+”将其声明为归约变量。

课后习题

1. **代码分析**。对于下面的代码：

```
for (i=4; i<=n; i++)
  A[i] = A[i] + A[i-4];
```

(a) 画出循环传递依赖图。

(b) 通过分析循环传递依赖图，确定代码中的并行性，重写代码并使用合适的 OpenMP 指令表示并行循环。

2. **代码分析**。对于下面的代码：

```
...
for (i=1; i<=N; i++) {
  for (j=1; j<=i; j++) {   // 注意索引范围
    S1: a[i][j] = b[i][j] + c[i][j];
    S2: b[i][j] = a[i-1][j-1];
    S3: c[i][j] = a[i][j];
  }
}
```

(a) 画出它的迭代空间遍历图（ITG）。

(b) 列出所有的依赖关系，并明确指出哪些是循环传递依赖，哪些是循环独立依赖。

(c) 画出它的循环传递依赖图（LDG）。

3. **代码分析**。对于下面的代码：

```
...
for (i=1; i<=N; i++) {
  for (j=1; j<=i; j++) {   // 注意索引范围
    S1: a[i][j] = b[i][j] + c[i][j];
    S2: b[i][j] = a[i-1][j-1] * b[i+1][j-1]
          * c[i-1][j];
    S3: c[i+1][j] = a[i][j];
  }
}
```

(a) 画出它的迭代空间遍历图（ITG）。

(b) 列出所有的依赖关系，并明确指出哪些是循环传递依赖，哪些是循环独立依赖。

(c) 画出它的循环传递依赖图（LDG）。

4. **代码分析**。对于下面的代码，画出 ITG，找到所有的依赖关系并画出 LDG。

```
for (i=2; i<N; i++)
    for (j=2; j<N; j++)
        S: a[i][j] = a[i-2][j] + a[i][j+2]
```

5. **DOACROSS 和 DOPIPE**。对于下面的代码，假设想要将它并行化为两个线程。

```
... for (i=2; i¡N; i++) S1: a[i] = a[i-1] + b[i-2]; S2: b[i] = b[i] + 1; ...
```

(a) 利用 DOACROSS 并行，写下对两个线程都适用的单个代码。

(b) 利用 DOPIPE 并行，分别写下对于每个线程适用的代码。

6. **变量范围分析**。考虑下面的代码段。所有矩阵的维度都为 $N\times N$，而所有数组的维度都为 N。假设 N 可以被 2 整除。

```
... for (i=0;i¡N; i++) k = C[N-1-i]; for (j=0; j¡N; j++) A[i][j] = k * A[i][j] * B[i/2][j]; ...
```

从代码中可以看出，所有的循环（for i 和 for j）都可并行化。当仅并行化 for i 循环或仅并行化 for j 循环时，指出每个变量应声明为私有变量还是共享变量。

7. **数据与函数并行**。下面的循环取自 Spec 中的基准 tomcatv（转换为等效的 C 代码）：

```
for (j=2; j<n; j++) {
  for (i=2; i<n; i++) {
    x[i][j] = x[i][j] + rx[i][j];
    y[i][j] = y[i][j] + ry[i][j];
  }
}
```

100

假设 n 是 2 的倍数。使用 OpenMP directive 指令，写出利用如下特性的循环并行版本：

(a) 仅函数并行。

(b) 仅数据并行。

(c) 函数和数据并行。

8. **数据与函数并行**。下面的循环取自 Spec 中的基准 tomcatv（转换为等效的 C 版本）：

```
for (j=2; j<n; j++) {
  for (i=2; i<n; i++) {
    x[i][j] = x[i][j] + rx[i][j];
    y[i][j] = y[i][j] + ry[i][j];
  }
}
```

假设 n 是 2 的倍数。使用 OpenMP directive 指令，写出利用如下特性的循环并行版本：

(a) 仅函数并行。

(b) 仅数据并行。

(c) 函数和数据并行。

9. **归约操作**。对于以下代码，通过识别归约变量和归约操作来实现并行化。必要时可以重写代码，以便在 OpenMP directive 指令中使用归约子句。

```
// 前提条件：x 和 y 至少其中一个的值大于 1
for (i=0; i<n; i++)
  y = y * exp(x,A[i]);
print y;
```

10. 识别以下代码中的所有正确性问题：

```
#pragma omp parallel for shared(i,j,N,B) private(A,C,temp,sum)
for (i=1; i<N; i++) {
    S1: temp = A[i][i];
    S2: sum = 0;
    #pragma omp parallel for shared(i,j,N,B) private(A,C,temp) reduction(+:sum) {
    for (j=1; j<N; j++) {
        S3: A[i][j] = A[i/2][j] + B[i-1][j-1];
        S4: C[N-i][N-j] = temp * B[i][j];
        S5: sum = sum + A[i][j] * C[N-i][N-j];
    }
}
```

101

第4章

Fundamentals of Parallel Multicore Architecture

针对链式数据结构的并行编程

本书第 3 章讨论了针对以矩阵为主要数据结构的应用的并行编程技术。矩阵遍历的特点可以用一组嵌套循环来描述，其中每一层循环遍历矩阵某一维度上的所有元素。科学模拟和多媒体处理应用中大量使用了矩阵数据结构，因而上述并行编程技术对这类应用非常有效。

本章将介绍针对非科学应用的并行编程技术，特别是大量使用**链式数据结构**（Linked Data Structure，LDS）的应用。LDS 包括所有使用一组节点并通过指针链接在一起的数据结构，如链表、树、图、散列表等。很多类型的应用都大量使用了链式数据结构，包括编译器、文字处理程序和数据库系统等。特别是数据库系统，为了支持大量高并发的事务往往需要更高程度的并行性。

链式数据结构的访问往往含有大量的循环传递依赖，而本书第 3 章介绍的循环并行化技术很难成功应用到链式数据结构上，因此针对链式数据结构需要不同的并行化技术。本章将重点介绍这类技术，并讲解如何在链表上应用这类技术。不幸的是，一些针对链式数据结构的并行化技术与数据结构密切相关。由于每一类链式数据结构都存在大量的并行算法，本章将重点讨论这些技术的共性，并将其应用在简单的链式数据结构——链表上。本章将帮助读者建立一个基本的知识框架，以便读者对链式数据结构的并行化技术进行更深入的探索。

由于篇幅限制，本章无法涵盖针对链式数据结构的所有并行化技术。本章将帮助读者理解锁机制如何应用在基于链式数据结构的非科学应用中、锁粒度与并行度的关系，以及编程复杂度。理解锁的使用有助于在实现支持锁同步的硬件时识别出最重要的设计需求。

4.1 LDS 并行化所面临的挑战

链式数据结构包含不同类型的数据结构，如链表、树、散列表和图等。所有链式数据结构的共同特点是都包含一组节点并且节点之间通过指针相互链接。指针是存放地址的一种数据类型。就构造一个单向链表（单链表）来说，每一个节点都包含一个指向链表中下一个节点的指针。对于双向链表，每一个节点包含两个指针，分别指向该节点的前一个节点和后一个节点。树具有层次化结构，其根节点在最高层，叶子节点在最底层。树结构中的节点包含指向子节点的指针，有的还包含指向父节点的指针。图结构由一个节点集合构成，其中每一个节点都可以指向其余的任意节点，并且其指向其余节点的指针数可以是任意的。

虽然不同链式数据结构之间存在差异，然而链式数据结构的遍历都具有一个相同的特征，即在遍历过程中需要读取当前节点中的指针以发现该指针指向的下一个节点，并以此方法访问所有节点。因此，不同于矩阵遍历（其中矩阵的索引可以通过算术计算获得），LDS 在遍历过程中需要读取到当前节点的指针数据才能获得下一个节点的地址。这样的模式导致链式数据结构的遍历过程存在循环传递依赖。

循环级并行化的不足

代码 4.1 展示了如何定义一个单向链表数据结构，函数 AddValue 在链表中寻找一个具有特定键值（由函数参数 int key 指定）的节点，然后将值 x 累加到名为 data 的数据字段。p = p->next 为遍历过程中的关键语句。当 p 指向一个节点时，为了得到下一个节点的地址 p->next，必须要先读取该节点的内容，这就在遍历过程中产生了循环传递依赖，使得并行化 LDS 的遍历过程变得困难。

代码 4.1　在链表中找到一个节点并修改的代码示例

```
1 typedef struct tagIntListNode{
2   int key;  // 对每个节点唯一
3   int data;
4   struct tagIntListNode *next;
5 } IntListNode;
6 typedef IntListNode *pIntListNode;
7
8 typedef struct {
9   pIntListNode  head;
10 } IntList;
11 typedef IntList* pIntList;
12
13 void AddValue(pIntList pList, int key, int x)
14 {
15   pIntListNode p = pList->head;
16   while (p != NULL) {
17     if (p->key == key)
18       p->data = p->data + x;
19     p = p->next;
20   }
21 }
```

循环传递依赖不仅仅存在于遍历语句中，这是 LDS 并行化面临的另一问题。例如，LDS 本身包含环路，也就是从当前节点出发向后遍历会再次回到该节点。这种情况常见于图中，但也有可能发生在链表中（循环链表）。如果在遍历过程中，同一个节点在被第二次访问时，代码读取到的值可能是上一次迭代过程修改过的值，如 p->data = p->data+x，这就会造成额外的循环传递依赖。一般来说，这种情形是程序员在程序设计时导致的，因为程序员非常清楚 LDS 的数据结构组成。然而，对于性能优化工具或编译器来说发现这种问题并不容易。

104

LDS 并行化面临的另一个问题则来自递归遍历。例如，对于树的遍历往往就会用到递归。递归遍历并不是并行化的主要障碍。例如，在遍历树时，可以创建两个线程分别遍历左子树和右子树。这样，就能够从某种程度上将树的递归遍历并行化。然而，这种方法只对特定数据结构有效。

由于循环传递依赖的存在，并行化 LDS 的遍历过程变得困难。即便如此，还是存在一些其他的并行机会，在接下来的内容将讨论相应的并行化技术。

4.2　LDS 并行化技术

4.2.1　计算并行化与遍历

一个简单的并行化 LDS 的方法是将其计算部分并行化（而非遍历过程）。假设程序需要遍历链表并在每个节点上执行计算操作，循环传递依赖只会影响节点的遍历而非计算操作。因此，可以在保持遍历过程串行执行的基础上，将每个节点上的计算操作分配到不同的任务上并行执行。图 4-1 展示了该方法。

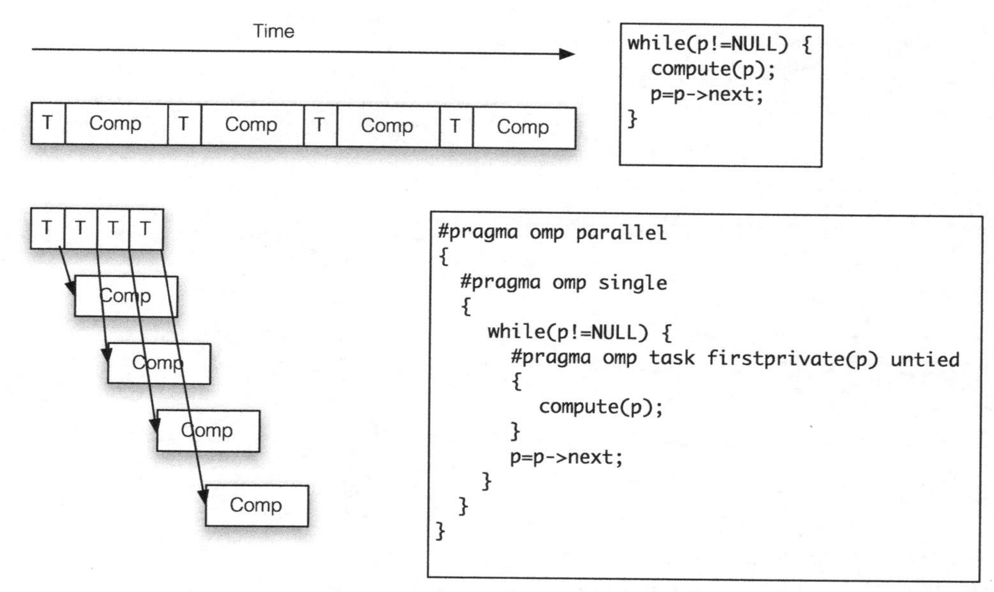

图 4-1　单向链表的串行遍历和计算（上）以及并行计算（下）

图 4-1 上图展示了传统的遍历单向链表的代码，遍历从指针 p 开始直到 p 指向 NULL。由于是串行遍历，程序交替地进行遍历和计算。图 4-1 下图展示了一个并行的代码版本，其中一个线程串行遍历 LDS，并将每个节点上的计算操作分配给不同的任务并行执行。这些任务可以动态地分配给可用的线程并执行。因此，如图 4-1 所示，每个节点的计算操作便可以并行执行。

105

总的来说，这个方法比较直观且相对容易实现。然而，如果考虑到该方法的执行效率，预取操作可以进一步提升该方法的性能。如果多个线程共享处理器上的高速缓存，主线程在遍历 LDS 的过程中会将节点上的数据预取到共享高速缓存中，这样便可以减少程序运行过程中从线程的缓存缺失次数。

然而相较于执行遍历和任务管理所耗费的时间比重，真正影响该方法性能的因素是执行节点计算操作的时间。当需要处理大量的任务时任务管理的开销就会显著增加。假设执行计算操作的时间等于或小于遍历时间与任务管理时间之和，则该方法能获取的最大加速比为 2。可以将遍历时间和任务管理时间看作 Amdahl 定律中的串行部分，该部分会决定可以获得的最大加速比。为了在线程数量增加时获取较高的加速比，需要执行计算操作的时间远远大于遍历时间与任务管理时间之和。

图 4-2 展示了前文提到的链表遍历程序在 32 核 AMD 皓龙处理器上的加速比曲线图。compute() 函数里是一个简单的循环，可以纳秒为单位调整其计算的时长，如图中 X 轴所示。Y 轴展示了相比于串行版本的加速比。图中显示了当线程数为 2、4、8、16 和 32 情况下的加速比。从图中可以看出，在执行计算操作时间较小的情况下所有曲线都出现了明显的性能下降。同时可以看出，线程数越少，其获得性能提升所需的执行计算的操作时间越少。例如，线程数为 2 时，需要 4μs 的执行计算操作时间即可获得 2 倍的加速比。当线程数为 32 时，获得 32 倍的加速比则需要 0.26ms 的执行计算操作时间。

106

对于其余的拥有不止一个指针的数据结构，例如树和图，节点的遍历和计算过程甚至可以并行进行，正如代码 3.27 中对于二叉树的遍历一样。

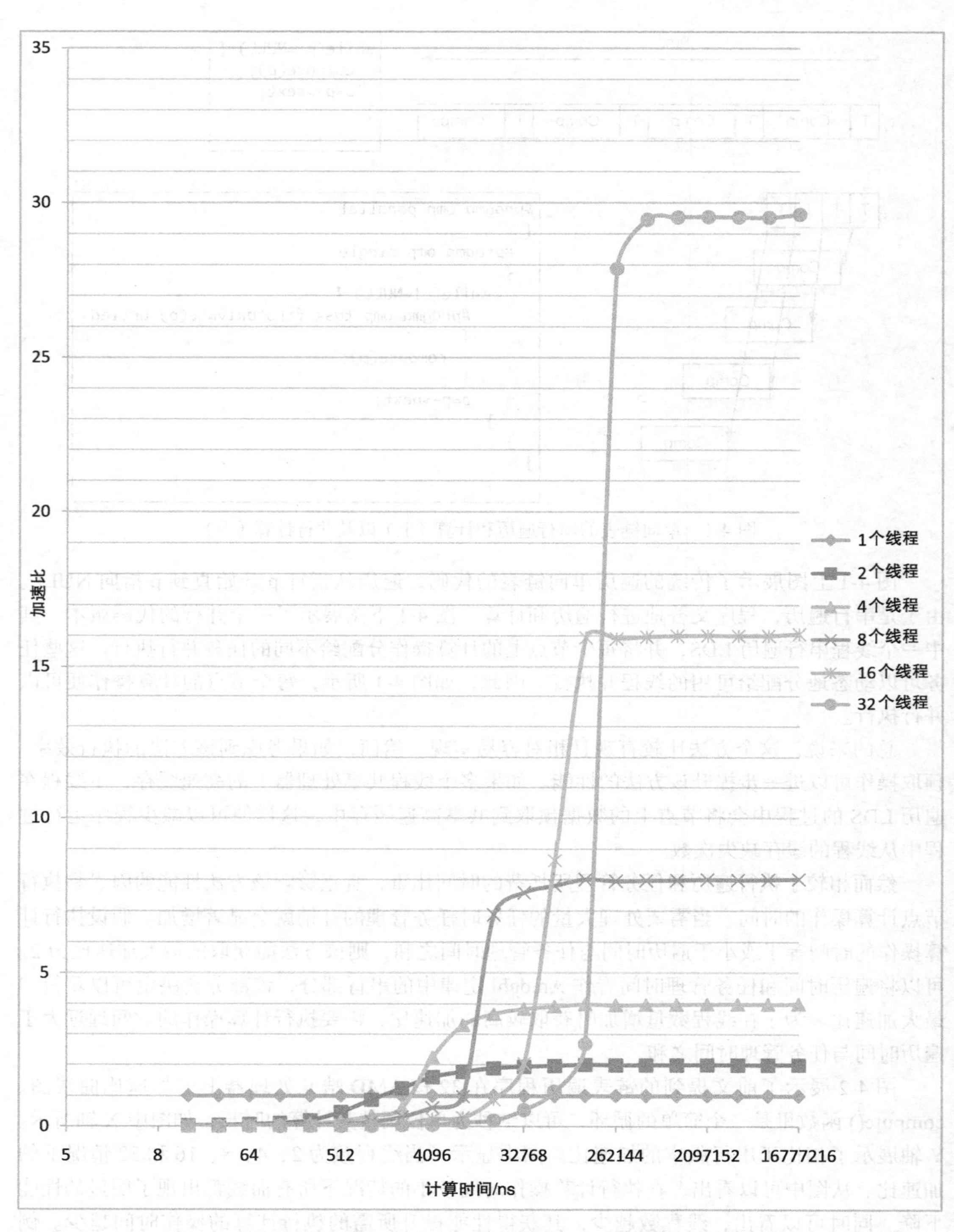

图 4-2　在不同线程数情况下，每个节点计算所花费时间的加速比函数

4.2.2 针对数据结构的操作并行化

另一个 LDS 并行化方法是对 LDS 的操作进行并行化。从算法层面上来看，可以将 LDS

当作支持一系列基本操作的数据结构，比如插入节点、删除节点、搜索节点以及修改节点等操作。对于某些LDS，可能还有其他基本操作，比如对树LDS进行平衡操作。本小节将讨论如何在数据结构层面发掘并行。

如果想要并行执行不同的操作，就必须选用恰当的方法来实现并行。也就是说，并行执行的结果必须要与串行执行的结果一致。严格来说，这种约束是在可串行性概念中定义的，该概念指明“一组并行执行的操作或者原语是可串行化的，如果其所产生的结果与某串行执行情况下所产生的结果相同”。例如，假设一个程序将插入节点和删除节点的操作并行执行，如果其最后的执行结果与先执行插入操作然后执行删除操作，或者先执行删除操作然后执行插入操作的串行方式的结果一致，那么它就具有可串行性。 107

确保LDS的操作能正确并行执行的关键是并行执行的结果永远与串行执行的结果一致。在讨论具体的LDS操作的并行化技术之前，先来讨论一下针对链表原语的不规则并行操作将如何导致不可串行的结果。

■ 你知道吗？

“可串行性”概念来自数据库管理系统（DBMS），并且对其极其重要。DBMS中包含许多表，每个表中又包含许多记录。这些记录被许多并发的事务访问和修改。可串行性保证了事务的隔离属性，即一个事务的执行与另一个事务的执行相互独立。保证可串行性有助于理解事务并发执行的正确性。

并行化LDS操作所面临的挑战

首先思考一下代码4.2、代码4.3和代码4.4中关于单向链表的插入节点、删除节点以及搜索节点操作的关键代码。在插入节点的函数中，通过调用IntListNode_Create()给新节点分配内存，找到插入节点的合适位置（需要链表已排序），最后在表头或在指针prev和p之间插入新的节点。需要注意的是，在最后一步操作之前，都是只读而不修改该链表。只有在最后一步，才会让prev指向的节点的next指针指向新的节点。

在删除节点的函数中，先要找到函数形参key指明要删除的节点，然后在链表中删除该节点，最后通过free()函数释放被删除节点的内存空间。同样需要注意的是，对于链表的修改发生在节点被删除的时候，通过改变prev指针所指向的节点的next指针的值，使其指向p的next指向的节点，即prev->next = p->next，最后将该节点从单向链表中删除。

假设有两个并行执行的插入节点操作。如果未能正确处理的话，这两个并行的操作可能会发生冲突，并且可能输出不符合可串行性的结果。如图4-3所示，两个插入节点操作发生了冲突，一个操作希望插入具有键值4的节点，而另一个操作希望插入具有键值5的节点。初始状态下，链表中有一个键值为6的节点，其前节点的键值为3（图4-3a）。需要特别注意的是，p、prev和newNode这3个指针是函数内部的局部变量。执行该函数的每一个线程中的栈都会有这3个指针变量，因此这3个变量是各个线程私有的。然而，这3个指针变量指向的节点属于链表的一部分，因此这些节点由所有线程共享。

假设这两个插入操作并行执行的进度几乎相同。线程0和线程1都给各自要插入的新节点分配了存储空间，并且都执行到了“newNode->next = p”这一段，该段代码将新节点的

[108] next指针指向具有键值6的节点（图4-3b）。假设在这个时候，线程0要稍微执行得快一点，正在执行“prev->next = newNode”，执行了这一句后，具有键值3的节点的next指 [109] 针就会指向新的节点4（图4-3c）。稍晚一点，线程1执行同样的代码段，由于在线程1中prev指针仍然是指向具有键值3的节点，执行了代码之后会将节点3的next值覆盖为指向新节点5的指针值。这样的结果不正确，因为节点4就被意外地从链表中去掉了。相反地，在符合可串行性的执行中，无论是先插入节点4还是节点5，最终的链表一定都包含节点4和节点5。

代码 4.2 插入节点函数

```
1 void Insert(pIntList pList, int key)
2 {
3   pIntListNode prev, p,
4     newNode = IntListNode_Create(key);
5
6   if (pList->head == NULL) { // 第一个元素，插入头部
7     pList->head = newNode;
8     return;
9   }
10
11  // 遍历寻找插入的位置
12  p = pList->head;  prev = NULL;
13  while (p != NULL && p->key < newNode->key) {
14    prev = p;
15    p = p->next;
16  }
17
18  // 在头部或prev和p之间插入节点
19  newNode->next = p;
20  if (prev != NULL)
21    prev->next = newNode;
22  else
23    pList->head = newNode;
24 }
```

代码 4.3 删除节点函数

```
1 void Delete(pIntList pList, int key)
2 {
3   pIntListNode prev, p;
4
5   if (pList->head == NULL) // 列表为空
6     return;
7
8   // 遍历寻找该节点
9   p = pList->head;  prev = NULL;
10  while (p != NULL && p->key != key) {
11    prev = p;
12    p = p->next;
13  }
14
15  if (p == NULL)  // 节点未找到
16    return;
17  if (prev == NULL) // 删除头节点
18    pList->head = p->next;
19  else  // 或删除一个非头节点
20    prev->next = p->next;
21  free(p);
22 }
```

代码 4.4 搜索节点函数

```
1 int Search(pIntList pList, int key)
2 {
3   pIntListNode p;
4
5   if (pList->head == NULL) // 列表为空
6     return 0;
7
8   // 遍历寻找该节点
9   p = pList->head;
10  while (p != NULL && p->key != key)
11    p = p->next;
12
13  if (p == NULL)   // 节点未找到
14    return 0;
15  else
16    return 1;
17 }
```

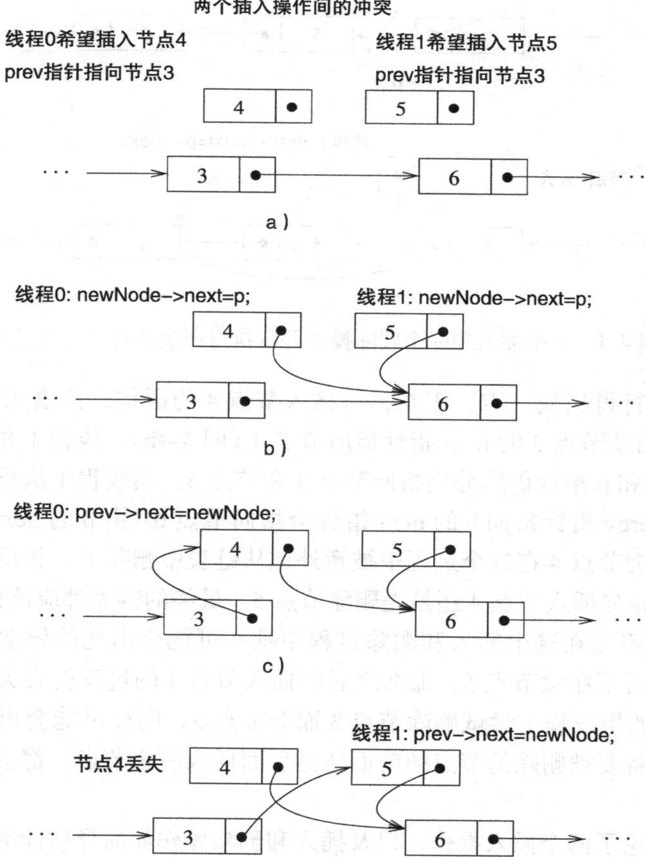

图 4-3 两个插入操作并行执行产生不可串行化结果

在并行执行插入和删除节点时，同样可能会出现以上不可串行化的情况。假设插入和删除操作并行执行，如图 4-4 所示。线程 0 希望插入具有键值 4 的节点，线程 1 希望从链表中删除具有键值5的节点。初始时，链表中有节点3，其后是节点5，然后是节点6，如图4-4a所示。假设两个线程都已经完成了遍历寻找相关节点位置的过程。线程0希望在节点3后插入节点4，并将自己的私有变量prev指向节点3。线程1找到节点5，其私有变量prev指向节点3，并使p指针指向节点5。

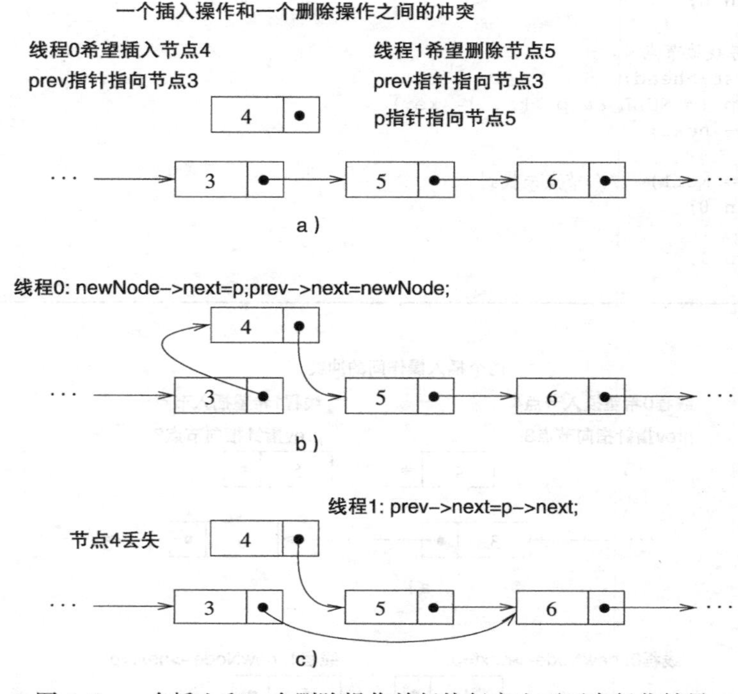

图4-4　一个插入和一个删除操作并行执行产生不可串行化结果

假设线程0运行得稍快一点，正在执行插入节点4的语句，该语句使节点4的next指针指向节点5，然后使节点3的next指针指向节点4（图4-4b）。线程1并不知道链表已经被修改，并且其prev和p指针仍然分别指向节点3和节点5。当线程1执行删除节点5的语句时，节点3（由其prev指针指向）的next指针会指向节点6（由p的next指针指向）。该结果是不正确的，因为节点4在这个过程中被意外地从链表中删除了。相反地，在符合可串行性的执行中，不管是先插入节点4还是先删除节点5，最终的链表都应该包含节点4。

注意，这还并不是在这个插入和删除过程中唯一可能会出现的异常。如果线程1在插入节点4之前先执行了删除节点5，那么之后的插入节点4的过程就会失败，最后的链表中不会包含节点4。如果线程1尝试删除节点3而非节点5，同样可能会出现错误结果。总的来说，无论在一个将要被删除的节点的前面还是后面插入一个节点，都会导致不可串行化的结果。

到此，已经讨论了两个插入操作，以及插入和删除操作如何导致冲突并产生一个错误结果。类似地，两个删除操作也会导致冲突并产生错误的结果。一般来讲，当两个修改链表的操作并行执行，并且操作的节点相互临近时，就有可能出现异常结果。

110

现在，已经知道了并行执行两个修改链表的操作可能导致一些不可串行化的结果。但还需要探讨：当一个修改链表操作和另一个只读链表操作并行执行时会导致什么结果？在这种情况下也会导致异常结果吗？

为了回答这个问题，图 4-5 说明了删除和搜索节点两个操作并行执行的情况。搜索节点的代码和代码 4.1 类似，只是省略了修改节点的 data 字段的代码。假设在初始时，希望找到具有键值为 5 的节点的线程 0 到达了节点 3 的位置。线程 1 找到了节点 5 的位置并准备删除该节点。线程 1 的 prev 指针指向节点 3，p 指针指向节点 5，如图 4-5a 所示。

接下来，假设线程 1 执行删除操作，将节点 3 的 next 指针指向节点 6，如图 4-5b 所示。111在这种情况下，当线程 0 继续遍历过程并接着访问节点 3 的 next 指针时，会访问到节点 6，然后会一直遍历下去。最后线程 0 会发现没有节点 5。

在另一种情况下，假设线程 0 比线程 1 稍微运行得快一点，其访问到节点 3 的 next 指针，并接着访问节点 5。然后，线程 1 改变节点 3 的 next 指针为节点 6 的地址以删除节点 5，如图 4-5c 所示。在这种情况下，线程 0 可以找到节点 5。

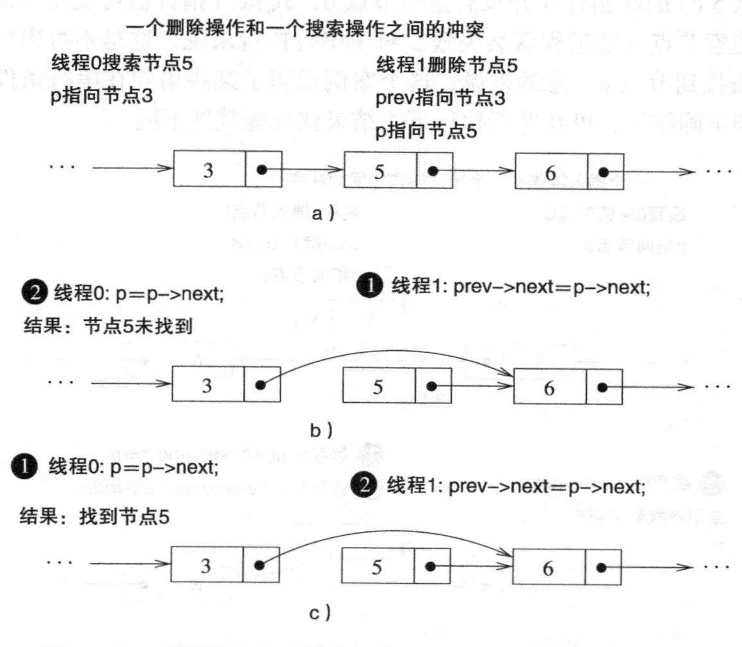

图 4-5　一个删除和一个搜索操作并行执行产生可串行化结果

线程 0 产生的这两种结果，即找到或未找到节点 5，实际并不会造成问题，因为它们反映了可串行化的结果。如果插入操作在搜索操作之后执行，那么搜索节点的操作将能找到节点 5。反之，如果将两个操作顺序颠倒，搜索操作将不能找到节点 5。因此，在这种情况下，结果是可串行化的。然而考虑能够找到节点 5 的情况，会发现仍存在着潜在错误。在节点 5 被删除，以及遍历指针恰好指向节点 5 的情况下，线程 1 可能会接着调用 free() 函数释放掉节点 5 的堆内存。堆函数库中的内存回收程序可能会覆盖节点 5 的内容。尽管线程 0 找到了节点 5，其内容可能已经被堆函数库损坏，不能再期望读取到正确的值。由此看来，不仅仅是在基本的链表操作之间会发生冲突，在这些操作与内存管理函数之间也会发生冲突。

最后，讨论一下搜索节点和插入节点这两个操作并行执行时是否会发生冲突。图 4-6 展示了插入和搜索节点这两个操作并行执行的情况。112假设在初始状态下，期望找到节点 6 的线程 0 已经访问到了节点 3。线程 1 准备在节点 3 和节点 6 之间插入节点 5，其 prev 指针指向节点 3 并且 p 指针指向节点 6。初始状态如图 4-6a 所示。

插入操作的代码会将新节点的 next 指针指向节点 6（即 newNode->next = p），并让节点 3 的 next 指针指向新的节点（即 prev->next = newNode），从而完成插入节点的工作。在串行执行过程中，以上工作的执行顺序并不影响最后的结果。但在并行执行过程中，其结果就会受到影响。假设线程 1 首先将新节点链接到节点 6，然后线程 0 根据节点 3 的 next 指针继续遍历并到达节点 6（链表当前的状态如图 4-6b 所示）。结果是线程 0 找到了节点 6。最后，线程 1 更新节点 3 的 next 指针使其指向新的节点（没有在图中显示）。在这种情况下，最后结果是正确的。

然而，假设线程 1 在将新节点的 next 指针指向节点 6 之前将节点 3 的 next 指针指向新的节点（链表当前的状态如图 4-6c 所示）。然后，线程 0 根据节点 3 的 next 指针继续往后遍历。当线程 0 遍历到节点 5 时（即新插入的节点），根据节点 5 的 next 指针继续遍历。不幸的是，此时节点 5 的 next 指针还并没有指向节点 6，其 next 指针值可能是空或者未定义。在这种情况下，搜索节点 6 的过程就会失败。对于串行执行来说，这是不可串行化的，因为在这种情况下无法找到节点 6。总的来说，这个案例说明了某些语句在串行条件下调换执行顺序后仍然能得到正确结果，可在并行执行下，结果就可能截然不同。

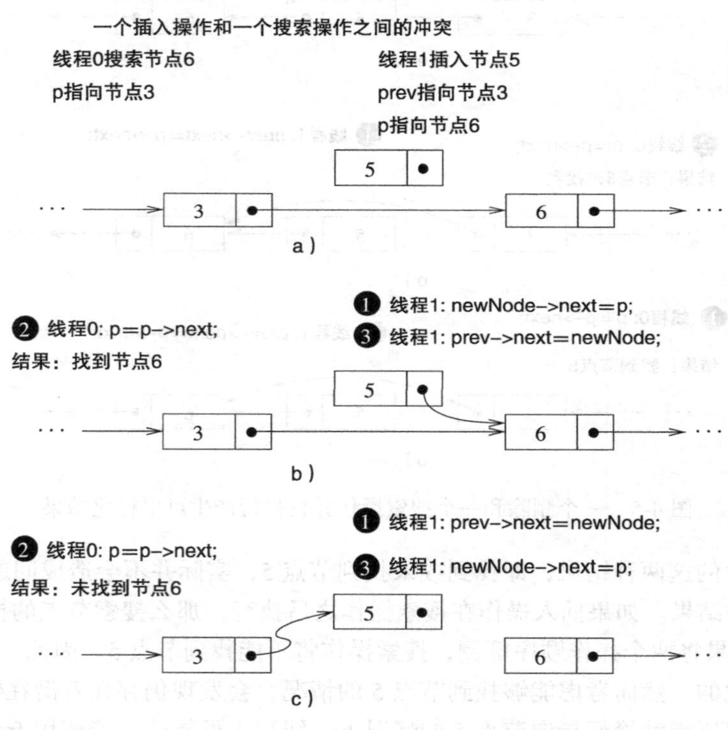

图 4-6　一个插入和一个搜索操作并行执行产生不可串行化结果

113

总结以上这些案例，可以得到以下几个观察结果：

1）当针对同一节点的两个操作并行执行时，如果其中有至少一个操作会修改节点值，就会产生冲突并导致不可串行化结果。在前面的分析中介绍了 3 种场景，很好地说明了这种情况，即两个并行插入节点的操作、一个插入和一个删除节点的操作以及一个插入 / 删除节点和搜索节点的操作。值得注意的是，如果两个操作影响的是完全不同的节点集合，那么将不会导致冲突。

2）在要点1出现冲突的情况下，某些时候仍然可能出现可串行化结果。在前面通过删除节点和搜索节点操作并行执行仍然可以得到可串行结果的例子说明了这一点。不幸的是，这种情况只适用于特定场景，不适用于所有类型的LDS。比如，在树或图结构中，节点删除和搜索操作的并行执行并不总是符合可串行化的。因此，发掘这种并行机会就需要对特定的LDS以及用于LDS操作的算法进行深入分析。

3）在LDS操作与内存管理函数（如内存回收及分配）之间也会出现冲突。之前讨论过，即使删除节点和搜索节点可以并行执行，仍然需要确保搜索到的节点内容没有被节点内存回收程序所损坏。

在了解了导致不符合可串行化结果出现的原因后，接下来的部分将要讨论针对单向链表的并行化技术。 114

4.3 针对链表的并行化技术

目前有许多面向LDS链表的并行化技术。它们的区别在于并行度和编程复杂度不同。一般来说，在LDS并行中，并行度越高，其编程复杂度也就越高。程序员需要仔细分析问题以选取合适的并行方案，从而满足其需求和限制。

4.3.1 读操作之间的并行

在之前的讨论中可以发现，对于同一链表并行执行的两个操作，若其中一个会修改节点，那么最后可能导致错误结果。如果这两个操作都不修改节点，那么就不会产生错误结果。因此，发掘并行性最简单的办法是只允许只读操作并行执行，而不允许只读操作和读/写操作并行执行。

链表中的基础操作，如插入节点、删除节点和修改节点都会修改链表中的节点。然而，搜索节点并不改变链表。那么就可以让多个搜索节点的操作并行执行，而让修改链表的操作串行执行，如图4-7所示。如果不经常修改LDS，那么该方法便可获得很高的并行度。否则，可获得的并行度就不会太高。

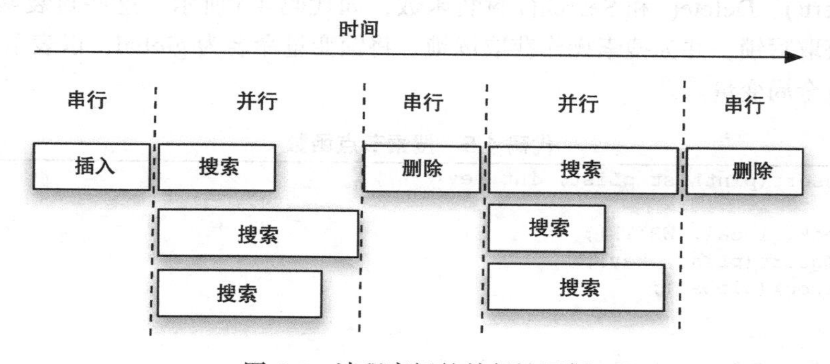

图4-7 读程序间的并行性图例

为了实现该方法，需要确保读/写操作和只读操作之间的互斥执行，但在两个只读操作之间不需要互斥。为了实现这一策略，定义了两种锁：读锁（read lock）以及写锁（write lock）。只读操作执行之前需要获取到读锁，并在执行完后释放该锁。读/写操作执行之前需要获取到写锁，同样地需要在执行完后释放锁。如果读锁已被另一个操作占用，那么可以申请别的读锁，但是写锁只有在当前操作完成之后才能分配给下一个操作。另外，如果写锁已经分配给一个操作，那么读锁和写锁都只有在当前写操作完成并释放写锁之后才能获得。表4-1通过锁兼容性表可视化了这种机制。

在某些线程库中锁的实现并不区分写锁和读锁，因此，需要程序员自己实现相关的锁代码。一种方法是使用由传统的锁保护的普通数据结构来实现读/写锁。该数据结构记录了当前获得的锁的类型，如果是读锁，则记录当前有多少读操作持有该锁。获得读锁的请求会使当前的锁计数器加1，而释放读锁则将计数器减1。通过一个普通的（无类型）锁便可以控制对于该数据结构的互斥访问。

115

表4-1　锁兼容性表

		需要获取的锁	
		读锁	写锁
已授权的锁	读锁	是	否
	写锁	否	否

另一种实现读/写锁的方法是使用单个计数器。这种计数器的方法并不需要使用传统的锁，只需要处理器支持加和减的原子操作，比如读取并相加。假设提前知道线程数 n，获取读锁时将计数器加1，释放锁时将计数器减1。请求写锁操作时将计数器减 n，相应地，释放写锁后将计数器加 n。如果计数器之前的值为负，说明当前有写操作正在进行，那么读锁的申请就会失败。如果计数器的值不为0，说明当前有写操作（值为负）或多个读操作（值为正）正在进行，对于写锁的申请就会失败。

为了实现这种方案，每一个操作都可以被封装到封装函数里面，通过调用该函数并根据操作的类型来申请读或写锁，并在操作完成之后释放相应锁。假设锁兼容性表的实现依赖于setLock(lock_p lock, lock_type_t type)接口来获取某种特定类型（读或写）的锁或者更改锁的类型，以及unsetLock(lock_p lock, lock_type_t type)接口来释放锁。假设setLock是一个阻塞函数，比如，函数的调用者会一直被阻塞，直到获取到相应的锁。原始的Insert()、Delete()以及Search()函数被替换为OrigInsert()、OrigDelete()以及OrigSearch()函数。相应地，分别实现了Insert()、Delete()和Search()封装函数，如代码4.5所示。这些封装函数会为插入和删除操作获取写锁，并为搜索操作获取读锁。将锁变量命名为global，以表示LDS的所有操作都依赖该全局变量。

116

代码4.5　搜索节点函数

```
1void Insert(pIntList pList, int key)
2{
3  setLock(global, WRITE);
4  OrigInsert(pList, key);
5  unsetLock(global);
6}
7
8void Delete(pIntList pList, int key)
9{
10  setLock(global, WRITE);
11  OrigDelete(pList, key);
12  unsetLock(global);
13}
14
15int Search(pIntList pList, int key)
16{
17  setLock(global, READ);
```

```
18  int result = OrigSearch(pList, key);
19  unsetLock(global);
20  return result;
21 }
```

■ **你知道吗?**

在数据库管理系统（DBMS）的事务处理中，读锁和写锁只是其支持的锁类型的一部分。另一个锁类型是升级锁，用于避免死锁问题，特别是当存在多个事务同时持有同一个对象的读锁，并且都希望将该锁升级为写锁时。除此之外，还有意向读和意向写锁，用于实现嵌套锁机制。例如，事务可以对表本身请求意向读锁，而不是每次将表中的所有记录用读锁锁住。类似地，可以利用这些额外类型的锁来改善并行性。

4.3.2　LDS 遍历中的并行

前面介绍的方法可以实现只读操作的并行执行，但是如果在读 / 写操作和其余的操作之间也允许并行的话，则将会得到更高的并行度。在这种情况下，至少有两种方法能够实现并行。一种细粒度的方法是将链表中的每个节点都关联一个锁变量，这样对于每个节点的操作可以用锁分别保护起来。另一个更简单的方法是使用一个全局锁来保护整个 LDS。细粒度锁的方法增加了管理锁的复杂度，如需要避免或处理死锁和活锁。使用全局锁的方法就避免了死锁和活锁的情况，由于只有一个全局锁，因此在锁获取过程中没有环形依赖。

在读 / 写操作之间实现并行的关键在于要将操作分解为对链表只读和对链表更新的操作。逻辑上，链表的插入或删除操作都包含了遍历过程以便找到相应的位置来进行操作。一旦定位到相应的位置，就执行修改。由于遍历过程只读链表，因此可以将多个遍历操作并行执行。只有当操作需要修改链表的时候，才会申请锁以便执行修改链表操作。如图 4-8 所示。

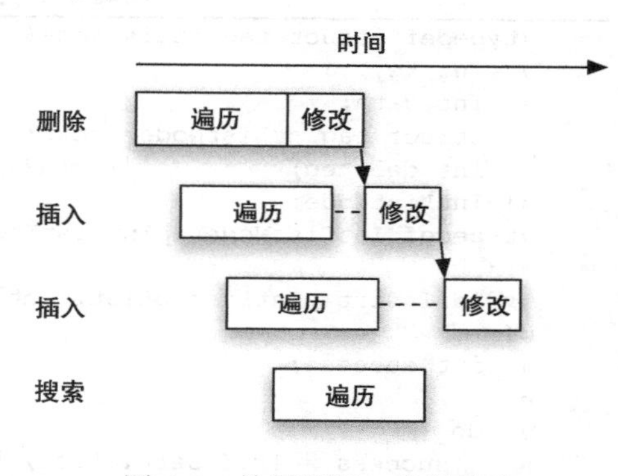

图 4-8　并行遍历，串行修改

然而，需要注意，正如 4.2.2 节所讲，当一个线程完成对链表的遍历并对其进行修改的时间段内，如果另一个线程也对链表进行修改，那么就可能会产生错误结果。因此，当一个线程获取一个写锁并对链表进行修改时，必须确保这些将要被修改或依赖其正确性的节点自最近一次被读取后没有再被修改过。如代码 4.6 所示。

117

在代码中，对节点的数据结构稍稍做了一点修改。添加了一个新的 deleted 字段用来说明相应节点是否已被删除。被删除的节点并没有马上被回收，而是用这种标志的方式来表明是否在逻辑上已被删除，然后在合适的时候回收该节点的内存。

在代码 4.6 中，插入操作的代码被分成两部分：TryInsert() 尝试执行插入节点，若失败则返回 0；封装函数 Insert() 会尝试调用插入操作，直到成功为止。在 TryInsert() 函数里，遍历部分会找到插入节点的合适位置，即 prev 指针指向的节点和 p 指针指向的节点之间。为了简洁起见，代码只展示了 prev 和 p 不为 NULL 的情况。

在遍历结束之后，函数申请写锁，以确保没有其余的线程会同时执行修改链表的操作。然而在遍历完成后到成功申请到写锁这段时间里会发生什么改变呢？比如，prev 指针指向的节点可能被删除，或者 p 指针指向的节点被删除。在这种情况下，插入一个新的节点并让其 next 指针指向一个被删除了的节点，或者让一个被删除的节点连接一个新的节点，都会产生错误结果。另一种可能是另一个插入节点的操作已经在 prev 和 p 指向的节点之间完成节点的插入。为了检测这种情形，代码会测试 prev->next 是否仍然等于 p。如果以上这些情形发生了，新的节点就不能被插入，并且需要重新开始遍历过程。这些检测解释了为什么当一个节点被删除后不能立即回收其内存，否则检测过程将会访问到已经被回收的节点从而可能会导致段错误。

展示的代码中可能会出现操作无法进一步执行的情况，比如插入操作一直失败。一种可行的改进就是将重复遍历部分放在被锁保护的代码块中。这样就可以保证操作不会出现一直无法进一步执行的情况，因为改进后的遍历是串行执行的，所以能够保证成功。

还有一点需要注意的是，语句 newNode->next = p 在语句 prev->next = newNode 之前（第 35 和 36 行）的重要性。在串行版本中，它们出现的顺序并没有任何影响。然而在并行版本中，顺序不同就会产生不同的结果。假设将两条语句的顺序颠倒，并且同时有另一个线程在进行遍历并与当前线程并行执行，而且到达了 prev 指针指向的节点，其下一步操作是访问 prev->next 指向的节点。如果 next 指针已经被当前线程修改为指向新节点，而新节点的 next 指针尚为空（还未使其指向 p 指向的节点），那么遍历过程就会错误地认为已经到达链表的末尾。因此，使用这个方法的程序员在实现相关代码时一定要更加警惕。

118

代码 4.6　并行遍历的插入节点函数

```
1 typedef struct tagIntListNode{
2   int key;
3   int data;
4   struct tagIntListNode *next;
5   int deleted;            // 如果删除等于1，否则等于0
6 } IntListNode;
7 typedef IntListNode *pIntListNode;
8
9 void Insert(pIntList pList, int key)
10 {
11   int success;
12
13   do {
14     success = TryInsert(pList, key);
15   }
16   while (!success);
17 }
18
19 int TryInsert(pIntList pList, int key)
20 {
21   int success = 1;
22   ...
23   p = pList->head; prev = NULL;
24   while (p != NULL && p->key < newNode->key) {
25     prev = p;
26     p = p->next;
27   }
28
29   // 为了简洁，只展示 prev 和 p 不是 NULL 的情况
30   setLock(global, WRITE));
```

```
31  if (prev->deleted || p->deleted || prev->next != p) { // 检测假设
32    success = 0;
33  }
34  else {
35    newNode->next = p;
36    prev->next = newNode;
37  }
38  unsetLock(global);
39
40  return success;
41 }
```

可以用相似的策略实现并行地删除节点，如代码 4.7 所示。为简洁起见，代码仅展示了 prev 和 p 不为 NULL 的情况。遍历找到要删除的节点后，就申请获取写锁。为了确保在遍历期间链表未被修改，可以通过检查 prev->next 是否依旧等于 p 来判断在 prev 和 p 之间是否插入了新的节点。同时，它也检查 prev 和 p 指向的节点是否已被删除。无论哪种情况，函数都会返回 0 从而使得节点删除操作可以被重复执行。当最终 p 指向的节点被删除时，并没有直接回收节点内存，以防其余线程访问到该节点时其值已经损坏。实际上，该节点只是在逻辑上被标志为删除。

119

那么何时能够安全删除节点并回收其内存呢？最低要求是，当前没有任何操作会使用该节点，即没有任何线程的活跃指针指向该节点。然而，若保存这种信息需要对每个节点设置一个引用计数器，这会产生很大的内存开销。一个简单的替代方法是，等所有待执行的操作都完成后，再调度垃圾回收程序来回收所有被标记为已删除的节点的内存。该方法可以通过一些修改来实现。首先将指向被删除节点的指针放到一个链表中，另外将节点的 deleted 字段设置为 1。这样垃圾回收程序就能够快速地回收已删除的节点，而不用再搜索一遍。其次，为了实现垃圾回收程序和其他操作之间的互斥，可以为垃圾回收程序设置一个排他锁，而其他操作如节点插入、节点删除和节点搜索，则可以同时持有该锁。

120

一般来说，尽管有些情形下程序员需要谨慎，无论对于什么类型的 LDS，全局锁的方法都相对容易实现一些。因为在只有一个锁的情况下，就不用处理死锁和活锁的情况。应用全局锁的方法需要将针对 LDS 的每一个操作中的遍历和修改操作分离开来。

代码 4.7 并行删除节点的函数

```
1 void Delete(pIntList pList, int key)
2 {
3   int success;
4
5   do {
6     success = TryDelete(pList, key);
7   }
8   while (!success);
9 }
10
11 void TryDelete(pIntList pList, int x)
12 {
13   int success = 1;
14
15   p = pList->head; prev = p;
16   while (p != NULL && p->key != key) {
17     prev = p;
18     p = p->next;
19   }
20
```

```
21 // 为了简洁，只展示 prev 和 p 不是 NULL 的情况
22 setLock(global, WRITE);
23 if (prev->deleted || p->deleted || prev->next != p)
24   success = 0;
25 else {
26   prev->next = p->next;
27   p->deleted = 1;  // 标记节点为删除
28   unsetLock(global);
29 }
30 }
```

■ 你知道吗？

通过全局锁机制可以得到的并行度有多少？假设遍历链表找到特定节点的时间为 T_{trav}，修改节点的时间为 T_{mod}，并且链表有 n 个节点。当链表的大小增加时，T_{trav} 会随着链表大小的增加而增加。而另一方面，T_{mod} 保持不变，因为对链表的修改操作只会涉及 1 ～ 2 个节点。因此，$T_{trav} = O(n)$ 而 $T_{mod} = O(1)$。

通过将遍历过程并行执行，随着数据结构大小的增加，全局锁机制可以将执行时间的更大部分并行执行。可以认为 T_{mod} 是 Amdahl 定律中串行执行部分的比例。因此，当数据结构大小增加时，T_{mod} 则会相对变小，通过全局锁机制并行化的优势（以及潜在的加速比）就会增加。然而，当线程的数量增加时，T_{mod} 就会变成限制加速比的重要因素。

4.3.3 细粒度锁方法

尽管全局锁的方式允许多个操作并行执行，但是该方法仍然存在限制，如一次只允许一个线程修改链表。即使在不同的线程修改链表不同部分的时候，这些线程也必须在临界区内串行执行修改。在本小节中，将讨论对链表中不同部分进行修改的操作是如何并行执行的。

为了实现这一目标，需要更细粒度的锁。可以将每个节点都分别与一个锁绑定，而不是使用一个全局锁。这里的基本原理是，当一个操作需要修改一个节点时，它就会锁住该节点从而别的操作不能修改或读取该节点，但是其余修改或读取其他节点的操作就可以无冲突地并行执行。

现在的问题是如何确定每个操作需要锁住的节点。为了解答这一问题，首先需要区分操作中会被修改的节点，以及那些只读但一定要保持有效以便操作能正确完成的节点。处理该问题的思想是：将要被修改的节点需要获取写锁，被读取并需要保持有效性的节点则需要获取读锁。需要注意，过度地（例如使用写锁）对这两种节点使用锁也是不必要的，因为这会使得并发度降低。然而，过于宽松（例如使用读锁）地使用锁又会影响结果的正确性。因此，需要仔细分析。

就节点插入操作而言，prev 指向的节点会被修改指向新的节点，因此该操作获得写锁。p 指向的节点不会被修改，但其要保持有效以便操作能正确执行，如在完成操作之前 p 指向的节点不能够被删除，因此其需要获得读锁。

就节点删除操作而言，prev 指向的节点的 next 会被修改，因此需要获得写锁。p 指向的节点会被删除，因此也需要获得写锁。需要注意的是，后续节点（p 的 next 指针指向的节点）一定要在删除操作完成之前保持有效，因此需要获得读锁。这样做的原因在于，如果 p 指向的节点的下一个节点被删除了，那么在删除操作的最后，prev 节点的 next 指针会指向一个被

121

删除的节点，而该结果是错误的。

基于上述思想，图 4-3 展示了两个不能并行执行的插入操作。第一个插入操作一定要获取节点 3 的写锁、节点 4 的写锁以及节点 6 的读锁。第二个插入操作同样需要获取节点 3 的写锁、节点 5 的写锁以及节点 6 的读锁。因此，这两个操作会发生冲突，插入操作（插入节点 4 和 5）只能串行执行了。类似地，在图 4-4 中，对于插入节点 4 和删除节点 5 的操作，插入操作要获取节点 3 的写锁、节点 4 的写锁以及节点 5 的读锁，而删除操作要获取节点 3 和节点 5 的写锁，以及节点 6 的读锁。因此，它们请求节点 3 和节点 5 的锁的时候就会发生冲突，从而操作会串行执行。

在所有相关节点的锁都正确获取之后，以及对节点进行修改之前还需要再次测试节点的有效性，检测方式与使用全局锁的时候类似。这是因为在遍历节点和第一次获取锁期间，以及不同节点获取锁期间，链表有可能会被其余的线程修改。

代码 4.8 和代码 4.9 展示了使用细粒度锁来实现插入和删除节点的操作。代码 4.8 为节点的数据结构增加了一个 lock 字段，该字段用于实现读锁和写锁。申请和释放特定节点的锁的方法分别是 setLock() 和 unsetLock()。

代码 4.8 展示了在执行完遍历后，需要申请 prev 指向的节点的写锁，因为代码会修改该节点；以及 p 指向的节点的读锁，因为需要保证该节点在删除操作执行过程中不被修改。然后，通过检查 prev 指向的节点是否被删除、p 指向的节点是否被删除，以及 prev->next 是否与 p 相等来检测节点的有效性。如果其中有一个条件无法满足，那么函数返回 0，则插入操作失败。

代码 4.9 展示了执行遍历之后，需要申请 prev 指向的节点的写锁，因为代码会修改该节点；以及 p 指向的节点的写锁，因为代码会删除该节点；还需要 p->next 节点的读锁，因为需要保证该节点在代码执行过程中不被修改，如 p->next 节点不能在执行过程中被删除。然后，通过检查 prev 指向的节点是否被删除，p 指向的节点是否被删除，且 prev->next 是否与 p 相等来检测节点的有效性。如果其中有一个条件无法满足，那么函数会返回 0，则删除操作失败。

在实现细粒度锁方法时，需要注意如果没有以正确的顺序来获取锁，那么可能会出现死锁的情况。在展示的实现中，获取锁的顺序总是从最左边的节点开始。如果插入节点的操作从最左边的节点开始获取锁，但是删除节点的操作从最右边的节点开始获取锁，那么插入节点和删除节点获取锁的方式就会产生环形依赖进而造成死锁。另一种方式是可以通过以节点地址的升序或降序的方式获取锁，以确保所有线程以统一顺序来获取锁。这种方法在数据结构本身没有顺序信息的时候会很有用，如在图结构中。

代码 4.8　使用细粒度锁实现并行插入节点

```
1typedef struct tagIntListNode{
2  int key;
3  int data;
4  struct tagIntListNode *next;
5  int deleted;  // 如果已删除 =1，否则 =0
6  lock_t lock;
7} IntListNode;
8typedef IntListNode *pIntListNode;
9
10void Insert(pIntList pList, int key)
11{
12  int success;
```

```
13
14  do {
15    success = TryInsert(pList, key);
16  }
17  while (!success);
18 }
19
20 int TryInsert(pIntList head, int x)
21 {
22  int succeed = 1;
23
24  p = pList->head; prev = NULL;
25  while (p != NULL && p->key < newNode->key) {
26    prev = p;
27    p = p->next;
28  }
29
30  // 为简洁起见，只展示prev和p不为NULL的情况
31  setLock(prev, WRITE);
32  setLock(p, READ);
33  if (prev->next ! = p || prev->deleted || p->deleted)
34    success = 0;
35  else {
36    newNode->next = p;
37    prev->next = newNode;
38  }
39  unsetLock(p);
40  unsetLock(prev);
41
42  return success;
43 }
```

代码 4.9　使用细粒度锁实现并行删除节点

```
1 void Delete(pIntList pList, int key)
2 {
3  int success;
4
5  do {
6    success = TryDelete(pList, key);
7  }
8  while (!success);
9 }
10
11 int TryDelete(pIntList head, int x)
12 {
13  int succeed = 1;
14
15  p = pList->head; prev = NULL;
16  while (p != NULL && p->key != key) {
17    prev = p;
18    p = p->next;
19  }
20
21  //  只展示prev、p和p->next不为NULL的情况
22  setLock(prev, WRITE);
23  setLock(p, WRITE);
24  setLock(p->next, READ);
25  if (prev->next ! = p || prev->deleted || p->deleted)
26    success = 0;
27  else {
28    prev->next = p->next;
```

```
29     p->deleted = 1;  /* 不回收内存，将其标记为已删除 */
30   }
31   unsetLock(p->next);
32   unsetLock(p);
33   unsetLock(prev);
34 }
```

另一个细小的问题是，尽管代码 4.8 和代码 4.9 避免了因同时修改邻居节点而导致违反可串行性的问题，但它们无法避免在插入或者删除操作之间的遍历过程中违反可串行性，如图 4-5c 和图 4-6c 所示。这个问题在于遍历过程中可能会访问一个刚插入或刚删除的节点，但是相应的插入或删除操作还没有彻底完成：在插入过程中，链表中刚插入了一个新的节点，但是该节点的 next 指针还没有指向链表的后续部分；在删除操作中，链表中刚删除的节点的 next 指针为 NULL 而不是指向链表的后续部分，那么遍历过程就会误以为已到达链表的末尾而不会遍历链表的剩余部分。有两种可行的方法来解决这个问题。第一个方法是*谨慎地编写代码*。在插入一个新的节点时，程序员需要确保正确的顺序：1）新插入节点的 next 指针一定要指向链表中相应的正确位置；2）新插入节点的前驱节点的 next 指针要指向新插入的节点。代码 4.8 所展示的解决方案已经实现了这个顺序。如果没有按此顺序进行，那么可能会产生不符合可串行性的结果。另一方面，删除节点的操作要遵循以下要求：1）前一个节点的 next 指针一定要等于当前指针指向的节点的 next 指针值；2）被删除节点的 next 指针不能被覆盖；3）被删除节点的内存不能被回收。代码 4.9 所展示的解决方案实现了这些要求，它将被删除节点的 deleted 字段设置为 1，而不改变其余信息。这个解决方案是有效的，但是使用这种方法的时候程序员可能会犯错，比如没有实现正确的操作顺序或者没有满足相应的要求。那么，还有其余可行的方法吗？

122
~
124

还有一种方法，即在遍历的时候也使用锁，从而保证被遍历的节点是被锁住的。该方法保证了当前被遍历的节点不被其余的操作修改。但该方法的缺陷是在遍历过程中需要不断地获取和释放节点的锁，这会增加处理的时间。这种方法也被称为*蜘蛛锁*（spider locking)，因为这些操作就像蜘蛛一样在遍历过程中沿着数据结构往前并逐个获取锁。代码 4.10 展示了使用蜘蛛锁方法来进行遍历的 Search() 函数。相同的方法也可以应用于插入和删除节点操作中的遍历过程。

将细粒度锁和全局锁相比较，对于单链表而言，二者的编程复杂度完全不同。由于链表数据结构的规则性，可以很轻松地将以下三个步骤区分开：1）遍历；2）锁住将被修改或需要依赖其有效性的节点；3）修改节点。之所以可以清晰地区分出这些步骤，是因为在修改节点之前可轻松地识别需要写或读的节点。就更复杂类型的 LDS 来说，要想实现细粒度锁方法就会更加难，因为对于以上三个步骤就没有那么容易区分开。比如在树 LDS 中，执行树平衡操作的算法在执行操作之前无法知道到底有多少节点会被写或读。另外，节点的修改和锁住可能会被混淆，除非在算法设计过程中已将其区分开。在平衡树中，类似的问题也会出现在插入和删除节点的过程中。并且，确定节点锁的获取顺序以避免死锁同样是非常困难的，由于算法本身的要求，某些操作需要先访问树结构中的低层节点（需要先被锁住），然而另一些则需要先访问高层节点（需要先被锁住）。在这些情况下，则需要将算法分为两部分：一部分用于确定哪些节点需要被锁住和修改；一部分执行锁定节点的操作和修改操作。

代码 4.10　使用蜘蛛锁实现并行搜索节点

```
1 int Search(pIntList pList, int key)
2 {
3   pIntListNode p, prev;
4
5   if (pList->head == NULL) // 列表为空
6     return 0;
7
8   // 遍历搜索该节点
9   p = pList->head;  prev = NULL;
10  setLock(p, READ);
11  while (p != NULL && p->key != key) {
12    prev = p;
13    if (p->next != NULL)
14      setLock(p->next);
15    p = p->next;
16    unsetLock(prev);
17  }
18  unsetLock(p);
19
20  if (p == NULL)  // 节点未找到
21    return 0;
22  else
23    return 1;
24 }
```

125

总的来说，LDS 并行技术与基于循环的科学应用程序的并行技术差别很大。尽管科学应用程序领域中的并行技术取得了很好的效果，但在 LDS 领域中取得的效果非常有限。另外，循环级并行可以通过简单的 directive 指令来实现。因此，不需要对源码或算法做太多修改就可以实现并行技术。然而，在 LDS 原语级别实现并行就需要对相关算法和源码做较多的修改。

4.4　事务内存

事务内存（Transactional Memory，TM）可以在某种程度上简化 LDS 并行编程。使用 TM 最简单的方法就是将每一个 LDS 操作封装在一个事务中。比如可以这样写：atomic{Insert(…)} 或者 atomic{Delete(…)}，这样就可以自动地确保每一个操作与其余操作隔离地执行。如果在插入节点的过程中检测到冲突，那么插入节点事务就会终止并返回失败。同样地，可以将搜索节点的操作封装起来，当任何被遍历或搜索的节点被修改时事务操作可以在提交之前终止。这在很大程度上简化了 LDS 编程。

但事务内存仍有几点不足。随着 LDS 结构大小的增加，每一个操作都需要更长的时间才能完成，且大部分时间都在遍历 LDS。更长的操作时间会增加两个事务发生冲突的可能性，导致操作回滚且至少有一个事务需要重新执行，这样就降低了性能。即使两个操作修改 LDS 中不同节点的时候，回滚也是可能发生的。在 TM 中，当检测到冲突时就会触发回滚，当一个事务的写操作集和另一个事务的读 / 写操作集重叠时就会检测到冲突。这种情形也叫假冲突（false conflict），因为如果忽略该冲突，并允许这两个非重叠的操作同时执行，那么它们实际会产生可串行化的结果。

类似于其他乐观并发技术，TM 的性能依赖于低冲突率。高冲突率会导致过量的事务冲突、终止和失败。一种非常糟糕的情况就是反复出现冲突而无法取得执行进展，使得 TM 的性能比基于锁的方案还差，甚至还不如串行执行。最后，一些支持 TM 的硬件限制了可以用事务方法处理的数据规模。任何处理超过最大投机缓冲区大小的事务都会被终止，即使没有任何事务之间发生冲突。

因此，在使用事务内存时，程序员需要仔细考虑事务的粒度。程序员也许会并行执行LDS遍历，并只将修改LDS的代码封装为事务，这就很像细粒度锁的方法。代码4.11展示了使用该方法删除节点的例子。

代码 4.11　使用细粒度事务内存实现并行删除节点

```
1 void Delete(pIntList pList, int key)
2 {
3   int success;
4
5   do {
6     success = TryDelete(pList, key);
7   }
8   while (!success);
9 }
10
11 int TryDelete(pIntList head, int x)
12 {
13   int succeed = 1;
14
15   p = pList->head; prev = NULL;
16   while (p != NULL && p->key != key) {
17     prev = p;
18     p = p->next;
19   }
20
21   //  为简洁起见，只展示prev和p不为NULL的情况
22   atomic {
23     if (prev->next ! = p || prev->deleted || p->deleted)
24       success = 0;
25     else {
26       prev->next = p->next;
27       p->deleted = 1;  /* 不回收内存，将其标记为已删除 */
28     }
29   }
30 }
```

由于使用了细粒度事务，在代码4.11中仍需要注意两个修改相同节点的并发线程之间的竞争问题。因此，在遍历阶段完成后，在事务的内部仍然需要检测在删除过程中相关的指针和节点是否仍然有效。

总的来说，不管是使用细粒度锁还是TM方法来实现对LDS的并行编程，程序员都需要仔细考虑并发性以及粒度的问题。与使用锁编程类似，事务粒度越细，就会有越多的竞争，同时编程也更复杂。然而，一旦确定了锁的粒度，使用TM则不需要担心维护锁及其数据结构和使用锁的风险（比如死锁），因而TM可以简化使用细粒度锁的编程。对于粗粒度事务，由于事务被终止的可能性很大，仍然可能需要用到锁，因此程序员需要认真地考虑哪种情况需要使用锁、哪种情况需要使用事务，以及使用事务与使用锁的代码之间如何交互。

126 ~ 127

4.5　习题

课堂习题

1. 下面有一个双向链表，有键值为4、5、6和7的节点。此时，线程1和线程2将分别删除节点5和节点6，并完成遍历过程。删除节点的代码在下图中已给出。

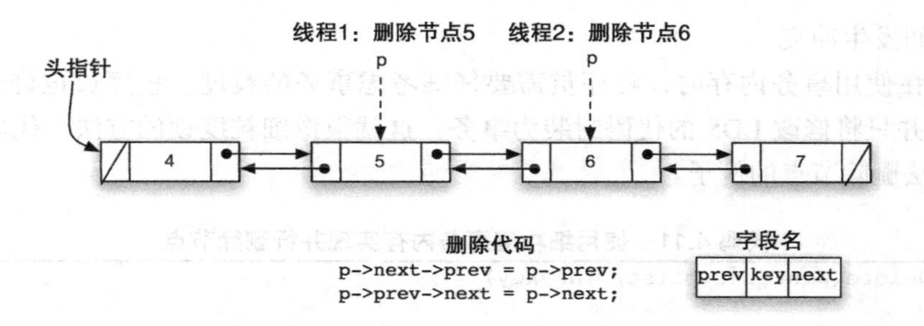

(a) 若线程1和2并行执行删除操作（没有考虑同步的问题），最后会对链表有什么影响？请用图示给出结果。

(b) 问题a中的结果是否符合可串行性？请简要回答。

(c) 若用细粒度锁方法来保证结果的正确性，那么线程1和2需要锁住哪些节点？

(d) 有必要给头指针关联一个锁吗？若需要，那么实现该锁需要注意哪些事项？

答案：

(a) 根据T1和T2的执行顺序，节点5和节点6所指向的节点存在细微差别。不过，从最后的链表结果来看，与串行执行的效果相同：都删除了节点5和节点6。

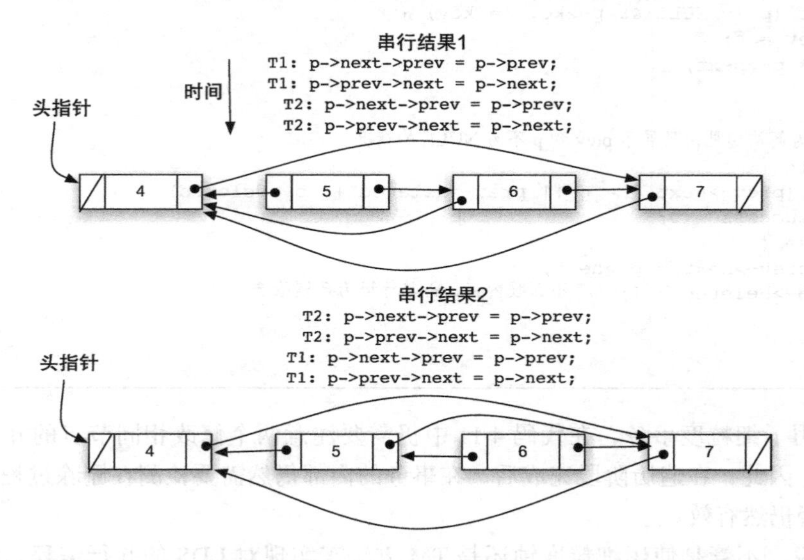

(b) 交错执行会导致以下4种结果的一种，其取决于交错执行的方式，如下图所示。交错执行的结果1有符合可串行性的结果。然而，交错执行的结果2、3和4则不符合可串行性。有的结果导致了链表的不一致。考虑结果2，从左到右遍历，节点5能被成功删除，然而节点6不能；从右到左则节点5和节点6都能够被成功删除。

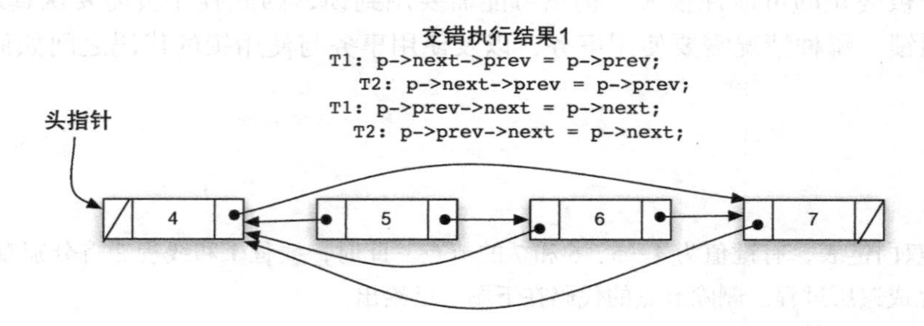

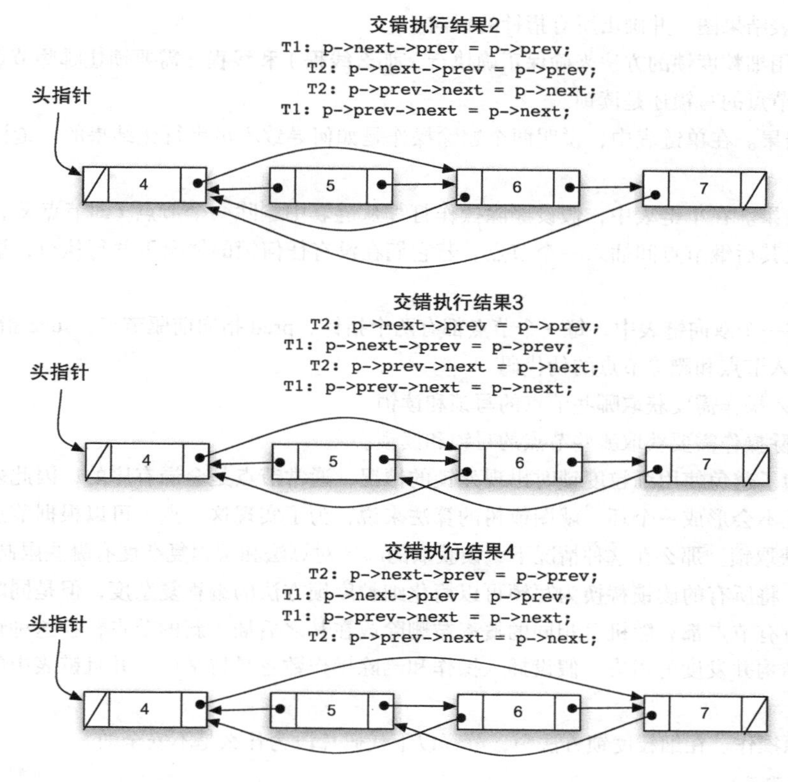

(c) 线程 1 需要使用写锁的节点为节点 4、5 和 6，线程 2 需要使用写锁的节点为节点 5、6 和 7。

(d) 是的，需要。并且在以下情况时，需要提前获取头指针的锁：1）任何在链表头部需要插入节点的操作，包括在链表为空的时候；2）任何删除头指针指向的节点的操作；3）创建或者删除链表，或回收链表内存。

129

课后习题

1. **可串行化结果**。考虑以下双向链表，有键值为 3、5、7 和 9 的节点。此时，线程 1 将要添加节点 4，线程 2 将要删除节点 5。两个线程都完成了遍历阶段。插入和删除节点的代码在图中已给出。

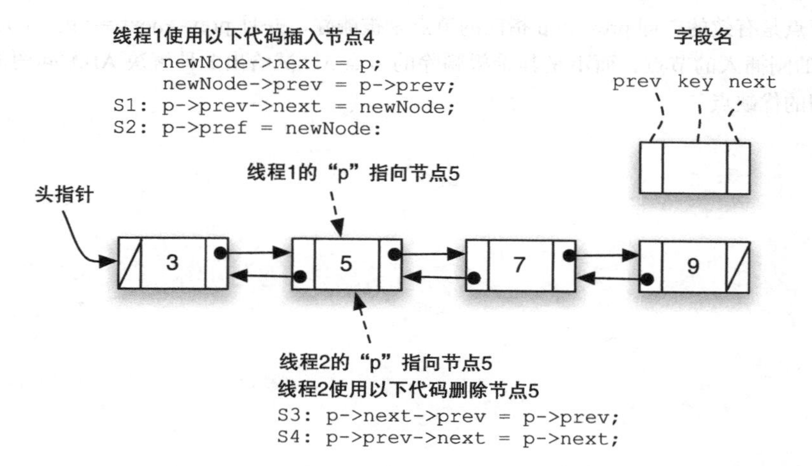

(a) 若线程 1 和线程 2 并行执行，并以 S1、S3、S2、S4 的顺序执行，最后链表的结果是什么？画出

最后的链表结果图，并画出所有指针的指向。

(b) 若希望使用细粒度锁的方法来确保正确执行，那么线程1和线程2需要锁住哪些节点？确定应该获取相关节点的写锁还是读锁。

2. **不可串行化结果**。在单链表中，说明两个删除操作是如何导致不可串行化结果的。请详细说明每一种可能的情况。
3. **不可串行化结果**。在单链表中，假设删除操作打算从链表中删除一个节点（即节点x)，插入操作打算在节点x及其后继节点间插入一个节点。若它们在没有任何锁的情况下并行执行，请考虑所有可能的结果。
4. **双向链表**。在一个双向链表中，每一个节点都有两个指针，pred指向前驱节点，succ指向后继节点。
   (a) 请写出插入节点和删除节点的伪代码。
   (b) 请考虑插入操作需要获取哪些节点的写锁和读锁。
   (c) 请考虑删除操作需要获取哪些节点的写锁和读锁。
5. **避免死锁**。为了避免使用细粒度锁时出现死锁的情况，通常节点是全局有序的，因此多个线程获取节点的锁时就不会形成一个环。就图或树的算法来说，为了实现这一点，可以根据节点地址的升序（或降序）来获取锁。那么在这种情况下，锁获取的顺序对算法和编程复杂度有哪些限制？

130

6. **读锁和写锁**。将所有的读锁替换为写锁可以简化细粒度锁方法的编程复杂度，但是同时也会降低并发度。假设所有节点都有随机且相同的概率被删除或在其之后插入新的节点，在这种情况下，试评估链表数据结构并发度的损失。假设插入操作和删除操作数量是持平的，并且链表中的节点数目相对恒为n。
7. **不安全的删除操作**。在细粒度锁方法中，解释以下代码片段为什么是不安全的。

```
1  // ... 获取锁
2  // ... 假设仍然有效
3  prev->next = p-> next;
4  p->next = NULL;
5  p->deleted = 1;
```

   提出解决问题的两种方案。

8. **ABA问题**。细粒度锁方法所面临的一个难题叫ABA问题。假设需要从链表中删除p指向的节点，其键值为5。删除节点的线程T1已经找到该节点，但在T1执行删除操作之前，线程T2已经执行了两个操作，分别是：1）删除p指向的节点，并回收该节点的内存；2）在链表中插入一个键值为10的新节点。假设T2插入的新节点的位置正是被删除节点的位置。当T1继续操作并获取锁的时候，发现该处节点是有效的，即prev和p指向的节点未被删除，并且prev->next == p。于是，T1删除了键值为10的刚插入的节点，而不是其希望删除的节点5。试给出3种解决ABA问题的方案，并比较它们之间的优缺点。

131

存储层次结构概述

本章将简要介绍当前多核体系结构下的存储层次。在多核体系结构中，存储层次由硬件管理的临时存储（如 Cache），以及少量采用软件管理的临时存储（如便笺式存储器）组成。本章将主要介绍高速缓存体系结构基础，包括常见的概念、高速缓存的组成（5.1 ～ 5.4 节），特别是针对多核体系结构的高速缓存组成（5.5 ～ 5.7 节）。本章的最后将针对当前多核系统中的高速缓存组成进行案例分析（5.8 节）。

上一章讨论了如何设计并行程序，然而为了获得并行程序的较好性能，需要针对程序运行的机器体系结构进行有针对性的性能调优。性能调优过程中最重要的一个因素就是理解当代计算机系统中的存储层次。对于线程所需数据的不同来源：访存延迟只有若干个时钟周期的内层高速缓存；访存延迟有十几个时钟周期的外层高速缓存；访存延迟有上百个时钟周期的本地主存；或者访存延迟有上千个时钟周期的远端存储，程序的性能会产生差异。因此，对存储层次结构有深入理解，对于：1）了解如何对并行程序进行性能调优；2）了解设计共享存储多处理器所需要的其他硬件支持，至关重要。

5.1 存储层次的意义

在过去的数十年中，处理器速度的增长程度远远超过了主存访问时延的下降程度。直到 2001 ～ 2005 年间，处理器时钟频率以每年 55% 的速度增长，然而主存的速度增长每年只有 7%[24]。这种速度增长上的差距产生了深远的影响。在过去，一个加载（load）指令可以在一个 CPU 时钟周期内从主存中读取到所需的数据，然而在当代系统中需要上百个时钟周期才能从主存中读取到所需的数据。加载指令（生产者）和需要使用加载数据的指令（消费者）之间存在依赖关系，因此使用数据的指令需要等待加载指令读取到数据后才能执行。由于从主存中加载数据需要上百个时钟周期的时延，在此期间 CPU 缺少可以执行的独立指令而大部分时间处于停滞状态。因此，提高程序性能的关键是保证 CPU 大部分的数据访问时延较低，这正是高速缓存设计的初衷。

高速缓存是一个相对较小的存储单元，用于保存可能会被指令访问到的数据。高速缓存的理念可以被普遍应用在软件和硬件设计上。本章将重点介绍位于处理器和主存之间的硬件高速缓存。

图 5-1 展示了一个存储层次的例子，其中在同一个芯片上有 12 个处理器核。每个核都有一个私有的 L1 数据高速缓存和指令高速缓存，此外每个核拥有一个 L2 高速缓存用于同时存放数据和指令。L3 高速缓存被所有核共享。由于 L3 容量较大，因此被分为多个 bank，每个核都有一个与其对应的本地 bank。与此同时，每个核也可以访问与其他核所对应的远端 bank，但其访问时延将不同于访问本地 bank。以 2013 年为例，访存时延的范围和高速缓存的大小如图 5-1 所示。除了 L3 高速缓存之外，可能还会有片外的 L4 高速缓存以及主存。

134

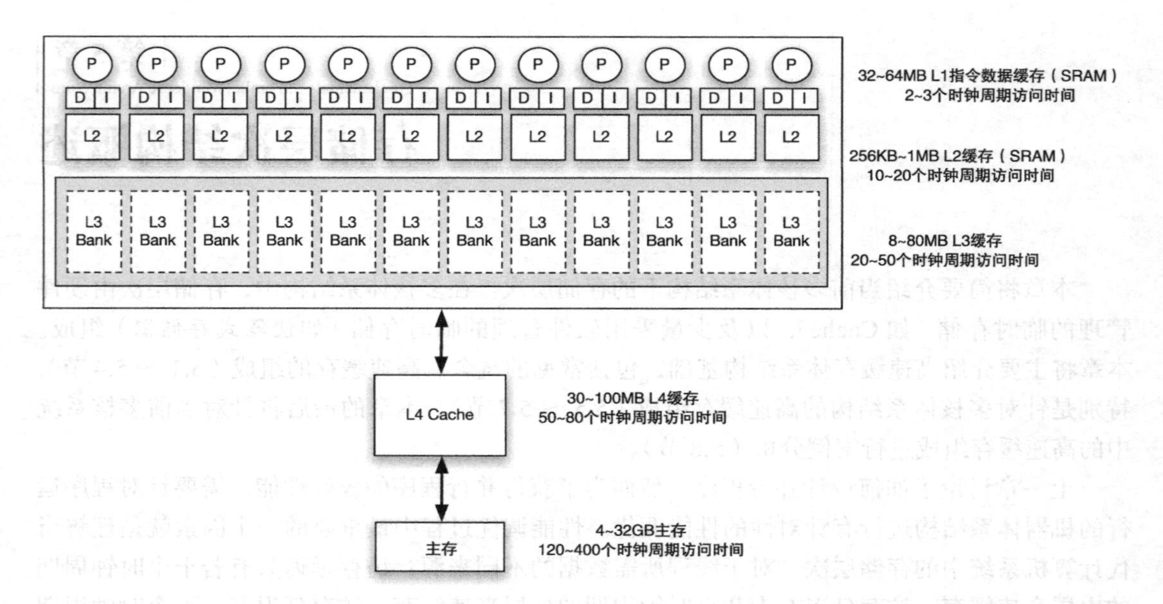

图5-1　2013年多核系统中典型存储层次配置

图5-1中所展示的例子与IBM Power8处理器的存储层次相似。在Power8处理器中，每个核可以支持4路同时多线程（SMT），这就是说4个线程可以同时从两个程序计数器中获得指令并执行。处理器上的大部分资源如寄存器和功能单元都被这4个线程共享。Power8处理器包含12个核，因此可以有48个线程同时执行。每个核都有一个32KB的L1指令高速缓存和64KB的L1数据高速缓存，同时拥有512KB的私有L2高速缓存，即整个处理器拥有6MB的L2高速缓存。L1和L2高速缓存都是利用SRAM单元来实现的。L3高速缓存划分为12个bank，每一个bank大小为8MB，总计96MB。L4高速缓存位于片外的存储缓冲控制器中，与主存相连。L3和L4利用嵌入式DRAM（eDRAM）技术实现。

由于程序中的时间局部性行为，高速缓存可以作为一个有效的硬件结构将最有用的数据保持在离处理器较近的位置。为此，高速缓存需要尽可能多地保留最近使用的数据，并在容量不足时尽可能少地替换出最近使用的数据。例如，如果数据的访问是完全随机的，那么每一级高速缓存的命中率（访存请求中数据位于高速缓存的比例）与高速缓存大小和程序工作集大小的比率成比例（对于小缓存而言，这个比例非常小）。然而，高速缓存命中率通常远高于随机访问的情况，L1和L2高速缓存命中率达到70%～95%的情况并不少见。

5.2　高速缓存体系结构基础

图5-2将高速缓存结构与表格进行类比，其中多个行被称为组（set）或者同余类（congruence class），多个列被称为路（way）。为了发掘空间局部性并减少管理开销，一个缓存行（cache line）中的多字节（也称为缓存块，cache block）会被同时读取，类似于表格中的一个单元格。表格的基本参数包括行数、列数和单元格大小。相应的，高速缓存的基本参数包括组数、相联度（路数）和缓存块大小。高速缓存的大小（简称缓存大小）等于组数、路数和缓存块大小的乘积。相对于缓存组数而言，缓存大小对程序性能具有更加直接的影响，因此高速缓存参数通常由缓存大小、路数和缓存块大小确定。

135

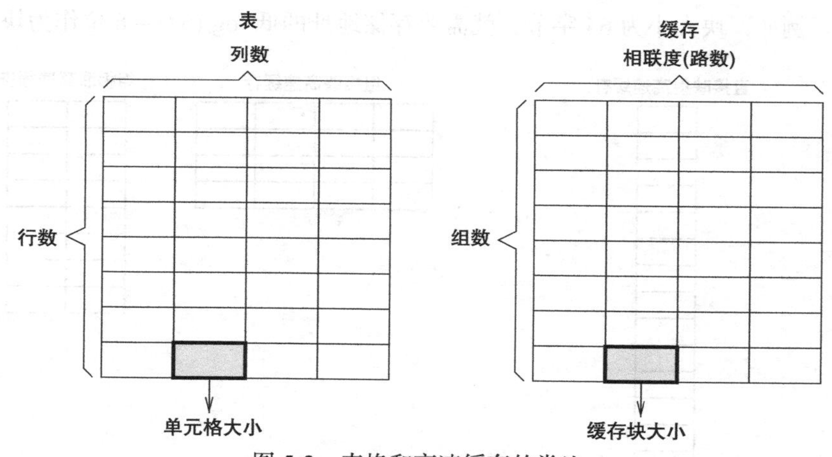

图 5-2 表格和高速缓存的类比

高速缓存的管理需要考虑多个方面。首先是数据放置策略，用于确定存储块在高速缓存中的放置位置；其次是数据替换策略，用于在高速缓存不足时确定被替换出缓存的数据块；最后是数据写策略，用于确定缓存块的写时机以及新写入的值传播到外层存储的时机。

5.2.1 数据放置策略

高速缓存数据放置策略确定存储块在高速缓存中的放置位置。由于该策略决定了数据块在高速缓存中的寻址方式，因此会对程序的性能产生显著影响。为了简化块的寻址方式，将块放置在一个确定的组，但在组内可以放置在任意的路上。因此，高速缓存的组数和路数组织方式决定了数据块的放置方式。如图 5-3 所示，一种极端情况是一个存储块只能被存放在一个特定的缓存行，这种策略的高速缓存只有一路相连，因此需要直接映射的高速缓存组织方式。另一种极端情况是存储块可以被放置在高速缓存的任意行上，在这种策略下高速缓存只有一个组，因此需要全相联的高速缓存组织方式。对于直接映射的高速缓存，当多个存储块被映射到同一个缓存行时，会产生放置冲突并导致存储块被频繁替换出高速缓存。对于全相联的高速缓存，虽然不会出现放置冲突，但是在查找一个存储块时需要搜索所有的路，因此实现成本比较昂贵。一个折中的方法是使用组相联的高速缓存组织方式来限制相连度（图 5-3 展示了 2 路和 4 路组相联高速缓存）。在组相联高速缓存中，数据块可以被放置在特定组内的任意路上。组相联的高速缓存组织方式与直接映射相比，产生放置冲突的可能性更小；与全相联相比，实现起来更加便宜。

136

在高速缓存中定位一个数据块，需要以下 3 个步骤：

1）确定数据块映射的组。

2）访问缓存组以确定访问的数据块是否包含在该缓存组内，如果包含则访问该数据块。

3）访问相应的数据块，选择请求的字节或者字，并将其返回给处理器。

确定数据块映射的组（第一步）是通过缓存索引函数实现的。通常来说，缓存索引函数都比较简单，例如，组的索引可以通过对数据块地址和组数取模获得：

$$setIdx = blkAddr \bmod numSets \tag{5.1}$$

图 5-4 展示了高速缓存的索引过程。由处理器发出的存储引用指令产生的地址可以被划分为两部分，即定位块内字节的地址（块偏移）和定位块的地址（块地址），图 5-4 中的顶部展示了这一过程。如果一个块大小为 N 字节，那么定位块内的 1 字节就需要 $\log_2(N)$ 位作为

块偏移地址。例如，块大小为 64 字节，就需要存储地址的低 $\log_2(64) = 6$ 位作为块偏移地址。

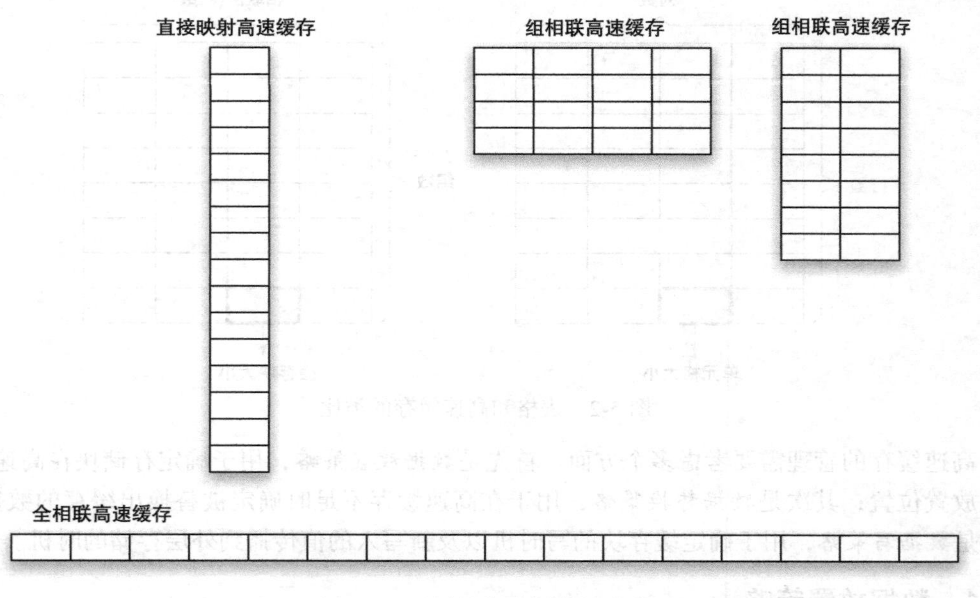

图 5-3　不同的高速缓存相联度

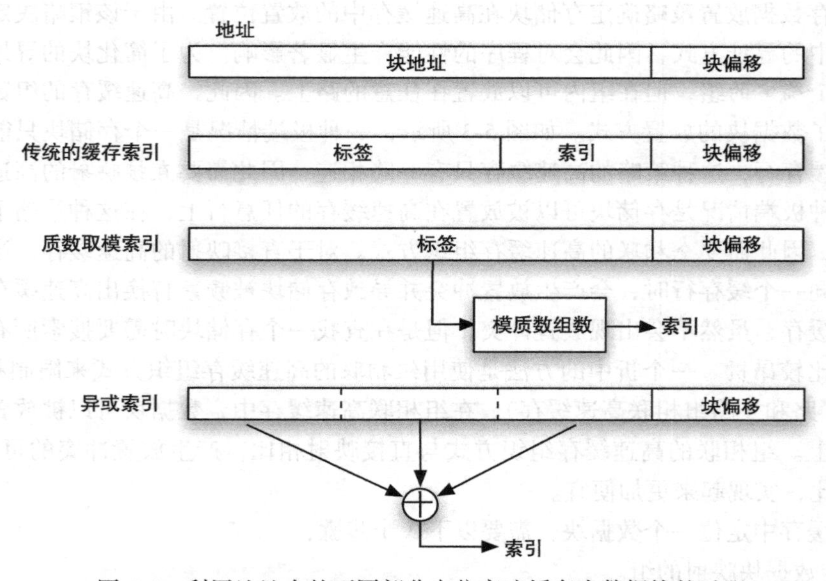

图 5-4　利用地址中的不同部分定位高速缓存中数据块的过程

137

传统的缓存索引方法要求组数为 2 的幂，因此式（5.1）的取模函数只需要抽取地址低位中的若干位（即索引位），不需要任何计算就可以获得组索引。需要注意的是，由于主存大小要远远大于高速缓存，因此可能会有多个存储块被映射到同一个组。当一个数据块保存在高速缓存中时，需要记录保存的是哪一个数据块，从而当有请求访问数据块时可以确定该数据块是否保存在缓存组中。被映射到同一个组的多个数据块地址具有相同的索引位，因此在保存数据块的同时，需要保存除了索引位和块偏移之外的其他位，这些位被称为标签位。对于简单的取模索引函数，块地址中除了索引位之外的其他位就是标签位。

简单的取模索引可以保证存储中连续的数据块被映射到不同（且连续）的组内，这种映射方式有助于将存储数据块均匀地放置在缓存组内。索引所需的位数取决于高速缓存中的组数。例如，如果高速缓存中有2048个组，那么正确定位每一个组则需要 $log_2(2048) = 11$ 位。

简单的取模索引策略并不是建立缓存索引的唯一方式。在一些情况下，访存模式以2的幂次方的倍数为间隔访问地址，这会导致地址被更多地映射到特定的一些组内，而另一些组被映射得很少，使得缓存组的利用不均衡。另一种策略则是使用非2的幂次方的组数，特别是使组数为质数。例如，在高速缓存中设置2039而非2048个组（2039是最接近2048的质数）。这种索引函数被称为*质数取模索引*，图5-4展示了这种索引函数。质数取模索引需要基于整个数据块地址空间进行设计，并且整个数据块地址空间需要被存储在每个数据块的标签内。虽然对质数计算取模看起来需要一长串的除法，但是已经有方法可以极大地简化计算量[34]。高速缓存索引函数的另一种可能是通过对数据块地址的不同部分进行异或操作从而产生伪随机数作为地址（图5-4的底部展示了这个例子）。与质数取模索引相似，基于异或操作的索引也需要将整个数据块地址空间存储在标签内。总体上讲，质数取模和基于异或操作的索引都可以在很大程度上减少缓存组的不均衡利用。然而，获取索引需要额外的计算开销，设计者需要比较开销和收益从而选择出一款适合的索引函数。

138

图5-5展示了通过传统高速缓存索引定位数据块的过程。图中的一个缓存bank被组织成两路组相联的bank。一个缓存bank包含一个地址译码器、标签和数据阵列、传感放大器、乘法器、标签比较逻辑和其他逻辑单元。其中，地址译码器基于特定地址选择组，传感放大器用于临时提取标签和数据块。一个大的高速缓存可能包含不止一个缓存bank。

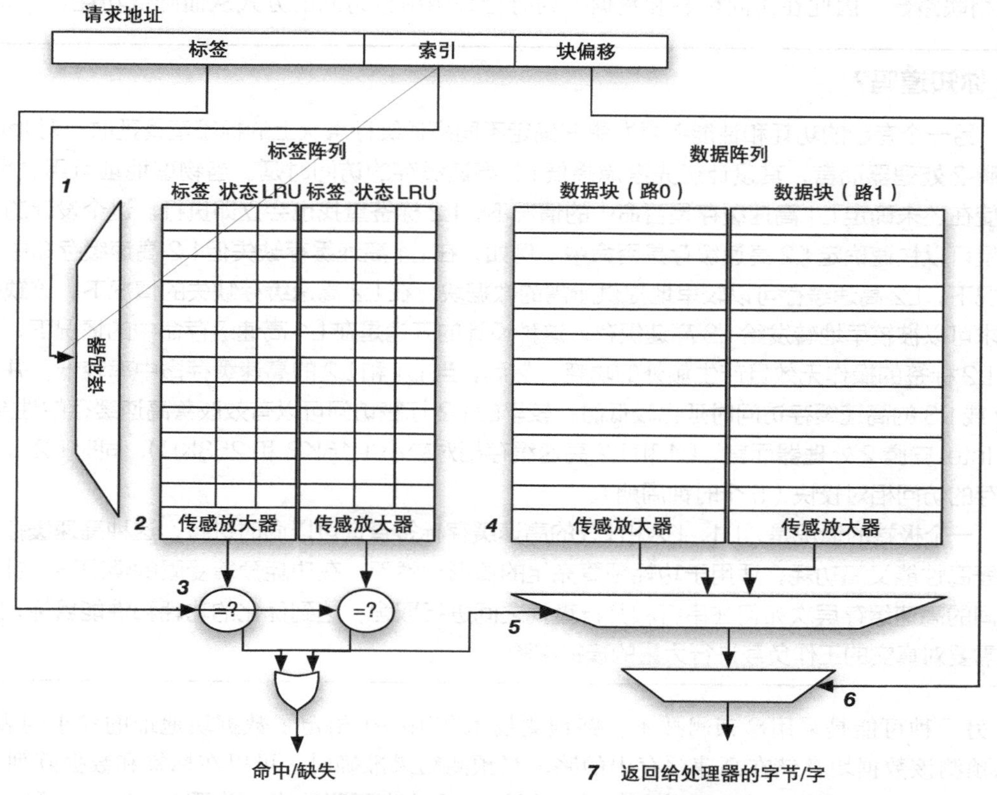

图5-5　在高速缓存中定位数据块（两路组相联高速缓存）

在高速缓存中定位数据包含以下几步：在标签阵列中访问数据块可能被映射到的组（步骤1）。标签阵列存储了当前被缓存的数据块的标签位。组内的两个标签被传送到传感放大器（SA）中（步骤2）并且与请求地址的标签进行比较（步骤3）。在步骤2和3执行过程中，两路中的数据块被读出到传感放大器中（步骤4）。如果任何一个标签可以匹配，则是高速缓存命中，否则是高速缓存缺失。当出现任意一路的标签匹配时，同一路上的正确数据块会被选中（步骤5）。最终，请求的字节/单个字/多个字通过地址中的块偏移位被选中（步骤6）并返回给处理器（步骤7）。在高性能高速缓存中，这些步骤可以通过流水线的方式来改善高速缓存访问的吞吐量，进而多个请求可以同时访问高速缓存（不同的处理阶段）。例如，步骤1和2可以被合并为一个阶段，步骤3和4各自为一个阶段，步骤5和6被合并为一个阶段。哪些步骤被合并为一个阶段取决于每一步中关键逻辑单元的处理时延。

139

值得一提的是，访问标签阵列（步骤1和2）和数据阵列（步骤4）的步骤可以串行执行，也可以并行执行。串行访问的好处是当高速缓存命中时，只需要访问数据阵列中高速缓存命中的那一路；当高速缓存缺失时，则不需要访问数据阵列。因此，串行访问方式更加节省功耗。而并行访问的方式则是同时访问标签和数据阵列，这种方式的好处在于速度更快。当高速缓存命中或者缺失确定后，所有路上的数据块都已被读取，然后再从中选取正确的数据块、字节或者字。然而，这种方式的缺点是功耗较大，因为数据阵列中相应组内所有路上的数据块无论高速缓存是否命中均会被激活和读取。这种功耗和性能的考量在高速缓存设计中非常常见，在一些情况下，L1高速缓存在访问标签和数据阵列时会采用并行访问的方式从而保持较低的访问延迟。较外层次的高速缓存（L2和L3）相对于L1高速缓存往往具有更高的相联路数，因此在访问标签和数据阵列时会采用串行访问的方式从而降低功耗。

■ 你知道吗？

另一个有趣的功耗和性能考量发生在确定不同高速缓存层次上的标签查找延时。对Intel安腾2处理器而言，其设计优先考虑降低L2高速缓存的访问时延。当物理地址可用之后，即使在还未确定L1高速缓存是否命中的情况下，L2标签查找也会立即执行。这个设计的优点是可以快速确定L2高速缓存是否命中。例如，在L1高速缓存缺失但L2高速缓存命中的情况下，L2高速缓存可以较早地提供所需的数据块；在L2高速缓存缺失的情况下，该缺失请求可以被较早地转发给L3高速缓存。这种设计的开销是在L1高速缓存命中的情况下，检查L2标签的操作无效且产生额外的功耗。然而，当L1和L2的高速缓存命中率较低，并且L2或L3的高速缓存访问时延也较低时，较早的L2标签访问可以有效改善高速缓存的性能。对Intel安腾2处理器而言，L1和L2高速缓存相对较小（16KB和258KB），同时L2高速缓存的访问相对较快（5个时钟周期）。

一个极端的情况是，L1、L2和L3的高速缓存标签查询可以同时进行，这种高速缓存设计既高性能又高功耗，适用于功耗预算充足的情形。然而，在功耗预算受限的情况下，针对不同的高速缓存层次如何在串行和并行查找之间进行取舍，达到优化的功耗和性能目标，往往需要对真实的工作负载进行大量的模拟实验。

另一种可能是采用**路预测**技术。路预测技术利用一个给定了数据块地址的较小的表格，可以预测该数据块存储在高速缓存中的路。当预测结果准确时，可以在标签和数据阵列查找中同时发挥串行查找和并行查找的优势。例如，通过路预测技术，步骤1、2和4可以并行

140

执行。不同的是，步骤4中的数据阵列查找只在被预测的路上执行，并不会读取其他路上的数据。因此，标签和数据阵列查找可以并行执行。步骤3通过对比缓存标签和数据块地址的标签，既可以确定是否高速缓存命中，又可以确定路预测是否正确。如果路预测正确，那么就已经获得了相应的数据块，所需的字节被返回处理器；若路预测不正确，那么已经读取的数据块为错误的数据块，需要在正确的路上重新执行一遍数据阵列查找。在预测正确的情况下，采用路预测技术可以在高速缓存查找时获得像并行查找一样的速度，以及如串行查找一样的功耗；如果预测错误，高速缓存将消耗更多的功耗，并且花费比串行查找更长的时延。准确的路预测方法对于该技术产生较高的性能至关重要。

5.2.2 数据替换策略

对于组相联的高速缓存，当有一个新的数据块从外层存储层次中被读入高速缓存时，如果此时高速缓存已满，则需要将已经缓存的一个数据块替换出高速缓存。评价高速缓存数据替换策略优劣的标准是，*被替换出的数据块应该是将来最晚被访问的数据块*[7]。然而，最优的高速缓存替换策略虽然从理论上可以保证产生最少的高速缓存缺失，但是由于其需要未来的访存信息，在实际中并不能完全实现。因此，大部分的高速缓存实现都采用了*最近最少使用*（Least Recently Used，LRU）或者与其近似的替换策略。在LRU替换策略中，当有新的数据块需要空间时，过去最远时间内被访问过的数据块将会被替换出高速缓存。LRU替换策略利用了代码的时间局部性，即最近被访问的数据在未来也会被访问。实践证明，即使在有些情况下与最优替换策略差距较大，在大多数情况下LRU表现较好。在一种情况下，LRU的性能较差，即程序以循环的方式访问大于高速缓存可以存储的数据块。例如，程序访问数据块A、B、C、A、B、C、A等。如果所有的数据块都映射到同一个缓存组，同时该高速缓存为两路组相联，则每个数据块访问都会导致缓存缺失。

LRU可以通过多种方式实现。一种方式是利用位矩阵并将其存储在标签阵列中保存LRU信息的部分。在这种矩阵形式的实现方式中，行和列的数量与高速缓存的路数相同，每个行和列都与特定的路相关联。图5-6展示了这种实现方式。假设开始时一个4路相联的高速缓存组包含数据块A、B、C和D，访存的序列为B、C、A和D，LRU矩阵初始化全部为0。其中，LRU矩阵为4×4矩阵。每次缓存命中特定的路后，将会更新矩阵中该路对应的行的所有位为1，同时更新该路对应的列的所有位为0。

图5-6展示了LRU矩阵在每次高速缓存访问后的内容变化。当访问B时（存储在第1路上），将第二行的所有位设置为1，同时将第二列的所有位设置为0；当访问C时（存储在第2路上），将第三行的所有位设置为1，同时将第三列的所有位设置为0；当访问A时（存储在第0路上），将第一行的所有位设置为1，同时将第一列的所有位设置为0；最终，当访问D时（存储在第3路上），将第四行的所有位设置为1，同时将第四列的所有位设置为0。假设这时需要进行数据块替换，通过行扫描可以发现第1路（包含数据块B）中值为1的数据位最少（全部为0），因此B为最近最少使用的块，应该被替换出高速缓存。通常来说，访问的时间先后顺序由每行中值为1的位数多少来表示：最近最少使用的路包含最少值为1的位（第1路没有为1的位），而最近最常访问的路则拥有最多值为1的位（第3路有3个值为1的位）。

141

对于N路相联的高速缓存，LRU矩阵会产生N^2的空间开销。对于相联度较低的高速缓存，这种实现方式开销较小，而对于相联度较高的高速缓存，这种实现方式开销较大。因此，对于相联度较高的高速缓存，往往采用近似LRU的方法。其中一种近似方法就是采用先入先出（First In First Out，FIFO）策略，当需要缓存替换时，选择最早读入高速缓存的数据块进行替换，无论该数据块是否最近被访问过。

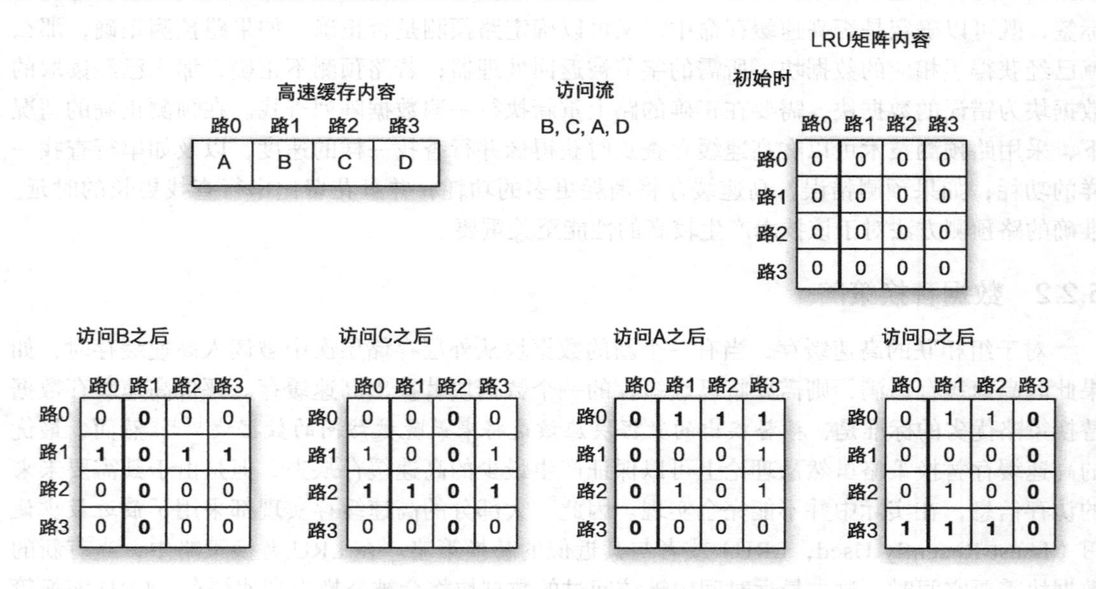

图 5-6　最近最少使用替换策略（LRU）的矩阵实现

■ **你知道吗?**

读者可以阅读 Kharbutli 和 Solihin[34] 的论著，其中有更多关于缓存索引函数及其性能影响的讨论。

LRU 的性能并不是完美的，即当程序的工作集大于高速缓存大小时，LRU 的性能便会出现断崖式下降。而基于随机方法的替换策略虽然在大多数情况下性能比 LRU 较差，当在上述情况出现时，其性能下降比 LRU 要缓和。读者可以阅读 Guo 和 Solihin[20] 的论著以了解更多这方面的内容。

另一种可能的近似 LRU 的方法是记录最近最常访问的一部分数据块，当需要替换时，那些未被记录的数据块通过随机或者特定的算法被替换出高速缓存。这种方法的一个最简单的例子就是记录最近最常使用（Most Recently Used，MRU）的数据块，当需要替换时，通过伪随机算法选择非 MRU 的数据块替换出高速缓存。另一个例子是在图 5-7 中展示的基于树的伪 LRU 替换策略[2]。

142

在伪 LRU 替换策略中，对于 A 路组相联的高速缓存而言，需要预留 $A-1$ 位来组成逻辑上的二叉树。二叉树的目的在于记录最近访问的路径。在访问过程中，从树的根到被访问数据块的路径被记录在树的节点中。其中，0 代表向左，1 代表向右。图 5-7 展示了一个例子。假设一个 4 路组相联的高速缓存包含数据块 A、B、C 和 D；访问序列为 B、C、A、D 和 E；伪 LRU 位初始化全部为 0，每次访问后位的变化如图 5-7 所示。首先，对数据块 B 的访问路径在树中被记录为从根左转，然后从左孩子节点右转。其中，根节点被重置为 0，左孩子节点被设置为 1；数据块 C 的访问路径导致根节点被设置为 1，右孩子节点被重置为 0；数据块 A 的访问路径导致根节点被重置为 0，左孩子节点被重置为 0；数据块 D 的访问路径导致根节点被设置为 1，右孩子节点被设置为 1。对数据块 E 的访问会产生缓存缺失，因此需要替换已缓存的数据块。在替换的过程中，1 表示选择左侧，0 表示选择右侧。从根节点开始，其值为 1 表示选择左侧。到达左孩子节点后，其值为 0 表示选择右侧，并最终到达数据块 B。在本例中，数据块 B 为伪 LRU 策略中需要被替换出缓存的数据块，而其碰巧与 LRU 策略的替换目标相同。最终，数据块 E 被存储在原来存储数据块 B 的缓存行中，同时伪 LRU 树被更新从而反映这一变化。注意，查找被替换数据块和更新树是一起执行的，如在从根遍历到被替换数据块的过程中反转数据位的值。

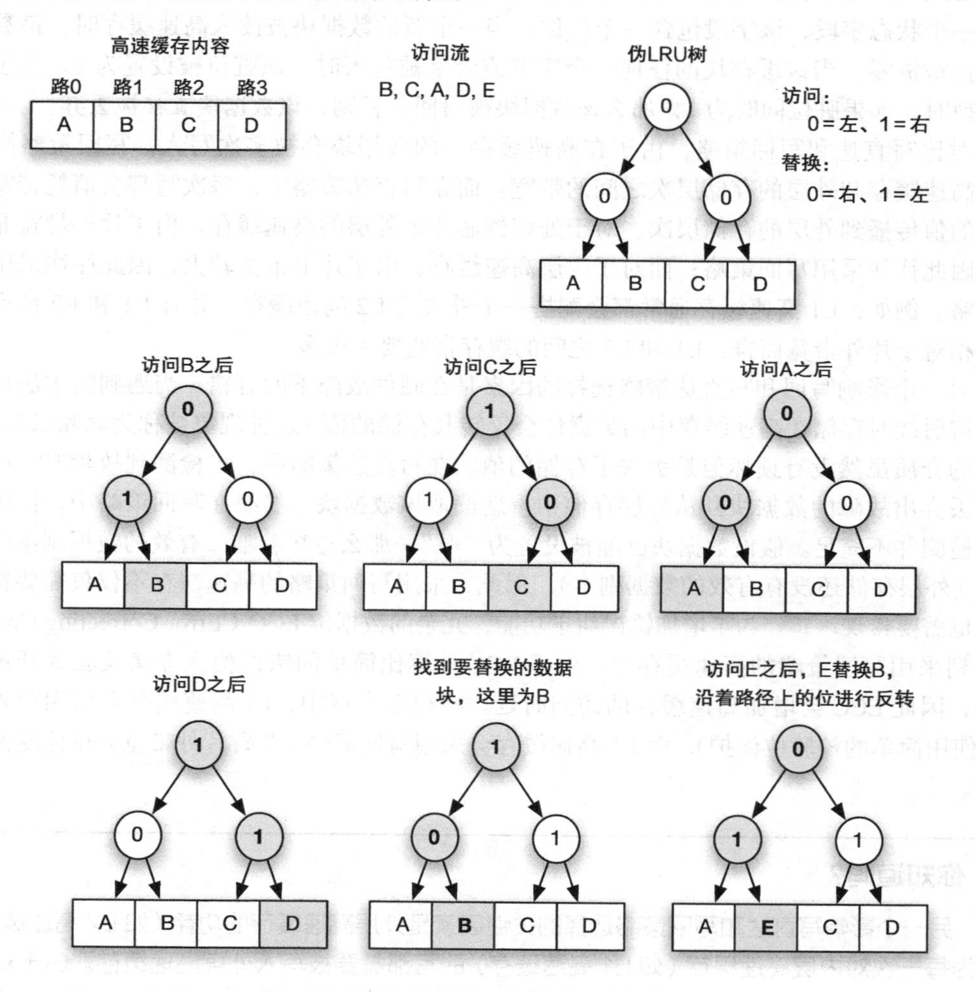

图 5-7　在 4 路组相联高速缓存上的伪 LRU 替换过程展示

对比 LRU 和伪 LRU 替换策略，对于 N 路组相联的高速缓存，LRU 矩阵的空间开销为 N^2 而伪 LRU 树的空间开销为 $N-1$ 位。这就意味着伪 LRU 替换策略相比 LRU 矩阵在实现中开销更小，特别是对相联度较高的高速缓存。

5.2.3　数据写策略

1. 写直达和写回

高速缓存是临时存储，存储程序和数据的主要地方还是主存。因此，高速缓存设计中面临的一个重要问题是当处理器修改了高速缓存中的数据后，这些修改什么时候被传播到外层的存储层次。实现中有两种选择：*写直达*和*写回*。在写直达策略中，高速缓存中任何一个字节的修改都会被立刻传播到外层的存储层次。

相反，在写回策略中，对高速缓存的修改并不会立刻传播到外层的存储层次。只有当缓存块被替换时，这些被修改的数据块会写回并覆盖外层存储层次中的过时数据。在写回策略中，如果须写回每一个被替换出的缓存块，那么会产生很大的带宽开销。因此，一个直观的优化是只写回那些在高速缓存中被修改过的数据块。为了实现这一点，每个缓存块标签中增加了一个状态字段，该字段包含一个脏位。当一个新的数据块被读入高速缓存时，该数据块的脏位被清零；当该缓存块的任何一个字节或者字被写入时，该脏位被设置为1。当缓存块被替换时，如果脏位同时为1，那么该数据块被写回。否则，该数据块直接被丢弃。

对比写直达和写回策略，由于在高速缓存中的数据块会被多次写入，写回策略倾向于节省高速缓存和外层的存储层次之间的带宽。而在写直达策略中，每次写都会消耗带宽以将写入的值传播到外层的存储层次。对于处理器芯片最外层的高速缓存，由于片外带宽非常有限，因此往往采用写回策略；而对于内层高速缓存，由于片上带宽较大，因此往往采用写直达策略。例如，L1高速缓存通常都会配搭一个外层的L2高速缓存，并且L1和L2都是片上的。相对于片外带宽而言，L1和L2之间的缓存带宽要大很多。

143 ~ 144

另一个影响写回和写直达策略选择的因素是在硬件故障下的容错。当遇到阿尔法粒子或者宇宙射线时存储在高速缓存中的数据位会反转其存储的值（这种现象被称为*软错误*）。高速缓存的介质虽然没有损坏但是丢失了存储的值。在写直达策略中，当检测到故障时，可以安全地丢弃出故障的数据块并从外层存储中重新读取该数据块。然而在写回策略中，仅仅只有故障检测并不充足。假设数据块已经被设置为“脏”，那么意味着唯一有效的数据副本已经被更改（外层存储还没有有效的数据副本）。因此，采用写回策略的高速缓存不仅仅需要错误检测，也需要*错误纠正*。为了增加错误纠正功能，冗余的数据位ECC（Error Correcting Code）被添加到采用写回策略的高速缓存中。由于ECC计算比简单的错误检测奇偶校验位开销要大很多，因此ECC会增加高速缓存的访问时延。在很多实现中，L1高速缓存会采用写直达策略（使用简单的校验位保护），而L2高速缓存会采用写回策略（节省片外带宽）并且设置ECC保护。

■ 你知道吗？

另一个影响写直达和写回策略选择的关键因素是外层高速缓存的功耗（如L2高速缓存），因为每一次对内层高速缓存（如L1高速缓存）的写都需要被写入外层高速缓存。由于对L1高速缓存中单个缓存块的写可以写入相同或者不同的字节，这将会导致L2高速缓存频繁的写入。如果L1高速缓存采用了写回策略的话，那么这些写入操作可以在L1中被过滤，减少对L2的写入次数。这些对L2的频繁访问会导致较高的功耗并且增加对L2高速缓存端口和控制器的占用。解决上述问题的一个方法是在L1和L2高速缓存之间增加一个写缓冲，用于临时保存对L1缓存块的最近若干次更新。当有写入操作发生时，会更新写缓冲而不是访问L2高速缓存。当写缓冲已满时，则会将存储时间最久（或最近最少使用）的数据块写入L2高速缓存中。当产生L1缓存缺失时，首先检查写缓冲，如果找到需要访问的数据块，则直接返回给L1高速缓存。

2. 写分配和写不分配

写策略的另一个方面是确定当要写入字节/字的数据块不在高速缓存中时，是否将其读入高速缓存中。在写缺失时，写分配（Write Allocate，WA）策略会在写入数据块前将其读入高速缓存；而写不分配（Write No-Allocate，WNA）策略会将要写入的数据直接传播到外层存储层次而并不将数据块读入高速缓存。

当数据块中相邻的字节在未来被读写的概率较低时，即当写后的空间局部性较差时，写不分配策略的性能较好。同时，当数据块中被写入的字节在未来被读写的概率较低时，即当写后的时间局部性较差时，写不分配策略的性能也较好。而如果数据块中被写入的字节或者相邻的字节在未来被读写的概率较高时，则写分配策略的性能较好。当增加缓存块的大小时，该缓存块被多次访问的可能性也会增加，因而在缓存块较大时，写分配策略的性能要优于写不分配策略。

写直达策略可能使用写分配策略或者写不分配策略。然而，一个写回高速缓存通常会使用写分配策略。其原因在于，如果不使用写分配策略，写缺失会被直接传播到外层存储层次，变得与写直达高速缓存相似。 145

■ 你知道吗？

虽然在通常情况下一个固定的缓存分配和替换策略可以很好地工作，但是固定的策略不能适应程序行为上的差异。为了适应特定的程序行为，当代处理器中增加了新的指令以便程序员和编译器调优缓存的相关策略。这些指令主要针对通用缓存策略表现较差的场景。例如，一些应用展现出流式访问行为，即该应用会写（或者读）连续的字节，但是在未来极少再访问这些字节。如果采用写分配策略的话，将会导致高速缓存中保留很多不必要的数据块。相反，不具有时间局部性的存储指令（例如，在 x86 指令集上的 MOVNTI、MOVNTQ 指令等）允许程序员/编译器在写入数据时设置高速缓存为写不分配策略（如果包含数据的数据块已经被缓存，则将被替换出缓存）。另一个特殊的场景是大型数据结构的初始化，其需要将一片存储区域初始化为 0。一些特殊的指令（例如，PowerPC 中的 DBCZ 指令）允许直接在高速缓存中分配初始化为 0 的数据块，而不是将数据块首先读入高速缓存再将其覆盖为 0。其他通常被支持的高速缓存控制指令包括允许特定的数据块被写回、设置为无效以及预取。

控制高速缓存行为最丰富的指令集可能要属 Intel 安腾处理器（IA-64 指令集），该指令集依赖复杂的编译分析来管理不同高速缓存层次上的数据。下表展示了可以附加在加载/存储指令上的信息与它们的作用。

指示	分配到 L1？	分配到 L2？	分配到 L3？
NTA	否	是（但下一次替换）	否
NT2	否	是（但下一次替换）	是
NT1	否	是	是
T1（默认）	是	是	是

5.2.4 多级高速缓存中的包含策略

在多级高速缓存的设计中，另一个相关的问题是内层高速缓存（容量较小）的内容是否包含在外层高速缓存（容量较大）内。如果外层高速缓存包含了内层高速缓存的内容，则称外层高速缓存为*包含的*（inclusive），或者具有包含属性。相反，如果外层高速缓存只包含不在内层高速缓存中的数据块，则称外层高速缓存相对于内层高速缓存是*排他的*（exclusive）。包含性和排他性需要特殊的协议才能实现，否则包含性和排他性都无法保证，这种情况有时被称为*既不包含又不排他*（Non-Inclusive non-Exclusive，NINE）。

图 5-8 在不同列中展示了不同策略的差异。图中的高速缓存为两级，其中 L2 高速缓存可以是包含的、排他的，以及既不包含又不排他。假设初始化时，L2 高速缓存存储了数据块 Z。对数据块 X 的访问将会在 L1 和 L2 上产生缓存缺失，如果 L2 高速缓存采用了包含或者既不包含又不排他的策略，那么数据块 X 会被读入 L1 和 L2 高速缓存中；如果 L2 高速缓存采用排他策略，那么数据块 X 只会被读入 L1 高速缓存中。所有受到影响的缓存行都被标记为灰色。假设数据块 X 被替换出 L1 高速缓存，如果采用了包含或者既不包含又不排他的策略，数据块 X 只会被替换出 L1 高速缓存，并不会对 L2 高速缓存产生影响（除非数据块 X 被标记为“脏”，这种情况下 L1 高速缓存中的值会被写回 L2 高速缓存）；如果采用了排他策略，则数据块 X 会被分配到 L2 高速缓存中。事实上，在排他策略下 L2 高速缓存总是会存储从 L1 高速缓存中替换出的数据块，因此也被称为*牺牲品缓存*（victim cache）。当数据块 Y 被替换出 L2 高速缓存时，如果采用了包含策略,L2 高速缓存会发送一条*反向无效消息*（back invalidation）给 L1 高速缓存（如箭头所示），L1 高速缓存中相关联的数据块也会被替换出高速缓存；如果采用了 NINE 策略，数据块 Y 会被替换出 L2 高速缓存，而 L1 高速缓存并没有任何改动。然而，在排他策略下，L2 高速缓存并没有存储数据块 Y，因此以上的情况对其并不适用。最后，假设对数据块 Z 的访问会导致 L1 缓存缺失，如果采用了包含或者既不包含又不排他的策略，则数据块 Z 会被缓存在 L2 高速缓存中并被读入 L1 高速缓存；如果采用了排他策略，则数据块 Z 会首先从 L2 高速缓存中移除，之后再被读入 L1 高速缓存（如箭头所示）。

145～146

这里讨论一下不同策略的优缺点。采用包含策略的高速缓存具有一个重要的特点，即所有存储在内层高速缓存的数据块也存储在外层高速缓存。反之亦然，即外层高速缓存没有存储的数据块也不会存储在内层高速缓存中，这一点在实践当中非常有用。在一些并行系统中，每一个处理器都拥有自己的私有高速缓存，当需要访问的数据块在一个高速缓存中出现缺失时，会检查其他处理器上的高速缓存是否存储有该数据块的副本。在一些情况下，其他处理器上的高速缓存（同级高速缓存）可能存储了系统中该数据块的唯一有效副本，该副本必须返回给产生缓存缺失的处理器以满足数据访问需要。因此，系统中任何一级高速缓存上出现缺失时，必须检查其他所有高速缓存以确认所访问的数据块是否存在。如果被检查的高速缓存采用了包含策略，当确定了该级高速缓存没有所需的数据块后，包含的属性保证了内层的高速缓存也没有所需的数据块。因此，检查可以停止在采用了包含策略的这一级高速缓存并快速返回检查结果。相反，如果被检查的高速缓存没有采用包含策略（即采用排他或 NINE 策略），那么对数据块的检查必须遍历每个处理器的所有内层高速缓存。例如，如果 L2 和 L3 都是处理器的私有高速缓存，并且采用了排他或 NINE 策略，那么仅仅检查 L3 高速缓存中是否存在所需的数据块并不充分，除了 L3 之外需要进一步检查 L1 和 L2 高速缓存。如果 L2 高速缓存采用了包含策略，那么对数据块的检查只需从 L3 到 L2 即可。更进一步，如果 L3 高速缓存采用了包含策略，那么只需检查 L3 高速缓存即可。

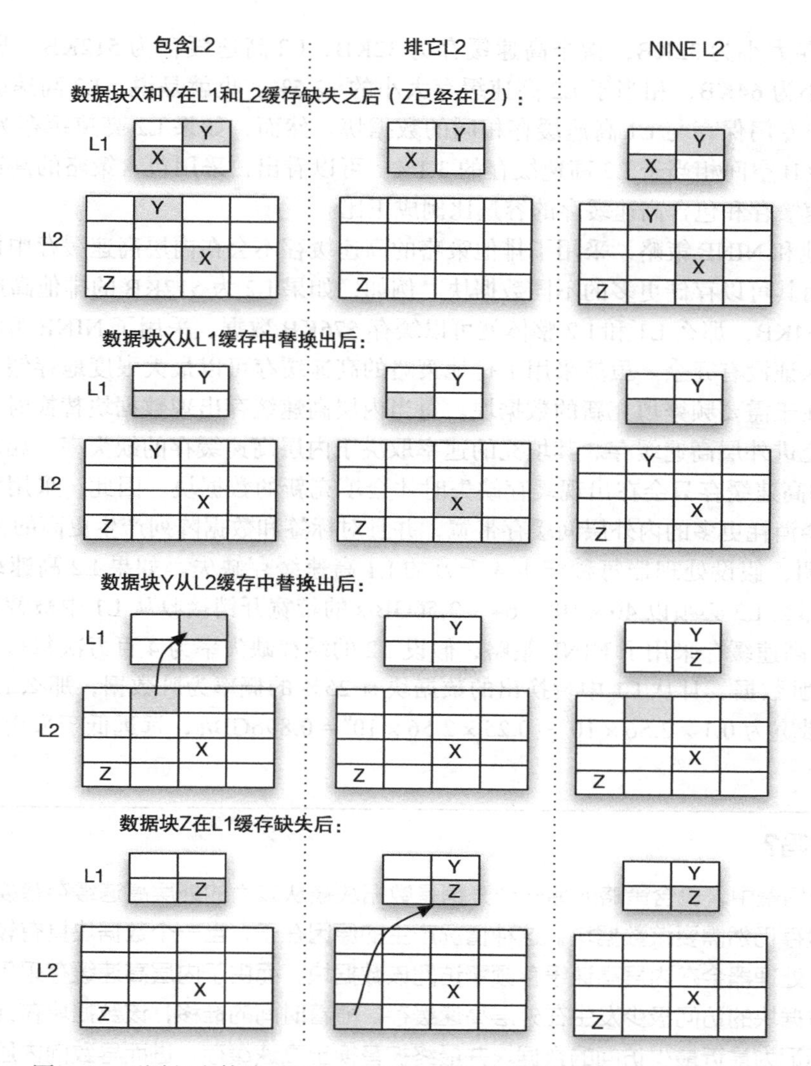

图 5-8 不同包含策略（包含、排他、不包含和不排他）的 L2 高速缓存

包含策略的以上特性会产生两点影响。一是在采用包含策略的高速缓存中，缓存缺失的时延较短，而采用排他和 NINE 策略则较长。采用了包含策略的高速缓存能够对外部的数据块请求快速产生响应，而采用了排他或 NINE 策略的高速缓存需要等待所有的内层高速缓存检查完后才能产生响应。二是对所有内层高速缓存检查访问的数据块是否存在意味着增加对高速缓存控制器和内层高速缓存标签阵列的占用。来自处理器的请求必须与来自外层高速缓存的检查请求相互竞争，从而增加了来自处理器请求的响应时延。虽然可以通过复制多个内层高速缓存标签阵列来缓解竞争，如一个标签阵列供处理器使用，另一个标签阵列供外部请求使用，但是其并不能完全解决竞争的问题。其原因在于虽然多个标签阵列可以支持并发的标签检查，但是对一个标签副本的修改必须传播给另一个标签副本，这将会导致两个标签同时不可用。

尽管包含策略有以上种种优势，实现包含策略需要付出一定的开销。在采用了包含策略的高速缓存中，能够保存的缓存块总数由外层高速缓存的大小决定，而不是内层和外层高速缓存的总大小。如果外层高速缓存相对较小，那么对缓存资源的浪费就比较明显。假设 L1

数据高速缓存大小为32KB，指令高速缓存为32KB，L2高速缓存为512KB，那么浪费的高速缓存大小为64KB，相当于L2高速缓存大小的12.5%。也就是说，L2高速缓存大小的12.5%要用来专门保存与L1高速缓存相同的数据块。然而，如果L2高速缓存为2MB，那么浪费的64KB空间相当于L2高速缓存的3.1%。可以看出，采用包含策略的高速缓存的开销与内层高速缓存和包含高速缓存的容量比例成正比。

对比排他和NINE策略，采用了排他策略的高速缓存不会在内层高速缓存中保留冗余的数据块，因而其可以存储更多的不同数据块。例如，如果L2为512KB的排他高速缓存，L1高速缓存为64KB，那么L1和L2整体就可以缓存576KB数据。采用了NINE策略的高速缓存并不能够保证没有冗余。虽然采用了排他策略的高速缓存可以最大限度地存储不同的数据块，其缺点在于需要频繁填充新的数据块。每当内层高速缓存出现数据块替换时，这些数据块都会被填充进外层高速缓存。其填充的速率取决于内层高速缓存的缺失率。相反，采用了NINE策略的高速缓存只会在出现缓存缺失时才会填充新的数据块。因此，采用了排他策略的高速缓存会消耗更多的内外层间缓存带宽，并且对标签和数据阵列产生更高的占用率。

148

举例说明，假设处理器每秒产生4千万的L1高速缓存缺失。如果L2高速缓存采用了排他策略，那么L2必须以$40 \times 10^6 \times 64 = 2.56$GB/s的带宽开销接收从L1中被替换出的数据块；如果L2高速缓存采用了NINE策略，假设L2的缓存缺失率为4百万次每秒并且接收从L1中写回的脏数据，且从L1中替换出的数据块有25%的概率为脏数据，那么L2高速缓存必须提供的带宽为$0.1 \times 2.56 \times 10^9 + 0.25 \times 2.56 \times 10^9 = 0.896$GB/s，远远低于采用了排他策略的高速缓存。

■ 你知道吗？

在一些场景中，包含策略的另一个开销是数据块被从较大的外层高速缓存替换出，然而内层高速缓存仍然需要该数据块。这种情况产生的原因在于，当一个数据块具有较强的时间局部性时，处理器会在内层高速缓存频繁访问该数据块，而由于内层高速缓存采用了访问过滤，对该数据块的访问极少发生在外层高速缓存。随着时间的推移，该数据块在外层高速缓存逐渐被标记为最近最少访问的数据块并最终被替换出高速缓存，进而导致向内层高速缓存发送反向无效消息，强行将处理器正在频繁使用的数据块标记为无效。这种场景发生的概率随着内层高速缓存大小与采用包含策略的外层高速缓存大小的比例增大而增大。一种有效解决该问题的方法[30]是将反向无效的机制分为两步：第一步是发送反向无效的预警（例如，当L2高速缓存中的数据块变为LRU或者接近LRU的数据块时）；第二步是发送真正的反向无效消息。利用第一步和第二步的时间差，内层高速缓存的数据块会被设置一个标签。如果内层高速缓存仍然需要使用该数据块的话，则会清除之前设置的标签并向外层高速缓存发送刷新信号。外层高速缓存收到该信号后，会刷新数据块的LRU信息，将其再次设置为最近最常使用的数据块。

在共享最后一级高速缓存的多核体系结构中，包含策略的存储开销是巨大的。例如，在AMD Barcelona4核处理器中，每一个核都有512KB的L2私有高速缓存（4个核总计4MB），并且所有核共享2MB的L3高速缓存。如果L2高速缓存采用了包含策略，那么将会有2MB的空间被浪费，相当于整个L3高速缓存。因此，设计者需要综合考量性能和开销，从而在不同的策略之间进行取舍。

与包含性相关的一个概念是值包含。如果采用了包含策略，那么数据块会被同时缓存在内层和外层高速缓存中，而数据块中的值是否可以不一致呢？如果是值包含的话，那么数据块中的值也必须相同。否则，数据块中的值可以不同。值不相同的情况可能发生在内层高速缓存采用了写回策略，即当处理器修改了数据块后，该修改对外层高速缓存还不可见时。在多处理器系统中，这会导致外层高速缓存无法确定内层高速缓存中的数据块是否为“脏”。一种可以避免这种情况的方法是，在内层高速缓存采用写直达策略，从而实现值包含。这样，外层高速缓存总是可以看到当前缓存在内层高速缓存中的所有数据块的最新值。另一种方法即不用实现值包含，而是当内层高速缓存写入数据块时通知外层高速缓存。外层高速缓存可以利用一位或者特殊的状态来标识内层高速缓存的数据块是否为“脏”。当有必要时，外层高速缓存可以请求内层缓存将脏数据块写回。值包含的一个优势是当多处理器系统中外层高速缓存的数据访问出现缓存缺失时，其他同级外层高速缓存可以快速响应并提供该数据块。

149

5.2.5 统一 / 分立 /Banked 高速缓存和高速缓存流水线

高速缓存设计的另一个重要目标是高访问带宽。如果高速缓存在一个时钟周期内支持多个并发访问，那么就需要提供较高的访问带宽。一个例子就是高性能超标量处理器的 L1 高速缓存：该高速缓存需要在一个时钟周期内提供至少一个指令数据块，并且支持至少两次数据读 / 写。对于*统一高速缓存*（unified cache），提供如此高的带宽需要包含至少两个读端口和一个写端口。高速缓存中每多出来一个端口就意味着要增加额外的解码器、字行的连线、位行的连线、传感放大器和多路复用器。对于一个两端口的高速缓存，其物理结构比一个端口的高速缓存大很多。同样，对于一个三端口的高速缓存，其物理结构比两端口的高速缓存大很多。高速缓存结构较大会增加高速缓存的访问时间，进而可能导致性能降低。

一种解决高带宽需求同时不会明显增加高速缓存大小的做法是将不同的内容划分到不同的高速缓存中。分立高速缓存的一个典型例子就是目前大部分处理器使用的 L1 高速缓存。L1 高速缓存通常被划分为指令高速缓存和数据高速缓存。因为指令读取和数据读取可以很容易地区分开来，因而这种划分非常有效。处理器的读取单元（fetch unit）发出指令读取命令，而处理器的加载 / 存储（load/store）单元发出数据读取命令。在大部分情况下，load/store 指令不会读取代程序代码段的数据，除非一些特殊的情况如自修改代码或者即时编译。图 5-9 展示了双端口高速缓存和指令 / 数据分立高速缓存。图中的分立高速缓存为单端口，因此体积更小、速度更快（在一些实现中，即使采用了分立的组织形式，L1 高速缓存通常也会采用多端口，只是在不采用分立组织的形式下，端口数会更多一些）。另一种可能的组织形式是不区分存储在分立高速缓存中的数据类型，而是将高速缓存按照不同的地址以交替的形式进行划分。这种组织形式被称为 *multi-banked 高速缓存*。在 multi-banked 高速缓存中，对不同 bank 的多个访问可以并行执行，而对同一个 bank 的多个访问将会导致冲突进而顺序执行。这样就可以用更小、更快的高速缓存提供更高的带宽。如果访问的地址是完全随机的，对于 dual-banked 高速缓存而言，任意一对请求访问同一个 bank 的概率为 50%。当 bank 的数量增加时冲突的概率会进一步减小。很明显，由于指令和数据请求极少访问同一个高速缓存，因而指令 / 数据分立高速缓存更加有效。然后，multi-banked 高速缓存也有其好处，即不需要区分数据类型。

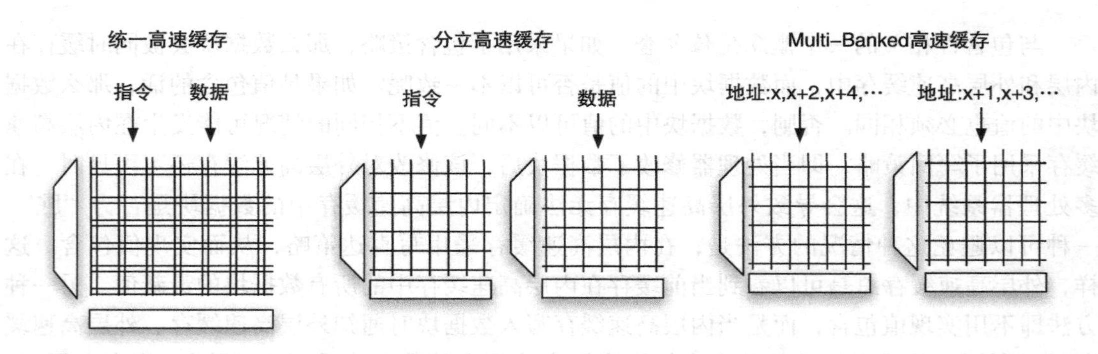

图5-9　统一、分立和Banked高速缓存组织示意图

在许多处理器实现中，L1高速缓存被划分为指令和数据高速缓存两部分，而其他外层高速缓存如L2和L3都是统一的。L1高速缓存通常都是多端口的，而由于外层高速缓存的访问并不频繁（L2高速缓存只有在L1出现高速缓存缺失时才会被访问，同样L3高速缓存只有在L2出现高速缓存缺失时才会被访问），因而其通常使用单端口。

另一个改善高速缓存访问带宽的技术是流水线。如图5-5所示访问高速缓存的步骤可被划分为多个流水线阶段。假设没有采用流水线时，每个步骤需要花费T秒，因而高速缓存可以达到的吞吐是每秒$\frac{1}{T}$次访问（等价的，如果一个请求访问的缓存数据块大小为B，那么高速缓存的访问带宽为$\frac{B}{T}$字节/秒）。如果对高速缓存的访问可以划分为N个平衡的流水线阶段，那么高速缓存的时钟频率可以提高为原来的N倍，进而每秒可以处理$\frac{N}{T}$次访问。提供高带宽的一个缺点是高时钟频率带来的高功耗。因此，外层如L2高速缓存往往采用较低的时钟频率，而内层如L1高速缓存往往采用较高的时钟频率。

150

■ 你知道吗?

采用multi-banked高速缓存的实现，不仅仅能提供高带宽，而且能够解决高速缓存过大导致连线时延过长的问题。后者对于最后一级高速缓存尤其重要。IBM Power8处理器就使用了12-banked L3高速缓存（类似图5-1）。

图5-10展示了一个高速缓存流水线的例子，该例子为IBM zEC12处理器系统的L3高速缓存流水线。流水线分为7个阶段。第一阶段（C0）从众多请求中选择一个请求并进行资源检查，由于请求可能来自6个L2高速缓存之一以及1个L4高速缓存，因此需要在该阶段进行仲裁。第二阶段（C1）查询标签阵列中的标签和状态。第三阶段（C2）在标签查询结果（命中/缺失）返回后启动对数据阵列的查询。数据阵列采用DRAM颗粒实现，这种实现工艺通常也被称为嵌入式DRAM或者EDRAM。在C2中，缓存数据块的状态也被作为高速缓存控制器的输入以决定采取合适的行为。该图对于C2和C3的描述可以清晰地看出，对标签和数据阵列的查询是顺序的。而C3的功能描述并不清晰，很可能与高速缓存控制器基于数据块状态的返回信息有关。第五阶段（C4）执行错误检测和纠错。C4同时也执行缓存一致性操作（干预L2或者向L4广播），以及将数据存入EDRAM。最后两个阶段（C5和C6）

151

分别向访问 L2 高速缓存的请求发送响应以及向 L2 高速缓存发送数据。

C0	C1	C2	C3	C4	C5	C6
优先级、资源检查	目录查找、缓存模型更新	命中/缺失结果、EDRAM访问	拒绝/接受	缓存ECC、干预L2、广播到L4、写入EDRAM	响应L2	数据返回L2

图 5-10 IBM zEC12 处理器中的 L3 高速缓存流水线

5.2.6 高速缓存寻址和旁路转换缓冲

当代的微处理器系统都支持*虚拟存储*（virtual memory）。在虚拟存储系统中，程序（和编译器）可以假设整个地址空间对其都是可用的，即便在实际情况下，物理存储比程序看到的地址空间要小很多，并且该物理存储可能被划分为多个块以供多个程序同时使用。系统通过两种类型的地址：虚拟地址（程序看到的地址）和物理地址（物理存储中的真实地址），营造了程序拥有较大地址空间的抽象。图 5-11 在较高的层面展示了虚拟存储。

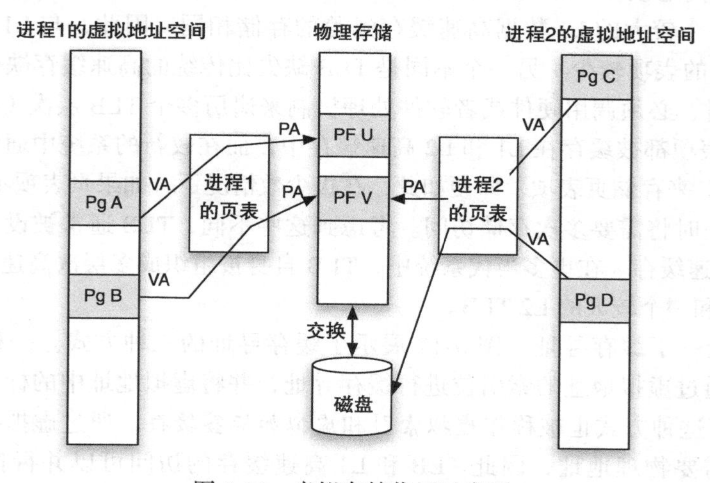

图 5-11 虚拟存储作用示意图

图 5-11 中展示了两个进程，每一个都拥有自己的*页表*（page table），该页表由操作系统管理。每个进程的页表都维护着程序可见地址空间到系统可用真实物理存储的映射。页表作为一种数据结构，可以将程序的虚拟地址（VA）翻译为物理存储中的物理地址（PA）。正如本章后续的讨论，虚拟地址和物理地址都可以在高速缓存中用于索引和标签比较。操作系统以页（通常为 4KB，也可以支持更大的页大小）为粒度，将虚拟地址翻译为物理地址。因此，进程虚拟地址空间中的页会被映射到物理存储的*页帧*（page frame）。图中，进程 1 的页 A 和 B 分别被映射到物理存储的页帧 U 和 V 里。进程 2 的页 C 也被映射到物理存储的页帧 V 里，这就意味着进程 1 和 2 虽然使用不同的虚拟地址，但是可以共享物理存储中的数据。通过页表可以看出，页 D 当前不在物理存储中。不在物理存储中的页会被保存在磁盘的交换区中，这样就可以支持多个进程同时运行，并且只有在进程需要数据页的时候才将其读入物理存储。

[152]

虽然初期虚拟存储系统只是为了对程序隐藏物理存储的大小并支持多个程序同时运行，但随着时间的推移虚拟存储系统增加了很多功能，如保护、共享和安全。通过维护不同的页表，进程的存储空间可以相互隔离。同时，通过将不同进程页表中的虚拟地址映射到相同的页帧，虚拟存储可以支持多个进程共享数据。此外，页表允许为页增加属性，从而可增加对页的保护和安全性，如可以对页设置只读属性或者不可执行属性。这样就可以保护代码段，以防其被意外或者恶意（例如，安全攻击）修改，并且避免执行数据段中被注入的代码。

页表是由操作系统维护的结构，并且保存在主存内，因此访问页表的延迟较高。在一些系统中，由于虚拟地址空间较大，页表往往采用层次结构，需要多次存储访问才能将一个虚拟页地址转化为一个物理页帧地址。为了得到提供给高速缓存的物理地址，如果每次存储访问（一个 load/store 指令）时都需要访问页表，那么高速缓存访问的时延将大大增加。因此，大多数的处理器都会采用*旁路转换缓冲*（Translation Lookaside Buffer，TLB），作为一个高速缓存以保存最近最常使用的页表项。TLB 的结构非常像高速缓存，包括标签和数据阵列。TLB 中的每一个项都对应一个页表项，包括给定虚拟页地址的物理页帧地址以及所有的元信息（如保护、页是否允许读或者写等）。然而，TLB 与传统高速缓存相比较仍有一些细微的差别。首先，由于一个页要比一个高速缓存块大很多，因此 TLB 只需很少的页表项就能够覆盖与 L1 或 L2 高速缓存一样大的存储空间。例如，TLB 中的 16 个项涵盖了 $16 \times 4 = 64$KB 的存储，这与一个较大的 L1 数据高速缓存涵盖的存储相同。因此，与 L1 和 L2 高速缓存相比，TLB 需要的表项较少。另一个不同是 TLB 缺失比传统的高速缓存缺失开销更大。在发生 TLB 缺失时，必须调用硬件或者软件处理机制来遍历多个 TLB 层次（也被称为*页表遍历*）。因此，页表项都被缓存在 L1 和 L2 高速缓存中，而在较新的系统中通常会部署一个特殊的“翻译缓存”来存储页表项。即便如此，在极少数情况下，如果页表项不在高速缓存中，在出现 TLB 缺失时将需要多次存储访问。考虑到这些不同，TLB 通常被设计为容量较小但是相联度高的高速缓存。在更多当代系统中，TLB 自身被组织成多层次高速缓存，包括一个较小的 L1 TLB 和一个较大的 L2 TLB。

接下来讨论一下缓存寻址。图 5-12 展示了缓存寻址的三种方式。一种是使用*虚拟寻址*（左上），即通过虚拟地址的索引位进行缓存寻址，并将虚拟地址中的标签位保存在缓存的标签阵列中。这种方式也被称作*虚拟索引和虚拟加标签缓存*。通过虚拟寻址，在访问高速缓存时不再需要物理地址，因此 TLB 和 L1 高速缓存的访问可以并行执行，访问 TLB 的延迟可以被完全隐藏。然而，这种方式的缺点是由于每个进程都拥有自己的页表，即使是相同的虚拟页地址，在不同进程内其到物理页地址的映射也不同。因此，虚拟寻址的高速缓存无法在多个进程（以多核系统、多线程或者时间片共享的方式）间共享数据。例如，在上下文切换时，一个不同的进程加载进处理器，该处理器上的缓存内容将标记为无效。因此，高速缓存在上下文切换时需要被清空。同时，若 TLB 中没有被标记为可识别不同进程的*地址空间标识符*的页表项，其也需要被清空。L1 高速缓存清空的开销包括将整个高速缓存设置为无效和清空数据，在上下文切换频繁的情况下，其时延可能无法被应用所接受。

153

另一种方式是使用*物理寻址*（右），即通过物理地址的索引位进行高速缓存寻址，并将物理地址中的标签位保存在高速缓存的标签阵列中。这种方式的缺点是在生成高速缓存寻址所需的物理地址时，需要访问 TLB 或者页表进行地址翻译，因此 TLB 的访问时间会直接累加到高速缓存访问时间上。TLB 通常被设计得容量较小，从而对其的访问可以在若干个处理器周期内完成。对 TLB 的访问时延与对 L1 高速缓存的访问延迟大致相等，因而将 TLB 的访问时延累加到 L1 高速缓存的访问时延，相当于将 L1 高速缓存的访问时延增加为两倍，这会显著降低性能。

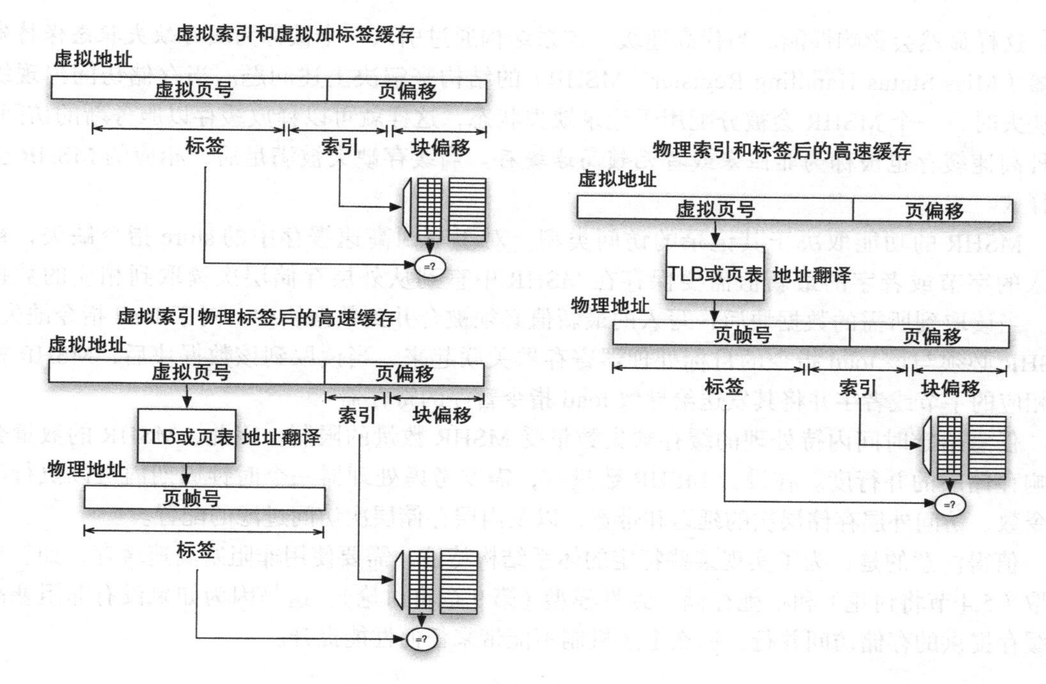

图 5-12　不同的高速缓存寻址方式

第三种方式是使用混合寻址，也被称为*虚拟寻址和物理标签*（左下）。这种方式基于的最重要的观察是页偏移位（用于在页内寻址一个特定的字节或者字位置）对于虚拟和物理地址都有效，因此这些位可以在访问 TLB 之前被使用。如果可以保证缓存索引位是这些位的一个子集，那么无论使用虚拟地址还是物理地址，缓存索引都是相同的。例如，对于一个 4KB 的页，需要使用低 $log_2(4096) = 12$ 位作为页偏移。当缓存块的大小为 32 字节时，需要使用低 $log_2(32) = 5$ 位作为块偏移。因此，需要 $12 - 5 = 7$ 位供缓存寻址使用，这就意味着高速缓存中可以包含 $2^7 = 128$ 个组。对于直接映射高速缓存，可以支持的 L1 高速缓存大小为 $128 \times 1 \times 32 = 4096$ 字节。对于 4 路组相联高速缓存，可以支持的 L1 高速缓存大小为 $128 \times 4 \times 32 = 16\text{KB}$。更一般的，最大高速缓存的大小需要满足以下公式：

$$\begin{aligned} MaxCacheSize &= \frac{PageSize}{CacheBlockSize} \times Associativity \times CacheBlockSize \\ &= PageSize \times Associativity \end{aligned} \tag{5.2}$$

154

通过虚拟寻址和物理标签，对高速缓存的访问可以立即执行，并且可以与 TLB 的访问并行执行（见图 5-12）。当 TLB 访问完成后，物理地址标签可以与存储在高速缓存中的标签进行对比，从而决定是缓存命中还是缺失。这种寻址方式的缺点是 L1 高速缓存的大小受限。然而，这种缺陷并不严重，因为考虑到性能的问题，L1 高速缓存的大小本来就已经受限。除此之外，如果允许增加高速缓存的相联度，那么 L1 高速缓存的大小可以超过以上最大值。因此，许多高速缓存的实现选择了这种混合寻址的方式。

5.2.7　非阻塞式高速缓存

即便在之前的存储访问出现缓存缺失时，高性能处理器依然会继续产生存储访问请求。在早期的高速缓存设计中，存储访问将会阻塞直到出现缓存缺失的请求访问到相应的数据为止。这样显然会影响性能。当代高速缓存体系结构通过引入一个被称为缓存缺失状态保持寄存器（Miss Status Handling Register，MSHR）的结构来解决上述问题。当存储访问出现缓存缺失时，一个 MSHR 会被分配用于记录缺失状态，这样就可以释放缓存以服务新的访问。这种高速缓存也被称为非阻塞或者无锁高速缓存。当缓存缺失被满足后，相应的 MSHR 会被释放。

MSHR 的功能取决于其记录的访问类型。对于写回高速缓存中的 store 指令缺失，被写入的字节或者字的最新值需要保存在 MSHR 中直到从外层存储层次读取到相应的数据块。当读取到所需的数据块后，写入的最新值必须被合并到数据块中。对于 load 指令缺失，MSHR 必须与该 load 指令的目标处理器寄存器关联起来，当读取到该数据块后，MSHR 提取相应的字节或者字并将其发送给导致 load 指令暂停的寄存器。

任意给定时间内待处理的缓存缺失数量受 MSHR 数量的限制。因此，MSHR 的数量会影响存储层的并行度。在设计 MSHR 数量时，需要考虑处理器一个时钟周期内可以执行的指令数、访问外层存储层次的延迟和带宽，以及内层存储层次访问过滤的配置。

值得注意的是，为了实现某些特定的体系结构特性，需要使用非阻塞高速缓存，如软件预取（5.4 节将讨论）和松弛存储一致性模型（第 9 章将讨论）。这是因为如果没有非阻塞高速缓存提供的存储访问并行，那么上述机制不能带来任何性能提升。

5.3　高速缓存性能

由于高速缓存层次的设计，处理器的性能取决于数据访问缓存命中（cache hit）和缓存缺失（cache miss）的次数。缓存缺失的类型有很多种，通常可以用 3C 来表示：

155

1）强制缺失：第一次将数据块读入高速缓存所产生的缺失，也被称为冷缺失（cold miss），因为当它们发生时高速缓存是冷的（空的）。

2）冲突缺失：由于高速缓存相联度有限所导致的缺失。

3）容量缺失：由于高速缓存大小有限所导致的缺失。

区分强制缺失与其他类型的缺失比较容易：第一次对存储数据块的访问所导致的缺失是强制缺失，而其他缺失都不是。然而，区分冲突缺失和容量缺失并不总是很容易的。通常上，冲突缺失可以通过将相联度受限情况下高速缓存产生的缺失数减去同样大小的高速缓存和数据块情况下全相联高速缓存产生的缺失数获得[⊖]。除去强制缺失和冲突缺失，剩下的缓存缺失可以认为是容量缺失。

其他类型的缓存缺失则很少在文献中提到：

1）一致性缺失：在共享存储多处理器系统中，为了保持高速缓存一致性而产生的缺失。在后续的章节将会进一步讨论。

2）系统相关缺失：由于系统活动如系统调用、中断和上下文切换而导致的缺失。当一个进程由于中断、系统调用或者上下文切换而暂停时，它的高速缓存状态会被干扰实体（另一个进程 / 线程或者操作系统）所扰乱。当进程恢复执行时，将会产生新的缓存缺失从而恢复被扰乱的缓存状态。这些缺失都是与系统相关的。

一致性缺失在多处理器系统中非常重要，它是并行程序产生可扩展性瓶颈的一个重要原

⊖ 然而，这种方法在有些时候也会失败。在一些不常见且极端的情况下，全相联高速缓存的缺失次数比组相联或者直接映射高速缓存的缺失次数要高。因此，使用该方法将得到数值为负的冲突缺失次数。

因。同样，系统相关缺失也非常重要。特别是在高速缓存大小增加时，冲突缺失和容量缺失的次数会减少，而此时一致性缺失和系统相关缺失反而会增加。

图 5-13 展示了针对 12 个 SPEC2006 程序与另一个干扰程序在不同高速缓存大小下同时运行时产生的 L2 高速缓存缺失类型分解。对于每一个程序，有 11 个程序可以与其一起运行，因此每个程序的 L2 高速缓存缺失都是 11 次运行结果的均值，并且该值归一化到高速缓存大小为 512KB 的情况。上下文切换缺失可以被分为两类：替换缺失（replaced miss），发生在由于上下文切换扰乱缓存状态进而导致数据块被替换；重排序缺失（reordered miss），发生在缓存状态扰乱情况下数据块按照最近的位置在缓存中被重排序而不是被替换。两个程序在一起运行的时间片为 5ms。Linux 内核版本 2.6 根据进程 / 线程的优先级分配的时间份额为 5ms 到 10ms，因此 5ms 对应着最低优先级。

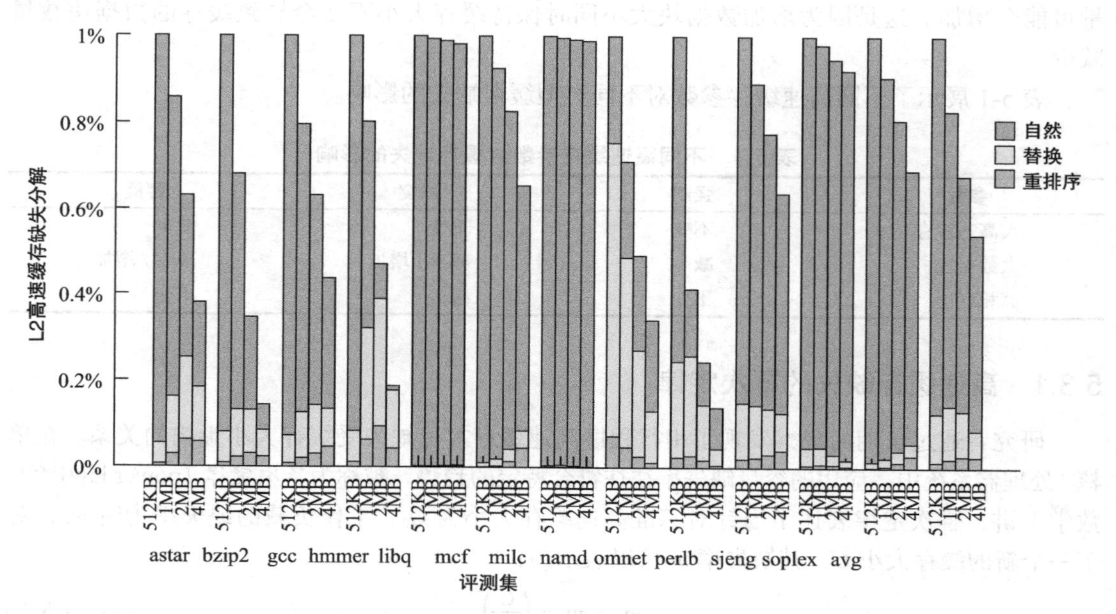

图 5-13　SPEC2006 应用在不同缓存大小的情况下 L2 高速缓存缺失的类型分解[39]

图 5-13 展示了当高速缓存大小增加时，“自然缺失”（强制缺失、冲突缺失和容量缺失之和）的数量减少，上下文切换缺失可能下降（如 namd 和 perlbench）、上升（如 mcf 和 soplex），也可能先上升后下降（如 astar、bzip2、gcc、hmmer、omnetpp 和 sjeng）。这种行为产生的原因在于，当高速缓存较小时由于可以存储的数据块较少，上下文切换造成的缓存扰动对其放置造成的影响较小，因此上下文切换缺失数较低。当高速缓存变大时，由缓存扰动造成的数据块放置影响较大，因而当进程恢复执行时造成的上下文切换缺失较多。然而当高速缓存足够大时，其可以保存两个同时运行程序的工作集，缓存扰动能够影响的数据块较少，因此上下文切换缺失数减少。除了对数据块放置的影响外，很多数据块可能会被重排序。但是重排序后的数据块在线程恢复执行后，如果没有其他类型缺失对数据块放置造成影响，其是不会造成上下文切换缺失的。因此，当高速缓存变得足够大时重排序缺失的绝对数量也会下降。总之，时间共享处理器上当上下文切换频繁发生并且高速缓存容量小于同时运行程序的工作集之和时，系统相关缺失不能忽略。

156

高速缓存的参数影响不同类型的缺失。直观上看，增加高速缓存大小可以减少容量缺失，而增加高速缓存的相联度可以减少冲突缺失。然而，容量缺失和冲突缺失有些时候会混在一起。例如，增加缓存大小同时保持缓存相联度不变（实际相当于增加了组数），则会改变存储数据块到缓存组的映射方式。这种在映射方式上的改变经常会影响冲突缺失的数量，或者增加或者减少；增加缓存大小同时保持缓存组数不变（实际相当于增加了相联度）不会改变存储数据块到缓存组的映射方式，然而由于相联度增加，冲突缺失和容量缺失可能会同时减少。

强制缺失可以通过测量新数据块被读入高速缓存的次数确定，因此强制缺失受到缓存块大小的影响。较大的缓存块在程序空间局部性较好时可以减少强制缺失的次数。由于发生缺失时有更多的字节被读入高速缓存，容量缺失和冲突缺失的数量也会减少，这是因为读取相同的字节数所需要的缺失数量减少。然而，当程序的空间局部性较差时，容量缺失的数量可能会增加。这是因为增加数据块大小同时保持缓存大小不变会导致缓存的数据块数量减少。

157

表 5-1 展示了不同高速缓存参数对不同类型缓存缺失的影响。

表 5-1　不同高速缓存参数对缓存缺失的影响

参数	强制	冲突	容量
大高速缓存	不变	不变	减少
大数据块	减少	减少 / 增加	减少 / 增加
高相联度	不变	减少	不变

5.3.1　高速缓存缺失的幂次定律

研究者通过长期的观察发现了串行程序高速缓存容量缺失受缓存大小影响的关系。在单核 / 处理器系统中，应用的容量缺失率往往符合特定的趋势，被称为*幂次定律*（power law）[22]。数学上讲，幂次定律表述了当针对基准高速缓存大小为 C_0、工作负载的缺失率为时 m_0，对于一个新的缓存大小 C，其缺失率 m 可以表示为：

$$m_0 = m_0 \cdot \left(\frac{C}{C_0}\right)^{-\alpha} \tag{5.3}$$

这里 α 表示工作负载对缓存大小变化的敏感度。Hartstein 等人在文献［22］中针对一组真实世界的评测集合验证了幂次定律，同时发现 α 的范围为 0.3 ～ 0.7，均值为 0.5。当 $\alpha = 0.5$ 时，式（5.3）可以重写为：

$$\frac{m}{m_0} = \sqrt{\frac{C_0}{C}} \tag{5.4}$$

假设 $C = 4 \times C_0$，那么 $m = \frac{m_0}{2}$，这就意味着对于一个普通的工作负载，式（5.3）指出为了将容量缺失率降低 2 倍，缓存大小必须增大 4 倍。因此，随着缓存大小不断增加，对缓存缺失率的减少是在不断减小的。

应用对幂次定律的拟合度有多高呢？图 5-14 展示了应用缓存缺失率与单层缓存中缓存大小的关系，其缺失率归一化到缓存大小取最小值时。注意，坐标轴都为对数比例。因为 $log\ m = log\ m_0 + \alpha\ log\ C_0 - \alpha\ log\ C$，因此，缺失率曲线如果符合幂次定律的话应该为一条直线。在图中，缓存大小的基准为 8KB，其余的数据点依次将缓存的大小翻倍直到 2MB。

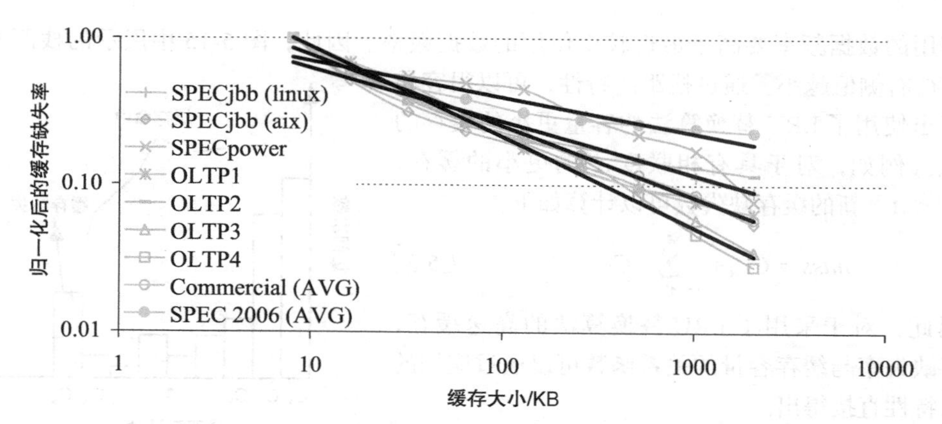

图 5-14 归一化后的缓存缺失率与缓存大小的关系[49]

图 5-14 中展示了这些应用的缓存缺失率很好地拟合了幂次定律。同时，图中的 4 条粗线分别对应了所有的商业应用、所有的 SPEC 2006 应用、拥有最 α 小值的商业应用（OLTP2）和拥有最大 α 值的商业应用（OLTP4），都很好地拟合了幂次定律。α 值越大，直线朝向负方向的斜率就越大。商业应用曲线的平均 α 值为 0.48，接近 Hartstein 等人研究[22]中的结论（0.5）。对于单个商业应用，曲线的最小和最大 α 值分别为 0.36 和 0.62。SPEC 2006 的最小 α 值为 0.25。

158

虽然幂次定律在估算高速缓存性能时非常有用，然而在使用之前仍需要考虑多个方面。首先，幂次定律可以适用的缓存大小范围是有限的。当缓存大小足够大时，容量缺失将会下降为 0 而整体缺失数将会保持在一个稳定的值，然而幂次定律会错误预测整体缺失数仍然会不断下降。因此，幂次定律需要应用在正确的缓存大小区域内，避免进入容量缺失为 0 的区域。除此之外，有些应用的缺失率展现出逐步线性的特点。通常情况下这是因为应用内部有多个离散的循环，当缓存达到一定大小时，整个循环的工作集可以被缓存起来，这会导致缺失率有较大的下降。在这之后增加缓存大小不会带来明显的性能改善，一直到缓存大到可以容纳另一个循环的工作集。因此，简单应用（包括 SPEC 2006 评测集）的缺失率更多展现出逐步线性的特点，而商业应用则展现出更好的线性特点。

5.3.2 栈距离特性

幂次定律描述了应用缺失率受缓存大小影响的近似关系，从而研究人员可以表示一组应用的平均行为，甚至一些情况下可以是单个应用的行为。然而，存在一些情况使得幂次定律无法准确描述单个应用的行为。为了更好地描述应用缺失率行为受缓存大小的影响，研究人员利用了一种有效的特性信息，称为**栈距离特性**。

栈距离特性描述了在全相联或者组相联高速缓存中应用对缓存数据的时间重用行为[42]。为了获得在 A 路组相联且采用 LRU 替换算法的高速缓存上的栈距离特性，需要维护 $A+1$ 个计数器：$C_1, C_2, \cdots, C_A, C_{>A}$。对于每一次高速缓存请求，将其中的一个计数器加 1。如果高速缓存访问的数据块位于 LRU 栈的第 i 个位置，那么 C_i 加 1。值得注意的是，栈中的第一个数据块是相应组中最近最常使用的数据块，而栈中最后一个数据块是相应组中最近最少使用的数据块。当出现缓存缺失时，数据块不在 LRU 栈中，这时将缺失计数器 $C_{>A}$ 加 1。栈距离特性可以通过编译器[10]、模拟或者直接在有适当硬件支持的硬件[61]上获得。

159

图 5-15 展示了栈距离特性的一个例子。具有规则的数据时间重用行为的应用通常访问

最近使用的数据频率要高于最近较少使用的数据频率。因此，图5-15中展示的栈距离特性例子越往右侧值越小。通过栈距离特性，可以很容易地计算出使用了LRU替换算法的容量更小的缓存的缺失数。例如，对于具有相联度A'的更小的缓存，其中$A'<A$，新的缓存缺失数可以计算如下：

$$miss = C_{>A} + \sum_{i=A'+1}^{A} C_i \tag{5.5}$$

因此，对于采用了LRU替换算法的高速缓存，其缓存缺失率与缓存容量的关系函数可以通过应用的栈距离特性直接得出。

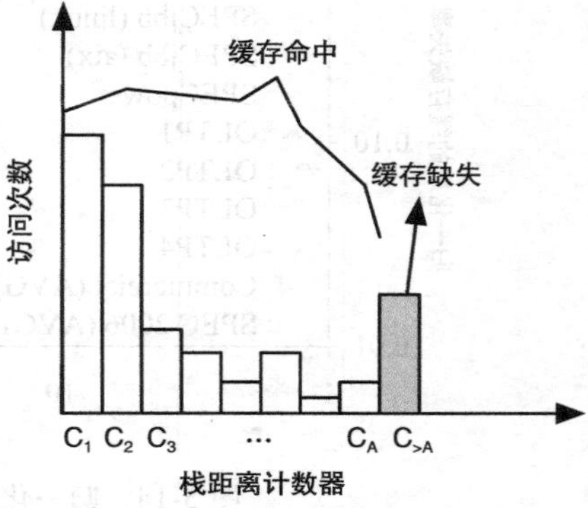

图5-15　栈距离特性示意图

5.3.3　高速缓存性能指标

在许多串行程序的执行中，缓存缺失的数量与程序的吞吐量（每个周期执行的指令数或IPC）几乎线性相关。然而，缓存缺失影响IPC的程度取决于程序的特性，如计算与缓存缺失的重叠度（指令级并行，ILP）以及缓存缺失之间的重叠度（存储级并行，MLP）。如果忽略ILP和MLP对性能的影响，那么衡量高速缓存性能的一个有价值的指标就是平均访问时间（Average Access Time，AAT）。AAT表示一个存储访问所花费的平均时间，并且在计算的过程中考虑到了不同高速缓存层次的命中率。例如，对于有两层高速缓存的系统，T_{L1}、T_{L2}、T_{Mem}分别表示L1高速缓存、L2高速缓存和主存的访问时间，M_{L1}和M_{L2}表示L1和L2高速缓存的缺失率。AAT的计算公式如下：

160

$$AAT = T_{L1} + M_{L1} \cdot T_{L2} + M_{L1} \cdot M_{L2} \cdot T_{Mem}$$

虽然AAT提供了衡量高速缓存性能的近似方法，但是仍然存在一些问题。首先，AAT没有考虑ILP和MLP的影响。利用ILP，对于一些加载指令（load instruction）导致的缓存缺失时延，由于处理器忙于执行其他与该指令不相关的指令而被隐藏。利用MLP，多个缓存缺失可以被同时处理，有效地将访问时延分散到多个缓存缺失上。考虑到ILP和MLP的影响，T_{L1}、T_{L2}和T_{Mem}的值需要根据平均MLP设置为未被隐藏的时延。图5-16通过L1高速缓存访问时延展示了这样一个例子。假设程序执行是在计算和两个L1高速缓存访问之间交替。L1高速缓存访问时延的设置有三种选择。一是假设对L1高速缓存的访问是隔离的，并将访问L1高速缓存的时延设置为理论时延，在图5-16中表示为T_{L1_a}。二是只考虑没有与计算重叠的访问时延，在图中表示为T_{L1_b}。该版本考虑到了处理器采用的ILP技术，能够表示如果程序无法将高速缓存访问与计算重叠所带来的性能开销。三是将L1高速缓存访问时延设置为L1高速缓存访问非隐藏部分的时延与L1高速缓存访问次数的比值，用图中T_{L1_c}表示。在本例中由于只有两次L1高速缓存访问，则$T_{L1_c}=\frac{T_{L1_b}}{2}$。该设置表示了L1高速缓存访问非隐藏部分的平均时延，同时考虑到了MLP。T_{L1_c}应该被用于计算AAT，因为其能够最好地估计有效的L1高速缓存访问时延。然而，T_{L1_b}和T_{L1_c}并不容易获得，通常需要细粒度的模拟。

AAT的另一个问题是它不能够直接反映执行时间，而执行时间常常是最终的性能指标。考虑到高速缓存性能对程序整体性能的影响，需要使用指令周期数（CPI）指标。假设一个系统具有理想的存储层次，如L1高速缓存从来不会出现缓存缺失，并且访问时延为0。理想存储层次下的 CPI 被记为 CPI_{ideal}。任何在其之上增加的指令周期数都是因为不完美的存储层次导致的，包括缓存访问时延和缓存缺失时延，以及访问速率和缺失速率。换句话讲，AAT 是不完美 CPI 的主要贡献者。因此，如果指令中访问存储（加载或者存储）的比例为 f_{mem}，那么 CPI 可以用 AAT 表示如下。

$$CPI = CPI_{ideal} + f_{mem} + AAT \tag{5.6}$$

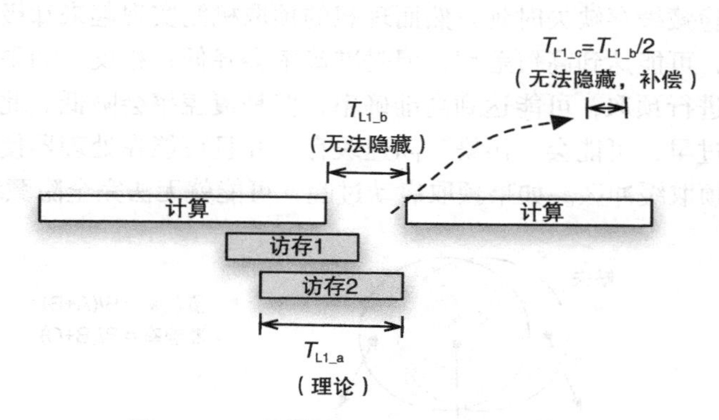

图 5-16 不同类型存储访问延迟示意图

上面的公式并不能够区分不同的加载指令，而加载指令由于很难与计算重叠，因此对 CPI 的影响较大。存储指令由于可以很容易地与计算重叠，因此对 CPI 的影响较小。如果需要，可以进一步将上述公式细化为加载指令的贡献和存储指令的贡献。然而，这样做会导致计算加载指令 AAT 和存储指令 AAT 比较困难。

最后，对于并行程序，由于不同线程的执行进度存在差异，高速缓存性能指标如缺失率与执行时间的关系并不直观。例如，一个线程如果较早到达同步点，则会在循环内不断检测或者阻塞等待，直到其他线程到达同步点。在循环检测的过程中，线程会执行一系列读操作并与缓存特定地址的值进行比较。这种循环检测代码会执行很多的指令，并可能产生许多高速缓存访问，而这些访问大部分会在缓存中命中。这会导致较高 IPC 和较低的缓存缺失率。然而这并不意味着高 IPC 和低缺失率的循环检测会缩短程序执行时间，因为循环检测产生的是无用工作。另一个例子是一致性缺失的数量与不同线程的执行进度密切相关。总体而言，常见的高速缓存性能指标不能不加分析地直接用于诊断并行程序的性能。

5.4 预取

当代的高速缓存设计通常都采用了预取机制，即在程序访问数据之前将其读取到高速缓存中。预取减少了程序等待数据读取的时间进而提高了程序的运行速度。然而，由于预取是基于对未来处理器所需数据的预测，因此会消耗额外的存储带宽。此外，预测从来都不会完美，因此一些被预取的数据块可能永远不会被处理器使用。

很多处理器提供了一个特殊的指令用于指定预取的地址。虽然预取指令需要得到硬件的支持，但是怎么使用以及在哪里使用则是由软件（即编译器）决定。因此，使用预取指令进行预取被称为软件预取（software prefetching）。软件预取的另一种方式是设计对软件透明的硬件结构，该硬件结构能够动态观测程序的行为并产生相应的预取请求。这种方式被称为硬件预取（hardware prefetching）。

通常有三个指标用于刻画预取机制的有效性：覆盖率（coverage）、准确率（accuracy）和及时性（timeliness）。*覆盖率*被定义为原始缓存缺失中被预取的比例，由于预取，缓存缺失变为缓存命中或者部分缓存命中。*准确率*被定义为预取数据中有效的比例，也就是导致缓存命中的比例。图5-17展示了覆盖率和准确率的不同。*及时性*描述了预取可以提前多久到达，162进而决定了缓存缺失时延是否可以被完全隐藏。一个理想的预取机制应该展现出高覆盖率，进而最大程度消除缓存缺失；高准确率，从而不会增加存储带宽的消耗；及时性，进而大部分的预取可以完全隐藏缓存缺失时延。然而理想的预取机制实现起来却极具挑战性。如果过于激进地执行预取，可能达到高覆盖率，但是准确率会降低；相反，如果过于保守，只对可以准确预测的数据进行预取，可能达到高准确率，但是覆盖率会降低。此外，及时性也很重要。如果预取启动过早，可能会“污染”高速缓存，并且可能在处理器使用该数据前就被替换出高速缓存或者预取缓冲区。如果预取启动过晚，可能就无法完全隐藏缓存缺失时延。

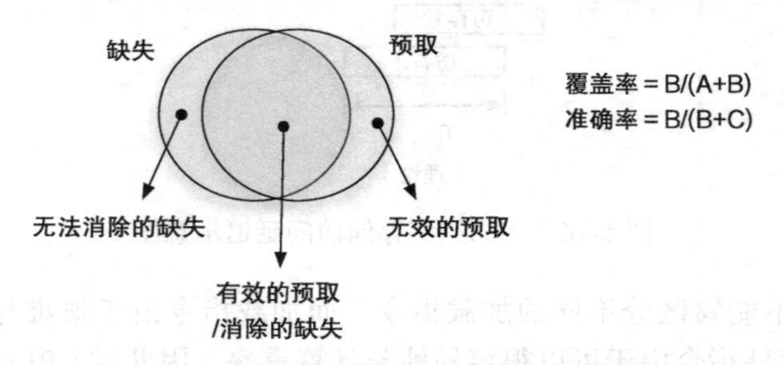

图5-17　预取的覆盖率和准确率示意图

如果预取的数据块被保存在特殊的存储中（如预取缓冲区），那么这三个指标（覆盖率、准确率和及时性）是评价预取机制有效性的全部指标。然而，如果预取的数据块被直接放在高速缓存中，就会引发额外的问题，因而需要其他指标进行评价。例如，如果预取导致缓存块被替换并且由此导致缓存缺失，那么该预取就可能是有害的。但是如果预取本身导致缓存命中，那么就可以抵消上述缓存缺失的影响。因此，需要收集有效的、无效但是无害的、无效且有害的预取数三个指标才能更好地评价预取机制的有效性。

除了通过性能指标评价预取机制之外，还必须对其他重要的指标进行评测，如硬件实现的成本和复杂度，以及是否需要重新编译代码。

由于硬件预取技术与高速缓存设计直接相关，这里将重点讨论基础的硬件预取技术。根据可以应对的数据访问模式类型，*顺序预取*（sequential prefetching）检测并预取对连续区域进行访问的数据；*步长预取*（stride prefetching）检测并预取连续访问之间相隔s个缓存数据块的数据，s是步长的大小。因此，一个s步长的访问模式会产生A、$A+s$、$A+2s$、…的地址轨迹。顺序预取相当于步长$s \leqslant 1$的步长预取。随着当前处理器体系结构中采用较大的缓存数据块，顺序预取通常就可以检测到大部分的步长访问模式。

预取可以在不同的地方启用并将预取数据放置到目的地址。预取可以在L1/L2/L3高速缓存层、内存控制器，甚至是存储芯片中预加载DRAM行缓存时被启用。预取的数据通常被保存在启用预取的那一层，如启用预取的高速缓存，或者在一个独立的预取缓冲区，从而163避免预取的数据“污染”缓存。

5.4.1　步长预取和顺序预取

早期的步长和顺序预取研究工作包括Chen和Baer[13]的引用预测表和Jouppi[33]的流

缓冲区。本小节将介绍流缓冲区机制，该机制由于简易性受到了较多关注。流缓冲区支持预取顺序访问。流缓冲区是一个先进先出（First In First Out，FIFO）的缓冲区，其中每一项包括一个缓存数据块的数据、该缓存数据块的地址（或标识）以及一个可用位。为了并行地对多个流进行预取，可以使用多个流缓冲区，每个缓冲区预取一个流。

当有高速缓存访问时，则对高速缓存进行检查以确定是否匹配。位于多个流缓冲区头部的数据项也被并行检查（或者等发现是缓存缺失时）。如果请求的数据在高速缓存中，则不需要对流缓冲区进行任何操作。如果数据块不在高速缓存中，但是在流缓冲区的头部，则将数据移动到高速缓存中。流缓冲区中的下一个数据项变为头部并释放出一个空闲位置，进而触发预取请求顺序读取缓冲区最后一个数据项地址的下一个地址的数据。如果数据块既不在高速缓存中，也不在流缓冲区中，则需要分配一个新的流缓冲区，后续的数据块会被预取到该流缓冲区。

图 5-18 展示了针对 4 个流缓冲区的操作。假设访问流的数据块地址为 A、B、$A+3$、$B+1$、…并且在初始状况下高速缓存和流缓冲区不包含任何数据块。对 A 的访问会导致缓存缺失，并且分配一个流缓冲区预取 A 之后的数据块，也就是 $A+1$、$A+2$、$A+3$、$A+4$。该图展示了所有 A 之后的数据块都被预取到流缓冲区。相似的，对 B 的访问会导致缓存缺失，并且分配一个流缓冲区预取 B 之后的数据块，也就是 $B+1$、$B+2$、$B+3$、$B+4$。图中展示了当前时刻，只有 $B+1$ 和 $B+2$ 被保存到流缓冲区，$B+3$ 和 $B+4$ 正在等待被预取。接下来对于 $A+3$ 的访问，需要检查高速缓存和流缓冲区的头数据项以确定是否匹配。因为没有发现匹配，因而需要分配一个新的流缓冲区预取 $A+3$ 之后的数据块，也就是 $A+4$、$A+5$、$A+6$、$A+7$。然而，对 $B+1$ 的访问会在流缓冲区匹配，之后 $B+1$ 会被移动到 L1 高速缓存中，流缓冲区空闲的位置会用来预取流缓冲区尾项下一个地址的数据。 164

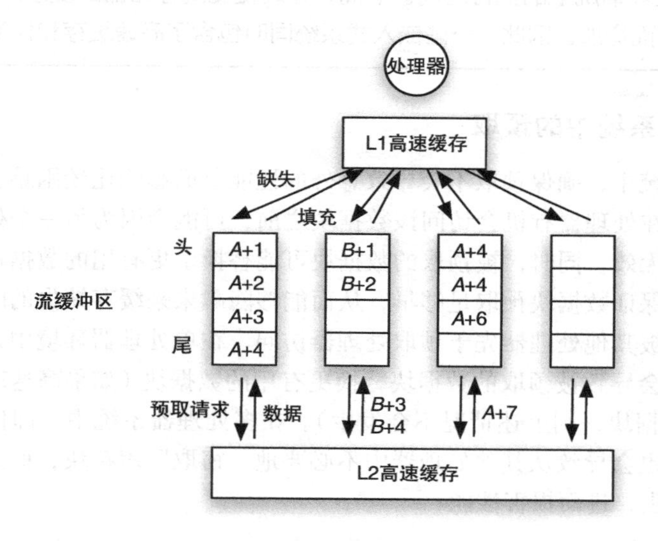

图 5-18　流缓冲操作示意图

需要注意的是，此时有两个流缓冲区分别分配给了 A 和 $A+3$ 及其后续的数据块，并且其中的一些数据项相互重叠，如 $A+4$。实际上，流缓冲区无法有效处理任何非顺序的访问，包括非单位步长（$s>1$）的访问以及步长为负值（$s=-1$）的顺序访问。对于非单位步长的访问，由于访问地址只会与流缓冲区的头部数据项进行比较，因而每次访问将会导致流缓冲区不命中。为了解决这个问题，Palacharla 和 Kessler[45]提出了两项技术以改进流缓冲区：分配过滤器和非单位步长检测机制。分配过滤器等待同一个流出现连续两次缺失后才分配一个新的流缓冲区，并且保证流缓冲区只分配给基于步长的访问。

整体来说，对于顺序和基于步长的访问预取可以通过比较简单的硬件来实现。一些最新的机器，包括 Intel 奔腾 4 和 IBM Power4 体系结构在 L2 高速缓存层上实现了类似流缓冲区的硬件预取器[25, 27]。例如，Power4 的 L2 高速缓存可以检测高达 8 个顺序流。L2 数据块大小为 128 字节，因此顺序流检测器可以捕获绝大多数基于步长的访问。当对 L2 高速缓存中数据块访问出现缺失时，后续第 5 个数据块会被预取。这就类似于有 4 个数据项的流缓冲区。L3 的缓存块（512 字节）比 L2 大 4 倍，因此当出现 L3 缺失时只会预取接下来的一个数据块。由于预取基于物理地址，当遇到页边界时预取流就会终止。然而，对于具有较长顺序访问的应用，如果使用较大的页则可以保持预取连续而不中断。

■ 你知道吗?

对于任务处理实时性有严格要求的嵌入式系统，由于错过任务的处理时限会导致灾难性的后果，因此对于最坏情况下的执行时间预测更为重要。这些系统通常会去掉导致执行时间波动且难以预测的组件，如虚拟存储、分支预测和高速缓存。由于缓存缺失的数量以及由缓存缺失导致的额外执行时间难以限制，这些系统会将缓存替换为软件管理的存储，被称为*便笺式存储器*。许多在高速缓存中由硬件管理的策略在便笺式存储器中则由软件管理，包括放置策略、替换策略、分配策略和写回策略。便笺式存储器上的数据传输可能会使用片上的 DMA 引擎。由于软件可以准确地知道每个数据访问是访问便笺式存储器还是主存，因此可以更严格地限制最坏情况下的执行时间。然而，管理便笺式存储器的复杂度很高，并且随着应用复杂度的增长而增加。因此，一些嵌入式系统同时包含了高速缓存和便笺式存储器。

5.4.2　多处理器系统中的预取

在多处理器系统中，确保预取不会导致意外的性能负面影响比较困难。如果处理器预取数据块过早，那么在处理器有机会访问该数据块之前，可能会因为另一个处理器对该数据块的访问导致数据块无效。同时，被预取的数据块可能替换了更有用的数据块。因此，在多处理器系统中，必须保证数据块预取足够早，从而能够隐藏未来缓存缺失的时延，同时又不能太早，导致数据块被其他处理器先于预取处理器访问。在单处理器环境中，由于缓存容量有限，过早预取可能会导致被预取的数据块替换更有用的数据块（如果高速缓存足够大，从而能够保留这两个数据块，则上述情况不会发生）。在多处理器系统中，即使高速缓存大到一定程度，过早预取也会导致从其他处理器中不必要地“窃取”缓存块，而这些缓存块很可能被再次“窃取”回去，进而损害性能。

165

5.5　多核体系结构中的高速缓存设计

随着晶体管的数量日益增长，高速缓存体系结构在当前多核处理器中变得更加复杂，以满足低访问时延和大容量的需求。为了便于讨论，有必要区分高速缓存的物理组成和逻辑组成。

物理组成是指高速缓存如何组织到芯片上，即处理器核和高速缓存是否物理上直接相连。如果高速缓存可以被所有处理器核直接访问，则称它为*物理上集中的*（physically united)。在某些情况下，高速缓存可能包含一个或者多个bank。只要所有的bank直接连接到所有的处理器核上，我们称这种高速缓存为集中式高速缓存（united cache）。然而，如果高速缓存物理上被划分为不同的块，而每一块被分配到一个处理器核上，并且该处理器核只与分配给它的高速缓存块直接相连，我们称这种高速缓存是*物理上分布的*（physically distributed）。每一块可能包含一个或者多个bank。"集中"和"分布"用于区分高速缓存的物理组成和逻辑组成。逻辑组成是指一个处理器核可以访问哪些高速缓存，如一个处理器核是否允许访问所有高速缓存，或者只是与该处理器核相连的那一部分高速缓存。如果任何一个处理器核被允许访问所有高速缓存，那么这个高速缓存被称为是*逻辑上共享的*（logically shared）。一个物理上分布的高速缓存可以被聚合起来形成一个逻辑上共享的高速缓存，如允许处理器核访问任何一部分的高速缓存，即使该部分的高速缓存并不与处理器核直接相连。如果只允许处理器核访问高速缓存的一部分，那么该高速缓存被称为*逻辑上私有的*（logically private）。一个逻辑上私有的高速缓存可以通过只允许处理器核访问与其直接相连的高速缓存部分，进而构建在物理上分布的高速缓存之上。同时，一个逻辑上私有的高速缓存也可以通过将高速缓存划分为不同的分块，并且只允许处理器核访问特定的分块，进而构建在物理上集中的高速缓存之上。在讨论多核体系结构高速缓存组成的设计时，高速缓存物理和逻辑组成的区分对于避免歧义非常重要。

5.6节首先讨论了高速缓存的物理组成，其中将讨论为什么物理上集中的高速缓存对于设计小规模的多核处理器较为合适，但是由于将大量处理器核与高速缓存bank直接相连的开销较大，对于大规模的多核处理器则很难扩展。5.7节讨论了对于集中式高速缓存不同的逻辑组成方式。一种方式是逻辑组成与物理组成相一致，这种方式最简单。另一种方式是将整体高速缓存聚合成一个较大的共享高速缓存。这里引入一个概念"片相联"（tile associativity），其定义了一个块地址可以映射到哪些片上。该节介绍了在形成片相联性时片的组成方式如何确定处理器核到数据的物理距离。同时也讨论了位于物理组成和共享逻辑组成之间的另一种设计方式，这种混合组成方式有很多优秀的特点。该节也讨论缓解逻辑共享高速缓存主要缺陷的一些技术，如通过复制数据块缓解数据和处理器核距离较远的问题；另一方面，一些技术尝试缓解逻辑私有高速缓存的主要缺陷，如允许相邻高速缓存共享高速缓存容量，以解决缺少容量共享的问题。 166

5.6 高速缓存的物理组成

5.6.1 集中式高速缓存

早期的多核设计依赖于集中式高速缓存组成。例如IBM的第一个双核体系结构IBM Power4，通过一个集中的L2高速缓存将两个处理器核相连。新一代的多核系统如AMD四核和Intel Nehalem，使用了分布式L2高速缓存以及大的集中式L3高速缓存。

在IBM Power4芯片中，L2高速缓存相对较大，因此被划分为3个bank，每一个bank的容量为0.5MB。L2高速缓存是集中的，因此每个处理器核与高速缓存中的所有bank直接相连。为了使所有处理器核可以快速访问所有的高速缓存bank，采用了交叉开关将处理器核与高速缓存bank相连。交叉开关通过一组总线将每个处理器核与所有高速缓存bank相连，从而允许处理器核同时访问所有的高速缓存bank。只有当两个处理器核同时访问同一个高速缓存bank时才会出现冲突，进而对该高速缓存bank的访问将串行执行。

图5-19展示了如何使用多条总线在集中式高速缓存中实现交叉开关。这里可以对每个处理器核使用一条地址总线与所有的高速缓存bank相连，使用一条数据总线将与该核对应的L1高速缓存中的数据块传送到L2高速缓存中，同时对每个L2高速缓存bank使用一条数据总线以连接所有处理器核的L1高速缓存，从而将L2高速缓存中的数据块值传送到L1高速缓存。因此，总线的数量随着处理器核数以及L2高速缓存bank数量的增加而增加。除此之外，每条总线的长度随着处理器核数或者L2高速缓存bank数量的增加而增加。因此，交叉开关的复杂度随着处理器核数以及L2高速缓存bank数量的增加呈现平方式增长。

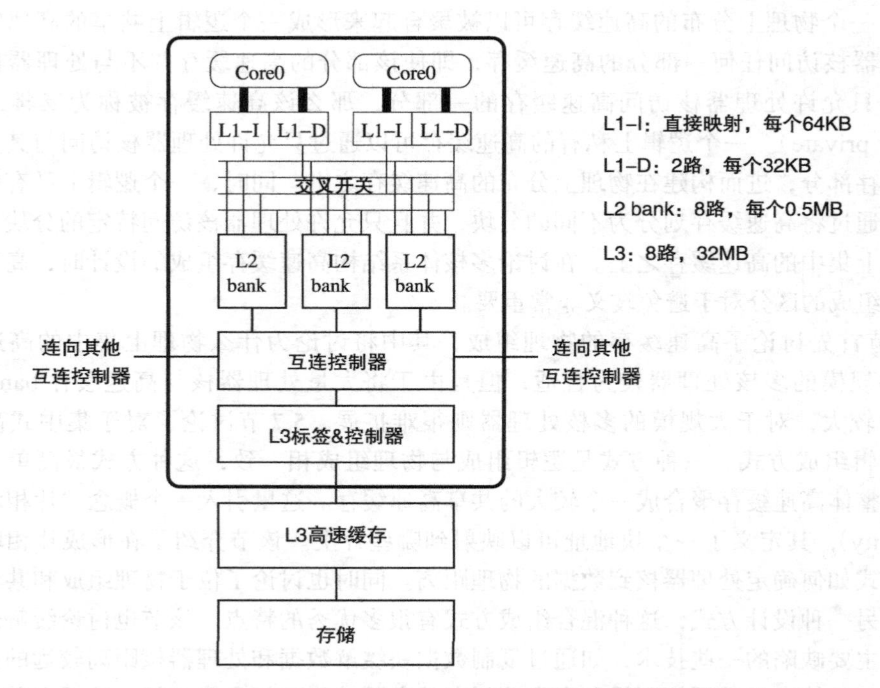

图5-19　双核芯片体系结构的高层示意图（与IBM Power4类似）

交叉开关中的总线连线可以在芯片的金属层上实现，如存储阵列上。因此，交叉开关中的一些组件并不需要占用太多的芯片空间。然而，一些组件仍需要实现在硅晶片上。例如，每个总线都有一个决策器、一个队列和（可能还有）一个中继器。这些组件都需要在硅晶片上实现，并且在总线变长时消耗大量的芯片空间。因此，多核体系结构的一个特性就是处理器核、高速缓存和互连相互竞争有限的芯片空间（关于这方面的定量分析，见文献[36]）。将交叉开关扩展到更多的处理器核上必然会减少实现处理器核和高速缓存的可用芯片空间。

除了提供交叉开关的复杂度之外，由于形成高速缓存的物理连线（如字线、位线）的长度，一个大的集中式高速缓存往往访问时延较长。即使是单处理器系统，已经证明如果将高速缓存划分为更小的bank，并且允许应用以低访问时延访问较近的高速缓存bank，应用的性能会得到明显改善。只有访问远端的高速缓存bank才会产生较大的访问时延[35]。

整体上讲，大的集中式高速缓存的高访问时延以及互连大量处理器核和高速缓存bank的复杂性，限制了集中式高速缓存的可扩展性。这就导致了另一种物理组成——分布式高速缓存的出现。

5.6.2 分布式高速缓存

由于物理上集中的高速缓存内在的不可扩展性，更多的多核体系结构不再采用集中式 L2 高速缓存的体系结构。如第 1 章所述，一种便捷且符合逻辑的扩展多核系统的方式是将互连移动到存储层次的下层。对高速缓存组成而言，多核体系结构更可能实现物理上分布的 L2 高速缓存，并通过互连网络将其连接起来，或者对接一个集中式 L3 高速缓存。

互连的方式取决于在芯片上实现的处理器核的数量。类似于传统多芯片多处理器面临的可扩展性问题，一些中等规模的互连网络如环可以应用在处理器核相对较少的情况，即便如此，环可以支持的处理器规模要大于总线。更大规模的多核系统更可能使用一些低维或者高维的互连网络，特别是处理器核的数量会不断增加的情况。使用分布式高速缓存和点到点互连的多核系统通常被称为分片多核体系结构，因为其在芯片上的设计呈现出规则的分片布局。图 5-20 展示了采用环和 2D 网格互连的分片多核体系结构的例子。图中标示“R”的方块代表路由器。从这里开始，将 L2 高速缓存中与处理器核相关联的区域称为高速缓存片（cache tile）。

167
~
168

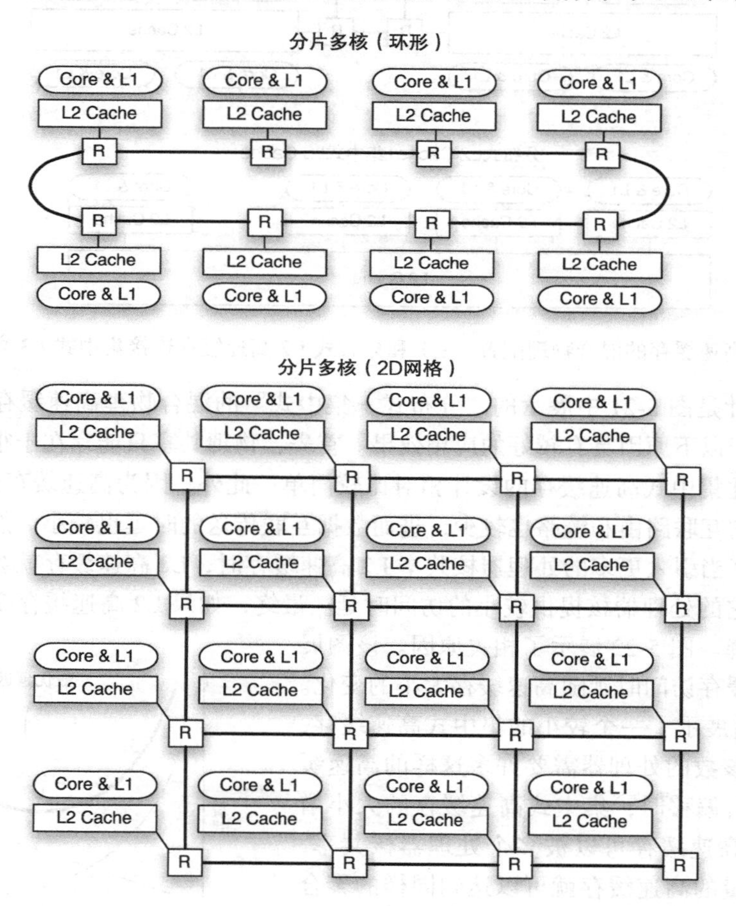

图 5-20　采用环形（上）和 2D 网格（下）互连的分片多核处理器示例

5.6.3 混合式高速缓存

有很多种高速缓存的组成方式介于分布式高速缓存和集中式高速缓存之间。例如，可以让多个处理器核共享一个高速缓存，或者在 L2 层采用分布式高速缓存而在 L3 层采用集中式高速缓存（见图 5-21）。通过将分布式 L2 高速缓存与集中式 L3 高速缓存组合在一起，互连的复杂性转移到了相对 L2 高速缓存来说较少访问的 L3 高速缓存。然而，一个大的高速缓存对于所有的处理器核来说访问速度一样的慢。除此之外，集中式 L3 高速缓存必须处理 L2 高速缓存之间的一致性，因此设计起来也相对比较复杂。对于从 L2 高速缓存来的请求而言，L3 高速缓存相当于一个事务串行点。同时，L3 高速缓存也会广播干扰和无效请求给其他 L2 高速缓存。总体来说，一个大的集中式 L3 高速缓存是一个合理的折中设计，但是终究存在集中式高速缓存设计的缺陷，如可扩展性和复杂性。

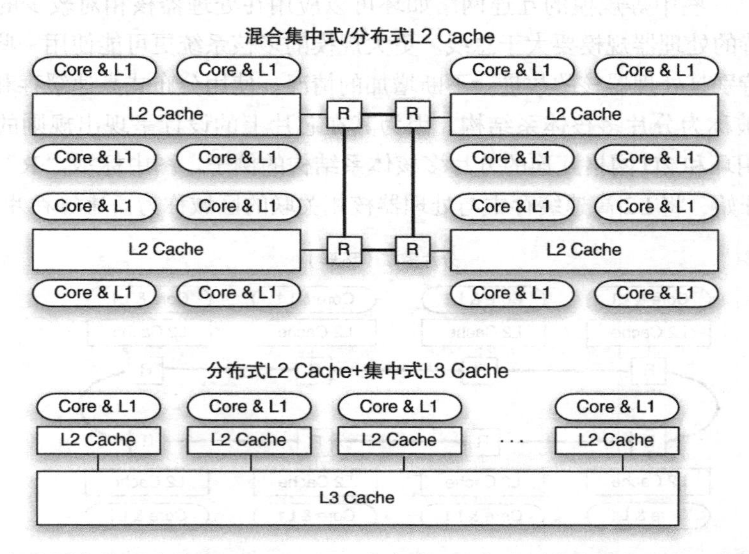

图 5-21　L2 高速缓存的混合物理配置（上）和分布式 L2 高速缓存连接集中式 L3 高速缓存（下）

另一种设计是图 5-21 中展示的“分布式 + 集中式”的混合物理高速缓存组成。这种混合组成方式由于以下原因具有较好的应用效果。首先，物理共享只能存在于很少数量的处理器核之间，因此集中式高速缓存的设计相对比较简单。此外，因为高速缓存的数量比较少，连接它们所需的互联路由和链路也较少，进而数据互联传送的时延也较小。然而，这种方式存在一种限制。当引入更多的处理器核共享 L2 高速缓存时，L2 高速缓存就会变得过大而导致无法为共享它的处理器核提供较小的访问时延。最终，如果 L2 高速缓存变得过大，会导致整体性能下降。图 5-22 展示了相关原因。该图展示了整体高速缓存访问时延随高速缓存大小的变化。x 轴从左边开始展示了一个较小的集中式高速缓存，因此对于给定核数的处理器需要许多这样的高速缓存。当 x 轴向右偏移时，集中式高速缓存的大小增加，进而每个高速缓存可以被多个处理器核共享，并且只需要少量的高速缓存就可以达到同样的聚合高速缓存容量。图中有三条曲线。一条曲线为**访问延迟曲线**，显示了访问一个集中式高速缓存所需的时间。当高速缓存变大时，由于高速缓存结构变大因而访问时间增加。另一个曲线为**路由延迟曲线**，展示了在互连网络上路由请求和响应所需的时间。

169

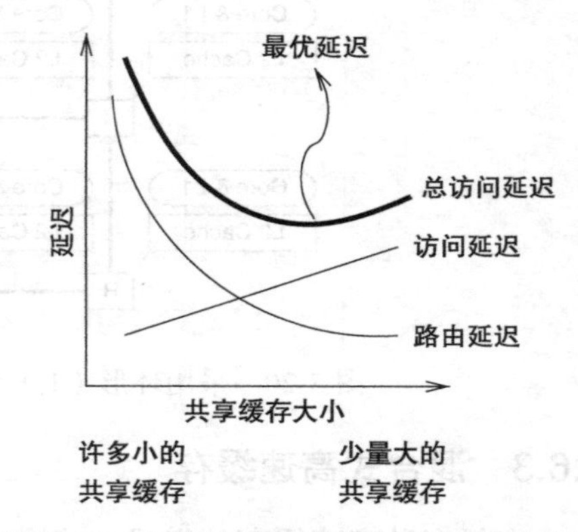

图 5-22　在分片多核处理器上总缓存访问时间与缓存分片大小的关系

当集中式高速缓存变大时，只需要少量的高速缓存就可以达到相同的聚合容量，从而导致互连网络所需的路由数量减少。当路由数量减少时，处理器核到高速缓存的平均距离（以网络跳数衡量）同样减少，从而导致整体路由时延减少。整体高速缓存访问时延为每个高速缓存访问时延和路由时延之和。图中展示了整体高速缓存访问时延随着高速缓存大小的增加，先下降然后增加。因此，存在一个最优的高速缓存大小，使得整体高速缓存访问时延最小。

总结一下，由于复杂性、芯片面积开销和高访问延迟等缺陷，一个由所有处理器核共享的大的集中式高速缓存在未来处理器核数会不断增加的情况下无法提供较好的可扩展性。分布式高速缓存的可扩展性较好。然而，如果每个缓存过小，就可能会导致路由延迟过高。因此，合理设计缓存的大小对于优化缓存的整体延迟至关重要，其中整体延迟包括每个缓存片的访问时延和路由时延。这就出现了“分布式 + 集中式”的混合式高速缓存组成设计，在该设计中每个缓存被一组处理器核共享，且缓存之间保持一致性。 170

5.7 高速缓存的逻辑组成

在多核配置中，如果 L2 高速缓存分布在与不同处理器核相关联的高速缓存片上，那么就存在多种逻辑组成形式：共享的、私有的和混合的。在逻辑上共享高速缓存配置中，高速缓存片被当作一个大的高速缓存的组成部分。在这种情况下，每一片都可以被任意处理器核访问并用于存储数据。这种共享的高速缓存组成在传统多处理器系统中无法实现，因为高速缓存都分散在不同的芯片上，因而访问远端高速缓存的开销较大。在多核体系结构中，由于所有的高速缓存片都布置在同一个芯片上，因而访问远端（非本地）高速缓存片相对较快。

如图 5-23 所示，存在多种将高速缓存片聚合成逻辑共享高速缓存的方式。该图展示了 4×4 分片的多核系统，并且不同的处理器核都物理上分配了私有的 L2 高速缓存片。一种可能的逻辑高速缓存组成就是与物理组成相一致，即保持 L2 高速缓存片私有。如果采用私有的高速缓存设计，则每个处理器核只能访存其对应高速缓存片上的数据块，当其他处理器核需要访问该数据块时，则需要将其复制到其他高速缓存片上，并且由缓存一致性协议保证数据的一致性。

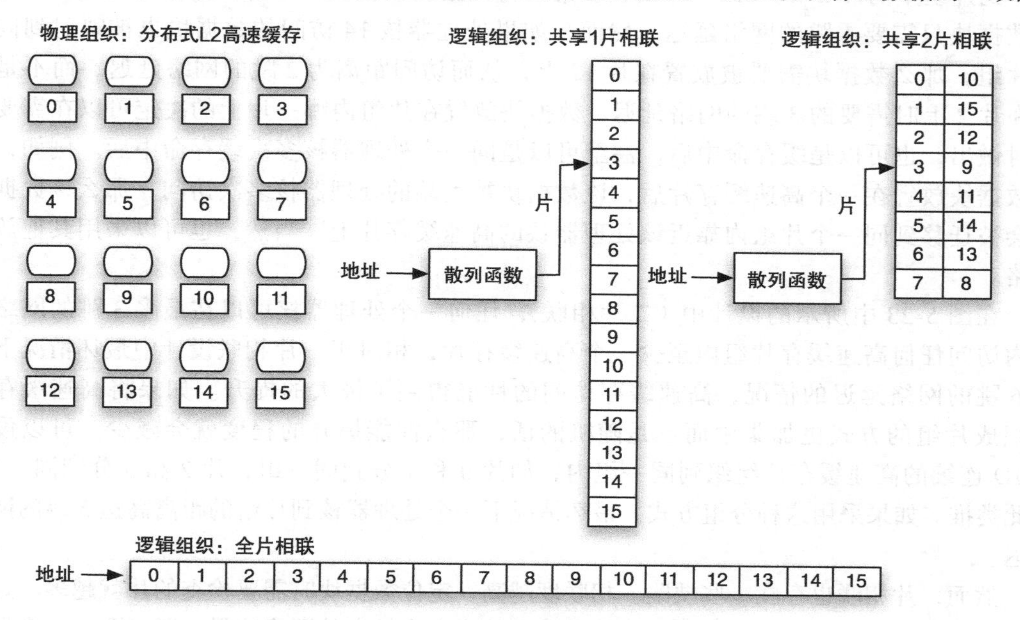

图 5-23 分布式高速缓存的多种逻辑组织方式

虽然L2高速缓存片是分布式的，但是它们仍然可以通过多种方式聚合到一起，形成一个大的共享L2高速缓存。例如，可以将高速缓存片组织成一路片相联的共享高速缓存。在这种设计下，给定一个地址、一个散列函数就可以确定该地址映射到的高速缓存片。这种散列函数是静态的，因此针对一个特定的数据块，处理器核可以准确地知道需要查找的高速缓存片。该查找请求通过互连网络进行路由。这里需要考虑的一个重要的指标是数据与访问该数据的处理器核的相对距离，也被称为*距离局部性*（distance locality）。逻辑上共享设计的缺陷是对于大的多核系统，其距离局部性较差。如图5-23所示，如果处理器核0访问数据块，并且该块被映射到高速缓存片15，则网络的距离（假设是二维网格）是6跳。为了收到一个消息，每个路由节点根据其内部实现的流水线段数，可能需要引入至少3个时钟周期的延迟。传输时间取决于链路带宽，对于每个数据块大概需要1～2个时钟周期。因此，6跳的网络距离需要引入至少$6 \times 3 + 1 = 19$个额外的时钟周期（假设是直通路由），并且如果路由延迟是5个时钟周期的话，那么引入的额外开销为$6 \times 5 + 2 = 32$个时钟周期。即便是路由延迟为3个时钟周期，当网络运行在处理器核最高频率一半的情况下，最坏的往返时延为$2 \times 2 \times 19 = 76$个时钟周期。因此，对于一个采用了逻辑共享高速缓存且规模较大的多核系统，其访问远端高速缓存开销巨大。

171

另一种可能的设计是将高速缓存片组织成具有更高的相联度，例如图5-23中展示的两片相联的设计。在这种情况下，一个数据块可以被映射到两个高速缓存片的任意一个。例如，地址为0的数据块在两片相联的设计下可以被映射到片0或者片10。值得注意的是，形成片组的高速缓存片貌似被随机分组，如片0和片10分为一组、片1和片15分为一组。这样的安排有特殊的考量。在高速缓存中组相联的主要目的是减少冲突缺失的数量，而片相联可以用于另一个目的：提高距离局部性（例如，缩短访问数据的距离）。由于数据块可以被放置在片组内的任意一片，因此可以定制放置策略使其将数据块分配在靠近访问该数据块的处理器核的高速缓存片上。例如，如果处理器1需要访问的数据块可以被映射到片组中的片2和片12，那么放置策略将数据块放置在片2上，这样处理器核1访问该数据块只需要1跳的网络延迟。然而，如果处理器核14访问的数据块也被映射到同一个片组，那么数据块需要被放置在片12上，从而访问距离为2跳的网络延迟，而不是放置在片2上时需要的3跳的网络延迟。数据块放置在片组内哪一片上的决定可以在需要放置时做出，也可以是缓存命中后，甚至可以是同一个处理器核多次缓存命中后。例如，如果数据块放置在一个高速缓存片后，该数据块被远端的处理器核多次访问，那么该数据块就会被迁移到同一个片组内靠近该处理器核的高速缓存片上。当然，也可以采用其他放置策略。

在图5-23中所示的设计中（二片相联），任何一个处理器核可以在最多3跳的网络延迟内访问任何高速缓存片组内至少一个高速缓存片，相对于一片相联设计中最坏情况下需要6跳的网络延迟的情况，高速缓存访问的性能得到了极大的提升。如果将高速缓存片组织成片组的方式更加集中而不是随机的话，那么性能提升的程度就会减少。可以设想将ID连续的高速缓存片组织到同一组内，如片0和1分到同一组，片2和3分到同一组，以此类推。如果采用这种分组方式，最坏情况下一个处理器核到片组的距离高达5跳的网络延迟。

然而，片相联也存在一些缺陷。相联度越高，定位数据块时需要检查的片就越多。这就需要消耗额外的功耗，并且相对一片相联的设计会产生较高的网络流量。通过要求处理器核首先检查片组中靠近该处理器核的片，并且只有在较近片中不包含访问数据块的情况下查询较远的高速缓存片措施，这些缺陷可以得到一定程度的缓解。然而，L2 缓存缺失仍然会造成多次的查找。除此之外，即便具有较高的片相联度或者铺开式的片组织方式，对于有多个线程访问同一个数据的并行程序，特别是数据放置在离一些线程较远的高速缓存片上时，仍然很难达到较好的距离局部性。在这种情况下，较好的距离局部性只能通过复制数据块获得。

值得注意的是，如图 5-24 所示，也可以采用私有和共享高速缓存混合的组织方式。在图中片被划分为不同的组，每一组包含逻辑上共享的四个高速缓存片。然而，每一组都是私有的，组之间保持着缓存一致性。在保持一致性的情况下，数据块可以在不同的片组之间复制。然而在一个组内，只可能存在一个数据块副本。

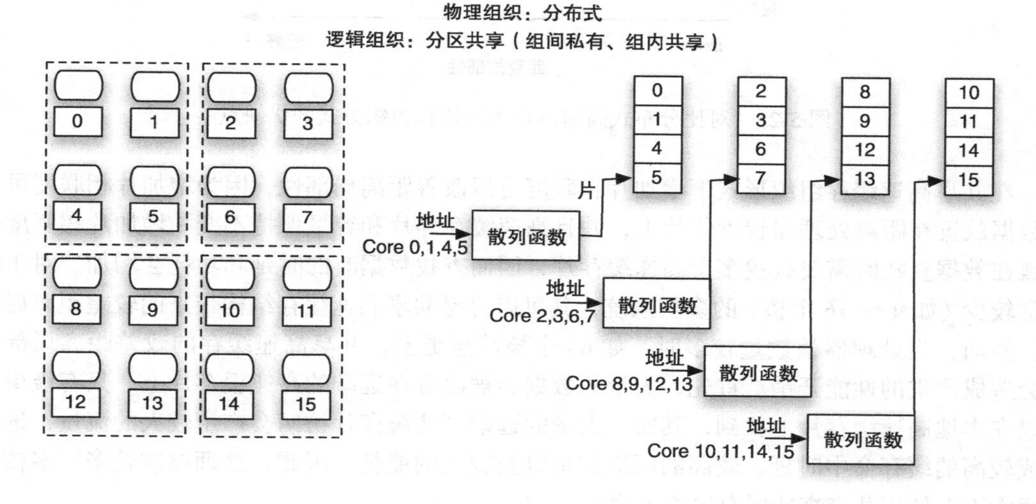

图 5-24 分区共享高速缓存的组织方式

172~173

图 5-25 通过可视化方式展示了在多核体系结构中不同逻辑高速缓存组织方式的差异：私有的、共享的、片相联共享的和混合的。x 轴为距离局部性，描述了处理器与所访问数据的物理距离。y 轴为容量和碎片，描述了可用聚集容量的大小（容量）和可以被单个处理器核访问的聚集容量大小（碎片）。一个极端例子是私有高速缓存结构，每个处理器只能访问一个高速缓存片（最坏碎片）。如果运行在处理器核上的应用的工作集超过了本地高速缓存片的大小，应用将会产生大量的容量缺失。同时，也可能有其他原因导致缓存容量过剩，如没有线程运行或者有线程运行但是工作集很小。这些过剩的缓存容量无法共享给其他处理器核，因此导致最坏碎片。更进一步，数据可以被复制到不同的分片上，这就意味着由于数据副本会占用高速缓存空间，导致可以存储不同数据的聚集容量减少。在这种方式下，数据总是保存在与处理器直接相连的本地高速缓存片上，因而具有最好的距离局部性。

另一个极端的例子是共享高速缓存结构。这种方式下高速缓存碎片最少，因为每个处理器可以访问整个聚合缓存容量。同时，这种方式由于不需要复制数据，因此也拥有最好的聚合容量。然而，由于数据分散在多个高速缓存片上，这就意味着从平均概率的角度来看，数据离每个处理器核都比较远，因此距离局部性最差。

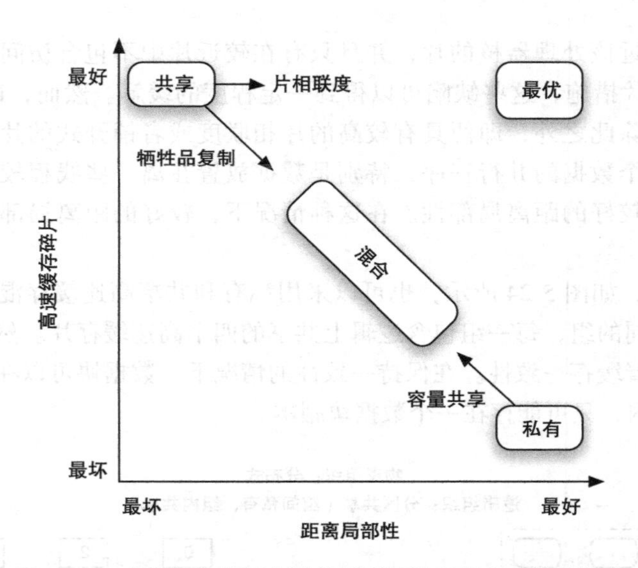

图 5-25　对比分布式高速缓存不同逻辑组织方式的优缺点

在共享高速缓存组织形式下增加片相联度可以改善距离局部性，因为增加片相联度可以使数据放置在距离处理器较近的片上，并且高速缓存碎片和容量保持不变。增加片相联度会导致在数据查找时需要查找多个高速缓存片，因而查找数据时的时延和功耗会增加。对于核数量较少（如 4 ～ 16 个核）的多核系统，其可以容忍共享高速缓存结构带来的较差距离局部性。然而，当处理器核数量较多时，如 64 个核甚至更多，共享高速缓存的较差距离局部性将会造成严重的性能开销。首先，大量的数据会被放置在远端的高速缓存片上，只有极少数可以在本地高速缓存片上找到；其次，大量的远端高速缓存片访问会产生较大的流量，进而造成较高的缓存命中时延、较高的网络流量以及较大的能耗。因此，处理核数较多的多核系统通常不会使用共享高速缓存组织方式。

174

在以上两种极端情况之间是混合组织方式，在这种方式下高速缓存片被分区并且同一个分区内的处理器共享一个或者多个高速缓存片。处理器不能访问远端的高速缓存片。这种方式与私有高速缓存相比产生的碎片较少，原因在于同一个分区内的高速缓存片可以聚合容量以供该分区内的任一处理器使用。与私有高速缓存相比这种方式能够提供更好的聚合容量，因为只有在分区之间数据才会被复制。与共享高速缓存相比这种方式具有更好的距离局部性，因为数据包含在本地分区内。因此，分区共享的高速缓存组织方式比全部私有或者全部共享的方式更具吸引力。同一个分组内允许容量共享，避免了大部分容量碎片的问题。同时，如果一个分组相对较小，如只包含 4 个高速缓存片，那么距离局部性仍然比较好，因为数据对于同一个组内的任意处理器核距离都不远，最多需要两跳的网络距离就可以访问到。

最后，有一些可以改善共享和私有高速缓存组织方式下性能的技术。其中一个就是*牺牲品复制*（victim replication），该技术通过将映射到远端高速缓存片的数据复制到本地高速缓存片，可以改善共享高速缓存组成方式的距离局部性。具体来讲，从内层高速缓存替换出的数据块（牺牲品）可以被临时缓存在本地高速缓存片中。这种复制方式虽然减少了聚合缓存容量，却改善了距离局部性。此外，这种技术也引入需要被解决的缓存一致性新问题。对于私有高速缓存组成方式，*容量共享*（capacity sharing）技术将从本地高速缓存片替换出的数据块复制到远端高速缓存片上。之后，如果处理器再次请求该数据块，则可以在远端高速缓存片中找到而不需要从外层高速缓存中读取该数据块。容量共享技术以牺牲距离局部性为代价，减少了高速缓存碎片。后面的章节将对这些技术进行深入讨论。

5.7.1 散列函数

在共享高速缓存的组织方式下，散列函数负责将数据块映射到高速缓存、高速缓存片或者片组上。散列函数需要简单，并且易于生成，同时不会出现数据块到片的不均衡映射。简单的散列函数只是交错地将数据块或者页地址映射到不同的高速缓存片上，这种散列函数会产生一些低效行为，如一些组被使用而另一些组不会被使用，因此在现实中并不实用。图 5-26 展示了这样的一个例子。

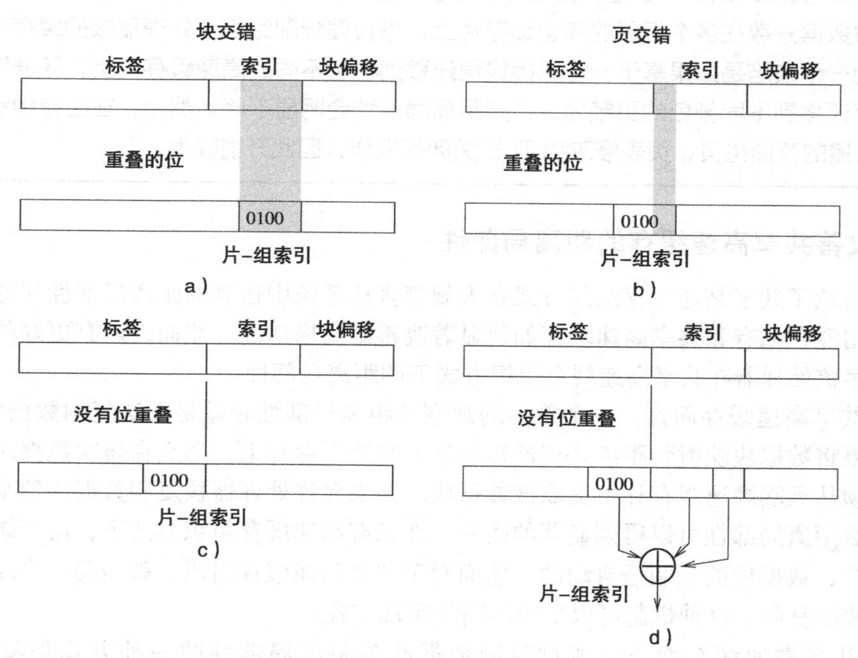

图 5-26　导致片散列函数性能差的原因是由于：a）数据块交错和 b）页交错，c）为改进后的散列函数，d）为改进后的散列函数，同时增加了位随机

图 5-26a 展示了在数据块交错放置方式下，地址中的 4 位用于检索拥有 16 片系统中的一个片。凑巧的是，这些相同的位也被用于检索片中的一个组。假设用于检索一个高速缓存片的 4 位的值为“0100”。在片内，相同的位被用于检索一个组，因此只有一个特定的组集合可以被值包含“0100”的索引进行检索，其他的组则不可以被检索。相似的，页交错方法取决于一个高速缓存片内的组数和页大小，也可能会产生低效的散列结果（如图 5-26b 所示）。例如，一个高速缓存片大小为 512KB、8 路相联、块大小为 64B、页大小为 4KB，那么组索引除了块偏移位（即第 6 ～ 15 位）之外还需要 $\frac{512\text{KB}}{8\times 64}=10$ 位。此外，片索引除了页偏移位（即第 12 ～ 15 位）之外还需要 4 位。因此，它们之间有 3 位是重叠的。

图 5-26c 展示了如何从地址中选择较高的位数从而避免重叠的问题。然而，众所周知较高的位数相对于较低的位数变化较小，这是因为较高位上的一个值对应着一大片地址区域。如果使用较高的位数作为片索引，那么可能只会有少量的不同数据被程序使用，这也意味着

175

不均匀地使用高速缓存片。因此，可以进一步通过对高位和低位进行异或操作将它们分散开来，从而产生更多的片索引值组合（图5-26d）。

■ 你知道吗？

如果地址到高速缓存片的散列函数暴露给操作系统（OS），那么操作系统可以通过在页分配过程中将页帧映射到靠近处理器核的高速缓存片上来改善距离局部性。这种方法依赖于页着色，即为页帧分配不同的颜色，其中采用了同一颜色的页帧会被分配到一个特定的高速缓存片上。可以通过修改操作系统的页分配器，从而将新页分配在与发生页错误的高速缓存片具有相同颜色的页帧上[14]。这种方法可以显著改善逻辑共享高速缓存的距离局部性。它也可以通过将数据分散在多个相邻的高速缓存片上，来管理分配给每个处理器核的缓存容量。这种方法的一个缺陷是如果基于一些原因线程迁移到一个不同的高速缓存片上，除非该线程的所有页都迁移到不同颜色的页帧内，否则距离局部性会明显下降。然而，在主存中移动一个页涉及大量的存储拷贝、页表修改和TLB关闭等操作，因此开销较大。

176

5.7.2　改善共享高速缓存的距离局部性

前面讨论了共享高速缓存组织方式在大规模多核系统中遇到的距离局部性问题，同时也讨论了采用混合私有和共享高速缓存如何显著改善距离局部性。然而，还有更好的方法可以改善分片多核处理器在共享高速缓存组织方式下的距离局部性。

对于共享高速缓存而言，一个重要的观察是距离局部性较差是无法复制数据块导致的。因此，如果将数据块映射到距离处理器核较远的高速缓存片上，那么在每次数据块缺失时处理器就必须从远端高速缓存片中读取该数据块。如果允许处理器核复制数据块到本地高速缓存片，那么距离局部性可以得到显著的改善。在私有高速缓存组织方式下，由于缓存一致性协议的支持，数据块的复制是自动的。然而对于共享高速缓存组成，就需要一个新的机制来支持数据块的复制。这种机制可以采用不同的实现方式。

对于共享高速缓存而言，通过复制数据改善距离局部性的一种方式是**牺牲品复制**（Victim Replication，VR）[67]。在VR机制中，本地L2高速缓存片被当作L1高速缓存的牺牲品片（victim tile）。从远端L2高速缓存片读取的数据块同时被存储在L1高速缓存上。如果数据块从L1高速缓存中被替换出，则该数据块会被当作牺牲品保存在本地L2高速缓存中。该机制的运行不需要知道根片（home tile），即数据块地址映射到的高速缓存片。当处理器核再次访问该数据块时，将会出现L1缓存缺失。这时，处理器核首先检查本地L2高速缓存是否保存着数据块的副本，如果有则不再需要从根片中读取该数据块。此时只需要从本地L2高速缓存读取该数据块，并在L2高速缓存中将其标记为无效，然后将该数据块放置在L1高速缓存中。

数据复制会引入数据一致性问题，因此需要相应的机制以保证可以正确处理。为了保证复制数据的一致性，需要通过一致性协议在高速缓存中的数据块发生变化时，通知其他持有该数据块副本的缓存。例如，当一个“脏”的L1高速缓存数据块被替换时，虽然该数据块仍然可以被复制到本地L2高速缓存中，但是在根片上的数据块副本需要被更新为最新的值。远端写引发的写传播也需要相应的机制来支持。例如，当远端处理器核写数据块时，同时向根片发送请求，之后根片向所有持有该数据块副本的L1高速缓存发送无效消息。当L1高速缓存收到该无效消息后，将不再只是检查自身的标识。因为数据块有可能被复制在本地高速缓存中，因此也必须检查本地L2高速缓存标识从而将该数据块标记为无效。

数据复制引入的另一个问题是如何管理L2高速缓存的使用，从而更有效地放置本地数据块和数据副本。VR机制为了给新的数据块（普通数据或者副本数据）提供存储空间，会基于以下优先级顺序从本地L2高速缓存中选出牺牲品数据块：1）无效的数据块，2）没有被其他处理器核共享的全局数据块，3）另一个数据副本。

允许牺牲品数据块被复制到本地L2高速缓存的缺点是牺牲品数据块和普通数据块会竞争L2缓存容量，这种容量竞争可能会导致本地L2缓存容量缺失率增加。因此，VR是以增加缓存缺失率为代价来减少缓存命中延迟（通过将远端命中转换为本地命中）。由于缓存缺失通常比远端命中造成的时延更大，因此对于VR造成的每个额外的缓存缺失，必须能够将更多的远端命中转化为本地命中，才更能够降低其造成的性能开销。基于这种特性，研究人员可以设计相应的策略以区分不同类型的数据，从而识别出哪些数据可以最大程度地改善距离局部性并且最小程度地造成缓存容量缺失。

177

选择性复制的一个代表性研究工作是*自适应选择性复制*（Adaptive Selective Replication，ASR）[6]。该研究发现在商业工作负载中有一类数据被大量线程共享，但是该类型数据大部分情况下为只读数据。这些只读数据虽然只占用很小的缓存容量，但是会造成大量的缓存缺失。因此，相对于共享读写数据块，这些共享只读数据块更适合作为数据块复制的对象。

值得注意的是，针对共享高速缓存组织方式的复制技术可以吸收私有高速缓存组织方式下的一些优势，如较好距离局部性。然而，与此同时其也会吸收私有高速缓存组织方式下的一些缺陷。例如，在私有高速缓存组织方式下数据复制总是会减少聚合缓存容量。

5.7.3 私有高速缓存结构中的容量共享

上一节讨论了对于逻辑共享高速缓存组织方式下的重要缺陷，如较差的距离局部性，如何通过选择性复制进行缓解。在本节将讨论私有高速缓存组织方式下的主要缺陷，即由于缺乏容量共享而导致的缓存容量碎片。

缺乏容量共享在多核系统中会导致严重的系统性能下降，特别是当一组差异较大的串行程序运行在不同的处理器核上时。一些程序可能会超过本地L2缓存的容量（由于工作集较大），而另一些程序对本地L2高速缓存的利用率较低（由于工作集较小）。近期IT领域中出现的面向服务计算、服务器聚合和虚拟化等技术，更是创造出了在一个CMP上运行行为差异较大的应用集合的环境。

这种不均衡的高速缓存利用率会导致整体性能的严重下降，这是由于需要更大缓存容量的程序无法使用相邻高速缓存片上空闲的缓存容量。例如，对于大小为512KB的私有L2高速缓存，当把缓存大小缩小为一半时，很多SPEC CPU2006评测程序（例如，namd、milc、povray、libquantum）的性能几乎不会受到影响，这就意味着对于这些程序来说缓存容量是过量的。如果没有容量共享，这些多余的缓存容量无法被其他需要更多缓存容量的处理器核使用。

之前的研究工作发现了私有高速缓存组成方式下容量共享的需求，并提出了相应的缓存共享机制，如协同缓存（Cooperative Caching，CC）[11]和动态溢出接收（Dynamic Spill receive，DSR）[48]。在数据块没有被复制的情况下，CC允许每个处理器核将替换出的数据块保存在其他任何一个片上私有高速缓存中。虽然这样做可以实现容量共享，但是当应用的时间局部性较差时，在不考虑运行程序时间局部性的情况下，允许任意处理器核将数据块溢出到其他高速缓存中会产生副作用，即“污染”其他高速缓存并且无法带来太多的性能提升。DSR通过将应用进行分类尝试解决上述缺陷：一类应用可以通过超过本地L2高速缓存的额外缓存容量获得性能提升，另一类应用的性能则对L2高速缓存容量的减少并不敏感。前一类应用被称为溢出者（spiller），而后者被称为接收者（receiver）。在DSR中，只有被溢出者替换出的缓存数据块才能被保存到接收者的高速缓存中。对于接收者而言，由于额外的缓存容量无法为其带来性能提升，因而接收者不允许溢出缓存块。从某种意义上讲，接收者缓存充当了溢出者缓存的牺牲品缓存的角色。

178

CC和DSR都允许将远端高速缓存当作本地缓存的牺牲品缓存，这样做可以减少片外的缓存缺失数量。然而，如果考虑远端缓存的命中次数，这种管理容量共享的策略是否是最佳？答案是并不一定。将远端高速缓存作为一个大的牺牲品缓存之所以可以取得性能提升基于一个重要假设，即被替换出的数据块相对于当前存储在本地高速缓存的数据块而言，被处理器核重用的概率要小很多。然而，这个假设并不总是成立的，特别是对于溢出者应用，这个假设大部分时候都不成立。这是由于溢出者应用往往存在一个常见的行为特征，即最近最少使用的数据块更有可能在未来被访问。换句话讲，溢出者应用通常表现出反LRU的行为特征。

为了说明这种反LRU时间重用模式的行为特征，图5-27展示了两个不同形状的栈距离特性。x轴展示了按照最近访问排序后的高速缓存路标识，最大到16路相联。y轴展示了缓存访问命中特定的栈或者最近位置的比例。因此，最左边的点表示了访问最近最常使用的数据块的访存比例。随着x轴越来越向右，展示了访问最近较少使用的数据块的访存比例。最终，x轴最右边的点表示了16路相联高速缓存所有无法避免的缓存缺失。

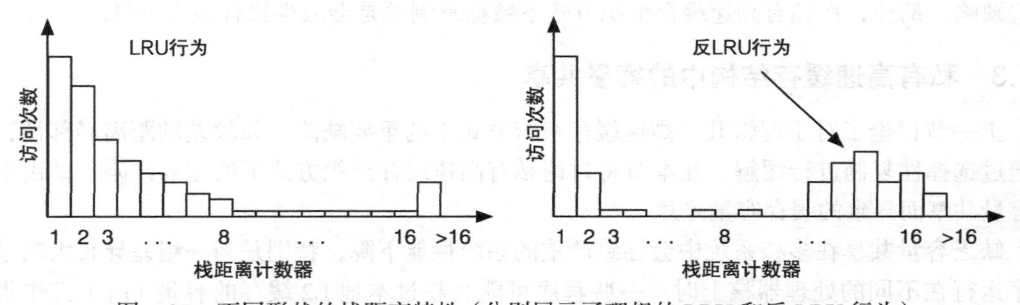

图5-27 不同形状的栈距离特性（分别展示了理想的LRU和反LRU行为）

假设本地高速缓存为8路相联，如果高速缓存相联度增加到16路，同时保持组数不变，缓存的大小会加倍。加倍缓存容量对于在第8和第16栈位置之间有大量高速缓存访问的应用来说会带来性能提升，这是因为这些访问从缓存缺失变为缓存命中。这些应用被归类为溢出者。在第8和第16栈位置之间有少量或者没有高速缓存访问的应用被归类为接收者，对它们来说增加缓存容量并不会带来性能提升，因此可以将它们的部分高速缓存空间共享出来而不会带来性能下降。

这里讨论一下不同类型的LRU行为。如果应用拥有完美的LRU时间重用的行为特征，最近被访问的数据块具有很大的概率会被再次访问，而栈距离特性将会展现出单调递减的趋势，可以通过图5-27左侧的示例图看出。如果应用展现出反LRU时间重用的行为特征，那么栈距离特性将不会展现出单调递减的趋势，可以通过图5-27右侧的示例图看出。由于完美的LRU展现出单调递减的趋势，因此这些应用最常见的都是接收者。对这些应用而言，很难有太多的访问超过第8栈位置。相似的，反LRU的应用更倾向于溢出者，因为这些应

179

用常常随着栈位增高而访问次数不断增加。

反 LRU 行为的一个有趣的结果是，由于 DSR 使用远端高速缓存来保存从本地 L2 高速缓存中被替换出的牺牲品数据块，因此远端 L2 高速缓存保存的数据块在被访问的时间顺序上比本地 L2 高速缓存中的数据块更远。这种反 LRU 行为确保了在最后 8 路上的数据块可以在远端 L2 高速缓存中找到，从而出现很多的远端缓存命中。

从性能和能耗的角度来看大量的远端 L2 高速缓存命中，都是巨大的开销。远端缓存命中由于需要一致性协议将数据块注入本地高速缓存，因此相对于本地缓存命中而言时延较大。此外，由于互连网络中的一致性协议请求、网络监听、所有远端高速缓存的标签检查以及互连网络中的数据传输会使得远端缓存命中产生更多的能耗。因此，只有将远端缓存命中转化为本地缓存命中，才能改善性能和能耗。为了提高本地缓存的命中数量，当数据块从外层存储层次中读入 L2 高速缓存时，可以有选择地将该数据块放置在本地或者远端高速缓存。这也说明了在管理容量共享时，除了替换策略之外，放置策略也是极其重要的。近期的研究工作[51]讨论了如何在硬件上实现选择性放置策略，从而改善本地命中率。

5.8 案例分析

5.8.1 IBM Power7 的存储层次

IBM Power7 是 IBM 在 2010 年发布的最新的多核处理器。这款处理器采用了 IBM 45 纳米绝缘硅和铜互连技术。该处理器包含了 12 亿个晶体管并占据 567mm^2 的芯片空间。图 5-28 展示了 Power7 芯片，一个片上有 8 个处理器核，每个处理器核都有自己的 L2 高速缓存。每个处理器核可以通过同时多线程支持 4 个线程上下文环境，因此整个芯片可以同时运行 32 个线程。由于需要支持同时运行大量的线程，该芯片被设计成大缓存容量和高存储带宽。该处理器的运行频率可达 4GHz。

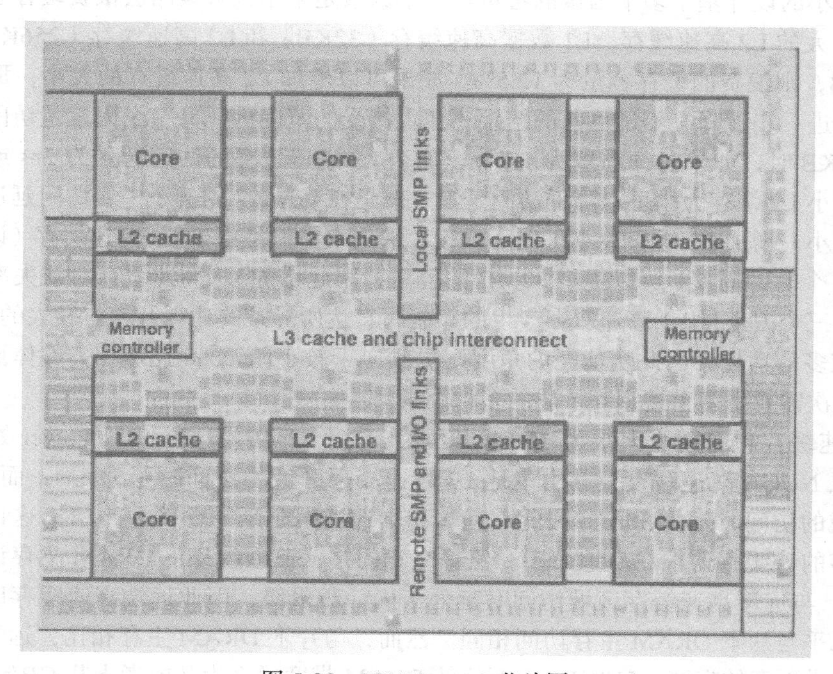

图 5-28　IBM Power7 芯片图

L3 高速缓存体系结构的设计也有值得一提的地方。L3 高速缓存被划分为片 / 区域，并对所有处理器核可访问，但是不同区域的访问速度不同，对本地区域的访问要快于对其他区域的访问。因此，该 L3 高速缓存的设计是一个物理上分布但逻辑上被所有处理器核共享的典型例子。同时，不同高速缓存区域具有不同访问时延的特点使得 Power7 的 L3 高速缓存设计又是一个 NUCA（非一致缓存访问延迟）高速缓存的典型例子。L3 高速缓存虽然具有 32MB 的大容量，但是只占据一个相对较小的芯片面积，这是由于 L3 高速缓存的实现采用了 DRAM 颗粒（使用了嵌入式 DRAM/eDRAM 技术）而不是 SRAM 颗粒。

这个芯片同时具有两个内存控制器，支持 4 个 DDR3 存储通道。芯片的顶部和底部包含逻辑和互连单元，允许该芯片与其他 Power7 芯片相连，最高可支持 32 个芯片互连。

这里将深入讨论存储层次的细节。L1 的指令和数据高速缓存采用高度 bank 化（总计 64 个 bank），从而能够支持对不同 bank 同时读和写，这样就不需要采用低密度、多端口的高速缓存设计。每一个 bank 都有 3 个端口，以支持每个时钟周期 2 个读操作或者 1 个写操作。180 L1 数据高速缓存的大小为 32KB、8 路相联、数据块大小为 128B。由于数据块较大，一次缓存填充需要从 L2 高速缓存进行连续 4 次的数据传输（每 32B 被称为一个扇区）。L1 高速缓存采用写直达策略，因此可以使用错误检测（即校验位）而不是纠错机制。这也意味着 L2 高速缓存必须使用包含策略从而保证 L1 高速缓存的写直达请求可以在 L2 高速缓存中得到满足。写直达一次可以写一个扇区内 32B 中的 1 ～ 16B，这样就可以更好地节省 L1 与 L2 之间的带宽。另一个节省带宽的特色是采用了具有 16 个缓存项且每个项大小为 32B 的写缓存，从而可以将 L1 高速缓存的写请求进行合并。

L2 高速缓存是物理分布的且对每个处理器核私有。L2 高速缓存大小为 256KB 且 8 路相联。它采用了写回策略从而节省了到 L3 高速缓存的带宽，但也因此需要使用纠错机制。一部分的 L2 高速缓存运行在处理器核一半的时钟频率上。L2 的高速缓存块大小为 128B。L2 高速缓存大小的设计基于多个因素的考量。一个因素是采用包含策略会浪费缓存容量，因此需要使用更大的 L2 高速缓存。L1 数据高速缓存（32KB）和 L2 高速缓存（256KB）大小的比例为 1 : 8，则浪费的缓存容量为 12.5%。如果可以增加 L2 高速缓存的大小，那么浪费的容量比例会进一步下降，不过目前的结果还在可接受的范围内。另一个因素是访问延迟，当大小为 256KB 时，如果时钟周期为 4GHz，那么 L2 高速缓存的访问时延为 2ns 或者 8 个时钟周期。减小 L2 缓存大小可以降低访问延迟，但是在 Power7 的例子中，访问延迟可以降低的程度非常小。增加 L2 缓存大小可以降低缓存缺失率，但是由于 L3 高速缓存（访问时延为 6ns 或者 24 个时钟周期）可以提供 32MB 的容量，因此增加 L2 高速缓存对缺失率的影响也不显著。第三个因素是 L1 高速缓存产生的频繁写直达所导致的功耗开销。较大的 L2 高速缓存会产生较多的功耗，因此从功耗的角度则更倾向于较小的 L2 高速缓存。整体而言，设计高速缓存层次需要平衡上述相互矛盾的多种因素。

L3 高速缓存包含 8 个大小为 4MB 的区域，总计 32MB。这是 IBM Power 处理器系列中的第一款 NUCA 高速缓存，其中本地 L3 高速缓存区域的访问时延为 6ns，而远端 L3 181 高速缓存区域的访问时延为 30ns。因此，远端和本地访问时延的比例为 5 : 1，这也意味着需要尽可能多的让缓存请求在本地命中。值得注意的是，典型的片下 DRAM 主存访问时延为 30 ～ 60ns，与远端高速缓存区域访问时延处于同一数量级，因此远端高速缓存区域访问的时延开销几乎与片下 DRAM 主存访问相同。然而，与片下 DRAM 主存相比，远端高速缓存区域可以提供更高的带宽（512GB/s，而片外 DRAM 带宽通常为几或者十几 GB/s）和更低的功耗，因此对于支持大量线程的运行至关重要。

每个 L3 高速缓存区域是 8 路相联。其中占据 4MB 区域的数据阵列采用 DRAM 实现，而标签阵列采用 SRAM 实现。采用 SRAM 实现标签阵列的好处是访问速度快且支持非损坏式读，从而可以快速确定缓存访问是命中还是缺失。采用 eDRAM 实现数据阵列的好处是高密度且高容量。每个 eDRAM 槽可以包含 1 个晶体管和 1 个电容。相比之下，每个 SRAM 槽可以包含 6 个晶体管。根据 IBM 估算，同样容量的 L3 高速缓存，采用 eDRAM 实现所需的片面面积比采用 SRAM 实现要小三倍。虽然容量较大，但是采用 eDRAM 实现的缺陷是访问时延较大且 eDRAM 槽需要不断刷新。为了缓解这些缺陷，IBM 采用了一系列技术。例如，在请求访问缓存的过程中，并行刷新缓存中未被访问的区域，从而掩盖刷新延迟。根据 IBM 估算，eDRAM 缓存在待机状态下能耗只有同等 SRAM 缓存的五分之一。

L2 和 L3 高速缓存是如何组织的呢？ L3 高速缓存对 L2 高速缓存既不包含也不排他。因此，这是一个采用了 NINE 策略的样例。当 L2 高速缓存中的数据块缺失在 L3 高速缓存中命中时，数据块会被分配到 L2 高速缓存中并且在 L3 高速缓存中的副本也会被保留。该数据块最终会被替换出 L3 高速缓存时，但并不会将 L2 高速缓存中的副本标记为无效。在该设计中，还采用了排他高速缓存常见的一个特性，即从 L2 高速缓存中被替换出的数据块，如果该数据块不在 L3 高速缓存中，则会被分配到 L3 高速缓存中。回顾一下，排他高速缓存的一个缺陷就是由于其为每个从内层高速缓存中替换出的数据块分配一个缓存行，因而会产生频繁的高速缓存访问。在本例中频繁访问 L3 高速缓存的开销较大，因为访问 L3 高速缓存会涉及 DRAM 操作。因此，在数据块已经分配在 L2 高速缓存中的情况下，仍然保留 L3 高速缓存中的数据块副本是比较合理的。当数据块从 L2 高速缓存中被替换出时会先检查 L3 高速缓存的标签，如果该数据块有副本保存在 L3 高速缓存中，那么该数据块直接从 L2 高速缓存中被替换出，无须在 L3 高速缓存中分配该数据块。

图 5-29 展示了缓存块填充（虚线箭头所示）和替换的路径（实线箭头所示）。L1 缓存缺失会从 L2 高速缓存中读取并填充该数据块。如果在 L2 高速缓存上也发生缺失，则会从 L3 高速缓存中读取该数据块。如果 L3 高速缓存也缺失，则会从片下主存中读取。L1 高速缓存中的数据块替换不会影响 L2 高速缓存，因为该数据块的最新副本已经保存在 L2 高速缓存中（值包含）。L2 高速缓存中的数据块替换会按照以下情况中的一种进行处理：分配该数据块到 L3 高速缓存中（如果该数据块不在 L3 高速缓存中）；更新已经在 L3 高速缓存中的该数据块（被替换的数据块已标记为“脏”）；更新 L3 高速缓存标签阵列中该数据块对应的状态 / 目录，并且丢弃该数据块（如果被替换的数据块是“干净”的，并且该数据块已经保存在 L3 高速缓存中）。

回顾一下，L3 高速缓存为 NUCA 架构，远端区域和本地区域的访问时延比例为 5 ：1，保持 L3 本地区域高速缓存命中率高于远端区域对于改善性能至关重要。因此，在 Power7 的设计中将 L2 高速缓存中替换出的数据块分配到 L3 高速缓存的本地区域而不是远端区域是比较合理的。然而，如果 L2 高速缓存只使用 L3 高速缓存的本地区域，那么对 L3 高速缓存的使用将变得不均衡，一些区域使用频繁而另一些区域则很少使用。因而，Power7 允许在 L3 高速缓存区域之间移动数据块（横向逐出）。当数据块从本地 L3 高速缓存区域被替换出时，该数据块可能被分配到远端 L3 区域中的一个（基于启发式算法）。选择哪一个 L3 区域放置被逐出的数据块，以及该区域是否接收该数据块也由一些启发式算法来决定。为了避免数据块不断地从一个区域移动到另一个区域，需要将横向逐出的数据块与由 L2 替换而分配的数

182

据块（本地逐出）区分开来。当出现本地逐出时，被识别为横向逐出的数据块（第二种数据块类型）在缓存空间不足的情况下会被优先替换出缓存，从而为本地逐出的数据块（第一种数据块类型）预留足够的空间。如果没有第二种类型的数据块，那么第一种类型的数据块会被替换出。由于第二种类型的数据块总是优先于第一种类型的数据块被替换出，随着时间的迁移第二种类型的数据块会越来越少。因此，需要一个机制来不断补充第二种类型的数据块。在 Power7 中是通过将第一种类型数据块中的 LRU 数据块转化为第二种类型来实现的。

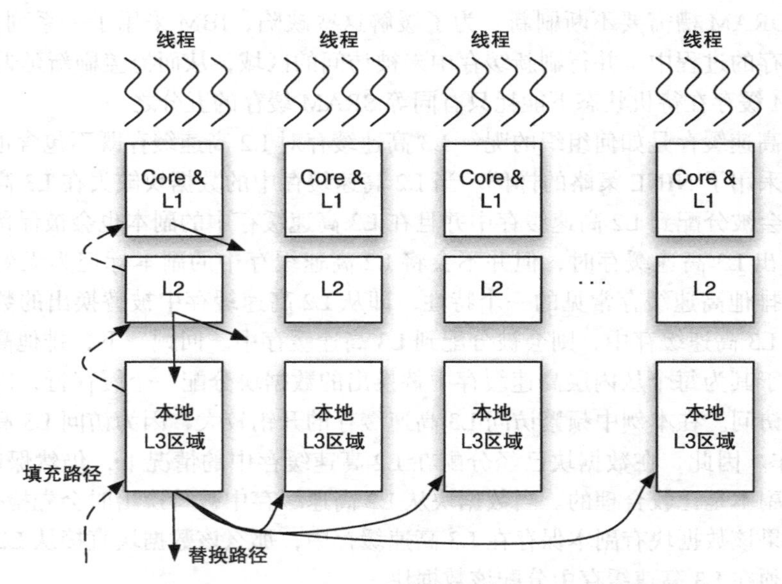

图 5-29 IBM Power7 的数据块填充和逐出路径

整体来说，Power7 的存储层次设计可以支持大量同时运行的线程。在 L3 高速缓存使用 eDRAM（而不是 SRAM）就是为了提供大容量的高速缓存从而支持高并发的线程。当然，这种设计是以牺牲访存时间为代价的。然而，设计者们似乎特别关注使用 eDRAM 实现 L3 高速缓存的性能影响，因此采取了很多措施来减少 L3 高速缓存的访问次数。前面提到过，在 L1 和 L3 高速缓存之间插入 L2 高速缓存，不仅能够过滤 L1 缓存缺失，而且能够过滤 L1 高速缓存的写直达。除此之外，当一个“干净”的数据块被替换出 L2 高速缓存时，会首先检查 L3 高速缓存的标签阵列从而避免不必要地更新 L3 高速缓存中的数据。通过 L3 高速缓存中的横向逐出机制可以允许线程以一种流畅的方式共享 L3 缓存容量，从而尽可能地减少片下存储访问。这些措施主要关注如何避免片下存储带宽成为数据供应的性能瓶颈，因为片下存储访问时延与远端 L3 高速缓存区域访问时延相当。

183

5.8.2 AMD Shanghai 和 Intel Barcelona 处理器存储层次的比较

在这个案例分析中，将会讨论 AMD 和 Intel 四核处理器的存储层次设计，主要关注包含策略选择对性能的影响。需要注意的是，由于没有考虑缓存一致性策略，这里对高速缓存包含策略的讨论是不完整的。但是，考虑到截至该章为止还没有讲解缓存一致性协议，这里将只讨论包含策略及其性能影响。本章的讨论是基于 Hackenberg 等人在文献[21]中的大量实验结果。

图 5-30 展示了进行比较的两个系统的存储层次。图中显示了 AMD 和 Intel 四核处理

器在较高层面具有相似的高速缓存配置，如每个处理器核都有自己的 L1 和 L2 高速缓存。L1 指令和数据高速缓存在 Intel 架构下各自只有 32KB，相对于 AMD 的各自 64KB 而言较小。所有的处理器核共享 L3 高速缓存。内存控制器和通信枢纽（AMD 中为 Hypertransport，Intel 中为 QuickPath Interconnect）都集成在芯片上，通信枢纽可以连接其他芯片从而增加系统的规模。然而，L3 高速缓存采用了不同的包含策略：AMD 采用了既不包含又不排他策略（NINE）而 Intel 采用了包含策略，并且 Intel 的 L3 高速缓存的包含策略扩展到涵盖 L1 和 L2 高速缓存的所有数据块。

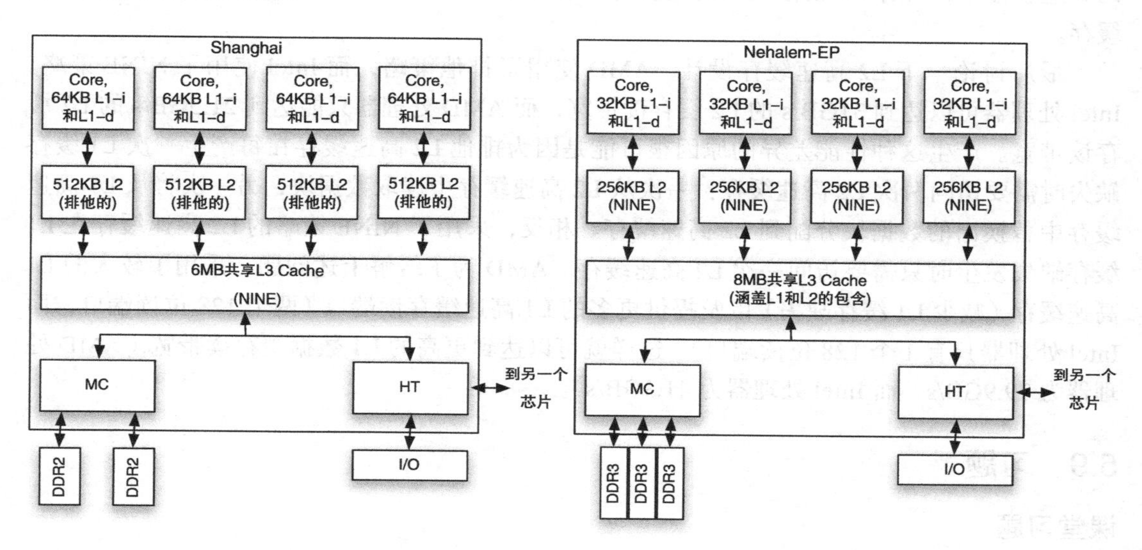

图 5-30 AMD Shanghai 和 Intel Nehalem-EP 四核处理器的存储层次

这里首先关注 L3 高速缓存并考虑不同策略浪费的缓存容量。在 AMD 处理器中，L2 缓存大小为 512KB，因此对于所有处理器核 L2 缓存容量的总大小为 2MB。L3 缓存大小为 6MB。如果 AMD 采用了包含策略，三分之一的 L3 高速缓存将被用于存储已经缓存在 L2 中的数据块，这也就损失了很多的缓存容量。另一方面，在 Intel 处理器中 L2 缓存大小为 256KB，4 个处理器核的总 L2 缓存容量为 1MB。L3 缓存大小为 8MB。如果 Intel 处理器对 L3 高速缓存选择包含策略（事实确实如此），那么浪费的缓存容量只有八分之一。这与 AMD 相比更容易被接受。值得注意的是，AMD 使用了 NINE 策略而不是排他策略，因此 L3 高速缓存也会保存一些已经缓存在 L2 中的数据块。这就意味着 AMD 处理器也会浪费一些缓存容量，但是比起使用包含策略需要浪费三分之一的缓存容量要小一些。回顾一下，排他策略需要 L2 和 L3 之间具有非常高的缓存带宽（这里有 4 个 L2 高速缓存），而 NINE 策略则可以在缓存容量浪费和高缓存带宽（L2 与 L3 之间）之间取得较好的折中。 [184]

接下来讨论一下包含策略对其他方面造成的性能影响。假设处理器核在 L1 和 L2 高速缓存上发生缺失，那么缺失请求会转发到 L3 高速缓存，同时假设在 L3 高速缓存仍然出现缓存缺失。如果 L3 高速缓存采用了包含策略，那么 L3 缓存缺失也就意味着数据块不存在于 L1 或者 L2 高速缓存。因此，对于采用了包含策略的 L3 高速缓存，请求会被直接转发到内存控制器。而对于采用了 NINE 策略的 L3 高速缓存，即使 L3 高速缓存产生缺失，所请求的数据块仍然可能保存在其他 L2 高速缓存中。虽然在一些情况下请求仍然可以被转发到内存控制器，但是在另外一些情况下，请求的数据块可能已经在某个 L2 高速缓存中被修改，并且该L2高速缓存成为唯一保存该数据块有效值的缓存。因此，如果缺乏更有效的过滤机制，L3高速缓存在转发缺失请求到内存控制器之前必须检测所有L2高速缓存的标签。文献[21]显示，对于上述情况Intel处理器的缓存请求时延为65ns，而AMD处理器则更高，需要77ns。更进一步，对于采用了NINE策略的L3高速缓存，每一个L3缓存缺失都需要检测所有L2和L1高速缓存的标签（如果L2高速缓存选择不包含策略的话）。这就意味着增加了L1和L2高速缓存控制器的占用率，需要在高速缓存设计中予以考虑。在采用了包含策略的高速缓存中，所有L3缓存缺失会直接转发给内存控制器而不需要检测其他L1和L2高速缓存。

最后讨论一下L2高速缓存设计。AMD使用了排他策略，而Intel使用了NINE策略。Intel处理器可以达到31GB/s的L2缓存读带宽，而AMD处理器只能达到21.5GB/s的L2缓存读带宽。产生这种性能差异的原因很可能是因为排他L2高速缓存在每产生一次L1缓存缺失时需要访问两次L2高速缓存：一次从L2高速缓存中读取数据块，另一次将从L1高速缓存中替换出的数据块分配到L2高速缓存。相反，采用了NINE策略的L2高速缓存在L1缓存缺失发生时只需要访问一次L2高速缓存。AMD为了缓解上述问题，采用了较大的L1高速缓存（减少L1缓存缺失）以及提供更多的L1高速缓存读端口（两个128位读端口，而Intel处理器只有1个128位读端口），这样就可以达到更高的L1数据缓存读带宽（AMD处理器为79.9GB/s，而Intel处理器为41.3GB/s）。 185

5.9 习题

课堂习题

1. **平均访问时间**。假设处理器有一个L1高速缓存和一个L2高速缓存。L1高速缓存的访问时间为1ns，L2高速缓存的访问时间为9ns，L2缓存缺失的开销为90ns。平均情况下，工作负载在L1高速缓存上的缺失率为10%，而在L2高速缓存上的缺失率为20%。L2缺失率等于L2缓存缺失数除以L2缓存的访问次数。
   (a) 计算平均访问时间（AAT）。
   (b) 假设L2缓存大小加倍（其他保持不变），并且L2缓存缺失率减少到10%。与缓存大小不加倍相比，L2高速缓存的最大访问时间是多少可使得AAT降低？
   (c) 如果30%的指令是访存指令（加载和存储），CPI是多少？CPI在理想高速缓存下是0.5。在理想高速缓存下，访问时延为0且缺失率为0%。处理器的时钟频率为2GHz。

   答案：
   (a) $AAT = 1 + 0.1 \times 9 + 0.1 \times 0.2 \times 90 = 3.7\text{ns}$
   (b) $AAT' = 1 + 0.1 \times x + 0.1 \times 0.1 \times 90 = 1.9 + 0.1x$。如果要求 $AAT' < AAT$，那么 $1.9 + 0.1x < 3.7$，这就意味着新的L2高速缓存的访问时延需要小于18ns。
   (c) 2GHz处理器的每个时钟周期的时间为0.5ns。因此，3.7ns = 7.4个时钟周期。$CPI = CPI_{ideal} + frac_{mem} \times AAT = 0.5 + 0.3 \times 7.4 = 2.72$。

2. **高速缓存替换策略**。假设有一个4路相联的高速缓存。在高速缓存的其中一组，可以观察到如下数据块地址的访问序列：A B C D E A G H F G G C D F G E B A。请判断每次缓存访问会命中、缺失还是缺失后替换？指出在LRU、OPT、FIFO和伪LRU策略下被替换的数据块？假设在该访问序列后，未来的访问序列为“G F A C D B E”。对于伪LRU，假设初始状态时所有的位均为0。采用下列方式进行标记，即“H”为命中，“M”为缺失，“MR-*x*”为缺失并替换数据块*x*。 186

答案：

访问的数据块	LRU	伪 LRU	FIFO	OPT
A	M	M	M	M
B	M	M	M	M
C	M	M	M	M
D	M	M	M	M
E	MR-A	MR-A	MR-A	MR-B
A	MR-B	MR-C	MR-B	H
G	MR-C	MR-B	MR-C	MR-A
H	MR-D	MR-D	MR-D	MR-D
F	MR-E	MR-E	MR-E	MR-H
G	H	H	H	H
G	H	H	H	H
C	MR-A	MR-A	MR-A	H
D	MR-H	MR-F	MR-G	MR-C
F	H	MR-H	H	H
G	H	H	MR-H	H
E	MR-C	MR-C	MR-F	H
B	MR-D	MR-D	MR-C	MR-E
A	MR-F	MR-F	MR-D	MR-D

3. **高速缓存替换和索引**。

(a) 对于直接映射高速缓存，是否可以取得比全相联并且采用 LRU 替换策略的高速缓存更低的缺失率？请对你的回答进行解释。

(b) 假设高速缓存具有 n 个组，数据块大小为 b。同时假设运行程序具有步长访问的模式，并且从地址 0 开始步长为 s。也就是说，产生的访问地址为 0、s、$2s$、$3s$、$4s$，……如果 $n = 32$，$b = 8\text{B}$，并且 $s = 32\text{B}$，请指出高速缓存中的哪些组利用率较高。

(c) 假设高速缓存中的组数不是 2 的指数幂，比如说将组数设置为质数（$n = 31$）。请指出高速缓存中的哪些组利用率较高，并进行解释。

答案：

(a) 可以。例如，当高速缓存有 2 个数据块且访问模式为 A、B、C、A、B、C……假设 A 和 C 映射到组 0 并且 B 映射到组 1。对于直接映射的高速缓存，所有对 B 的访问都会是缓存命中，而对 A 和 C 的访问则会产生缓存缺失。因此，缓存命中率为 33%。对于全相联 LRU 高速缓存，由于所有数据块都被映射到相同的组内，缓存命中率为 0%。

(b) 利用率较高的组为 0、4、8、12、16、20、24、28，其他的组完全没有被使用。

(c) 组被使用的顺序为 0、4、8、12、16、20、24、28，然后是 1、5、9、13、17、21、25、29，然后是 2、6、10、14、18、22、26、30，然后是 3、7、11、15、19、23、27，最后返回到 0，以此类推。因此，所有组都被平均利用起来。事实上，只要步长不是组数的倍数（包括所有为 2 的幂指数的步长），所有的组都可以被平均利用。

187

4. **包含策略**。假设有一个全相联的 L2 高速缓存，该 L2 高速缓存有 4 个缓存行；一个直接映射的 L1 高速缓存，该 L1 高速缓存有 2 个组。高速缓存采用写回写分配策略。对于如下给定的访问序列，确定一个采用包含策略 L2 高速缓存的每次访问的结果。数据块 A、B、C、D 映射到 L1 高速缓存的第二个组，同时数据块 U 和 V 映射到 L1 高速缓存的第一个组。对于所有高速缓存，访问结果有如下几种：命中（H），缺失（M），缺失并且 X 为替换数据块（M－X）。L2 高速缓存采用 LRU 替换策略。请给出高速缓存中的最终内容。访问序列为：读（V），读（B），读（D）。高速缓存的初始内容如下图所示。

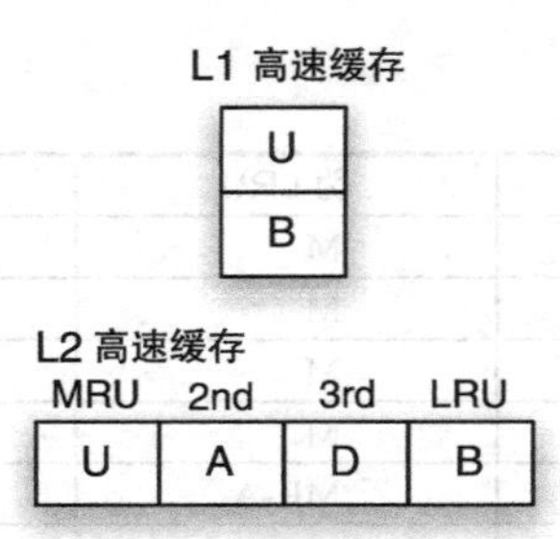

答案：

访问	L1 高速缓存	L2 高速缓存
读（V）	M-U	M-B（反向无效 L1 中的 B）
读（B）	M	M-D
读（D）	M-B	M-A

高速缓存的最终内容

L1 高速缓存

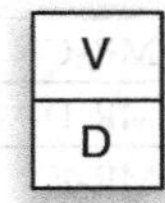

L2 高速缓存

MRU	2nd	3rd	LRU
D	B	V	U

课后习题

1. **平均访问时间**。假设系统中有两级高速缓存。L1 缓存命中后的访问时延是 1 个时钟周期，L2 缓存命中后的访问时延是 9 个时钟周期。L2 缓存缺失的时延是 100 个时钟周期。

188

  (a) 如果应用的缓存缺失率为：20% 在 L1 高速缓存和 10% 在 L2 高速缓存，计算平均访问时间（AAT）。
  (b) 假设系统通过加倍 L2 缓存容量来减少缺失率，但 L2 缓存变大后的访问时延为 12 个时钟周期。那么对于增加容量后的 L2 高速缓存，缺失率需要至少降低多少才能减少 AAT？
  (c) 在（b）的情况下，假设缺失率符合幂次定律且 R = 0.5。那么新的 L2 高速缓存是减少还是增加了 AAT？这种新的 L2 高速缓存设计是否值得采用？

2. **替换策略**。假设有一个全相联的高速缓存，该高速缓存有 4 个缓存行。高速缓存采用写回写分配策略。高速缓存中的每一个数据块都处于以下状态之一：脏（D），有效干净（V）和无效（I）。对于如下给定的访问序列，确定在采用如下四种缓存替换策略下每一次访问的结果：最近最少使用（LRU），先入先出（FIFO），伪 LRU 和 Belady 最优。结果可以表示为命中（H）、缺失（M）和缺失并且 X 为替换数据块（M – X）。最后，给出高速缓存中最终内容。访问序列为 R(A)、R(B)、W(C)、R(D)、W(A)、R(C)、R(E)、R(A)、R(B)。对于 Belady 最优策略，假设在此访问序列之后，访问序列为 A、C、D、E 等。对于伪 LRU 策略，假设初始化时所有的位都为 0。

3. **包含策略**。假设有一个全连联 L2 高速缓存，该高速缓存有 4 个缓存行；一个直接映射 L1 高速缓存，该高速缓存有 2 个组。高速缓存采用写回写分配策略。对于如下给定的访问序列，确定对 L2 高速缓存每一个访问的结果。数据块 A、B、C、D 映射到 L1 高速缓存的第二个组，同时数据块 U 和 V 映射到 L1 高速缓存的第一个组。对于所有高速缓存，访问结果有命中（H）、缺失（M）、缺失并且 X 为替换数据块（M – X）。L2 高速缓存采用 LRU 替换策略。请给出高速缓存中的最终内容。访问序列为：

读（V)，读（B)，读（D)。

(a) 假设 L2 高速缓存是非包含的且高速缓存的初始内容如下：

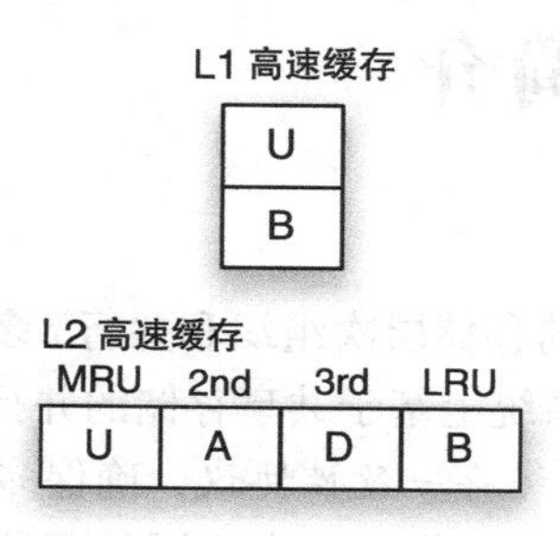

(b) 假设 L2 高速缓存是排他的且高速缓存的初始内容如下：

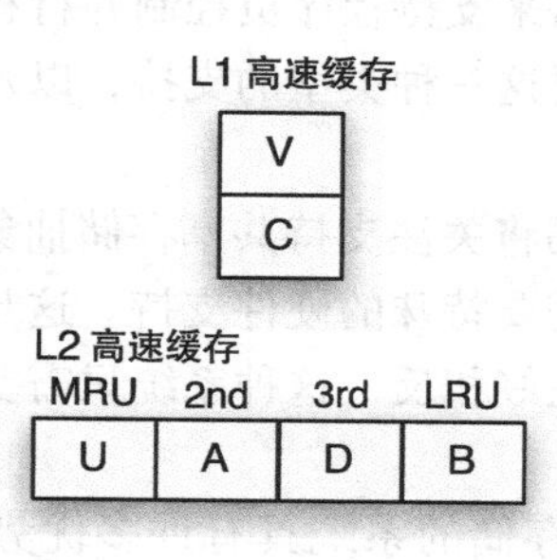

189

4. **幂次定律**。如果想要将一个工作负载的缓存缺失率降低到 50%，需要将缓存的容量增加到多少？假设工作负载对缓存大小的敏感度（α）分别为 0.3、0.5、0.7 和 0.9。
5. **幂次定律和栈距离特性**。假设工作负载的 $\alpha = 0.5$，在一个大小为 C_0 的 8 路组相联高速缓存上的缺失率为 10%。计算栈距离计数器 $C_1, C_2, \cdots, C_8$，其中每个计数器表示在不同栈位置上的访问比例。在 $\alpha = 0.3$ 和 $\alpha = 0.8$ 时，重新计算上述值。
6. **非一致高速缓存体系结构（NUCA）**。假设程序运行在一个处理器上，具有如下对不同栈位置的访问比例：

栈位置	应用 1 的访问比例	应用 2 的访问比例
1	60%	50%
2	10%	10%
3	5%	8%
4	3%	7%
5	2%	5%
6	0%	1%
7	8%	1%
8	7%	1%
9（或更高）	5%	17%

假设系统实现了多个高速缓存 bank 且每个高速缓存 bank 具有不同的访问时延。最近的高速缓存 bank 的访问时延是 3 个时钟周期，并且将数据块保存在前两个栈位置上（最近和次最近被使用的数据块）。稍远一点的高速缓存 bank 的访问时延是 6 个时钟周期，并且将数据块保存在接下来的两个栈位置上。再远一点的高速缓存 bank 的访问时延是 9 个时钟周期，并且将数据块保存在再接下来的两个栈位置上。最远的高速缓存 bank 的访问时延是 12 个时钟周期，并且将数据块保存在最后的两个栈位置上。

(a) 应用 1 的平均高速缓存访问时间是多少？

(b) 应用 2 的平均高速缓存访问时间是多少？

190

第 6 章

Fundamentals of Parallel Multicore Architecture

共享存储多处理器简介

在第 5 章中讨论了单处理器的存储层次组织和并行 / 多核系统，本章将讨论需要什么样的硬件支持才能保证在多处理器系统上基于共享存储的并行程序的正确执行。本章将重点介绍三种主要类型的硬件支持：1）*缓存一致性协议*，确保多个处理器看到的缓存数据是一致的；2）*存储一致性模型*，确保存储操作顺序在不同处理器上是一致的；3）*硬件同步*支持，提供一个简单、正确和高效的原语来支持程序员控制并行程序。同时本章也在更高的层面讨论了任何共享存储多处理器都需要这三种类型的支持，以及这三种支持之间的关联关系。本章可以作为本书剩余章节的导论。

前面的章节已经提到过，本书将关注支持共享存储抽象的多处理器系统。共享存储的抽象并不总是可以自动实现的：它需要特殊的硬件支持。这与不提供共享存储抽象而依赖于消息通信来实现处理器交互的系统正好相反，这种系统只需要一个消息传送的库来简化消息的发送和接收即可。

将多处理器系统组织成共享存储的系统具有许多优势。第一，程序的编写可以基于共享存储系统的假设，如基于共享存储的并行程序和针对单处理器系统编写的多线程程序将可以直接在共享存储多处理器系统上运行。如果系统不提供共享存储，那么这些程序将需要进行大量的修改才能在该系统上运行。第二，系统上只需要运行一个操作系统镜像，这就简化了系统维护和线程协同调度。第三，包括多个节点的基于共享存储的多处理器系统的存储总大小等于节点数和每个节点存储大小的乘积，这使得基于共享存储的多处理器系统对于存储消耗较大的应用更加适用。例如，一份在由 128 个处理器组成的 Origin 2000 共享存储系统（20 世纪 90 年代后期）上的应用运行评测报告显示，有很大一部分应用无法并行执行，并且需要使用很大的存储空间才不会出现存储颠簸，而获得较好的性能。这些应用在不提供共享存储的系统上将会造成大量的页错误。第四，细粒度共享在基于共享存储的多处理器系统上很容易得到支持。通信若干字节或者一个缓存块需花费几百到几千个时钟周期，而在没有共享存储的系统上，消息封装、发送、接收、拆封的开销要比有共享存储支持的系统高出来若干个数量级。因此，在不支持共享存储的系统中，程序中的算法需要将数据组织成大的集合并使用较少的大消息一起发送，而不是使用大量的小消息，从而降低消息发送和接收的频率。第五，在共享存储系统中通用的数据结构可以被所有线程读取而无须存储多个副本，而在不支持共享存储的系统中这些数据结构则需要被复制出多个副本，从而产生额外的存储开销。

191

提供共享存储抽象需要硬件支持，而根据系统平台本身的不同，这些硬件支持可能会比较昂贵。对于小规模的系统如多核系统或者通过总线互连的少量多核芯片，硬件的复杂度相对较低。实际上，在多核处理器上处理器核共享高速缓存，共享存储可以自动得到支持。然而，提供共享存储的代价随着处理器数量的增加而超线性地增加。相反，对非共享存储系统而言，只要对高带宽和低延迟的需求不是太高（允许使用可扩展性不是很好的互连），其系统代价随着处理器数量的增加而相对线性地增加。实现包含了上千个节点的基于共享存储的多处理器系统可能会非常昂贵。为了实现大规模系统，一组共享存储的节点可以互连在一起，将共享存储的抽象实现在节点内而不是节点之间。

6.1　缓存一致性问题

假设一个多处理器系统，每个处理器都有一个私有高速缓存，并且将这些处理器聚合在一起形成基于共享存储的多处理器系统。假设通过总线将这些处理器互连在一起，如图 6-1 所示。现在的问题是：唯一的（single）共享存储的抽象能否自动实现？答案是否定的，其原因会在下面进一步讨论。理解发生了什么问题非常重要，只有基于对问题的理解，才可能得出哪些硬件支持对于提供共享存储抽象是必需的。

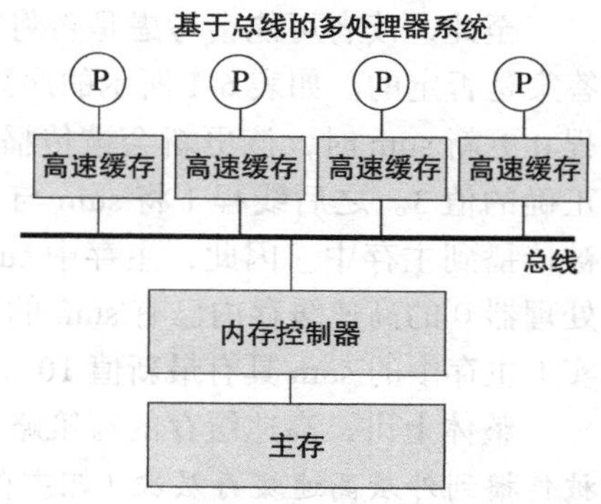

图 6-1　基于总线的简单多处理器系统（该系统有 4 个处理器核）

例如，考虑下面的代码（见代码 6.1），其中有两个线程在两个处理器上执行来累加 a[0] 和 a[1] 的值到变量 sum 中。

代码 6.1　累加两个值到 sum 中

```
1 sum = 0;
2 #pragma omp parallel for
3 for (i=0; i<2; i++) {
4   #pragma omp critical {
5     sum = sum + a[i];
6   }
7 }
8 ... = sum;
```

假设 a[0] = 3 并且 a[1] = 7。计算的正确结果是在计算结束时 sum 中包含了 a[0] 和 a[1] 之和，其值等于 10。假设已经插入了合适的同步语句从而每次只能有一个线程访问 sum。在没有高速缓存的系统中，线程 0 从存储中读取 sum 的初始值，累加 3 到 sum 中，并将结果存回存储。线程 1 从存储中读取 sum 的值（这时已经是 3），累加 7 到 sum 中，并将结果 10 存回存储。当线程 0 从存储中读取 sum 时，这时的值已经是 10，该结果正确。　192

表 6-1　缓存一致性问题展示

动作	P0 的高速缓存	P1 的高速缓存	存储
初始状态	—	—	$sum = 0$
P0 读 sum	$sum = 0$	—	$sum = 0$
P0 将 a[0] 累加到 sum	$sum = 3$，脏	—	$sum = 0$
P1 读 sum	$sum = 3$，脏	$sum = 0$	$sum = 0$
P1 将 a[1] 累加到 sum	$sum = 3$，脏	$sum = 7$，脏	$sum = 0$

现在想象每个处理器都有一个高速缓存（见图 6-1），更具体点，该高速缓存为写回高速缓存。初始化时，存储中 sum 的值为 0。操作的顺序如表 6-1 所示。线程 0 开始从存储中变量 sum 的地址读取（load 指令）数值进入寄存器，这就导致包含 sum 的存储块被缓存到处理器 0 中。之后，线程 0 执行加指令将 sum 与 a[0] 相加。相加的结果当前仍然保存在寄存器中，之后通过 store 指令写回 sum 在存储中的地址。由于包含 sum 的存储块已经被缓存，缓

存块修改后脏位会被设置。同时，主存中仍然保存着已经过时的存储块，其中 sum 的值为 0。当线程 1 从主存中读取 sum 时，它将看到 sum 的值为 0。然后将 a[1] 和 sum 相加，并将结果存在高速缓存中，其缓存的 sum 值为 7。最终，当线程 0 读取 sum 的值时，将会直接读取其缓存中的有效副本（缓存命中），那么它得到的 sum 的值为 3，这是不正确的。

至此，读者可能会考虑是否将写回高速缓存替换为写直达高速缓存问题就能得到解决。答案是否定的。如表 6-1 所示的序列，采用写直达高速缓存可以部分缓解该问题，因为当线程 0 更新 sum 时，该更新会被传播到主存中。因此，当线程 1 读取 sum 的值时，它将读到正确的值 3。之后线程 1 将 sum 与 7 相加，这时 sum 变为 10。当更新 sum 的值时，同时会被传播到主存中。因此，主存中 sum 的值为 10。然而，当线程 0 打印 sum 的值时，会发现处理器 0 的高速缓存内已有 sum 的有效副本（缓存命中），那么其打印出来的值是 3（尽管事实上主存中的 sum 具有最新值 10），这是不正确的。

整体上讲，高速缓存的写策略（写直达或者写回）只能控制高速缓存副本值的修改如何*被传播到外层高速缓存层次*（如主存），但并不能控制缓存副本值的修改如何*被传播到同级高速缓存的其他副本中*。当然，这个问题对于没有高速缓存的系统并不存在。由于该问题的根源在于同一个数据在不同高速缓存中看到的值是不一致的，因此也被称为*缓存一致性问题*。

为了满足数据在多个高速缓存中具有相同的值，需要缓存一致性的支持，至少需要一个机制来将一个高速缓存中的修改传播到其他高速缓存中。这种需求被称为*写传播需求*。支持缓存一致性的另一个需求是*事务串行化*。事务串行化本质上要求对于同一存储地址的多个操作，在所有处理器看来其顺序是一致的。

这里讨论事务串行化的需求。首先讨论两个写之间的串行化需求，之后再讨论一个读和一个写之间的串行化需求。前者的情形如图 6-2a 所示。图中假设有 4 个处理器：P1、P2、P3 和 P4。P1 在其高速缓存中 x 的地址上写入值 1，与此同时 P2 在其高速缓存中相同 x 的地址上写入值 2。如果只提供写传播而没有串行化，P3 和 P4 可能会看到对 x 的不同修改顺序。P3 可能看到 P2 的写入发生在 P1 的写入之前，因此它看到的 x 的最终值是 1。相反，P4 可能看到 P1 的写入发生在 P2 的写入之前，因此它看到的 x 的最终值是 2。最终，P3 和 P4 对于相同的存储地址看到不同的值，这就是缓存数据发生不一致。因此，需要在写之间进行串行化，从而保证所有处理器看到的缓存数据是一致的。

图 6-2b 展示了读写之间需要进行串行化。图中假设有 3 个处理器：P1、P2 和 P3。P1 在其高速缓存中的 x 地址上写入值 1，该更新在不同的时间内被传播到 P2 和 P3。如果只提供了写的串行化而没有提供读写之间的串行化，对于 xP2 和 P3 可能会看到不同的值。假设 P2 执行了读操作并将其转发给 P3。P3 还没有收到从 P1 发过来的写传播，因此将 x 的旧值 0 返回给 P2。最终，P3 收到从 P1 发过来的写传播，并将 x 的值更新为 1。最终，P2 认为 x 的最新值为 0，而 P3 认为 x 的最新值为 1。P2 和 P3 对于相同的存储地址看到了不同的值，这就是缓存数据发生不一致。因此，需要在读写之间进行串行化，从而保证所有处理器看到的缓存数据是一致的。

由于需要串行化读和写操作，通常将写操作称为*写事务*，而将读操作称为*读事务*，这也就意味着每一个操作相对于其他操作来说是原子的。然而，两个读操作之前并不需要序列化。由于没有写操作，对于两个读操作而言，只要初始化时数值是一致的，读操作总是会返回相同的值。

缓存一致性是通过被称为缓存一致性协议的机制来实现的。为了保证缓存一致性协议的正确性，需要实现写传播和事务串行化。

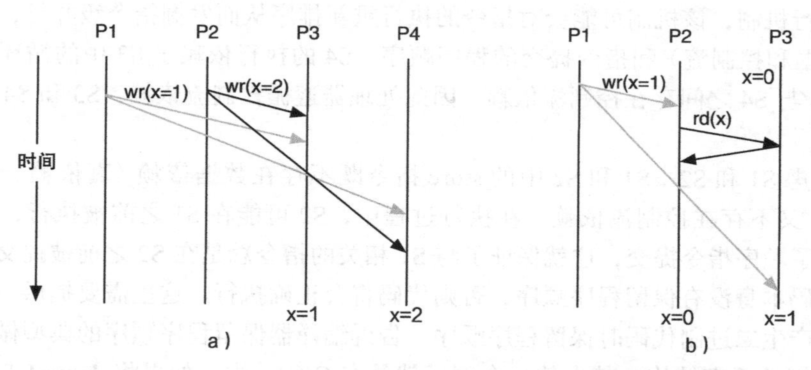

图 6-2 在写之间（a）以及读写之间（b）需要进行事务串行化

第 7 章将会讨论缓存一致性协议。

6.2 存储一致性问题

在多处理器系统上另一个需要解决的问题是*存储一致性问题*，该问题比缓存一致性问题更加复杂。缓存一致性需要将同一地址上的值的修改从一个高速缓存中传播到其他高速缓存，并且将这些修改串行化。而存储一致性主要用于解决对不同存储地址的所有存储操作（load 和 store）的排序。该问题被称为存储一致性，因为不像缓存一致性问题只发生在有高速缓存的系统中，即使在没有高速缓存的系统也存在存储一致性问题，尽管高速缓存可能使得该问题更加严重。

为了解释这个问题，考虑一组信号 – 等待同步。读者可以回顾第 3 章，对于 DOACROSS 和 DOPIPE 并行来说是需要这种类型的同步的。假设线程 0 产生了一个数据，而该数据将会被线程 1 所使用（读）。线程 0 执行 post 函数通知线程 1 数据已经准备好，线程 1 执行 wait 函数阻塞等待直到相应的 post 函数被执行。一种实现信号 – 等待对的简单方法是使用初始化为 0 的共享变量。post 操作将该变量设置为 1，而 wait 操作等待直到该变量被设置为 1。该方法如代码 6.2 所示。在该代码中，共享变量 datumIsReady 实现了信号 – 等待对。处理器 1（执行线程 1）在循环中等待直到 datumIsReady 被设置为 1，这也意味着 datum 已经产生。

195

代码 6.2 信号 – 等待同步

P0:	P1:
1 S1: datum = 5;	1 S3: while (!datumIsReady) {};
2 S2: datumIsReady = 1;	2 S4: print datum;

考虑代码 6.2 在单处理器系统上是否可以正常运行。在单处理器系统上，代码执行的正确性取决于 S1 语句是否在 S2 语句之前被执行。如果基于一些原因语句 S2 在 S1 之前被执行，那么 datumIsReady 在 datum 被写入之前被设置为 1。类似地，如果 S4 在 S3 之前被执行，它可能在 datum 被写入之前执行了打印操作。因此，代码执行的正确性取决于 S1、S2、S3 和 S4 语句执行的合适顺序。与源程序对应的二进制代码保留语句原有的执行顺序至关重要。程序源码中呈现出的指令顺序被称为*程序顺序*。

首先考虑 S3 和 S4 的程序顺序是如何在单处理器上得到保留的。当今的典型处理器都实现了乱序执行机制，该机制可能会对指令的执行重新排序从而发掘指令级并行，并且仍然保留依赖（数据和控制流）和指令提交的程序顺序。S4 的执行依赖于 S3 中的循环条件是否满足，因此 S3 与 S4 之间存在控制流依赖。因此处理器遵循控制流依赖，S3 和 S4 将按照程序顺序执行。

接着考虑 S1 和 S2。S1 和 S2 中的 store 指令既不存在数据依赖（真依赖、反依赖或者输出依赖），又不存在控制流依赖。在执行过程中，S2 可能在 S1 之前被执行，但是由于单处理器实现了顺序指令提交，这就保证了与 S1 相关的指令总是在 S2 之前被提交。因此，除非二进制代码本身没有保留程序顺序，否则代码将会正确执行。这里需要提供一个方法来告诉编译器在产生二进制代码时保留程序顺序。告诉编译器保留程序顺序的典型做法是提供编译器可以理解的语言结构。其中的一个例子就是在 C/C++ 中，如果将 datumIsReady 声明为 volatile 类型，编译器就会知道对该变量进行的 load 或者 store 操作不能被移除，也不能与其之前和之后的指令调换顺序。虽然上述方法可能对于程序顺序的要求过于严格（并不是所有关于 volatile 变量的 load 和 store 指令都需要严格按照程序顺序），但它使用起来比较简单。程序员只需要记得哪些变量需要用于同步，并将其声明为 volatile 变量。

整体上讲，在单处理器系统中，为了代码的正确执行，只需要让编译器对访问同步变量的指令保留程序顺序。那么对于多处理器系统呢？在多处理器系统中，线程 0 和 1 在不同的处理器上执行，因此会产生额外的问题。首先，即使对处理器 0 而言指令 S1 和 S2 按照程序顺序提交，在处理器 1 看来其顺序未必相同。例如，对 datumIsReady 的写可能会较快地传播到处理器 1（可能因为缓存命中）而对 datum 的写可能会较慢地传播到处理器 1（可能因为缓存缺失）。因此，在单个处理器上保持程序顺序对于保证代码执行的正确性并不够。在多处理器系统中，需要相关的机制来保证对单个处理器的访问在其他所有处理器看来都是按照程序顺序进行的，或者说至少部分符合。然而，很容易想到，在多个处理器之间保持完全的程序顺序会造成严重的性能损失，因此一些处理器只保证部分符合程序顺序。具体哪种类型的程序顺序得到保证，将由处理器的*存储一致性模型*来确定。

196

基本上来说，系统程序员必须要了解多处理器系统提供的存储一致性模型，并且以此编写程序。不同的存储一致性模型在性能和可编程性之间进行取舍。由于性能和可编程性之间的最优点并不好确定，现有的不同处理器支持不同的存储一致性模型。对于程序员而言，了解系统提供的存储一致性模型，知道如何针对该模型编写正确的代码，并且充分发挥该模型的性能优势，是至关重要的。

第 9 章将会深入讲解存储一致性模型。

6.3　同步问题

即使有缓存一致性支持，代码 6.1 中的例子假设“#pragma omp critical”子句所需的同步原语已经在系统上实现。现在的问题是临界区所需的*互斥*如何实现。*互斥*要求当有多个线程访问时，在任何时间内只有一个线程可以访问临界区。

互斥并不是多处理器系统中的特殊问题。在单处理器系统上，如多个线程共享一个处理器，并对可能被多个线程修改的变量进行访问时，需要使用临界区进行保护。一个暴力实现临界区的方法就是针对需要互斥的代码段关闭中断。关闭所有的中断可以保证线程的执行不会被操作系统上下文切换或者中断。这种方法对于单处理器系统而言代价较大。在多处理器系统中，除了开销较大，关闭中断也无法实现排他访问，因为在不同处理器上的其他线程仍然可以同时执行。

为了实现互斥，假设已经实现了 lock (lockvar) 原语，该原语可以获得锁变量 lockvar，并通过 unlock (lockvar) 原语释放锁变量 lockvar。同时假设 lockvar 在被一个线程获取时值变为 1，否则其值为 0。为了进入临界区，这些函数的一个简单实现如下面代码所示（代码 6.3）。

代码 6.3 lock/unlock 函数的错误实现

```
高级语言实现
1void lock(int *lockvar) {
2  while (*lockvar == 1) {} ;  // 等待直到被释放
3  *lockvar = 1;  // 获得锁
4}
5
6void unlock(int *lockvar) {
7  *lockvar = 0;  // 释放锁
8}
对应汇编语言版本
1lock: ld  R1, &lockvar          // R1 = lockvar
2      bnz R1, lock             // 如果 R1 != 0, 跳转到 lock 处
3      st  &lockvar, #1         // lockvar = 1
4      ret                      // 返回被调用处
5
6unlock: st  &lockvar, #0  // lockvar = 0
7         ret                   // 返回被调用处
```

代码展示了为了获得锁，线程需要进入循环以等待 lockvar 的值变为 0，也就意味着该锁已经被释放。之后，线程获得锁并将 lockvar 置为 1，这将在线程成功获取锁之后防止其他线程进入临界区。最后，当线程离开临界区时，将 lockvar 重置为 0。

简单实现的问题在于读取 lockvar 变量值和写入 lockvar 变量值的指令序列不是原子的，特别是在相应的汇编语言中可以看出。读取 lockvar 值和写入 lockvar 值是不同的指令，并且在这些指令之间还有其他指令，如比较和分支指令。这些指令序列不是原子的，因为指令序列执行的中间可能会被中断，并且可能与其他处理器上运行着的相同指令序列相互重叠。这种非原子性会允许多个线程读取 lockvar 并获得相同的值，如 0，这就意味着多个线程可以同时获取该锁，从而导致正确性问题。例如，考虑图 6-3 中的事件序列。两个线程分别运行在处理器 0 和 1 上，在大致相同的时间上（例子中线程 1 稍微滞后）执行 lock() 代码。两个线程同时读到 lockvar 并且发现它的值为 0，之后将其与 0 进行比较，由于该值为 0 因此两个线程都没有执行分支代码。稍后线程 0 获得锁并将 lockvar 置为 1，并且进入临界区。线程 1 并不知道该锁已经被线程 0 获取，仍然将 lockvar 置为 1 并且进入临界区。这时已经有两个线程同时进入了临界区，这是不正确的。 [197]

```
          线程0                              线程1
     lock: ld R1, &lockvar
           bnz R1, lock          lock: ld R1, &lockvar
时间       sti &lockvar, #1             bnz R1, lock
  ↓                                     sti &lockvar, #1
```

图 6-3 简单锁实现导致的不正确执行

值得注意的是，即使系统正确实现了缓存一致性协议，上述代码的结果仍然是不正确的。缓存一致性协议只能保证对缓存地址新写入的值会被传播到其他缓存副本中。在本例中，线程 1 的 lockvar 副本在线程 0 写入 lockvar 后可能会被设置为无效。然而，由于线程 1 之前已经读取过 lockvar 的值，因此它不会再次读取 lockvar，导致线程 1 无法看到 lockvar 的最新值。进而，线程 1 会尝试着将 1 写入（或者覆盖）lockvar。

198

解决该问题的一个方法是引入原子指令的支持，原子指令可以将读、修改和写的指令序列作为一个不可分割的单元来执行。这里的原子指令暗含着两个意思。首先，它意味着要么整个指令序列得到完整执行，要么该指令序列中没有一个指令得到执行。其次，它也意味着在任意时间点以及无论哪个处理器上，该指令序列中都只有一个指令得到执行。如何实现原子指令呢？当然，软件支持无法提供指令的原子执行。因此，需要相应的硬件支持。第 8 章会介绍相关细节。

本章将从另一角度来看待硬件支持的必要性，即是否存在一个方法不需要硬件支持？如果有，该方法是否高效？为了回答这个问题，考虑通过软件方法实现互斥，如 Peterson 算法[62]。Peterson 算法通过代码 6.4 在两个线程间实现了互斥。为了进入临界区，线程需要调用 void lock(···) 函数，而退出临界区时，线程需要调用 void unlock(···) 函数。

代码 6.4　Peterson 算法中获取锁和释放锁的实现

```
1int turn;
2int interested[n];  // 被初始化为0
3
4void lock (int process) {      // process 为 0 或 1
5  int other = 1 - process;
6  interested[process] = TRUE;
7  turn = process;
8  while (turn == process && interested[other] == TRUE) {};
9}
10// Post: turn != process or interested[other] == FALSE
11
12void unlock (int process) {
13  interested[process] = FALSE;
14}
```

这里讨论一下 Peterson 算法是如何工作的。首先，代码退出 while 循环并且成功获得锁的条件为：要么 turn 不等于 process，要么 interested[other] 值为 FALSE。当只有一个线程尝试着获取锁时，因为 interested[other] 值为 FALSE，它将成功获取锁。当线程退出临界区时，只需要将 interested[other] 值置为 FALSE，从而其他线程可以进入临界区。

图 6-4 展示了在没有竞争获取锁的情况下，算法如何实现临界区的互斥。图中展示了线程 0 已经成功获取了锁，并且当它在临界区时线程 1 尝试获取锁的情形。因为线程 0 已经在临界区，interested[0] 值为 TRUE，因此线程 1 在 while 循环处等待。当线程 0 退出临界区时，它将 interested[0] 值置为 FALSE，这就允许线程 1 退出 while 循环并且进入临界区。这样就实现了对临界区的排他访问，因为当线程 0 在临界区时线程 1 无法进入临界区。

图 6-5 展示了当两个线程同时尝试获取锁时算法如何保证互斥。假设两个线程同时将 interested[process] 的值置为 TRUE，之后，尝试将自己的 ID 写入 turn。由于 turn 是一个共享变量，一个线程写的值会覆盖另一个线程写的值。图中假设线程 0 稍微快地将 0 写入 turn，然而线程 1 稍晚将 turn 的值覆盖为 1。之后，两个线程都执行 while 循环。由于 turn 的值为 1，线程 0 退出循环，成功获得锁并进入临界区。线程 1 必须在循环处等待因为 turn

199

的值为 1，并且 interested[0] 的值为 TRUE。只有在线程 0 退出临界区并将 interested[0] 的值置为 FALSE 时，线程 1 才能进入临界区。

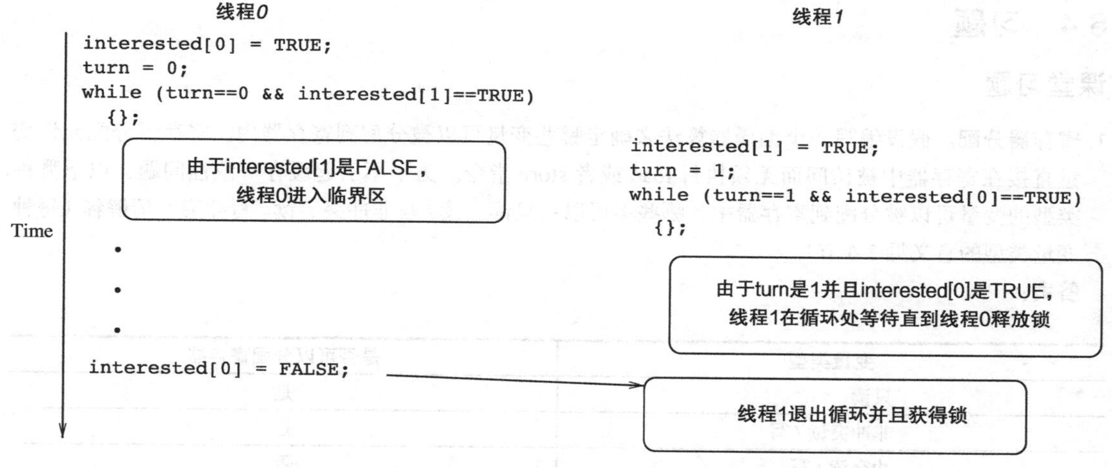

图 6-4　在没有竞争的情况下 Peterson 算法的执行过程

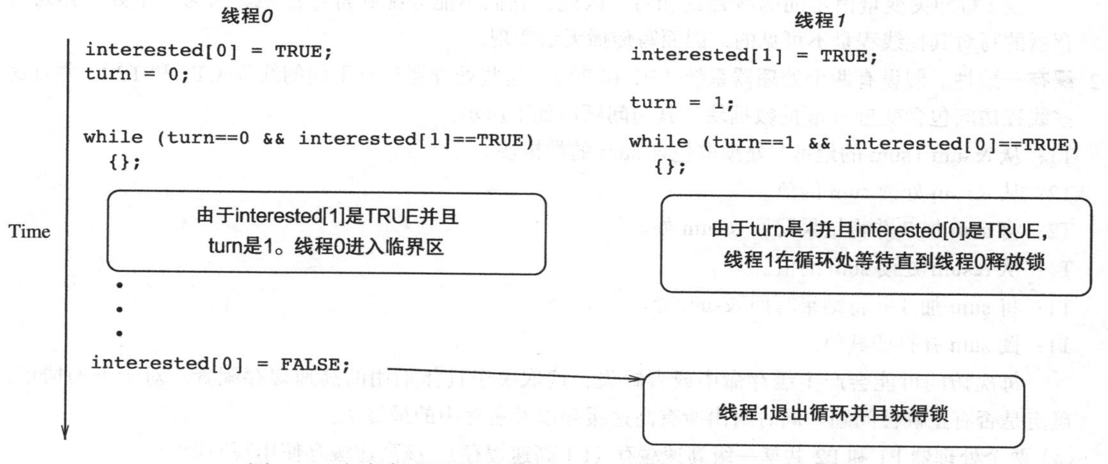

图 6-5　在竞争获取锁的情况下 Peterson 算法的执行过程

虽然软件方法（Peterson 算法）也可以实现互斥，但该方法可扩展性较差。考虑当算法工作在线程数大于 2 的情况下 while 循环的退出条件。如果有 *n* 个线程，算法的复杂度显著增加。可能需要将线程分为两个一组，每组线程竞争同一个锁。在上一轮中获胜的线程会被重新分为一组，并在新的一轮中竞争。可以这样继续下去直到有一个线程在所有轮次中均胜出，那么该线程获得锁。这种循环赛式的锁获取方式会产生较大的延迟。而在代码 6.3 中，只需要检测一个变量 lockvar 就可以获得锁。当然，代码 6.3 只有配合硬件支持的原子指令才是正确的。这里需要指出，硬件支持的同步对于降低同步开销和实现可扩展同步是非常重要的。 200

最后需要注意，同步原语的正确性与处理器提供的存储一致性模型紧密相关。本质上，同步操作用于对不同线程的存储访问进行排序。然而，同步操作无法保证由其排序后的存储访问与未由同步操作排序的存储访问之间的顺序，除非硬件要么提供一个严格的存储一致性模型，要么提供一个明确的机制来对存储访问进行排序。第8章将会深入讨论这些内容。

201

6.4　习题

课堂习题

1. **寄存器分配**。假设编写一个编译器算法来确定哪些变量可以被分配到寄存器内。寄存器分配允许变量直接在寄存器中被访问而无须执行 load 或者 store 指令。为了不引起缓存一致性问题，以下哪种类型的变量可以被分配到寄存器中，哪些不可以：只读、读 / 写非冲突、读 / 写冲突？请解释（每种变量类型的意义见3.6节）。

答案：

变量类型	是否可以分配寄存器
只读	是
非冲突读 / 写	是
冲突读 / 写	否

读 / 写冲突变量由不同的线程读和写。因此，它们不能分配到寄存器中。因为一个处理器对寄存器的写对其他线程是不可见的，因而写传播无法实现。

2. **缓存一致性**。假设有两个处理器系统（P1 和 P2）。这些处理器运行不同的线程（T1 和 T2），并且这些线程访问包含变量 sum 的数据块，其访问顺序如下所示：

T1：从 &sum（sum 的地址）处预取包含 sum 的数据块。

T2：从 &sum 处读 sum 的值。

T2：将 sum 加 7 并将结果写回 &sum 处。

T1：从 &sum 处读 sum 的值。

T1：将 sum 加 3 并将结果写回 &sum 处。

T1：读 sum 并打印其值。

每次访问可能会产生缓存命中或者缺失，这取决于具体采用的高速缓存配置。对于下列情形，确定是否有正确性问题。同时给出所有高速缓存以及主存中的最终值。

(a) 两个处理器 P1 和 P2 共享一级高速缓存（L1 高速缓存），该高速缓存使用写回策略。

(b) 每个处理器都有自己的一级高速缓存并采用写回策略。采用写分配和写不分配策略是否对结果有影响？

(c) 每个处理器都有自己的 L1 高速缓存并采用写时替换策略，即当一个数据块被写后立刻被替换出高速缓存。系统中再没有其他层级的高速缓存。

202

(d) 每个处理器都有一个高速缓存，但是包含 sum 的数据块不允许被缓存。

答案：

(a) 没有正确性问题，因为包含 sum 的数据块只会被缓存在同一个位置（共享 L1 高速缓存）。

L1 缓存	10，脏
内存	0

(b) 存在正确性问题，因为数据块可能被包含在多个 L1 高速缓存中。采用写直达、写分配的 L1 高速缓存只能保证写操作可以被传播到外层存储层次中，但不能保证传播到其他 L1 高速缓存。

P1 的高速缓存	3
P2 的高速缓存	7
内存	3

更进一步，即使采用了写不分配策略问题依然存在，这是因为数据块可能会通过预取指令被读入高速缓存，而不是写指令。

（c）存在正确性问题：尽管写时替换可以保证写入的值可以被传播到外层存储层次中，但无法保证未来在其他高速缓存中的读可以看到最新的值。

P1 的高速缓存	3
P2 的高速缓存	—
内存	3

（d）没有正确性问题，因为 sum 没有被缓存。系统中只有一个 sum 的副本。

P1 的高速缓存	—
P2 的高速缓存	—
内存	10

课后习题

1. **寄存器分配**。假设编写一个编译器算法来确定哪些变量可以被分配到寄存器内。寄存器分配允许变量直接在寄存器中被访问而无须执行 load 或者 store 指令。为了不引起缓存一致性问题，以下哪种类型的变量可以被分配到寄存器中？哪些不可以？

变量类型	是否可以分配寄存器
只读	
读 / 写非冲突	
读 / 写冲突	

如果变量类型无法被安全地分配到寄存器中，请给出解释（每种变量类型的意义见 3.6 节）。

2. **缓存一致性**。假设有两个处理器系统（P1 和 P2）。这些处理器运行不同的线程（T1 和 T2），并且这些线程访问包含变量 sum 的数据块，其访问顺序如下所示：[203]

T1：从 &sum（sum 的地址）处预取包含 sum 的数据块。

T2：从 &sum 处读 sum 的值。

T2：将 sum 加 7 并将结果写回 &sum 处。

T1：从 &sum 处读 sum 的值。

T1：将 sum 加 3 并将结果写回 &sum 处。

T1：读 sum 并打印其值。

每次访问可能会产生缓存命中或者缺失，这取决于具体采用的高速缓存配置。对于下列情形，确定是否有正确性问题。同时给出所有高速缓存以及主存中的最终值。

（a）每个处理器都有自己的 L1 高速缓存，并且两个处理器共享一个采用写回策略的 L2 高速缓存。

（b）每个处理器都有自己的 L1 高速缓存，然而，一个数据块最多被缓存在一个高速缓存中。具体来说，如果数据块被缓存在 Px 中，Py 产生对数据块的读 / 写请求，那么数据块就会从 Px 的高速缓存中移除并放置到 Py 的高速缓存中。假设除非数据块被移动到另一个高速缓存中，否则数据块不会从高速缓存中被替换出。

(c) 每个处理器都有自己的采用写回策略的 L1 高速缓存。假设线程 T1 和 T2 以时间片共享的方式同时运行在同一个处理器上（P1 或者 P2）。

(d) 每个处理器都有自己的采用写回策略的 L1 高速缓存。假设只有一个线程执行。执行的事件序列如上所示，所有的事件出现只与 T1 的执行有关，此时 T2 并不存在。更进一步，为了平衡处理器的利用率，操作系统在前三个事件出现后将 T1 从 P1 迁移到 P2，即在 sum 与 7 相加之后但是在第二次读取 sum 之前。

204

3. **Peterson 算法**。修改 Peterson 算法中的锁获取和释放部分，使其可以支持 4 个线程竞争获取锁。

缓存一致性基础

如第6章所述，要保证并行程序正确高效地运行，共享存储多处理器系统必须提供对缓存一致性、存储一致性和同步原语的硬件支持。

本章主要讨论缓存一致性协议设计的基础问题。缓存一致性的设计目标是保证同一个数据在每个处理器的私有缓存中的副本是相同的。达到这个目标的基础技术是写传播和事务串行化。这些技术在具体实现时需要根据实际情况寻找最优的设计。

首先需要讨论的问题是如何实现写传播。写传播是指多个处理器对相同数据的写操作能够以正确的方式相叠加。写传播的设计需要面临的选择是：在对某个处理器的缓存中的某个值执行写操作时，对于保有该数据副本的其他所有缓存的值是全部更新还是全部置为无效。如果将这些值全部置为无效，意味着当处理器再次访问这些数据时，缓存将不得不从更低一级的存储器中将其重新载入。在这两种实现策略中，前一种称为“*写更新*”（Write Update），后一种称为“*写无效*”(Write Invalidate)。这两种策略的实现方式不同，适用的程序类型也不同。在同一个缓存上连续执行写操作时，写无效策略更有优势。而如果对一个缓存执行了写操作后，其他处理器需要多次读这个被写过的数据，那么写更新策略效率更高，因为写操作执行之后马上更新其他缓存中的副本可以使其他处理器立刻获得最新的值。上述这种情况下写无效策略的效率较低，因为其他缓存中的值被置为无效之后，处理器访问该数据时会发生缓存缺失，必须重新载入这个缓存行。这种“一致性缺失”在写更新策略中不会出现，但是写更新策略有时会为非本地的缓存行保持不必要的更新，使得同一份数据占据了多个缓存的空间，从而引发其他类型的缓存缺失，如容量缺失和冲突缺失。

然后要讨论的是如何发送一致性消息。在缓存一致性协议的设计中，一致性消息可以被发送到所有缓存，也可以被发送到特定缓存。根据这种区别可以把一致性协议分为*广播/侦听式协议*（前者）和*目录式协议*（后者）。后者被称为目录式协议是因为这种方式往往需要一个目录来跟踪数据副本的存储状况，从而使每个缓存知道需要响应哪些一致性请求消息。由于广播式协议中的缓存需要侦听所有的一致性请求消息，它的可伸缩性较差，因为随着缓存数目的增加，每个缓存需要侦听的消息数目也随之增加。而目录式协议具有较好的可伸缩性，因为只有与一致性事务相关的缓存才会接收一致性请求消息。不过，这种较高的可伸缩性是要付出代价的。目录式协议需要一定的存储空间来保存目录信息，并且所有的一致性请求必须先发送到目录，然后才能被发送到相应的缓存。本章我们主要讨论广播式一致性协议设计，而把目录式协议的内容留到第10章。

在某些情况下，连接多个缓存的互连网络的类型决定了哪种一致性协议更容易实现。例如，总线和环形网络天然地支持广播式协议，而点对点网络则不然。不过，仍然可以在点对点网络中实现广播式协议，本章后续会涉及这部分内容。

在顺序上，我们会先讨论采用写无效策略的缓存一致性协议，以由简入繁、逐次递进的方式讨论几种不同的协议。总的来说，协议设计得越复杂，它消耗的传输带宽就越低，实现起来也越困难。建议读者以循序渐进的方式阅读这部分内容。之后我们会讨论一个采用写更新策略的一致性协议。最后，我们会讨论广播式协议和目录式协议各自的优缺点。

7.1 概述

图 7-1 展示了多处理器的几种互连方式，在这几种方式中，多个处理器单元互连的存储层次不同，使用的互连网络类型也不同。在共享缓存的方式（图 7-1 左）中，缓存被所有处理器共享，每个处理器可以直接访问缓存的任意一部分。这种组织方式的好处是不需要缓存一致性的支持，因为系统中只有一个缓存，任何需要被缓存的数据都会被存放在一个唯一的地址。而它的缺点是处理器和缓存需要被部署在非常近的距离之内，否则访问缓存的时延会非常高。另外，互连网络必须提供很高的带宽，因为所有的存储器访问都必须通过互连网络。缓存是很好的存储器访问过滤器，因此从存储层次上看，互连网络离处理器越近，能被过滤的存储器访问越少，网络需要提供的带宽越大。当缓存有多个阵列时，处理器与阵列之间的连接也必须是一对一的全连接，这种连接的代价非常昂贵。因此，这种组织方式的可伸缩性较差，只适合于内核数很少的情况。206

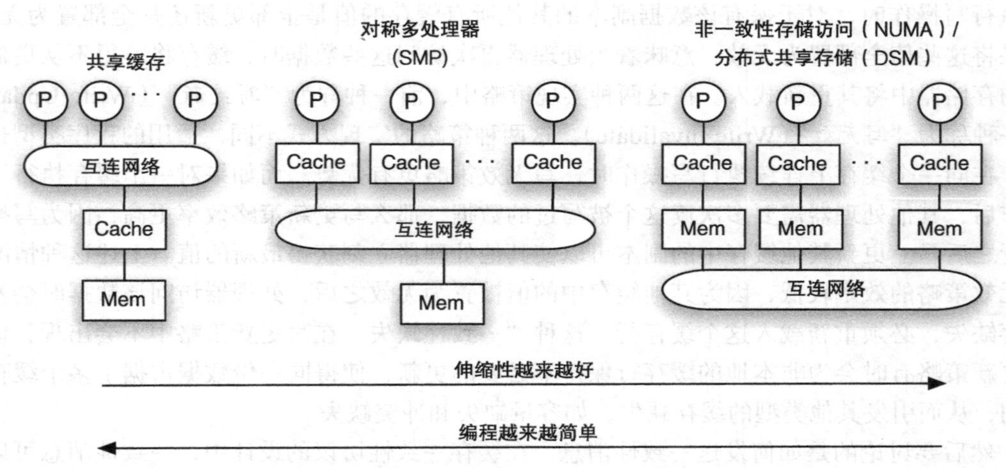

图 7-1　组成一个共享存储多处理器系统的方式

互连网络也可以向外移动到内存和缓存之间，如图 7-1 中的第二种方式。这种组织方式通常被称为对称多处理器（Symmetric Multiple Processors，SMP），因为每个处理器具有大致相同的存储器访问时延。然而，对称多处理器是一个被过度使用的名词，经常被用来指代一些处理器间的访存时延相差不太大的多处理器系统，但是这个“不太大”的时延差别常常因人而异。对称多处理器系统可以采用多种连接方式，但最常用的还是总线方式。与共享缓存的方式相比，这种方式具有更好的可伸缩性，因为互连网络只需要承担被缓存过滤后的存储器访问流量，并且对时延更加不敏感。可以大致估算一下，如果系统中所有的缓存可以过滤 90% 的存储器访问，互连网络需要处理剩下的 10%，那么在互连网络容量相同的情况下，对称多处理器系统可以支持的处理器数量是共享缓存系统的 10 倍。另外，在对称多处理器中，本地缓存的访问更快。不过，在对称多处理器中编程会更困难，因为需要处理缓存数据的局部性问题。例如，如果一个缓存数据块被两个处理器交替地读写，这个数据块在两个处理器的私有缓存中会交替出现，处理器会轮流出现缓存缺失。相比之下，在共享缓存的系统中不会出现这个问题，因为数据块被保存在所有处理器共享的缓存中。不过，在对称多处理器系统中，程序编写者不需要关心他们的线程具体运行在哪个处理器上，因为每个处理器访问存储器的速度是相同的。对称多处理器系统的另一个缺点是它的可伸缩性是有限的，尽管相比共享缓存结构它能支持更多的处理器。随着处理器数目的增加，互连网络会迅速饱和，而导致内存访问变慢。

另一种组织方式是*分布式共享存储*（Distributed Share Memory，DSM）。在这种结构中，互连网络将多个分布的存储器连接起来，它的可伸缩性是最好的。当系统中的处理器数目较多时，互连网络的确会增大访问非本地存储器的时延，但是因为访问本地内存的时间较长（大约几十到几百纳秒），所以由互连网络带来的访问非本地存储器的额外的几十到几百纳秒并不会给总的访存时延带来数量级的增长。相比之下，在对称多处理器系统中，访问本地缓存的时延非常短，访问远端缓存带来的几十到几百个纳秒的时延会显著降低缓存的整体性能。另外，缓存过滤掉了大部分的内存访问，所以内存的访问频率比缓存要低很多。因此，将互连网络带来的额外的访问时延叠加到内存访问中（分布式共享存储方式）给系统整体带来的影响要远小于将这个时延叠加到缓存访问中（对称多处理器系统）。

207

■ 你知道吗?

对称多处理器这种组织方式已经有很长的历史了。早期对称多处理结构的计算机包括 20 世纪 60 年代晚期的一台基于 System/360 架构的 IBM 双处理器大型机。相比之下，分布式共享存储结构非常“年轻”，它是由多个公司在 20 世纪 90 年代开发的。分布式共享存储是一种非一致内存访问（Non-Uniform Memory Access，NUMA）体系结构。NUMA 结构的一个关键挑战是支持具有低开销、高可伸缩性的缓存一致性协议。

另一种试图改善存储器数据局部性的计算机是*高速缓存式存储体系结构*（Cache Only Memory Architecture，COMA）。在 COMA 结构中，每个处理器的本地内存都只作为缓存使用，数据不会被固定分配到任何特定的存储器中。COMA 系统中，程序编写者不需要关心存储器中的数据局部性，数据会自动复制到使用数据的节点。然而，COMA 给硬件增加了复杂性。硬件需要知道如何在内存中定位数据（可以用一个目录实现），并确保数据的最后一份副本不会被清理出内存。SUN 微系统公司的野火（WildFire）系统实现了一个混合 NUMA/COMA 的机制。

在分布式共享存储计算机中，由于处理器可以直接访问它的本地内存而不需要穿越互连网络，从而它访问本地内存的速度要快于访问远端的非本地内存。因此，分布式共享存储计算机也是 NUMA 计算机的一种。在 NUMA 系统中，编程更加复杂，因为程序编写者必须了解数据在内存中的局部性。例如，程序编写者都希望确保程序访问的数据都位于本地内存中。因为数据是操作系统以页为单位分配到内存中的，所以程序编写者还需要了解操作系统的页分配策略和算法。不仅如此，程序编写者还需要精心的编排线程的执行地点，从而使线程能够靠近它所访问的数据在内存中的位置。

注意这些组织方式不是排他的，在实际应用中，不同的层次可以以不同的组织方式互连。例如，一个多处理器系统可能会包含多个多核处理器，在每个多核芯片内部的 L2 和 L3 缓存层可以采用共享缓存或对称多处理器方式，而在多个芯片之间可采用 DSM 结构互连。

多处理器的组织与互连方式对如何设计缓存一致性协议有重要的影响。缓存一致性协议必须能与系统的规模相匹配，而系统的规模是受互连组织方式限制的。支持规模可伸缩系统的代价非常昂贵，所以一致性协议应只要满足系统需求即可，而不应该被过度设计。本章从总线方式开始介绍最简单的缓存一致性协议——广播 / 侦听式协议。总线方式天然地支持广208播式协议，而基于总线的缓存一致性协议是所有广播 / 侦听式协议中较为容易实现的，因为总线为所有的一致性事务提供了串行化点。在本章的稍后部分，我们会讨论如何在点对点互连网络中设计广播式缓存一致性协议。

基于总线的多处理器系统是本章的重点，这种系统的吸引力在于：它只需要在单处理器系统的基础上做很少的修改就可以运行，因为单处理器也是依靠总线来连接内存系统的。另外，缓存一致性协议还需要一个管理缓存状态的有限状态机作为基础，这种有限状态机可以看作单处理器系统中有限状态机的扩展。例如，写回式缓存本身就给每个缓存块分配了状态，这些状态有“*无效*”（Invalid）、“*有效*”（Valid Clean）和“*脏*”（Dirty）。最后，基于总线的多处理器系统中的缓存一致性协议比其他类型系统中的一致性协议要更简单，所以基于总线的多处理器系统被用来作为一个典型结构来介绍缓存一致性协议中的基本概念和技术。

基于总线的多处理器基础

要把多个处理器连接成一个多处理器系统，总线可能是最简单的互连网络。从抽象层次看，总线是被所有处理器共享的一组连线。一个处理器要想与其他处理器通信，需要将地址、命令和数据放到总线上，而其他处理器必须侦听总线，检查总线上是否传输了与之有关的地址、命令或数据。

从逻辑上分类，有三种总线：命令总线、地址总线和数据总线。命令总线用于发送类似读或写的总线命令。在写回式缓存中，一个读缺失会产生一个读请求，基于写分配策略，一个写缺失也会产生一个读请求。当一个缓存数据块需要被写回内存时（例如一个“脏”数据块要被移出缓存），会产生一个写请求。地址总线用于在向存储器请求数据或向存储器写入数据时指明该数据的地址。数据总线用于在总线读命令时从存储器返回数据，或者在总线写命令时将数据传送到存储器。在某些总线中这几类总线在*物理上*是分离的，而在另外一些总线中这几类总线是共享和分时复用的（例如在 Hypertransport[26] 中）。当分时复用时，在总线上传输的消息必须能区分出彼此——通常将每个消息封装为一系列数据包，数据包的头部携带可以用来识别的信息。

总线可以是*同步*的，也可以是*异步*的。在同步总线中，所有总线上的设备共用相同的时钟信号，时钟信号由控制线来传送。在异步总线中，总线的设备各自使用自己的时钟。在同步总线上传输数据很容易，因为所有的设备遵从相同的时序，当传输消息（命令、地址或数据）时，每个设备可以运行同一个有限状态机来判断在哪个总线周期会有哪个消息被放在总线上发送。相比之下，在异步总线中设备必须通过一系列请求和应答（也称为握手协议）消息来建立通信连接。这种协议使设备更复杂，通信更慢。在处理器 - 处理器总线和处理器 - 存储器总线中，因为总线与总线设备一般都是一体化设计的，所以总线上的设备数目是固定的，总线相对较短，所以一般会采用同步设计；而在 I/O 总线的设计中，设备的数量和类型更加多种多样，I/O 总线也倾向于设计得相对较长，所以同步设计中的共享时钟信号难以提供高频率的访问（由于长线路中的时钟偏移），所以 I/O 总线一般采用异步设计。

总线上的数据可以在每个时钟周期传输一次，也可以在每个周期的时钟信号上升沿和下209降沿各传输一次，后者一般被称为*双速率总线*。

每个总线事务都要经历三个阶段。第一个阶段称为“*仲裁*”，这个阶段用来选择并授权一个端口（独占的）使用总线。在多处理器系统中，总线仲裁很重要，因为它可以避免来自不同处理器的请求在总线上发生碰撞。仲裁结束后，仲裁器将总线授权信号发给获得权限的请求端口。在基于总线的多处理器系统中，总线上的请求端口包括处理器及其Cache，以及内存一侧的访存控制器。第二个阶段，当请求端口接收到一个总线授权信号时，它就可以把目标地址放在地址总线上。第三个阶段，如果对第二阶段中的目标地址执行写操作，就把要写的数据块放在数据线上，如果是读操作，就等待数据从内存返回。如果是一个“原子”型总线，那么总线由一个事务独占，直到数据从内存返回；如果是一个“事务可分离”型总线，每当地址或者数据传输结束，总线就会释放。由于访问DRAM内存需要30～70ns，所以在事务执行的整个过程（包括内存访问）中将总线独占会显著降低可用总线带宽。因此，很多新型系统都采用了事务可分离型总线。所有这三个总线阶段（仲裁，命令传输，数据传输）可以以流水线的方式来提高吞吐量。

多处理器系统中的每一种总线都需要一个独立的仲裁器。仲裁逻辑会尽可能地将更重要的设备赋予更高的优先级，同时尽可能保证公平性。例如，与来自I/O设备的请求相比，来自缓存的请求一般会得到更高的优先级。

与单处理器系统中的总线和缓存相比，基于总线的多处理器系统扩展了总线事务和缓存状态。图7-2展示了在单处理器总线基础上增加和修改的单元。缓存的标签阵列增加了额外的位，用来表示新的缓存状态（保存在阴影区域）。每个缓存块都会对应一个状态值，这意味着一致性是以缓存块为粒度来维护的。

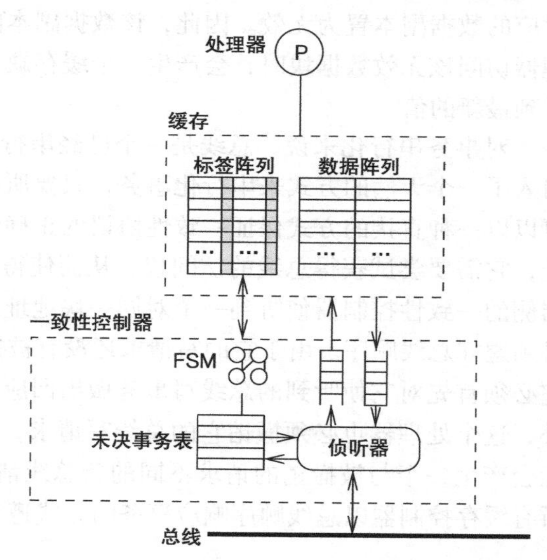

图7-2 在每个节点上支持基于总线的多处理器系统

一个叫作一致性控制器的新部件被添加到处理器侧和存储器侧。一个叫作“未决事务表”的结构记录着当前未完成的总线事务，这个是用在分离式事务总线系统中的。在分离式事务总线中，针对不同地址的多个请求可以并发地发送到总线上，即使总线上最早的请求还未获得请求的数据。因此，控制器必须能够跟踪多个当前未完成的总线事务。使用这个表，当数据块返回时，该数据的总线事务ID将被用来与表中的各个条目相比较，从而知道该数据关联了哪个总线事务。事务表的大小需要根据处理器速度、缓存缺失率和片外存储时延来综合确定，最主要考虑的问题是避免未决事务表过早被填满，处理器发出的总线请求无法被存储到表中而导致停机。

210

每个一致性控制器都有一个总线侦听器。侦听器的角色是侦听每一个总线事务。对于每一个侦听到的总线事务，一致性控制器检索缓存的标签阵列，查找是否有数据块与该总线事务有关，检查该数据块的当前状态（如果有的话），根据当前状态和一致性请求做出反应，或者输出该数据块，或者更改数据块的状态。为了确定一个数据块在某个事件应该转换到什么状态，需要部署一个实现缓存一致性协议的有限自动机。从缓存被发送出去的数据会先被放在一个叫作写回缓冲区的数据队列。写回缓存区既保存被缓存替换的脏数据块，也保存响应侦听到的总线事务的数据块。

如果该缓存的下一级存储器层次是内存，那么在内存侧，内存控制器必须有一个侦听器来侦听每个总线事务。根据它侦听到的总线事务的类型，必须决定是发送数据、接收数据还是彻底无视。然而，内存控制器并不会保存内存中块的状态，所以它与处理器侧的一致性控制器并不完全相同。

注意我们隐含假定了一致性单元是一个缓存块，而这在实际系统实现中是很常用的。这个假定的合理性在于，所有其他的缓存管理功能（如放置、清除、状态清理等）都是以缓存块为粒度进行的。因此，使用相同的粒度来进行缓存一致性管理是很自然和简单的选择。稍后，我们会看到这个假定会带来一个被称为*假共享*的问题，这会引发一种特定类型的缓存缺失，这种缺失就是由以缓存块为粒度进行一致性管理导致的。

本章之前提到过支持缓存一致性的两个最主要的机制是写传播和事务串行化。保证写传播有两个主要的策略，一是写更新协议，二是写无效协议。在*写更新*协议中，当一个侦听器在总线上侦听到一个写操作时，侦听器用写入的数据更新本地缓存的数据副本（如果有该数据副本的话）；在*写无效*协议中，当侦听器侦听到总线上的一个写操作时，侦听器会将本地对应的数据副本置为无效。因此，该数据副本的最新值并不会立刻传送过来，而是当后续处理器访问该无效数据块时，会产生一个缓存缺失，并请求将该数据块载入，这时处理器才能看到最新的值。

对事务串行化来说，总线是一个已经串行化了所有读/写操作的共享媒介。因此，总线引入了一个天然的方式来串行化事务，只要所有的一致性控制器都遵守总线顺序，那么总线可以以一种直接的方式保证一致性协议的正确性。例如，假设一个处理器想要写入一个块地址，它需要尝试获得总线的访问权，从而使得读/写事务能够被串行化。与此同时，该处理器侧的一致性控制器侦听到一个对同一块地址的总线写请求。为了保证事务串行化，控制器必须遵守总线顺序。由于它的写请求还没有被授权获得总线访问权，它“输掉”了这次竞争。它必须首先对它侦听到的总线写事务做出回应，或者更新对应的数据块，或者使之无效。另外，这个处理器也必须撤销它的总线写请求，并重新尝试对这个缓存数据块执行写入（这可能会产生一个与被撤销的请求不同的新总线请求）。总而言之，只要总线上写的次序能够被所有缓存控制器以总线顺序响应事务的方式遵守，事务串行化就能够被保证。

212

7.2　基于总线的多处理器缓存一致性问题

7.2.1　“写直达”缓存的一致性协议

最简单的缓存一致性协议是基于“写直达”缓存构建的。我们假设一个单级缓存，它既可以接收来自处理器方面的请求，也可以处理来自侦听器的总线侦听请求。处理器缓存的请求包含：

1）rRd：处理器请求从缓存块中读出。

2）PrWr：处理器请求向缓存块中写入。

总线侦听的请求包括：

1）BusRd：总线侦听到一个来自另一个处理器的读出缓存请求。

2）BusWr：总线侦听到一个来自另一个处理器的写入缓存请求。在“写直达”缓存中，BusWr即另一个处理器向主存中的写入请求。

每一个缓存块都有若干相关状态，包括：

1）Valid（V）：缓存块有效且干净，意味着该缓存块中的内容与主存中的相同。

2）Invalid（I）：缓存块无效，访问该缓存块会导致缓存缺失。

在“写直达”缓存中没有“脏”状态，因为所有写操作都直接写入主存，所有缓存的值都是干净的。“写直达”机制是为了将写操作直接传递给低级存储器（主存）而设计的。我们将看到其他处理器中的缓存一致性控制器是如何侦听到这些总线读写操作，并且通过它们将值传入缓存而不仅仅是低级别存储器的。我们假设缓存都使用写不分配和写无效两种缓存一致性策略。

“写直达”缓存的一致性协议的相应有限状态机如图7-3所示。处理器方面的请求响应在图中左半部分，总线侦听的请求响应在右半部分。这里仅是因为方便展示而将它们分开，实际实现时就用一个有限状态机同时表示这两部分。图中的箭头表示状态转换，箭头上的标注表示导致这种转换的事件。

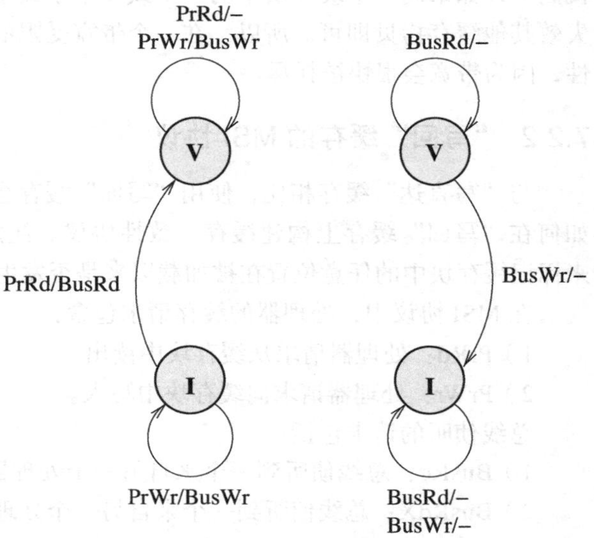

图7-3 “写直达”缓存的缓存一致性协议的状态转换图

写无效协议的关键在于一个处理器在将缓存块（其他处理器的副本）标记为无效之后还能修改该缓存块。所以，被修改的缓存块只存在于要修改它的处理器上。该处理器通过获取这个缓存块的唯一所有权来保证其他处理器不会同时写入这个缓存块。 212

在图7-3中，I状态代表两种状态：尚未使用的缓存块和无效的缓存块。注意尚未使用的缓存块在这里没有专门的状态表示。不过它们与无效的缓存块被同等对待。我们先来看左半图表示的处理器读或处理器写的情况。首先，考虑缓存块状态为“I”（无效）的情况。当处理器发出读请求，则遇到缓存缺失。要把数据加载进缓存，总线上随即产生一个BusRd请求，内存控制器响应BusRd，将所需要的块从主存中取出。取出的块被放入缓存中，同时将状态设置成“V”。当处理器发出写请求时，因为采用写不分配策略，写操作通过BusWr被传递到底层存储器上，而不是将块写入缓存。所以，状态仍为无效。

接着，我们再考虑缓存块为“V”的情况。当处理器发出读请求，该块在缓存中被找到并返回给处理器。这个缓存命中过程不会触发总线事务，并且缓存块状态不会改变。另一方面，当处理器发出写请求，该块被更新，并且这个更新通过BusWr被传递到主存。缓存块状态保持有效。

我们再来看图中右半边的总线侦听的情况。如果缓存块状态为“I”，所有侦听到的BusRd和BusWr都不会影响它，所以这种情况被忽略。如果缓存块状态为“V”，当一个BusRd被侦听到时，这意味着另一个处理器遇到缓存缺失，并需要从主存中取出需要的块。所以，该缓存块状态保持不变。但是，当一个BusWr被侦听到时，表明另一个处理器想要获取该缓存块的唯一所有权并写入该缓存块，所以，该缓存块的状态变为“I”。 213

在以上（总线侦听和处理器读/写）两种机制下，写传播必须被保证。第一，在一个处理器写操作的同时，将其他处理器缓存的拷贝标记为无效，这样其他处理器在遇到缓存缺失时就会重新加载该缓存块。第二，通过“写直达”机制，该块的重加载会依据拥有最终值的主存而定。

“写直达”缓存的缺点是需要很高的带宽。原因是对缓存块的写入会存在时间与空间的局部性。“写直达”中每次写都会触发 BusWr 从而占用总线带宽。相反地，在“写回”缓存机制下，如果同一个缓存块中的一个或多个字或字节被多次写入，只需占用一次总线带宽来失效其他缓存拷贝即可。所以，在一个带宽受限的结构上使用“写直达”会妨碍系统的扩展性，因为带宽会很快被耗尽。

7.2.2 “写回”缓存的 MSI 协议

与“写直达”缓存相比，使用“写回”缓存会大幅降低带宽开销。在本节，我们将讨论如何在“写回”缓存上构建缓存一致性协议。注意“写回”缓存有一个状态——“脏”，用来标记缓存块中的任意位置在被加载以来是否发生改变。

在 MSI 协议中，处理器的缓存请求包含：

1）PrRd：处理器请求从缓存块中读出。

2）PrWr：处理器请求向缓存块中写入。

总线侦听的请求包括：

1）BusRd：总线侦听到一个来自另一个处理器的读出缓存请求。

2）BusRdX：总线侦听到一个来自另一个处理器的“*读独占*”（或者是写）缓存请求。

3）Flush：总线侦听到一个缓存块被另一个处理器写回到主存的请求。

每一个缓存块都有相关的状态，包括：

1）Modified（M）：缓存块有效，并且其数据与主存中的原始数据（可能）不同。这个状态是对单一处理器系统中“脏”状态的补充，在这里它还表示对应处理器的排他（唯一）所有权。也就是说，“脏”只表明缓存数据与主存中的原始数据不同，而 M 除了该意义之外还表示该数据只存在于这一个位置（处理器），即有效。

214

2）Shared（S）：缓存块是有效的且有可能被其他处理器*共享*。它也是干净的，即缓存值与主存中的值相同。该状态与“写直达”缓存一致性协议中的 V 状态相似。

3）Invalid（I）：缓存块无效。

我们还需要定义以下术语。首先是某个状态下拥有直接读写缓存块而不需要经过总线的权限。I 状态可以看作没有上述权限，因为在该状态下会在总线上产生缓存缺失。S 状态则可以看作拥有只读权限，因为读缓存块的操作不会产生总线事务，但是写操作会产生总线事务并将其他缓存置为 I 状态。最后，M 状态即可看作拥有读写权限，因为读取或写入操作在不产生总线事务的情况下是被允许的，并且我们知道在该状态下没有别的缓存拷贝。在以上的类比中，改变状态后使权限更加严格（如 M → S）叫作*降级*，而使权限变得宽松（如 S → M）则叫作*升级*。

一个目标状态为 I 的降级请求叫作*无效化*，而一个目标状态为 S 的降级请求则叫作*干预*。

这里我们假设缓存使用*写分配*（write allocate）和*写无效*（write invalid）缓存一致性策略。“写回”缓存的 MSI 一致性策略有限状态机如图 7-4 所示。处理器方面的请求响应在图中左半部分，总线侦听的请求响应在右半部分。这里仅是因为方便展示而将它们分开，实际实现时就用一个有限状态机同时表示这两部分。

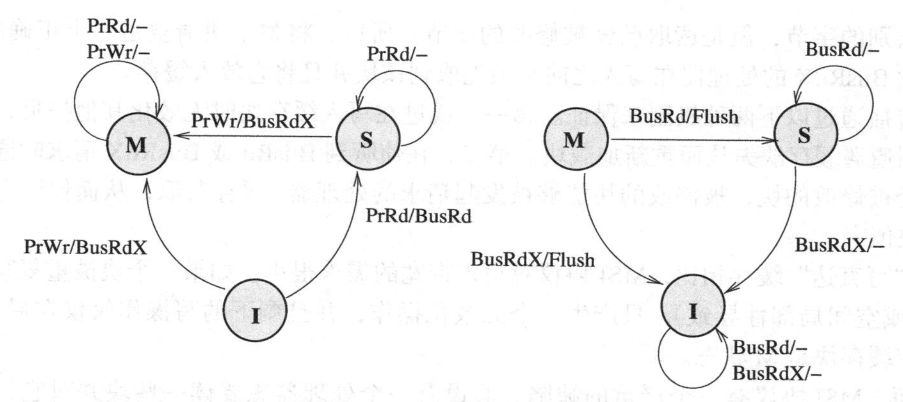

图 7-4　用于“写回”缓存的 MSI 缓存一致性协议的状态转换图

与之前类似，I 状态代表两种情况：尚未使用的缓存块和无效状态的缓存块。此状态下当处理器发出读请求，则遇到缓存缺失。要把数据加载进缓存，总线上随即产生一个 BusRd 请求，内存控制器响应 BusRd，将所需要的块从主存中取出。当块被取到时，它被放入缓存并将状态置为 S（共享）。S 状态不会区分缓存唯一和存在多份拷贝这两种情况。当处理器发出写入请求时，此时必须分配一个数据块的副本，故触发 BusRdX 请求。其他缓存会做出响应，将它们的拷贝置为 I，同时主存响应提供对应的块。当发出请求的处理器获得该缓存块后，将其状态置为 M，之后，处理器可以写入该缓存块。 215

假设此刻缓存已经有 S 状态的块。在处理器读操作中，该块被找到并返回其值。因为是缓存命中且状态保持不变，所以这里不会触发总线事务。另一方面，在处理器写操作中，因为其他缓存拷贝可能会失效，所以产生 BusRdX 并修改缓存状态。

如果缓存中的块是 M 状态，则处理器的读或写不会改变状态，且因为不涉及其他缓存拷贝（之前有一个无效化操作将其他拷贝置为无效），故无总线事务产生。

我们再来看图 7-4 中右半边的总线侦听情况。如果缓存块状态为 I，则任何侦听到的 BusRd 或 BusRdX 都对其没有影响，所以我们忽略这种情况。

如果缓存块是 S 状态，则当侦听到 BusRd 请求时，就说明另一个处理器遇到读缺失并正试图取回该块。由于数据是由主存提供，故缓存不需要有任何操作，缓存块的状态也就保持为 S。然而，如果侦听到一个 BusRdX 请求，说明另一个处理器想要写入该块，因此，本地的缓存拷贝将被置为无效（转换为 I 状态）。

如果缓存块是 M 状态，那么该缓存块是整个系统得到的唯一有效拷贝（没有其他拷贝存在且主存中的值已过时）。所以，当侦听到一个 BusRd 事务，即处理器遇到缓存缺失需要取回该块，拥有 M 状态的相应缓存的处理器必须要响应，将该块在总线上清空（Flush）。随后，块状态变为 S。发出 BusRd 请求的缓存必须取得被清空的缓存块作为该请求的应答并将其状态置为 S。同时，主存也必须侦听被清空的块并更新对应的存储块。这么做是因为如果一个块被多个缓存共享，那么它必须是干净的，称为*干净共享*（clean sharing）。其他允许脏共享的协议将在后面章节讲到。

如果侦听到 BusRdX 事务，修改相应缓存块的处理器必须将缓存块在总线上清空，并将状态置为 I。这个冲刷操作似乎是多余的，因为触发 BusRdX 的处理器将会重写该缓存块。所以为什么还要冲刷一个将要被重写的块？答案是因为缓存块通常较大，包含若干字节或字。已经被处理器修改的字节不一定与其他处理器想要重写的字节一致。另一个处理器也许想要写入别的字节，但是读取已经被修改的字节。所以，将整个块清空是一个正确的选择，216 并且触发 BusRdX 的处理器在写入之前必须先取到该块并且将它放入缓存。

写传播通过以下两种机制来保证。第一，通过在写入缓存块时无效化其他拷贝，其他缓存会强制遭遇缓存缺失从而重新加载块。第二，在侦听到 BusRd 或 BusRdX 请求时通过强制清空一个被修改的块，被修改的块能够被发起请求的处理器 / 缓存获取，从而保证它能拥有最新的块值。

与“写直达”缓存相比，MSI 协议对写入带宽的需求很小。如果一个块被重复写入多次（由时间或空间局部性导致），只产生一个无效化操作，并且剩下的写操作仅仅在局部产生，因为对应缓存块是 M 状态。

然而，MSI 协议有一个严重的缺陷。假设有一个处理器想要读一些块并对它们进行写入，这里没有其他处理器共享的块。在这种情况下，对于每一个读 – 写操作序列，会触发两个总线事务：一个 BusRd 以将块变为 S 状态，以及一个 BusRdX 以无效化其他缓存拷贝。该 BusRdX 是无用的，因为此时并没有其他拷贝，但是一致性控制器无法知晓这一点。这个问题会在两种情况下影响系统性能。第一种发生在顺序应用执行时。没有别的线程运行并与该应用共享数据，同时，与在单一处理器上执行相比，此应用也会使用更多的带宽。此外，由于总线事务量增加，总线侦听器和缓存一致性控制器的资源占用也会增加。第二种情况即针对那些尽可能减少线程间数据共享的并行程序。这些程序会触发很少的共享，所以大部分缓存块只保存在一个缓存上。由此，大多数 BusRdX 请求变得没有必要。不幸的是，这种性能的影响同样发生在有很多共享的程序上。

为了去除这个缺陷，我们为 MSI 协议加入一个新的状态以区分一个干净并且唯一的缓存块和一个拥有多份拷贝的缓存块。这种新的 MESI 协议将会在下一节详细介绍。

我们通过表 7-1 来解释 MSI 是如何工作的。该表展示了由多个处理器发出的请求，Rx 和 Wx 中的 R/W 表示读 / 写，x 表示处理器序号。总线请求作为以上处理器请求的结果。由217 请求导致的不同缓存的新状态也如表 7-1 所示。最后一列表示本地缓存中请求的数据来源：主存或另一缓存。在例子中，我们假设缓存初始化为空。

表 7-1　MSI 协议操作列表

	请求	P1	P2	P3	总线请求	数据提供者
0	初始化	—	—	—	—	—
1	R1	S	—	—	BusRd	主存
2	W1	M	—	—	BusRdX	主存
3	R3	S	—	S	BusRd	P1 的缓存
4	W3	I	—	M	BusRdX	主存
5	R1	S	—	S	BusRd	P3 的缓存
6	R3	S	—	S	—	—
7	R2	S	S	S	BusRd	主存

在来自处理器 1 的读请求（第一个请求）中，一个 BusRd 被触发，主存响应对应的块；处理器 1 取到该块，将其存储在自己的缓存上并将状态置为 S。

对于来自处理器 1 的写入请求，它此时不知道其他缓存是否有同样的块，所以触发一个 BusRdX 来无效化其他拷贝。主存侦听到 BusRdX 并响应对应的块。注意这里的内存控制器不知道是否有必要提供该数据，因为它不能辨别处理器 1 是已经有了该块而需要将其状态升级为 M，还是没有该块而要从主存中获取。在触发 BusRdX 之后，事实上写操作已经被串行化，所以缓存状态能够安全地被修改，并且缓存块也能够被写入。注意在一段时间过后，来自内存的响应才会到达。此时处理器要么忽略该应答，要么以 M 状态放入其缓存中，并暂缓写操作，直到将该应答放入缓存。

当处理器 3 发出读请求，一个 BusRd 被触发。处理器 1 的侦听器侦听到它，检查它的缓存标签，并且发现它有状态为 M 的块。这意味着处理器 1 拥有最新的拷贝，并将它清空以响应侦听请求，块状态在此之后变为 S。与此同时，内存控制器也尝试将该块从主存中取回，因为它并不知道最终是否会有一个缓存提供该块。处理器 3 侦听到清空，并且通过匹配被清空的块地址及其已经发出的读取操作就能知道该被清空的块应该被当作其读取请求的应答来对待，所以该块被获取并以 S 状态存储在缓存上。主存尝试将块从内存中取回时也将侦听到这个被清空的块，故该内存取操作被取消，同时重写内存中的块。要支持这种机制，内存控制器必须有一个记录其从主存中取块的表。如果侦听到清空，它必须取消已经发出的向同一地址取块的操作，有可能通过标记该操作，之后当被取回的块到达时再将其抛弃。它还必须创建一个新的项目来将被清空的块写入。

■ 你知道吗？

读者现在可能会察觉到如果主存在缓存块所有者（改变缓存块状态的处理器）有机会将块清空 / 提供之前就已经提供了缓存块的旧值，这样就会存在潜在的正确性问题。为了避免这种问题，有许多可行的方法。一种是在内存控制器答复块之前，给处理器足够多的固定的时间来让它完成对总线请求的侦听和响应。比如，即使内存控制器已经从主存中取回了一个块，在确定没有缓存对其清空之前该块必须被存在一个表里。另一种可能的方案叫作全侦听响应，比如引入一个特殊的“侦听完成”总线，所有一致性控制器在完成侦听事务并检查它们的缓存标签之后即获得该总线。该总线使用逻辑与操作实现，即只有当所有总线都完成响应之后才能使用该总线。当且仅当“侦听完成”总线被使用且没有清空操作时内存控制器才能安全地提供块。

218

接下来，处理器 3 发出写请求。触发一个 BusRdX 来无效化其他拷贝。处理器 1 的一致性控制器会响应，无效化其拷贝。处理器 3 的缓存块状态变为 M。

当处理器 1 尝试读取该块时，会因为之前的无效化而遇到缓存缺失。这种缺失叫作“一致性缺失”，因为它是由于一致性处理（无效化）而产生的。所以处理器 1 发出 BusRd，处理器 3 通过清空其缓存块来应答并将状态改为 S。被冲上的缓存块还会更新主存的拷贝，因此，该缓存块目前是干净的。

当处理器 3 读取该缓存块时，它会发现其状态为 S。因为它拥有一个有效的拷贝，因此这里结果是缓存命中且不会产生总线请求。

最后，处理器 2 尝试读取该块并发出 BusRd。内存控制器从主存中取回该块，这里主存中的值是有效的，因为它在之前通过清空操作被更新了。注意在此情况下，处理器 1 和 3 都拥有同样有效的该块的拷贝。那么处理器 1 和 3 应该清空该块吗？尽管没有正确性的要求，它们也一定会这样做，并且如果它们能比内存更快地从 DRAM 中取得同样的块的话，这样对提升性能是很有意义的。事实上，在 MESI 协议中，缓存到缓存的传输的实现就允许了上述动作的产生。

之前我们指出在 BusRdX 中，内存控制器无法辨别处理器 1 是已经有了该块而需要将其状态更新为 M，还是没有该块而需要从主存中取。在之前的情况中，内存控制器有一个无用的操作，即将块从主存中取回并提供给总线，又被发出请求的缓存抛弃。为了避免这种浪费，我们可以引入一种新的总线请求——BusUpgr。如果一个缓存已经有了一个有效的块拷贝并且只需要更新其权限，那么就发出一个 BusUpgr 而不是 BusRdX。另一方面，如果它没有块的有效拷贝，需要内存或者其他缓存提供，它再发出 BusRdX。内存控制器对于这两种情况的应答是不同的。它会忽略 BusUpgr，但是在侦听到 BusRdX 时取块。有了这个微小的改动，状态转换图变成了如图 7-5 所示。例子中受影响的操作如表 7-2 中加粗表示。

219

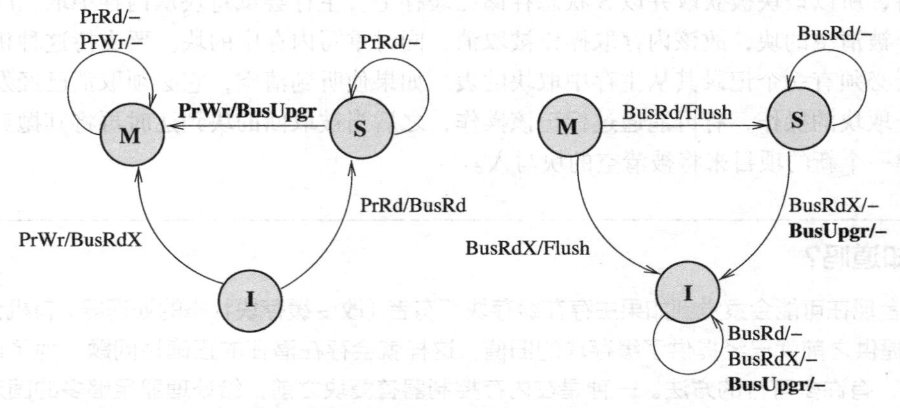

图 7-5　MSI 缓存一致性协议（使用 BusUpgr）的状态转换图

表 7-2　MSI 协议操作（使用 BusUpgr）列表

	请求	P1	P2	P3	总线请求	数据提供者
0	初始化	—	—	—	—	—
1	R1	S	—	—	BusRd	主存
2	W1	M	—	—	BusRdX	—
3	R3	S	—	S	BusRd	P1 的缓存
4	W3	I	—	M	BusRdX	—
5	R1	S	—	S	BusRd	P3 的缓存
6	R3	S	—	S	—	—
7	R2	S	S	S	BusRd	主存

另一种缓存一致性协议的选择是当缓存块收到一个干预请求时应该改变其状态，比如当侦听器侦听到一个针对状态为 M 的本地缓存块的 BusRd。在之前介绍的 MSI 协议中，它会转变为 S 状态。此时也可以转变为 I 状态，这么做的理由是如果另一个处理器的读请求总是在写请求之后立即产生，那么如果缓存块状态变为 I，则发出请求的处理器就只需要触发一次总线事务。这种优化一定可以提升性能吗？答案取决于所有处理器发出这种读 – 写顺序请求的频率。如果有大量的读 – 写顺序请求，那么我们为每个次序请求节省了一次总线事务。但是，如果大多数请求都是读 – 读次序请求，那么我们就会有大量没有必要的无效化操作，导致处理器在尝试读取这些被无效化的缓存块拷贝时会遇到大量缓存缺失。许多同步操作都有读 – 写次序请求，尤其是原子指令，但是这并不常见，尤其是当使用更加优化的同步操作

时。我们将在第 8 章中详细讨论该问题。

7.2.3 “写回”缓存的 MESI 协议

正如之前所讲，不管该块是否仅存储在一个缓存块上，MSI 协议在读 – 写次序请求时都会触发两个总线事务。这个缺陷会影响诸如顺序执行程序等几乎没有数据共享的程序在执行时的性能。很明显，这种缺陷不能够被接受。所以，为了去除这个问题，MESI 协议加入了一个状态来区分一个缓存块是干净且唯一的，还是干净但是在多个缓存上拥有拷贝的。

在 MESI 协议中，与 MSI 协议相同，处理器的缓存请求包含：

1）PrRd：处理器请求从缓存块中读出。

2）PrWr：处理器请求向缓存块中写入。

220

总线侦听的请求同样包括：

1）BusRd：总线侦听到一个来自另一个处理器的读出缓存请求。

2）BusRdX：总线侦听到一个来自另一个尚未取得该块的处理器的“读独占”（或者写）缓存请求。

3）BusUpgr：侦听到一个要向其他处理器缓存已经拥有的缓存块上写入的请求。

4）Flush：总线侦听到一个缓存块被另一个处理器写回到主存的请求。

5）FlushOpt：侦听到一整块缓存块被放至总线以提供给另一个处理器。我们区分 Flush 和 FlushOpt 是因为当写传播需要 Flush 时，FlushOpt 从正确性上并不需要。它实现了在不影响正确性的前提下提升性能。我们把这种块清空叫作*缓存到缓存的传输*。

每一个缓存块都涉及若干相关的状态，包括：

1）Modified（M）：缓存块有效，并且其数据与主存中的原始数据不同。这个状态是对单一处理器系统中脏状态的补充，在这里它还表示对应处理器的唯一所有权。也就是说，“脏”只表明缓存数据与主存中的原始数据不同，而 M 除了该意义之外还表示该数据只存在这一个位置（处理器），即有效。

2）Exclusive（E）：缓存块是干净有效且唯一的。

3）Shared（S）：缓存块是有效干净的，但在多个缓存拥有拷贝。

4）Invalid（I）：缓存块无效。

实现 MESI 的挑战是读取缓存缺失的问题，缓存一致性控制器如何知道加载进缓存的块应该是 E 还是 S 状态？这取决于该块是否有其他拷贝。如果没有其他拷贝，该块应该是 E 状态，否则就是 S 状态。我们怎么检查是否存在其他拷贝呢？为了实现它，需要引入一条新的总线——“拷贝存在”或 C 总线。当存在至少一份缓存块拷贝时，总线为高电平，否则缓存块唯一，总线为低电平。

我们假设缓存使用*写分配*和*写无效*的缓存一致性策略。“写回”缓存的 MESI 协议状态转换图如图 7-6 所示（处理器请求响应在上，总线侦听请求响应在下）。

与之前相同，I 状态代表两种情况：尚未使用的缓存块和无效状态的缓存块。我们考虑处理器读写请求。首先，当缓存块为 I 状态时，处理器发出读请求，则遇到缓存缺失。要把数据加载进缓存，总线上随即产生一个 BusRd 请求，内存控制器响应 BusRd，将所需要的块从主存中取出。其他侦听器将会侦听到该请求并检查它们的缓存来判断是否拥有该拷贝。如果发现拷贝，则缓存使用 C 总线（图 7-6 标示“C”）。在这种情况下，取回的块放在请求者的缓存上并置为 S 状态。另一方面，如果 C 总线没有被使用（图 7-6 标示“!C”），则取回的

221

块被置为 E 状态并放入请求者缓存。当有一个处理器发出写请求，缓存必须分配一个有效的块拷贝，从而发出一个 BusRdX 请求。其他缓存会无效化自己的块拷贝来响应请求，同时内存会提供相应的存储块来响应。当请求者获得该块后，将块放入缓存并置为 M 状态。

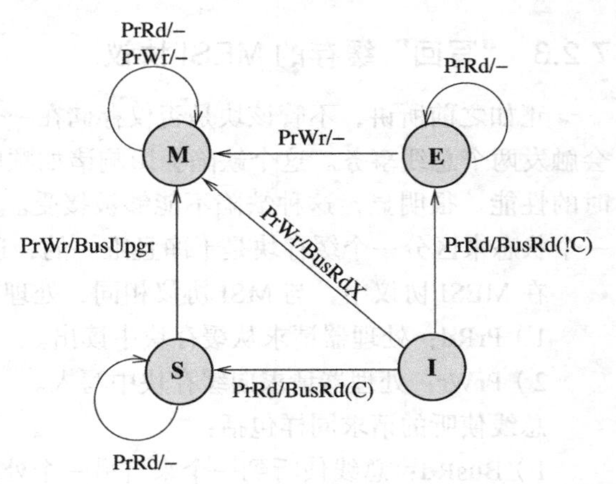

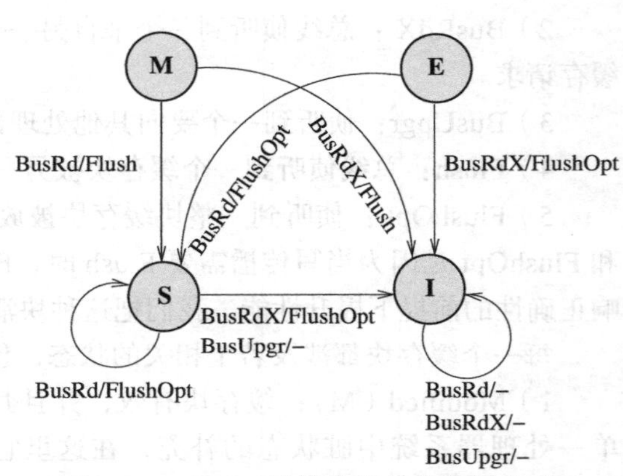

图 7-6　MESI 一致性协议的状态转换图

假设现在缓存有 E 状态的块，则任何对该块的读操作都会缓存命中且不会触发任何总线事务。与没有 E 状态的 MSI 协议相比，一个对 E 状态块的写操作不会产生总线事务，因为 E 状态表明该块是系统中唯一存在的，没有其他拷贝。所以写操作可以在状态修改之前处理。222

假设现在缓存有 S 状态的块。当处理器读时，该块在缓存中被找到并返回数据给处理器。因为缓存命中，所以这不会触发任何总线事务，且状态保持不变。另一方面，当处理器写时，也许会有其他拷贝需要被无效化，所以会产生一个 BusUpgr，并将状态置为 M，内存控制器忽略该 BusUpgr，因为它不需要从主存中返回数据给请求处理器。

如果缓存中的块是 M 状态，读写操作都不会改变该状态，并且因为能够确定没有其他拷贝，所以也不会有任何总线事务产生。

现在我们来看侦听到总线事务时的状态转换。如果缓存块为 I 状态，则侦听到的 BusRd、BusRdX 或 BusUpgr 都不会影响它，所以忽略该情况。

如果缓存块为 E 状态，则当 BusRd 被侦听到时，意味着另一个处理器遇到了缓存缺失并试图获取该块。因为最后的结果是要将该块存储在不止一个缓存上，所以状态必须被置为 S。另外，MESI 协议提出通过*缓存到缓存的传输来优化性能*[46]，即一个干净且有效的缓存块可以通过其他缓存的拷贝来提供而不仅仅是从主存中获得。这样的缓存到缓存的传输可以减少读取缓存缺失带来的延迟，因为缓存之间的传输速度要远远快于内存控制器从主存中取回数据的速度。

■ 你知道吗？

缓存到缓存传输的好处是从其他缓存中获得数据比从主存中获取要快得多。这种情况在基于总线的系统中是基本正确的，这种系统的缓存一致性是在最外层的芯片缓存中维护的。但是这种优化在某些其他情况下会失效。比如，在一个多核结构中缓存一致性在 L2 缓存中维护，所有核心共享一个 L3 片上缓存，从 L3 缓存上取缺失块有可能比从 L2 上取要快。另一种情况是，在 3D 芯片上，内存在处理器的顶层，此时从垂直方向的内存中取数可能会比从同一片上的远端缓存取数要快。

如果一个 BusRdX 被侦听到，表明有另一个处理器想要写入缓存块。在这种情况下，本地的缓存拷贝将会被清空并无效化。此时缓存到缓存传输可以被标记为 FlushOpt，并以此来提升性能而不是满足正确性要求。

如果缓存块为 S 状态，当侦听到 BusRd 时，也就是另一个处理器遇到缓存缺失而试图取回该块。因此，状态仍保持为 S，并且其中一个缓存通过 FlushOpt 来提供该块。如果 BusRdX 被侦听到，其中一份块拷贝要通过 FlushOpt 在总线上清空，并且本地的拷贝要被置为 I。注意当 FlushOpt 在总线上时，主存不需要更新。这是因为 FlushOpt 中涉及的缓存块是干净的，也就是说内存中的拷贝也是最新且有效的。

223

如果缓存块为 M 状态，则在该缓存上的块拷贝是在整个系统里唯一有效的（不存在其他拷贝且主存中的值也是过时的）。因此当侦听到 BusRd 时，块必须被清空以保证写传播，并且状态变为 S。发出 BusRd 请求的缓存必须取到被清空的块来作为它请求的应答。另外，主存也必须侦听到 Flush 并进行更新。

写传播通过两种机制保证。第一，通过写缓存块操作无效化其他拷贝，其他缓存将会因为缓存缺失而强制重加载该块。第二，通过侦听到 BusRd 或者 BusRdX 请求而清空一个 M 状态的块，被清空的块将会被发出请求的处理器或缓存获取，以此保证它是该块的最新值。

与 MSI 协议相比，MESI 协议消除了来自处理器的读 – 写次序操作引发的两次总线事务，避免了顺序程序和深度优化过的并行程序的性能损耗。然而，MESI 协议也会带来比 MSI 协议更高的复杂度。第一，额外增加的 C 总线及其相关逻辑。第二，FlushOpt 中的缓存到缓存传输增加了一致性控制器的复杂度，对于当一个缓存块状态为 S 时的 FlushOpt 来说更是如此。可能会有多个缓存拥有 S 状态的该块拷贝并且它们都读取该块并尝试 FlushOpt 操作，其中一个会比其他缓存先到达总线并将块在总线上清空。其他一致性控制器就会侦听到这个行为，意识到其他缓存已经将同样的块清空，从而取消本缓存的清空计划。这种机制的弊端是可能会有很多缓存控制器做出无用（耗能）的读取缓存操作，它们试图获取总线访问并在另一个缓存先于自身提供块时取消自身行为。

为了解释 MESI 如何工作，我们考虑如表 7-3 所示例子。例子展示了由多个处理器发出的如表 7-1 所示相同请求序列。表中的例子假设缓存初始化为空。MESI 与 MSI 的不同点被加粗强调。在此例中，我们假设当某个处理器对一个已经缓存的块发出写入请求时，使用 BusUpgr，而当块还没有被缓存时，就使用 BusRdX。

224

表 7-3 MESI 协议操作列表

	请求	P1	P2	P3	总线请求	数据提供者
0	初始化	—	—	—	—	—
1	R1	E	—	—	BusRd	主存
2	W1	—	—	—	—	—
3	R3	S	—	S	BusRd	P1 的缓存
4	W3	I	—	M	BusUpgr	—
5	R1	S	—	S	BusRd	P3 的缓存
6	R3	S	—	S	—	—
7	R2	S	S	S	BusRd	P1/P3 的缓存

当处理器 1 发出读请求时，触发一个 BusRd，主存响应对应缓存块，处理器 1 取得该块并将它以 E 状态存储在缓存上。当处理器 1 发出写请求时，与 MSI 相比，因为我们知道处

于E状态的该块没有其他拷贝存在，所以这里缓存状态变为M且不触发总线事务。

当处理器3发出读请求时，则触发一个总线BusRd。处理器1的侦听器侦听到该事务并检查缓存标签，发现它有M状态的对应缓存块。这意味着处理器1拥有唯一有效的最新拷贝，故将其清空以作为侦听到的请求的应答。随后，该缓存块状态变为S。与此同时内存控制器因为不知道缓存最终是否能提供该块，故它也试图从主存中取得该块。处理器3侦听到清空，并且通过匹配正在被清空的块地址与发出请求的读操作，处理器3会知道被清空的块可以被当作请求的应答。所以该块被获取，并以S状态存储在处理器3的缓存上。试图从主存中取得该块的内存也会侦听到块清空，它会取得该块并取消自己的内存取操作，将内存中的块更新为最新版本。

接下来，处理器3发出写请求。它发出一个BusUpgr来无效化其他拷贝。处理器1响应该请求，它的一致性控制器将其拷贝无效化。处理器3的块状态变为M。

当处理器1试图读取块时，因为之前的无效化操作，此时会遇到缓存缺失。处理器1发出BusRd，处理器3通过将其块置为S并清空来响应。清空的块也将内存中的块更新至最新，所以此时的缓存块是干净的。

当处理器3读取该块时会遇到缓存命中，不会产生任何总线事务。

最后，处理器2试图读取该块并发出BusRd。不同于MSI中不支持缓存到缓存传输，在MESI中处理器1和处理器3的缓存控制器都试图响应该处理器2的请求并将块以FlushOpt的状态清空。其中一个最终会为处理器2提供该块。内存控制器在侦听到FlushOpt块时会取消其取数操作。

即使MESI协议提升了MSI协议的性能，它仍然有一个潜在的严重问题。当一个缓存块被多个处理器连续地读写时，每一个读操作都会触发干预，需要拥有者清空缓存块。尽管被清空的块必须被请求者获取来作为保证写传播的一种方法，被清空的块更新主存副本并不是写传播的正确性要求。不幸的是，在S状态的定义中块是干净的，即缓存块中的值与主存中的值相同。所以，为了保证"干净"，主存必须要更新其存储块。当一个块被多个处理器共享时必须是干净的，这叫作"*干净共享*"。注意干净共享也意味着替换S状态块可以是静默的，也就是块直接被抛弃。不幸的是，为了保持干净，主存的更新过于频繁。在某些系统里，主存的带宽已经很有限了，所以这里为每个缓存清空更新主存会消耗过多的带宽。例如，如果多核处理器在一个多核结构中维持L2缓存的一致性，L2缓存能够通过片上互连通信，但是更新主存必须是在片外完成。由于可用的针脚有限加上慢速的片外互连，多核系统的片外带宽是极其有限的。因此，如果能通过允许多个缓存之间共享脏块而使缓存清空不再需要更新主存的话就最好了。下一节中介绍的MOESI协议通过增加状态来支持脏共享。

225

7.2.4 "写回"缓存的MOESI协议

如上文提到，减少主存带宽可以通过允许脏共享来实现。MOESI协议允许脏共享。MESI协议被用于英特尔至强处理器，而MOESI协议则被用于AMD皓龙处理器[4]。在MOESI协议中，同MSI协议一样，处理器的缓存请求包含：

1）PrRd：处理器请求从缓存块中读出。

2）PrWr：处理器请求向缓存块中写入。

总线侦听的请求包括：

1）BusRd：总线侦听到一个来自另一个处理器的读出缓存请求。

2）BusRdX：总线侦听到一个来自另一个尚未取得该块的处理器的“读独占”（写）缓存请求。

3）BusUpgr：侦听到一个要向其他处理器缓存已经拥有的缓存块上写入的请求。

4）Flush：总线侦听到一个缓存块被另一个处理器放上总线以便传输给另一个处理器的缓存的请求。

5）FlushOpt：侦听到一整块缓存块被放上总线以提供给另一个处理器。这里不同于为了写传播正确性而需要 Flush，FlushOpt 是作为一种提升性能的方法，去掉它并不影响正确性。

6）FlushWB：侦听到一整块缓存块被另一个处理器写回主存，并且这里不是缓存到缓存之间的传输。

每一个缓存块都有一个相关的状态，包括：

1）Modified（M）：缓存块有效且唯一，并且其数据（可能）与主存中的原始数据不同。这个状态与单一处理器“写回”缓存中的脏状态相同，在这里它还表示对应处理器的唯一所有权。

2）Exclusive（E）：缓存块是干净有效且唯一的。

3）Owned（O）：缓存块是有效的，可能是脏的，也可能有多份拷贝。但是，当存在多份拷贝时，只能有一个是 O 状态，其他拷贝都为 S 状态。

226

4）Shared（S）：缓存块是有效的且有可能是脏的，同时也有可能在其他缓存中存在拷贝。

5）Invalid（I）：缓存块无效。

提出 O 状态背后的想法是，当一个缓存块被多个处理器缓存共享，其值允许与主存中的对应值不同。其中一个缓存被设定为块的所有者并将块状态置为 O，其他备份则为 S。所有者的出现简化了缓存到缓存的数据传输。比如，当侦听到一个 BusRd 时，我们可以让所有者通过 FlushOpt 来提供数据而其他控制器没有任何操作。这里主存不需要根据 Flush 或 FlushOpt 来更新存储块。另外，我们可以设定当块被收回时，让所有者负责将缓存块写回主存。因此，当一个 S 状态的缓存块被收回时，无论干净还是脏，都可以被抛弃。只有当被收回的缓存块是 O 状态时，才会被写回到主存。为了表明某时刻一个 O 状态的缓存块需要被回收并写回主存，需要一种新的总线请求类型，这就是 FlushWB。

谁应该是缓存块所有者？为了回答这个问题，考虑当存在脏共享时，一个 S 状态的块可以被静默地替换，但是 O 状态的块必须被写回主存。如果写回频率最小化，则可以节约总线带宽。为了降低写回频率，拥有缓存块时间最长的缓存被设为所有者。尽管预测哪一个缓存拥有该块拷贝时间最长较为困难，好的启发式方法通常很有用。因为应用总是会表现出临时的局部性，一个好的启发式方法就是选择最后一次写入或读取该块的缓存为其所有者。然而，读取有效的块不会触发任何总线事务，所以当一个处理器读取一个 S 状态的缓存块时，改变其所有者是很不方便的（且代价高昂）。因此，一个好的启发式方法（在 AMD 皓龙系统中使用的）是选择最后一个写入该块的缓存作为其所有者。更特殊地讲，拥有 M 状态的该块的缓存在收到干扰请求之后，将块状态降级为 O，即成为其所有者。

我们假设缓存使用写分配和写无效的缓存一致性策略。“写回”缓存的 MOSEI 一致性协议的有限状态机如图 7-7 所示。在图中，处理器的请求在上半部分，总线侦听请求在下半部分。

与之前类似，I 状态表示缓存块未使用和缓存块无效两种情况。我们考虑图 7-7 中上半部分处理器发出读写请求的情况。首先，考虑块状态为 I 时，处理器发出读请求，它遇到缓存缺失。为了将数据加载入缓存，它触发一个 BusRd，内存控制器通过将块从主存中取回来响应该BusRd请求。其他侦听器侦听到该请求并检查各自缓存，确定是否有块拷贝。如果有拷贝，则该缓存占用C总线。在此情况下，被取回的块以S状态放入请求者的缓存中。另一方面，如果C总线不被占用（！C），则被取回的块以E状态放入请求者的缓存中。当处理器发出写请求，缓存必须分配一个待写块的有效拷贝，为了做到这一点，它会发出一个BusRdX。其他缓存侦听到该请求并将各自缓存块置为I，内存响应该请求并提供所需的块。一旦处理器获得该块，会将其置为M状态。

227

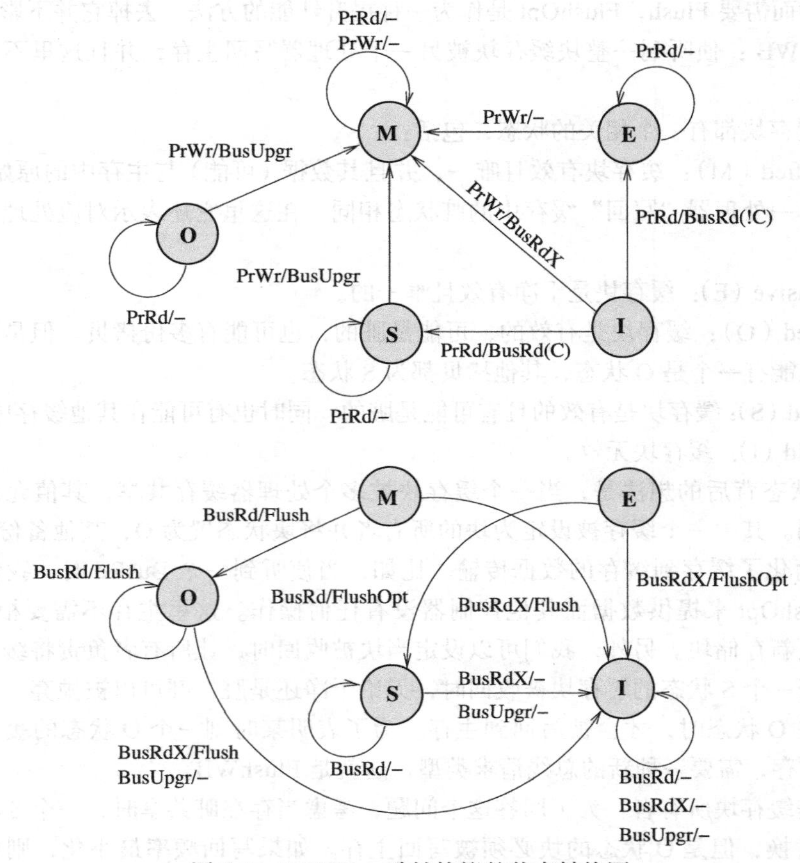

图7-7 MOESI一致性协议的状态转换图

假设此时缓存已经拥有E状态的块，则任何读取该块的请求都会缓存命中，且不会产生任何总线事务。同MESI协议一样，对该块的写操作也不会产生总线事务，因为E状态表明该块是系统中唯一的。所以，写请求可以在块状态变为M后处理。

假设此时缓存已经拥有S状态的块，则任何读取该块的请求都会缓存命中，不会产生任何总线事务且块状态不会改变。另一方面，当处理器请求写入该块时，需要将其他拷贝无效化，所以会产生BusUpgr，且块状态会变为M。

如果缓存块已经处于状态M，则读写请求都不会改变其状态且没有任何总线事务产生，因为通过之前的无效化操作可以确定系统中没有其他拷贝。

228

如果缓存状态已经为O，则它是脏的且被其他缓存共享。处理器读请求直接从缓存块中读出，而处理器写请求必须发出BusUpgr来无效化其他拷贝。

我们再来看状态转换图是如何展示侦听到总线事务之后的状态变化的。如果缓存没有该块或块状态为I，则任何 BusRd 或 BusRdX/BusUpgr 都不会影响它，所以我们忽略这种情况。

如果缓存块处于E状态，当侦听到 BusRd 时，则通过 FlushOpt 来将该块清空，并将状态置为S。当侦听到 BusRdX 时，也通过 FlushOpt 来清空该块并将状态置为I。

如果缓存块为S状态，则当侦听到 BusRd 时，意味着另一个处理器遇到了缓存缺失并试图取回该块。所以，块状态保持为S，并且因为只有该块的所有者负责清空该块，故当前本地缓存不会清空它。注意所有者可能存在（脏共享），也可能不存在（干净共享）。在没有所有者时，即干净共享状态，尽管使用类似 MESI 中的 FlushOpt 可以提供给该块，但这里是由主存提供的。如果侦听到 BusRdX 或 BusUpgr，则块状态变为I。同样地，所有者（如果有的话）负责块的清空，所以与 MESI 不同的是，非块所有者不需要清空它们的块拷贝。

如果缓存块处于M状态，则该块是系统中唯一有效的拷贝（没有其他拷贝并且内存中的值是过时的）。所以，当侦听到 BusRd 时，为了写传播，块必须被清空并且状态变为O。改变状态的原因就是基于我们之前讨论过的启发式方法。注意当状态变为O时，此时的本地缓存就是该块的提供者并在需要时负责该块的清空。

如果缓存块处于O状态，则表明存在脏共享，由当前的本地缓存负责提供该块。因此，当侦听到 BusRd 时，它会清空该块并保持O状态。当侦听到 BusRdX 时，它通过清空来提供该块，并将块状态变为I。如果侦听到 BusUpgr，则将状态置为I而不清空块。注意因为存在脏共享，则从正确性上讲需要在该状态下清空块，而不是要提升性能，因为此时系统中可能不存在拥有该块有效拷贝的其他缓存（其他缓存可能会从所有者那里获取该块的拷贝，但并不确定）。

当从缓存中去除处于O状态的块，则所有关系就不再存在，因为其他缓存会有S状态的拷贝。因此，此时的脏共享必须转换为干净共享。所有者负责将该块清空给内存，所以内存可以更新其拷贝。这可以通过向总线发出 FlushWB 来实现。与 Flush 及 FlushOpt 被内存控制器忽略不同，一个 FlushWB 请求被内存控制器用来更新主存上的值。

有两种机制来保证写传播。第一，通过块写入请求无效化其他拷贝，其他缓存因为缓存缺失而强制重新加载该块。第二，在脏共享下，一个缓存在侦听到 BusRd 或 BusRdX 时，以所有者的身份清空该块，从而保证块值正确；在干净共享下，由内存提供该块。 229

与 MESI 协议相比，MOESI 协议不会减少总线带宽的使用，但是会减少主存带宽的使用。在一些情况下这样就会有优势。例如在 AMD K7 中，两个处理器芯片通过通用内存控制器连接，内存控制器再连接 DRAM。一个处理器与内存控制器之间的互连带宽大致与内存控制器和主存之间的可用带宽相等。然而，当两个处理器都与内存控制器互连时，处理器之间的组合带宽就会高于到主存的带宽。因此，这里选择 MOESI 协议就是因为可以减少主存的带宽需求。另一个例子是减少内存带宽在多核结构中有好处，这里每个核心都有自己私有的末级缓存并且要保持一致性。缓存之间可以通过片上带宽通信，但是主存带宽会因为片外的引脚带宽而受限。因为片上带宽比片外到主存的带宽充足，MOESI 协议能减少片外的带宽需求。

为了说明 MOESI 是如何工作的，考虑如表 7-4 中的例子，表中多个处理器发出的请求次序与表 7-1 中的相同。对于表中的例子假设缓存初始为空。MOESI 与 MESI 的不同点加粗表示。

当处理器 1 发出读取请求，则触发一个 BusRd，主存响应并提供该块，处理器 1 获得该块并置为E状态存储在缓存上。当处理器 1 发出写请求，缓存状态变为M，因为没有其他拷贝，故没有任何总线事务产生。

表 7-4　MOESI 协议操作列表（* 表示脏共享，其中在总线上刷新块时不更新主存）

	请求	P1	P2	P3	总线请求	数据提供者
0	初始化	—	—	—	—	—
1	R1	E	—	—	BusRd	主存
2	W1	M	—	—	—	—
3	R3	O	—	S	BusRd	P1 的缓存*
4	W3	I	—	M	BusUpgr	—
5	R1	S	—	O	BusRd	P3 的缓存*
6	R3	S	—	O	—	—
7	R2	S	S	O	BusRd	P3 的缓存

当处理器 3 发出读请求，会触发一个 BusRd。处理器 1 侦听到该请求并检查其缓存标签，发现有 M 状态的该块拷贝。处理器 1 将其状态降级为 O，并通过总线清空来提供该块。处理器 3 取得该被清空的块并将其置为 S 状态。与此同时，内存控制器忽略侦听到的总线清空。只有当 O 状态的块被写回，内存控制器才会取得该块来更新主存。注意这里要区分块所有者因为自然的块替换而发出的清空，以及因为要将块提供给另一个远端请求者而发出的清空，后者需要额外触发一个总线事务。

230

接下来，处理器 3 发出一个写请求，它会触发一个 BusUpgr 来无效化其他拷贝。处理器 1 的一致性控制器会做出响应并无效化其块。处理器 3 的缓存块状态变为 M。

当处理器 1 试图读取该块时，因为之前的无效化操作，它会遇到一个缓存缺失。处理器 1 发出一个 BusRd，处理器 3 做出响应——清空该缓存块并将其状态置为 O。因为允许脏共享，所以这里被清空的缓存块不会更新主存。

当处理器 3 读取该块时，会发现它处于 S 状态。因为该块是有效的，所以会遇到缓存命中，不会触发任何总线事务。

最后，处理器 2 试图读取该块并触发一个 BusRd。与 MESI 中处理器 1 和 3 都会试图清空缓存块不同，在 MOESI 中，只有块所有者（处理器 3）清空缓存，处理器 1 不需要有任何动作。

■ 你知道吗？

尽管 MOESI 协议允许脏共享并且能快速给缺失的缓存从其同级缓存中提供脏块，但它仍然有一些局限性。其中一种局限性是当一个干净的块拥有多份拷贝时，就像是在 MESI 中一样，它依然没有一种简便的方法来指派某一个缓存向遇到缺失的缓存提供块。英特尔的 MESIF 协议解决了这个问题。该协议中引入的新“F”（Forward）状态就是在一个处理器遇到缓存缺失时指派（至多）一个缓存来充当干净缓存块的提供者。当这种情况发生时，缓存块提供者在提供了所需缓存块之后，将其块状态置为 S，并将 F 状态传递给之前遇到缓存缺失的缓存。MESIF 协议依旧不像 MOESI 协议那样支持脏共享。

MOESI 协议的另一局限性是当拥有脏块且状态为 O 的缓存要收回该块时，它可能会失去 O 状态。然后该块会被写回至主存，并且脏共享会转变为干净共享。在其他缓存可能会有该块的拷贝时这种情况也会发生。一种可能的解决方法[58]是包含一种所有权变更的机制，即当脏块所有者想要收回该块时，它会在总线上发出一个请求。如果其他缓存侦听到该请求并主动响应，意味着其他缓存有该块的拷贝，则该块所有权就会被变更到有拷贝的缓存上，这样做就避免了写回并且保持脏共享。一个补充的方案是提前主动将所有权转给最近发生该块缺失的缓存，因为该缓存最有可能保留该块更长的时间。

7.2.5 “写回”缓存基于更新的协议

基于无效协议的一大弊端在于会造成大量的一致性缺失，每一次读取被无效化的块都会遇到缓存缺失，从而导致处理缺失的延迟会很高。在本小节，我们介绍基于更新的协议，这种协议依靠直接的缓存值更新来实现写传播，而不是使用无效化造成缺失来保证写传播。我们将要讨论的更新协议叫作“龙”协议[43]。该协议假设处理以下处理器和总线事务请求。 231

1）PrRd：处理器请求从缓存块中读出。

2）PrRdMiss：处理器请求读的块已不在缓存中。

3）PrWr：处理器请求向缓存块中写入。

4）PrWrMiss：处理器要写入的块已不在缓存上。

总线请求包括：

1）BusRd：总线侦听到一个来自另一个处理器的读出缓存请求。

2）Flush：总线侦听到整个缓存块被另一个处理器放上总线的请求。

3）BusUpd：总线侦听到一个写入字操作导致的写入值在总线上传播的请求。这里只有一个字的数据被放上总线，而不是整个缓存块。

每个缓存块都拥有以下其中一种状态：

1）Modified（M）：缓存块唯一有效，并且其数据（可能）与主存中的原始数据不一致。该状态意味着对该块的唯一所有权。

2）Exclusive（E）：缓存块有效、干净且唯一。

3）Shared Modified（Sm）：缓存块有效，可能是脏的，并且可能拥有多份拷贝。但是，当存在多份拷贝时，只能有一份拷贝处于Sm状态，其他拷贝均为Sc状态。该状态类似允许脏共享的MOESI协议中的O状态。

4）Shared Clean（Sc）：缓存块有效，可能不干净，也可能有多份拷贝，类似MOESI中的S状态。

与MOESI类似，龙协议允许脏共享存在，此时所有者为Sm状态而其他拷贝为Sc状态。注意因为一个缓存块可能会被更新但永远不会失效，所以这里没有I状态。只要数据块被缓存，尽管可能是脏的，但它始终是有效的。

我们假设缓存使用*写分配*和*写更新*的缓存一致性策略。对应“写回”缓存龙一致性协议的有限状态机如图7-8所示。在图中，处理器请求的应答在上半部，总线请求的应答在下半部。非状态发出的箭头代表在状态变化之前缓存块不在缓存中。

龙协议中没有I状态，因此没有出处的箭头指向一个状态代表新加载的缓存块。我们来看图7-8中上部处理器发出读写请求之后的状态响应。首先，考虑当发生读取缺失时，产生一个BusRd，并且如果其他缓存都没有该块的拷贝（!C），那么该块就以E状态放入缓存。如果在其他缓存中已经存在拷贝，则该块就被置为Sc状态。接下来，考虑当写入缺失发生时， 232

如果不存在其他拷贝（!C），则块以 M 状态被放入缓存。如果已经有其他拷贝，则块被置为 Sm 状态。在此之后，进行写操作并产生一个 BusUpd 来更新其他拷贝。

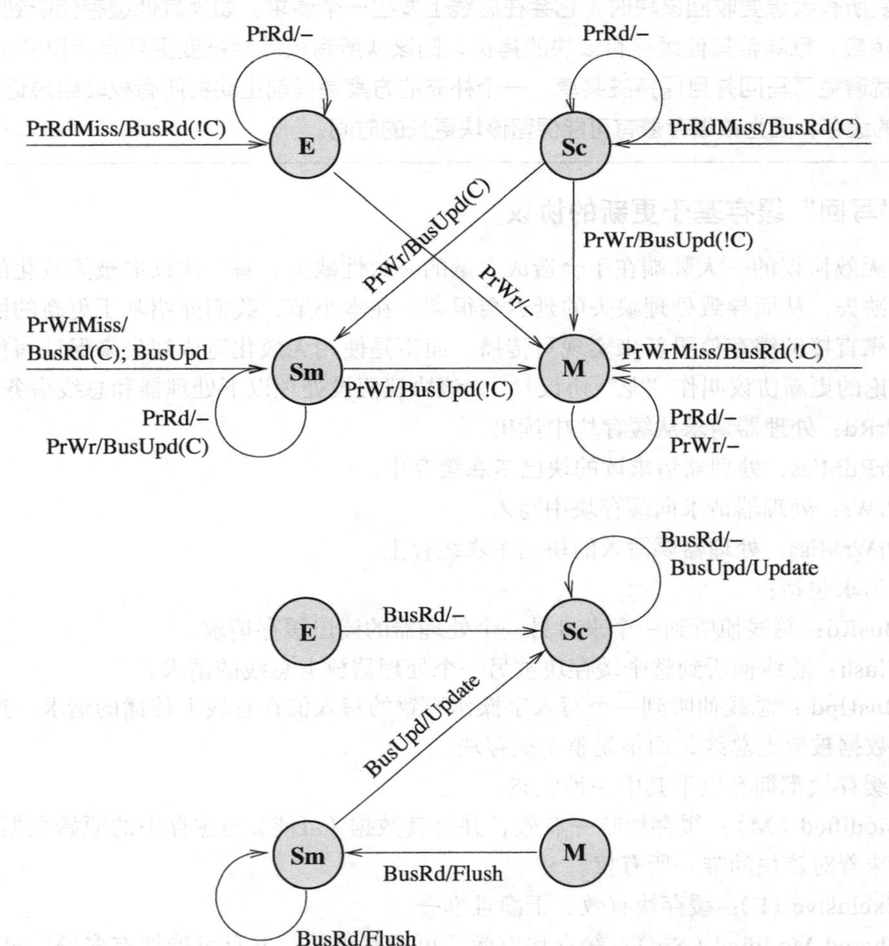

图 7-8　龙更新一致性协议的状态转换图

如果一个块已经以 E 状态缓存，则处理器在读它时就不会改变它的状态且没有总线事务产生。处理器写时则改变其状态为 M，也不会产生总线事务。

如果一个块已经以 Sc 状态缓存，则处理器在读它时同样不会改变它的状态且没有总线事务产生。处理器写时会将其状态置为 Sm，因为它是该块的新所有者。另外，处理器写操作必须通过产生一个 BusUpd 请求来传播其写入值。因为该请求会进入总线，C 总线也会被检查，所以如果不再有其他拷贝时，该块状态可以变为 M 而非 Sm。注意这对提升性能是很有必要的，因为在 M 状态下，处理器写请求不再产生总线事务，节约了带宽。

233

如果一个块已经被以共享已修改（Sm）状态缓存，一个处理器读不会改变它的状态，也不会引发一个总线事务。一个处理器写可能不改变这个状态（因为它还是这个块的所有者），也可能使状态转换为 M（如果它已经是唯一保存这个块的缓存的话）。无论哪种情况，将产生一个 BusUpd 来更新其他缓存拷贝。

如果一个块已经以 M 状态缓存，则处理器在读它时同样不会改变它的状态且没有总线事务产生，因为我们知道没有其他拷贝存在。

我们再来看图 7-8 中侦听到总线事务时的状态转换。这里如果缓存没有缓存块（没有显示出任何状态），则任何侦听到的事务都会被忽略。

如果缓存块处于 E 状态，当侦听到 BusRd 时，该块由主存提供，所以块状态变为 Sc 且没有其他总线事务产生。这里不会产生 BusUpd，因为不存在其他块拷贝即没有其他缓存能够更新该块。

如果缓存块处于 Sc 状态，当侦听到 BusRd 时，意味着另一个处理器遇到缓存缺失并试图取回该块。因为缓存块是由主存或其所有者提供，所以这里不会有任何动作。如果存在脏共享，则是所有者负责清空该块。如果侦听到 BusUpd，则该字的更新被获取并用于更新当前的缓存块。

如果缓存块处于 Sm 状态，则意味着当前的本地缓存是该块的所有者。因此，如果侦听到 BusRd，则在总线上清空该块以便请求者获取。如果存在 BusUpd，即一个请求者试图写入该块，因此该请求者会成为该块的新所有者，所以该块的所有权会通过将状态变为 Sc 的方式被抛弃并写入更新。

如果块处于 M 状态，即该拷贝是整个系统中唯一有效的。所以，当侦听到 BusRd 时，块必须被清空来保证写传播，并且状态会变为 Sm。因为没有其他拷贝存在，故这里不可能侦听到 BusUpd。

不同于 MSI、MESI 和 MOESI，在龙更新协议中，写传播是通过直接更新所有缓存块拷贝来实现的。BusUpd 能够传递所需的字节或字，所以与常规的清空相比它占用总线的时间更少。

为了解释龙协议是如何工作的，我们考虑如表 7-5 所示例子，例子中多个处理器发出与表 7-1 相同序列的请求。表中例子假设缓存初始化为空。

表 7-5 龙协议操作列表（* 指示脏分享，其中在总线上刷新块时，主存不更新）

	请求	P1	P2	P3	总线请求	数据提供者
0	初始化	—	—	—	—	—
1	R1	E	—	—	BusRd	主存
2	W1	M	—	—	—	—
3	R3	Sm	—	Sc	BusRd	P1 的缓存 *
4	W3	Sc	—	Sm	BusUpd	—*
5	R1	Sc	—	Sm	—	—*
6	R3	Sc	—	Sm	—	—*
7	R2	Sc	Sc	Sm	BusRd	P3 的缓存 *

当处理器 1 读取时，产生一个 BusRd，主存响应该块，处理器 1 获得该块并以 E 状态存储在缓存上。当处理器 1 写入时，该块状态变为 M，因为没有其他拷贝存在，所以这里不会触发任何总线事务。

当处理器 3 发出读请求时，触发一个 BusRd 请求。处理器 1 侦听到该请求，检查其块标签，并发现目标块处于 M 状态。处理器 1 将其缓存块状态降级为 Sm，并通过在总线上清空来提供该块。处理器 3 取到该块，并将其状态置为 Sc 与此同时，内存控制器忽略总线侦听到的清空操作，允许脏共享存在。只有当一个 Sm 状态的块被写回时，内存控制器才需要获取它来更新主存。注意区分其与常规清空的不同，这里需要使用一个不同的总线事务。

234

接下来，处理器 3 发出一个写请求，产生一个 BusUpd 来更新其他缓存的拷贝。处理器

1的一致性控制器做出响应，将其块状态变为Sc，抛弃对该块的所有权，并更新它自身的缓存拷贝。处理器3成为该块的新所有者并将该块状态置为Sm。

当处理器1试图读取该块时，因为之前更新了块且为有效状态，故缓存命中。此时块状态不会改变，同时也没有任何总线事务产生。

当处理器3试图读取该块时，同样会遇到有效的缓存命中，所以它直接读取该块且不会产生任何总线事务。

最后，处理器2试图读取该块并产生一个BusRd。与MOESI类似，所有者（处理器3）通过清空操作来提供该块，处理器2获得该块，并将该块以Sc状态缓存。

此外还有一些低级的协议可供选择。其中一种是所有BusUpd都应该被内存控制器侦听到以更新主存，以此来消除脏共享。如果采用这种协议，则Sm状态就不再需要了，因为这里只有干净共享。但是，干净共享会增加低层存储层次的更新频率。

7.3　缓存设计对缓存一致性性能的影响

我们来回顾一下几种不同的缓存缺失：强制、冲突、容量、一致性以及系统相关缺失（参见第5章）。其中一种是由缓存一致性导致的。一致性缺失更加清晰的定义是：*访问因为一致性事件而已经被无效化的缓存块时产生的缺失。*

显然，一致性缺失只影响写无效协议，在更新协议中不会无效化缓存块，也就不会导致相应的缓存缺失。但这并不意味着更新协议不会引发缓存性能问题。例如，更新协议可能会持续更新一个在另一个缓存上已经不用的块。在这种情况下，已经不再需要的缓存块会在缓存中停留更长的时间，从而减少了有用缓存块的存储量。因此，尽管更新协议不会导致一致性缺失，但是会增加潜在的冲突和容量缺失的数量。

235

一致性缺失分为两种：*真共享*和*假共享*缺失。真共享缺失是由多个线程共享相同的变量（相同字或字节）导致的，并且它们会相互无效化。假共享缺失是由多个线程共享同一个缓存块中不同变量的不同字节或字而导致的。因为一致性粒度基于缓存块，所以当块之间没有实际共享时会相互无效化。

缓存参数是如何影响一致性缺失的？表7-6展示了它们之间的关系。首先，如果存在由于*预取效应*而产生的空间局部性，则较大的缓存块尺寸会减少缺失的次数，也就是说这里会通过更少的缺失来获取等量的字节数据。假共享缺失的数量则例外。预取效应下的大缓存块可允许更多的真共享字节同时被取回，从而减少真共享缺失。然而，假共享缺失的数量随着块尺寸的增大而增加，因为当更多的字节分配在同一缓存块时会更容易发生假共享。

表7-6　各种缓存参数对一致性缺失的影响

参数	真共享	假共享
较大缓存尺寸	增加	增加
较大块尺寸	减少	增加
较大关联度	不明确	不明确

缓存尺寸对一致性缺失的影响较小。较大的缓存能存储更多的块，但也更容易发生真共享和假共享缺失。而较小的缓存由于容量有限，又会导致容量缺失。最终，关联度对一致性缺失的影响就是不明确的。

7.4 性能及其他实际问题

7.4.1 预取和一致性缺失

在多处理器系统中使用预取会带来一定风险。预取一个块会通过 BusRd 在总线上产生干扰。如果某时刻一个缓存拥有 E 状态或 M 状态的块，则它必须提供该块并将状态降级为 S。不幸的是，这会带来 3 类风险。第一个常见的风险是预取块会导致缓存中一个当前有用的块被收回。只要预取块是被放在缓存上而不是另外的缓冲区，则该风险是预取无法避免的，并且同样会出现在单处理器系统中。第二个风险是预取的块可能会在该处理器使用前被“偷”。此风险随着预取更加激进即更早地获取块而变得更加严重。例如，当接收到一个无效化请求，预取的块必须被无效化并重新预取。当处理器需要访问它时，依旧会遇到缓存缺失，尽管在此之前正确判断了处理器会访问该块并预取。第三个风险发生在当块被一个存储状态为 E 或 M 的缓存提供的时候。如果提供者仍然需要写入该块，写操作会被延迟，因为它需要在总线发出无效化请求。所以，如果预取进行得太早的话，会降低提供数据的处理器和实现预取处理器的性能。综上所述，多处理器系统中的预取要比单处理器系统中的预取要更加复杂。

236

7.4.2 多级缓存

到目前为止，我们都假设系统中的每个处理器都只有一个缓存。如果一个处理器拥有多级缓存，则缓存一致性协议也需要相应做出修改。我们考虑在一个系统中每个处理器都拥有 L1 和 L2 两级缓存，且在 L2 中保持一致性。

即使是在多级缓存中，要保证缓存一致性协议的正确性也需要保证写传播。写传播必须能*自上而下*实现，即当一个处理器向本地 L1 缓存写入时，必须能够传递到 L2 级缓存和其他各个处理器的缓存。写传播也要能*自下而上*实现，即当总线侦听到另一个处理器试图写入时，写操作不仅要能被传递到 L2 缓存，还要能传递到 L1 缓存。

我们首先考虑自上而下的传递。首先，一个尝试在 L1 上写入的操作至少要能够通知 L2 缓存，L2 缓存才能够产生相应的总线事务来无效化其他处理器缓存的拷贝。上述需求可通过简单修改 L1 缓存控制器实现。第二，当另一个处理器遇到某个块的缓存缺失时，该块的最新值必须要能够通过总线清空提供给请求处理器。与之相关的一个问题是块的最新值是保存在 L1 还是 L2 缓存上。如果保存在 L2 缓存上，则 L2 缓存能够在总线上提供该块。如果保存在 L1 上，则 L2 绝不能直接提供该块，而是要先从 L1 中获得该块之后才能在总线上提供。

L1 缓存的写策略决定它的机制如何实现。如果 L1 缓存采用“写直达”策略，则 L1 的所有写操作都会传递给 L2。因此，L2 缓存总是拥有块的最新值并能够直接提供 M 状态的块给总线。如果 L1 缓存使用“写回”策略，则 L2 缓存不会总是拥有块的最新值。此时为了支持写传播，L2 缓存必须：1）知道 L1 有脏拷贝；2）请求 L1 写回它的缓存块，这样 L2 就能得到块的最新值。所以，这里必须要修改 L1 缓存控制器以支持在写操作时能够通知 L2。L2 缓存还需要保持一个特别的块状态来跟踪 L1 上是否有脏块。最后，当侦听器通知 L2 缓存控制器此时有一个对 L1 上脏块的干扰请求时，L2 缓存控制器必须请求该块从 L1 上写回，并且请求更新在 L1 上的块状态。与此同时，写回操作也会更新该块在 L2 上的拷贝并相应修改其状态。然后，L2 缓存向总线提供该块。

237

我们再来考虑自下而上的写传播。当 L2 收到一个无效化请求，它必须无效化相应的块，但是在 L1 也拥有该块拷贝时，该无效化操作也必须传递给 L1 缓存。这样随后处理器想要访问该块时就需要一个强制的缓存缺失。这里读者也许会回顾 5.2.4 节内容，如果 L2 和 L1 缓存之间的包含属性是强制的，那么这样的策略就已经被强制实现了。因此，在使用包含式（Inclusive）L2 缓存时，自下而上的写传播是自动实现的。然而，如果不使用包含 L2 缓存，则每一个无效化操作仍旧必须要发送给 L1 缓存。注意在每一次侦听到写请求时都要发送无效化请求给 L1，这样的开销是很大的，因为每次都需要访问 L1 的缓存标签来检查该块是否存储在 L1 上。包含属性的好处在于，因为它保证了存储在 L1 上的块也必定存储在 L2 上，所以如果一个被侦听到的总线事务涉及的块确定不在 L2 上，则不再需要向 L1 发送无效化请求（因为该块也必定不在 L1 上）。

共享缓存的缓存一致性问题

为了解释多级缓存的一致性是如何工作的，考虑一个三核的系统，每个核心拥有私有缓存，三个核心共享一个 L2 缓存。表 7-7 展示了一个数据块在多种事务之后的状态。例子中假设每个处理器核心的私有缓存采用“写直达”策略，并对每一个块保持两种状态：V(Valid) 和 I(Invalid)。另一方面，三个处理器共享的 L2 缓存使用“写回”策略，并使用 MESI 状态。这里 L2 缓存采用 MESI 协议是因为它有可能被设计成与一个更大系统中的其他 L2 缓存保持一致性。

表 7-7　三核的多核系统协议操作列表（私有 L1 缓存和共享 L2 缓存）

	请求	P1.L1	P2.L1	P3.L1	L2	数据提供者
0	初始化	—	—	—	—	—
1	R1	V	—	—	E	主存
2	W1	V	—	—	M	—
3	R3	V	—	V	M	L2 缓存
4	W3	I	—	V	M	—
5	R1	V	—	V	M	L2 缓存
6	R3	V	—	V	M	—
7	R2	V	V	V	M	L2 缓存
8	EvictL2	I	I	I	I	—

当处理器 1 发出读请求（第一个请求）时，块被从片外内存中取回，并以 V 状态放在处理器 1 的 L1 缓存上，同时以 E 状态放在 L2 缓存上。当处理器 1 随后写入该块时，因为 L1 缓存采用“写直达”策略，所以写操作也被发给 L2 缓存。L2 缓存可能会向另外两个处理器的 L1 缓存发出无效化请求。然而，如果 L2 缓存保持有 L1 缓存的目录，抑或是保持有所有处理器 L1 缓存的标签，L2 缓存就只需要检查标签来核实其他 L1 缓存是否有该块的拷贝，并且只需要向拥有该块拷贝的 L1 缓存发送无效化请求（本例中没有）。写入请求也会在 L2 中写入块的最新值，并将 L2 中的块状态置为 M。

238

当处理器 3 发出读请求时，因为 L2 缓存中有该块的最新值，所以它会直接向处理器 3 的 L1 缓存提供该块。当处理器 3 随后写入该块时，请求被发送给 L2 缓存，之后又发送给处理器 1 的 L1 缓存。接下来，当处理器 1 的 L1 缓存被无效化之后，处理器 3 就能够处理它的写请求。新写入的值也被向下传递给 L2 缓存。在此之后，当处理器 1 试图读取该块时，它会遭遇缓存缺失，L2 会提供该块。另一方面，处理器 3 的读请求会遇到缓存命中。当处理器 2 试图读取该块时，该块同样由 L2 缓存提供，因为 L2 拥有该块的最新值。

最后，如果该块在某时刻被收回，无论是替换策略需要腾出空间给新的块，还是接收到外部来源（如来自另一个芯片）的无效化请求，为了保持 L2 和 L1 的包含关系，这里必须要向 L1 缓存发送无效化请求。

7.4.3 侦听过滤

在一个优化良好的程序中，线程之间不会共享很多数据。所以在很多时候，大多数侦听到的总线事务不会在本地缓存中找到相应的块。然而，即使是在这种情况下侦听器依旧会带来很多不必要的工作：侦听总线事务并检查缓存标签以核实缓存中是否有该块。侦听每一个总线事务是在基于总线的多处理器系统中无法避免的。然而，每次侦听到总线事务时都检查缓存标签的开销是很大的，并且没有必要。首先，如果是在 L2 级缓存上维护一致性，那么 L2 缓存标签可以被侦听器和处理器访问。来自处理器和侦听器的访问会互相竞争，并增加相关的延迟。这种竞争的程度取决于 L2 缓存的端口数量。因此，降低竞争延迟的一种方法是增加额外的 L2 缓存端口。但是这种方法会受限于芯片面积和功耗，会导致缓存容量降低。还有一种方法是可以复制 L2 缓存标签来消除处理器和一致性控制器之间的竞争。但是同样的，这种方法会增加芯片面积开销。

一种解决处理器和侦听器之间竞争的可能方案是“*侦听过滤器*”，它可以判断侦听器是否需要检查缓存标签。通过减少需要检查缓存标签的侦听事务，竞争和功耗都会降低，从而使单端口 L2 缓存获得更好的性能。

一个侦听过滤器实现的例子可以在 IBM BlueGene/P 四核处理器上找到[50]。每个核心拥有私有的 L1 和 L2 缓存，所有处理器共享 L3 缓存。一致性保持在 L2 缓存上。这里实现了几种过滤器。第一种叫*历史过滤器*，用来记录已确认不在缓存上的块，也就是近期被检查过标签没有匹配或刚刚被无效化的块。当侦听到总线上对这些块的总线读或唯一读请求时，这些请求被忽略，此时不检查 L2 缓存的标签。另一种过滤器叫*流过滤器*，记录近期由处理器产生的类似流的缓存缺失。如果在总线上侦听到的请求匹配该流，则再进行 L2 缓存标签的检查。第三种过滤器是*域过滤器*，记录未被缓存的地址范围，如那些明确说明无法缓存的地址。侦听到的关于这些地址的总线事务将被忽略。

239

7.5 点对点互连网络上的广播式协议

缓存一致性协议的选择高度依赖于多处理器或多核系统的大小，即需要保持一致性的缓存的数量。少量处理器可以从基于总线的具有广播一致性的互连中受益。然而，总线由于其物理约束（时钟偏差、中央仲裁限制等）而不可扩展，因此对于中型或大型多处理器而言，需要不同的替代方案。对于中等规模的多处理器系统，更合适的替代方案是使用*点对点互连*，同时仍依靠广播式或侦听式协议。点对点互连是利用一组路由器和链路的网络，其中链路只连接一对路由器。路由器和链路一起形成网络*拓扑结构*，如环形、网格、环面等。点对点互连的关键特征是没有可以被所有处理器或缓存共享的连接。因此，它不存在可以容易地用于广播消息和由各种处理器进行的请求排序的共享介质。

在本节中，我们将讨论如何在点对点互连网络上设计广播 / 侦听式协议。当我们将系统扩展到大规模处理器系统中时，如果共享介质比广播式协议更早变成可扩展性瓶颈，那么广播式协议还是有意义的。但是，广播 / 侦听式协议最终也无法扩展到大规模多处理器上。对它们来说，保持缓存片一致的唯一选择是使用目录式协议，这是大规模缓存的唯一可伸缩协议。在本节中，我们将讨论使用点对点互连在多处理器系统上实现的侦听式缓存一致性协议。

回顾前面讨论的一致性协议，为了正确实现一致性协议，我们需要确保以下属性：写传播和事务串行化。写传播可以通过广播式协议中对所有缓存广播无效化来实施。在这方面，点对点网络上的广播一致性依赖于与共享总线上的广播式协议相同的策略。

事务串行化基于两个因素：1）确定始终被所有处理器查看的事务序列的方法；2）一种提供假象的方式，即每个事务似乎都以原子方式进行，不存在与其他事务重叠。在基于总线的广播式协议中，事务串行化是通过确保所有处理器遵守事务在共享总线上被发布的顺序来实现的。例如，如果一个处理器想要写入但是在它有机会在总线上放置它的更新请求之前侦听到一个无效化请求，这个处理器必须撤销它的写入并将缓存块置无效，并重新提交写请求作为独占请求。由于侦听请求是基于它们出现在总线上的顺序来服务，所以在共享总线中避免在已经排序的多个请求的处理中重叠是很重要的。240

现在让我们评估一下在点对点互连网络上实现广播式协议的情况，如环或网格。通过确保无效请求将到达所有缓存块并且所有缓存块将对其做出反应，写传播可以得到保证。

因为没有共享媒介（如总线），以及缺乏天然的串行器，使得全局排序请求更具挑战性。一般来说，有两种方法可以实现全局排序请求。第一种方法是分配一个*串行器*，其作用是提供一个排序点，用于冲突请求并确保所有内核按照该顺序处理和查看请求。第二种方法是设计协议以分布式方式工作，而不必分配单个串行器。

在第一种方法中，根据提供缓存一致性协议的缓存级别，我们在指定全局串行器组件时有几种可能的选择。例如，如果我们保持L2缓存一致并且存在共享的L3缓存，则可以将L3缓存指定为全局串行器。另一方面，如果L3缓存需要保持一致，并且它们是最外层的缓存，我们可以指定一个目录或内存控制器作为串行器。

所有请求都被发送到串行器，串行器接收请求的顺序决定了请求的服务顺序。相同的顺序也必须与所有处理器遵守的顺序相同。后一个要求不是直接的。它要求所有可以被并发处理的事务看起来好像是按串行器确定的顺序以原子形式出现。

串行器如何处理请求？一个到达串行器的写请求通过向所有处理器发送置无效消息来处理，这些消息会被回复一个置无效确认消息到串行器或请求者，从而得到响应。到达串行器的读请求也将广播给所有处理器，以便可以确定块可以在哪里被缓存。如果缓存将块保持在脏状态，则它将服务该块。当请求者获得该块时，它将确认消息发送给串行器，即请求处理已完成。在请求处理已经开始但尚未完成的时间内，到达串行器的新请求将在当前请求完成后的稍后时间被拒绝或提供服务。请注意，此方法锁定了该块地址的串行器，直到当前请求被完全处理。这种方法降低了请求处理的并发性，但如果缓存的数量相对较小，则可以接受。

在更通用的设计中，全局串行器不必集中。它可以分布在缓存块或芯片上，每个串行器处理一组与其他串行器不同的块地址。块地址可以以交叉存取的方式分配给主片，并且交叉存取度可以变化。

全局串行化的例子

图7-9说明了依赖于全局串行器的缓存一致性协议是如何工作的。给什么类型的设备分配串行器的角色并没有先入为主的假定。一种可能是为内存控制器分配串行器的角色，比如在基于AMD Opteron的Magny Cours系统中。图7-9a显示了一个使用具有二维网格拓扑的点对点互连进行互连的6节点系统的示例。对于协议讨论，该拓扑结构实际上并不重要，它

只是为了更便于说明。为了简单起见，我们假定每个节点都有一个处理器 / 内核和一个缓存。在图中，我们标记了三个节点：节点 A、B 和 S，我们将使用它们来进行说明。现在假设节点 A 和 B 同时要写入已经缓存在干净状态下的块。在对写入不进行排序的情况下，我们无法保证实现了事务串行化。因此，假设节点 S 被赋予了对该数据块请求进行排序的角色。则节点 A 和 B 都将写请求发送给节点 S（如图 7-9b 所示）。假设来自节点 A 的请求在来自节点 B 的请求之前到达节点 S，因此 S 需要确保由 A 写入要在由 B 写入之前被所有 core 看到。为了达到这个目的，S 服务 A 的请求，但是以否定确认消息答复 B，以便 B 可以在稍后重试它的请求。 [241]

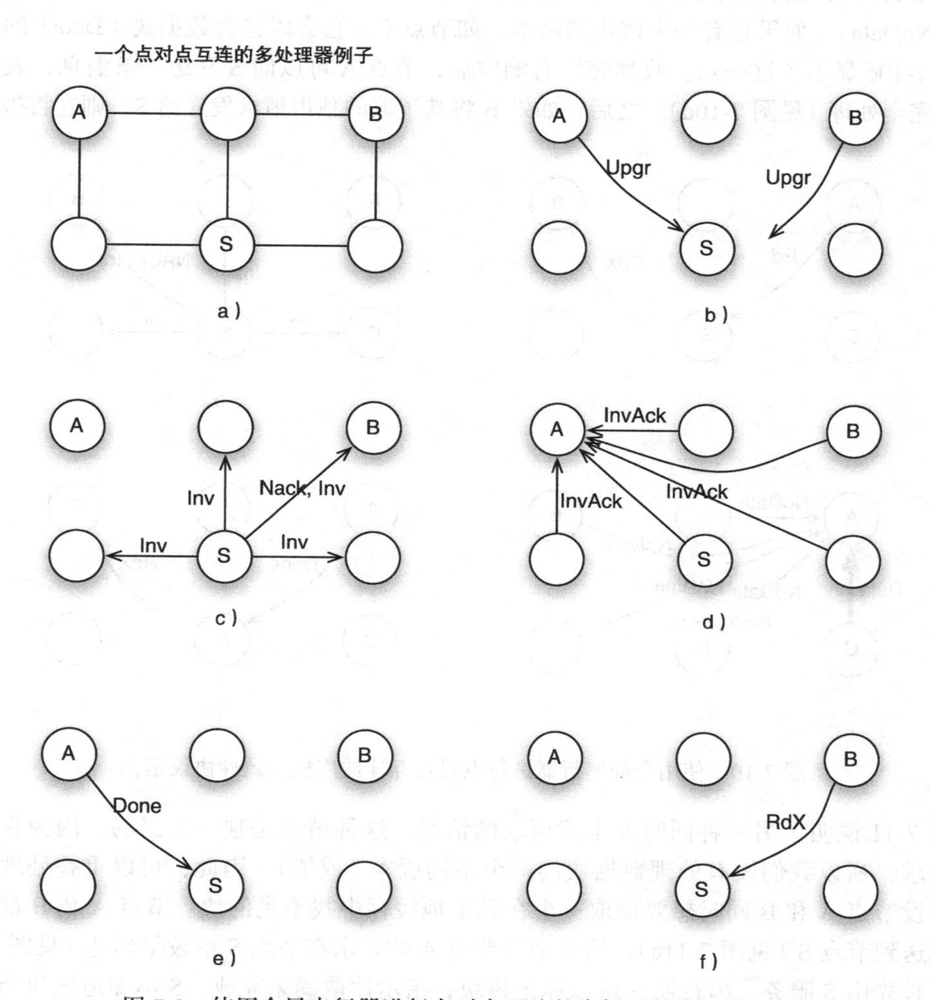

图 7-9 使用全局串行器进行点对点互连的广播一致性协议示例

为了处理来自 A 的写入请求，节点 S 可以向所有节点广播无效化消息（见图 7-9c）。S 也向 B 发送否定确认消息，指示由于忙于处理另一个请求而 S 不能服务 B 的请求。S 还需要记录因为目前有一个未完成的请求影响了块，因此它将不服务进一步的请求，直到未完成的请求完成。这可以通过在节点 S 将块的状态转换为瞬态来实现。接下来，所有节点接收到无效化消息，如果在本地缓存中找到块，则使块的副本无效并向节点 A 发送无效应答（见图 7-9d）。在接收到所有无效确认消息后，A 知道将块状态转换为修改状态并写入块是安全 [242]

的，然后向串行器 S 发送完成通知（见图 7-9e）。接收到通知后，串行器知道 A 的写入已完成，现在它可以为下一个请求（接收到否定确认的 B 节点）提供服务，它必须重新发送其写入请求，这次是读取专用（RdX）请求，因为在无效化后，它不再拥有块副本（见图 7-9f）。

图 7-10 说明了在节点 A 和 B 同时分别发送读请求和读独占请求的情况下，全局串行器将如何工作的另一种情况。假设 A 的读取请求较早到达串行器 S。由于串行器确定请求（或看起来像）串行化的总体顺序，它响应为读请求，同时否定确认 B 的读取独占请求。在图 7-10b 中，S 向除了 A 之外的所有节点发送干预消息。接收干预消息的每个节点检查它们的缓存以查看它是否具有该块的副本，如果没有该块的副本，则回复一条消息，指出它没有该消息的副本（NoData）。如果它有一个该块的副本，如节点 C，它会以包含数据块（Data）的消息响应。图 7-10c 显示了这一点。收集完所有响应后，节点 A 可以向 S 发送一条消息，表明其请求已经完全处理（见图 7-10d）。之后，如果 B 将其读取的独占请求发送给 S，则它将被处理。

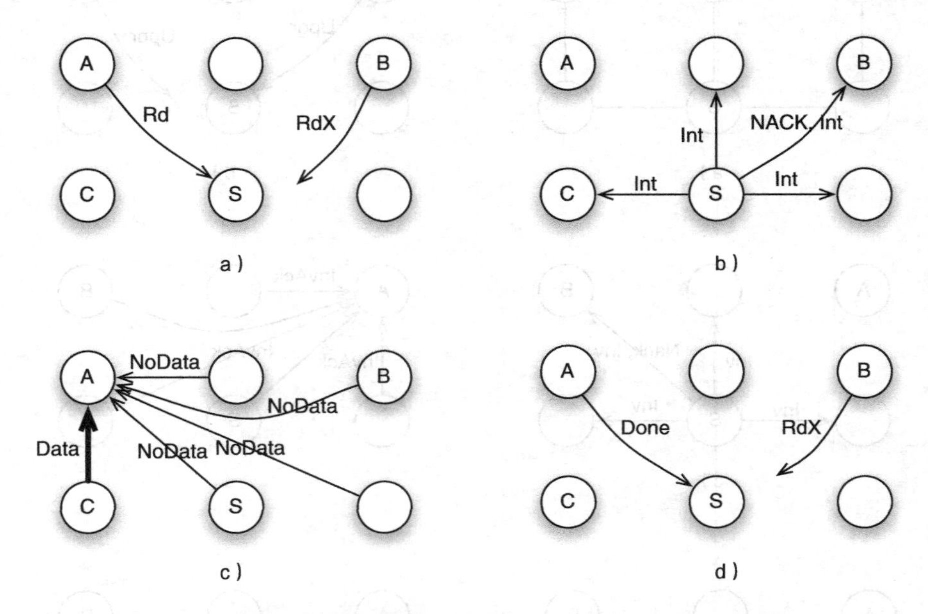

图 7-10　使用全局串行器进行点对点互连的广播一致性协议示例

图 7-11 说明了另一种同时发生读请求的情况。这种情况是独一无二的，因为它不涉及写入请求，所以我们没有处理数据块的两个不同版本（或值）。因此，可以重叠处理两个请求。假设节点 A 和 B 同时想要读取一个在其本地缓存中找不到的块。节点 A 和 B 都将读取请求发送到节点 S（见图 7-11a）。假设来自节点 A 的请求在节点 S 中较早到达（见图 7-11a），因此它首先由 S 服务。串行器 S 可以标记该块，指示读取尚未完成。S 不知道该块当前是否被缓存或者哪个缓存可能有该块，所以它必须向所有节点（请求者 A 除外）发送一个干预消息，询问它们中是否有数据块（见图 7-11b）。假设节点 C 具有该块并将该块提供给 A，而其他节点用 NoData 消息答复 A（见图 7-11c）。同时，我们假设串行器通过节点 B 接收新的读取请求。由于这是一个读取请求，串行器可以安全地重叠处理，而无须等待未完成请求的完成。在图 7-11d 中，它向除请求者 B 之外的所有节点发送干预消息。

注意，A 和 C 具有块的副本，因此两者都可以将数据块发送到节点 B（见图 7-11e）。我们注意到，在这个基本示例协议中，当多个节点将数据块发送给请求者时，流量被浪费了。

出现此问题是因为没有单个指定的数据块提供者。通过在 AMD 的 MOESI（用于脏共享）或“转发”状态（如英特尔的 MESIF（用于干净共享））添加“所有者”状态（或两者都添加）可以缓解此问题。 244

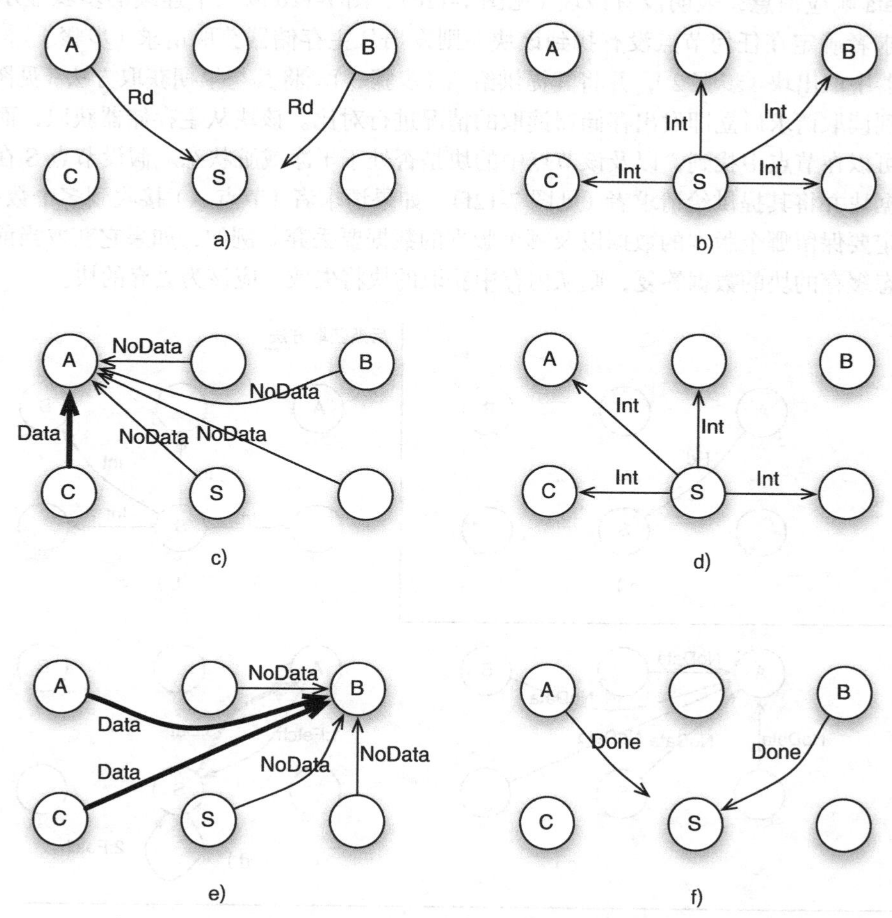

图 7-11　使用全局串行器进行点对点互连的广播一致性协议示例

最后，节点 A 和 B 可以向串行器 S 发送完成通知（Done 消息）。图 7-11f 示出了节点 B 比节点 A 更早发送完成消息的情况。这没有关系，因为两个读请求都处理相同的数据值，因此它们可以重叠处理并且完成可重新排序。但是，串行器 S 必须知道它必须接收多少 Done 消息才能确定所有未完成的读请求已经完成，比如确定它何时可以处理未来的读独占请求。

到目前为止，该协议的说明已经假定了在某些节点上找到数据的情况。如果要处理在任何节点中找不到数据并且必须从主存储器中获取数据的情况，则会更加复杂，因为我们必须处理何时发出内存提取的问题。通常，有两种方法可以决定何时发出内存提取。第一种方法是*后期内存提取*方法，在该方法中，确定当前任何节点中没有缓存块的副本之后，系统发出内存提取。另一种方法是*早期内存提取*方法，在该方法中，确定在任何节点中没有块的副本之前，系统发出内存提取。因此，内存提取是推测性的。如果发现块没有被缓存在任何节点中，则存储器提取在减少高速缓存未命中延迟方面是有用的。如果数据可以由某个节点提供，那么内存提取是无用的。此外，如果数据在节点中处于脏状态，则提取必须被取消，提取的块必须被丢弃，因为提取的块已经失效。

图7-12说明了这两种方法。请求到达串行器（见图7-12a）。在后期获取方法中，串行器将干预消息发送到其余节点（见图7-12b）。作为接收干预消息的响应，每个节点向请求者A发送NoData响应消息，表明没有该块（见图7-12c）。图7-12d以三个连续的步骤显示了其余处理。请求者确定在任何节点没有找到该块，则发出从主存储器获取请求（步骤1）。串行器从主存储器中取出块（步骤2），并将其提供给A（步骤3）。将其与早期获取方法（见图7-12e）即在接收到读取请求后立即发出存储器读取的情况进行对比。该块从主存储器获取，而不知道该块是否可以在节点中找到，以及该节点中的块是否处于干净或脏状态。假设节点S在其缓存中找到数据块并将其提供给请求者（见图7-12f）。如果请求者（节点A）接收到多个数据回复，它负责确定要保留哪个版本的数据以及哪个版本的数据要丢弃。例如，如果它获取当前在节点中以脏状态缓存的块的数据答复，则从内存中获取的块将失效，应该为丢弃的块。

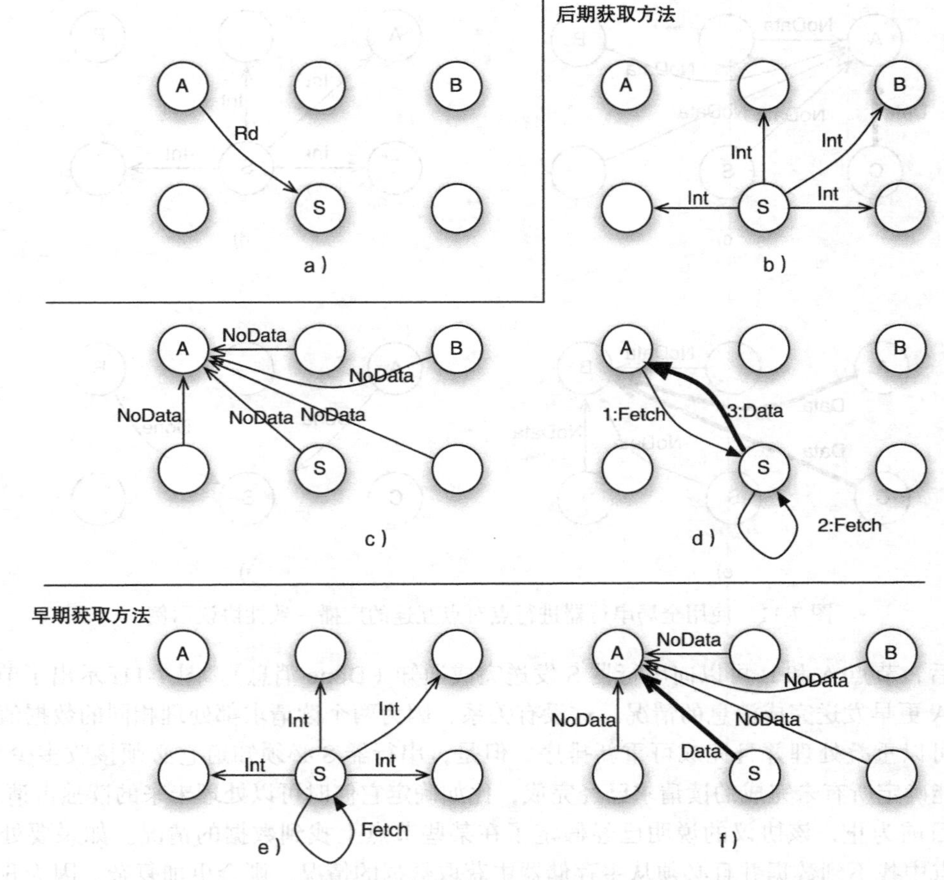

图7-12　使用全局串行器进行点对点互连的广播一致性协议示例

比较早期和后期获取方法，后期获取方法具有较高的存储器访问延迟，早期获取方法具有较低的内存访问延迟。但是，后者具有很高的成本。它甚至在不需要的情况下推测地执行提取。这些提取增加了功耗和片外带宽需求。

由于串行器需要发出内存提取，因此将串行器靠近内存控制器或给内存控制器分配串行器的角色是有意义的，这样可以减少提取延迟。例如，在基于AMD Opteron的Magny Cours

系统中，内存控制器根据分配给它们的地址充当串行器。

■ **你知道吗？**

让我们看看 AMD Magny Cours 系统是如何处理早期与后期获取困境的。内存控制器增加了一个称为探测过滤器的结构，该过滤器跟踪缓存块的状态。当一个请求到达串行器（内存控制器）时，甚于早期获取方法，它立即向主存发出一个提取命令，与查找目录并行。如果一个块被缓存在一个共享状态或未被缓存，那么从主存储器获取返回之后，串行器将响应该块。该策略避免了多个缓存提供该块的可能性，这可能在广播干预消息的替代方式下发生。但是，如果某个块处于修改或排他状态，则最多只有一个节点具有该块，并且可以响应该块。在这种情况下，该目录保持哪个缓存具有该块的精确信息，并将该请求转发给缓存，然后将该块提供给请求方。

当目录查找延迟较高、内存访问延迟低于目录查找，并且内存带宽和能耗有足够冗余时，早期获取方法更具吸引力。在 Magny Cours 中，该目录保存在 L3 缓存中，并具有相对较高的访问延迟。

245
~
246

具有重叠请求处理的全局排序

除了在多个读请求之间，前面讨论的协议不能完全处理重叠请求。由于来自不同节点的单个地址请求在串行器处发生冲突，因此等待时间过长可能会导致较高一致性请求延迟。

一种允许重叠请求处理，同时仍然表现出请求不重叠的方式是使用有序网络。使用有序网络重叠请求处理已被用于某些分布式共享存储系统[19]，并且也可以应用于多核系统。其基本思想是强加或使用网络的属性，以确保所有节点以与串行器相同的方式查看到请求顺序。例如，我们可以为从串行器发送到每个节点的消息定义确定性路径。不同的目标节点可能共享路径或有自己的路径，但串行器发送给节点的所有消息都必须遵循此预定路径。因此，由串行器发送的消息保证与串行器发送它们的相同顺序到达目标节点。

图 7-13 说明了如何使用有序网络属性来重叠请求处理。假设节点 A 向 S 发送升级请求，同时 B 向 S 发送读请求。假设来自 A 的写入请求在来自 B 的请求到达之前到达串行器（见图 7-13a）。在接收到读独占请求时，串行器向所有其他节点发送无效化消息，同时向请求者节点 A 发送确认消息，指示该请求已被串行器接受（见图 7-13b）。如图 7-13 所示，该消息可能使用不同的路径，但是对于每个目标节点，只允许一条路径。虽然这仍在继续，但串行器假定请求已完成并提供新的请求。当它接收到来自节点 B 的读取请求时，它将干预消息转发到所有其他节点，并向节点 B 发送一个确认消息，表明该请求已被串行器接受（见图 7-13c）。由于网络消息传递是有序的，因此可以保证每个节点在收到干预消息之前都会先收到无效化消息。每个节点还需要按照到达的顺序对消息进行响应。因此，每个节点在接收或响应干预消息时，都会使块的副本无效（见图 7-13d）。在这种情况下，它们会响应，表示在缓存中找不到该块。这保证了节点 A 将会提供数据给 B。

请注意，在干预消息前 A 将会收到来自串行器的确认消息。因此，A 知道其请求早于节点 B 的读取请求。然而，节点 A 可能会在收到所有无效化确认消息之前接收到干预消息。在所有无效化确认消息被收集且其写入完成之后，将数据提供给 B 将是不正确的。因此，节点 A 必须等到其确认请求完成后再响应其他请求。同时，直到收集到所有无效化确认消息并执行了写入数据为止，节点A都可以缓冲干预消息或否定确认它。之后，它可以将新写入的数据直接提供给节点B（见图7-13e）。类似地，节点B必须等待，直到它接收到数据，然后在来自串行器的确认消息到达后，它才能服务其收到的其他请求。

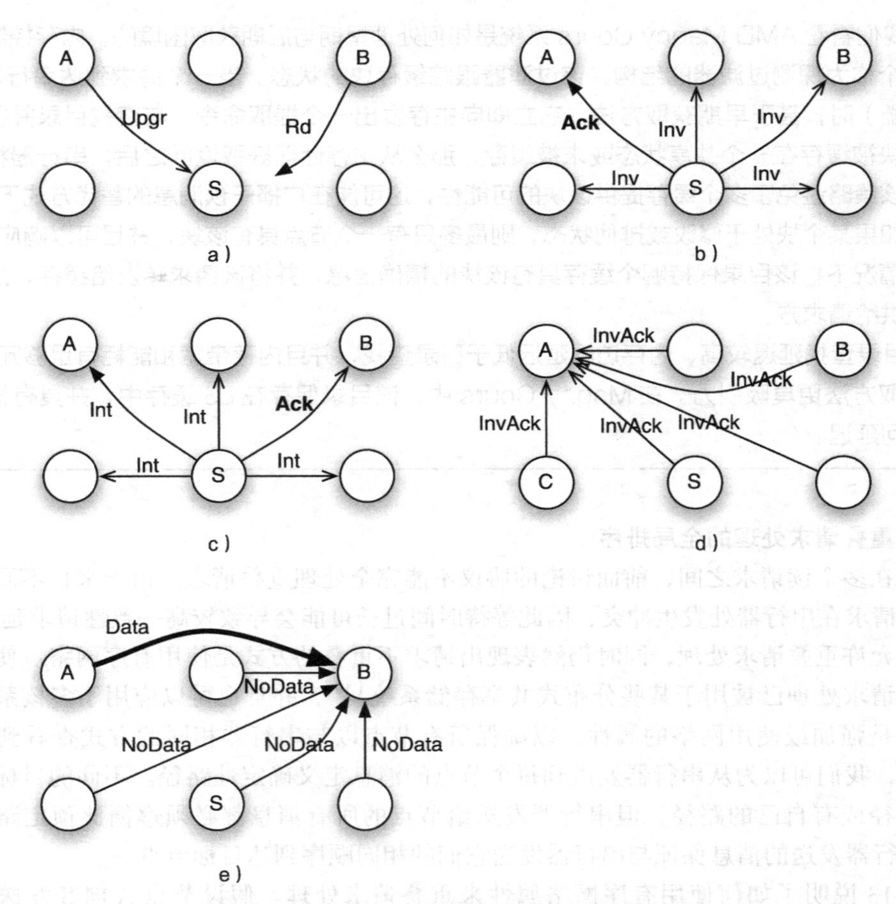

图7-13　使用有序网络的重叠请求处理

与非重叠处理方法相比，重叠请求处理可能需要在每个节点处附加机制和缓冲。但是，由于请求可以以较低的延迟和较高的带宽进行处理，因此重叠处理方法可能更具吸引力。如果要求网络中进行有序的消息传递，通常需要限制可用于传递消息的路径。在更大的网络上，这会导致路径多样性减少，从而导致更多的病态案例出现网络性能问题。然而，对于一个小型网络来说，开始时并没有太多的路径多样性，因此减少路径多样性的影响不那么显著。

分布式排序

确定影响单个块地址的事务顺序也可以依靠分布式协议，而不是只依赖一个固定的串行器。这里的想法是可以广播请求，并且对于可以提供所请求数据块的节点，其都可以作为串行器的候选者。但是，剩下的节点必须遵循由串行器确定的相同的请求顺序。其他节点观察到的顺序通过串行器发送消息的顺序进行推断。因此，分布式排序需要以一种确定的方式对路由消息进行互连，以保证消息到达的全局排序。这个需求超出了有序网络可提供的范围。它要求节点相对于彼此完全排序，并且是静态固定的排序，任何时候都可以发送涉及请求的消息。一个可以满足这种要求的网络是环形网络。环中的每条链路都将单向连接两台路由器

247～248

(如果链路是单向的)，并且路由器和链路一起形成一个闭环。在环中，从节点发送的消息将通过静态固定的相同路径传播，从而满足要求。

与更一般的互连拓扑相比，环形网络提供了几个优点。环中的每个路由器都可以有一个简单的设计，因为它只需要选择是否将消息转发到下一个链路，因此可以实现低路由延迟和适量的缓冲。然而，环行网络的距离随节点数量线性增加，因此随着系统规模的增长环形网络的优势越来越不明显。在本节中，我们将介绍一个使用分布式排序的缓存一致性协议示例，该协议利用环形互连的属性。

在一个环形协议中，对于影响该块的事务，数据提供者通常被赋予一个串行器的角色。所有请求都放在环上，然后穿过环，直到它们绕环一圈回到起始位置。我们将*请求窗口*定义为节点在环上发出请求直到其响应转向节点为止的时间。在某些情况下，只有一个节点可以响应请求，如提供缓存块的节点满足读请求时。在某些情况下，请求必须由所有节点响应，如当升级请求需要涉及使其副本无效的所有节点时。

一个环中需要保证的重要属性是*数据提供者提供响应消息(包含数据)，且该消息与到达数据提供者的请求顺序相同*。这样的属性对于确保有一个被所有节点一致地看到的事务处理顺序是重要的。例如，如果有两个请求到达提供者，那么对于较早到达提供者的请求，其响应也会早于其他请求。这确保了对于一个请求节点，如果它的请求比任何其他节点早到，将会比其他任何节点更早看到响应。它还确保了对于一个请求节点，如果它的请求晚于另一个请求节点到达提供者，则它将在自己的响应之前看到另一个请求节点的响应。后者是检测两个请求之间发生环形冲突的条件。

更确切地说，如果在请求窗口期间，节点接收到除了自己以外的请求响应，它将检测到与该请求的冲突。另一方面，如果在请求窗口中没有接收到其他响应，则未检测到冲突。无冲突碰撞时，请求已被满足，就好像它是系统中的唯一请求。如果涉及两个重叠的读事务，冲突可能是良性的。可以允许发生*良性冲突*而不引起一致性问题，因为它们只涉及具有单个值的块。两次写入请求或写入请求与读取请求之间的冲突并不是良性的，它有可能引起一致性问题，因为它们涉及多个数据值。由于这种区分，良性冲突可能被忽略，但非良性冲突不容忽视。通过取消冲突中涉及的事务或者通过优先于其他事务来取消其中一个事务，可以处理非良性冲突。

让我们看看一个基本的环一致性协议是如何工作的。图 7-14 显示了一个环中连接的四个节点。图 7-14a 显示节点 A 和 B 同时对同一数据块发送读取请求。消息使用以下格式显示：指向请求者的命令类型（Rd、RdX 或 Upgr），逗号，随后是括号中的响应。响应可能包含数据提供者（Ack）、数据块（Data）或无效确认（InvAck）。 249

来自节点 A（Rd.A）和来自节点 B（Rd.B）的请求以相同的顺时针方向穿过该环。假设节点 S 有被请求的数据块，因此其将作为串行器。当每个请求消息到达一个节点时，节点检查它的缓存以查看它是否有请求的块：如果请求消息发现请求的块，则用数据作为侦听响应来扩充请求消息；如果在缓存中没有找到请求的块，则转发该环上的消息。在图 7-14b 中，来自 B 的读取请求已到达提供者节点 S，其通过用数据块扩充消息来响应。同时，来自 A 的读请求已经到达节点 B，并且节点 B 在环上转发请求。在图 7-14c 中，消息在环上更进一步。来自 A 的读取请求已经到达节点 S，并且 S 已经用转发的消息中的数据做出响应。来自 B 的读取请求已经到达节点 A。此时，节点 A 检测到针对相同数据块的不同请求的冲突，因为它接收到对 B 请求而不是自己的请求的响应。此外，A 还可以得出结论，它的请求已经在与 B

的请求冲突时丢失了，因为提供者在 A 的请求之前已经响应了来自 B 的请求。在这种情况下，A 可以做出选择。它可以将自己的读取请求标记为在冲突中丢失，以便它可以取消请求并稍后重试。另外，由于获得的请求也是读取请求，所以冲突是良性的。多个读请求可以有效地重叠，因此 A 只是转发来自 B 的请求，且并不取消自己的请求。图 7-14d 显示了 Rd.B 消息最终到达节点 B 的情况。由于 B 没有接收到干预响应，因此它断定其请求现在已完成。

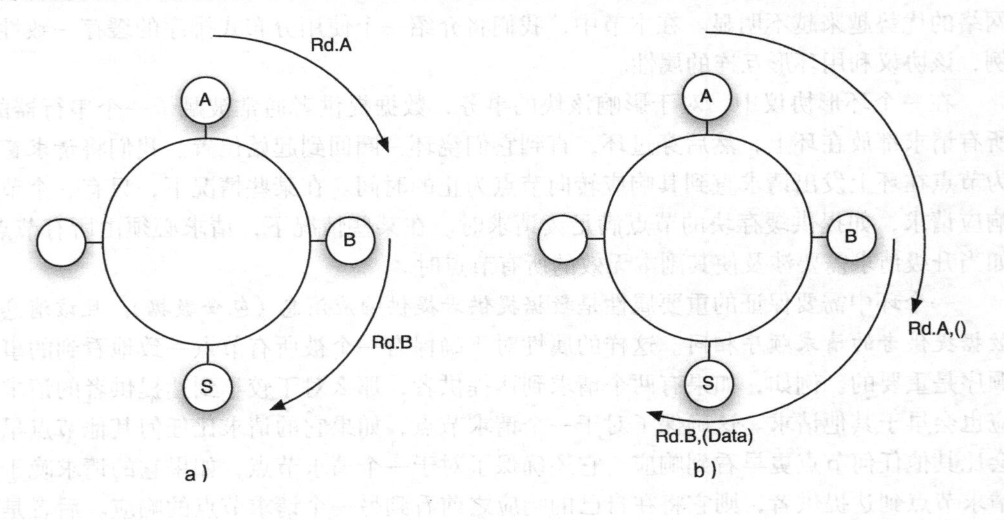

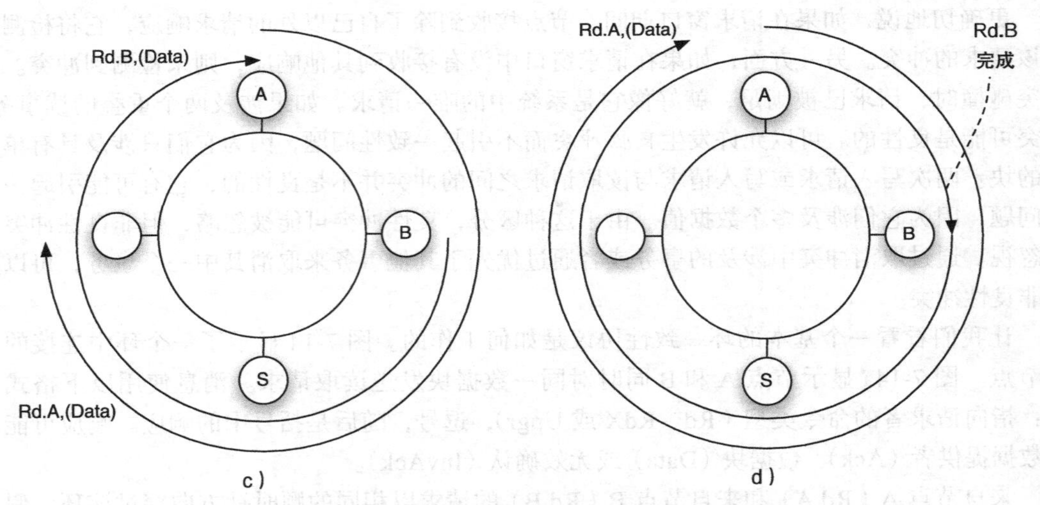

图 7-14　处理两个并发读操作的环形缓存一致性协议

当读请求和写入请求之间发生冲突时，冲突不是良性的，可能会导致不正确的事务串行化。在这种情况下，必须取消其中一个读或写入请求（稍后可重试）。一种解决冲突的方法是取消这两个请求。但是，这种方法成本昂贵，因为我们只需要取消一个请求即可消除冲突。为了避免不必要的取消，我们可以赋予其中一个事务优先级，以便先处理具有优先级的请求，而取消非优先请求。哪些请求应该取消？一种可能性是读优先于写，其理由是读通常更重要，因为它来自加载指令，且其结果被另一指令需要。另一种可能性是写优先于读，其原因是写入导致缓存副本失效，这导致将来的缓存缺失。通过将写优先于读，写入将成功并且由于未来重试而不会导致更多失效。哪种优先级策略更具吸引力取决于复杂的权衡，包括冲突的可能性、缓存缺失的成本、写入是否会导致处理器停顿等。文献中提出的若干环协议已选择写优先于读。

图 7-15 显示了一个写请求和一个读请求之间冲突的示例，假定一个策略——读优先于写。图 7-15a 显示来自节点 A 的读独占请求（RdX.A）和来自节点 B 的读取请求（Rd.B）以相同的顺时针方向通过环行进。假设节点 S 有被请求的数据块，因此将作为串行器。在图 7-15b 中，来自 B 的读取请求已到达提供者节点 S，其通过用数据块扩充请求消息来响应。同时，来自 A 的读独占请求已经到达节点 B。节点 B 检测到冲突，但是由于它知道读取专用请求具有较低的优先级，所以它继续通过向该消息添加无效确认并在该环上转发。B 不标记正在进行的读取请求以取消。在图 7-15c 中，该消息在环上更进一步。来自 A 的读取专用请求已到达节点 S，并且 S 添加无效确认、提供数据块并转发该消息。来自 B 的读取请求

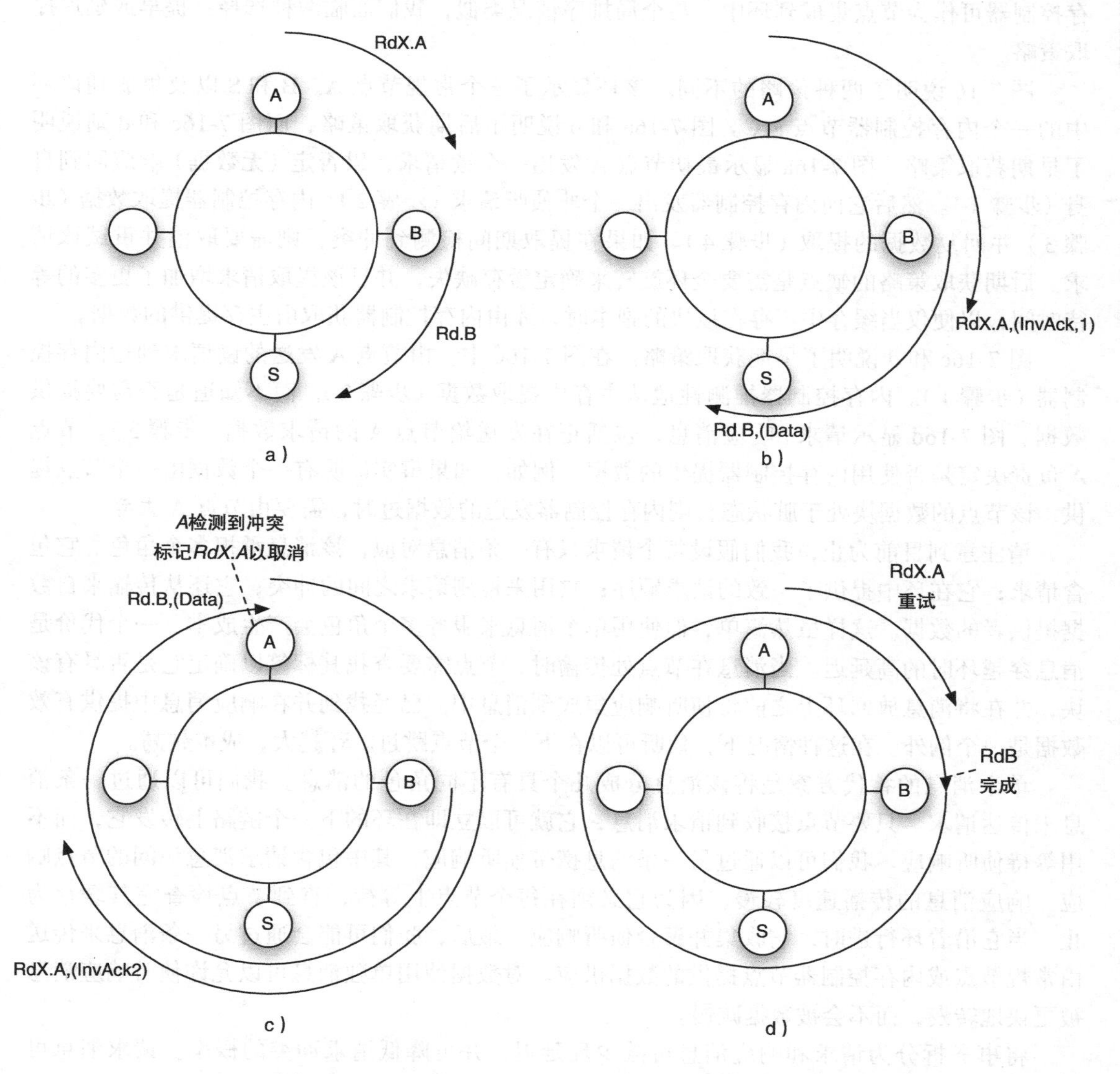

图 7-15 处理读取与写入冲突的环形缓存一致性协议

已经到达节点A。此时，节点A检测到其与自已的读取专用请求的冲突。由于协议考虑读优先于写，所以A将其读独占请求标记为取消。它还沿着环路转发B的读取请求。图7-15d示出Rd.B消息最终到达节点B并且认为完成的情况。读独占请求由节点A重试。到目前为止所示的基本环协议的节点不保证请求取消和重试的上限，在极少数情况下可能会重复取消和重试请求。

最后，当有两个同时写请求（例如，两个RdX、两个Upgr，或一个RdX和一个Upgr）时，处理它的最佳方式不太明确。可以取消两个写请求并重试它们，也可以考虑其中一种写优于其他写，但是，这需要单个节点在它们之间进行仲裁，确认获胜请求并且不承认（或否定地确认）失败请求。

现在让我们考虑一下基本的环形协议如何从内存控制器中获取请求。在一个环中，为了发现是否有节点可以提供块，请求必须沿着环行进一圈，收集来自请求访问的节点响应。内存控制器可作为节点集成到环中。与全局排序情况类似，我们面临两种选择：提早或延迟提取策略。

250～252

图7-16说明了两种策略的不同。该环显示了三个常规节点A、B和S以及集成到该环中的一个内存控制器节点MC。图7-16a和b说明了后期获取策略，而图7-16c和d则说明了早期获取策略。图7-16a显示最初节点A发出一个读请求，以否定（无数据）响应回到自身（步骤1）。然后它向内存控制器发出一个非侦听请求（步骤2），内存控制器提取数据（步骤3）并回复数据的提取（步骤4）。如果在提取期间检测到冲突，则需要取消并重试该请求。后期获取策略的缺点是需要全环旋转来确定缓存缺失，并且该提取请求增加了更多的等待时间，以便仅当缓存中不存在该块的副本时，才由内存控制器获取由主存提供的数据。

图7-16c和d说明了早期获取策略。在图7-16c中，由节点A发送的读请求到达内存控制器（步骤1）。内存控制器推测性地从主存中提取数据（步骤2），而不知道是否需要提供数据。图7-16d显示请求/响应消息，包括正在发送给节点A的请求数据（步骤3）。节点A负责决定是否使用内存控制器提供的数据。例如，如果事实证明有一个数据由一个节点提供，该节点的数据块处于脏状态，则内存控制器发送的数据过时，需要由节点A丢弃。

请注意到目前为止，我们假设每个请求只有一条消息对应，该消息承担多个角色。它包含请求；它在环中提供了一致的请求顺序；它用来检测请求之间的冲突；它还从传输来自数据提供者的数据。这样虽然简单，但使用单个消息来服务多个角色会产生成本。一个代价是消息穿越环时的高延迟。当消息在节点处传输时，节点需要查找其标签以确定它是否具有该块，并在将消息放回环上之前将侦听响应集成到消息中。已经找到并在响应消息中提供有效数据是一个例外。在这种情况下，侦听可以在下一个节点跳过。环越大，成本越高。

单个消息的替代方案是将该消息分成几个具有不同角色的消息。我们可以通过一条消息来传达请求。只要节点接收到请求消息，它就可以立即在环的下一个链路上转发它，而不用等待侦听响应。我们可以通过另一条消息携带侦听响应，其中包含请求消息访问的节点响应。响应消息的传播速度较慢，因为它必须在每个节点上等待，直到节点检查完其缓存为止。当它沿着环行进时，它收集并聚合侦听响应。最后，我们可能会通过另一条消息来传送由常规节点或内存控制器节点提供的数据供应。对数据使用单独消息可以允许侦听响应消息被更快地转发，而不会被数据减慢。

将事务拆分为请求和响应消息可减少环延迟，并可降低请求冲突的概率。请求消息可以提前竞争，仅受每个路由器的链路延迟和路由延迟的影响。相反，如果请求和响应在一条消息上传播，则组合消息必须等待每个节点处的链路、路由和侦听延迟。侦听延迟可能相当高，因为它需要检查一个大的 SRAM 标签结构来产生侦听响应。通过拆分消息，只有响应消息需要等待每个节点的侦听响应。除此之外，在拆分消息方法中，请求窗口的大小不受多大影响。请求窗口仍是请求者将请求消息放置在环和响应消息到达请求者之间的时间。但是，拆分消息方法允许有趣的优化，这可以减少请求窗口的大小。下面以双向链接的环（双向环）为例。

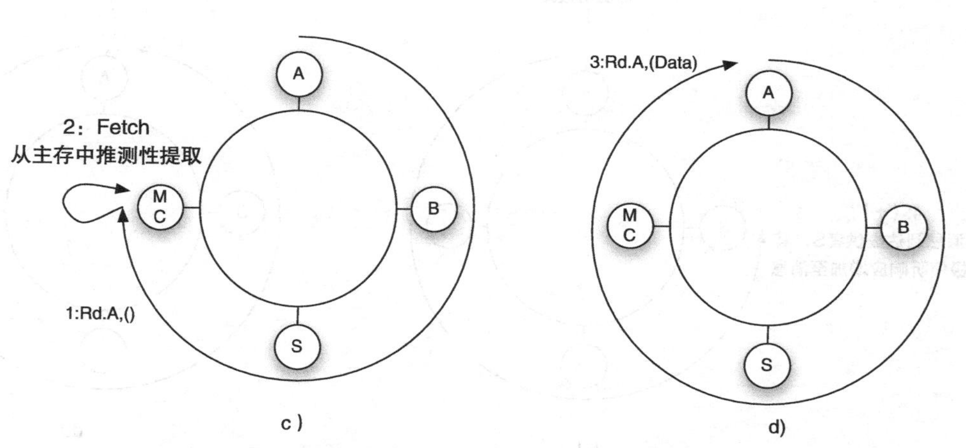

图 7-16　环形缓存一致性协议中的早期与后期获取策略

图 7-17 说明了双向环的情况。假设节点 A 有一种方法可以准确地预测哪个节点是它想要读取的数据块的可能提供者，且该节点是 S。在图 7-17a 中，A 将读请求消息放置在环的逆时针方向（步骤 1a），并同时在环上顺时针方向放置响应消息（步骤 1b）。当请求和响应消息遍历环时，请求消息会提前到达提供者。图 7-17b 显示接下来会发生什么。提供者 S 通过向请求者 A 发送数据来响应该请求消息（步骤 2a）。数据提供是推测性的，因为它还不知道数据是否有效（不过时），并且请求是无冲突的。同时，响应消息进一步遍历环（步骤 2b），到目前为止，表示访问的节点都不具有块的副本。接下来，在图 7-17c 中，数据提供消息到

253 ~ 254

达A，其推测性地使用数据（步骤3）。接下来，响应消息到达节点S，其通过肯定的侦听结果来增加响应，指示它具有数据并且它已经单独将数据发送到请求者（步骤4）。最后，该图7-17d显示响应消息最终到达节点A。由于在此期间未检测到冲突，因此节点A已使用正确的数据执行。因此读请求可以关闭，并且节点A继续执行。另一方面，如果检测到冲突，则节点A必须将其执行回滚到发送读请求之前的点，取消读请求并重试。

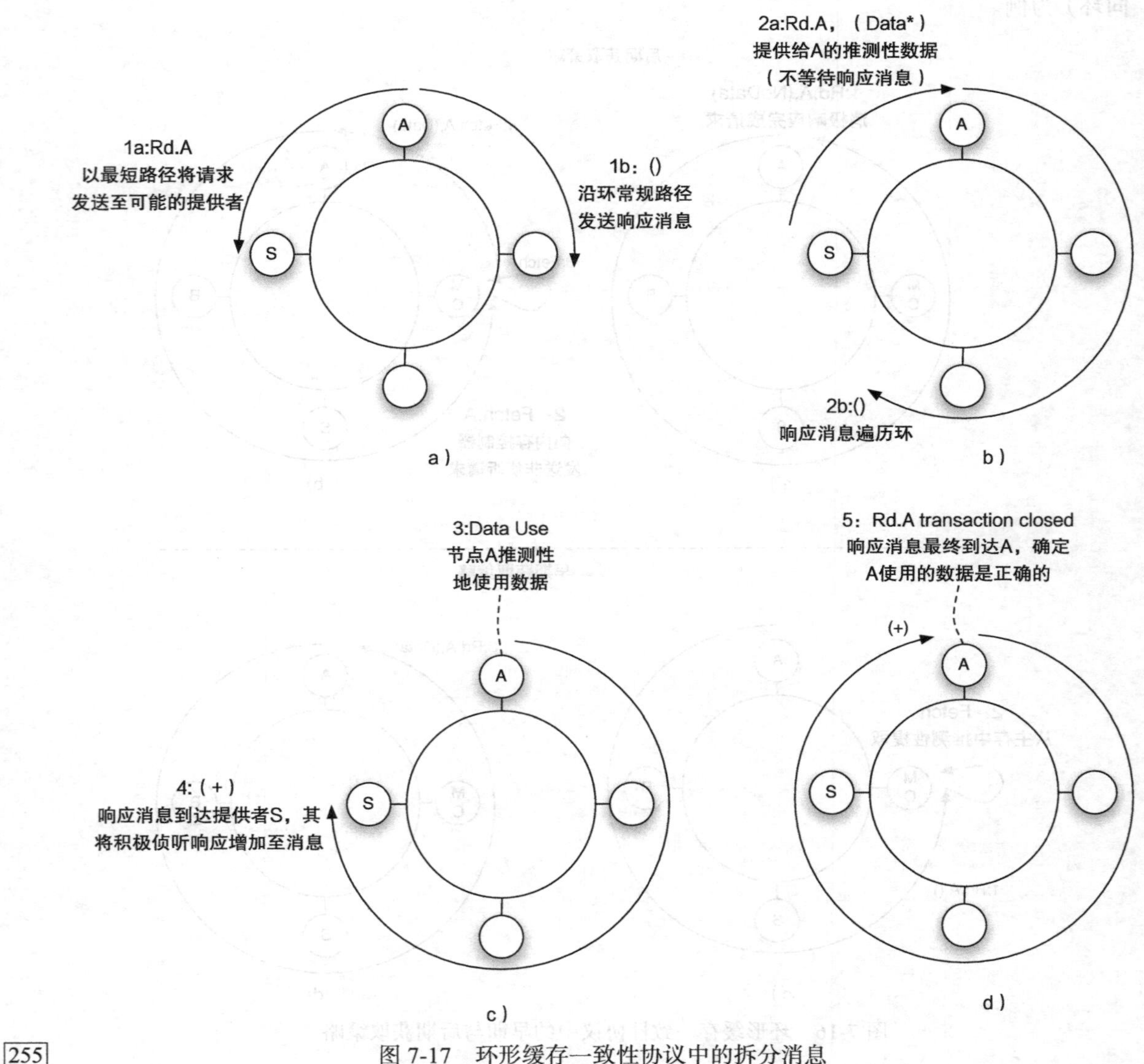

255

图7-17　环形缓存一致性协议中的拆分消息

在上面的例子中，消息分为三部分。请求和数据消息在不使用环路径的情况下传播，只有响应消息使用环路径传播。基于此，拆分消息方法减少了环形协议延迟，特别是在获取早期提供的数据方面。但是，这带来了环中消息数量更多的成本。最后，提供者仍然需要按照与接收（和处理）请求消息相同的顺序转发响应消息，以确保系统中事务的一致排序。

总之，我们已经讨论了依赖于全局串行器的点对点互连的广播/侦听式缓存一致性协议、该协议的一个变体（它根本不处理重叠请求），以及另一个变体（通过利用有序网络的属性来处理重叠请求)。我们还讨论了一个没有使用全局串行器的环形协议,但是某个消息(侦听响应消息)必须以静态顺序访问所有节点。

> **■ 你知道吗?**
>
> 利用双向环的另一种方式是针对涉及不同地址的请求使用不同的方向,如针对偶数块地址使用顺时针方向、针对奇数块地址使用逆时针方向。
>
> 环形协议也可以用于不与环形拓扑相互连接的多处理器或多核系统。该环可以“嵌入”被指定用作环的网络路径中。在这样的实现中,拆分消息方法可能更加灵活。例如,请求消息可以通过非环路最短路径发送到达提供者,同样,数据提供也可以通过非环路最短路径。然而,响应消息在排序事务和检测冲突中至关重要,因此它仍然必须通过嵌入环遍历[60]。

256

7.6 习题

课堂习题

1. 对于以下给出的每个内存引用流,比较在支持:(a) MSI;(b) MESI 和 (c) MOESI 协议的基于总线的机器上执行它的成本。流中的所有引用(读 / 写)都位于同一位置,数字指发布引用的处理器。假设所有缓存最初都是空的,并使用以下成本模型:读 / 写缓存命中需要 1 个周期才能完成;不涉及要在总线上传输整个块的读 / 写缓存缺失需要 60 个周期才能完成;而涉及要在总线上传输数据块的读 / 写缓存缺失需要 90 个周期才能完成。假设所有缓存都采用回写和写分配策略。对于 MSI,假设 BusUpgr 未被使用。

   第一个流是:R1(由处理器 1 读取),W1(由处理器 1 写入),R1,W1,R2,W2,R2,W2,R3,W3,R3,W3。

   第二个流是:R1,R2,R3,W1,W2,W3,R1,R2,R3,W3,W1。

   第三个流是:R1,R2,R3,R3,W1,W1,W1,W1,W2,W3。

   答案

   流 1(MSI):

处理器	P1	P2	P3	总线行为	数据源	周期
Read1	S	—	—	BusRd	Mem	90
Write1	M	—	—	BusRdX	Mem	90
Read1	M	—	—	—	—	1
Write1	M	—	—	—	—	1
Read2	S	S	—	BusRd/Flush	P1.C	90
Write2	I	M	—	BusRdX	Mem	90
Read2	I	M	—	—	—	1
Write2	I	M	—	—	—	1
Read3	I	S	S	BusRd/Flush	P2.C	90
Write3	I	I	M	BusRdX	Mem	90
Read3	I	I	M	—	—	1
Write3	I	I	M	—	—	1
TOTAL						546

流 1（MESI）：

处理器	P1	P2	P3	总线行为	数据源	周期
Read1	E	—	—	BusRd (!C)	Mem	90
Write1	M	—	—	—	—	1
Read1	M	—	—	—	—	1
Write1	M	—	—	—	—	1
Read2	S	S	—	BusRd (C)/Flush	P1.C	90
Write2	I	M	—	BusUpgr	—	60
Read2	I	M	—	—	—	1
Write2	I	M	—	—	—	1
Read3	I	S	S	BusRd (C)/Flush	P2.C	90
Write3	I	I	M	BusUpgr	—	60
Read3	I	I	M	—	—	1
Write3	I	I	M	—	—	1
TOTAL						397

流 1（MOESI）：

处理器	P1	P2	P3	总线行为	数据源	周期
Read1	E	—	—	BusRd (!C)	Mem	90
Write1	M	—	—	—	—	1
Read1	M	—	—	—	—	1
Write1	M	—	—	—	—	1
Read2	O	S	—	BusRd (C)/Flush	P1.C	90
Write2	I	M	—	BusUpgr	—	60
Read2	I	M	—	—	—	1
Write2	I	M	—	—	—	1
Read3	I	O	S	BusRd (C)/Flush	P2.C	90
Write3	I	I	M	BusUpgr	—	60
Read3	I	I	M	—	—	1
Write3	I	I	M	—	—	1
TOTAL						397

流 2（MSI）：

处理器	P1	P2	P3	总线行为	数据源	周期
Read1	S	—	—	BusRd	Mem	90
Read2	S	S	—	BusRd	Mem	90
Read3	S	S	S	BusRd	Mem	90
Write1	M	I	I	BusRdX	Mem	90
Write2	I	M	I	BusRdX/Flush	P1.C	90
Write3	I	I	M	BusRdX/Flush	P2.C	90
Read1	S	I	S	BusRd/Flush	P3.C	90
Read2	S	S	S	BusRd	Mem	90
Read3	S	S	S	—	—	1
Write3	I	I	M	BusRdX	Mem	90
Write1	M	I	I	BusRdX/Flush	P3.C	90
TOTAL						901

257 ~ 258

流 2（MESI）：

处理器	P1	P2	P3	总线行为	数据源	周期
Read1	E	—	—	BusRd (!C)	Mem	90
Read2	S	S	—	BusRd (C)/FlushOpt	P1.C	90
Read3	S	S	S	BusRd (C)/FlushOpt	P1/2.C	90
Write1	M	I	I	BusUpgr	—	60
Write2	I	M	I	BusRdX/Flush	P1.C	90
Write3	I	I	M	BusRdX/Flush	P2.C	90
Read1	S	I	S	BusRd (C)/Flush	P3.C	90
Read2	S	S	S	BusRd (C)/FlushOpt	P1/3.C	90
Read3	S	S	S	—	—	1
Write3	I	I	M	BusUpgr	—	60
Write1	M	I	I	BusRdX/Flush	P3.C	90
TOTAL						841

流 2（MOESI）：

处理器	P1	P2	P3	总线行为	数据源	周期
Read1	E	—	—	BusRd (!C)	Mem	90
Read2	S	S	—	BusRd (C)/FlushOpt	P1.C	90
Read3	S	S	S	BusRd (C)	Mem	90
Write1	M	I	I	BusUpgr	—	60
Write2	I	M	I	BusRdX/Flush	P1.C	90
Write3	I	I	M	BusRdX/Flush	P2.C	90
Read1	S	I	O	BusRd (C)Flush	P3.C	90
Read2	S	S	O	BusRd (C)/Flush	P3.C	90
Read3	S	S	O	—	—	1
Write3	I	I	M	BusUpgr	—	60
Write1	M	I	I	BusRdX/Flush	P3.C	90
TOTAL						841

流 3（MSI）：

处理器	P1	P2	P3	总线行为	数据源	周期
Read1	S	—	—	BusRd	Mem	90
Read2	S	S	—	BusRd	Mem	90
Read3	S	S	S	BusRd	Mem	90
Read3	S	S	S	—	—	1
Write1	M	I	I	BusRdX	Mem	90
Write1	M	I	I	—	—	1
Write1	M	I	I	—	—	1
Write1	M	I	I	—	—	1
Write2	I	M	I	BusRdX/Flush	P1.C	90
Write3	I	I	M	BusRdX/Flush	P2.C	90
TOTAL						544

流3（MESI）：

处理器	P1	P2	P3	总线行为	数据源	周期
Read1	E	—	—	BusRd (!C)	Mem	90
Read2	S	S	—	BusRd (C)/FlushOpt	P1.C	90
Read3	S	S	S	BusRd (C)/FlushOpt	P1/2.C	90
Read3	S	S	S	—	—	1
Write1	M	I	I	BusUpgr	—	60
Write1	M	I	I	—	—	1
Write1	M	I	I	—	—	1
Write1	M	I	I	—	—	1
Write2	I	M	I	BusRdX/Flush	P1.C	90
Write3	I	I	M	BusRdX/Flush	P2.C	90
TOTAL						514

流3（MOESI）：

处理器	P1	P2	P3	总线行为	数据源	周期
Read1	E	—	—	BusRd (!C)	Mem	90
Read2	S	S	—	BusRd (C)/FlushOpt	P1.C	90
Read3	S	S	S	BusRd (C)	Mem	90
Read3	S	S	S	—	—	1
Write1	M	I	I	BusUpgr	—	60
Write1	M	I	I	—	—	1
Write1	M	I	I	—	—	1
Write1	M	I	I	—	—	1
Write2	I	M	I	BusRdX/Flush	P1.C	90
Write3	I	I	M	BusRdX/Flush	P2.C	90
TOTAL						514

2. **“龙”(Dragon)协议。**

对于下面给出的每个内存引用流，比较在支持“龙”协议的基于总线的机器上执行它的成本。流中的所有引用（读/写）都位于同一位置，数字指发布引用的处理器。假设所有缓存最初都是空的，并使用以下成本模型：读/写缓存命中需要1个周期；不涉及在总线上传输整个数据块的读/写缓存缺失需要60个周期才能完成；涉及BusUpd的读/写缺失。假设所有缓存都采用回写和写分配策略。

259～260

第一个流是：R1（由处理器1读取），W1（由处理器1写入），R1，W1，R2，W2，R2，W2，R3，W3，R3，W3。

第二个流是：R1，R2，R3，W1，W2，W3，R1，R2，R3，W3，W1。

第三个流是：R1，R2，R3，R3，W1，W1，W1，W1，W2，W3。

答案

流1（Dragon）：

处理器	P1	P2	P3	总线行为	数据源	周期
Read1	E	—	—	BusRd (!C)	Mem	90
Write1	M	—	—	—	—	1
Read1	M	—	—	—	—	1

（续）

处理器	P1	P2	P3	总线行为	数据源	周期
Write1	M	—	—	—	—	1
Read2	Sm	Sc	—	BusRd (C)/Flush	P1.C	90
Write2	Sc	Sm	—	BusUpd (C)	—	60
Read2	Sc	Sm	—	—	—	1
Write2	Sc	Sm	—	BusUpd (C)	—	60
Read3	Sc	Sm	Sc	BusRd (C)/Flush	P2.C	90
Write3	Sc	Sc	Sm	BusUpd (C)	—	60
Read3	Sc	Sc	Sm	—	—	1
Write3	Sc	Sc	Sm	BusUpd (C)	—	60
TOTAL						515

流 2（Dragon）：

处理器	P1	P2	P3	总线行为	数据源	周期
Read1	E	—	—	BusRd (!C)	Mem	90
Read2	Sc	Sc	—	BusRd (C)	Mem	90
Read3	Sc	Sc	Sc	BusRd (C)	Mem	90
Write1	Sm	Sc	Sc	BusUpd (C)	—	60
Write2	Sc	Sm	Sc	BusUpd (C)	—	60
Write3	Sc	Sc	Sm	BusUpd (C)	—	60
Read1	Sc	Sc	Sm	—	—	1
Read2	Sc	Sc	Sm	—	—	1
Read3	Sc	Sc	Sm	—	—	1
Write3	Sc	Sc	Sm	BusUpd (C)	—	60
Write1	Sm	Sc	Sc	BusUpd (C)	—	60
TOTAL						573

流 3（Dragon）：

处理器	P1	P2	P3	总线行为	数据源	周期
Read1	E	—	—	BusRd (!C)	Mem	90
Read2	Sc	Sc	—	BusRd (C)	Mem	90
Read3	Sc	Sc	Sc	BusRd (C)	Mem	90
Read3	Sc	Sc	Sc	—	—	1
Write1	Sm	Sc	Sc	BusUpd (C)	—	60
Write1	Sm	Sc	Sc	BusUpd (C)	—	60
Write1	Sm	Sc	Sc	BusUpd (C)	—	60
Write1	Sm	Sc	Sc	BusUpd (C)	—	60
Write2	Sc	Sm	Sc	BusUpd (C)	—	60
Write3	Sc	Sc	Sm	BusUpd (C)	—	60
TOTAL						631

课后习题

1. 假设 4 处理器系统使用基于总线的广播 / 侦听式一致性协议。假定处理协议事务的成本取决于数据的提供位置以及是否涉及总线事务。不涉及总线事务的缓存命中花费 1 个周期，涉及总线事务的缓存命中花费10个周期。由另一个缓存提供数据的缓存缺失需要50个周期，由主存提供数据的缓存缺失需要80个周期。这些缓存使用MSI一致性协议。显示每次内存引用后发生的缓存状态。内存引用流是：R1（由处理器1读取），R2，R3，R2，W3（由处理器3写入），E3（被处理器3替换），W4，R2，R3，W1。

2. 基于MESI协议重做课后习题1。
3. 基于MOESI协议重做课后习题1。
4. 基于“龙”协议重做课后习题1。此外，假定涉及BusUpd事务的任何内存引用都需要50个时钟周期才能完成。
5. 一些系统已经实现了MOSI协议来允许脏共享，其由四种状态组成，即修改，拥有，共享和无效。各状态的含义是：

   修改：数据是脏的，只能保存在一个缓存中。

   拥有：数据是脏的，可能保存在多个缓存中，但只有其中一个为“拥有”状态。

   共享：数据可能是干净/脏的，可能会保存在多个缓存中。

   无效：数据未缓存或无效。

   假定一个基于总线的多处理器带有“写回”缓存。以下总线事务可用：BusRd、BusRdX、BusUpgr和Flush。FlushOpt没有实现。显示处理器发起的请求的状态转换图，以及侦听总线请求的状态转换图。
6. 比较MSI和MESI在下列情况下的延迟：（a）读取其他处理器早期读取的数据的延迟；（b）仅由一个处理器读取然后写入的数据的延迟；（c）由一个处理器写入，然后由另一个处理器读取的数据读取延迟。

261~262

7. 比较MESI和MOESI在以下情况下的延迟：（a）读取其他处理器较早读取的数据的延迟；（b）仅由一个处理器读取然后写入的数据的写入延迟；（c）对于由一个处理器写入，然后由另一个处理器读取的读取延迟；（d）读取其他缓存中保留的干净数据的延迟；（e）主存储器的带宽，用于读取由另一个处理器最近写入的数据。
8. **非静态重置**。假设修改了MESI协议，以便替换干净的块不再保持“沉默”，即它在总线上广播。通过这种方式，缓存可以检测它是否成为保存块副本的唯一缓存，并且可以将块的状态从共享（S）转换为独占（E）。解释这种修改的优点和缺点。绘制修改后的MESI协议的缓存一致性协议图。
9. **MOESI问题**。在MOESI协议中，如果状态为O的块从缓存中被逐出，则该块将被写回主存，即使可能有其他缓存将块保持在共享（S）状态。这种回写会导致不必要的片外带宽消耗。提出一个解决方案以避免写回块，或者至少减少这种写回的频率。绘制该解决方案的缓存一致性协议图。

263

对同步的硬件支持

正如我们在第6章所讨论的，为了保证并行程序执行的正确性和高效性，构建一个共享存储多处理器系统的硬件支持必须要解决缓存一致性、存储一致性和对同步原语的支持等问题。本章的目的是对实现同步原语的硬件支持进行讨论。从软件的观点来看，被广泛使用的同步原语包括锁（lock）、栅障（barrier）和点对点同步（如signal/wait信号量）。举例来说，锁和栅障被大量使用在DOALL并行性和具有链式数据结构的应用程序上，而signal/wait同步对流水线（如DOACROSS）并行性来说至关重要。

通过很多种方式可在硬件上支持同步原语，如今一种很实用的方式是将最低级别的同步原语以原子指令的形式在硬件上实现，然后将其他所有高级别的同步原语在软件中实现。我们将讨论锁和栅障的不同实现之间的权衡，并将说明达成快速但可扩展的同步不是微不足道的。通常在*可扩展性*（同步延迟和带宽如何随着更大数量的线程而扩展）和*无竞争延迟*（线程不同时尝试执行同步所带来的延迟）之间会做出权衡。我们也会讨论各种软件栅障的实现。265对于大型系统来说，在原子指令之上实现的软件栅障和锁可能不具有足够的可扩展性。对于这些系统来说，硬件栅障的实现很常见，我们将会讨论一个例子。

最后，我们将讨论事务内存，它在最新的多核体系结构中被支持。事务内存为协同并行执行提供了一个更高的抽象级别，在有些情况下可移除对低级原语（比如锁）的需求。我们将讨论一个硬件中事务内存的实现。

8.1 锁的实现

在本节，我们将讨论对锁的实现的硬件支持，在下一节，我们将讨论对栅障实现的硬件支持。

8.1.1 对锁实现性能的评估

在我们讨论各种锁的不同实现之前，先来讨论什么样的性能评价标准需要考虑到锁的实现中。标准如下：

1）无竞争获取锁延迟：当线程间没有竞争时，获取一个锁所花费的时间。

2）通信量：总的通信量，是参与竞争锁的线程数或者处理器数的函数。通信量可以分为三个子部分，即当一个锁空闲时锁获取产生的通信量、当一个锁不空闲时锁获取产生的通信量；锁释放时产生的通信量。

3）公平性：线程同其他线程相比被允许持有锁的程度。公平性的标准是在一个锁实现中，线程饥饿的情况是否可能存在，即一个线程不能够长时间地持有锁，即使这个锁在这段时间内是空闲的。

4）存储：需要的存储空间是线程数的函数。一些锁的实现要求一个恒定的存储空间，这个存储空间与共享锁的线程数无关；而另一些锁的实现要求的存储空间是随着共享锁的线程数而线性增长的。

8.1.2 对原子指令的需求

回想一下我们在第6章的讨论，我们比较了使用软件和硬件来保证互斥的机制。我们已经证明了软件机制（即Peterson算法）并不能扩展，因为执行的静态指令的数量，以及为了查看线程是否能够获取到锁而需要检查的变量的数量，都会随着线程数的增加而增加。相反，如果一个原子指令能够执行一系列加载、比较、其他指令以及存储指令，那么可以实现一个简单的锁，其中取锁只需要依赖检测一个变量就足够了。

在当今的系统中，大部分的处理器支持将一个原子指令作为最低级的原语，同时基于它还可以构建其他同步原语。一个原子指令以一种不可分割的方式执行一系列读、修改和写操作，这些操作在执行时是不能分割的。考虑代码8.1中的锁实现。

266

代码8.1　一个不正确的加锁/解锁功能的实现

```
1lock: ld  R1, &lockvar    // R1 = lockvar
2      bnz R1, lock        // jump to lock if R1 != 0
3      st  &lockvar, #1    // lockvar = 1
4      ret                 // return to caller
5
6unlock: st  &lockvar, #0 // lockvar = 0
7        ret              // return to caller
```

为了使代码执行正确，这一系列的加载、分支和存储指令必须原子性地执行。“原子”这个词表达了两件事。首先，它意味着*要么整个序列的指令都被完整执行，要么其中任何一条指令都不执行*。其次，它表达了*在任何给定的时间内，只有一条原子指令（无论来自哪个处理器）能够被执行*。来自多个处理器的多指令序列需要被序列化。当然，软件支持不能够为多指令的执行提供任何原子性。因此，大多数处理器支持原子指令，其他指令相比，这些指令可以原子性地执行。不同的处理器可能支持不同类型的原子指令。下面列举出一下经常使用的：

- `test-and-set Rx, M`：读取存储在存储单元M的值，将这个值与一个常数（如0）进行比较，如果它们相匹配，那么将寄存器Rx中的值存储到存储单元M中。
- `fetch-and-op M`：读取存储在存储单元M的值，对这个值执行操作（如增值、减值、加法、减法），然后将得到的新值存储到存储单元M中。在有些情况下，会指定额外的操作数。
- `exchange Rx, M`：自动交换在存储单元M中的值和寄存器Rx中的值。
- `compare-and-swap Rx, Ry, M`：比较存储单元M中的值和寄存器Rx中的值，如果它们匹配，将寄存器Ry中的值写到存储单元M中，然后拷贝寄存器Rx中的值到寄存器Ry中。

除了以上列出的指令之外，最通用的一个指令是比较并交换（CAS）：与test-and-set指令相比较，它能够执行一个比较，但是与之相比较的是一个寄存器中的任意值，而不是一个常数；与一个exchange指令相比，它可以交换寄存器和内存中的值，但是需要附加的条件。但是，除了在特定情况下，它不能执行fetch-and-op操作。

读者可能会提出两个问题：

1）一个原子指令如何确保原子性？

2）一个原子指令如何被用于同步控制结构？

我们首先来讨论第一个问题。

一个原子指令本质上为程序提供了一个保障：指令所代表的一系列操作将会被完整地执行。使用这个保障，程序员能够实现他们需要的各种同步原语（稍后会讲述）。硬件必须提供正确的机制来保障一系列操作的原子性。

267

■ **你知道吗？**

在 x86 指令集中，除了原子指令外，还可以通过用 LOCK 作为前缀来对常规的整数指令进行原子操作。当一个内存位置被一个以 LOCK 为前缀的指令访问的时候，假设一个基于总线的多处理器，那么锁总线被触发来阻止其他处理器读或者修改带前缀的指令涉及的内存位置。例如，以下指令可以带 LOCK 前缀：

- 位操作指令，比如 BT、BTS、BTR 和 BTC
- 算术指令，比如 ADD、ADC、SUB 和 SBB
- 逻辑指令，比如 NOT、AND、OR 和 XOR
- 一些一元指令，比如 NEG、INC 和 DEC

同时也提供了原子指令。它们以“X”开头，比如 XADD 和 XCHG。这些原子指令并不要求通过 LOCK 前缀来使它们是原子的。

为了展示前缀的使用，我们设置一个功能为原子性自增的变量 counter。为了做到这一点，我们将 INC 指令加上 LOCK 前缀，如下面例子展示的一样：

```
1void __fastcall atomic_increment (volatile int* ctr)
2{
3    __asm {
4        lock inc dword ptr [ECX]
5        ret
6    }
7}
```

幸运的是，缓存一致性协议提供了原子性被保障的基础。举例来说，当遇到一个原子指令时，这个一致性协议知道需要保证其原子性。他首先会获得对存储单元 M 的“独家所有权”（通过将其他包含 M 的缓存块中的拷贝都置为无效）。当获得独家所有权之后，这个协议会确保只有一个处理器能够访问这个块，而如果其他处理器在此时想要访问的话就会经历缓存缺失，接下来原子指令就可以执行了。在原子指令持续期间，其他处理器不允许“偷走”这个块。举例来说，如果另一个处理器要求读或者写这个块，这个块就被“偷”了（如块被清理、块的状态被降级为无效）。在原子指令完成之前暴露块会破坏指令的原子性，那么就与在简单锁应用情况下对一系列指令的非原子操作（代码 8.1）相似了。因此，在原子指令完成之前，这个块不能被“偷走”。在一个基于总线的多处理器中，一个阻止块（在基于总线的多处理器上）被“偷走”的方法是锁上或者预约总线直到指令完成。因为总线是系统中的序列化介质，如果它被锁上了，则其他总线事务不可以访问总线，直到总线被释放。一个更加常用的解决方法（亦可用在非基于总线的多处理器系统中）不是阻止其他对总线的请求，而是使用执行原子指令的处理器的一致性控制器，来对块的其他所有请求延迟响应直到原子指令完成，或者否定确认请求，这样请求者会在未来重复请求。总的来说，通过对块的“独家所有权”和直到原子指令完成前阻止块被“偷走”，就能够确保原子性。一个更简单的提供原子性的解决办法将在 8.1.5 节讨论。

268

8.1.3 TS锁

原子指令如何实现锁？这要依赖于原子指令的类型。接下来的这段代码（代码8.2）展示了一个使用test-and-set指令的锁实现。在获取锁的尝试中的第一条指令是test-and-set指令，它原子地执行下面几个步骤：首先从lockvar所在的存储单元中读取值到寄存器R1中（使用一个独占的读指令，如BusRdx或者BusUpgr），将寄存器R1中的值与0相比较。如果R1中的值是0，将数字1赋予lockvar（说明这是一次成功的锁的获取）。如果R1中的值不是0，那么就不把数字1赋予lockvar（说明这是一次失败的锁的获取）。第二条指令是分支指令，当R1中的值非0的时候分支回到标签lock，这样锁获取可以被重新尝试。如果R1中的值是0，就意味着当到达分支指令的时候，因为原子性，test-and-set指令已经成功了。锁的释放只需要将0赋给lockvar即可，而不需要使用原子指令。能够执行的原因是因为此时只有一个线程在临界区中，所以只有一个线程能够对锁进行释放，所以在锁释放时不会产生冲突。

代码8.2 test-and-set（TS）锁的实现

```
1lock: t&s R1, &lockvar // R1 = lockvar
2                       // if (R1==0) lockvar=1
3      bnz R1, lock     // jump to lock if R1 != 0
4      ret              // return to caller
5
6unlock: st  &lockvar, #0 // lockvar = 0
7        ret              // return to caller
```

让我们来看一下只允许一个线程访问临界区时，两个线程是如何操作的。图8-1展示了这种情况。我们假定线程0执行test-and-set指令比P1稍微早一点，如果lockvar所在的存储块的初始值是0，那么在执行test-and-set指令后，这个值会变成1。需要注意的是，test-and-set指令的原子性使得其他test-and-set指令序列化。因此，当线程0中的test-and-set指令在执行的时候，线程1中的test-and-set指令不允许执行。当线程1中的test-and-set指令执行的时候，可以看到lockvar所在的内存的值是1。因此，它的锁获取失败了，然后线程1回去重新尝试执行test-and-set，不停重复这个过程，直到线程0释放了锁，使得线程1成功获取锁为止。

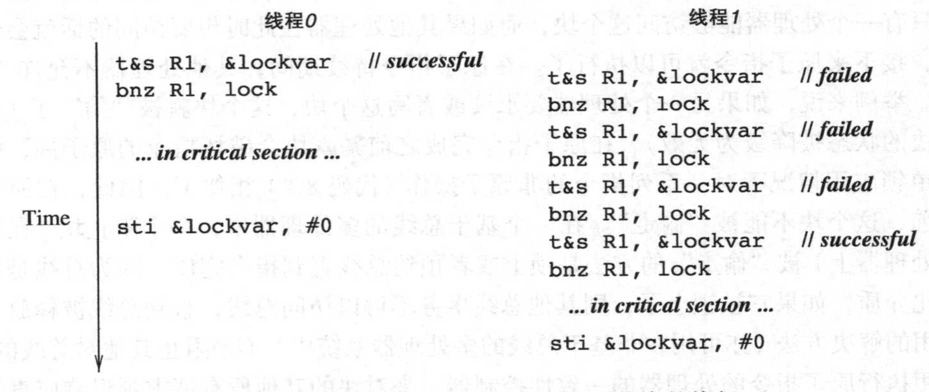

图8-1 多处理器中的test-and-set原子指令的执行

让我们来评价一下test-and-set锁的实现。因为在成功获得一个锁的时候只需要一条原子指令和一条分支指令，所以无竞争获取锁延迟很低，但是通信量需求非常高。每个锁获取都试图使其他拷贝失效，而不管这个获取成功与否。举个例子，如表 8-1 所示例子，在三台不同处理器上运行的三个线程都尝试着去获得锁。最开始的时候没有一个线程持有锁，接下来，P1 执行了 test-and-set 指令并且成功地获得了锁。这个 test-and-set 指令引起了 BusRdX 总线事务，因为这个块尚未存在于 P1 的 Cache 中。假设在 P1 获得锁之后（P1 在临界区），P2 和 P3 都试图去获得锁。P2 执行了一条 test-and-set 指令，紧接着 P3 也执行了，接下来 P2 进行了第二次尝试。每一次尝试都包含了一条 test-and-set 指令，所以引发了 BusRdX 事务，使得其他高速缓存的拷贝失效，并且改变包含 lockvar 的块状态为 M。需要注意的是，尽管实际上锁被 P1 持有，但是 P2 和 P3 还是会不断引起总线事务使得彼此的拷贝失效，以此来尝试获取锁。这是 test-and-set 锁实现上的一个很严重的缺点。实际中线程失败的次数远比表格所展示出的要多。

269

当 P1 释放锁的时候，它将锁变量置为 0，通过 BusRdX 事务引起失效。然后，P2 和 P3 都尝试获得锁，但是 P2 成功了，P3 失败了。只要 P2 还在临界区中，P3 就会一直不断尝试并且获取锁失败（这张表格展示了两次失败的尝试，但是在实际中它们会产生更多次）。当 P2 释放了锁后,P3 可成功获取锁。因为现在已经没有处理器对锁进行竞争了，当 P3 释放锁的时候，它依然拥有一个处于修改状态的块，并且不会引起 BusRdX 总线事务去将锁地址置为 0。

这个表格表明了每一次获取锁的尝试总会触发一个总线事务，而不管这个锁当前是否被持有。所以源码中出现的单个临界区的通信量非常高：$O(P^2)$。这是因为有 $O(p)$ 个处理器要进入临界区，也就意味着会有 $O(p)$ 次锁的获得与释放。在每次锁释放后，会有 $O(p)$ 次对获取锁的尝试，在这 $O(p)$ 次中，会有一个处理器成功地获得锁，而其他处理器都将失败。

很显然，test-and-set 锁引发的通信量可能会非常高，由锁获取尝试而引发的通信量可以减缓一致性高速缓存缺失。实际上，如果通信量因为失败的锁获取尝试而饱和的话，临界区可能会慢下来，延迟锁的释放，这使得通信量状况更加恶化。

一种减少通信请求的方式是使用 back-off 策略，即在一次失败的锁获取尝试之后，一个线程在执行另一次尝试之前先进行等待（或延迟）。在连续的重新尝试之间插入一段延迟，而这段在 back-off 策略中的延迟需要被谨慎调整：如果过小的话，大量的通信量依然存在；如果过大的话，线程可能在锁可用的时候错过请求这个锁的机会。实际上一个指数的 back-off 策略，即延迟在初始时很小，但是逐渐呈指数增长的策略，能够工作得很好。

表 8-1 test-and-set 锁实现的性能说明

	请求	P1	P2	P3	总线请求	说明
0	初始化	—	—	—	—	锁没有被占用
1	t&s1	M	—	—	BusRdX	P1 获得锁
2	t&s2	I	M	—	BusRdX	P2 锁获取失败
3	t&s3	I	I	M	BusRdX	P3 锁获取失败
4	t&s2	I	M	I	BusRdX	P2 锁获取失败
5	unlock1	M	I	I	BusRdX	P1 释放锁
6	t&s2	I	M	I	BusRdX	P2 获得锁
7	t&s3	I	I	M	BusRdX	P3 锁获取失败
8	t&s3	I	I	M	—	P3 锁获取失败
9	unlock2	I	M	I	BusRdX	P2 释放锁
10	t&s3	I	I	M	BusRdX	P3 获得锁
11	unlock3	I	I	M	—	P3 释放锁

8.1.4 TTSL

另一种减少通信请求的方式是指定一种标准来检测一个锁获取请求是否会导致失败，如果可能导致失败，我们就推迟原子指令的执行。只有当一个获取锁的尝试有很大概率成功的时候，我们才尝试去执行原子指令。使用这种方法，test-and-set锁有了改善，并且该升级版本被称为test-and-test-and-set锁（TTSL）实现。TTSL实现的代码如代码8.3所示。

代码8.3 TTSL的实现

```
1lock: ld R1, &lockvar // R1 = lockvar
2      bnz R1, lock     // jump to lock if R1 != 0
3      t&s R1, &lockvar // R1 = lockvar
4                       // if (R1 == 0) lockvar=1
5      bnz R1, lock     // jump to lock if R1 != 0
6      ret              // return to caller
7
8unlock: st  &lockvar, #0 // lockvar = 0
9        ret              // return to caller
```

加载指令和接下来的分支指令构成了一个循环，来不断地读（而不是写）lockvar所在的地址直到这个地址的值变为0。因此，当一个锁被一个处理器持有的时候，其他处理器不能执行test-and-set原子指令，这样就阻止了无用的（无用是因为它们导致了失败的锁获取）重复的块的失效。只有当锁被释放，处理器才会尝试使用原子指令获取锁。由于有了额外的加载和分支指令，无竞争的锁获取延迟比test-and-set锁的实现要高。然而，当锁被持有时，通信量大大减少了。只有一小部分获取锁的尝试产生了通信量。

270~271

表8-2展示了TTSL实现的性能。假设每个处理器都需要获取一次锁。初始时，没有处理器持有锁。接下来，P1执行一个加载指令，发现这个锁是可用的，所以它尝试了一次test-and-set并且成功地获得了锁。这个test-and-set指令没有引起BusRdX总线事务，因为这个块是“独家”缓存的，假设在P1获得锁之后（P1在临界区），P2和P3尝试去获得锁。同test-and-set锁实现相比，在TTSL中，P2执行了一次加载，紧接着P3执行了一次加载。它们都发现lockvar所在位置的值是1，说明了这个锁现在正在被别的处理器所持有。所以它们不停地从高速缓存块中读取数据，等待直到lockvar的值发生改变。在它们等待的时候，没有总线事务产生，因为它们都自循环地使用加载指令而不是test-and-set指令，这样的加载指令如代码中第5行所示。在实际中，还有很多这样的加载指令会被执行，不仅仅是一个，所以TTSL相对于test-and-set锁实现的优势更加明显了。需要注意的是，自循环地使用加载指令的一个额外的有益之处在于因为总线带宽是有限的，而在临界区的线程不经历带宽的争用，这可以减缓带宽的争用情况。

接下来，当P1释放锁时，假设P2是第一个经历缺失并且发现这个锁已被释放的线程，P2接下来使用test-and-set指令来获取锁。这两步产生了两个总线事务：一个用来读取值的总线，一个用来向块中写入数据的总线。与之相反的是，在test-and-set锁实现中，只涉及一个总线事务。因此，虽然从整体来看，因为使用了加载的原因，TTSL使用了更少的带宽，但是与test-and-set锁实现相比，在TTSL中的锁获取引起了轻微的带宽使用的增加。

接下来，假设P3对锁变量进行请求（第9~10行）。当P2释放锁的时候（第11行），P3尝试去读，并且成功地获取了锁。最后，P3释放了锁。

表 8-2　TTSL 锁实现的性能

	请求	P1	P2	P3	总线请求	说明
0	初始化	—	—	—	—	锁没有被占用
1	ld1	E	—	—	BusRd	P1 读 &lockvar
2	t&s1	M	—	—	—	P1 获得锁
3	ld2	S	S	—	BusRd	P2 读 &lockvar
4	ld3	S	S	S	BusRd	P3 读 &lockvar
5	ld2	S	S	S	—	P2 读 &lockvar
6	unlock1	M	I	I	BusUpgr	P1 释放锁
7	ld2	S	S	I	BusRd	P2 读 lockvar
8	t&s2	I	M	I	BusUpgr	P2 获得锁
9	ld3	I	S	S	BusRd	P3 读 &lockvar
10	ld3	I	S	S	—	P3 读 &lockvar
11	unlock2	I	M	I	BusUpgr	P2 释放锁
12	ld3	I	S	S	BusRd	P3 读 &lockvar
13	t&s3	I	I	M	BusUpgr	P3 获得锁
14	unlock3	I	I	M	—	P3 释放锁

8.1.5　LL/SC 锁

虽然 TTSL 对于 test-and-set 锁实现来说是一种进步，但是它的实现仍然存在很重大的缺陷。正如前面所提到的，实现一条原子指令的方法要求一个独立的总线，它能够在一个处理器执行原子指令的时候对外宣称这一事件。这样的一个实现不够普遍，因为它只能为基于总线的多处理器工作。除此之外，只有当锁的使用频率很低时它才能够工作良好。如果程序员使用细粒度的锁，同时使用很多锁变量，将会产生很多锁获取和锁释放的实例，并且很多实例在使用的时候并不相关，它们不是为了确保一个临界区，而是为了确保对一个数据结构的不同部分的"独家"访问权。如果每个锁获取都要引发一个单独的总线，那么会导致不必要的序列化。

其他的实现，比如为原子指令的整个持续时间保留一个高速缓存块的方法，则更为通用。它不需要假设存在一条特殊的总线线路，所以它可以与其他相关者一起工作。然而，为了防止高速缓存块被其他线程"偷走"，对块的请求必须要延迟或者否定确认。这样一个机制实现起来代价比较高昂。延迟请求要求一个额外的缓冲区来将这些请求排成队列，否定确认会浪费带宽并且在之后再次尝试请求时会引起延迟。

272

为了避免支持原子指令而带来的复杂性，一种选择是为一系列指令提供原子性表象（illusion of atomicity），而不是真的指令原子性。需要注意的是，锁获取本质上包含一条加载指令（ld R1，&lockvar）、一些其他指令比如状态分支（bnz R1，lock）和存储指令（st &lockvar，R1）。原子性意味着要么所有指令都不执行，要么都必须执行。从其他处理器的角度来看，只有存储指令是可见的，因为当存储指令改变值的时候这种改变可能被他们看到。而其他指令（加载和分支）只对本地处理器的寄存器产生了影响，这些影响对其他处理器来说是不可见的。因此，对于其他处理器来说，加载指令和分支指令是否执行无关紧要。而对于本地处理器来说，只要忽略这些指令的寄存器结果，并在之后重新执行它们，那么这些指令是可以轻易取消的。因此，对于原子性表象来说最重要的指令是存储指令。如果存储指令执行了，它的影响对其他处理器是可见的；如果没有执行，那么其他处理器就看不见它的影响。因此，为了给指令序列提供原子性表象，我们需要确保，如果在加载和存储之间发生的一些事情可能会违背原子性表象，那么存储将失败（或取消）。比如说，如果一个上下文转换或者中断发生在加载和存储之间，那么存储指令必须取消（对中断的服务可能导致块的值在没有得到处理器承认的情况下被改变，这将破坏原子性）。另外，对于其他处理器，如果加载的高速缓存块在存储指令执行前被无效化了，那么这个高速缓存块中存储的值可能已经被改变，导致对原子性的违背。这种情况发生时，存储指令必须被取消。然而如果在存储指令执行时，高速缓存块保持有效，那么整个加载 – 分支 – 存储系列指令看起来是原子性执行的。

273

这个原子性表象要求存储指令是有条件地执行的，需要检测会破坏原子性表象的事件。这样的存储是*条件存*（SC）。需要一个块地址来监控是否被偷（即无效化）的加载指令被称为*加载链接*（load linked）或者*加载锁定*（load lock，LL）。LL/SC 这一对指令是非常有用的机制，能够建立很多不同原子操作。这一对指令保证了原子性表象而不需要要求对高速缓存块的独家占有权。

一个 LL 指令是特殊的加载指令，不仅要读一个块到寄存器中，而且还要将块的地址记录在处理器的一个特殊寄存器中，我们将这个寄存器称为*链接寄存器*（linked register）。SC 指令是特殊的存储指令，只有在它涉及的地址与链接寄存器中存储的地址匹配时，指令才可能成功。为了实现假的原子性，在其他处理器竞争过它，成功执行了一条 SC 指令并“偷走”了高速缓存块时，该 SC 指令应该失败。为了确保 SC 指令的失败，当存储在链接寄存器中的地址失效时链接寄存器被清空。另外，当上下文切换发生时，链接寄存器也被清空。当一条 SC 指令失效的时候（SC 地址与链接寄存器中的地址不匹配），存储指令被取消，而不需要去缓存。因此，对于存储系统来说就好像 SC 从来没有执行过一样。在原子序列中的所有其他指令（包括 LL）都简单地被重复，好像它们也失败了一样。

代码 8.4 展示了使用 LL/SC 来获取锁和释放锁的实现代码。除了加载指令被 LL 指令取代、存储指令被 SC 指令取代之外，这段代码与代码 6.3 相同。

代码 8.4　LL/SC lock 的实现（代码假设条件存储失败的话则返回 0）

```
1 lock: LL    R1, &lockvar    // R1 = lockvar;
2                             // LINKREG = &lockvar
3       bnz   R1, lock        // jump to lock if R1 != 0
4       add   R1, R1, #1      // R1 = 1
5       SC    &lockvar, R1    // lockvar = R1;
6       beqz  R1, lock        // jump to lock if SC fails
7       ret                   // return to caller
8
9 unlock: st   &lockvar, #0   // MEM[&lockvar] = 0
10        ret                 // return to caller
```

LL 指令和接下来的分支指令构成了一个循环，能够不断读 lockvar 所在位置的值，直到这个位置的值变为 0。这种方式与 TTSL 实现中重复使用 load 指令相似。因此，当一个锁被一个处理器所持有时，SC 指令不能够执行。这阻止了与失败的锁获取相关的重复无用的失效。只有当锁被释放的时候，处理器才能够尝试使用 SC 指令获取锁。多处理器同时尝试执行 SC 是有可能的。在基于总线的多处理器上，这些 SC 中的一个会被赋予总线的访问权，成功执行存储指令。其他处理器侦听总线上的存储指令并且清空它们的链接寄存器，这成为它们自身 SC 指令失败的原因。与 test-and-set 原子指令不同的是，当一条 SC 指令失败的时候，它不会产生总线事务（一条 test-and-set 指令经常会产生一个 BusRdX 或者 BusUpgr 事务）。 274

■ **你知道吗？**

很多不同的指令集都支持 LL/SC 指令对，比如 Alpha（ldl_l/stl_c 和 ldq_l/stq_c）、PowerPC（lwarx/stwcx）、MIPS（LL/SC）和 ARM（ldrex/strex）。导致 SC 失败的条件在不同的实现中可能会不同，尽管有时失败并不是严格的必要条件。比如，在有的实现中，当遇到另一个 LL 或者遇到普通的加载或者存储时，SC 会失败。

表 8-3 展示了 LL/SC 锁实现的性能。假设每个处理器都需要获得一次锁。最开始的时候，没有处理器获得锁。除了 LL 取代了常规的加载、SC 取代了 test-and-set 指令之外，生成的总线事务的顺序同 TTSL 实现中的相同。

表 8-3 LL/SC 锁实现的性能

	请求	P1	P2	P3	总线请求	说明
0	初始化	—	—	—	—	锁没有被占用
1	ll1	E	—	—	BusRd	P1 读 &lockvar
2	sc1	M	—	—	—	P1 获得锁
3	ll2	S	S	—	BusRd	P2 读 &lockvar
4	ll3	S	S	S	BusRd	P3 读 &lockvar
5	ll2	S	S	S	—	P2 读 &lockvar
6	unlock1	M	I	I	BusUpgr	P1 释放锁
7	ll2	S	S	I	BusRd	P2 读 &lockvar
8	sc2	I	M	I	BusUpgr	P2 获得锁
9	ll3	I	S	S	BusRd	P3 读 &lockvar
10	ll3	I	S	S	—	P3 读 &lockvar
11	unlock2	I	M	I	BusUpgr	P2 释放锁
12	ll3	I	S	S	BusRd	P3 读 &lockvar
13	sc3	I	I	M	BusUpgr	P3 获得锁
14	unlock3	I	I	M	—	P3 释放锁

因此，在性能方面 LL/SC 锁的实现表现得与 TTSL 实现很相似，一个很小的区别表现在多处理器同时执行 SC 时。在这种情况下，只有一个总线事务发生在 LL/SC 中（基于成功的 SC），反之，在 test-and-set 指令执行时，会有多个总线事务存在。然而，这是一个非常罕见的事件，因为在一个原子序列中只有很少的指令是在加载和存储之间的。因此多个处理器在同一时间执行相同序列的概率非常小。 275

然而，使用 LL/SC 相比于使用原子指令来说优势是巨大的。首先，LL/SC 的实现相对更简单（额外的链接寄存器）。第二，它可以被用来实现很多原子指令，比如 test-and-set、compare-and-swap 等。因此，它被认为是相对于原子指令来说更低级的原语。

然而，LL/SC 锁实现仍然存在严重的扩展性问题。每一个锁获取或者锁释放都会导致在锁变量上自循环的共享器失效，因为锁变量被改变了。它们轮流经历高速缓存缺失，重新加载包含锁变量的块。因此，如果有 $O(p)$ 次锁获取和释放，并且每个获取或释放都会导致

$O(p)$ 次随之而来的高速缓存缺失，接下来 LL/SC 锁实现的总通信量会随着系统中的线程数呈平方增长，或者说是 $O(p^2)$。另外一个问题是锁公平性，它不能保证最早尝试获取锁的线程，能够比其他线程更早地获取到锁。接下来的两个锁实现会分别解决这两个问题。

8.1.6　Ticket 锁

Ticket 锁是一种尝试着在锁获取中提供公平性的锁实现，公平性的问题涉及了线程成功获取锁的顺序是否符合首次尝试获取锁的线程的顺序。公平性问题自动地保证了一个线程不会因为竞争不过其他线程而长时间得不到锁，导致长时间的“挨饿”。

为了达到这样的公平性，Ticket 锁使用了队列的概念，每个尝试去获取锁的线程在队列中被赋予一个编号，这样锁获取实现的顺序就取决于它们在队列中的编号。拿到最低编号的线程会在下一次被给予锁。

为了实现 Ticket 锁，引入了两个变量。第一个是 now_serving，另一个是 next_ticket。next_ticket 的作用是反映了下一个可用的编号（或顺序位置），now_serving 的作用是反映了当前锁持有者的位置。当然，next_ticket – now_serving – 1 得到的数字是当前排队等待获取锁的线程数，它们试图获得锁但是没有成功。为了得到锁，一个线程读取 next-ticket 到一个私人变量（被称为 my_ticket）中并且原子地增加它，所以后面的线程不会取到相同的编号。接下来，线程一直等待直到 now_serving 的数值等于 my_ticket 的数值。当前持有锁的线程通过将 now_serving 加上 1 来释放锁，这样下一个在队列中的线程就会发现 now_serving 的新值同自己的 my_ticket 相同，这个在队列中的线程就成功地获得了锁。锁获取和释放的完整代码见代码 8.5。

代码 8.5　Ticket 锁的实现

```
1ticketLock_init(int *next_ticket, int *now_serving)
2{
3   *now_serving = *next_ticket = 0;
4}
5
6ticketLock_acquire(int *next_ticket, int *now_serving)
7{
8   my_ticket = fetch_and_inc(next_ticket);
9   while (*now_serving != my_ticket) {};
10}
11
12ticketLock_release(int *now_serving)
13{
14   now_serving++;
15}
```

需要注意的是，这段代码用高级语言进行了实现，假设现在只有一个锁（所以锁的名称未显示），并支持获得原子原语 fetch_and_inc()。我们在 LL/SC 锁实现中讨论过，这样的原语可以用 LL 和 SC 轻易实现。在 LL 与 SC 之间唯一需要被插入的是，将 LL 从内存中读出来的值自动加 1 的指令。我们也假设 fetch_and_inc() 被实现为一个函数，它返回参数被自增加之前的旧值。最后，now_serving 和 next_ticket 的值在使用之前都初始化为 0。

276

为了展示 Ticket 锁是如何工作的，考虑三个处理器参与对锁的竞争，并且每个都会获取和释放锁一次。表 8-4 展示了每一步骤的重要变量的值：now_serving、next_ticket、P1 的 my_ticket、P2 的 my_ticket 和 P3 的 my_ticket。

首先，P1试着获取锁，它原子性地执行fetch_and_inc(next_ticket)，结果是next_ticket的值增加为1。接下来它比较my_ticket和now_serving，因为它们的值是相同的，所以它成功地获取了锁并且进入临界区。P2参与了对锁的竞争，同样试着通过执行fetch_and_inc(next_ticket)去请求锁，结果是next_ticket的值增加为2。P2接下来比较my_ticket（值为1）和now_serving（值为0）。因为它们的值不相同，所以P2获取锁失败，继续循环检测now_serving的值。P3也参与了对锁的竞争，试着通过执行fetch_and_inc(next_ticket)去请求锁，结果是next_ticket的值增加为3，接下来比较my_ticket（值为2）和now_serving（值为0，因为锁始终被P1持有）。因为它们的值不相同，所以P3获取锁失败，同P2一样，继续循环检测now_serving的值。当P1释放了锁时，它执行now_serving++语句，使得now_serving的值增加到1，现在P2的my_ticket和now_serving相匹配了，P2跳出了它的循环并且进入临界区。同样，当P2释放锁的时候，也执行了now_serving++语句，使得now_serving的值增加到2。现在P3的my_ticket和now_serving相匹配了，P3跳出了它的循环并且进入临界区。

表 8-4 Ticket 锁机制

步骤	next ticket	now serving	P1	P2 my ticket	P3	说明
初始化	0	0	0	0	0	全初始化为0
P1: f&i(next ticket)	1	0	0	0	0	P1尝试获取锁
P2: f&i(next ticket)	2	0	0	1	0	P2尝试获取锁
P3: f&i(next ticket)	3	0	0	1	2	P3尝试获取锁
P1: now serving++	3	1	0	1	2	P1释放锁，P2获取锁
P2: now serving++	3	2	0	1	2	P2释放锁，P3获取锁
P3: now serving++	3	3	0	1	2	P3释放锁

Ticket锁的性能取决于fetch_and_inc原子操作是如何实现的。如果它使用原子指令来实现，那么它的可扩展性与原子指令是相似的。如果fetch_and_inc使用LL/SC来实现，那么它的可扩展性与LL/SC锁实现是相似的。特别的，对next_ticket执行fetch_and_inc操作会导致：一个处理器将包含next_ticket的块的所有拷贝置为无效，那么每个处理器都会在接下来加载块的时候经历高速缓存缺失。同样，因为所有的处理器都在监视和不断访问now_serving，当一个处理器释放锁的时候，包含now_serving的块的所有拷贝都会被置为无效，每个处理器随之在加载块的时候都会经历高速缓存缺失。因为有$O(p)$数量级的获取和释放操作，并且每个获取和释放都会引起$O(p)$数量级的失效和随之而来的高速缓存缺失，所以总共的通信量是平方级扩展的，也就是$O(p^2)$。 277

Ticket锁的无竞争延迟相对于LL/SC来说是较高的，因为它需要额外的指令来读并且测试now_serving变量的值。但是，Ticket锁提供了公平性，这是LL/SC锁实现无法提供的。

8.1.7 ABQL

此时此刻，读者们可能好奇，是否有这么一种锁实现：它具有Ticket锁的公平性，同时还具有比之前所讨论的所有的锁实现都好的扩展性。一个答案是一种称为基于数组的排队锁（ABQL）的锁实现。ABQL是Ticket锁的升级版本。在Ticket锁中，因为线程在等待锁获取的时候已经排好了队列，它们可以在特殊的内存位置上等待和自循环，而不是只针对now_ serving 提供的一个内存位置。这个新机制的一个类比是，锁的当前持有者将“接力棒”传给下一个线程，下一个线程将“接力棒”传给下下个线程，以此类推。每当传递“接力棒”的时候，只需要通知下一个线程。

为了实现 ABQL，我们需要确保线程在特殊的内存地址自循环，因此我们改变 now_serving 为一个数组（array），我们将它重名为 can_serve 来更好地反映它的作用。在 Ticket 锁实现中，每个想要获取锁的线程都有一个编号，称为 x，接下来它们在循环中等待直到 can_serve 数组中的第 x 个元素被排在前面的线程置为 1。当编号为 y 的线程释放锁的时候，它将“接力棒”传给下一个线程，并且将 can_serve 数组中的第 $y + 1$ 个元素置为 1。锁获取和释放的完整代码见代码 8.6。

代码 8.6　ABQL 的实现

```
1 ABQL_init(int *next_ticket, int *can_serve)
2 {
3   *next_ticket = 0;
4   for (i=1; i<MAXSIZE; i++)
5     can_serve[i] = 0;
6   can_serve[0] = 1;
7 }
8
9 ABQL_acquire(int *next_ticket, int *can_serve)
10 {
11   *my_ticket = fetch_and_inc(next_ticket);
12   while (can_serve[*my_ticket] != 1) {};
13 }
14
15 ABQL_release(int *can_serve)
16 {
17   can_serve[*my_ticket + 1] = 1;
18   can_serve[*my_ticket] = 0;   // prepare for next time
19 }
```

代码使用高级语言实现，假设只有一个锁并且支持原子原语 fetch_and_inc()。最开始的时候，next_ticket 被初始化为 0。数组 can_serve 中的元素，除了第一个元素是 1（为了让第一个锁获取能够成功）之外，其他元素也都被初始化为 0。

为了展示 ABQL 是如何工作的，假设三个处理器对锁进行竞争，并且每个处理器都将获取和释放锁一次。表 8-5 对每一步骤中的重要数据的值进行了展示：can_serve（假设含有四个元素）、next_ticket、P1 的 my_ticket、P2 的 my_ticket 和 P3 的 my_ticket。

表 8-5　ABQL 机制

步骤	nextticket	Can serve	P1	P2myticket	P3	说明
初始化	0	[1, 0, 0, 0]	0	0	0	全初始化为 0
P1: f&i(next ticket)	1	[1, 0, 0, 0]	0	0	0	P1 尝试获取锁
P2: f&i(next ticket)	2	[1, 0, 0, 0]	0	1	0	P2 尝试获取锁
P3: f&i(next ticket)	3	[1, 0, 0, 0]	0	1	2	P3 尝试获取锁
P1: can serve[1] = 1;can serve[0] = 0	3	[0, 1, 0, 0]	0	1	2	P1 释放锁，P2 获取锁
P2: can serve[2] = 1;can serve[1] = 0	3	[0, 0, 1, 0]	0	1	2	P2 释放锁，P3 获取锁
P3: can serve[3] = 1;can serve[2] = 0	3	[0, 0, 0, 1]	0	1	2	P3 释放锁

首先，P1 尝试获取锁，它原子性地执行 fetch_and_inc(next_ticket)，结果是将 next_ticket

的值增加为1，它的my_ticket的值是0。接下来检查can_serve[my_ticket]（can_serve[0]）是否是1。因为这个值确实是1，所以它成功地获取了锁并且进入临界区。P2参与了对锁的竞争，同样试着通过执行fetch_and_inc(next_ticket)来获取锁，结果是将next_ticket的值增加为2。它的my_ticket的值是1，接下来检查can_serve[1]是否是1，但是这个时候can_serve[1]仍然是0，因为P1还没有释放锁。所以P2的锁获取失败了，仍然待在循环中。P3也参与了对锁的竞争，同样试着通过执行fetch_and_inc(next_ticket)来获取锁，结果是将next_ticket的值增加为3。它的my_ticket的值是2，接下来检查can_serve[2]是否是1，但是这个时候can_serve[2]仍然是0，因为P1还没有释放锁（P1甚至还没有获取锁）。所以P3的锁获取失败了，仍然待在循环中。当P1释放锁的时候，它重置can_serve[0]为0，并且将can_serve[1]置为1，允许P2离开它的循环进入临界区。当P2释放锁的时候，它重置can_serve[1]为0，并且将can_serve[2]置为1，允许P3离开它的循环进入临界区。最后。P3通过将can_serve[3]置为1来释放锁同时重置can_serve[2]为0。

考虑线程释放锁的方式：它通过修改数组can_serve[my_ticket + 1]中的一个元素来释放。假设数组是填充的（padded），这样不同数组元素存储在不同的缓存块中。因为只有一个线程在元素读取的循环中自循环，这个元素只存储在一个块上。写操作只会使这个高速缓存块失效，并且只引起一次高速缓存缺失。因此，在每一次释放时，只有$O(1)$数量级的通信量产生。这意味着因为有$O(p)$数量的锁获取和释放，那么总的锁释放的通信量呈$O(p)$量级扩张。相对于Ticket锁实现来说这是一个重要的提高。然而需要注意的是，fetch_and_inc的扩展性依赖于底层实现，如果它用LL/SC来实现，那么它的可扩展性会部分限制ABQL的整体扩展性。

278~279

8.1.8 各种锁实现的量化比较

表8-6从多个标准比较了不同的锁实现，包括无竞争延迟、一次单独的锁释放后带来的通信量、当锁被一个处理器持有时等待所带来的通信量、存储开销和是否提供公平性保证。

表8-6 对不同锁实现的比较

标准	test&set	TTSL	LL/SC	Ticket	ABQL
无竞争延迟	最低	较低	较低	较高	较高
单个锁释放操作的最大通信量	$O(p)$	$O(p)$	$O(p)$	$O(p)$	$O(1)$
等待通信量	高	—	—	—	—
存储	$O(1)$	$O(1)$	$O(1)$	$O(1)$	$O(p)$
保证公平性？	否	否	否	是	是

简单的锁实现，比如test-and-set、TTSL和LL/SC的无竞争延迟最低。Ticket锁和ABQL实现执行了更多的指令，所以它们的无竞争延迟要更高一些。

在一次单独的锁释放后的通信量方面，假设所有其他线程都等待着要获得下一次的锁。test-and-set、TTSL、LL/SC和Ticket锁拥有最高的通信量。这是因为所有的线程都在同一个变量上自循环，所以它们可能都缓存了同一个块，每次锁释放都会使得其他所有处理器的块的拷贝失效，导致缓存缺失，只能重新加载该数据块。另一方面，对ABQL来说，一次锁释放只会导致一个其他高速缓存块的失效，所以只会造成一次高速缓存缺失。

280

在锁被一个线程持有时产生的通信量方面，test-and-set表现得不好，因为所有的线程都在持续不断地使用原子指令尝试获取锁，即使是一次失败的尝试，也会造成所有共享者的失效，并且会导致共享者的后续尝试。另一方面，TTSL、LL/SC、Ticket锁和ABQL使用加载指令不断自循环，因此，只要有一个线程发现锁被持有了，它就不会再尝试执行原子指令了。

在存储需求方面，所有锁实现都使用一个或者两个共享变量，所以存储需求在多个处理器之间是恒定的。只有ABQL因为需要维持数组can_serve，所以它的存储需求是根据处理器数量的多少而变化的。

从公平性上来说，只有Ticket锁和ABQL因为使用了队列而提供了这个保障。在其他实现上，一次释放后，一个处理器比其他处理器更可能获取锁是有可能的（虽然在实际中不太可能）。比如说，当一个线程释放了锁之后（同时使得其他缓存无效），其快速获取锁并重新进入临界区这样的情况是很可能发生的。在这个时候，其他处理器甚至都没有机会重新尝试锁请求，因为它们仍在重新加载失效了的块。在这种情况下，一个线程有可能持续获取和释放锁，而代价是其他线程获取锁的能力。其他原因也可能存在。比如说，如果总线仲裁逻辑偏袒某些请求者，那么某些处理器可能会比其他处理器更快地被授予总线，比如有的从本地内存加载块，但是有的要从远程内存加载块。在一次释放后，从本地内存加载块的处理器在锁获取上要更占优势。

然而需要注意的是，保障公平性会带来性能上的风险。如果一个已经在队列中等待获取锁的线程进行了上下文切换，那么即使这个锁可用了，这个线程可能也没有尝试去获取它。其他拿到更大的编号的线程也不能得到这个锁，因为它们必须等待那个进行上下文切换的线程获取并且释放锁。因此，所有线程的性能都因为这个进行上下文切换的线程而整体下降了。所以，必须要确保在使用Ticket锁和ABQL实现的时候不能发生上下文切换。

从软件角度来说，不能立刻看出哪一种锁实现是最好的。对于高度锁竞争的软件来说，ABQL提供了更好的可扩展性。然而，高度锁竞争是可扩展性问题的一个更严重的症状，比如使用的锁粒度过于粗糙。在这种情况下，使用ABQL可以提高可扩展性，但是可能无法使程序具有可扩展性。如果使用更细的锁粒度，可以得到更好的可扩展性。举例来说，在第4章讨论的链表并行化中，使用细粒度锁的方法，其中每个节点都使用自己的锁进行扩充，会使得任何特定的锁的争用都非常低。在这种情况下，ABQL不仅没有必要，而且由于会带来高的无竞争延迟和由于每个节点保持一个数组而带来高的存储开销，甚至都不受欢迎。281

8.2 栅障的实现

在并行程序中，栅障非常简单且广泛地使用了同步原语。我们在第3章讨论过，在循环级并行当中，栅障通常被用于一个并行循环的末尾，以确保所有线程在计算移动到下一步之前已完成它们负责的计算部分。在OpenMP的一条“parallel for”注释中，一个栅障自动被插入循环的末尾，如果程序员认为缺少栅障不会影响他们计算的正确性，那么他们需要显式地删除栅栏。

在本节，我们将会看到栅障是如何实现的，并且从多个方面比较这些实现的特性。栅障可以用软件实现，也可以直接用硬件实现。软件栅障的实现很灵活，但是往往是低效的；硬件栅障的实现限制了灵活性和可移植性，但是效率往往很高。最简单的软件栅障的实现被称为*翻转感应全局栅障*。主要使用的机制是让所有线程进入栅障，然后这些线程在一个位置上进行自循环，最后一个进入栅障的线程将会设置此位置的值，并释放所有的等待线程。很显然，若在单一位置自循环，在这个位置被写的时候会涉及大量的无效化，限制了可扩展性。

一个更加复杂但是扩展性更好的栅障的实现是组合树栅障，在这个实现中，栅障中涉及的线程被组织成树的形式，树中一个特定层的线程在一个只与它的兄弟节点共享的位置自循环。因为线程们在不同的位置进行自循环，所以这种方法限制了无效化的数量。最后，我们将会探讨一个在拥有上千处理器的大机器上实现的硬件栅障。

评价栅障性能的标准如下：

1）延迟：进入一个栅障到离开一个栅障所花费的时间，在栅障中的延迟应该尽可能的小。

2）通信量：处理器之间交流产生的字节数的量，是处理器数量的函数。

与锁实现不同的是，其公平性和存储开销不是很重要的问题，因为栅障是涉及很多线程的全局结构。

8.2.1 翻转感应集中式栅障

一个软件栅障的实现仅仅假设系统提供了锁获取和锁释放原语（通过软件、硬件以及软件与硬件的组合）。比如说，只要 TS、TTSL、LL/SC、Ticket 或者 ABQL 实现中的一个是可用的，那么就可以构建栅障的实现。

从程序员的角度来看，一个栅障必须很简单。也就是说，一个栅障不应该请求任何传递给它的参数，包括变量名、处理器数量或者线程数量。例如，在 OpenMP 标准中，一个栅障可以使用类似 #pragma omp barrier 简单地被调用。在实际实现中，只要参数没有暴露给程序员，它们就可能被使用。

代码 8.7 展示了基本栅障的实现，这个实现使用了多个变量。barCounter 追踪到目前为止一共有多少个线程到达了栅障。barLock 是一个锁变量，用来保护临界区中共享变量的修改。canGo 是一个标志变量，线程在这个变量上自循环以得知自己能否通过此栅障。因此，最后一个到达的线程将设置 canGo 的值，并释放所有的线程通过栅障。 282

代码 8.7 简单（但不正确）的栅障实现

```
1 // declaration of shared variables used in a barrier
2 // and their initial values
3 int numArrived = 0;
4 lock_type barLock = 0;
5 int canGo = 0;
6
7 // barrier implementation
8 void barrier () {
9   lock(&barLock);
10    if (numArrived == 0) { // first thread sets flag
11      canGo = 0;
12    }
13    numArrived++;
14    myCount = numArrived;
15  unlock(&barLock);
16
17  if (myCount < NUM_THREADS) {
18    while (canGo == 0) {};    // wait for last thread
19  }
20  else {  // last thread to arrive
21    numArrived = 0;  // reset for next barrier
22    canGo = 1;          // release all threads
23  }
24 }
```

举例来说，假设三个线程P1、P2、P3按照顺序到达了栅障。P1首先到达栅障并且进入临界区，它将变量canGo初始化为0，接着它与其他后续到来的线程一起等待，直到最后一个到来的线程将这个变量值设置为1。接下来，P1将numArrived递增为1，将这个值赋给myCount，然后离开临界区。然后P1进入循环以等待canGo的值被置为1。接着第二个线程P2进入栅障，将numArrived递增为2，P2发现自己并不是最后一个到达的线程（myCount的值是2，比NUM_THREADS的值要小）。P2也进入循环等待canGo的值被置为1。最后，最后一个线程P3进入栅障，将numArrived递增到3。它发现myCount的值等于NUM_THREADS的值，即它是最后一个到达栅障的线程，所以它将numArrived的值置为0以便这个变量在下一个栅障中使用。然后P3将canGo置为1来释放所有的线程。使得所有的等待线程都脱离循环，通过栅障并恢复计算。

不幸的是，当通过多于一个的栅障时，以上所描述的代码无法正确工作。举例来说，当最后一个线程P3将canGo的值置为1的时候，它使得所有canGo变量所在块的副本都失效了。失效过后，这个块仍存在于P3的高速缓存中，但是P1和P2需要重新加载块。假设在P1和P2重新加载块之前P3进入了下一个栅障，现在它是到达第二个栅障的第一个线程了。作为第一个线程，它将变量canGo置为0。这一切发生得很快，该线程的所有块都以修改状态保存在它的高速缓存中。当P1和P2重新将块加载进缓存，它们会发现canGo变量在第二个栅障的影响下变成了0，而不是第一个栅障释放之后的1了。因此，P1和P2就待在第一个栅障的循环中永远不可能得到释放，同时P3在第二个栅障的循环中永远等不到其他两个线程，从而也无法从第二个栅障中释放出来。

283

之前讨论过一个针对这种死锁的解决方法，那就是使用两步释放。在第一个线程进入栅障并初始化canGo变量之前，它要先等待其他所有的线程从前一个栅障中释放。使用这种解决方法需要另一个标志变量、另一个计数器和其他代码，这样代价会比较昂贵。幸运的是，针对由于第一个进入下一个栅障的线程重置了canGo而导致了一些错误的情况，提出了一种更简单的解决方法。如果我们避免了重置，那么进入下一个栅障的线程就不会阻碍其他线程从上一个栅障中释放出来。为了避免重置canGo的值，在第二个栅障中，线程等待最后一个进入第二个栅障的线程把canGo的值变回0。使用这种方法，canGo的值在第一个栅障中转化为1的时候代表了释放，而在第二个栅障中转化为0才代表释放，以此类推，交替出现，如在第三个栅障中1代表释放，第四个栅障中0代表释放。因为值是在不同的栅障中切换，所以这个解决方案被称为翻转感应集中式栅障。关于该栅障如代码8.8所示。

代码 8.8 翻转感应栅障的实现

```
1// declaration of shared variables used in a barrier
2int numArrived = 0;
3lock_type barLock = 0;
4int canGo = 0;
5
6// thread-private variables
7int valueToWait = 0;
8
9// barrier implementation
10void barrier () {
11  valueToWait = 1 - valueToWait; // toggle it
12  lock(&barLock);
13    numArrived++;
14    myCount = numArrived;
15  unlock(&barLock);
```

```
16
17  if (myCount < NUM_THREADS) {   // wait for last thread
18    while (canGo != valueToWait) {};
19  }
20  else {  // last thread to arrive
21    numArrived = 0;  // reset for next barrier
22    canGo = valueToWait;    // release all threads
23  }
24 }
```

这段代码显示了当进入栅障的时候，每个线程首先翻转确定它们要等待的值（将从 0 变成 1 或从 1 变成 0）。紧接着，线程递增计数器的值并等待，直到 canGo 的值被最后一个线程更改。最后一个线程是用来触发 canGo 的值的。

集中式（全局）栅障实现在栅障程序中使用临界区，所以当线程的数目递增的时候，通过栅障的时间会线性增加。实际上，它可能会以超线性的方式增长，这取决于低层的锁的实现。另外，通信量可能会很高，因为每个线程都需要递增变量 numArrived，使得所有块的共享者失效，这会导致接下来的高速缓存缺失和块的重新加载。因为一共有 $O(p)$ 数量级的递增，每个递增又会导致 $O(p)$ 数量级的高速缓存缺失，所以栅障实现中的总的通信量随着处理器个数的增加而呈平方增加，或 $O(p^2)$。因此，集中式栅障的可扩展性并不佳。

284

8.2.2 组合树栅障

为了提升软件栅障的可扩展性，进行了很多种尝试。在这些可扩展的栅障中，避免了所有的线程共享同一位置并在单一的位置（如 barCount 或 canGo）自循环。它们以分层的方式来组织栅障，以避免在单一位置进行自循环，被分在同一个组的线程在每个组内保持同步。每个组内选出一个线程来进行下一轮，并且同其他被选出的线程组成一个新组。以此类推，直到最后一个组完成在栅障的同步。有很多可扩展的栅障算法，包括组合树栅障、比赛栅障、散播栅障等。我们将讨论其中的组合树栅障。

组合树栅障将节点（线程）分成很多组，每一组有 k 个成员。每组的线程将同步一个简单的线程计数器，如要求每个线程原子性地递增计数器并且等待，直到组内所有线程到达栅障（计数器的值达到 k）。之后，每组的第一个线程构成一个新的线程组，同样含有 k 个成员（代表一个父节点），再次达到同步。这样重复直到剩下一个组代表树的根节点，最后这个根通过设置一个所有线程监控的标记来释放所有的线程。

组合树栅障需要与树的大小相同的存储空间，即 $O(p)$ 数量级的空间。通信量随着节点的数目增加，即 $O(p)$ 数量级，相比于集中式栅栏的 $O(p^2)$ 数量级的通信量来说是更有利的。但是，其延迟要更高一些，因为为了得知所有线程已经到达栅障，需要遍历树，在树的不同级别上需要 $O(\log p)$ 数量级的栅障参与，而集中式栅栏仅需要 $O(1)$ 数量级的栅障。

8.2.3 硬件栅障实现

硬件栅障实现因为它的低延迟和可扩展性而备受瞩目。在软件栅障中，我们不得不执行很多指令来实现栅障原语，并且依赖缓存一致性机制来传播原语所做的修改。缓存一致性目前还无法扩展到数千个或者数万个处理器上。反之，硬件的实现依赖于在专用线路上传播的信号。对于大型系统来说，这些线路组成了专用的栅障网络。对于小型多处理器系统来说，用专用线路和网络来实现栅障的需求是不必要的，尤其是对于通用系统。然而，对于大型多处理器系统，硬件栅障是实现真正可扩展栅障的唯一方法。

在基于总线的多处理器上，最简单的硬件栅障实现是一个实现了逻辑“与”的特殊总线线路。每一个到达栅障的处理器都对这个栅障线路执行一个断言（Assert）。因为这个栅障实现了一个逻辑“与”，所以只有在所有的线程都到达栅障并执行了断言后，这个总线才是高电平。[285] 每个处理器都监控这个栅障总线来检测它的信号值。当处理器察觉到栅障总线变高的时候，它们就知道所有的处理器都已到达此栅障。这个时候，它们可以离开栅障并继续自己的执行。

从概念上来看，硬件栅障网络很简单，它需要收集到达栅障的每个处理器中的信号，直到来自所有处理器的信号被收集。接着它需要向所有处理器广播一个栅障完成信号。所有这些都需要在尽可能短的时间内完成。信号不可能被一个节点收集，因为它需要非常大的连通性。有限的连通性要求用于栅障信号传播的线路形成网络。具有有限节点连接的可扩展的网络的一个例子是树。一个 k 分支树允许一个节点从它的 k 个孩子节点上收集信号（除非该节点为叶节点），之后才能将信号上传到它的父节点。被指定为根节点的节点最终接收到来自所有其他节点的信号，并且检测栅障的完成。根节点接下来发送栅障完成信号给它的 k 个孩子节点，然后它们将信号传播给它们的孩子，以此类推，直到这个信号到达所有的叶节点。从 n 个处理器中收集信号需要花费的步骤是 $\log_k(N)$ 数量级的，步骤的数量决定了收集和广播栅障信号的延迟。使用日志函数的话，延迟的增长比系统大小的增长慢，使网络成为可扩展的栅障的实现。

■ 你知道吗？

IBM 的 BlueGene 超级计算机的目标是扩展到多达 65 000 个处理器，它是由硬件栅障提供可扩展栅障的一个样例系统。BlueGene/L 系统 [1] 在处理器之间有很多种互连网络类型。有一个网络是一种三维的圆环，用于处理器之间的常规数据通信。还有一个快速以太网络用来访问文件系统，并用于网络管理。还有另外两个具有特殊用途的网络，分别是集合操作网络和栅障网络。

集合操作网络被设计用来支持全局计算，比如归约，或者对数组或矩阵的元素求和，或者求它们的最大值、最小值、如 OR/AND/XOR 之类的位逻辑操作等。这样的网络的组织形式是一棵树，每个处理器是树上的一个节点。为了将数组中的元素加起来，加法开始于树的叶节点。一个中间节点将他的子节点的值进行加法计算，然后将总和传播给他的父节点。因为子节点可以并行进行加法运算，所以这样一个操作的总延迟是 $O(\log p)$ 数量级的。集合操作网络同样支持从根节点到底下所有节点的广播，广播可以通过在圆环上的常规数据通信并行进行。集成树网络上的每个连接的目标带宽是 2.8Gbit/s，所以传输 8 字节的数据只需要 16 个周期（交换部件上的时延没有被计算在内）。

栅障网络是一个独立的网络，支持全局栅障。与依赖软件栅障和缓存一致性协议不同的是，栅障网络通过在网络线路上发送信号来工作。栅障网络被组织成一棵树。为了实现全局栅障，一个节点从它的子节点收集信号，并且将信号传递给自己的父节点，这样不断重复，直到根节点得到这个信号。当根节点得到这个信号的时候，它知道所有节点都到达这个栅障，接着它需要释放栅障中的所有节点。为了实现这一点，它发送一个释放信号给树中的每个节点。发送的信号由每个节点的栅障网络控制器中特殊的硬件逻辑处理，因此，信号传播得非常快。一个栅障上 64 000 个节点，来回延迟总共需要花费 1.5μs，相当于只需要几百个 700MHz 处理器周期，这比任何软件的实现都要快很多（软件方式只计算一小部分节点就会花费这么多时间）。[286]

8.3 事务内存

在并行编程的环境中，事务内存（TM）的目的是提供更高级的编程抽象，来将程序员从处理低级线程并行结构（比如锁）中解脱出来。一段代码块被包装成一个事务，被完全执行或者完全不执行（原子性），不被其他线程所干扰（隔离性）。在 2.2.3 节，我们讨论过事务内存编程模型的概况，在 4.4 节，我们讨论过一个在链式数据结构并行程序中的事务内存。在本节，我们讨论事务内存编程模型的体系结构支持。

有三种方法可以支持 TM。第一种方法是使用软件来实现，硬件只提供原子指令来支持基本的原语——这些原子指令已经被用来支持其他同步原语。这种方法被称为软件事务内存（STM）。一个特别有用的原子指令是比较交换（Compare and Swap，CAS）指令。在一个 STM 中，一个数据结构（对象）被另一个对象包装，其中包含指向原始对象的指针。如果一个对象需要被原子性地更改，它需要被拷贝到一个单独的空间并在那里被修改。这个修改在提交之前对于其他线程来说是不可见的，当修改完成后，它通过执行 CAS 指令来改变指针使得指针指向对象的新副本。因此，一个单独的 CAS 能够向一个数据结构提交大量更改。通过确保所有提交中的事务（读集）读取的数据都没有被其他事务（写集）修改，来检测线程间并发修改带来的冲突。STM 作为一个库，特定于库提供的特定的数据结构，由于对对象元数据的维护和记录，STM 在没有争用的情况下都需要很大的开销。相关联的第二种方法是提供硬件支持来加速 STM。

在本节中，我们将会讨论第三种方法——硬件事务内存（HTM），即由硬件来直接提供事务。我们可以把 LL/SC 对看作 HTM 的原始形式。LL/SC 的锁实现提供了原子性表象，任何在 LL/SC 指令之间出现的代码都完全执行或者完全不执行。一个硬件事务对任意一个代码区域提供了相同的原子性表象。事务的原子性表象需要很多元素。首先，它要求一个机制来检测冲突，即可能违背原子性表象的条件。其次，如果一个冲突被检测到了，它需要一个机制来撤销事务所产生的所有影响，或者它需要一个缓冲和提交机制，使事务所做的改变被缓冲和限制（其他线程不可见），直到提交更改的提交时间。在 LL/SC 锁中，在另一个线程的写操作之后，链接寄存器中锁变量存储的地址被清空时，其他并发的请求锁产生的冲突会被检测出来。相类似的，在一个事务中，当一个事务读或者写的数据与另一个事务要写的数据产生交集的时候，冲突被检测到。在 LL/SC 锁中，在 LL 与 SC 之间是不允许存储指令的，以便于锁请求尝试所产生的影响被撤回。另外，SC 指令本身是有条件的，当冲突被检测到的时候它是不能执行的。与 LL/SC 不同的是，事务必须封装几乎所有类型的指令，包括存储指令。因为存储改变内存中的值，所以需要一个更复杂的机制来缓冲被改变的值，直到提交时间。

287

■ 你知道吗？

在 Intel 的 HTM 实现（RTM，限制的事务内存）中，一个事务被 XBEGIN 和 XEND 指令夹在中间。在 AMD 的 HTM 的实现（ASF，高级同步设施）中，一个事务被 SPECULATE 和 COMMIT 指令夹在中间。在 RTM 中，程序员可以使用 XABORT 来显式终止一个事务。

截止到写本书的时候，事务只能尽可能交付，也就是说无法保障在 RTM 或 ASF 中的事务最终能够成功。一个事务在没有冲突的情况下，也可能会因为多种原因终止。一些指令（比如 CPUID）会默认终止一个事务。有一些事件也同样会终止事务，比如中断、输入输出请求或者页面错误等。如果投机执行的值的数量超过了缓冲区能够维持的量，那么事务也可能会终止。例如，如果用于保存投机执行的值的缓存是四路组相联的，那么最多可以有四个保存投机值的块可以被保存在任何缓存组集中。第五个投机值块会引起投机缓冲区的溢出，从而终止事务。可以添加一些机制来允许投机缓冲安全地溢出到外部内存层次结构中，并且不需要终止事务，但是这样的代价相对高昂。因此，在当前的 HTM 中，程序员被建议提供非事务性代码，其在事务被重复终止的时候作为第二种解决方案执行。

在深入了解硬件机制的细节之前，让我们回顾一下事务原子性执行的条件，以及与其他线程隔离的需求。回想一下可串行性概念：*如果一组操作或原语的并行执行结果与按照某一次串行的执行时的结果相同，我们称之为可串行化*。在这种情况下，每个事务可以被看作一个操作或一个原语。因此，事务是可以并行执行的，但是必须与它们串行执行的结果相同。图 8-2 展示了事务的可串行性。

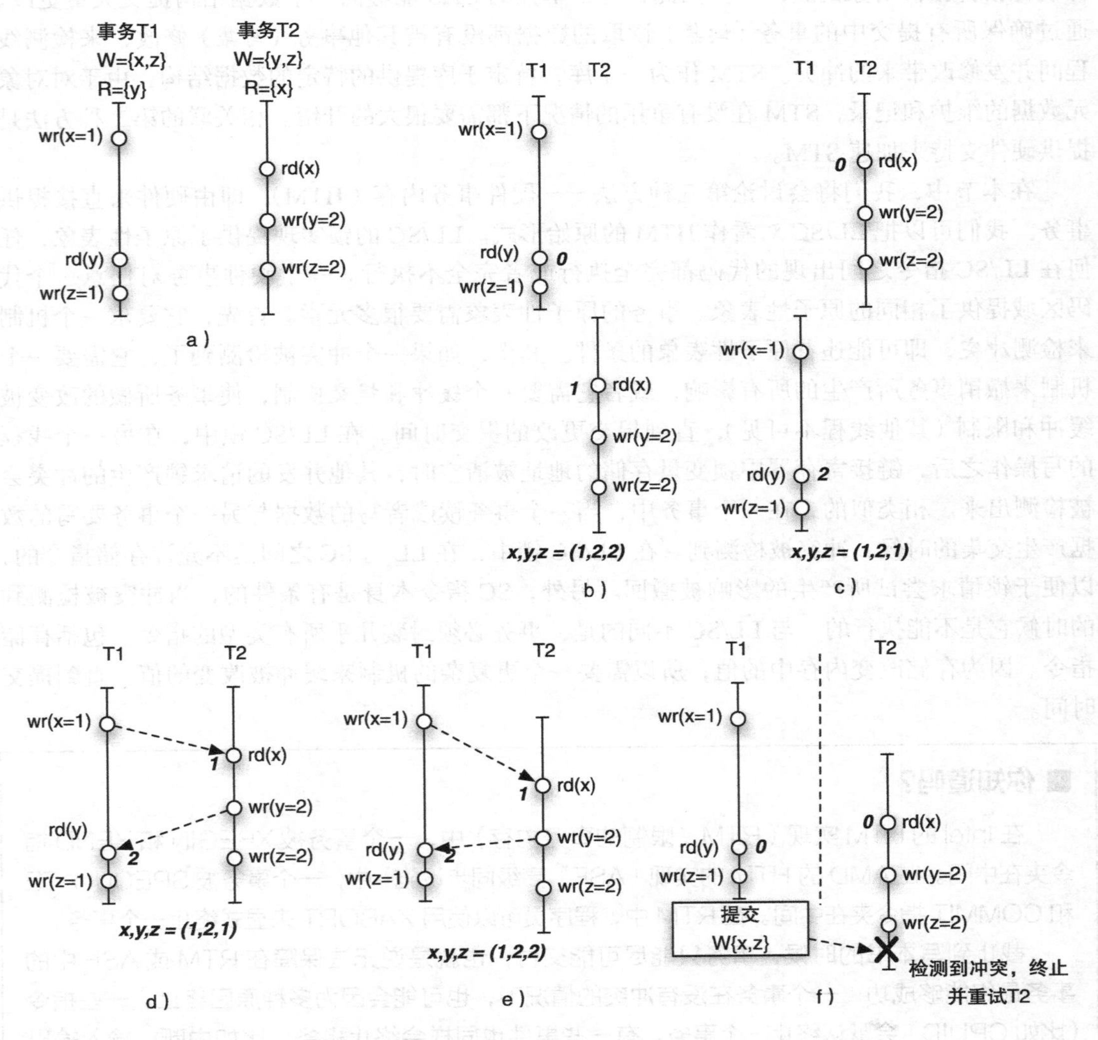

图 8-2　事务的串行化（假设 x、y、z 初始化为 0）

图 8-2a 展示了 T1 和 T2 两个事务。假设 T1 向 x 中写入 1，从 y 中读取，然后向 z 中写入 1。这意味着 T1 的写集包括 x 和 z，读集包括 y。假设 T2 从 x 中读取，向 y 中写入 2，向 z 中写入 2。这意味着 T2 的写集包括 y 和 z，读集包括 x。这两个事务的执行顺序可能是 T2 在 T1 后面（见图 8-2b），或者 T1 在 T2 后面（见图 8-2c）。读取的值使用粗斜体显示，x、y、z 最终的值在底部显示。这些值显示了 T1 和 T2 串行执行的唯一可能结果。

现在让我们来考虑一下两者并行执行的情况，如图 8-2d 和图 8-2e 所示。在图 8-2d 中，T2 对 x 读取，读到的值是 1；T1 对 y 读取，读到的值是 2。如果我们检查最终的值，它们是（1，2，1），同图 8-2c 中 T2 在 T1 前执行的结果是一样的。然而，对 x 的读取结果在两种情况下是不一样的（0 与 1），这表明在图 8-2d 的执行中产生了非串行化结果。两种情况的冲突是从 T2 的读集中读取 x 和在 T1 的写集中写入 x 两者出现重叠的结果。在图 8-2e 中，T2 从 x 中读到 1，T1 从 y 中读到 2。如果我们检查最终的值，它们是（1，2，2），同图 8-2b 中 T1 在 T2 之前执行的结果相同。然而，对于 y 的读取结果在两种情况下是不同的（0 与 2）。这意味着在图 8-2e 的执行中产生了非串行化结果。两种情况的冲突是从 T1 的读集中读取 y 和从 T2 的写集中写入 y 两者出现重叠的结果。这个例子表明了当两个事务有重叠的读集和写集的时候，它们的并行执行可能产生非串行化结果。

在图 8-2d 和图 8-2e 中，我们假设两个事务同时执行，并且在新的值写入内存后立刻将值传播到其他处理器。虽然这仍然允许检测可串行化冲突，但是无法用简单的办法来终止事务并且在写操作传播到内存层次结构和其他线程的时候撤销其影响。在图 8-2f 中，我们假设一种缓冲和提交方法，其中的事务是同时执行的，我们缓存它们的结果并在稍后进行提交。在这种情况下，T1 和 T2 同时执行，都在开始执行的时候采用 x、y、z 的旧值。在 T1 提交含有关于 {x，z} 的写集的事务之前，冲突不会被检测到。在 T1 提交时，T2 发现 T1 的写集和自己的读集（都含有 x）和写集（都含有 z）都有所重叠。因此，一个可串行化冲突被检测到，而正确的操作是终止 T2，丢弃它的结果（很简单，因为它们被缓冲了，且没有在缓冲区之外进行传播），并且在将来重试。

288 ~ 289

让我们首先讨论一种将投机值进行缓冲直到提交时间的方法。问题在于这些值如何被缓冲，以及应该在哪里被缓冲。因为缓冲区中的值对于其他线程来说是不可见的，所以硬件必须提供一个空间来保存这些值，并且不触发缓存一致性而引起写操作的传播。很多结构作为内存层次结构的一部分都可用于缓冲目的。缓冲结构的例子包括存储队列（在 Sun Rock 中使用）、L1Cache（在 Inter Haswell 和 AMD 中使用）、L2 Cache（在 IBM 的 BlueGene/Q 中使用）。每个缓冲区选择都会影响到事务的大小和性能。缓冲区离处理器越远，缓冲投机值的能力就越强。比如说，存储队列大概可以容纳几百字节，L1 Cache 大概可以容纳几十 KB，L2 Cache 可以容纳几百 KB 到几兆字节。此时，处理器制造商还不确定他们需要为一个事务提供多大的最大容量，因为商业程序还没有大量使用事务来进行写入或者移植。

一种可能的用于保存投机值的缓冲区是高速缓存。使用缓存来缓冲投机值的结果是追踪投机值相当于在高速缓存行的粒度上跟踪数据值。这会产生假冲突的可能性，也就是说一个事务写入一个非冲突的数据被检测为与在同一缓存块上的其他数据冲突。使用高速缓存缓冲投机值的另一个问题在于事务的大小限制更依赖于高速缓存的关联性，而不是高速缓存总体的容量。原因在于，一旦任何单独的高速缓存集容纳了与缓存关联一样多的投机块，那么事务就会立刻溢出高速缓存。例如，在最坏的情况下，如果有五个缓存块全部映射到一个高速缓存集中，那么一个 4 路相联缓存可能会在一个事务对这五个高速缓存块进行读 / 写后引发终止。有人提议让投机缓存值溢出到主存中，以提供一个无边界的事务大小，但是这并不容易实现。更何况，现在并没有证据证明事务内存在事务大小很大的时候仍能够保持很高的可扩展性。

让我们考虑使用高速缓存来容纳投机值的实现。每个高速缓存行多加一个写位（为了追踪读集，也加了一个读位）。每当一个事务开始执行并写入一个数据项的时候，该数据被加载到高速缓存中（如果它不是一开始就在高速缓存中的话），然后它的写数据位被设置。这种方式使得块可以作为事务的写集的一部分被追踪。另外，写数据位将块“钉”在缓存中，使其在提交之前都不能被置换。一个事务读取一个数据项的时候，该数据被加载到高速缓存中并且读数据位被设置。如同写数据位一样，读数据位有两种作用：标志事务中的读集和将块“钉”在缓存中直到事务提交。如果一个事务读和写了很多数据，那么缓存可能被填满并且无法找到一个可置换的块。处理这种情况的最典型和简单的方法是终止事务。这样的策略可能会带来风险，使得有的事务因为它们的大小而永远无法提交。所以要求程序员提供“B计划”代码，以便在事务无法提交的情况下调用。

事务的提交一定是原子性的，即同一时间只有一个事务可以提交。因此需要一种机制来仲裁可能同时进行的事务提交尝试。一个事务通过确保他具备从读集中读数据和向写集中写入数据的能力来进行提交。首先它必须确定在事务开始直到它想要提交的这段时间内，是否有其他提交的事务的写集与它自己的写集或者读集重叠了。如果有重叠，那么会产生冲突，这个事务必须被终止然后重试。一旦它被允许提交了，它就可以公布它的写集。公布写集的一个方式是通过对其写集中的所有块宣布失效。写集的公布可能会引起其他事务的终止。一个事务的写集中失效的块也会立刻传播它的写操作，这样它们对于其他线程就可见了。在它公布它的写集之后，清空它的写数据位和读数据位并继续执行事务。

290

如果一个事务在有机会提交之前对其他事务的提交进行侦听，它必须比较提交事务的写集和它自己的读集与写集。如果它们相交，那么这个事务就必须终止。它通过回到事务开始之前处理器的执行状态来实现终止。同时它必须恢复寄存器状态到之前的位置，并且将读集和写集中的数据全部置为无效。

图8-3展示了这个策略，假设我们有一个如图8-3a所示的事务，这个事务从x和y中读取数值，然后向z和u中写入数值。图8-3b显示了缓冲区的初始状态，即一个空的缓冲区，所有读数据位和写数据位都被重置了。图8-3c显示了当事务执行结束时的缓冲区，它尝试提交，但是没有成功，它显示了块x、y、z、u都被缓存了。当块还是投机的时候它们的状态并不重要。为了便于说明，我们将x和y显示为共享（S）状态，将z和u显示为修改（M）状态。块x和y的读数据位被设置，块z和u的写数据位被设置。为了传播块z和u的新值，并通知其他事务自己将要提交的写集，提交请求尝试着通过将z和u置为无效来公布事务的写集。如果对块z和u的无效都成功了，接着可以通过清除（重置）缓存中的写数据位和读数据位来进行提交。重置之后，常规缓存一致性操作能够服务于事务中所涉及的所有数据块。

图8-3e和f显示了另一种情况，在事务能够提交之前，它侦听到了一个成功的外部事务提交。这个外部的提交影响了块y和z，至于具体的形式，可能是以一个已经提交的包，也可能是多个单独的置无效的消息。图8-3e实现了一个检测到的冲突，该冲突是由于外部提交的写集与本事务的写集和读集相交了。在冲突被检测到之后，事务必须被终止。通过使块y和块z失效来终止事务，并且清空所有的读写数据位，再重试事务。块u没有参与冲突，但是它持有了投机值，因此它需要丢弃投机值并被置为无效。

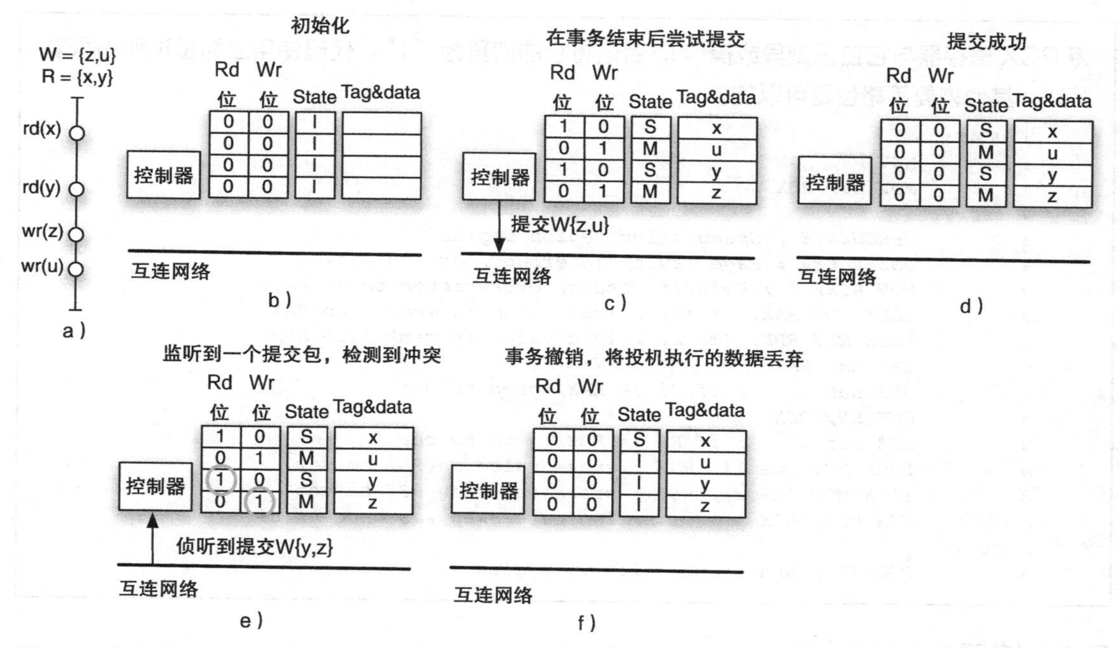

图 8-3　事务的提交和终止：事务（a）和缓存的初始状态（b）；提交前的缓存状态（c）和提交成功后的（d）；侦听外部提交的提交前的缓存状态（e）和事务终止后的缓存状态（f）

我们已经讨论了一个 HTM 的特殊实现，它具有以下特征：在提交时间公布写集，并且在高速缓存中缓冲投机值。这不是唯一可能的实现。一种可选择的方式是在每次事务写入数据的时候，提早公布写集。后者被称为*急切的冲突检测*。有了这种急切的策略，每个写操作都会向其他缓存公布一条无效信息。其他事务可能会因此终止，并在重新尝试访问的时候遇到一个缓存缺失。然而，在事务提交之前，干预请求不会被响应。这种急切的策略在一定概率下会减少无用的工作，因为冲突可以被早点检测出来，事务也能够早点终止和重试。然而，它也有可能引起过多的终止和重试。对于缓冲投机值来说，一种选择是让内存地址使用新值进行更新，旧值被记录在日志中，这样如果一个事务被终止了，那么旧值可以被恢复。这种方法被称为使用撤销日志的 HTM。使用日志的一个优势是提交很简单，因为值已经被传播了。一个事务只需要在提交时丢弃撤销日志。使用日志的缺点是终止会变慢，如果一个事务必须终止，它必须从日志中恢复旧值，每次一个条目。此外，使用日志还有一个严重的缺陷。使用日志要求一个写操作变化为一个读操作和两个写操作（一个对旧值的读操作、一个对新值的写操作和一个将旧值写入日志的写操作），且必须原子地运行。如果其中任何一个操作发生了，但是在其他操作执行前发生了错误，那么这个值或者日志会变得不一致。操作系统还必须为日志分配内存空间，这也让这种策略变得难以实现。

291
~
292

■ **你知道吗？**

为了说明如何指定事务，下面这段代码展示了使用 AMD ASF 在两个内存位置上的 CAS 的实现[5]。代码从 mem1 和 mem2 中读数据，并且将其中的值分别同 RAX 和 RBX 两个寄存器中的值相比较。如果它们相同，那么交换操作将会执行，它将寄存器 RDI 和 RSI 中的值写到 mem1 和 mem2 中。为了说明交换的结果，RSX 寄存器在交换时被重置（通过将RCX寄存器与它自己做异或操作），否则将它的值置为“1”。代码使用立即重试作为恢复策略。其他恢复策略也是可以的。

```
1  DCAS:
2          MOV R8, RAX
3          MOV R9, RBX
4  retry:
5          SPECULATE ; Speculative region begins
6          JNZ retry ; Page fault, interrupt, or contention
7          MOV RCX, 1 ; Default result, overwritten on success
8          LOCK MOV RAX, [mem1] ; load value in mem1 into RAX
9          LOCK MOV RBX, [mem2] ; load value in mem2 into RBX
10         CMP R8, RAX
11         JNZ out        ; if R8 != RAX, jump to out
12         CMP R9, RBX
13         JNZ out        ; if R9 != RBX, jump to out
14         LOCK MOV [mem1], RDI ; store value in RDI to mem1
15         LOCK MOV [mem2], RSI ; store value in RSI to mem2
16         XOR RCX, RCX         ; Indicate swap was successful
17 out:
18         COMMIT ; End of speculative region
```

293

8.4 练习

课堂习题

1. **锁的性能**。考虑一个四处理器的基于总线的多处理器，使用伊利诺伊MESI协议。每个处理器执行一个TTSL或者一个LL/SC锁，来获得临界区的访问权。初始条件是处理器1获得锁，处理器2、3、4在自己的高速缓存中自循环，等待锁被释放。每个处理器都得到一次锁，然后离开程序。

   TTSL加锁和解锁的实现代码如下：

```
lock: ld  R, L        // R = &L
      bnz R, lock     // if (R != 0) jump to lock
      t&s R, L        // R = &L; if (R == 0) L=1
      bnz R, lock     // if (R != 0) jump to lock
      ret

unlock: st L, #0      // write ''0'' to &L
        ret
```

   因此，这个锁原语只有两个内存事务：ld指令产生的BusRd和t&s指令产生的BusRdx。

   LL/SC加锁和解锁的实现代码如下：

```
lock: ll   R, L       // R = &L
      bnz  R, lock    // if (R != 0) jump to lock
      sc   L, #1      // L=1 conditionally
      beqz lock       // if SC fails, jump to lock
      ret

unlock: st L, #0      // write ''0'' to &L
        ret
```

   因此，这个锁原语只有两个内存事务：ld指令产生的BusRd和由一次成功的SC指令（如果SC指令失败，则没有总线事务）产生的BusRdX（或者BusUpgr）。

   只考虑与加锁–解锁操作相关的总线事务：

   (a) 对test-and-test&set和LL/SC来说，从初始到最后阶段执行的事务的最少数量为多少？

(b) 对 test-and-test&set 和 LL/SC 来说，最坏的情况下执行的事务的数量是多少？

答案：

test-and-t&s 锁的最好情况：7 个总线事务

294

总线事务	行为	P1	P2	P3	P4	说明
	初始状态	S	S	S	S	初始化，P1 持有锁
1	st1	M	I	I	I	P1 释放锁
2	ld2	S	S	I	I	P2 被置无效以后产生缓存读缺失
3	t&s2	I	M	I	I	P2 执行 t&s 并调用 BusRdX
	st2	I	M	I	I	P2 释放锁
4	ld3	I	S	S	I	P3 被置无效以后产生缓存读缺失
5	t&s3	I	I	M	I	P3 执行 t&s 并调用 BusRdX
	st3	I	I	M	I	P3 释放锁
6	ld4	I	I	S	S	P4 被置无效以后产生缓存读缺失
7	t&s4	I	I	I	M	P4 执行 t&s 并调用 BusRdX
	st4	I	I	I	M	P4 释放锁

LL/SC 锁的最好情况：7 个总线事务

总线事务	行为	P1	P2	P3	P4	说明
	初始状态	S	S	S	S	初始化，P1 持有锁
1	st1	M	I	I	I	P1 释放锁
2	ll2	S	S	I	I	P2 被置无效以后产生缓存读缺失
3	sc2	I	M	I	I	P2 执行一个成功的 SC 指令
	st2	I	M	I	I	P2 释放锁
4	ll3	I	S	S	I	P3 被置无效以后产生缓存读缺失
5	sc3	I	I	M	I	P3 执行一个成功的 SC 指令
	st3	I	I	M	I	P3 释放锁
6	ll4	I	I	S	S	P4 被置无效以后产生缓存读缺失
7	sc4	I	I	I	M	P4 执行一个成功的 SC 指令
	st4	I	I	I	M	P4 释放锁

Test-and-t&s 锁的最坏情况：15 个总线事务

总线事务	行为	P1	P2	P3	P4	说明
	初始状态	S	S	S	S	初始化，P1 持有锁
1	st1	M	I	I	I	P1 释放锁
2	ld2	S	S	I	I	P2 被置无效以后产生缓存读缺失
3	ld3	S	S	S	I	P3 被置无效以后产生缓存读缺失
4	ld4	S	S	S	S	P4 被置无效以后产生缓存读缺失
5	t&s2	I	M	I	I	P2 执行 t&s 并调用 BusRdX
6	t&s3	I	I	M	I	P3 执行 t&s 并调用 BusRdX
7	t&s4	I	I	I	M	P4 执行 t&s 并调用 BusRdX
8	st2	I	M	I	I	P2 释放锁
9	ld3	I	S	S	I	P3 被置无效以后产生缓存读缺失

（续）

总线事务	行为	P1	P2	P3	P4	说明
10	ld4	I	S	S	S	P4 被置无效以后产生缓存读缺失
11	t&s3	I	I	M	I	P3 执行 t&s 并调用 BusRdX
12	t&s4	I	I	I	M	P43 执行 t&s 并调用 BusRdX
13	st3	I	I	M	I	P3 释放锁
14	ld4	I	I	S	S	P4 被置无效以后产生缓存读缺失
15	t&s4	I	I	I	M	P4 执行 t&s 并调用 BusRdX
	st4	I	I	I	M	P4 释放锁

LL/SC 锁的最坏情况：10 个总线事务

总线事务	行为	P1	P2	P3	P4	说明
	初始状态	S	S	S	S	初始化，P1 持有锁
1	st1	M	I	I	I	P1 释放锁
2	ll2	S	S	I	I	P2 被置无效以后产生缓存读缺失
3	ll3	S	S	S	I	P3 被置无效以后产生缓存读缺失
4	ll4	S	S	S	S	P4 被置无效以后产生缓存读缺失
5	sc2	I	M	I	I	P2 执行一个成功的 SC 指令
	sc3	I	M	I	I	P3 的 SC 失败，没有生成总线事务
	sc4	I	M	I	I	P4 的 SC 失败，没有生成总线事务
	st2	I	M	I	I	P2 释放锁
6	ll3	I	S	S	I	P3 被置无效以后产生缓存读缺失
7	ll4	I	S	S	S	P4 被置无效以后产生缓存读缺失
8	sc3	I	I	M	I	P3 执行一个成功的 SC 指令
	sc4	I	I	M	I	P4 的 SC 失败，没有生成总线事务
	st3	I	I	M	I	P3 释放锁
9	ll4	I	I	S	S	P4 被置无效以后产生缓存读缺失
10	sc4	I	I	I	M	P4 执行一个成功的 SC 指令
	st4	I	I	I	M	P4 释放锁

2. **LL/SC 的使用**。使用 LL/SC 指令来构建出如下原子操作，并写出汇编代码片段。

(a) `fetch&no-op L`，执行一个原子序列，读取地址 L 中的值，并将它存回原来的地址 L。

(b) `fetch&inc L`，执行一个原子序列，读取地址 L 中的值，将值递增一次，然后将新的值写回地址 L。

(c) `atomic_exch R, L`，执行一个原子序列，将寄存器 R 和地址 L 中的值进行交换。

答案：

295~296

(a)
```
fetch-noop: LL R, L          // R = mem[L]
            SC L, R          // mem[L] = R
```

(b)
```
fetch-inc: LL   R, L         // R = mem[L]
           add  R, R, #1     // R = R + 1
           SC   L, R         // mem[L] = R
           bscfail R, fetch-inc // loop back if SC fails
```

(c)
```
atomic-exch: ll   R2, L      // R2 = mem[L]
             sc   L, R       // mem[L] = R
             bscfail R, atomic-exch // loop back if SC fails
             mov  R, R2      // R = R2
```

注意其中的 mov 指令是有意放在 SC 之后的，这对于确保 SC 更有可能成功非常重要。这样做是安全的，因为赋给 R 的值被存在寄存器 R2 当中，因此不会受到其他处理器干预或者无效的影响。

3. **实现锁**。直接使用原子交换指令来实现 lock() 和 unlock()。指令“ atomic_exch R，L”执行一个原子序列，其交换寄存器 R 和地址 L 中的值。使用以下惯例：值为“1”意味着锁现在被一个进程所持有，值为“0”意味着锁已经自由了。当锁被其他进程持续占用的时候，你的实现不应该重复产生总线通信。

答案：

```
lock: mov R, #1          // R = 1
loop: ld R2, L           // R2 = mem[L]
      bnz R2, loop       // Lock not free, loop back
      atomic_exch R, L // exchange R with mem[L]
      bnz R, loop        // lock attempt fails, loop back
      ret                // lock successfully acquired, return

unlock: st L, #0         // release the lock
        ret
```

4. **栅障的实现**。一种已提出的实现栅障的解决方法如下：

```
BARRIER (Var B: BarVariable, N: integer)
{
  if (fetch&add(B,1) == N-1)
    B = 0;
  else
    while (B != 0) {};    // spin until B is zero
}
```

找出以上代码中一个与栅障实现有关的正确性问题，然后重写这段代码以避免正确性问题。

答案：

当除了最后一个线程外的所有线程达到栅障并且在 while 中循环的时候，出现正确性问题。然后最后一个线程到达，并且将 B 置为 0。接下来最后一个线程可能会继续进入到下一个栅障中，并且立即递增 B。其他即将从栅障中释放出来的线程的高速缓存中的 B 的副本失效，当它们把 B 的副本重新加载回来之后，发现 B 的值已经不是 0 了，所以这些线程将继续得在栅障中。 297

通过在 0 或者 1 上交替自循环，可以使得实现正确执行：

```
BARRIER (Var B: BarVariable, N: integer)
{
  static turn = 0;

  if (turn == 0) {
    if (fetch&add(B,1) == N-1)
      B = 0;
    else
      while (B != 0) {};    // spin until B is zero
    turn = 1;
  }
  else {
    if (fetch&add(B,-1) == 1)
      B = N;
    else
      while (B != N) {};    // spin until B is zero
    turn = 0;
  }

}
```

课后习题

1. **锁的性能**。考虑一个三处理器的基于总线的多处理器，使用 MESI 协议。每个处理器执行一个 test-and-test&set 或者一个 LL/SC 锁，来获得一个临界区的访问权。考虑以下事件序列：

- 初始化：P1 持有锁
- P2 和 P3 读取锁
- P1 释放锁
- P2 和 P3 读取锁
- P2 成功获得锁
- P3 尝试获取锁但是没有成功
- P2 释放锁
- P3 读取锁
- P3 成功获取锁
- P1 和 P2 读取锁
- P3 释放锁

298

只考虑与加锁 - 释放锁操作相关的总线事务：

(a) 在 test-and-test&set 锁实现的前提下显示每个缓存的状态。使用如下模板，展现与前三个步骤相关的总线事务。

总线事务	行为	P1	P2	P3	说明
—	初始状态	M	I	I	初始化，P1 持有锁
1(BusRd)	ld2	S	S	I	P2 读取缺失
2(BusRd)	ld3	S	S	S	P3 读取缺失
3(BusUpgr)	st1	M	I	I	P1 释放锁
4	……				

(b) 在 LL/SC 锁实现的前提下显示每个缓存的状态。使用如下模板，展现与前三个步骤相关的总线事务。

总线事务	行为	P1	P2	P3	说明
—	初始状态	M	I	I	初始化，P1 持有锁
1(BusRd)	112	S	S	I	P2 读取缺失
2(BusRd)	113	S	S	S	P3 读取缺失
3(BusUpgr)	st1	M	I	I	P1 释放锁
4	……				

2. **锁的性能**。考虑一个四处理器的基于总线的多处理器中的 TTSL 锁实现，就如在前文中提到的一样。假设缓存一致性协议是 MOESI，有下列事件：

- 初始化：P1 持有锁（锁变量在修改状态被缓存）
- P2、P3 和 P4 按顺序读取锁变量
- P1 释放锁
- P2、P3 和 P4 按顺序读取锁变量
- P4 成功获取了锁

- P2 和 P3 按顺序尝试获取锁但是失败了
- P3 读取锁变量
- P4 释放锁
- P2 读取锁变量
- P2 成功获取锁
- P2 释放锁

对每个事件，写出生成了什么总线事务（为了简洁忽略 Flush 和 FlushOpt 操作），对应什么指令，以及最终高速缓存状态。

3. **锁的性能**。将课后习题第 2 题使用 LL/SC 锁实现重做一遍。
4. **锁的性能**。将课后习题第 2 题使用 Dragon 协议重做一遍。
5. **锁的性能**。将课后习题第 2 题使用基于 MESI 协议的 LL/SC 锁实现重做一遍。 299
6. **使用 LL/SC**。使用 LL/SC 指令来构建一个原子性的 CAS 指令 “CAS R1，R2，L”。此指令用来检测内存地址 L 中的数据是否等于寄存器 R1 中的数据，如果相等，那么将 R2 中的值写到 L 中，将 R1 中的值复制到 R2 中。否则，就不进行任何操作并返回。举例来说，如果初始的时候 R1 = 5、R2 = 10、L = 5，那么执行 CAS 指令后 R1 = 5、R2 = 5、L = 10；如果初始的时候 R1 = 7、R2 = 10、L = 5，则执行 CAS 指令后没有发生变化。使用汇编代码展示你的答案，并且注释每个指令的作用。使 LL 和 SC 之间的指令尽可能少。
7. **锁实现**。使用第 6 题中的 “CAS R1，R2，L” 指令来构建一个锁原语 Lock(Location L) 和 UnLock (Location L)。使这个实现保持简短，并且避免当锁被一个线程持有时产生不必要的总线事务。
8. **读和写锁**。写出使用 LL/SC 原语实现的一个读和写锁的机器码。
9. **组合树栅障**。写下组合树实现的伪代码。假设树是二叉树（除了叶节点外，每个节点接收来自两个子节点的栅障完成信号） 300

| 第 9 章 |

Fundamentals of Parallel Multicore Architecture

存储一致性模型

正如第 6 章中所指出的，多处理器系统必须应对的一个重要问题是*存储一致性*问题，这关乎所有处理器所看到的对任意存储器地址的访问（加载或者存储）之间的次序问题。值得注意的是，这不是缓存一致性协议所能覆盖的问题，因为缓存一致性协议仅解决对单个存储器块地址的访问之间如何排序的问题，而对于不同地址的访问并不是缓存一致性协议所要考虑的问题。事实上，与仅在具有高速缓存的系统中出现的缓存一致性问题不同，存储一致性问题在任何具有或不具有高速缓存的系统中都存在，虽然高速缓存的存在可能进一步加剧该问题。

本章的目的是更详细地讨论存储一致性问题、当前的系统提供了什么解决方案，以及这些方案与性能的关系。我们将从程序员对存储器访问次序的直觉入手开始讨论。我们将显示这通常是一个存储器访问的*全序*问题，而对应于这种排序需求的模型叫*顺序一致性*（SC）[㊀]模型。然后，我们将讨论在多处理器系统中如何提供 SC 模型，以及为此处理器或者一致性协议机制的哪些部分必须改变。我们还将讨论由于这些改变过于严厉，很可能产生巨大性能开销，其结果是许多处理器并不实现 SC，而是实现更为松弛的一致性模型，如*处理器一致性*、*弱序*和*释放一致性*。我们将讨论每一种模型并且说明不同的一致性模型是如何影响性能的。

301

9.1 程序员的直觉

关于存储一致性模型的讨论我们首先考虑程序员的直觉是如何*隐式地*假定存储器操作的次序的。考虑一对发布 – 等待（post-wait）同步，读者可以回忆在各种并行性中，这类同步是 DOACROSS 和 DOPIPE 并行所需要的。假定线程 P0 产生了被线程 P1 所消费的数据，线程 P0 执行一个发布操作以便让线程 P1 知道数据已经准备好了。线程 P1 执行等待操作，这将阻塞 P1 直到对应的发布操作被执行。为了实现这样的发布 – 等待同步，一个共享变量先被初始化为“0”。发布操作会将这个变量置为“1”，而等待操作将循环等待，直到这个变量的值变为“1”。代码 9.1 描述了这一过程。在代码 9.1 中，实现发布 – 等待的变量是 datumIsReady。

代码 9.1　使用发布 – 等待同步的例子

P0:	P1:
`1S1: datum = 5;`	`1S3: while (!datumIsReady) {};`
`2S2: datumIsReady = 1;`	`2S4: ... = datum;`

在上面的代码中，程序员的直觉显然是要使该同步操作正确地执行，也就是说，要让线程 P1 从 datum 中读到值 5，程序员并不希望从 datum 获得一个不同的值。但是，为了从 datum 获得 5 这个值，要求 P0 的 S1 必须在 S2 之前执行。如果 S2 在 S1 之前执行，那么 datumIsReady 就会在 datum 的值置为 5 之前被置为 1，很可能导致 S4 读到 datum 的值不

㊀ 注意，这与在第 8 章讨论的条件存（store conditional）指令无关，那里我们也将该指令缩写为 SC。

是5。同样，为了使读操作从datum获得值5，也需要S3在S4之前执行，因为如果不是这样，S4可能读到datum的旧值。所以，*程序员隐式地期望在线程中存储器访问操作按照源代码中它们出现的次序执行*。换言之，程序员期望在源代码被翻译成二进制码、二进制代码被机器执行时，遵守源代码所表示的存储器访问的次序。我们称这样一种期望为*程序次序*（program order）期望。

注意，在上面的段落中，我们较为随意地使用了“执行”（performed）这个术语。从现在起，我们将以更为严格的定义使用这个术语。对于一条取/存（load/store）指令，只有所有处理器都同意它相对于所有其他load/store指令已经完成，才能认为该指令被执行了。具体来说，在一个具有高速缓存的系统中，一条load指令的执行体现在它已经从高速缓存读到数据，此刻，load指令不再受到来自其他处理器的无效化或干预请求的影响，因此，处理器能一致同意达成load指令已经完成。一条store指令的执行只有在已将其无效化或更新请求传播给所有其他高速缓存时才算完成，此刻，所有处理器能够同意store指令已完成或者将被完成而不存在任何问题。

让我们回到程序员的期望问题上，程序次序的期望并不是程序员做出的唯一的隐式期望。考虑代码9.2。

302

代码9.2 程序员的原子性期望（x、y、z、xReady和xyReady的初始值都是0）

P0:	P1:	P2:
1S1: x = 5;	1S3: while (!xReady);	1S6: while (!xyReady);
2S2: xReady = 1;	2S4: y = x + 4;	2S7: z = x * y;
	3S5: xyReady = 1;	

该代码使用了两对发布–等待同步，一对同步用于P0和P1之间，另一对用在P1和P2之间。代码显示，P0将x的值置为5，然后将xReady置为1，告诉P1现在x已经有了新值。P1等待x的值，使用该值去设置y的新值（应该是5 + 4 = 9）。然后，P1将xyReady置为1，表示x和y二者都已经有了新值。P2一直等待到xyReady的值变成1，然后继续读取x和y的值。

在上面的代码中，很显然程序员的期望是语句S7产生一个乘的结果45（= 5 × 9），并将其赋值给z。程序员期望，首先P0生成x的值，然后P1产生y的值，最终x和y的值被P2使用。然而，这个期望实际上*隐式地*假定了存储器访问操作的*原子性*，即期望各个存储器访问操作即时发生，不与任何其他存储器访问操作重叠。在这个实例中，程序员的期望假设当P0对x写入时，写的效果会即时传播给P1和P2。如果对x的写不能即时传播给P2，P2有可能读到x的旧值。例如，如图9-1所示，因某种原因写操作不能即时从P0传播到P2。假定所有处理器都按照程序次序执行所有的存储器访问。P0执行S1，将值5写入x，这个写会传播到P1和P2，但是到达P1较快（周期1），而到达P2较慢（周期3）。随后，P0对xReady执行写，该操作也传播到P1。假设P1已能看到xReady和x的新值（在基于无效化的协议中，P1已经收到无效化请求，并且通过高速缓存缺失重新加载包含xReady和x的块），因此，P1执行其下一条语句，即将值9赋给y，然后将xyReady设为1。假设这些写的效果都传播到P2（在基于无效化的协议中，通过无效化及后续的高速缓存缺失），那么P2就可以结束其循环并读取x和y的值。这里请注意，P2读到y的新值，因为P1对y的写已经完整传播了。然而，P2读到的x值却是旧的，因为P0还没有将新的值传播给它（也就是说，在基于无效化的协议中，无效化请求还没有到达P2的高速缓存）。所以，P2读到的是x的旧值即0，并将这个错误的值赋给z。

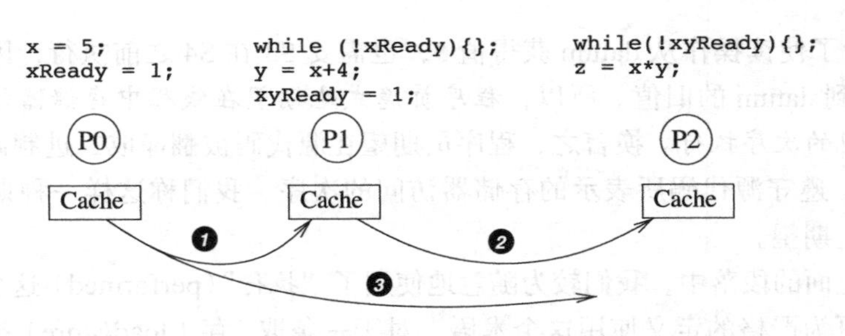

303

图 9-1　违反存储原子性图示

为什么 P0 发出的对应于 x 写入的无效化请求能到达 P1 却未能立即到达 P2 呢？答案是，在某种类型的互连网络中这的确会发生。在基于总线的多处理器中，当写操作到达总线，所有侦听者（P1 和 P2）将看到这个写操作并无效化它们的高速缓存中对应的块，因此，上述情形不会发生。但是，如果多处理器使用点对点互连网络，P0 会向 P1 和 P2 分别发出无效化消息。由于消息会经由不同的路径，或者发向 P2 的无效化消息所经历的延迟较大，那么发送给 P1 的无效化消息完全有可能比发送给 P2 的无效化消息早到达。

让我们回到前面关于程序员期望的讨论。在图 9-1 所示的代码中，显然程序员期望代码能正常工作，这意味着写传播必须是即时的，或以专业术语来说是*原子性的*。P0 的写操作必须以不能分割的步骤立即传播到 P1 和 P2。所以，在 P1 退出循环之前，对 x 的写入已经完整地传播到所有处理器了。

整体而言，我们可以把程序员关于存储器访问次序的隐式期望表示为：*来自一个处理器的存储器访问应该以程序的次序执行，并且每个访问的执行必须是原子性的*。这样一种期望被正式定义为顺序一致性（SC）模型。下面是 Lamport[37] 对于顺序一致性的定义：

> *如果所有处理器的操作都以某种顺序的次序执行，每次执行的结果都相同，且在这个顺序中每个独立的处理器的操作都以程序指定的次序发生，则称该多处理器是顺序一致的。*

下面通过几个例子来了解顺序一致性（SC）在各种场景下可能得到什么样的结果。考虑代码 9.3。线程 P0 的代码包含对 a 和 b 的两个写操作，线程 P1 的代码包含对 b 和 a 的两个读操作，两个线程之间没有同步，这意味着程序的结果是非确定性的。假定运行线程的系统能保证顺序一致性。一种可能的程序结果是，当 S1 和 S2 在 S3 和 S4 之前发生，S3 和 S4 从 a 和 b 读到的值都为 1。另一种可能的程序结果是，当 S3 和 S4 先于 S1 和 S2 发生，S3 和 S4 读到是 a 和 b 的旧值，即 0。还有一种可能的程序结果是，当 S1 首先执行，接着是 S3 和 S4，随后是 S2，在这个场景下 S3 会打印出 b 的旧值即 0，而 S4 打印出 a 的新值即 1。然而，在 SC 下，不可能 S3 读出 b 的新值即“1”，同时 S4 读出 a 的旧值即“0”。总之，在 SC 下（a，b）最终的值可能是（0，0）、（1，0）和（1，1），但是（0，1）的值在 SC 下是不可能的。

代码 9.3　说明 SC 和非 SC 的程序结果的一个例子（a 和 b 的初值都是 0）

P0:	P1:
1S1: a = 1;	1S3: ... = b;
2S2: b = 1;	2S4: ... = a;

304

下面我们来求证为什么最后一种结果即（0，1）[一]在SC下是不可能的，请注意，SC定义了程序次序以及存储器访问的原子性。我们用符号“→”来标记存储器访问的次序。我们知道在SC中，次序S1→S2和S3→S4是保证的。若要语句S3读出b的新值“1”，它必须在S2之后执行，即S2→S3。但因为S1→S2和S3→S4，故得到S1→S2→S3→S4的结论。另一方面，若要S4读出a的旧值“0”，S4必须在S1之前执行，即S4→S1。但因为S1→S2和S3→S4，故得到S3→S4→S1→S2的结论。然而，这两个结论不能同时成立，因为它们是矛盾的。所以，在一个保证SC的系统中，结果（0，1）[二]是不可能的。

然而，在一个不保证SC的系统上，这最后一个结果（0，1）[三]变得可能。例如，假定S3和S4之间的程序次序不能被保证，那么S4就有可能先于S3执行，在这种情况下，S4有可能第一个执行（导致读出的a的值为“0”），紧接着是S1和S2，最后是S3（导致读出的b值是“1”）。

现在让我们再考虑代码9.4。P0的代码包含一个对a的写操作及随后一个对b的读操作，P1的代码包含一个对b的写操作及随后一个对a的读操作。在两个线程之间，代码没有设置同步，这意味着程序的结果是非确定的。假定运行线程的系统保证SC，一个可能的结果是，当S1和S2先于S3和S4发生，S2将读出0，而S4将读出1（即S1产生的新值）。另一种可能的结果是，若S3和S4二者都先于S1和S2发生，S2将读出1（即S3产生的新值），而S4将读出0。若S1首先执行，接着是S3，然后是S2，最后是S4，那么会得到另一个不同的结果，即S2会读出1（由S3产生的新值），S4也会读出1（由S1产生的新值）。然而，最后一种情况，即S2和S4都读出“0”的结果在SC下是不可能的。所以，在SC下（a，b）的最终结果可能是（1，0）、（0，1）或（1，1），但不可能是（0，0）。

代码9.4 说明SC和非SC的程序结果的一个代码实例（a和b的初值都是0）

P0:	P1:
1S1: a = 1;	1S3: b = 1;
2S2: ... = b;	2S4: ... = a;

现在来证明为什么最后一种结果在SC下是不可能的。我们知道SC定义了程序次序以及存储器访问的原子性。因此，我们知道次序S1→S2和S3→S4是保证的。若要语句S2读出为“0”的值，S2必须在S3之前执行，即S2→S3。但是因为S1→S2和S3→S4，故得到S1→S2→S3→S4的结论。为了让语句S4读出为“0”的值，S4必须在S1之前执行，即S4→S1。但是因为S1→S2和S3→S4，故得出S3→S4→S1→S2的结论。这两个结论不可能同时成立，因为它们之间是冲突的。所以，在保证SC的系统中，最后一种结果不可能存在。

但是，在不保证SC的系统中，这最后一种结果是可能的。例如，假定不再保证S3和S4之间的程序次序，那么，S4就可能先于S3被执行。在这种情况下，我们可以让S4最先执行（导致从a读出的值为0），接着执行的是S1和S2，S2从b中也读出0，最后是S3的执行。

由于程序结果的非确定性，代码9.3和代码9.4在大多数程序中都不太可能碰到。非确

[一] 原书这里为（1，0），有误。——译者注
[二] 原书这里为（1，0），有误。——译者注
[三] 原书这里为（1，0），有误。——译者注

305 定性程序的正确性推理和调试是“臭名昭著”的困难问题。然而有些时候，它们又是一种合法的程序类型。例如，当计算能够容忍非确定性和非精确性时（3.5节中的代码3.16和代码3.18是能容忍非确定性结果的代码的某些实例）。程序员错误地遗漏同步操作也会导致非确定性程序的出现，在这种情况下非确定性的出现是一种意外。一个相关且重要的问题是，具有非确定性输出的程序是否能够容忍源自不保证SC的机器的额外非确定性。对于那些具有故意而为的非确定性程序而言，答案可能是肯定的。但是对于那些由于意外遗漏同步而导致非确定性的程序来说，答案就不那么肯定了（在非SC的机器上调试这类程序变得更为困难）。

对于大多数并行程序而言，确定性程序输出仍是这种情况。所以，当讨论存储一致性模型时，我们应该记住，对于具有适当同步的确定性程序，必须保证其获得SC结果。同时也应当记住，对于程序员来说，非确定性程序的非SC结果也可能是可以容忍的。

9.2 保证顺序一致性的体系结构机制

从前面的讨论我们已经建立起这样的概念，为了保证顺序一致性，来自一个处理器的存储器访问必须遵循程序次序，而且每一个访问必须是原子性的。在本节，我们将了解在真实的实现中这是如何做到的。首先，我们将讨论可行的基本实现。然而尽管可行，这种实现中由于缺少存储器访问操作间的重叠，性能损失很大。然后，我们将讨论通过允许存储器访问操作间的重叠而改善SC性能的技术。请注意，重叠存储器访问操作有可能潜在地违反其原子性。因此，需要一种安全机制来自动发现违反原子性的情况并从中恢复。我们将讨论这样的一种安全机制以及它是如何在真实处理器中实现的。

9.2.1 在基于总线的多处理器中基本的SC实现

在SC的基本实现中，存储器访问彼此之间必须原子性地执行。最简单且正确的原子性实现方法是一次只执行一个存储器访问操作，使存储器访问操作之间不重叠。为了做到一次只执行一个存储器访问操作，我们需要知道存储器访问操作什么时候开始，什么时候结束。以加载指令（load）为例，一条load的执行在逻辑上分为四步。首先，功能部件计算它的有效地址，然后向存储器层次结构发出针对该有效地址的高速缓存访问，接着存储器层次结构找到与该地址相关的数据的值（有可能在本地高速缓存、主存或远地高速缓存中），最后将这个值交回load指令的目标寄存器。注意，第一步（计算有效地址）并不受其他存储器访问的影响，可以不管程序次序而进行，因此，这一步可以与其他存储器访问操作的任何步骤重叠。最后一步（把从高速缓存读出的值交回load指令的目标寄存器）也不受其他存储器访问操作的影响，因为值已经从高速缓存获得，因此这一步也可以与其他存储器访问操作的任何步骤重叠。所以，从存储器访问次序的角度看，一条load指令始于对高速缓存发出访问，当

306 获得高速缓存的值（假定读出的值以后不会再改变）时，可认为它已被执行了，其间两步是必须原子执行的。

类似的，一条存指令（store）也分几步执行。首先，功能部件计算出它的有效地址，随后，如果它不是一条*投机指令*（如不是一条处于分支的错误路径上的指令，而且未发生异常）该store指令就可以被提交（commit或retire）了（读者可以参阅论述乱序执行机制的文献来获得更多细节）。store指令的提交是指将其目标地址和值写入一个称为*写缓冲区*的结构中，写缓冲区是一个先入先出（FIFO）的队列，保存着处理器流水线已经提交的store操作，稍后，写缓冲区的store值将释放到高速缓存中。如果被写入的是整个系统中的唯一副本，

store 指令直接修改高速缓存中的副本，如果系统里还有其他副本存在，store 就向其他高速缓存发出无效化请求。当 store 指令的动作已经完整地传播到所有处理器时，我们认为该条 store 指令已被执行。在基于更新的协议中，这意味着所有其他高速缓存的副本都已经被更新了；在基于无效化的协议中，这表明所有其他的副本已被作废。请注意，第一步（计算有效地址）并不受其他存储器访问的影响，不管程序次序如何，总是一样工作，因此，该步骤可以与其他存储器访问的任何步骤重叠。注意，store 指令与 load 指令相比，一个重要区别是，store 指令对高速缓存的访问发生得非常晚（在 store 指令提交之后），而 load 指令对高速缓存的访问发生得较早（在 load 指令提交之前）。另一个重要的区别是，load 指令仅涉及一个处理器，而 store 指令可能涉及多个高速缓存副本的无效化。所以，从存储器访问次序的角度来看，一条 store 指令始于对有效地址发出访问请求，当全局性动作完成时（即已经向所有处理器传播了要写入的值），就可认为它已被执行了。

那么如何检测到 store 指令的完成呢？在基本的实现中，一种检测 store 结束的方法是要求所有的共享者都对无效化请求做出应答，由 store 的发起者收集所有的无效化应答。在一个基于总线的多处理器中，简单地将一个独占读请求发布到总线上，就能保证所有处理器看到这个 store 操作。我们假定一旦一个侦听者侦听到这个请求，它就会原子性地或者即时地无效化它所在节点的高速缓存副本，那么在这个独占读请求到达总线时，我们就可以认为 store 已经被执行了。但是，在一个不依赖于广播和侦听的系统中，就要在请求者从所有的共享者那里获得无效化应答消息之后，才能认为 store 已经被执行。注意，若没有其他共享副本（如在向高速缓存发出 store 请求时，对应的缓存块已处于独占状态），那么，访问高速缓存并更新了相应的缓存副本后，store 的执行就立刻完成了，因为不存在其他共享者，无须写传播。

至此，我们已经建立了如下概念：load 指令在从高速缓存获得所需的值时即完成执行，store 指令在它的独占读请求到达总线时即完成执行。下面我们将说明在基于总线的多处理器中 SC 是如何保证的。假定我们有如下代码（见代码 9.5），代码显示处理器发出了 5 个存储器访问。在基本的实现中，每个存储器访问必须在下一个按程序次序的存储器访问开始之前执行完毕。因此，在第一个 load 指令执行前，不能向高速缓存发出第二个 load。考虑这样的场景，第一个 load 遭遇高速缓存缺失，而第二个 load 高速缓存命中（如果允许第二个 load 发往高速缓存）。鉴于严格的次序，即使包含 B 的块确实存在于高速缓存之中，也不允许第二个 load 发往高速缓存。第二个 load 必须等待，直到第一个 load 完成它的高速缓存缺失操作并从高速缓存得到所需的值为止。

307

代码 9.5　说明基本 SC 机制的代码实例

```
1 S1: ld R1, A
2 S2: ld R2, B
3 S3: st C, R3
4 S4: st D, R4
5 S5: ld R5, D
```

同样，在 S2 执行 load（从高速缓存得到值）之前，不允许 S3 的 store 访问高速缓存或得到总线的访问。在 S3 的 store 生成总线请求之前，不允许 S4 的 store 访问高速缓存。最后，在 S4 的 store 生成总线请求之前，不允许 S5 的 load 访问高速缓存，即使 store 和 load 针对的是同一地址。在 SC 中，把 store 要存入的值直传到一个较晚出现且地址相同的 load 是不允许的，因为这样就违反了 store 的原子性。

在基本实现中，SC强加了巨大的性能限制，因为它不允许存储器访问的重叠或变序。许多对于发掘指令级并行（ILP）有益的指令乱序执行技术在基本实现下必须被关闭。例如，写缓冲区的存在允许一个store指令提交，并允许在刚刚提交的store到达高速缓存之前就执行后续的load指令，这种做法必须被关闭，因为在store指令获得总线访问之前，不能向高速缓存发出load请求。其次，不能同时向高速缓存发出两个load请求。现代高速缓存允许非阻塞的访问，即它能在较早访问的高速缓存缺失还没有完成之前，为一个新的缓存访问请求服务，但保证SC意味着非阻塞高速缓存失去了它的效用。最后，在编译后的代码中改变存储器访问次序的编译器优化也不被允许。因此，支持SC的机器的性能受到巨大的限制。

9.2.2 改善SC性能的技术

我们已经讨论了为什么基本的SC实现对性能有很大限制。在本节，我们将论述在保持SC语义的前提下，有哪些可能改善性能的优化技术。改善SC实现性能的关键是使存储器访问执行得更快，并允许存储器访问相互重叠。但是，某些重叠可能违反访问的原子性，所以，需要一个安全机制来检测违反原子性的情况并从中恢复。

我们讨论的第一种性能增强技术可避免store和load指令的重叠，但是允许这些store和load指令的取数操作重叠，其目的是使load或store的执行时间尽可能的短。例如，在高速缓存中命中的load比在高速缓存中缺失的load执行得快得多，因为从高速缓存中取数比从主存中取数要快。类似的，如果store指令在高速缓存中发现所需的块处于独占/修改状态，它就无须再访问总线，因为我们知道在系统中没有其他共享者，所以没有发出无效化请求的必要。在这种情况下，store指令只需对高速缓存的副本写入，且立即就执行完了。

我们怎样才能使load在高速缓存中命中，store在高速缓存中待写的块处于独占/修改状态的概率最大呢？一个办法是，一旦获得load和store的有效地址或者有效地址可以预测时，立即发出预取请求。例如，当一个load指令的有效地址被生成时，即使较早的load或者store还没有被执行，我们也可以对高速缓存发出一个预取请求。事实上，使用预取引擎，如果能够预测load指令涉及的地址，那么甚至在load指令本身被取出或执行之前就可以对这些地址发起预取。当前面较早的load或store指令执行完毕时，发出了预取的load指令就能立即访问高速缓存且命中，从而执行得较快。同样，当产生了一条store指令的有效地址时，即使此时较早的store或load指令还没有被执行，我们也可以发出一个独占预取（本质上是在总线上的一个更新或者独占读的请求）。当较早的load或store指令执行完而且预取也执行完毕时，这条发出预取的store指令就能访问高速缓存并立即完成执行，无须再访问总线。

308

注意，预取并不能消除load和store指令访问高速缓存的需要，而且load或store指令仍然必须以非重叠的方式访问高速缓存以保证其原子性，但是，它们所需的块在高速缓存中处于合适状态的几率由于预取而得到改善。然而，预取并不总是能改善性能。其原因之一是，在发起预取的load或store指令访问高速缓存之前，它预取到的块可能已被窃取了。例如，在一个块被预取到高速缓存之后，它可能被另一个处理器无效化。或者，当一个块以独占状态被预取进高速缓存后，另一个处理器可能读它，迫使它提供数据来响应，并将自身的状态降为共享。在这些情况下，预取变得无用，因为对应的store指令还是需要再把这个块更新到独占状态。事实上，它们不仅是无用，而且是有害的，因为它们在其他高速缓存中产生了不必要的流量和延迟。因此，尽管预取有助于改善SC实现的性能，但不是一个完美的解决方案。

改善SC实现性能的第二个技术依赖于投机访问。基于较早的load指令原子执行的投机假设，我们可以让一条load指令的执行与一条较早的load指令重叠。如果我们发现较早的load指令并没有真正实现原子执行，那么不等待较早的load指令结束就开始较晚的load指令无疑是错误的。在这种情况下，我们必须取消较晚的那条load指令并重新执行它。注意，大多数乱序执行处理器已经提供了取消一条指令并重新执行它的能力，以提供精确中断机制。因此，我们需要增加的是发现一条load指令的原子性是何时被破坏的能力。

为了实现这一点，让我们回顾一种提供两个存储器访问之间原子性表象的技术，即用于实现锁同步的加载链接（LL）和条件存（SC）指令。在这种LL/SC锁的实现中（8.1.5节），在SC指令执行之前，如果LL指令所读的块没有被从高速缓存窃取，那么LL指令似乎是原子性地执行的。如果该块在SC指令试图改变它之前就被无效化了，那么SC指令失败，而LL被重新执行。或者如果在SC指令执行前程序切换了上下文，SC指令也失败，LL重新执行。

我们可以用类似的机制重叠两条load指令的执行。假设来自处理器的两条load指令针对不同的地址，第一条load指令遭遇高速缓存缺失，在基本的SC实现下，即使使用了预取，在第一条load指令从高速缓存获得它的数据之前，第二条load指令仍不能访问高速缓存。使用投机机制，我们的确能允许第二条（较晚的）load指令访问高速缓存。然而，我们必须把第二条load指令标记为投机的。如果第二条load指令要读的块在第一条load执行完之前没有被窃取（即被无效化或被从高速缓存逐出），第二条load指令得到的值就和等待第一条load指令执行完后再从高速缓存读到的一样。所以，第二条load指令似乎是在第一条load指令原子执行的条件下执行的。在这种情况下，投机是成功的，我们重叠了两条load指令的执行。从存储器访问次序的观点来看，此时可以将第二条load指令标记为非投机的了（在其他意义上它可能还是投机的，如对于错误的分支路径而言）。但是，如果在第一条load指令执行完之前，第二条load指令要读的块已经被无效化（或从高速缓存中逐出），原子性的假象就被打破了。如果此时向高速缓存发出第二个load，可能会得到一个不同于投机访问所获得的值。因此投机失败，第二条load指令必须被重新执行。由于投机失败必须刷新流水线，还要重新执行该条load指令及所有比错误投机的load指令更晚的指令，导致性能上的惩罚。

309

类似的，一条较晚的load指令对一条尚未执行的较早的store指令而言也可能是投机的。当该条较早的store指令被执行时，如果较晚的load指令所涉及的块已被从高速缓存窃取或替换，这条load指令必须被重新执行。这种机制允许使用保证SC的系统中的写缓冲区。

关于投机执行的讨论主要针对投机load，对store指令采用投机是更加困难的。其原因是load指令很容易取消并重新执行，而取消一条store指令要困难得多。在访问高速缓存之后，一条store指令就已经在高速缓存中放入了新值，并且可能已经把这个值传播到主存和其他处理器中了。因此，取消一条store指令是更困难的事情。所以，一般只实现load指令的投机执行，而至于store，一次只能对高速缓存发出一个。

综上，我们讨论了两种改善SC实现性能的非常强有力的机制。第一种技术（预取）不允许存储器访问之间的重叠，但是每次存储器访问的原子执行部分要比没有预取时短。第二种技术（投机load指令访问）允许存储器访问（load）的重叠。这两种技术在支持SC的MIPS R10000处理器中，甚至在支持较SC稍微弱化的存储一致性模型的Intel的奔腾体系结构中都得到了实现。在改善 SC 性能方面，这两种技术都是非常有效的。但是，仍然有一些根本的性能问题不能被预取和投机执行所解决：编译器在编译程序时仍不能改变存储器访问的次序。只有松弛的存储一致性模型允许编译器改变存储器访问的次序。

9.3　松弛的一致性模型

我们已经讨论了程序员的直觉很大程度上遵循 SC、保证 SC 需要什么样的执行，以及在真实系统中的 SC 实现。我们还讨论了对所允许的编译器优化而言，SC 限制太大。在本节，我们将讨论各种放松 SC 对存储器访问次序限制的存储一致性模型。一般来说，它们的性能比 SC 更好，但是对程序员施加了额外的负担，需要程序员来保证它们所写的程序与硬件提供的一致性模型相容。

放松存储器访问次序可能允许偏离程序员直觉的执行，所以，为了让程序员能够指明一对存储器访问之间的严格次序，典型的做法是提供一个安全网（safety net）。我们在讨论松弛的一致性模型之前，首先讨论安全网。然后，我们将讨论几种松弛的一致性模型，聚焦于*处理器一致性*（PC）模型、*弱序*（WO）模型和*释放一致性*（RC）模型等三种变体。在真实系统中，还有更多的变体实现，但是 PC、WO 和 RC 是很好的代表性模型。

310

9.3.1　安全网

保证两个存储器访问之间严格次序的典型的安全网以*栅栏*（fence）指令（也称为*内存栅障*指令）的形式出现。栅栏指令的语义如下：*在位于它之前的所有存储器访问都已经执行完毕之前，栅栏禁止跟随在它后面的存储器访问的执行*。在某些时候，栅栏仅作用于 store 操作，在这种情况下，它仅在位于它之前和之后的 store 操作之间强加次序，我们称之为*存栅栏 / 栅障*。在另一些时候，栅栏仅作用于 load 操作，在这种情况下，它仅在位于它之前和之后的 load 之间强加次序，我们称之为*取栅栏 / 栅障*。

在真实的实现中，栅栏要求下面的机制。当碰到一条栅栏指令时，流水线中跟在栅栏之后的存储器访问都被刷新（或者若那些存储器访问指令还没有取出，就避免被取出），所有在栅栏之前的存储器访问指令被执行。也就是说，load 指令必须从高速缓存获得数据，而 store 指令必须访问高速缓存并产生总线请求。当比栅栏指令更早的所有存储器访问都已完成时，把处理器恢复到栅栏指令之前的状态，并从这一点起恢复执行。

为了使执行正确而在代码中插入栅栏指令是程序员的责任。在需要栅栏时不插入栅栏指令可能导致不正确的执行及非确定性结果，但在不需要它们时却插入栅栏则导致不必要的性能恶化。

9.3.2　处理器一致性

回顾在顺序一致性（SC）中，要维持每一条 load/store 指令与后续 load/store 指令的次序。换言之，要保证下列指令对的次序：load → load、load → store、store → load 和 store → store。在处理器一致性（PC）模型中，放松了较早的 store 指令和较晚的 load 指令之间的次序（store → load）。当一条 store 指令还未被执行时，允许一条较晚的 load 指令向高速缓存发出请求甚至结束。这一点的重要性在于，store 指令可以在写缓冲区中排队并在稍晚执行，且无须使用投机 load。同时，load 指令不需要等待较早的 store 指令结束就可以访问高速缓存，所以降低了 load 指令的时延。

■ **你知道吗？**

有三种放松 store → *load* 次序的存储一致性模型变体，处理器一致性是其中之一。这些变体的区别在于，是否允许处理器从本处理器中较早的、还没有被全局执行完的写指令那里读取数值。这种松弛允许一条 load 指令读取在写缓冲区中属于一条较早的写指令的值，而且该值还没有被写入高速缓存，这样降低了 load 指令的时延。就该点而言，PC 和全序写（*Total Store Ordering*，*TSO*）模型允许这种松弛，而 IBM 370 模型不允许。这些变体的另一个不同点在于，是否允许一条读指令从一个不同的处理器的还没有全局完成的写指令那里得到值。就该点而言，只有 PC 允许这种松弛，TSO 和 IBM 370 模型都不允许这种松弛。

311

在支持 PC 的系统中使用写缓冲区不再是一个问题。注意，store 之间的次序仍然要保证，这意味着 store 指令访问高速缓存的次序必须遵循程序次序。因此，在 SC 系统中使用的依靠独占预取的优化技术在 PC 中仍然适用，虽然其重要性有某种程度的下降，因为较晚的 load 指令可以在较早的 store 还没有完成时就发出存储器访问请求。此外，load 指令之间的次序也被保证。所以，在 PC 中块的尽早预取仍然像在 SC 中那样适用。PC 和 SC 的一个区别是，当一条 load 指令越过较早的 store 指令对高速缓存提前发出请求时，它并没有被当作投机处理，因为这样的改变次序是 PC 模型所允许的，而在 SC 中，这样的 load 指令是投机性的，如果原子性假象被打破的话则必须被回滚。所以，提前向高速缓存发出请求的 load 指令的恢复技术在这里不再需要，其结果是流水线刷新和恢复的情况更少，性能更好。

那么 PC 相对自然的程序员直觉有多远呢？答案是相当接近。注意 PC 模型只是放松了四种次序中的一种，因此仅影响 store 后跟随 load 这种形式的代码的正确性。代码 9.1 显示了常规的发布 – 等待同步，这里生产者置位 datum 和 datumIsReady，代码的行为在 PC 下没有改变，因为两条 store 指令之间的次序仍被保证。此外，消费者读 datumIsReady 和 datum 的行为也没有改变，因为两条 load 指令之间的次序仍然被保证。

与 SC 模型相比，在某些场景下 PC 产生不同的结果。例如考虑代码 9.4，每个处理器执行一段代码，包含一条 store 指令后跟随一条 load 指令。因为 PC 并不保证 store 及比它晚的 load 之间的次序，在这种场景下可能产生非 SC 的结果，即产生 a 和 b 最终的值都是 0 的情况。注意，这段代码没有包含同步，即使是在 SC 下也可能产生非确定性结果。

一般来说，对于适当同步的程序，PC 会产生与 SC 一样的结果。考虑发布 – 等待同步，其中一个处理器生成一个数据值并置位一个信号，通知新的值已经可用。这涉及至少两条 store 指令，它们之间的次序遵循 PC。在消费者端，至少包含两条 load 指令，它们之间的次序也被 PC 模型保证。所以，发布 – 等待同步在 PC 下产生与 SC 同样的结果。在一个锁同步中，锁释放操作涉及用 store 指令对锁变量设置一个值。跟随在锁释放所使用的 store 指令之后的 load 指令不是在临界区之内，因此它们相对于锁释放的次序与正确性无关。让较晚的 load 指令在锁释放的 store 之前完成，其效果等同于锁释放得较晚（这是正确行为）。一个锁获取操作既包含 load 指令，也包含改变锁变量值的 store 指令，获取锁的 store 操作后面可能是临界区中的 load 操作，因此，它们之间的次序对于正确性至关重要。然而，锁获取操作中的 store 通常使用原子指令或者条件存指令来实现，这保证了 store 的原子性。当这样的原子 store 指令失败时，要再次尝试锁获取操作，任何较晚的 load 指令的执行则在稍后再重复。当原子 store 指令成功时，锁获取操作成功，在这种情况下，在原子 store 指令之前的 load 指令一定已经读到了表示锁可用的值，这只有当任何处理器都不在临界区中时才可能发生。因为所有的load指令相互之间的次序是确定的，比原子store指令更晚的load指令要么已经获得了其他处理器所释放的最新的值，要么在锁获取失败后再次执行。 312

9.3.3 弱序

另一种放松存储一致性模型的尝试来源于以下观察：大多数程序都是适当同步的。当程序员想让一个线程中的某个存储器访问在另一个线程中的另一个存储器访问之后发生，程序员会依靠同步来实现它。同步可能以栅障、点对点同步等形式实现。例如，可以利用发布–等待同步对来保证消费者的load一定出现在生产者的store被执行之后。没有适当同步的程序会产生非确定性行为。例如，如果不使用发布–等待同步，消费者可能读到新产生的值，也可能读到旧值，这取决于线程执行之间的相对时序关系。因为程序员很少能容忍非确定性结果，所以我们有理由假定大多数（无错误的）程序是适当同步的。

如果程序是适当同步的，*数据竞争不会发生*。*数据竞争*被定义为多个线程对存储器单一位置的同时访问，而且其中至少有一个访问是写入。数据竞争对于发生非确定性结果来说是必要条件。同时发生的load操作并不改变取得的结果，因为它们不产生数据竞争。同时发生的store可能相互覆盖，取决于它们之间的时序关系，因此，它们会产生数据竞争。一个load与一个store同时发生可能导致load指令返回不同的值，这取决于load和store之间的时序关序，因此产生非确定性结果。所以，在一个适当同步的程序中，程序员的期望是不发生数据竞争。

适当同步的程序中不存在数据竞争这一事实意味着，存储器访问的次序在同步点之外可以放松。因为不会发生数据竞争，*在同步点之外改变存储器访问的次序是安全的*。为了说明这一点，假定同步起到它应起的作用，考虑下面的实例。假设不同的线程进入一个由锁保护的临界区，然后退出临界区并完成更多的计算。注意，如果同步正确地工作，一次只能有一个线程在临界区内。所以，在临界区内的存储器访问次序就无关紧要，无须遵循程序次序，因为我们知道只有一个线程在临界区内执行。更进一步，在临界区之外的存储器访问也无关紧要，无须遵循程序次序，因为程序员如果在乎存储器访问的相对次序，他们应该已经插入同步来保证了。因此，同步点之外的程序次序无须保持。但是，为了保证同步的正确行为，同步访问之间的次序仍然需要保证。

以上的观察是被称为弱序（WO）模型的松弛存储一致性模型的基础。WO模型利用了两个假设：1)程序是适当同步的；2）程序员正确地向硬件表示哪些load和store是起到同步访问作用的。基于这些假设，我们定义一个同步访问的正确行为如下：1）在能够发出一个同步访问之前，所有前面的load、store和同步访问必须已经执行了；2）在同步访问之后的所有load、store和同步访问必须没有发出。换言之，对于任何一对访问，其中之一在同步访问之前，另一个在同步访问之后，它们之间必须严格排序。

为了了解为什么这是可行的，考虑代码9.1中用于实现生产者–消费者之间通信的发布–等待同步对。如果对datum Is Ready写入的store和从datum Is Ready读出的load被适当地标识为同步访问，代码将正确执行。在生产者端，在所有的存储器访问（包括对datum的store）已经完成之前，不能发出同步访问。因此，在允许针对datumIsReady的store指令访问高速缓存之前，针对datum的store指令必须已被完整地传播。在消费者端，跟随在同步访问（即针对datumIsReady的load）之后的所有存储器访问在同步访问结束之前都不能 313

发出，也就是说，在针对 datum 的 load 指令发出高速缓存请求之前，读取 datumIsReady 的 load 必须首先执行。因此，WO 保证针对 datum 的 load 指令能得到新产生的值。

在处理器中实现 WO 要用到哪些机制呢？当在处理器的流水线中碰到一个同步访问时，首先，将所有跟在同步访问后面的存储器访问从流水线中清空或不将它们取进流水线，这事实上取消了它们的执行。然后，阻塞同步访问本身直到所有在它之前的存储器访问已被执行，即所有在它之前的 load 指令必须得到了它们的值，所有在它之前的 store 指令已从写缓冲区中清空，并通过无效化请求全传播了它们的值。

WO 比 SC 松弛得多。编译器可以自由改变 load 和 store 指令的次序，只要它们不跨越同步边界。在执行过程中，只要同步访问之间的次序得到保证，load 和 store 指令的执行就可以改变次序或相互重叠，无须原子性地执行这些指令。因此，WO 能提供比 SC 更好的性能。但是，其代价是必须向硬件适当地标识和表示同步访问。

代码 9.6 用于弱序模型的使用栅栏的发布 – 等待同步

P0:

```
1 st &datum, #5 // datum=5;
2 st.SYNC &datumIsReady,#1
```

P1:

```
1 L: ld.SYNC R1, &datumIsReady
2    sub R1, R1, #1 // R1=R1-1
3    bnz R1, L
4 ld R2, &datum // R2 = datum;
```

图 9-2 说明了 WO 允许的执行次序。图中显示的代码具有两个临界区，在第一个临界区内（代码块 1）、第一个和第二个临界区之间（代码块 2）和最后一个临界区内（代码块 3）都有存储器访问。为了简单起见，图中假设函数 lock 和 unlock 只包含单个存储器操作，所以

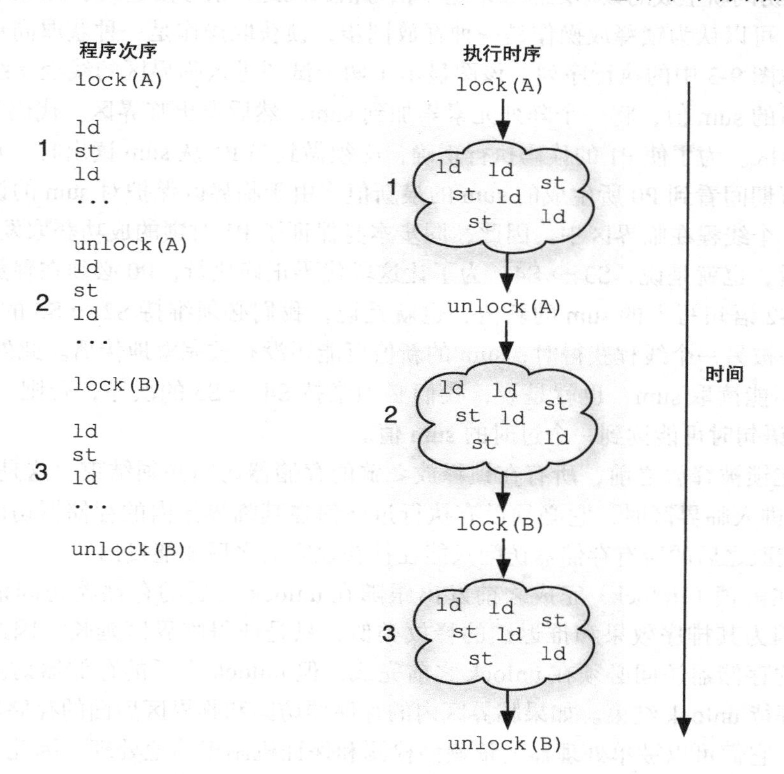

图 9-2 在 WO 下所允许的执行次序的图示

我们并不显示这两个函数各包含哪种存储器操作。图中显示，代码块1中load/store指令的执行可以任意重叠，但是它们必须在lock(A)之后和unlock(A)之前执行。同样，代码块2中的load/store指令的执行可以任意重叠，但是它们必须在unlock(A)结束之后和lock(B)开始之前执行。最后，代码块3中的load/store指令的执行也可以任意重叠，但是它们必须在lock(B)结束之后和unlock(B)开始之前执行。所以，使用WO，存储器操作的重叠在以同步操作隔开的区域内都是允许的。

与PC比较，WO由于进一步放松了位于同步点之间的访存操作的次序而可能提供更好的性能。但是，如果临界区的尺寸较小，或者频繁进入和退出临界区，在同步点之间可能只有少量的存储器访问。在这种情况下，只有少量的存储器访问可以被重叠，通过重叠存储器访问的执行而改善性能的机会很少。在临界区尺寸小的情况下，PC的性能可能优于WO。在PC中，一个锁释放操作或者一个发布-等待同步的发布部分仅包含一条store指令，store指令之后可以紧跟load指令。对于WO，同步store和后面的load间必须维持次序，而在PC中，它们之间无须排序。因此，在这种情况下，PC可能实现更高程度的重叠。

9.3.4 释放一致性

放松存储一致性模型的一种更为激进的尝试来源于如下观察：存在两种类型的同步访问，第一类*释放*数值以供其他线程去读，另一类*获取*其他线程释放的数值。例如，在发布-等待同步中，生产者线程置位一个信号，通知数据准备好了。信号置位使用了同步store，该同步store需要传播这个新的信号值和所有在同步store之前的数值。因此，同步store起到了释放的作用。消费者线程在访问新生成的数据之前读取这个信号值，因此，信号读起到了获取的作用。

类似地，可以认为锁释放操作是一种释放同步，锁获取操作是一种获取同步。为了了解其意义，考虑图9-3中的执行序列。该图显示了两个试图进入临界区的线程，线程进入临界区，读取最新的sum值，将一个阵列元素累加到sum，然后退出临界区。代码显示P0在P1之前到达临界区。为了使P1的代码执行正确，必须做到当P1从sum读出时，它应该在自己的临界区执行期间看到P0所生成的sum的最新值。由于临界区保护对sum的访问，一个时刻只允许有一个线程在临界区中。因此，同步本身保证了P1对锁的成功获取发生于P0的锁释放操作之后，也就是说，S3→S4。为了让这段代码正确执行，P0必须在释放锁之前，完整传播它在S2语句写入的sum的新值，也就是说，我们必须维持S2→S3的次序。否则，当锁被释放并被另一个线程获得时，sum的新值可能还没有被完整地传播。此外，P1在完全获得锁之前不能读取sum，也就是说，我们必须维持S4→S5的次序，否则，P1在其临界区中执行S5语句时可能读到一个过时的sum值。

314～315

因此，在锁被释放之前，所有在锁释放*之前*的存储器访问必须结束，这是强制性要求。此外，当P1进入临界区时，它必须没有执行过任何在其临界区内的存储器访问。所以，要求跟随在锁获取之后的所有存储器访问只能在锁获取完成之后才能发出。

注意，在解锁（unlock）完成之前发出跟随在unlock之后的存储器访问请求不影响正确性，这是因为其排序效果和推迟锁的释放类似，只是使得临界区延长。因此，尽管位于unlock之前的存储器访问必须在unlock之前完成，但unlock之后的存储器访问却可以早点发出，不必等待unlock结束。如果临界区内的存储器访问和临界区后面的存储器访问之间有数据依赖性，它们可以被单处理器的依赖型检测和保证机制正确地处理。因此，为了保证正确性，unlock必须避免存储器访问的*向后迁移*，但是*向前迁移*是可以的。

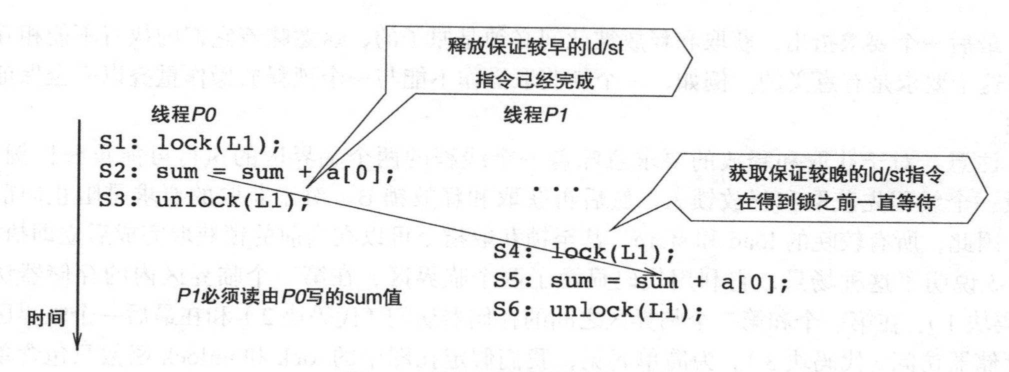

图 9-3 获取 – 释放同步的图示

类似的，加锁（lock）之前的存储器访问在锁获取之后发出请求也不会影响正确性，这样做的效果和锁获取得较早一样，即在临界区内真正需要锁之前就获得了它。然而，在锁获取完成之前，临界区内部的代码不能执行，因为那样就不能保证互斥性了。因此，为了保证正确性，锁获取操作必须避免存储器访问的向前迁移，但是向后迁移是可以的。

现在让我们考虑用于代码 9.1 中的生产者 – 消费者之间通信的发布 – 等待同步对（见图 9-4）。正确性要求，发布操作在早于它的所有存储器访问（特别是对 datum 的 store）完成之前不能发出。否则，线程 P1 会发现发布操作已经完成，从而读出 datum 中过时的值。此外，除非等待操作完成，即观察到 datumIsReady 的值为“1”，对 datum 的读也不应该执行。所以，S2 起到释放同步的作用，因为它示意，到该点为止所生成的值已经就绪。而 S3 起到获取同步的作用，因为它读出另一个线程释放的值。同锁获取和锁释放实例的情形一样，这里 S2（释放同步）必须阻止向后迁移，而 S3（获取同步）必须阻止向前迁移。S2 无须阻止向前迁移，因为较早地执行较晚的 load/store 指令的效果与 S2 执行得较晚一样。类似，S3 也无须阻止向后迁移，因为较晚地执行较早的 load/store 指令的效果与 S3 执行得较早一样。最后，注意释放一致性（RC）的编程复杂性超过 WO，在 WO 下，作为同步访问，我们仅仅需要区分对 datumIsReady 的写入和读出，而在 RC 下，我们需要说明 S2 是一个释放同步，而 S3 是一个获取同步。 316

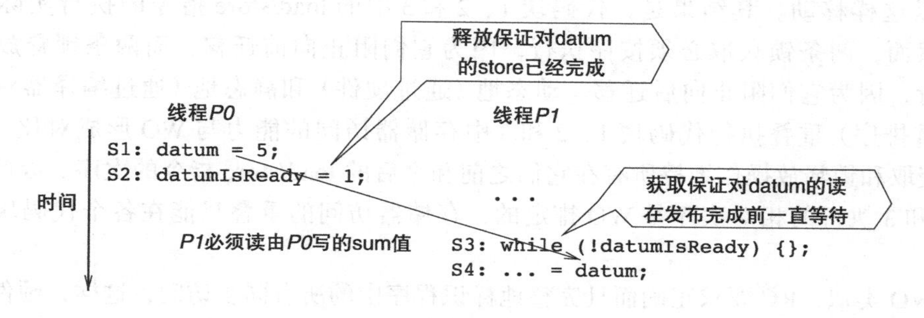

图 9-4 在发布 – 等待同步中获取和释放的图示

根据对于 lock 和 unlock 以及发布和等待的正确行为的直觉，我们现在能够讨论对获取和释放同步的更正式的正确性要求。

一个获取同步必须保证在获取完成之前，没有较晚的 load/store 能开始执行。
一个释放同步必须保证在释放发出之前，所有较早的 load/store 指令都已经完成。
获取和释放之间必须原子性地执行。

最后一个要求指出，获取和释放彼此间必须是原子的，这意味着它们的执行不能相互重叠。这个要求是有意义的。例如，一个锁获取操作不能与一个锁释放操作重叠以完全保证互斥性。

注意，对于获取和释放的要求意味着一个线程的两个临界区的执行可能重叠！例如，假设一个线程先获取和释放锁A，然后再获取和释放锁B。对于获取的要求是阻止向前迁移，因此，所有较晚的load和store，甚至锁获取指令可以在当前的锁获取完成后立即执行。图9-5说明了这种场景，它利用代码显示了两个临界区、在第一个临界区内的存储器访问（代码块1）、在第一个和第二个临界区之间的存储器访问（代码块2）和在最后一个临界区内的存储器访问（代码块3）。为简单起见，我们假定在图中的lock和unlock函数只包含单个存储器操作。

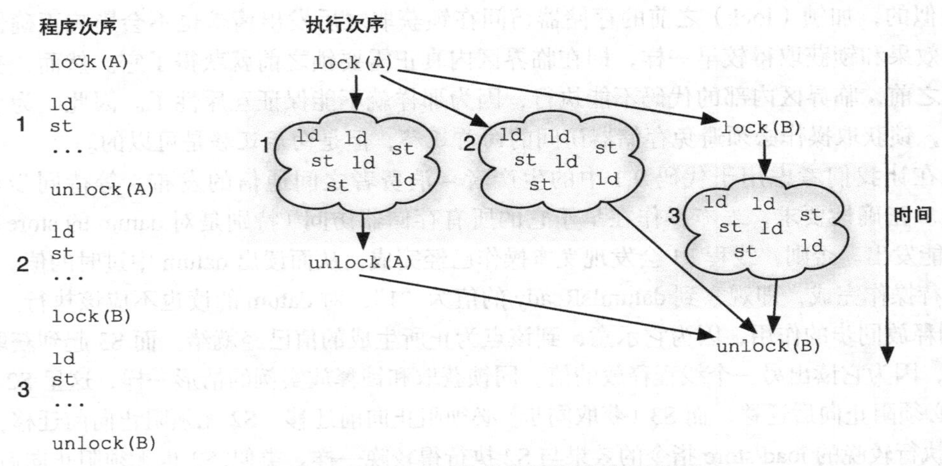

图9-5　RC下允许的执行顺序的图示

图9-5中，对于A的锁释放阻止向后迁移但不阻止向前迁移，因此，代码块2中的load/store的执行可以被向前移到刚刚获得锁A之后的地方，同样对于锁B的获取的执行也可以这样移动。其结果是，代码块1、2和3中的load/store指令的执行实际上可以重叠。然而，两条锁获取必须按序执行，因为它们阻止向前迁移。而两条锁释放也必须按序执行，因为它们阻止向后迁移。动态地（通过硬件）和静态地（通过编译器对存储器访问的重排序）重叠执行代码块1、2和3中存储器访问的能力与WO形成对比。在WO中，锁获取和锁释放操作维持所有在它们之前和之后的load/store指令的次序。因此，代码块1、2和3执行的相对次序是WO排定的，存储器访问的重叠只能在各个代码块的内部发生。

与WO类似，RC要求正确而且完整地标识程序中的所有同步访问，这样，硬件能够保证适当同步的程序的正确执行。对于没有适当同步的程序（如需要时缺失同步），或者虽然适当同步了，但是没有对硬件适当地表达同步访问的程序，RC不能保证其正确性。另外，与WO相比，RC对程序员要求得更多。程序员必须把同步访问分别标记为获取或释放，而不是笼统标记为同步访问。因此，RC的编程复杂性要高于WO。

在处理器中实现RC需要什么机制呢？回顾一下，释放同步必须阻止向后迁移。当在处理器流水线中碰到一个释放同步访问时，释放访问被阻塞（不能提交），直到所有前面的存储器访问都已经执行完毕。也就是说，所有较早的load指令都已得到它们的值，所有较早的

store 都已经从写缓冲区清空并已经完整地传播了它们的值（通过无效化请求）。

获取同步必须阻止向前迁移。当在处理器流水线中碰到一个获取同步访问时，在乱序执行的处理器流水线中，某些比这个获取更晚的访问可能已经被执行了。这种情形与阻止它们向高速缓存和存储器层次结构其他层次发出请求的要求相矛盾。为了到达一种指令的特定状态，乱序执行处理器已经具有取消投机指令影响的机制，获取同步访问可以依靠这样的机制。当在处理器流水线碰到一个获取同步访问时，所有比其更晚的指令（包括所有的 load 和 store）被取消，并在获取同步完成之后重新执行。另一种办法是，当在处理器流水线碰到一个获取同步访问时，所有处于取指和译码阶段的更晚的指令被丢弃，进一步的取指被阻塞，直到获取同步指令已经提交为止。

317
~
318

与 WO 类似，RC 允许编译器自由改变 load 和 store 指令的次序，但不允许它们越过一个获取同步向前移动，也不允许它们越过一个释放同步向后移动。然而，RC 的灵活性和性能优势的代价是需要适当地标识同步访问，并分别标识为获取和释放。与 WO 不同，单靠指令的操作码不容易标识同步访问。例如，像原子的 fetch-and-op、test-and-set、LL、SC 这样的特殊指令，从外观上并不能表明它们是获取同步还是释放同步。尽管一个释放总是涉及一个 store，但一个获取可能涉及 load 和 store 二者。因此，合适地标识获取同步和释放同步的责任落在程序员的肩上。

9.3.5 惰性释放一致性

在一个获取同步完成之前，执行获取同步的线程并不需要另一个线程写入的值，从这个事实出发，可以对释放一致性（RC）做进一步优化。例如，从图 9-3 中可以观察到，在线程 P1 的临界区中，在 P1 获得了锁或者 P0 释放了它的锁之前，P1 并不需要 P0 在其前一个临界区所设置的 sum 的值。同样，从图 9-4 可以观察到，在 P1 完成其等待操作或者 P0 完成其发布操作之前，线程 P1 并不需要最新的 datum 值。有趣的是，这给出了一种通过改变高速缓存一致性行为的性能优化策略。本质上，若获取和释放同步访问被适当地标识，执行写传播的时序可以略微调整。

例如，考虑图 9-6 的上半部分，其中显示了当传播在依赖 RC 模型的高速缓存一致性系统中执行时，datum 在 datumIsReady 的传播之前被完整地传播。然而，线程 P1 在完成其获取同步之前并不真正需要 datum 的值。在一个称作*惰性释放一致性*（LRC）的一致性模型中，在释放同步之前写入的所有值被推迟到与释放同步本身一起传播。例如，在图 9-6 的下半部分，datum 和 datumIsReady 的新值在释放点一起传播。

至此，读者可能会感到奇怪，为什么推迟写传播是有益的。的确，写的成块传播会减慢释放同步以及后续的获取同步，因此，在硬件实现的高速缓存一致性系统中它们得不到任何收益。但是，在一个处理器之间带宽很小的系统中，或者在一个少量数据的频繁传播比大量数据不频繁传播开销更高的系统中，LRC 的确能改善性能。上述两种情形都存在的一个例子是不提供硬件共享存储抽象的多处理器系统，该系统用软件层来提供共享存储抽象。在这样一个“*软件共享存储*”系统中，写传播以页的粒度传播，因此，每次传播只有一个块修改过的页的做法是非常昂贵的。所以，将写传播推迟到到达释放同步点时再进行，在该时间点一并传播所有被修改过的页面。

319

在硬件支持的高速缓存一致性系统中不使用 LRC，因为在这类系统中，即使写传播是以高速缓存块这样的粒度传播，也可以被高效地执行。

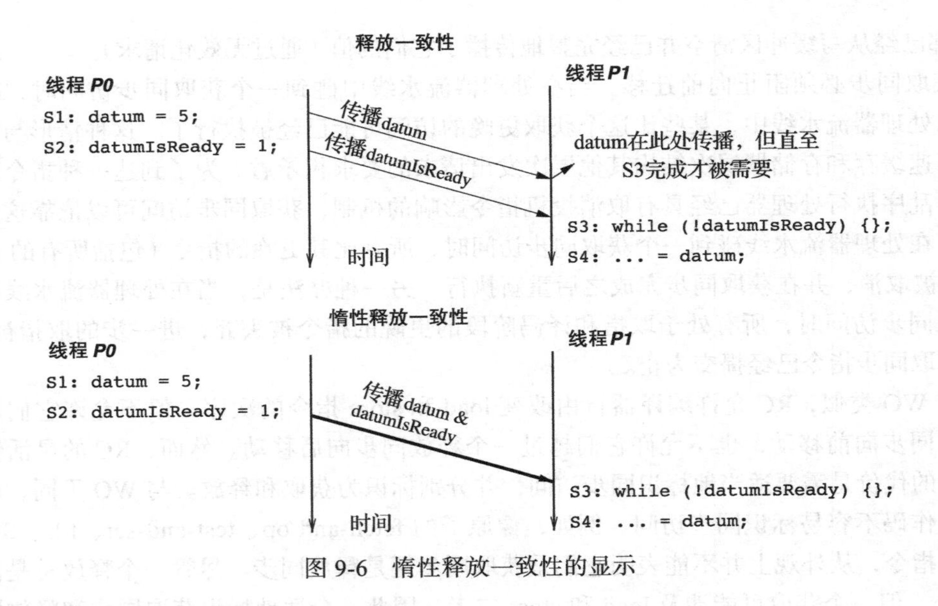

图 9-6　惰性释放一致性的显示

9.4　不同存储一致性模型中的同步

某些程序或线程库是为具有特定的存储一致性模型的平台所开发的，基于其编程方式，可能不适宜将它们移植到具有不同存储一致性模型的系统中。本节将讨论如何把程序从一个模型移植到另一个模型，实现等价执行。注意，那些编写线程库或者操作系统中同步原语的程序员最需要考虑存储一致性模型。

程序员必须采取的第一个步骤是分析系统保证了什么次序，以及他们软件正确执行需要什么次序。然后，他们需要施加额外的排序要求。例如，通过在他们的代码中插入栅栏指令，或者移除不必要的排序要求，如去除一些栅栏指令。多余的栅栏指令只会降低性能，但是缺少栅栏指令可能导致不正确的执行。因此，程序员在放松次序要求时，自然倾向于更为保守的做法，其结果是在像操作系统（OS）这样复杂的代码中，常常会插入过多的栅栏指令。这样做的原因是某些操作系统要在多个机器运行，而那些机器具有各种不同的存储一致性模型。为了使移植变得容易一些，程序员有时会假设最松弛的存储一致性模型，通过保守地插入栅栏指令故意牺牲一些性能。这样，当把代码移植到具有更为苛刻的存储一致性模型的机器上时，对代码就不需要做过多修改。

320

现在，我们假设从这样一些程序开始讨论，这些程序是头脑中具有最严格的顺序一致性模型的程序员所写的，而且在编译过程中维持程序次序。我们希望以几种不同的一致性模型来实现程序，在使用栅栏指令时，我们希望使用尽可能少和尽可能弱的栅栏指令仍能保证正确的执行。我们将以发布 – 等待同步为例来说明这些模型的区别。关于机器，我们将突出下列系统之间的区别，即提供获取类栅栏和提供释放类栅栏的系统，提供 load 类、store 类及全类型栅栏的系统，以及提供标记为释放和获取同步的 store 和 load 的系统。

我们的第一个例子是 IBM PowerPC 风格的体系结构。该类体系结构并不支持把常规的 store/load 标记为获取或释放同步。但是，它提供两类栅栏指令：一种是同时阻止向前和向后迁移的常规全功能（all-out）栅栏指令和一种阻止向前迁移的获取栅栏指令。指令 lwsync 提供了常规栅栏功能，而指令 isync 提供了获取栅栏功能。假设我们要实现代码 9.1 中的发布 –

等待同步，生产者代码需要在写入 datum 和写入 datumIsReady 之间使用常规栅栏，如图 9-7 顶端部分所示。

IBM PowerPC风格

发布同步代码

```
datum = 5;
lwsync
datumIsReady = 1;
```

等待同步代码

```
while (!datumIsReady) {};
isync
... = datum;
```

锁释放代码

```
#end of critical section
lwsync      #full fence
stw r4,r3   #write 0 in r4 to
            #lock address in r3
```

LL/SC锁获取代码

```
loop: lwarx  r6,0,r3 #load linked
      cmpw   r4,r6   #is lock free?
      bne-   wait    #go to wait if not free
      stwcx. loop    #store conditional
      bne-   loop    #if SC fails, repeat
      isync          #acquire fence
      # begin critical section

wait: ...            # wait until lock is free
```

IA-64风格

发布同步代码

```
// suppose R1=5, R2=1

st &datum, R1
st.rel &datumIsready,R2
```

等待同步代码

```
wait: ld.acq R1, &datumIsReady
      sub R2, R1, #1
      biz R2, wait
      ld R3, &datum
```

图 9-7　用不同的平台实现简单的发布 – 等待同步的例子

对于发布同步，常规栅栏对两个写严格排序。仅仅避免超越栅栏的向前迁移并不能阻止把对 datum 的写入移到栅栏之后，而避免向后迁移并不能阻止把对 datumIsReady 的写入向上迁移越过栅栏。这两种情形可能导致推迟对 datum 的写操作的执行或传播，或使对 datumIsReady 的写入执行或传播得太早，这些都是不正确的。所以，在缺少获取或释放同步的标签时，需要一条常规栅栏指令在释放侧提供严格的排序。

在消费者（获取）侧，有两个因素一起保证了正确的执行次序。首先，isync 指令阻止对 datum 的读在 isync 完成之前发出。其次，在针对 datumIsReady 的 load 指令读取到 datumIsReady 的新值，从而使程序退出循环之前，isync 指令本身并不执行。注意，循环与 isync 之间的控制流依赖关系，加上 isync 与 datum 的读出之间的次序，保证了针对 datum 的 load 指令返回 datum 的新值。如果没有 isync 指令，对 datum 的读可能比对 datumIsReady 的读更早地访问高速缓存。单靠控制流依赖关系不足以保证这一点，因为可能正好预测到分支，从而允许较晚的 load 在较早的 load 之前访问高速缓存。

最后，还应注意到，在 isync 指令之前的存储器访问可能比 isync 更晚执行，因为 isync 是一个获取同步，仅仅阻止向前迁移，但不阻止向后迁移。

> **■ 你知道吗?**
>
> *PowerPC* 的 *lwsync* 是一种轻量级的存储器同步栅栏指令。尽管它是一个完全的栅栏，但仅在访问系统存储器时使用。对于设备存储器，它并不创建一个存储器栅障。重量级版本的栅栏是以 isync 指令形式提供的，isync 可适用于系统存储器和设备存储器。适配器设备驱动程序通常需要重量级版本，以便维持设备驱动程序在临界区对系统存储器的访问和对 I/O 适配器的访问之间的时序。

让我们看另外一个例子，在 PowerPC 风格的体系结构上的 LL/SC 锁实现。图 9-7 的中间部分显示了代码。锁获取代码显示 isync 指令正好插在锁获取代码的末尾和临界区中的代码之前。这里，isync 是控制流，依赖于锁获取代码，在控制流确认了一个成功的条件存（SC）之前它不会执行。此外，临界区内的代码不能迁移到 isync 之前，因此，正确性得到保证。锁释放代码则需要一条全功能的栅栏指令 lwsync。这是因为我们既不允许在临界区内的代码越过释放锁的 store 指令（stw r4，r3）向后迁移，也不允许 stw 指令向前迁移。

最后一个例子是关于 IA-64 风格指令集体系结构，该体系结构支持若干指令：mf 是全功能的存储器栅栏指令，st.rel 是释放同步 store 指令，ld.acq 是获取同步 load 指令。为了实现同步的发布部分，我们把针对 datumIsReady 的 store 标记为释放同步访问，如图 9-7 的底部所示。

321 ~ 322

在这个例子中，消费者在等待同步所涉及的 while 循环中执行一系列 load 指令，以及一条针对 datum 的 load 指令。因为循环中的 load 指令涉及获取类型的同步，我们简单地用一条 ld.acq 指令来替代它，标明其作用，以保证针对 datum 的 load 在对 datumIsReady 的 load 执行之前不会被执行。同样，在发布同步的代码中，我们用 st.rel 指令替换针对 datumIsReady 的常规 store 指令，以保证针对 datum 的 store 指令在释放同步的 st.rel 指令执行之前被执行。

与依赖栅栏指令的 PowerPC 风格的存储一致性编程对比，IA-64 风格的存储一致性编程依赖于对存储器操作的标注。出于两个原因，标注存储器的方式更加有效。首先，它使用较少的指令，因为无须使用额外的指令。其次，使用栅栏的方法因采用了一条全功能栅栏指令（阻止向前和向后的迁移），对释放侧的限制更大，而标注方式只使用了一个释放同步（仅阻止向后迁移）。

总之，不同的体系结构支持不同的存储器次序保证机制及安全网，这妨碍了底层代码，如操作系统和线程库的可移植性。与更加严格的存储一致性模型相比，RC 通过允许存储器访问的重新排序而获得明显的性能收益，因此更有吸引力。但是，其编程的复杂性，特别是在不同体系结构中对同步的不同表达方法，可能是令人生畏的。为了避免应对不同体系结构的复杂性，近来出现了一些把存储一致性模型与编程语言相结合的做法，如 Java 内存模型（Java Memory Model）。使用编程语言层次的存储模型，以与体系结构相容的方式翻译代码以适应不同的体系结构，成为 Java 编译器的责任。

323

9.5 习题

课堂习题

1. 假定我们要在一台不强制任何存储器操作次序的机器上运行一段代码。然而，该机器提供栅栏指令，若将栅栏指令插入代码，在位于栅栏前面的存储器操作全局执行完毕之前，它阻止栅栏指令之后的存储器操作启动。为简单起见，假定 lock 和 unlock 函数只包含一条存储器操作，并且已经被标注为获取同步（lock）或释放同步（unlock）。待执行的代码是：

```
lock1
load A
store B
unlock1
load C
store D
lock2
load E
store F
unlock2
```

(a) 插入尽可能少的栅栏指令，保证代码的顺序一致执行。

(b) 基于处理器一致性重做该问题。

(c) 基于弱序重做该问题。

答案：

(a) 代码的顺序一致执行：

```
lock1
FENCE
load A
FENCE
store B
FENCE
unlock1
FENCE
load C
FENCE
store D
FENCE
lock2
FENCE
load E
FENCE
store F
FENCE
unlock2
```

(b) 处理器一致性：

```
lock1
FENCE
load A
FENCE
store B
FENCE
unlock1
load C
FENCE
store D
FENCE
lock2
FENCE
load E
```

```
FENCE
store F
FENCE
unlock2
```

(c) 弱序:

```
lock1
FENCE
load A
store B
FENCE
unlock1
FENCE
load C
store D
FENCE
lock2
FENCE
load E
store F
FENCE
unlock2
```

2. **存储一致性模型的性能**。给定下列代码片断，计算在各种不同存储一致性模型下的执行时间。假设该体系结构具有任意深度的写缓冲区。忽略存储系统的影响，所有指令的执行都是一个周期。在高速缓存缺失下的读和写指令需要100个周期完成（即全局执行完毕）。假设高速缓存行不共享（所以，写命中不产生无效化）。锁变量可以缓存，load不会阻塞。假设初始时所有变量和锁都不在高速缓存中，所有的锁都是打开的。假设一旦一个行进入高速缓存，在代码执行期内它不会被无效化。这里访问到的所有存储单元都是不同的，并映射到不同的高速缓存行。在任意一个给定周期处理器只能发射一条指令，在程序次序中较早的指令优先。假设所有的lock[⊖]原语已被标注为获取同步，所有unlock原语被标注为释放同步，以及存储器操作的时延一样。

324~325

(a) 如果维持顺序一致性的充分条件，执行这段代码需要多少周期?

(b) 基于弱序重复(a)中的问题。

(c) 基于释放一致性重复(a)中的问题。

答案:

让我们使用这样的表示法:(开始时间，结束时间)

指令	Hit/Miss	SC	WC	RC
Load A	Miss	(0, 100)	(0, 100)	(0, 100)
Store B	Miss	(100, 200)	(1, 101)	(1, 101)
Lock (L1)	Miss	(200, 300)	(101, 201)	(2, 102)
Store C	Miss	(300, 400)	(201, 301)	(102, 202)
Load D	Miss	(400, 500)	(202, 302)	(103, 203)
Unlock (L1)	Hit	(500, 501)	(302, 303)	(203, 204)
Load E	Miss	(501, 601)	(303, 403)	(104, 204)
Store F	Miss	(601, 701)	(304, 404)	(105, 205)

3. **在不同存储一致性模型下的结果**。给定下面的代码片断，说明在顺序一致性(SC)、处理器一致性

⊖ 原书中出错，此处的“unlock”已删。——译者注

（PC）、弱序（WO）和释放一致性（RC）下，什么读结果是可能的（或不可能的）。假设所有的变量在代码执行前被初始化为 0。所有的指令被标注为常规的 load（LD）和 store(ST)、同步操作（SYN）、获取（ACQ）和释放（REL）。

此外，如果你发现某些结果在 SC 下不可能得到，给出能产生这些结果的操作次序。

（a）

P1	P2
(ST) A=2	(LD) read A
(ST) B=3	(LD) read B

（b）

P1	P2
(ST) A=2	(LD) read B
(ST) B=3	(LD) read A

326

答案：

（a）

Possible Result	SC	PC	WO	RC
read A returns 0, read B returns 0	yes	yes	yes	yes
read A returns 2, read B returns 0	yes	yes	yes	yes
read A returns 0, read B returns 3	yes	yes	yes	yes
read A returns 2, read B returns 3	yes	yes	yes	yes

（b）

Possible Result	SC	PC	WO	RC
read A returns 0, read B returns 0	yes	yes	yes	yes
read A returns 2, read B returns 0	yes	yes	yes	yes
read A returns 0, read B returns 3	no	no	yes	yes
read A returns 2, read B returns 3	yes	yes	yes	yes

在 SC 下，我们知道 A = 2 → B = 3，read B → read A。此外，若要 read A 返回 0，必须发生一个额外的序 read A → A = 2，这意味着 read B → read A → A = 2 → B = 3。若要 read B 返回 3，发生额外的序 B = 3 → read B，这意味着 A = 2 → B = 3 → read B → read A。因为这两个序之间矛盾，所以该结果在 SC 下不可能。

4. **在不同存储一致性模型下的结果**。给定下面的代码片断，说明在顺序一致性（SC）、处理器一致性（PC）、弱序（WO）和释放一致性（RC）下，什么读结果是可能的（或不可能的）。假设所有变量在代码执行前被初始化为 0。所有的指令被标注为常规的 load（LD）和 store（ST）、同步操作（SYN）、获取（ACQ）和释放（REL）。

此外，如果你发现某些结果在 SC 下不可能，给出能产生这些结果的操作次序。

（a）

P1	P2
(ST) A=2	(ACQ) while (flag==0) ;
(REL) flag=1	(LD) print A

（b）

P1	P2	P3
(ST) A = 1	(LD1) read A	(LD2) read B
	(ST) B = 1	(LD3) read A

答案：

（a）

Possible Result	SC	PC	WO	RC
read A returns 0, read flag returns 0	no	no	no	no
read A returns 2, read flag returns 0	no	no	no	no
read A returns 0, read flag returns 1	no	no	no	no
read A returns 2, read flag returns 1	yes	yes	yes	yes

327

SC 强制 A = 2 → flag = 1 和 read flag → read A 的次序。进而，若要退出针对多个“read flag”的循环控制机制，只有下列次序发生：flag = 1 → read flag。所以，在 SC 下，只有以下时序是可能的：A = 2 → flag = 1 → read flag → read A，对这个次序而言，唯一可能的结果是 read A 返回 2，read flag 返回 1。

（b）

Possible Result	SC	PC	WO	RC
LD1 LD2 LD3 = 0 0 0	yes	yes	yes	yes
LD1 LD2 LD3 = 0 0 1	yes	yes	yes	yes
LD1 LD2 LD3 = 0 1 0	yes	yes	yes	yes
LD1 LD2 LD3 = 0 1 1	yes	yes	yes	yes
LD1 LD2 LD3 = 1 0 0	yes	yes	yes	yes
LD1 LD2 LD3 = 1 0 1	yes	yes	yes	yes
LD1 LD2 LD3 = 1 1 0	no	no	yes	yes
LD1 LD2 LD3 = 1 1 1	yes	yes	yes	yes

为了让 LD1（read A）能返回 1，下列时序必须发生：A = 1 → LD1。为了让 LD2 能返回 1，下列时序必须发生：B = 1 → LD2（read B）。所以，这些时序意味着下列全局次序：A = 1 → LD1 → B = 1 → LD2 → LD3。这个全局次序意味着 LD3（read A）会返回 1。如果它返回 0，那就发生了矛盾。

课后习题

1. 给定下列代码，在顺序一致性（SC）、处理器一致性（PC）、弱序（WO）和释放一致性（RC）下可能得到什么结果。假定 a 和 b 是存储器地址单元，初始值为 0。某些 load 或 store 指令可能被标注为获取同步（ACQ）或释放同步（REL）。ACQ 或 REL 在 WO 中被解释为同步标注。

   线程 1 的代码：

   ```
   S1: a = 1;
   S2: b = 1;
   ```

   线程 2 的代码：

   ```
   S3: ... = b;
   S4: ... = a;
   ```

2. 对于下列代码，在顺序一致性（SC）、处理器一致性（PC）、弱序（WO）和释放一致性（RC）下可能得到什么结果。假定 a 和 b 是存储器地址单元，初始值为 0。某些 load 或 store 指令可能被标注为获取同步（ACQ）或释放同步（REL）。ACQ 或 REL 在 WO 中被解释为同步标注。

   线程 1 的代码：

S1: a = 1; (REL)
S2: ... = b;

线程 2 的代码：

S3: b = 1; (REL)
S4: ... = a;

3. 给定下面的代码片段，计算它在各种存储一致性模型下的执行时间。如果命中高速缓存，每条指令的执行需要 10 个周期，如果高速缓存缺失，则需要 100 个周期才能完成全局执行。假定高速缓存块不共享（因此，不涉及无效化）且 load 是非阻塞的。假设高速缓存空间足够大，初始为空。处理器每周期发射一条指令，程序次序较早的指令优先发射。存储器访问包括：Store A，Load.Acq B，Load C，Store.Rel B，Store D，load E，Load A。在每个单元格中显示指令的开始时间和结束时间。程序员已将某些 load/store 标记为同步及相应的类型（获取或释放）。
4. 假设你的机器不保证任何次序，除非使用栅栏指令。栅栏指令只有在它前面的存储器操作全局完成后，才允许它后面的存储器操作执行。插入以这样的方式工作的栅栏来保证 SC、PC 和 WO。原始代码是：Lock L1，Rd A，Rd B，Wr B，Wr D，Rd E，Unlock L1，Rd F。
5. 假设你的机器保证处理器一致的执行，它也提供栅栏指令。栅栏指令只有在它前面的存储器操作全局完成后，才允许它后面的存储器操作执行。插入以这样的方式工作的栅栏来保证 SC、PC 和 WO。原始代码是：Lock L1，Rd A，Rd B，Wr B，Wr D，Rd E，Unlock L1，Rd F。

328
~
329

第 10 章

Fundamentals of Parallel Multicore Architecture

高级缓存一致性设计

在第 7 章，我们讨论过缓存一致性协议的基本问题，主要关注广播 / 侦听协议在各种不同的互连网络中的设计（共享总线和点对点）。在本章，我们会关注缓存一致性协议设计中更加高级的议题。其中一个问题是缓存一致性协议如何适应更大规模的系统。广播和侦听协议更早地涉及了可伸缩性问题，因为流量和侦听频率是随着处理器个数的增加至少呈线性增加趋势的，可用的互连网络带宽会很快被广播流量占满。本章会讨论目录式缓存一致性协议，这种协议可以通过可伸缩性实现来避免广播流量。我们会讨论基于该协议的一致性协议的实现问题，例如如何处理协议竞争，以及瞬时状态的使用等。最后，我们会讨论当前多核设计问题，例如如何处理不精确的目录信息、讨论一致性需要被以单个粒度来跟踪还是应该以多个粒度来跟踪、如何设计一致性可允许多核系统执行分区，以及线程迁移代价如何降低。

331

10.1 目录式一致性协议

可伸缩性最好的组织方式是使用点对点互连方式，以及目录方式，而不是广播和侦听方式。在目录方式中，有关哪个缓存保存了哪个数据块的副本这类信息被保存在一个称为目录的数据结构中。利用这种方式，定位一个被缓存的数据块不再依赖于将一个请求广播到所有处理器，而是检索目录，找出该数据块相关联的缓存，然后只向这些缓存发送请求。如果一个数据块在所有处理器中都保存了副本，那么这个请求必须发送到所有处理器，这会产生与广播 / 侦听方式相类似的流量。然而，如果一个块只被少量处理器缓存了，那么目录方式的流量相比广播 / 侦听方式的流量将有根本上的变化。那么究竟哪种情况在现实中更常见呢？经过精心调优的应用程序一般会很少呈现出对频繁读写的数据块的数据共享。因为如果有大量这样的数据，由于需要临界区来保护对数据的访问，以及由于频繁将数据置为无效引发的一致性缺失，应用程序会受害于额外的串行化代价。因此，在充分调优的应用程序中，大多数的数据共享只发生在只读数据，读写数据块很少被共享。对上述这种特点的数据来说，写操作一般只会影响到很少的数据块（如将其置为无效），相比广播 / 侦听方式，目录方式可以节约大量的网络流量。有一种情况或许会使目录式协议与广播 / 侦听协议相比较时优势不明显，即所有处理器频繁读写某一个变量，造成高度竞争同步。不过，这种情况也正暗示着应用中有大量的对数据置无效的操作，这些操作造成了性能和可伸缩性的限制，而这种问题并不能靠总线式协议来解决。

10.2 目录式一致性协议概览

图 10-1 展示了目录式一致性协议的一个基本工作方式。图中上半部分展示了一个读请求是如何被处理的，下半部分展示了一个写请求是如何被处理的。我们从上半部分开始。初期，假设一个数据块 B 被保存在处理器 P3 的缓存中，状态是“修改”(M)。这个数据块在其他缓存中没有副本。假设处理器 P0 要读数据块 B，并引发了一个缓存缺失。这个缺失触发了一个对目录的查询（第一步）。由于 P3 中被缓存的这个副本是系统中唯一有效的副本，数

据块 B 必须从 P3 中得到。目录包含了必要的信息它记录了 B 是以 M 状态保存在 P3 的缓存中的。目录转发请求到 P3 的缓存（第二步）。最后，P3 的缓存响应请求，把数据块传送给请求者（第三步），可以直接转发，也可以通过目录转发。注意，在这个例子中，与广播一致性协议相比，目录方式节约了大量网络流量。一个广播协议会使 P0 将它的读缺失的请求发送到所有其他处理器 / 缓存中，因为它不知道哪个缓存保存有该数据的副本。

图 10-1 的下半部分展示了写请求是如何处理的。假设一个数据块 C 被保存在处理器 P0、P1 和 P2 的缓存中，状态是“共享”（S）。首先，请求者 P0 向目录发出一个请求，要求更新块 C 的状态（第一步）。请求者可能有也可能没有这个数据块的副本（图中显示的是请求者本地缓存中有副本的情况）。目录查找它的目录信息后发现，除了请求者，只有 P1 和 P2 保存有块 C 的副本。因此，它发送置无效消息到 P1 和 P2（第二步）。那么数据的共享者通过发送一个置无效确认消息来做出响应，表示它已经接收到了置无效消息，并将对应数据块置为无效了（第三步）。如同前面的例子中一样，与广播一致性协议相比，目录协议减少了大量网络流量，这些广播一致性协议可能会向所有其他处理器发送置无效信息。

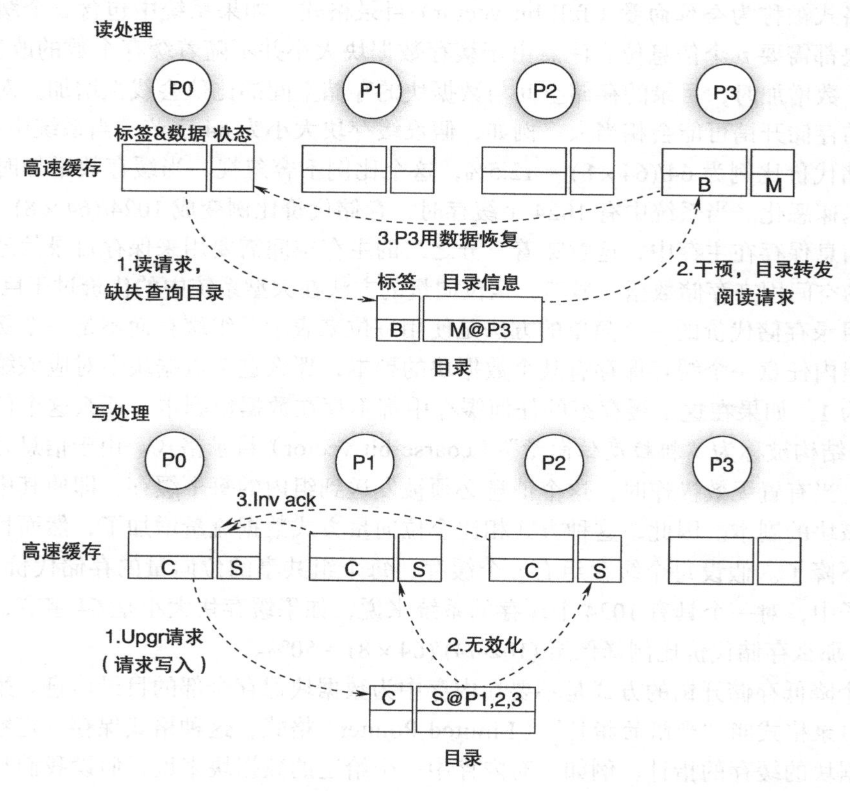

图 10-1　目录式一致性协议的基本操作

目录格式和位置

在上一节，我们讨论了可以服务于读或写请求的基本协议。需要特别强调的是，当读 / 写请求到达目录后，目录必须知道：1）哪个缓存保存有这个数据块的副本；2）这个数据块在每个缓存是以什么状态被保存的。

为了满足第一个要求，目录可以直接把缓存中数据块的状态完全复制过来。例如，当缓存使用MESI协议的状态时，理想情况下目录应该也保存一个MESI状态，这样可以完美地反映数据块在缓存中的状态。然而，目录状态不可能永远反映数据块的缓存状态。例如，在MESI协议中，如果一个数据块在一个局部缓存中处于“独占”(E)状态，那么当处理器写入该块时，它可以自行执行该写入，而不发出任何消息，因为不会有其他数据副本存在于其他缓存中。因此，这个数据块的状态就会自行从“独占”改为“已修改”，该数据块的值也会自行更改。在这种情况下，目录不会看到数据块从“独占”到“已修改”的状态转换。因此，在运行MESI协议时，目录无法区分缓存中的一个块的状态究竟是“独占”还是“已修改”。因此，为了“迎合”MESI缓存状态，目录只需要保存三个状态：独占/已修改（EM)、共享（S）或者无效（I)。

332～333

为了知道哪个缓存保存了数据块副本，目录的格式有多种可以选择的设计方式。针对每一个特定系统选择目录格式时，需要重点考虑的问题是存储代价以及目录存储空间是否会不足而导致信息溢出。

一种格式是为每个局部缓存保留一个信息位，用来指示该数据块是否存在于这个缓存中。这种格式被称为*全位向量*（full bit vector）目录格式。如果系统中包含p个缓存，内存中的每个块都需要p个信息位。注意由于缓存数据块大小并不随着缓存个数的改变而改变，当缓存的个数增加时，目录的存储空间与数据块的存储空间的比值会线性增加。对大型机来说，目录的存储开销可能会相当大。例如，假设缓存块大小为64字节，当系统中有64个缓存时，存储代价比例为$64/(64 \times 8) = 12.5\%$，这个比例不容忽视。当缓存数增加时，存储代价问题会迅速恶化。当系统中有1024个缓存时，存储代价比例变成$1024/(64 \times 8) = 200\%$！如果目录信息保存在主存中，这意味着三分之二的主存空间需要用来保存目录信息，而只有三分之一的空间用来存储数据。显然，全位向量的方法在大型系统中的代价过于巨大。

降低目录存储代价的一个简单的方法是使用一位来表示一组缓存而不是一个缓存。如果一个缓存组内任意一个缓存保存有某个数据块的副本，那么这个数据块中对应该缓存组的值应该被置为1。如果在这个缓存组的任何缓存中都不存在数据块副本，那么这个信息位的值为0。这个结构被称为“*粗粒度位向量*”（coarse bit vector）目录格式。由于信息是保存在缓存组里的，当有置无效操作时，这个消息必须被发送到组内的每个缓存，即使其中只有一个缓存具有该块的副本。因此，这种方式相比全位向量方式数据流量增加了，然而目录的存储空间需求下降了。假设每个缓存组有g个缓存，每个组共享的位向量的存储代价是p/g。在上面的例子中，对一个具有1024个缓存的系统来说，如果缓存块大小是64字节，缓存组的大小是4，那么存储代价比例降低至$(1024/4)/(64 \times 8) = 50\%$。

另一个降低存储开销的方式是不要在内存中为数据块保存全部的目录信息。采用这种方式的一种目录格式叫“*受限的指针*”（Limited Pointer）格式，这种格式保存一定数量的指向共享该数据块的缓存的指针。例如，对内存中一个给定的数据块来说，假设我们只保存最多指向n个缓存的指针，每个指针需要$\log_2(p)$个信息位来表示节点（缓存）的ID，那么，每个数据块需要的存储空间是$n*\log_2(p)$。对一个1024个节点（缓存）的系统来说，如果每个缓存块大小是64字节，每个块保存8个指针，那么存储开销比例是$(8 \times \log_2{}^{1024})/(64 \times 8) = 15.6\%$，这显著低于全位向量格式。当然，降低存储开销的数量依赖于每个数据块最多保存多少指针。然而，一个特定的数据块实际上很少会出现在多个缓存里，所以大多数情况下4～8个指针就足够用了。

当共享该数据的缓存数大于指针的上限时，目录应该怎么处理呢？在这种情况下，目录达到了它可以保存的ID数目限制。应对策略有如下几种：一种策略是不要允许这种情况发生。这意味着当有一个缓存要创建一个数据块的副本时，目录选择一个当前保存有该数据块副本的缓存，向它发送置无效消息使之无效，从而使数据块的信息位腾出空间来记录新的缓存。这种策略可能会适得其反，例如当数据块中包含有需要全局同步的数据（如集中式栅障）时，数据块才出现被多个缓存共享的情况。在这种情况下，数据被大范围的共享是很正常的，如果共享数被人为降低，那么这个栅障的执行会显著变慢。其他策略，如当超出指针上限时将目录模式转变成广播模式，也会遇到类似问题。另一个可能的策略是保留一个空指针的池，这个池中的指针可以被分配给遇到类似大范围数据共享的缓存数据块，因为这种情况发生的概率小，所以指针池中的空指针数不需要太大。

334

对所有内存块来说，受限的指针格式保存着有限的目录信息。另一种保存部分信息的方式是只保存内存中一部分数据块的完整目录信息。注意在一个典型的系统中，内存中的数据块数量远远超过了能够被缓存的数据块的数量，因为内存的大小远超缓存。因此，对大部分数据块来说，目录状态只会指出它们根本没有被缓存。一种压缩目录存储的方式是删除这种没有缓存数据块的目录信息，只保留被缓存的数据块的目录信息。这个观察启发了一种目录格式，即*稀疏目录格式*。在稀疏目录格式中，当产生一个对数据块的请求时，该请求先在*目录缓存*中被检索。如果这个数据块的条目在缓存中被检索到了，那么就可以获得目录信息；如果没有检索到，这个块一定还没有被缓存过。因此，就可以在目录缓存中为该数据块创建一个新的条目。如果目录缓存大小足够的话，所有被缓存的块的目录信息应该都可以放进去。然而，在这种情况下有一个溢出的风险。原因是一个干净的块可能会被缓存“无声无息”地替换，替换时并不通知目录缓存。因此，目录缓存可能会仍然保留着这个数据块的目录条目，而使得某个被真正缓存的数据块的条目无法添加进来。当目录缓存的空间用完之后有一种可能性，即某个已经被清除的数据块的信息在缓存中存在，而删除了一个数据块仍然存在于缓存中的目录条目。因此，溢出是完全可能的，必须采用与处理受限的指针模式类似的方法来解决这种问题。

■ 你知道吗？

注意在实际系统中，目录格式并不是唯一的，我们可以同时采用多种格式。例如，受限的指针格式可以与粗粒度格式结合，让指针指向一组处理器节点而不是只指向一个节点。又或者，一个粗粒度位向量格式或者受限的指针格式可以与稀疏目录联合使用，从而进一步优化存储空间。最后，面对不同的实际情况，系统可以从一种格式切换到另一种格式。例如，在SGI Origin 2000系统中，当数据块只被保存在一个处理器节点时，系统使用了一个受限的指针模式的目录格式；当数据块被保存到多于一个处理器节点时，使用的是全位向量格式（用一个信息位对应两个处理器节点中的一个）；而在系统扩展到超大规模时，使用了粗粒度位向量格式。

目录设计中的另一个问题是目录保存在什么位置。这个问题包含很多个方面。其中一个方面是目录只存在一个位置（*集中式部署*）还是被分成多个部分保存在不同的地方，每个部分与一部分地址相关联（*分布式部署*）。集中式目录设计是比较简单的。然而，任何集中式设计在可伸缩性上都会在某些情况下会成为系统瓶颈：所有的缓存缺失请求都会被发送到一个相同的位置，所有的置无效请求也会从同一个位置被发送出去。因此，目录的可伸缩能力需要以分布式方法来实现。然而，如何设计分布式目录目前仍然是一个开放性问题。

335

如何设计分布式目录结构需要考虑以下几个因素：一个因素是确定能够有效分流流量的最少分块数量。这里没有简单的设计规则可以遵循，因为问题的答案依赖于网络的特征，如网络拓扑、带宽和时延等。另一个要考虑的因素是当一个数据块没有被缓存时目录从下一级存储器取得数据的大概时间，因为这决定了缓存缺失时延。考虑图10-2的一组例子。

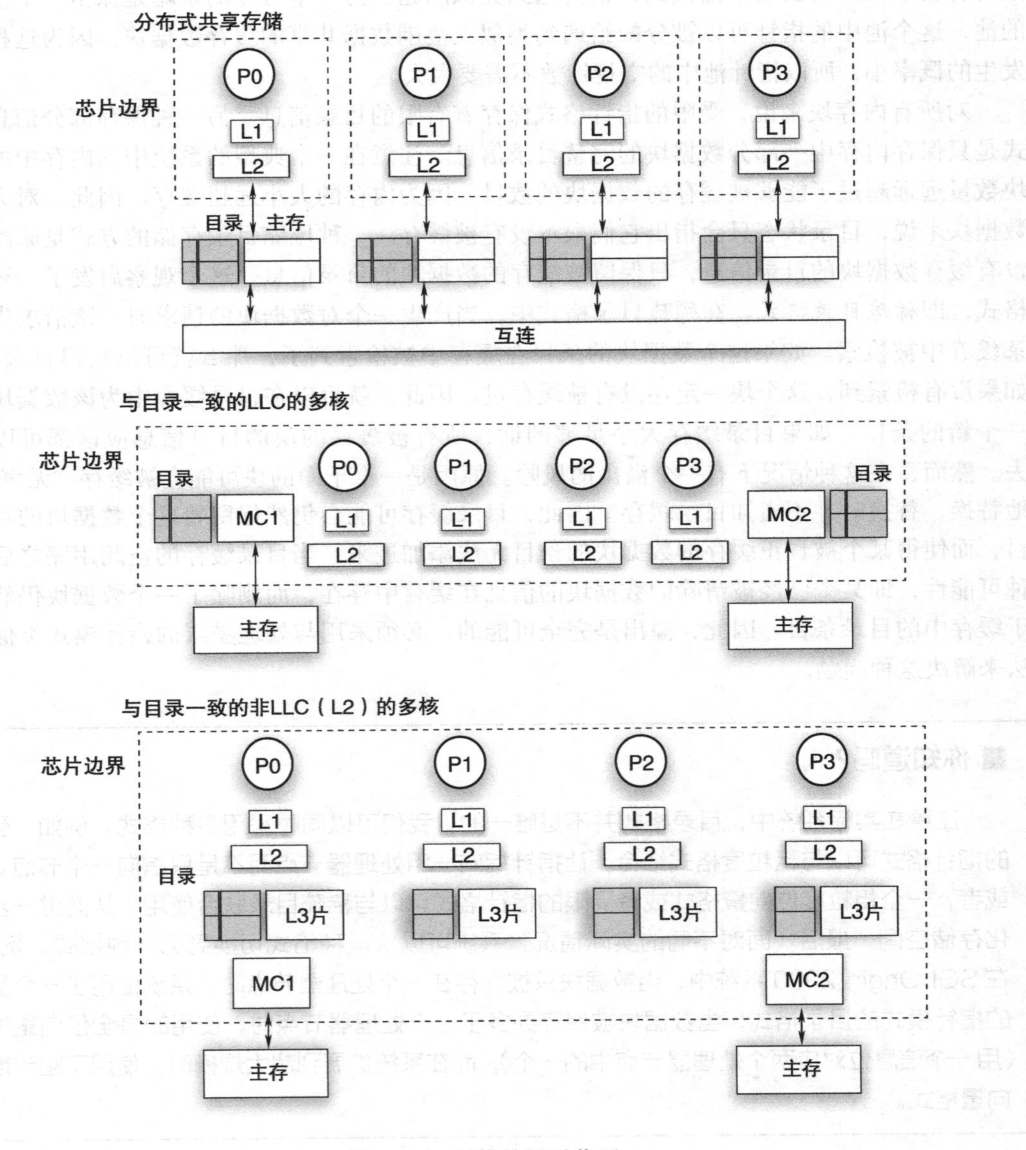

图10-2 可能的目录位置

336

图10-2的顶部展示了一个分布式共享存储（DSM）系统的经典组织方式。这是一个由多个节点互连而形成的一个更大的共享存储系统，每个节点包括一个处理器、多个缓存层次和内存。系统的物理地址是以页为粒度跨内存交叉编址的，第0帧内存页映射到第一个内

存，第 1 帧映射到第二个内存，第 2 帧映射到第三个内存……当最后一级缓存缺失时，缺失请求被发送到与该页帧地址相关联的内存。这个内存或该内存所在的节点被称为该数据块的根节点。根节点可能是本地节点，也可能是远端节点，取决于缺失数据块所在的地址。目录被划分成多个不同的部分，这些部分以分布式和交叉存取的方式部署在系统中，与内存的部署方式相同。因此，当一个块缺失请求被转发到根节点后，目录会被检索，用来查找块的状态。如果这个块是未缓存的，那么数据可以从相同节点的主存中获取，有利于数据的快速取得。

图 10-2 的中部展示了一个带有最后一级缓存的多核芯片，它用一个目录式一致性协议保持一致性。为了便于说明，在该图中，L2 缓存是最后一级缓存。然而，这也可以是任何一种最后一级缓存，如 L1、L3、L4 缓存等。

这种系统与分布式共享存储（DSM）系统有一点区别，该系统中与目录协议关联的存储器结构是缓存而不是主存。缓存可能会缺失，但是主存不会。如果某个数据块在 L2 缓存缺失，请求会被发到一致性目录，如果目录发现这个数据块不存在于任何一个其他 L2 缓存中，那么它必须从芯片外部的存储器中调取数据。在这里，访问外部存储器指的是通过其中一个处理块地址的存储控制器访问主存。因此，为了快速获取数据，将存储控制器和目录部署到一起，并以相同的交叉访问的方式来寻址目录是很有意义的。一个潜在的问题是可能没有足够数量的内存控制器来使流量在整个芯片中散布得更为均匀。例如，有些多核芯片只有两个内存控制器，有些芯片可能会有三到四个，但是极少芯片会有多于四个存储控制器，因为每个内存控制器都需要固定位数的输出引脚，而处理器的引脚数一般是受限的（基于价格和芯片面积）。

图 10-2 的底图展示了一个多核芯片，该芯片的非最后一级缓存（L2）使用一个目录协议保持一致性。该处理器还有一个 L3 缓存，L3 缓存在物理上是分布的，但是逻辑上是被所有核共享的。在这种情况下，当 L2 缓存缺失时，查询目录，如果该块未缓存，那么它应该可以从 L3 缓存的某一个分区中获得。因此，将目录和 L3 缓存的分区同时部署，并以 L3 分区的方式交叉分布目录的地址是很有意义的。然而，这里有一个额外的问题要考虑。这里有一个将目录和 L3 的标签阵列合并的机会。本质上说，每个 L3 缓存的标签阵列条目增加了特定块的目录信息。合并标签阵列和目录的一个好处是一次查询可以在确定块的目录信息时，知道 L3 中是否存在这个数据块。这样做可以降低 L2 缓存缺失的时延，以及降低 L3 缓存的命中 / 缺失时延。而合并的缺点在于目录只能追踪 L3 中所保存的块（不在 L3 中的块将不会具有目录信息）。这个缺点会导致 L2 中的块必须都存在于 L3 中（即 L2 和 L3 是包含关系），因为 L2 中的块必须有对应的目录条目，而这个目录条目需要由一个 L3 中的缓存行来保存。

337

另一个问题是目录的信息在物理上是如何保存的。目录可能会以分离式结构实现，或者嵌入到现有的与它一起存储的（存储器）结构里。分离式结构的目录比嵌入式结构的目录要求的工程代价更大，但是不会影响现有存储器结构的容量。例如，在一个分布式共享存储的例子里，目录可能以一种分离的 DRAM 结构实现。目录也可以作为主存的一部分而保存。在启动时，硬件将一部分内存分离出来，从而使这些内存可以被一致性控制器管理，并且是操作系统可见的。目录嵌入方式的好处是这种方式很简单，而且不需要修改内存。而缺点是对目录的访问会与对内存的数据访问产生竞争，这种竞争可能会带来显著的数据访问时延和目录访问时延。另一个方式是将目录信息保存在与处理器相同的芯片里。这种方法的优势是本地处理器可以迅速确定该数据块是在本地缓存还是远端缓存，而不需要花很多时间来访问片外目录。这种方式的缺点是目录会占用芯片的面积，而留给其他功能模块的芯片资源会减少。

■ **你知道吗？**

这里有一些目录实现的例子。

在IBM Power4体系结构中[27]，目录信息被存储在处理器芯片里。为了减少目录的大小，在目录中只保留一个数据位来标示是否该数据块只在本地处理器中有副本（芯片中有两个处理器），或者被其他处理器或远端处理器缓存了。如果这个数据块只保存在本地缓存中，读/写请求就会在本地处理。然而，如果这个块被远端缓存了，目录信息没有足够的信息来判断哪个处理器可能会有该数据块的副本。因此，请求会被广播到所有其他处理器。当很多数据都被多个处理器芯片共享时，这种方式会显著增加流量。然而，这种情况很少发生，因为：1）多处理器系统一般只是中等规模的处理器；2）大部分经过调优的程序很少有处理器间的数据共享。

在AMD Opteron系统[4]中，目录维持多个芯片间最后一级缓存（LLC）的一致性。这个系统实现了一个削减了功能的目录系统（被称为*探针过滤器*）。一个目录条目保存一个缓存数据块的状态和一个指向一个缓存的指针（受限的指针格式，如果这个缓存以独占或修改状态保存了该数据块）。如果一个数据块以共享状态被缓存，那么该系统会退化为广播协议。这个目录被嵌入到最后一级缓存结构中了，因此在只有一个多核芯片的系统中，没有被用到的目录不会创建任何额外的空间。L3缓存的容量为6MB，其中目录占用最多2MB。目录只在由多个多核芯片组成的一个更大的系统时才会占用空间。

多核结构上也可以推断出类似权衡。例如，考虑一个非LLC的目录式一致性协议，以及当目录嵌入L3缓存中的情况。其中一个好处是不需要分离的或者是专用的目录结构。另一个好处是灵活性：如果缓存一致性没有被激活，那么就不会引入开销。当然将目录嵌入L3也有很多缺点，例如，目录访问和L3数据缓存访问会产生竞争、会降低L3缓存的容量、目录访问会比分离式结构的慢。

338

10.3　目录式缓存一致性协议基础

迄今为止，我们讨论了一个基本协议是如何工作的，以及什么信息需要被保存在目录中。现在，我们需要深入目录式缓存一致性协议的实现细节。这里假设是在一个分布式共享存储的系统（见图10-2）中实现缓存一致性协议。注意，目录式协议在其他硬件配置下的运行方式是类似的。对实现的讨论主要分两步。首先，我们会描述一个工作协议，而不讨论一些可能的设计选择以及这些选择会带来的影响。另外，我们会讨论保证正确性和性能的更多细节。

为了从一个基础的一致性协议开始讨论，我们假设缓存的所有节点采用的是MESI状态。因此，在目录中，我们为每个内存数据块保存如下信息：

1）独占或修改（EM）：该数据块被以独占状态或修改状态缓存，而且仅仅存在于一个缓存里。

2）共享（S）：数据块以未被修改的状态被缓存，可能被保存在多个缓存里。

3）未缓存（U）：数据块没有被缓存，或者被缓存了但是状态已被置为无效。

回想一下，目录无法区分某个数据块是被“干净”地独占还是“脏”的（已修改的状态）。因此，目录将这两种情况合并到一起。

该目录式协议支持以下请求类型：

1）Read：某个处理器发出的读请求。

2）ReadX：某个不具有该数据副本的处理器发出的独占读（写）请求。

3）Upgr：由某个已经具有该数据块的处理器发出的更新数据块的状态的请求，从S改为M。

4）ReplyD：从根节点到请求节点的回复，包含一个内存数据块的值。

5）Reply：从根节点到请求节点的回复，不包含内存数据块的值。

6）Inv：由根节点发给其他缓存的置无效请求。

7）Int：由根节点发给缓存的干预（将状态回退到S）请求。

8）Flush：缓存块拥有者将数据块发出。

9）InvAck：确认接收到了置无效请求的消息。

10）Ack：确认接收到了除置无效之外其他任何请求的消息。

前三个类型的消息（Read、ReadX和Upgr）是由请求者产生的，被发送到数据块的根节点，根节点也就是数据块的目录信息所处的节点。Read是从一个未被缓存的数据块中读取数据的请求（读缺失），而ReadX和Upgr是请求写入一个数据块中，ReadX用于数据块不在缓存中，而Upgr用于数据块位于缓存中。此后的两个消息（ReplyD和Reply）是目录向请求节点发出的响应。这种响应消息可能会包含数据（如果是ReplyD），也可能是不包含数据的消息（Reply）。之后的两个类型的消息（Inv和Int）是由数据块的根节点发给共享者的消息（将其置为无效），或者是发给数据块拥有者的消息（将其状态退回到共享）。最后三类消息（Flush、InvAck和Ack）是对Inv和Int消息的响应，用于写回/清空一个“脏”缓存数据块、接收到Inv消息及其他类型消息的确认。 339

注意有些消息会被合并成一个消息，如一个数据块的拥有者清空了这个块并确认一个置无效的请求。在这种情况下，我们会把这样的合并消息称为“Flush+InvAck”。

目录中采用的对应于一致性协议的有限自动机如图10-3所示。斜线（“/”）的左边是目录收到的来自一个处理器的请求，圆圈中的是消息的发送者（请求节点）。斜线的右边对应着目录发出的消息，这些消息是对来自处理器请求的回应。目录中处理共享位向量的一致性动作没有在图中展示出来。

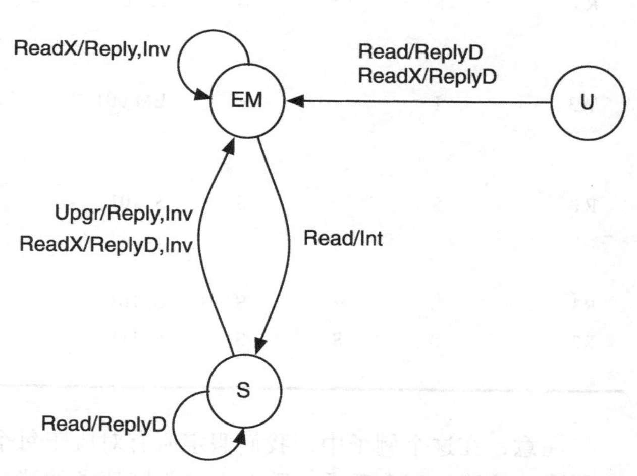

图10-3 简化的目录状态有限状态一致性协议图

让我们先考虑目录状态是未缓存（U状态）的情况。如果有一个独占读请求，目录从本地内存获取数据块，并发送一个数据响应消息给请求者，并把状态转换到EM（目录还会改变共享位向量中请求数据节点对应的位置，不过图中没有展示出来）。类似的，如果有一个读请求，目录会从本地内存中取得数据块，并发送给请求者一个数据回复。请求者会是系统中第一个共享该数据块的节点，目录的状态也会随之转换成EM。

处于共享目录状态时，当存在读取请求时，该目录知道它在本地内存中具有有效块。因此，它将数据回复给请求者并相应地更新共享向量。目录状态保持共享。如果请求是独占读取的，则目录通过将块的数据值发送给请求者进行响应，并且向所有当前共享者发送无效化消息。发送给请求者的数据回复消息还包括请求者期望接收的无效确认的数量。目录状态转换为EM。但是，如果它是升级请求，则该目录将无效化消息发送给共享者，并向请求者发送没有数据的回复。

340

最后，当目录状态是EM时，如果收到读取请求，则新状态将为“共享”，并向该块的所有者发送干预请求。干预请求还包含请求者的ID，以便拥有者知道往哪里发送该块。如果收到读取独占请求，则新处理器想要写入该块，因此该目录需要向当前所有者发送无效化消息。无效请求还包含请求者的ID，以便拥有者知道要发送块的位置。请注意，该块可能是拥有者的独占或修改过的旧目录，但该目录不知道是哪种情况。无论哪种情况，在接受干预或无效化时，拥有者必须做出适当的回应。

为了说明协议的操作，考虑表10-1中所示的单个内存块的存储访问流示例，假定三节点多处理器，其中每个节点具有一个处理器、高速缓存和一个带有一致性目录的内存，目录内包含所有本地内存块的信息。我们假设目录格式由目录状态和全位共享向量组成。该表格按照以下格式显示各种处理器发出的请求：Rx或Wx，其中R代表读取请求，W代表写入请求，x代表发出请求的处理器的ID。还显示了由处理器请求生成的消息，格式为Msgtype（Src → Dest）。

表10-1 基于目录式一致性协议操作

请求	P1	P2	P3	目录	消息	跳数
初始化	—	—	—	U, 000	—	2
R1	E	—	—	EM, 100	Read(P1 → H) 2 ReplyD(H → P1)	0
W1	M	—	—	EM, 100	—	3
R3	S	—	S	S, 101	Read(P3 → H) 3 Int(H → P1) Flush(P1 → H // P1!P3)	

W3	I	—	M	EM,001	Upgr(P3 → H) 3
					Reply(H → P3) // Inv(H → P1)
					InvAck(P1 → P3)
						3

R1	S	—	S	S, 101	Read(P1 → H) 3 Int(H → P3) Flush(P3 → P1 // P3!H)	3
R3	S	—	S	S, 101	—	0
R2	S	S	S	S, 111	Read(P2 → H) 2 ReplyD(H → P2)	2

注意，在这个例子中，我们假定所有对应于每个请求的消息都是原子地发生的，即来自不同请求的消息不会重叠。重叠来自不同请求的消息可能引入潜在的正确性问题，并且必须

正确处理（将在后面的章节中讨论）。目前，我们假设一次处理一个请求。

这个例子并没有假设块的Home位置在哪里。每次消息从处理器发送到另一个处理器或根节点时，它都会计为一跳，并显示在一行中。在接收到先前消息之前不能发送的消息表示消息的依赖性，并且它们必须以两个不同的跳跃发送。不具有依赖性的消息可以并行发送，在表中用符号"//"表示。

最初，该块未被缓存，因此目录内容指示未缓存（U）状态，并且全位共享向量在所有位中都为0。当处理器P1想要读取该块时，它向根节点（第一跳）发送读取请求。根节点检查目录并发现该块未被缓存，因此它具有该块的最新值。然后它将包含块的数据值的ReplyD消息发送给P1。它还将块的状态更改为EM，并将P1的共享向量位设置为"1"（共享全位向量变为"100"）。

接下来，P1想要写入Home刚刚进入其缓存的块。它检查块的状态，并且由于块处于独占状态，它将状态改变为M并"静静"地写入块，即不发送任何消息。该目录不知道这个动作，但它不需要，因为该块的目录状态已经是EM。

当P3想要从块中读取时，它会遭遇缓存未命中，并且这会导致将读取消息发送到根节点（Home）。根节点检查其目录并发现状态为EM，并且该块仅由P1缓存。由于它不知道P1中的块是干净的还是脏的，因此它假定块是脏的并向其发送干预消息。在消息中，它包含P3的ID，以便P1稍后可以直接将数据发送给P3。然后通过将其共享向量更新为"101"，Home将P3作为共享者。当PI收到干预请求时，它使用Flush消息将其数据块发送到P3，并将其块状态降级为共享。在MESI中，共享状态意味着一个干净的块，因此它还需要向包含块的数据值的根节点发送一个单独的Flush消息。根节点使用刷新的块来更新本地存储器中的块。该交易进行三次：从P3到Home，到P1的Home，P1到Home和P3。

读完该块后，P3想写入。它在缓存中找到处于共享状态的块，因此它没有写入该块的权限。因此，它使用Upgr消息向根节点发送升级请求。Home节点发现当前PI还缓存该块并且必须失效。因此，它向P1发送一个Inv消息。同时，它向P3发送回复，通知它期望来自P1的无效确认。Home还将目录状态更改为EM，并从共享向量中删除P1，所以新的共享位向量值为"001"。当PI从Home中接收到无效化消息时，它将使其块无效并向P3发送无效确认消息（InvAck）。当P3从P1接收到InvAck时，它知道此时可以改变其块状态为"M"并写入块。

之后，PI想要从前一个事件中刚刚失效的块读取，由于PI在缓存中发现处于无效状态的块，因此遇到缓存未命中，所以它会向Home发送读取消息。Home发现块处于状态EM，并且共享向量指示P3具有该块。所以它向P3发送一个干预消息，并且P3通过将其缓存状态降级为共享，并将该块更新到P1和Home来进行响应。Home将目录状态更改为共享，将共享向量更新为"101"，并使用更新的块更新本地内存中的块值。

当P3想要从块中读取时，它会在缓存中找到共享状态下的块。这导致缓存命中，并且不需要发送任何消息。

最后，P2想要读取该块。它发送一个读取请求回Home。Home中的目录状态是共享的，表明该块是干净的。因此，Home发送一个包含它从本地存储器中获取的块的ReplyD消息。

现在让我们比较基本的目录式一致性协议和广播一致性协议。首先，它比较复杂，具有比基于总线的多处理器更多的消息类型，须维护根节点上的目录以及当来自不同请求的多个消息重叠时可能的协议竞争。另外，在基于总线的多处理器中，所有事务最多只需要两跳

341～342

（请求和总线上的后续应答），而目录式一致性有时需要三跳事务。另外，基于总线的多处理器可以使用的缓存到缓存的传输不能与基于目录的一致性一起应用。由于所有读取或写入失败都需要回Home，因此提供数据最快的方式是Home将其存储在本地存储器中。在这种情况下，不能使用缓存到缓存的传输。

10.4　实现正确性和性能

对于上一节中讨论过的简单协议，我们假设：1）目录状态及其共享向量反映了块的高速缓存数据状态；2）在原子级上处理由请求引起的消息（不相互重叠）。在实际系统中，这两个假设不一定适用，这将会产生需要被适当处理的各种协议竞争。其中一些可以仅通过目录相对简单地处理。但在其他情况下，单靠目录无法正确处理，还必须修改每个节点上高速缓存一致性控制器的行为以帮助目录。现在我们将讨论如何处理各种竞争。请注意，本章的目的不是详尽地讨论所有可能的竞争。我们将关注主要的竞争，让读者了解处理它们的复杂性。

10.4.1　由目录状态不同步引起的竞争处理

目录状态和缓存状态可能不同步的原因是因为它们没有在锁定步骤中更新，并且缓存中的某些事件从不会被目录状态看到。例如，块可以从缓存中被替换，并且相应的节点不再是共享者。但是，该目录不会看到此事件并仍然认为该节点是该块的共享者。由于目录具有不一致的缓存状态视图，可能会出现异常情况。

考虑目录认为一个节点是一个块的共享者，并在干净的共享状态下缓存该块这种情况。让我们称其为节点A，但是，块被节点A从它的缓存中替换。当目录从另一个节点接收到对该块的读独占请求时，它将无效化消息发送给目录所认为的所有作为块的共享者的节点，包括节点A。这导致一种情况发生，即一个节点接收到一个无效化消息给一个块，而这个块是不再存在于其缓存中的块。在这种情况下，正确的响应是通过向请求者发送无效确认消息来确认接收无效。这里不会有害处，因为块的最终预期状态为无效，并且块已经被取消（类似于无效化）。

另一种情况是当目录认为一个节点已经是一个块的共享者时，但是目录从该节点接收到读取请求。这种情况发生的原因是保持缓存中的块的节点已经悄悄删除了块，而目录仍然认为节点是共享者。当节点想要从块读取时，它遭受读缺失，因此读取请求被发送到目录。处理这种情况也很简单。该目录可以向请求者回复数据并保持共享位向量不变，因为位向量已经反映了该节点是共享者。

343

当目录指示一个块被专门缓存（即目录状态为EM）时，可能会出现类似异常情况。例如，一个Read或者ReadX可能会来自一个在目录看来是独占式保存该数据块的缓存。在这种情况下，显然拥有块的节点已经替换了该块。如果块是干净的，则不会发生回写（或刷新），而如果块是脏的，则刷新消息尚未到达目录。目录不能仅用数据回复，因为它可能没有最新数据。与目录状态是共享的情况相反，在EM状态下，目录不能仅用数据答复。然而，它不能只是等待刷新块的到达，因为它可能永远不会出现（块可能是干净的，并且在请求者处于独占状态时被请求者悄悄撤销）。因此，这不是一个仅由协议在目录中解决的问题。每个处理器节点的一致性控制器也必须参与。特别地，当处理器替换出脏块，并将块刷新到根节点上的主存时，它必须利用称为未决事务缓冲区的结构跟踪写回是否已经完成。根节点必须在收到刷新消息后发送确认。此外，处理器的一致性控制器还必须延迟对正在刷新的块的 Read 或 ReadX 请求，直到它从已接收刷新块的目录获得确认。这样，目录将永远不会看到对一个来自仍在刷新数据块的节点的块 Read 的 /ReadX 请求。因此，当它接收到一个 Read/ReadX 请求时，目录知道该块必须是干净的并且被悄悄替换的情况。因此，它可以用块的数据值安全地答复请求者。

目录中使用的一致性协议对应的有限状态机如图 10-4 所示。斜杠符号（“/”）的左侧是目录从处理器接收到的请求，并且消息的*发送者*（请求节点）显示在括号中。斜杠的右侧是由目录发送的消息，作为对从处理器收到的请求的响应。消息的*目的地*显示在括号中。与图 10-3 相比，其只标记新的状态转换。图中没有显示操纵共享位向量的目录中的一致性操作。

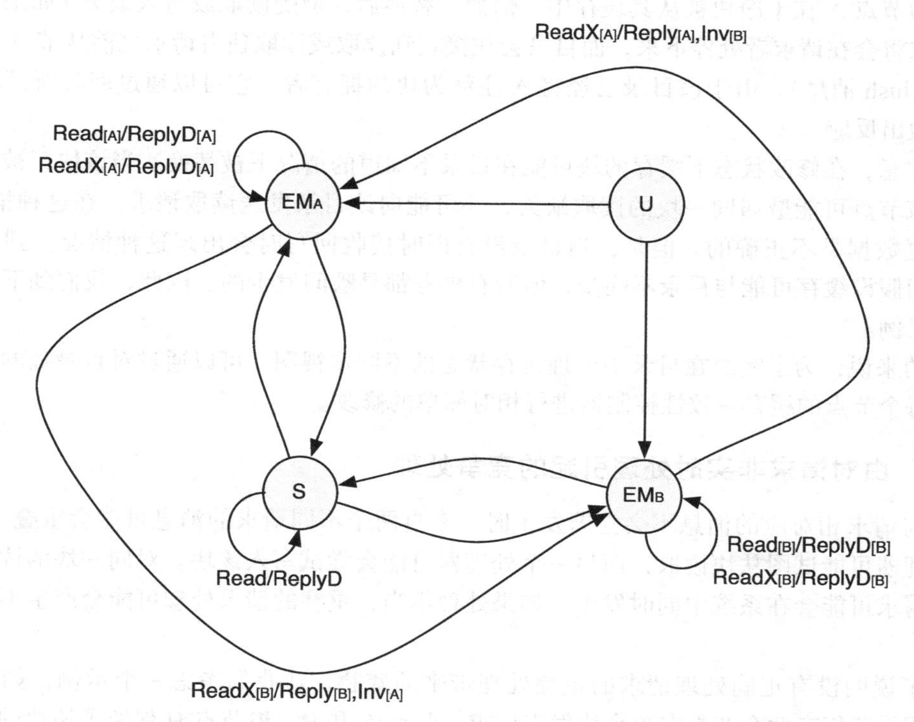

图 10-4　简化的目录状态有限状态一致性协议图（修改后可处理目录中缓存状态的不同步视图）

请注意，由于目录可能与缓存状态不同步，因此可能会有请求从拥有者（即目录认为缓存处于独占状态或修改状态的块的节点）到达目录。为了区分来自当前拥有者和其他处理器的请求，EM 状态被一分为二。EM_A 表示目录认为当前拥有者是节点 A。EM_B 表示目录认为当前拥有者是节点 B。节点 A 和 B 可以是任何节点，只要它们彼此不同即可。当前状态是 EM_A 时，协议如何反应取决于请求是来自当前拥有者（A）还是来自其他节点（B）。同样，当前状态是 EM_B 时，协议如何反应取决于请求来自当前拥有者（B）或来自其他节点（A）。由于 EM 状态被分成两部分，所以有两个额外的边表示两个 EM 状态之间的转换。

由于处理来自当前共享者的请求与来自非共享者节点的请求相同，所以共享状态不会被分成两个。

344

在共享（S）状态下，现在可以从目录认为的共享者节点处接收到读取请求。由于该目录已将节点识别为共享者，因此通过 ReplyD 消息响应数据块是正确的。

假设目录状态是EM_A（状态是EM_B时产生相同的响应）。如果接收到来自不同节点（B）的读请求，则新状态将被共享，并向块的拥有者（A）发送干预请求。干预请求还包含请求者的ID，以便拥有者知道往哪里发送块。如果接收到来自另一个节点（B）的读取独占请求，则该目录向当前拥有者（A）发送无效化消息，向B发送回复消息，告诉它期望从A接收答复，并且所有权转移表示为从EM_A状态转换到EM_B。无效化请求还包含请求者的ID，以便拥有者知道将块发送到哪里。请注意，该块可能处于独占状态或在拥有者处进行了修改，但该目录不知道。无论哪种情况，在接受干预或无效化时，拥有者必须做出适当的回应。

让我们现在讨论，由于目录具有缓存状态的不同步视图而发生的新情况。当状态是EM_A时，对于高速缓存状态的不同步视图，目录可能会收到来自节点A的读取或读取排他请求。这是因为节点A在干净块被从其缓存中“悄悄”替换后，遭受读取或写入缺失（如果它是脏的，请求将会在请求者处停下来，而目录会在接收到读取或读取独占请求之前从节点A接收到一个Flush消息）。由于该目录已经将A注释为块的拥有者，它可以通过回答所请求的数据块来做出反应。

345

请注意，在修改状态下缓存的块可能在目录不知道的情况下被替换。当该块正被写回目录时，该节点可能遭遇同一块的读取缺失，并可能向该目录发送读取请求。在这种情况下，目录回复数据是不正确的。但是，当目录没有即时接收回写时会出现这种情况。到目前为止，我们假设缓存可能与目录不同步，但所有事务都是瞬间发生的。因此，我们到下一节讨论这个案例。

总的来说，为了完成在目录中处理缓存状态的不同步视图，可以通过对目录处的一致性协议和每个节点的缓存一致性控制器进行相对简单的修改。

10.4.2　由对请求非实时处理引起的竞争处理

当与请求相对应的消息不会立即发生时，来自两个不同请求的消息可能会重叠。例如，一个处理器可能试图从块读取，而另一个处理器可能会尝试写入该块。对同一块的读取和读取独占请求可能会在系统中同时发生。如果处理不当，重叠的请求处理可能会产生不正确的结果。

为了说明没有正确处理请求的重叠处理带来的威胁，让我们考虑一个示例，如图10-5所示。假设我们有两个节点向单个块发出请求：节点A和B。根节点H保留了该块的目录信息。让我们假设最初该块具有共享的目录状态。首先，节点A发出读取请求（步骤1），并且由于块是干净的，目录将回复数据（步骤2）。遗憾的是，ReplyD消息在网络中被延迟，如由于通信量、链路故障等。同时，目录在其共享位向量中设置对应于A的位，以指示现在A是该块的共享者。然后，节点B向目录发出一个读取独占请求（步骤3）。因为目录认为该块被A缓存，所以它向A发送一个无效化消息（步骤4）。无效化消息比早先发送的数据回复消息更早到达A。这是网络中的一种可能性，它允许一对节点之间的消息使用不同的路径传播。因此，收到消息的顺序可能与它们发送的顺序不同。

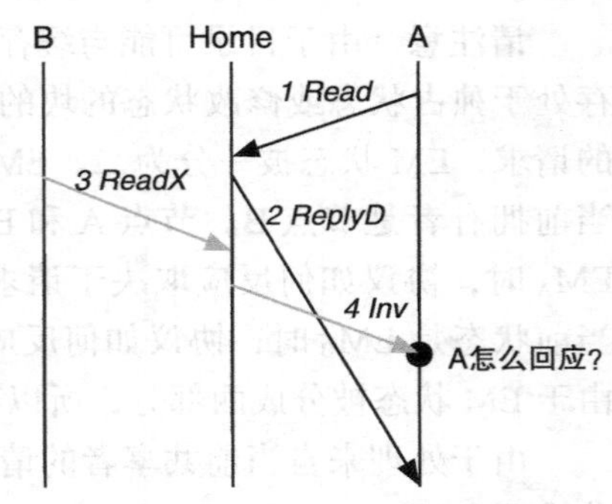

图10-5　由重叠请求处理产生的协议竞争的例子（这个竞争被称为“早期无效竞争”）

让我们更详细地探讨这种情况。由于竞争而出现的问题是关于A应该如何回应它收到的无效化消息。从目录的角度看，它在看到读取独占请求之前看到了读取。但是，前一个读取请求的处理尚未完成（A还没有收到其数据答复）的同时，目录开始为下一个请求提供服务，两个请求的处理都会重叠。期望的结果是节点A看到与目录所看到的相同的请求排序。然而相反，A在其数据应答之前收到无效化消息，与目录看到的顺序相反。由于A不知道目录所看到的顺序，因此它不知道如何响应无效化消息。

如果没有重叠请求处理，当节点A收到一个无效化消息以无效化在其缓存中找不到的块时，它就知道该无效化指向已经被逐出的块（如10.4.1节所讨论），这种情况下的正确反应是确认无效化消息已被收到，因为它不再有该块，就好像使块刚刚无效。但是，在重叠请求处理的情况下，接收非缓存块无效化消息可能是由于图10-5中显示的提前无效竞争。如果它用了相同的响应（用无效确认答复），则结果不正确。当A确认无效化消息时，它就好像B的写入完全传播一样。但稍后，当A收到数据应答消息（循环2）时，会将该块放入其缓存中，并允许处理器从应该已经失效的块读取！最终的结果是，对于目录，A的读取请求发生在另一个节点的写入请求之前，而对于节点A，另一个节点的写入请求发生在其读取请求之前。 346

我们怎样才能纠正这种情况？蛮力法只是为了避免重叠处理对块的多个请求。这可以通过串行化根节点上的请求处理来实现。例如，目录可以要求节点A确认收到它发送的数据答复。在目录收到来自A的确认之前，它拒绝服务其他请求，如通过向B发送否定确认（NACK）。不幸的是，这种串行化可能会使B的读取独占请求的处理显著延迟，并使性能显著降低。因此，我们需要一个更好的解决方案来最小化目录中请求处理的串行化。

重叠请求处理方法

为了确定目录中有多少需要处理的请求可以重叠，首先我们需要能够区分两个请求的处理何时重叠，何时不重叠。换句话说，我们需要知道请求处理的开始和结束时间。如果当前请求处理的结束时间大于下一个请求的开始时间，则它们的处理是重叠的；否则不是。请求处理的开始时间和结束时间取决于请求的类型以及请求的处理方式。在得到更具体的答案之前，我们首先考虑对单个内存块的请求中哪个是更早的请求、哪个稍后。

在基于总线的多处理器系统中，总线提供了确定两个请求顺序的媒介。由于所有读取缺失和写入共享块必须到达总线，所以一个请求将比另一个更快地被授予总线，因此总线访问命令提供了两个请求顺序一致的视图，如所有处理器所看到的顺序。在目录多处理器中，没有介质被所有处理器共享并可见。请求首先需要从请求者发送到保存目录的根节点。由于请求可以从不同节点生成，因此实际上不可能防止不同节点同时发出不同的请求。因此，发出请求的时间不能被用于对请求进行排序。但是，由于所有的请求最终都会到达单个节点（根节点），所以根节点可以“决定”到单个内存块的请求顺序。 347

关于确定请求处理何时开始以及何时结束，我们现在可以得出结论：请求处理在目录接收到请求时开始，而不是在请求者发送请求时开始。图10-6显示了读请求的处理过程。图的上半部分显示了对干净块的读取请求，即根节点拥有该块的最新值，因此它可以用数据块答复请求。该图的底部显示了对由另一个节点专门缓存的块的读取请求。在这种情况下，根节点通过向当前所有者发送干预消息来进行响应，随后将其块发送到根节点（更新根节点中副本）和请求者（所以请求者也可以获得最新副本）。

重要的问题是，从处理请求开始，处理何时才算完成？一个直观的答案是，处理中涉及的所有节点都收到了它们应该收到的消息，并且它们已经通知根节点其已收到了这样的消息，我们将此称为以根节点为中心的方案，因为根节点在最后决定请求处理何时完成。以根节点为中心的方案完成请求处理的过程如图10-6中的虚线所示。以根节点为中心的方案的缺点是处理周期长。在考虑处理完成之前，根节点必须等到请求者发送相关消息的确认消息（“Done”）。同时，它不能服务新的请求，如此漫长的处理周期和串行化可能会严重降低性能。因此，需要一个新的方案使处理周期最小化。

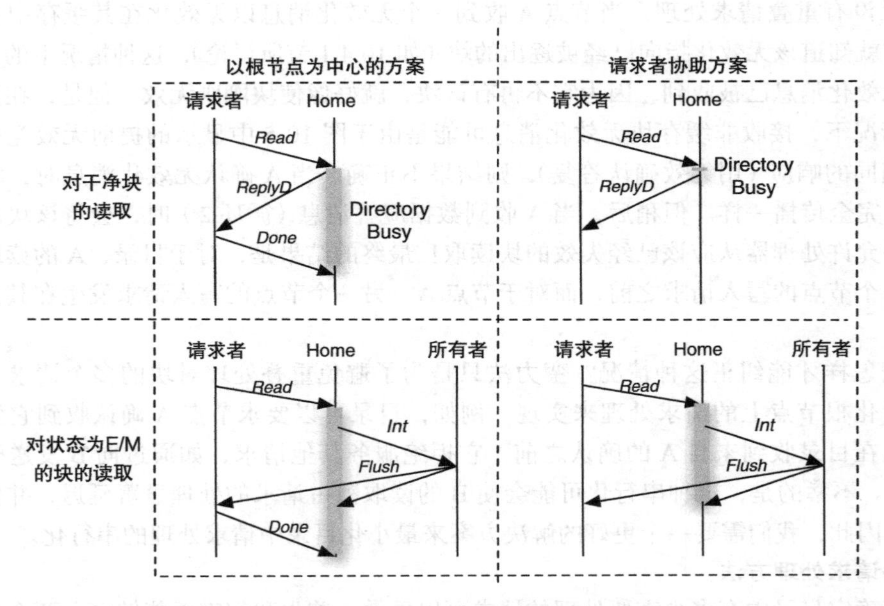

图10-6 读请求的处理周期

另一种方案是使用请求者的帮助来确保请求处理的顺序。请注意，如果请求者的高速缓存一致性控制器没有修改，则图10-5中所示的协议竞争将发生，而不是使用此方案。在请求者处，我们现在必须要求一致性控制器维护一个未决事务缓冲区，它跟踪节点发送但尚未收到响应的请求。例如，如果节点向根节点发送了读取请求，它将跟踪缓冲区中的请求。如果它是目录决定处理的第一个请求，则该节点可能会收到根节点的数据回复。否则，如果该目录已经处理另一个请求，则它推迟处理该请求，而请求者将会得到一个NACK消息。因此，请求者必须等待直到答复（数据或NACK）到达。如果不是这样的回复，它会得到另一种类型的消息，那么可以得出结论：已经有一个协议竞争。在接收到数据应答或NACK之前，它不应该处理这样的消息。因此，它必须保留一个缓冲区，以保存无法马上服务的消息。虽然这个请求者协助的方案在每个节点的缓存一致性控制器中引入额外的硬件成本，但它使根节点能够比以根节点为中心的方案更快地完成请求处理。例如，对于读取干净的数据块请求，只要目录为请求者设置共享位，必要时更改状态，并向请求者发送数据回复消息，则可以认为请求处理已完成（见图10-6）。

对于状态为EM的块的读取请求，因为目录中的最终状态是共享的，所以处理周期不同，但是处于共享状态时，该目录必须具有干净的副本。因此，即使对于请求者协助方案，只有当根节点从当前所有者接收到刷新消息时才认为请求处理完成。此时，根节点可以更新其副本，并且使用干净的副本，以及开始处理新的请求。请注意，由于这种情况下的处理不是即时的，因此目录必须跟踪整个处理周期，以便它可以缓存新的请求并稍后提供服务，或者用 NACK 回复新请求，以便请求者可以稍后尝试。为了跟踪正在进行的处理周期，目录状态可以转换到称为瞬态或繁忙状态的特殊状态。需要一个瞬态来向处于状态 EM 的块服务读请求，但是由于处理瞬间结束（见图 10-6），所以对未缓存或共享状态的块进行读请求时不需要该特殊状态。

图 10-7 显示根节点中心和请求者协助方案的读取独占请求的处理周期。该图的顶部显示了对当前未缓存的块的独占请求。根节点通过发送数据回复消息来响应此请求。该图的第二部分显示了对当前处于目录中共享状态的块的独占请求。根节点通过向所有共享者发送无效化消息来响应此请求，所有共享者又向请求者发送无效化确认消息。该图的第三部分（没有 WB 竞争）显示了对另一个节点独占缓存的块的独占请求（目录状态为 EM）。根节点通过向所有者发送无效化消息来响应该请求，所有者通过向请求者提供数据进行响应。该图的底部（与 WB 竞争）将在稍后详细阐述。

348 ~ 349

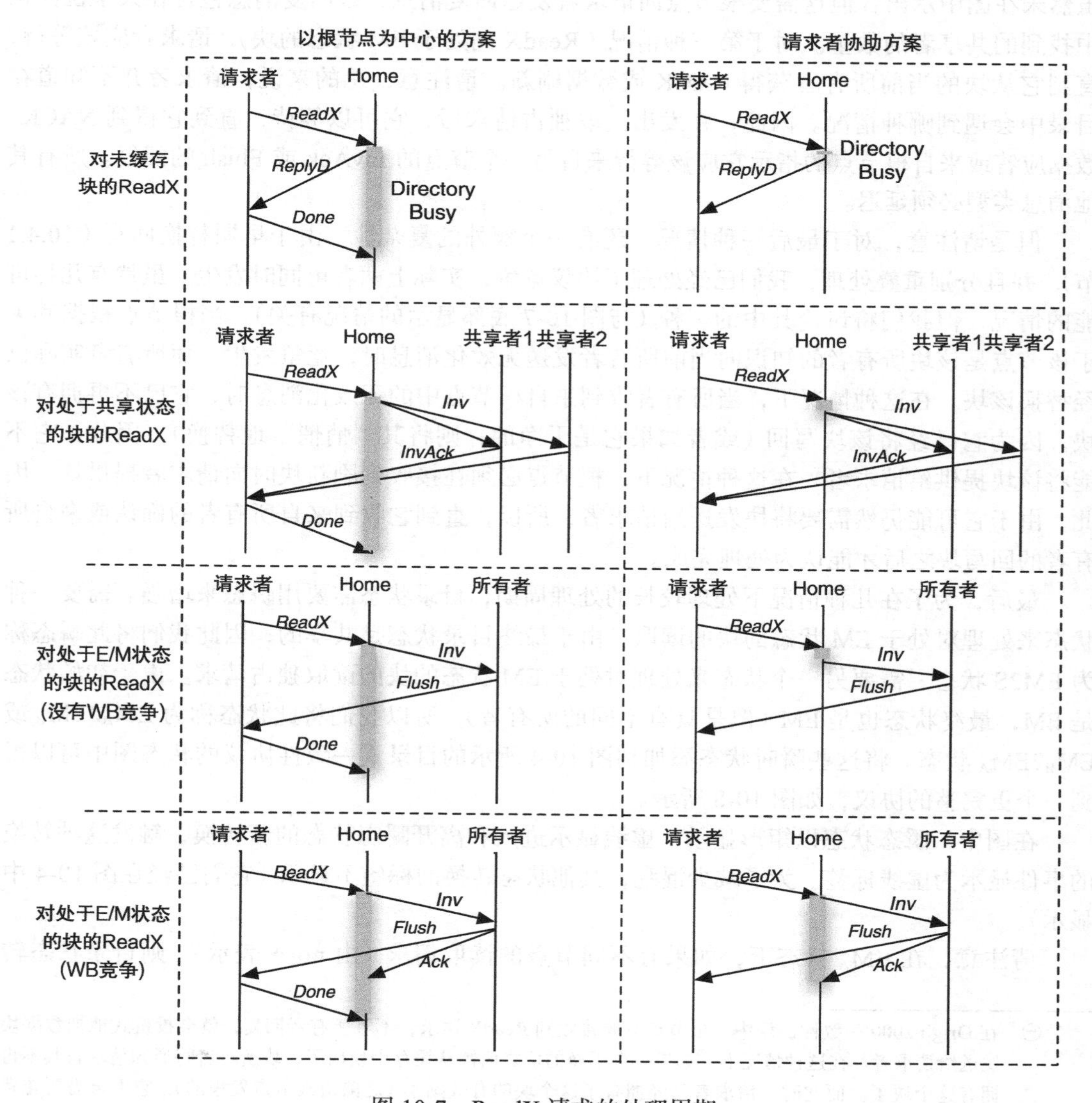

图 10-7 ReadX 请求的处理周期

对于以根节点为中心的方案，当请求者收到所有等待的消息时，以及在根节点收到请求者收到这些消息的确认消息（“Done”）之后，处理请求被视为完成。请注意，因为处理涉及多个步骤并可能包含大量节点，以根节点为中心的方案使新请求的处理显著延迟。因此，请求者协助方案是一个更有吸引力的解决方案。在请求者协助方案中，在目录已经修改其状态和共享向量以反映请求者作为块的新所有者之后，以及在目录已经将数据应答或无效化消息发送到当前共享者或当前所有者之后，读取独占请求立即结束。如前所述，为了支持请求者协助方案，每个节点处的高速缓存一致性控制器必须具有延迟传入消息的处理能力，直到它接收到与其未完成请求相对应的响应消息。

350

对于第一种情况（ReadX 到未缓存的块），它必须推迟处理来自根节点的数据应答或 NACK 以外的消息。对于第二种情况（ReadX 到共享块），它必须等到从主节点获得 NACK 或来自所有当前共享者的无效确认（InvAck）。请求者如何知道预计有多少无效确认消息？虽然未在图中示出，但这需要根节点向请求者发送回复消息，该回复消息包含在共享位向量中找到的共享者的数量。对于第三种情况（ReadX 到处于 EM 状态的块），请求者应该等待，直到它从块的当前所有者获得 NACK 或数据刷新。请注意，总的来说，请求者并不知道在目录中会遇到哪种情况。因此，在发出读取独占请求后，它可以等待，直到它得到 NACK、数据应答或来自根节点的指示它应该等待来自另一个节点的 InvAck 或 Flush 的回复。所有其他消息类型必须延迟。

但是请注意，对于最后一种情况，还有一个额外的复杂性。由于早期替换回写（10.4.1 节），并且分别重叠处理，我们已经处理了协议竞争，实际上两者可同时发生。虽然有几种可能的情况，但我们将讨论其中的一种（与图 10-7 底部显示的情况有关）。当根节点根据其关于该节点是该块所有者的知识向当前所有者发送无效化消息时，竞争发生，而所有者实际已经替换该块。在这种情况下，当所有者收到来自根节点中的无效化消息时，它已不再拥有该块，因为它已经将该块写回（或者如果它是干净的，则将其“悄悄”地替换）。因此，它不能将该块提供给请求者。在这种情况下，根节点必须在接收到刷新块时向请求者提供块。因此，由于它可能仍然需要将块发送给请求者，所以，直到它收到来自所有者的确认或来自所有者的回写块之后才能认为处理完成。㊀

最后，为了在几种情况下处理较长的处理周期，目录状态需要用瞬态来增强。需要一种状态来处理对处于 EM 状态的块的读取。由于最终目录状态是共享的，因此我们将此瞬态称为 EM2S 状态。需要另一个状态来处理对处于 EM 状态的块的读取独占请求。由于初始状态是 EM，最终状态也是 EM（但是具有不同的所有者），所以我们将此状态称为 EM_A2EM_B 或 EM_B2EM_A 状态。将这些瞬时状态添加到图 10-4 所示的目录式一致性协议的状态图中可以得到一个更完整的协议，如图 10-8 所示。

在图中，瞬态状态以矩形显示。虚线显示进入和离开瞬态状态的新转换，触发这种转换的事件显示为虚线标签。为了减少混乱，其他状态转换的标签不显示（它们已经在图 10-4 中显示）。

请注意，在 EM_A 状态下，如果有不同节点的读取请求（由 notA 表示），则目录状态转

㊀ 在 Origin2000 一致性协议中，根节点只要接收到 ReadX 请求，不等所有者回复，就会投机式地把数据块发送给请求者。在这种情况下，如果一个干净的块之前被从缓存中换出了，块所有者将通知请求者其不再拥有这个块了。而此时，请求者已经拥有了这个块的有效副本（之前由根节点发来的），它不再需要花费额外的时延来等待根节点发送数据块。

变为瞬态 EM_A2S。在这种状态下，请求的处理被认为没有完成，所以对这个存储器块的任何新请求都会被 NACK 消息响应。当根节点接收到节点 A 的 Flush 消息时，目录认为请求已完成，因此，状态从暂态转换到共享状态。当起始状态是 EM_B 时，会发生类似的响应。

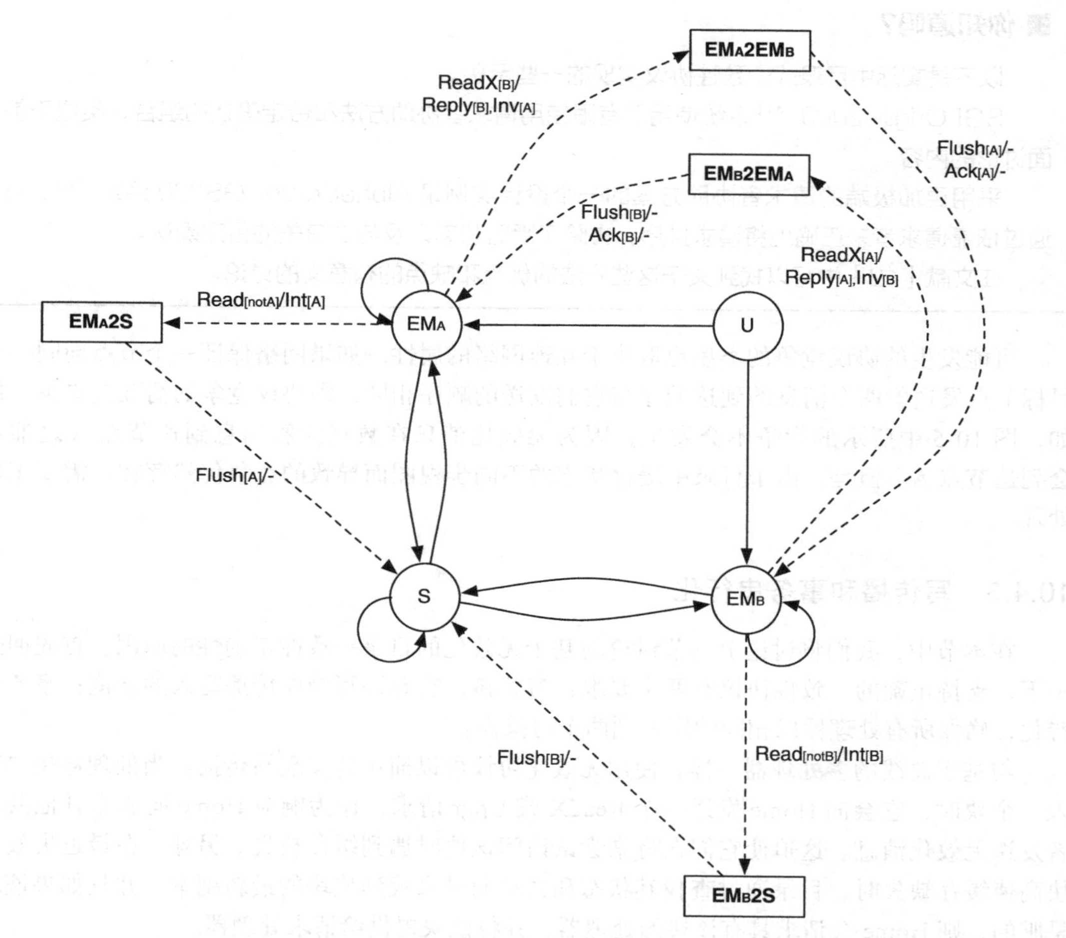

图 10-8　一个更完整的目录状态有限状态一致性协议图（显示了几个协议竞争的处理）

如果在 EM_A 状态中，不同节点的读取独占请求到达目录，则目录状态转换到瞬态 EM_A2EM_B。在这种状态下，请求的处理被认为没有完成，所以对这个存储器块的任何新的请求都以 NACK 消息做出响应。当由根节点接收到节点 A 的 Flush 消息时（表明 A 在它接收到无效化消息之前早写回该块），该目录认为该请求已完成，因此该状态从暂态转换到 EM_B 状态。或者，当由根节点接收到节点 B 的确认消息时（指示接收到无效化消息，包括 B 在接收到无效化消息之前已经“悄悄”替换了干净块），该目录认为该请求已完成，因此状态从瞬态过渡到 EM_B 状态。当起始状态是 EM_B 时，会发生类似的响应。

351
~
352

总的来说，我们已经展示了一个如何实现目录式一致性协议的例子，包括如何处理一个重要的协议竞争子集。讨论中省略了一些协议竞争，如当目录处于瞬时状态时发生回写。所讨论的方法使用了一个依赖于使用否定确认的请求者辅助方法的有限使用的组合。我们注意到这不是唯一可行的方法。当我们更多地依赖以根节点为中心的方案时，可能会构建一个不同的协议，处理请求的时间会更长。或者，当我们更多地依靠请求者协助的方案时，也可以构建不同的协议，可以消除瞬态状态以及与这些状态相对应的否定确认。正确的选择取决于很多参数，如节点一致性控制器的吞吐量以及互连处理器的带宽的可用性。

■ 你知道吗?

以下是实际中目录式一致性协议实现的一些示例。

SGI Origin 2000[33]系统使用了有限使用请求者协助方法和否定确认的组合，类似于前面讨论的内容。

采用更加极端的请求者协助方案的一个设计实例是 AlphaServer GS320 系统[19]。它通过依靠请求者来正确地将请求排序，去除了瞬时状态以及与之有关的否定确认。

在文献［12］中可以找到关于这些方法的优点和缺点的有意义的讨论。

可能发生的协议竞争的类型也取决于互连网络的属性。如果网络保证一个节点向同一个目标节点发送的两个消息的到达顺序与它们发送的顺序相同，则协议竞争的情况会更少。例如，图 10-5 中所示的竞争不会发生，因为无效化消息在数据应答消息到达节点 A 之前不会到达节点 A。但是，由于目录中缓存状态的不同步视图而导致的竞争仍然存在，需要正确处理。

10.4.3 写传播和事务串行化

在本节中，我们将讨论上一节讨论的基于无效化的目录一致性正确性的原因。首先回想一下，支持正确的一致性协议有两个要求：*写传播*，它允许写操作传播写入的新值；*事务串行化*，确保所有处理器以相同顺序看到两个写操作。

与基于总线的多处理器一样，使用无效化协议可以简单地实现写传播。当处理器想要写入一个块时，它会向 Home 发送一个 ReadX 或 Upgr 请求，作为响应 Home 向所有其他共享者发送无效化消息。这迫使它们在将来尝试访问该块时遇到缓存缺失。另外，在最近失效的块高速缓存缺失时，目录通过查找其状态和共享向量来找到该块的最新副本，并且如果该块是脏的，则 Home 会请求具有该块的处理器，并将该块提供给请求处理器。

事务串行化是避免重叠请求处理问题的一个子集，在这种情况下，它涉及处理两个请求，则其中至少有一个请求是写请求。采用以根节点为中心的方法，在根节点处完全避免重叠。采用请求者协助的方式，通过根节点和请求者的合作避免重叠。图 10-9 说明了三个节点（A、B 和 C）想要写入一个块的情况。它们都发出 ReadX 请求回 Home。回想一下，根节点中这种请求的处理周期即根节点收到请求的时间之后，直到其获得来自当前所有者的确认消息为止（图 10-7 的底部）。因此，在这种情况下，当目录仍在处理来自 A 的 ReadX 请求，并且尚未收到来自节点 O（当前所有者）的确认消息时，目录状态进入瞬态，并将 NACK 发送到传入请求（从 B 和 C）或缓冲以备后续处理。

353

因此，只有当根节点从节点 O 接收到确认消息时，才能处理来自 B 的 ReadX，此时 A 的 ReadX 被视为完成。然后，当来自 B 的 ReadX 请求被服务时，该目录再次重新进入瞬态，并且推迟处理从 C 发出的 ReadX 请求，直到从 A 接收到确认消息。此时，来自 B 的 ReadX 请求的处理被认为已完成，只有这样才能处理来自 C 的 ReadX 请求。

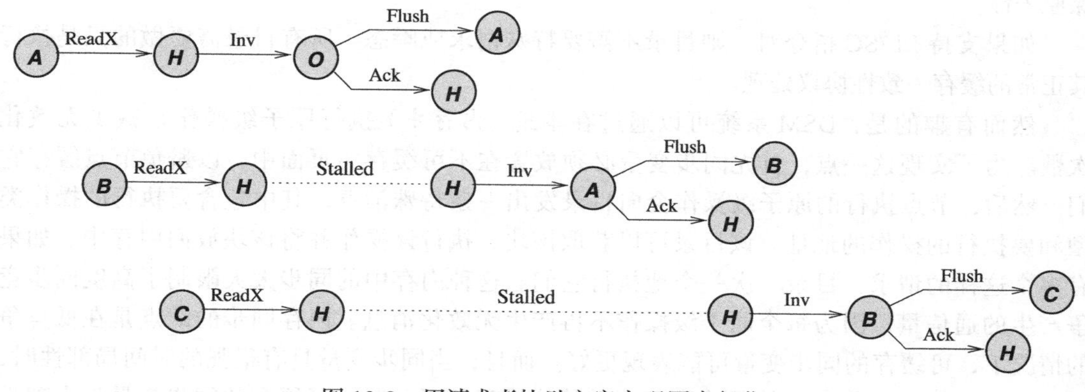

图 10-9　用请求者协助方案实现写串行化

■ 你知道吗?

处理一致性协议竞争和强制写串行化的一个有趣的选择是通过使用令牌一致性[40]。在令牌一致性协议方案中，每个块与有限数量的令牌相关联，该令牌等于系统中节点的数量。如果它已获得足够数量的令牌，则允许进行每个操作。读操作只需要一个令牌，但写操作需要所有令牌才能继续。凭借令牌一致性，协议竞争会在某些操作中体现出来（无法获得所需的所有令牌）。例如，如果有两个重叠的写入操作，则两个写入可能不会获得足够数量的令牌以继续进行，因此它们会失败并重试。实质上，处理竞争变得更简单，但是有可能导致“饿死”，即节点不能运行并保持重试。因此，需要有一种机制来检测重复失败并仲裁竞争性业务以保证前进。

但请注意，请求者仍必须协助根节点避免 ReadX 请求处理重叠。例如，当根节点正在处理来自 B 的 ReadX 时，由节点 O 发送给节点 A 的 Flush 消息可能晚于根节点发送给 A 的无效消息。因此，在请求者协助方案中，节点 A 推迟处理无效化消息，直到接收到来自 0 的 Flush 消息为止。类似地，当正在处理 B 的 ReadX 时，B 推迟处理来自根节点的无效化消息，直到它接收到来自 A 的 Flush 消息；当正在处理 C 的 ReadX 时，C 将推迟处理来自根节点的无效化消息，直到它接收到来自 B 的 Flush 消息，等等。 354

10.4.4　同步支持

DSM 系统中的同步支持与基于总线的多处理器中的同步支持类似，它至少包括某些原子级内存操作，这些操作是在一致性协议之上实现的。

目录很容易支持原子操作，以避免因为瞬态造成的重叠的请求处理。例如，考虑一个不提供 LL/SC 指令对的系统。为了实现原子级读 - 写 - 修改序列，节点可以向该目录发送特殊请求。收到此请求后，目录可以使所有共享者无效并进入瞬态。在此期间，所有对该块的新请求（包括由于原子级操作导致的请求）都被否定确认。当请求处理器收到所有无效确认消息时开始执行操作。操作完成后，它可以发送另一个消息回 Home，表示其操作已完成。收到该消息后，目录知道该操作已完成原子级操作，因此目录状态可以从瞬态转换到 EM 状态，并可以服务新的请求。使用这种机制，我们可以确保操作的处理不会相互重叠，从而确保原子性。

如果支持LL/SC指令对，则目录不需要特殊请求或瞬态。所有目录需要做的只是执行其正常的缓存一致性协议处理。

然而有趣的是，DSM系统可以通过在本地（内存中）执行原子级操作来减少无效化次数。为了实现这一点，首先同步变量必须放置在不可缓存的页面中，以避免节点缓存它们。然后，节点执行的原子级操作会向目录发出一条特殊消息，其中包含要执行的操作类型和要执行的操作的地址。该目录可以获取该块，执行该操作并将该块放回内存中。如果有多个这样的请求，目录一次一个地执行它们。这种内存中的同步大大限制了高度同步竞争产生的通信量，因为每个原子级操作不再产生无效化消息。内存同步的缺点是在低竞争的情况下，可缓存的同步变量可能表现更好。而且，当同步变量具有很强的时间局部性时，例如当一个线程重复获取并释放锁而不受其他线程的干预时，可缓存的同步变量将表现得更好。

但是，如果没有内存中的原子级操作，ABQL将产生比其他高度竞争锁定方案更少的流量，代价是更高的无竞争同步延迟。

355

■ 你知道吗?

内存同步机制在SGI Origin 2000分布式共享存储多处理器[38]中得到支持，该处理器是当时（1998年）最大的共享存储多处理器系统，拥有128个处理器。在最坏的情况下，高度竞争的可缓存的同步可以在这样的大型系统中产生非常高的一致性流量。因此，内存同步机制应运而生。

最后，随着DSM规模的增加，集中式栅障实现会变得非常昂贵，这既是由于必须无效化的节点数量的增加，也是由于无效化消息必须经过的节点之间距离的增加。因此，一个特殊的栅障网络变得更具吸引力（8.2.3节）。

10.4.5　存储一致性模型

为了支持顺序一致性（SC），从节点发出的存储器访问必须以严格的程序顺序发布和完成，即读/写（到任何地址）的开始必须在前一个读/写（到任何地址）完成之后。检测内存访问的完成是实施SC的主要挑战。读取的完成仅仅是当需要读取的数据从缓存返回到处理器时；当所有共享者都发送确认收到无效化消息时可以检测到写入完成。由于请求者最终必须被告知写入完成（以便它可以写入块并开始处理后续请求），因此在请求者处直接收集失效确认消息是有意义的，而不是在根节点收集完成后再向请求者发送消息。如第9章所述，为了提高SC的性能，可以通过使用加载预取（通过查找高速缓存中的数据可以更快地完成读取）并通过使用独占预读（使写操作更有可能在缓存中找到已经处于独占状态的目标数据，从而更快地完成）。另外，可以采用加载投机。在DSM系统中，这些优化也适用。

松弛的一致性模型通过允许内存访问重叠并在程序顺序之外发生来提高SC的性能。DSM系统越大，松弛的一致性模型相对于SC的优势越大，这是由于处理请求的延迟更高。由于节点之间的距离较长导致延迟更大，因此通过重叠执行来隐藏它们更为重要。

10.5 当前设计问题

10.5.1 处理不精确的目录信息

传统的目录式一致性协议的关键问题之一是陈旧的信息，许多目录条目没有关于哪些高速缓存保留了块的副本的最新信息。更具体地说，目录的共享向量字段可能指示某块被高速缓存存储，即使高速缓存很久以前已经替换出该块。出现此问题的原因是干净（未修改）的缓存块通常会从缓存中“悄悄”被逐出，而不通知目录。然而，通过通知每个干净块被替换的消息给目录来解决问题是昂贵的，因为从缓存中逐出的大多数块是干净的，所以它会导致流量的大幅度增加。因此，存在一个基本难以调和的重要权衡。

356

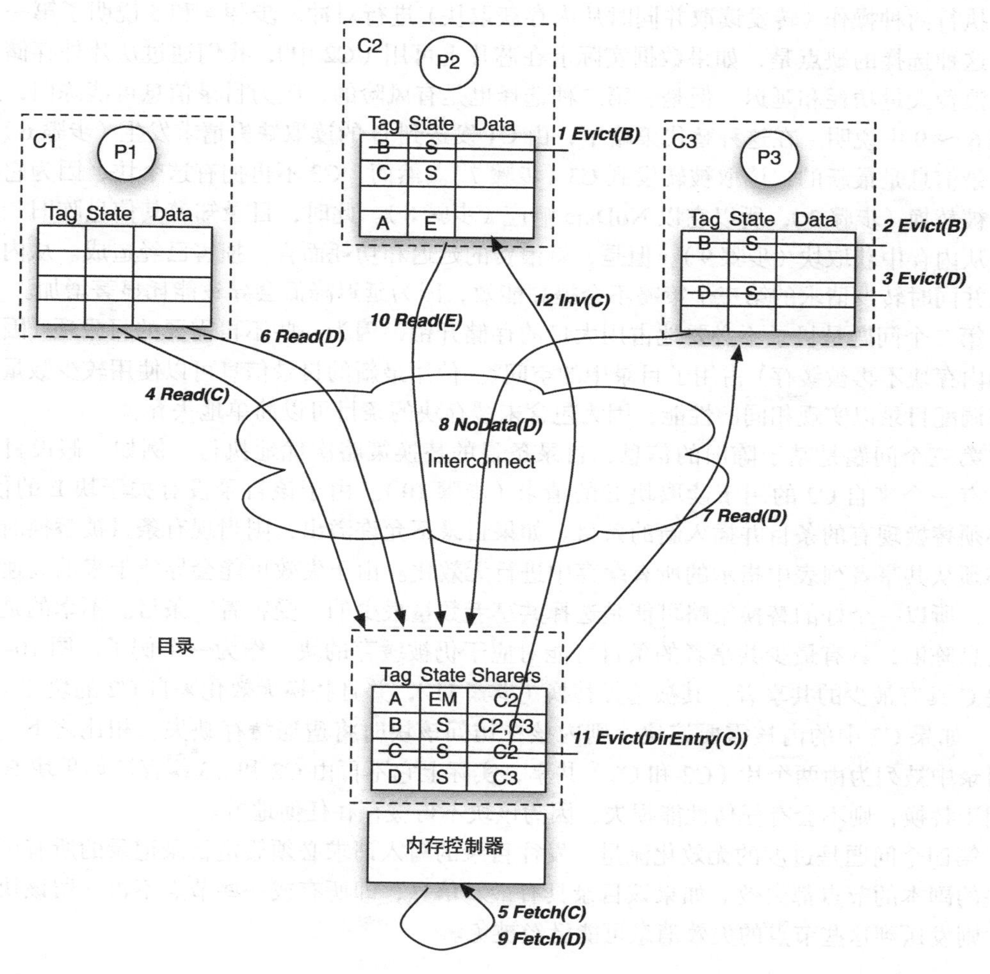

图 10-10　目录式一致性协议由于信息陈旧而效率低下

过时的目录信息会产生什么问题？有四个主要问题。图 10-10 说明了陈旧信息产生的低效率。它显示了三个节点 C1、C2 和 C3 以及一个目录（用于保存在多核芯片中缓存了哪些块的信息）。该示例适用于多核系统，其中目录通过使用嵌入在 LLC 处的目录保持非 LLC 一致性；或者适用多芯片系统，其中通过目录使芯片之间保持 LLC 一致性。为了便于说明，我们假设目录与片上内存控制器共存。最初，目录信息是准确的，它描述了块 A 在 C2 中以独占状态被缓存，B 被缓存在 C2 和 C3 中并处于共享状态，C 以共享状态缓存于 C2，并且 D 以共享状态缓存在 C3 中。然而，随着时间的推移，目录信息变得陈旧，因为缓存中的替换不会通知目录。例如，C2 替换块 B（步骤 1），而不通知目录，因为从 C2 的角度看，块 B 是干净的，因此可以“悄悄”替换。接下来，出于相同的原因，C3 也替换块 B（步骤 2）和块 D（步骤 3）。此时，该目录包含块 B 和 D 的陈旧信息。

陈旧的目录信息的第一个问题是用于查找数据块的附加延迟和功耗。假设 Cl 中的芯片遭受高速缓存缺失并请求从目录中对块 C 进行读访问（步骤 4）。目录可以通过三种选择来响应。一种选择是目录假定其信息已过时并从内存控制器中获取数据块（步骤 5）。第二种选择是让目录假定其信息是有效的，并将请求转发给它认为正在缓存该块的片。第三种选择是通过执行两种操作（转发读取并同时从内存获取块）进行对冲。步骤 4 和 5 说明了第一个选择，这种选择的缺点是，如果数据实际上在芯片上可用（C2 中），我们通过从片外存储器中获取浪费大量功耗和延迟。但是，第二种选择也是有风险的，因为目录信息可能陈旧，这在步骤 6 ～ 9 中说明。在这种替代策略中，由 C1 发送到 D 的读取缺失请求发生（步骤 6）。推测目录信息是最新的，读取被转发到 C3（步骤 7）。然而，C3 不再拥有这个块，因为它早先已经被替换（步骤 3），所以它以 NoData 响应（步骤 8）。此时，目录知道其信息陈旧，更新它并从内存中获取块（步骤 9）。但是，就浪费的延迟和功耗而言，损害已经造成。从内存中提取并同时转发请求的第三个策略不会提高能效，因为延迟降低会导致能耗显著增加。

第二个问题是目录不必要地占用大量的存储开销，因为一些不再需要的目录项（因为相应的内存块不再被缓存）占用了目录中的空间⊖。使用最新的目录信息可以使用较少数量的条目来调配目录以实现相同的性能，因为包含未缓存块的条目可以简单地丢弃。

第三个问题是基于陈旧的信息，目录条目的替换策略次优地执行。例如，假设目录已满。有一个来自 C2 的用于读取块 E 的请求（步骤 10）。由于该目录没有关于块 E 的信息，它必须替换现有的条目并插入新的条目。如果目录不允许溢出，则当现有条目被替换时，该块必须从共享者列表中指示的所有缓存中进行无效化。由于失效可能会导致未来的高速缓存缺失，所以一个好的替换策略可能是选择共享者数量最少的“受害者”条目。不幸的是，由于信息陈旧，具有最少共享者的条目可能对应于仍被缓存的块。作为一个例子，图 10-10 表明块 C 具有最少的共享者，其被选择替换（步骤 11），并且替换无效化来自 C2 的块 C（步骤 12）。如果 C2 中的内核需要该块，则内核在访问该块时将遭遇缓存缺失。相比之下，块 B 在目录中被列为由两个片（C2 和 C3）共享，实际上它不再由 C2 和 C3 缓存。如果块 B 被选择用于替换，则不会有任何性能损失，因为该块不再缓存在任何地方。

357～358

第四个问题是过度的无效化流量。发往目录的写入请求必须假定目录记录的所有可能保留块的副本的节点都失效。如果该目录具有最新信息，即所有或一些节点不再保留该块的副本，则发送到这些节点的失效消息可能已经被免。

> **■ 你知道吗？**
>
> AMD Opteron 系统中解决陈旧的目录信息问题的一种方法是使用两种方式：在干净的块被替换时不通知目录（导致上述四个缺点）或通知目录（以增加流量为代价）。具体来说：

⊖ 例如，即使是一个简化了的（去掉了一些字段的）用在最新的 AMD Opteron 多核处理器的目录格式也会占据最后一级缓存 6MB 中的 2MB 空间。

> 1）对于高速缓存中具有 E、M 或 O 状态的块（对应目录中的 EM 或 O 状态），从缓存中替换必须通知目录。
>
> 2）对于高速缓存中具有 S 状态的块（对应目录中的 S 状态），其替换是沉默的并且不通知目录。
>
> 3）对处于状态 S 的块的请求导致从内存获取数据，无论块是否被缓存在芯片上。
>
> 4）从文献［4］中引用的：目录替换策略试图“避免牺牲在许多 CPU 中缓存的行，以减少由目录降级导致的 CPU 端高速缓存扰动”。
>
> 系统对某些状态（EM、O 和 S1）强调非陈旧的信息，但不对 S 状态强调。第 1 点以目录流量显著增加为代价来实现非陈旧信息。根据 AMD 自己的估计，这增加了 66% 的流量，尽管需要用来定位块的后续流量的减少冲抵了一部分之间增加的流量。第 2 点意味着 S 状态下块的陈旧信息依然存在，并且第 3 点通过从内存获取数据块（即使块可能被缓存在芯片上）来处理，从而浪费能耗和延迟。最后，第 4 点认为无论目录信息是否陈旧，优先考虑替换被列出为拥有少数共享者而非多个共享者的块。

对于陈旧的目录信息问题有几种可能的解决方案。一种解决方案是即使干净块被替换时也会发送通知消息。但是，这会大幅增加流量。处理高速缓存缺失会发生替换。如果高速缓存缺失会载入 64 字节的数据，则所产生的替换需要至少一条消息，其大小为被替换的块地址的大小，如对于 64 位地址为 8 字节。这导致流量增加大约 $\frac{8}{64}=12.5\%$。为了减少通信开销，可以将几个块的替换通知消息合并成单个消息[56]。

例如，表 10-2 显示了五个被替换的块如何消耗不同数量的流量，其具体取决于我们是否聚合以及如何聚合替换消息。为简单起见，表中的示例仅包含消息的地址部分（实际上，每个消息添加 1 ～ 2 字节以编码其他信息，如包头、命令类型、错误检测 / 纠正）。消息大小采用具有 64 字节块大小的 42 位物理地址。该表显示，如果每个块替换时向目录发送消息，则发送 5 条消息，总共 22.5 字节的流量。如果将这 5 条消息聚合为一条替换通知消息，则总消息大小将显著下降至 6 字节（采用位图格式）或 6.5 字节（采用指针格式）。

359

表 10-2　比较三种方案的替换消息的大小（逐块替换消息与使用位图格式和指针格式的替换消息聚合）

替换块的地址	替换消息大小		
	一个块 / 消息	消息聚合	
		位图格式	指针格式
4C5FA7A03	4.5B	4C5FA7A0 +1001001000011000	4C5FA7A0 +3 + 4 + 9 + C + F
4C5FA7A04	4.5B		
4C5FA7A09	4.5B		
4C5FA7A0C	4.5B		
4C5FA7A0F	4.5B		
总计	22.5B	6B	6.5B

这里有两种可能的格式：位图和指针。在位图格式中，地址的根（4C5FA7A0）被编码，代表一个大小为 1KB 的区域，由 16 个块组成。为了表示该区域中的哪个块已从高速缓存中被替换，我们可以使用 16 位位图，其中适当的位被设置为 1 来表示被替换的块，并且剩余的位被复位为 0。由于 5 个块被替换，在位图中有五个“1”位（即五位的一个）。聚合后的

消息大小为4字节（根）+ 2字节（位图）= 6字节。另一种可能的格式是指针格式。在指针格式中，位图由共享公共根的块地址的二进制值列表替换。由于五个块被替换，每个块需要4位，所以总消息大小变为4字节（根）+5块 ×4位/块（指针）= 6.5字节。在这个例子中，消息聚合分别减少了73%和71%的消息大小（从而减少了流量和流量相关的能源使用）。

消息聚合可以通过使用一个表来保存区域标记地址和区域中最近被替换的块的位图。当一个区域积累了足够数量的替换数据，或者当该表格用尽空间并且必须替换区域信息时，可以形成该区域的替换通知消息并将其发送到该目录。在替换通知消息形成时，可以基于使用较小消息大小的任何一个来选择指针或位图格式。区域大小决定了替换消息聚合的有效性。

陈旧的目录信息的另一个可能的解决方案是在目录中使用一个预测机制来预测一个条目何时可能已经过时[54]。这样的预测机制的原理是，从 t_0 时刻开始，当特定LLC的缓存未命中数量超出其大小时，那么很可能在任何时间访问的目录块将会陈旧，因为涉及的块可能已从缓存中删除。在决定是否部署延迟获取策略（如果目录信息可能仍然是最新的）或提前获取策略（如果目录信息可能过时）时，此时间阈值很有用。目录老化阈值对于选择要替换的目录条目以便为新条目腾出空间也是有用的。一个陈旧的条目可以优先替换，但由于预测不能保证在任何时候都是正确的，所以失效消息仍然需要发送给（可能过时的）共享者。 360

10.5.2　一致性粒度

到目前为止，我们假设目录中的一致性以高速缓存块大小的粒度跟踪，通常为64或128字节。这使得一致性管理单元和高速缓存管理单元一致，从而使一致性管理更加简单。虽然方便，但不一定要以高速缓存块大小执行一致性管理。我们可以减少或增加由高速缓存一致性协议跟踪的数据大小。降低一致性管理单元大小需要将高速缓存块分成子块，其中每个子块具有其自己的性状态。这增加了目录空间开销并使协议复杂化，但具有减少假共享的潜在益处。但是，增加一致性管理单元的大小更容易做到，而且存在很好的案例。首先，有些情况下大数据区域（特别是以页面大小为单位）具有相同的访问行为，如一个页面可能包含只读数据。一个页面还可能包含仅由一个线程读取/写入的数据（除非线程迁移到另一个处理器，这会产生数据似乎在两个缓存之间共享的情况）。有些页面肯定不会显示统一的访问行为，因此对于它们而言，一致性仍应在块级别进行跟踪。但是，对于具有统一行为的页面，在页面级别跟踪它们的一致性具有优势。让我们回顾一下它的一些好处。

对于广播式一致性协议，跟踪区域/页级别的一致性的好处是避免广播或侦听[9]。例如，假设一个缓存以独占状态获得了一个区域，但该页只有少数几个数据块保留在缓存中。当缓存在该页面的块中未命中时，可以将非广播或非侦听读取请求直接发送到外部缓存或内存。对于目录协议，避免广播不是一个优势，因为该目录已经具有避免广播的作用。但是，它还有其他独特的优点。

我们将讨论一个来自文献［55］的方案，如图10-11所示。区域状态可以是以下之一：私有读取（PR）表示可由单个缓存读取块的区域，私有读/写（PW）表示可由单个高速缓存读取/写入块的区域，共享读取（SR）表示在读取状态下块可由多个高速缓存共享的区域，或者在所有其他情况下为混合（MX）状态。如果有的区域包含有独立的未被缓存的块或者是以独占方式被缓存的块，而且对这些区域的访问发生缓存缺失时，缓存会得到一个处于PR状态的区域。如果有的区域包含有未被缓存的独立块或者是处于独占或已修改状态的块，而且对这些区域的访问发生缓存缺失时，缓存会得到一个处于PW状态的区域。如果一个区域至少包含一个处于共享状态的独立块，同时其他块处于未被缓存或是独占状态，而且对这些区域的访问发生缓存缺失时，缓存会得到一个处于 SR 状态的区域。不同的事件可能会带来相应的状态转换，例如一个对 PR 状态区域的干预导致它转换到 SR 状态，而对处于 PR 状态区域的块的一个独占的读或写请求会使其转换到 PW 状态等。

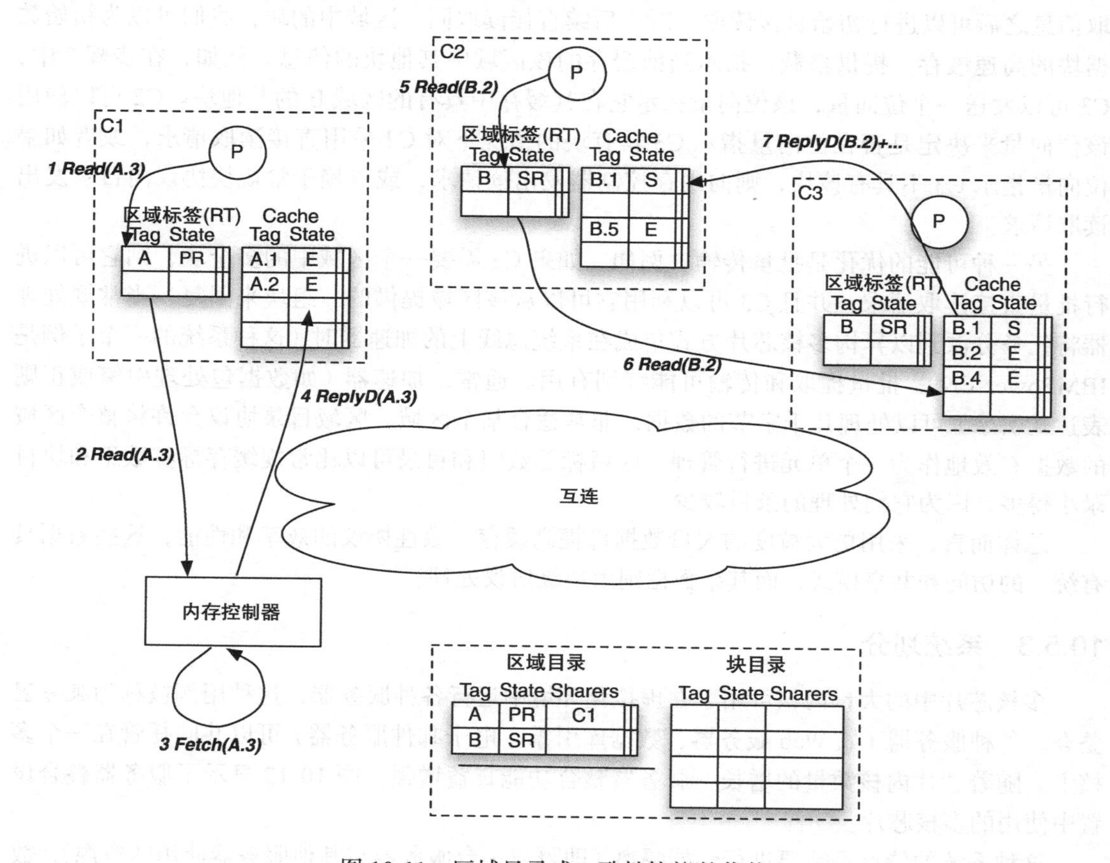

图 10-11　区域目录式一致性协议的优势

假设最初区域 A 和 B 被缓存在具有以各种状态缓存或者未缓存的块的各个节点中。例如，区域 B 的块 B.1 以共享状态缓存在 C2 中，而区域 B 的块 B.5 以排他状态缓存在 C2 中。如图 10-11 所示，该图显示每个节点都保留区域标签（RT）以及常规缓存标签，并且该目录包含区域目录以及块目录。

假设 C1 读取块 A.3（步骤 1）。如果没有区域标签，请求将被发送到目录。通过区域标签，区域 A 已被具有私有读取 / 写入权限的 C1 获取，因此 C1 知道没有其他节点具有区块 A.3 的副本，从而 C1 可以直接将读取请求发送到内存控制器（步骤 2），直接获取块（步骤 3）并将其提供给 C1 的缓存（步骤 4）。在这种情况下，完全避免了目录查找，节省了延迟和功耗。

361

在另一个例子中，假设 C2 想要读取区域 B 的块 B.2（步骤 5）。如果没有区域协议，它会将请求发送到目录。否则它会查找其区域标签，并在该例中发现它已获取区域 B 的共享但只读权限。有一个独特的优化机会，将被称为*直接读取*，即一个节点直接从另一个节点获取数据而不涉及目录的机制。在如图 10-11 所示例子中，假设节点 C2 预测节点 C3 可能有块

B.2。这个初步预测可以通过直观目录或其他预测机制进行。节点C2直接向C3发送读取请求（步骤6）。C3查找其缓存并找到块B.2，将其状态改变为共享并用块B.2回复（步骤7）。直接读取可避免目录查找，并节省延迟和功耗。

362

直接读取的一个挑战是如何预测另一个缓存中可能存在哪些块。如上所述，在从目录获取信息之后可以进行初始直接读取。对于后续直接读取同一区域中的块，我们可以为初始数据块的高速缓存，提供搭载，指示当前缓存的该区域中其他块的信息。例如，在步骤7中，C3可以发送一个位向量，该位向量指示它在其缓存中具有的区域B的其他块。C2可以使用该位向量来决定是否在位向量指示C3具有块的情况下对C3采用直接读取请求，或者如果位向量指示C3不具有该块，则向内存控制器发出读请求，或依赖于常规块协议向目录发出读取请求。

另一种可能的优化是批量传输。例如，如果C2需要一个区域中的多个块，则它可以进行批量直接读取请求，并且C3可以利用它可以从该区域提供的一组块来回复。当常规处理器将任务分派到以异构多核芯片方式集成在系统总线上的加速器时（这种系统的一个示例是IBMPower-EN），批量提取和传输可能特别有用。通常，加速器（如数据包处理引擎或正则表达式引擎）可以处理几千字节的数据，非常适合某个区域。区域目录协议允许将整个区域的数据有效地作为一个单元进行管理。区域标签数组和目录可以比常规缓存标签数组和块目录小得多，因为它们处理的条目较少。

总体而言，采用更大粒度的大量数据可提高缓存一致性协议的效率和性能，这些数据具有统一的访问和共享模式，而其余数据则由块级协议处理。

10.5.3　系统划分

多核芯片中的大量内核可用于在虚拟化环境中运行各种服务器，这种用例被称为服务器整合。各种服务器（如Web服务器、数据库引擎、电子邮件服务器）可以共同托管在一个多核上。随着芯片内核数量的增长，服务器整合功能日益增强。图10-12显示了服务器整合设置中使用的多核芯片。

这种系统的特点是需要进行性能隔离（即隔离一台服务器与其他服务器使用的资源），数据共享主要发生在服务器内而不是跨服务器。考虑到这些特点，如果分区内的通信相比跨分区的通信可以更便宜，那么为多核分区提供一种机制是有意义的。为了支持这一点，已经提出了一类两级协议。两级目录协议的一个例子可以在文献[41]中找到，其中每个分区都有自己的“第一级”目录协议，还有另一个“第二级”目录协议来保持跨分区的一致性。一个块有两个根节点：一个根节点在分区中动态分配（当分区发生变化时），另一个根节点分配给第二级目录。将块地址映射到根节点是通过查表来实现的。分区更改时，可以通过向该表写入新条目来重新分配根节点。

图10-13显示了一个两级目录协议，其中“d”表示分区内的本地目录。请求首先发送到第一级根节点（步骤1），该节点是分区内的节点。在某些情况下，本地根节点将能够满足请求。当它无法满足请求时，如请求的数据块未被高速缓存时，或者对请求没有足够的权限时，根节点将请求发送到全局或第二级目录（步骤2）。然后，该请求被转发到具有该块的分区的根节点（步骤3），并被转发给该块的所有者（步骤4）。所有者将数据块提供给本地根节点（步骤5），继而转发给请求者的根节点（步骤6）。最后，请求者根节点将数据转发给请求节点（步骤7）。而另一种方案是将第二级目录协议替换为广播式协议。

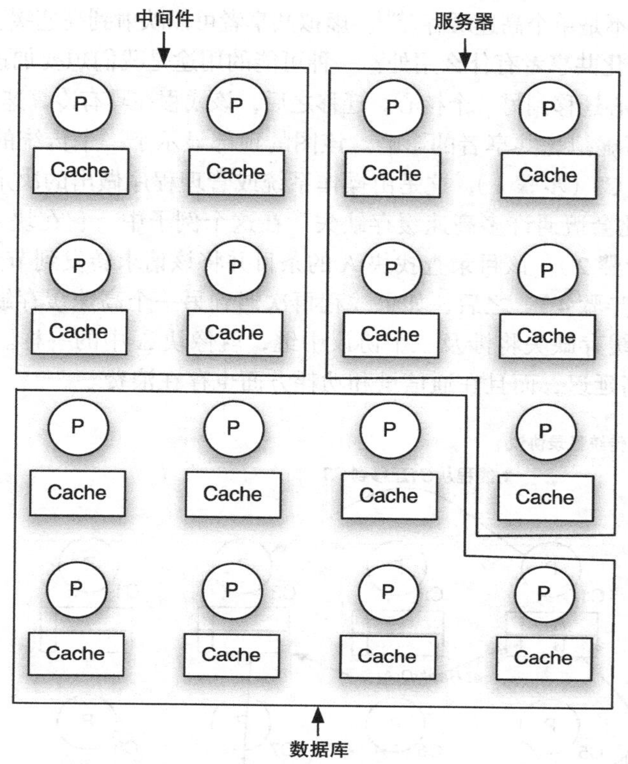

图 10-12　用于服务器整合的分区多核图示

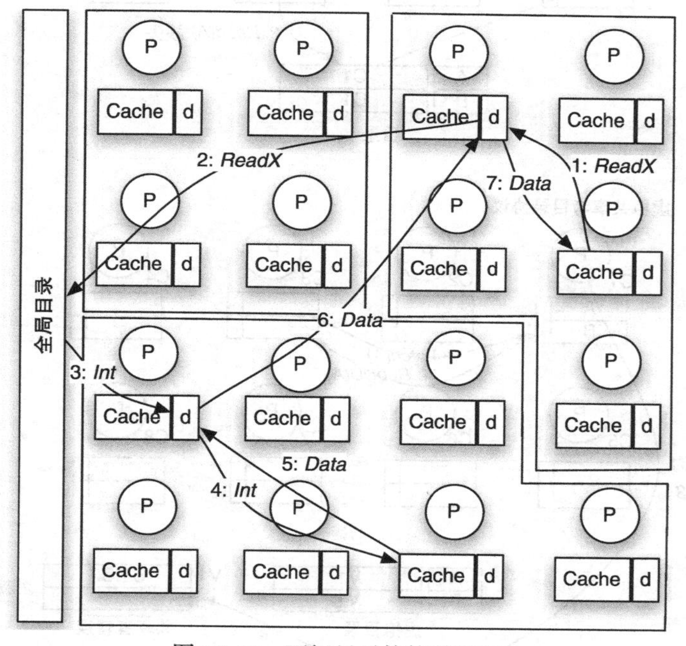

图 10-13　两级目录协议的图示

10.5.4 加速线程迁移

对于两级高速缓存一致性协议，另一个有趣的可能性是共享者的虚拟化，其中目录协议可以跟踪虚拟共享者而不是单个高速缓存[59]。虚拟共享者可以映射到高速缓存，但不一定是一对一的方式。那么虚拟化共享者有什么用处？一种可能的用途是我们想要加速线程迁移。想象一个线程想要从一个核心迁移到另一个核心。迁移之后，该线程在具有冷高速缓存的核心上运行。

图 10-14 显示了虚拟化共享者的影响。该图的顶部显示了一个传统的目录协议。假设线程从节点 C1 迁移到 C3（步骤 1），这是由操作系统或管理程序做出的决定。由于线程使用冷高速缓存运行，因此会遭遇许多高速缓存缺失。在这个例子中，它在块 A 上遭遇缓存缺失，这需要查询目录（步骤 2）。该目录查找块 A 的条目并将该请求转发到节点 C1（步骤 3）。然后 C1 提供数据块（步骤 4）。之后，如果线程再次遇到另一个高速缓存缺失（例如块 B 或其他块），则每个高速缓存缺失将涉及三个协议中继，就像块 A 中的一样。此过程不仅对每个高速缓存缺失产生高延迟，而且在通信量和功耗方面也存在浪费。

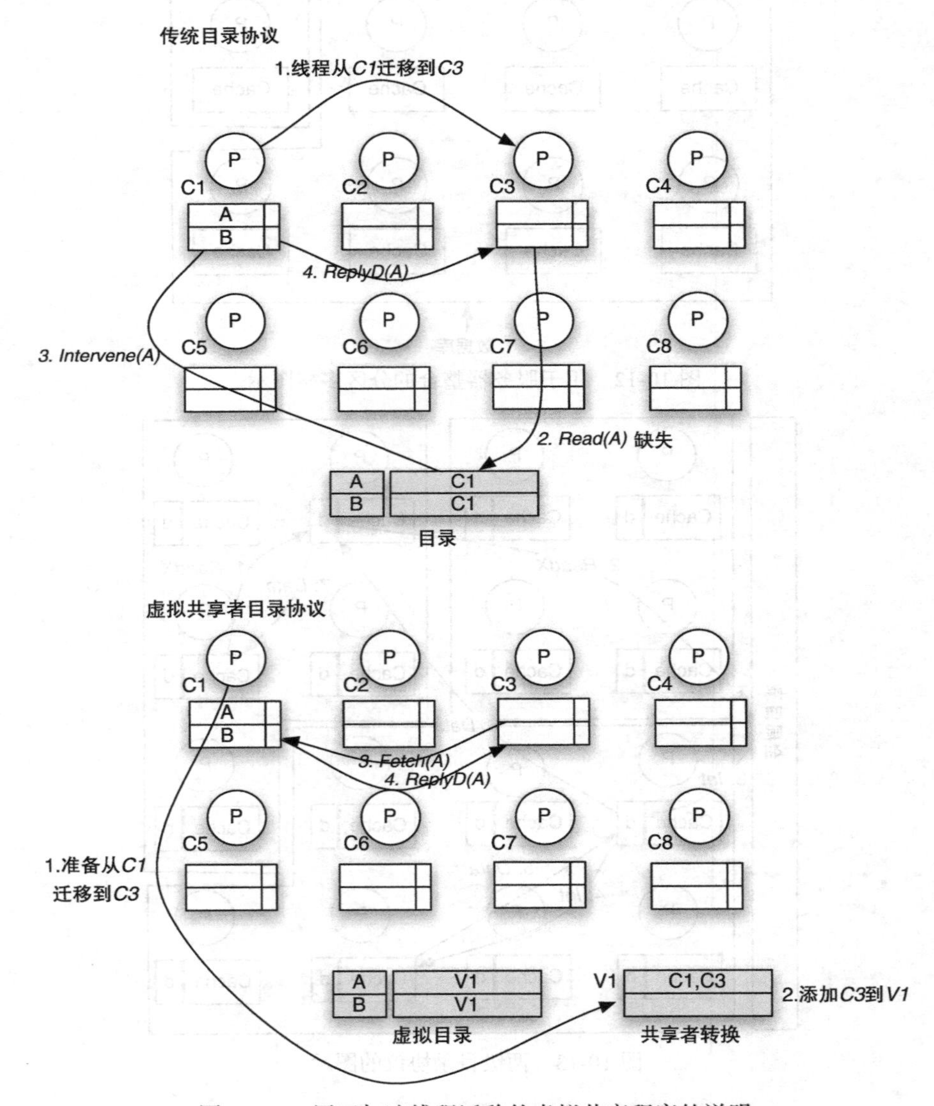

图 10-14 用于加速线程迁移的虚拟共享程序的说明

图 10-14 的底部显示了为什么虚拟共享者目录协议会有所帮助。首先，注意该目录跟踪

虚拟共享者 V1、V2 等，而不是物理节点 C1、C2 等。该目录具有共享者转换，以跟踪每个虚拟共享者都包括哪些物理节点。现在，假设一个线程从 C1 迁移到 C3。操作系统 / 管理程序可以选择通知目录为迁移做准备（步骤 1）。基于成本 / 收益计算，该目录可能决定将 C3 添加到虚拟共享者 V1，在此之前该共享者只包含 C1。因此，C1 中所有块的目录信息在虚拟目录中都是有效的。无论何时数据块在 C1 和 C3 之间移动或复制，都不需要修改目录，因为它们都属于虚拟共享者 V1。节点 C3 可以向节点 C1 发出直接读取（步骤 3），节点 C1 可以用数据块 A 回复（步骤 4）。对于其他块可以重复这两步过程，直到完成数据的迁移。C1 也可以主动将其缓存的数据块推送到 C3。所有这些都可以在没有目录参与的情况下发生。

虚拟共享者目录协议的第二个用处是定义分区。每个虚拟共享者都可以表示一个分区，并允许在分区内灵活地移动和复制数据，而不涉及目录，只要数据块的状态允许这样的移动或复制。此外，每个分区可以根据其需要实现不同种类的第一级一致性协议。例如，一个小分区可以实现一个广播式协议，更大的分区可以在分区内实现目录式协议。

363 ~ 366

10.6　习题

课堂习题

1. **存储开销**。假设有一个保持缓存一致的目录式一致性协议。缓存使用一个 64 字节的缓存块。每个块需要 2 位来编码目录中的一致性状态。需要多少位以及开销比（目录位数除以块大小）以保持每个块的目录信息（分别对于全位向量、具有 4 个处理器 / 位的粗向量、每个块具有 4 个指针的受限的指针）？考虑系统中有 16、64、256 和 1024 个高速缓存的情况。

答案：

模式	16-proc	64-proc	256-proc	1024-proc
全位向量	$\frac{16+2}{512}=3.5\%$	$\frac{64+2}{512}=12.9\%$	$\frac{256+2}{512}=50.4\%$	$\frac{1024+2}{512}=200.4\%$
粗	$\frac{4+2}{512}=1.2\%$	$\frac{16+2}{512}=3.5\%$	$\frac{64+2}{512}=12.9\%$	$\frac{256+2}{512}=50.4\%$
Dir_4B	$\frac{4\times4+2}{512}=3.5\%$	$\frac{4\times6+2}{512}=5.1\%$	$\frac{4\times8+2}{512}=6.6\%$	$\frac{4\times10+2}{512}=8.2\%$

2. **一致性协议操作**。假定一个具有基于目录的一致性协议的 3 处理器多处理器系统。假设网络事务的成本完全由事务中涉及的串行协议跳数决定。每跳需要 50 个周期才能完成；而缓存命中花费 1 个周期。此外，忽略 NACK 流量和投机回复。高速缓存维护 MESI 状态，而目录维护 EM（独占或修改）、S（共享）和 U（未缓存）状态。显示所有 3 个缓存的状态转换、目录内容及其状态，以及为表中显示的引用流生成的网络消息。

答案：

内容引用	P1	P2	P3	根节点的目录内容	所有网格消息列表	成本
r1	E	—	—	100, EM	Read(P1 → H), ReplyD(H → P1)	100
w1	M	—	—	100, EM	—	1
r2	S	S	—	110, S	Read(P2 → H), Int(H → P1), Flush (P1 → H&P2)	150

（续）

内容引用	P1	P2	P3	根节点的目录内容	所有网格消息列表	成本

w2	I	M	—	010, EM	Upgr(P2 → H),
					Reply(H → P2) // Inv(H → P1),
					InvAck(P1 → P2)
						150

r3	I	S	S	011, S	Read(P3 → H), Int(H → P2), Flush (P2 → H&P3)	150
r1	S	S	S	111, S	Read(P1 → H), ReplyD(H → P1)	100

w1	M	I	I	100, EM	Upgr(P1 → H),
					Reply(H → P1) // Inv(H → P2&P3),
					InvAck(P2 → P1) //InvAck(P3 → P1)
						150

r1	M	I	I	100, EM	—	1

w2	I	M	I	010, EM	ReadX(P2 → H),
					Reply(H → P2) // Inv(H → P1),
					Flush+InvAck(P1 → P2)
						150

					TOTAL	952

3. **重叠处理**。假设一个4处理器的多处理器系统使用一个全位向量的基于目录的一致性协议。该目录保持U、EM和S状态，而高速缓存保持MESI状态。假设网络事务的成本完全由事务中涉及的协议跳数决定，每跳都有50个周期的延迟。

   假设并行程序对单个块地址进行以下访问：r1，r2，w3和r4，其中r表示读取请求，w表示写入请求，数字表示发出请求的处理器。假设请求在时间0同时发送到目录，但目录按以下顺序接收它们：r1，r2，w3，r4。假定目录的占用（即目录查找并更新目录状态的时间长度）是10个周期，并且从存储器获取数据导致0个周期。

   (a) 使用以根节点为中心的方法完成所有请求处理的延迟是多少？

   (b) 为了尽可能多地处理重叠请求，使用请求者协助方法完成所有请求处理的延迟是多少？

   答案：

   假设r1, r2, w3和r4在time 0同时被调用。

   （2）以Home为中心的方式

请求	时间、事件和消息
r1	(0,50) Read (P1 → Home) (50, 60) 目录占用 (60, 110) ReplyD (Home → P1) (110, 160) Done (P1 → Home)
r2	(0,50) Read(P2!Home) (50, 160) 等待目录退出忙状态 (160, 170) 目录占用 (170, 220) Int (Home → P1) (220, 270) Flush (P1 → Home and P2) (270, 320) Done (P2 → Home)

367
~
368

（续）

请求	时间、事件和消息
w3	(0,50) ReadX (P3 → Home) (50, 320) 等待目录退出忙状态 (320, 330) 目录占用 (330, 380) Inv (Home → P1 and P2) (380, 430) InvAck (P1 and P2 → P3) (430, 480) Done (P3 → Home)
r4	(0,50) Read (P4 → Home) (50, 480) 等待目录退出忙状态 (480, 490) 目录占用 (490, 540) Int (Home → P3) (540, 590) Flush (P3 → P4, Home) (590, 640) Done (P4 → Home)

（b）请求者协助方式

请求	时间、事件和消息
r1	(0,50) Read (P1 → Home) (50, 60) 目录占用 (60, 110) ReplyD (Home → P1)
r2	(0,50) Read(P2 → Home) (50, 60) 等待目录退出忙状态 (60, 70) 目录占用 (70, 120) Int (Home → P1) (120, 170) Flush (P1 → Home and P2)
w3	(0,50) ReadX (P3 → Home) (50, 170) 等待目录退出忙状态 (170, 180) 目录占用 (180, 230) Inv (Home → P1 and P2) (230, 280) InvAck (P1 and P2!P3)
r4	(0,50) Read (P4 → Home) (50, 180) 等待目录退出忙状态 (180, 190) 目录占用 (190, 240) Int (Home → P3) (240, 280) 等待 InvAck 消息的接收，以结束 P3 之前的事务 (280, 330) Flush (P3 → P4, Home)

课后习题

1. **存储开销**。假设有一个保持高速缓存一致的目录式一致性协议。缓存使用 128 字节的缓存块。每个块需要 3 位来编码目录中的一致性状态。需要多少位来保存每个块的目录信息（分别对于全位向量、8 处理器 / 位的粗向量、每块有 4 个指针的受限指针、每块有 8 个指针的受限指针）？考虑系统中有 16、64、256 和 1024 个高速缓存的情况。

2. **一致性协议操作**。假设一个4节点系统，每个节点都有一个处理器和一个高速缓存，使用一个具有全位目录格式的基于目录的一致性协议。假设处理协议事务的成本取决于协议跳数，每跳需要50个周期。缓存命中需要1个周期。缓存保持MESI状态，目录保持EM、S、U状态。显示每次内存访问后缓存状态和目录信息会发生什么变化？内存访问如下：R1（节点1的读请求），R2，R3，R2，W3（节点3的写请求），E3（被节点3换出的缓存），W4和W1。
3. **重叠处理**。假设一个4处理器的多处理器系统使用一个全位向量的基于目录的一致性协议。该目录保持U、EM和S状态，而缓存保持MESI状态。假设网络事务的成本完全由事务中涉及的协议跳数决定，每跳都有50个周期的延迟。

   假设并行程序对单个块地址进行以下访问：w1，r2，w3，w4，其中r表示读取请求，w表示写入请求，数字表示发出请求的处理器。假设请求几乎同时发送到目录，但目录按以下顺序接收它们：w1，r2，w3，w4。假定目录的占用（即目录查找并更新目录状态的时间长度）是10个周期，并且从存储器获取数据导致0个周期。

   (a) 使用以根节点为中心的方法完成所有请求处理的延迟是多少？

   370
   (b) 为了尽可能多地处理重叠请求，使用请求者协助方法完成所有请求处理的延迟是多少？

第11章

Fundamentals of Parallel Multicore Architecture

互连网络体系结构

到目前为止的讨论集中在如何通过提供高速缓存一致性、存储一致性和同步原语来构建正确和高效的共享存储多处理器上。我们假设消息以低延迟从一个处理器可靠地发送到另一个处理器。但是，我们尚未讨论如何可靠、快速地将消息从一个节点发送到另一个节点。

本章的目的是讨论多个处理器互连的结构。互连网络最重要的两个性能指标是*延迟*和*带宽*。基于共享存储多处理器的几个通信特性，与诸如局域网（LAN）或因特网等其他网络系统相比，共享存储多处理器对互连结构性能具有独特的要求。首先，消息非常短。许多消息是一致性协议的请求和响应，并不包含数据，也有一些消息包含少量（高速缓存块大小的）数据，这些数据在当前主流系统中为64或128字节。第二，消息生成很频繁，因为每个读或写的缺失都可能生成涉及几个节点的一致性消息。第三，由于消息是因处理器读或写事件而生成的，所以处理器隐藏消息通信延迟的能力相对较低。因此，共享存储多处理器互连结构必须提供非常低的延迟和节点之间的高带宽通信，并且针对小的和几乎均匀大小的分组进行过优化。第四，拓扑（或网络的形状）大部分是静态的。

这些考虑有几层含义。首先，虽然诸如TCP/IP之类的通用网络依赖于多层通信协议来提供灵活的功能，但是共享存储多处理器互连网络应当被设计成具有尽可能少的通信协议层，以便最小化通信延迟。例如，共享存储多处理器的互连网络可以仅使用两个协议层次：*链路级*协议确保单个分组在单个链路上的可靠传送，*节点级*协议确保分组从一个节点到另一个节点的可靠传送。其次，通信协议应以精简为基本特征。例如，复杂的策略（如端到端和涉及丢弃分组的流量控制）可能会对性能造成损害。相反，应该仅在链路级执行流量控制，以避免接收端缓冲区溢出。此外，通常应避免丢弃分组，并且路由协议不需要维护和查找大型的路由表。

371

在设计共享存储多处理器的互连网络时需要考虑的另一个特殊方面是它如何与多处理器的其他组件交互，如高速缓存一致性协议和存储一致性模型。

总体而言，为给定的共享存储多处理器选择正确的互连结构设计是一项具有挑战性的任务。由于性能、可扩展性和成本要求的差异，通常对于某个共享存储多处理器系统的最佳互连网络对于其他系统可能就不会是最佳的。为了帮助理解这种折中，接下来将讨论互连结构的组件、适用于每个组件的各种策略及其对系统性能的影响。

互连网络将多个处理器紧密连接在一起，形成共享存储多处理器系统，如图11-1所示。一个或一组处理器封装在一个*节点*中，这样的节点可以由一个或多个处理器核、高速缓存或层次结构的高速缓存（图11-1中的$）、存储器（图11-1中的M）、通信控制器组成，通信控制器是通过*路由器*与网络结构接口的逻辑，而路由器通过连接到其他路由器以形成网络。在小型网络中，有时一台路由器就足以将多个处理器连接在一起。在大型网络中，需要多个路由器，它们必须连接到各个节点的通信控制器以及其他路由器。在图11-1的示例中，每个路由器通过四个端口（北、东、南、西）连接到其他四个路由器，另一个端口连接到本地控制器。两台路由器之间的物理线路称为*链路*。链路可以是*单工*的，即数据只能在一个方向上发送，或者是双工的，即数据可以在两个方向上发送。互连网络的一个重要特征是网络的形状，称为网络拓扑。例如，图 11-1 中所示的网络拓扑是二维 Mesh。以下将更详细地讨论每一个组件。

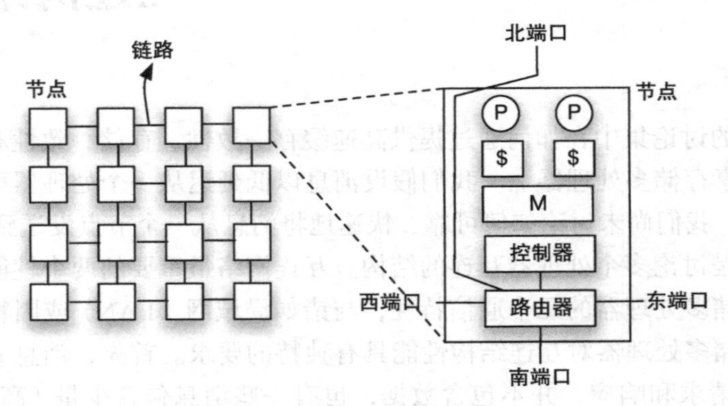

图 11-1　互连网络的组件

11.1　链路、信道和延迟

链路是连接两个节点的一组导线。在一个周期内可以传输的最小数据量称为 Phit。Phit 通常由链路的宽度确定。例如，一条 10 位宽的链路可容纳 1 个字号（8 位）的 Phit，而剩余的 2 位用于控制信号或奇偶校验信息。然而，数据是以称为 Flit 的链路级流量控制单元为单位传输的。Flit 可以由一个或多个 Phit 组成，这些 Phit 作为单个流量控制单元须用几个时钟周期来传输。接收端可以同意或者拒绝接收一个 Flit 的数据，这基于接收端可用的缓冲区大小和所使用的流量控制协议。

流量控制机制工作在链路级，以确保数据不会被过快地接收，避免接收路由器的缓冲区溢出。在有损网络中，缓冲区溢出会导致 Flit 被丢弃并重新传输，从而导致延迟。因此，不会丢弃和重传 Flit 的无损网络成为首选。典型的链路级流量控制使用 stop/go（停止 / 执行）协议。图 11-2 说明了 stop/go 协议。只要发送端路由器监听到接收端声明的“go”信号，就可以向接收端路由器发送数据包 Flit。接收端设置输入缓冲区，并监控缓冲区的使用。如果缓冲区不断填充而达到阈值，则接收端将“go”信号改为“stop”信号。发送端响应“stop”信号停止发送更多的 Flit。在某个时刻，接收端输入缓冲区被清空，接收端将信号改回为“go”，发送端继而恢复发送 Flit。stop/go 协议的阈值由发送和接收两端之间的往返时延确定，以消除缓冲区溢出的风险。基于信用的流量控制是 stop/go 流量控制的一种替代机制。它要求接收端周期性地或每当缓冲区容量改变时将缓冲区可用容量的精确值（或可用容量的变化量）通知发送端，发送端据此决定是否发送更多的 Flit。

372

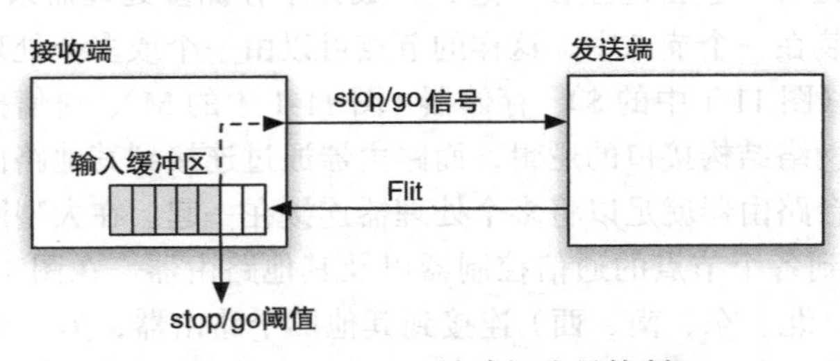

图 11-2　stop/go 链路级流量控制

考虑到数据传输将通过不止一条链路时，有两种网络交换策略，如图 11-3 所示。一种策略是电路交换，在传送数据之前为发送和接收端“预订”连接。这意味着发送端首先发送命令以建立到接收端的连接，传输路径上的路由器将为消息传输预留适当的输入和输出端口以及端口之间的连接。一旦连接建立完成，接收端应答连接建立完成的消息。此后，发送端可以向接收端发送消息。从这里开始，消息可以非常高效地传播，它不需要被分成多个小的分组，单个数据包也不需要包含路由信息。由于输入端口与输出端口的连接已经预留，因此数据包在每个路由器上也不会受到太多路由延迟的影响。

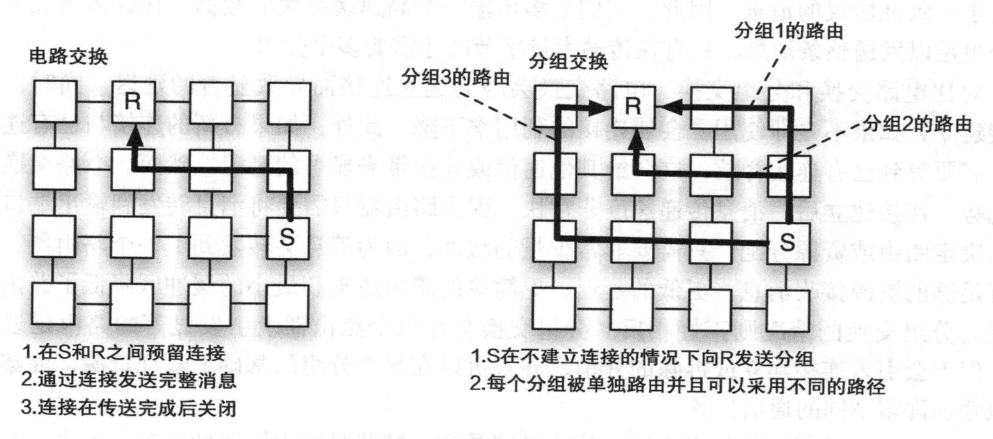

图 11-3　电路交换与分组交换

另一种交换策略是分组交换。对于分组交换，当在信道上传输大消息时，消息会分段并封装成分组。图 11-4 说明了如何将长消息分解为分组。消息的每个部分都变成一个分组的有效载荷，并增加头部和尾部进行封装。这种分段允许消息以彼此独立的部分发送，分组的头部和尾部确保可靠传递，并且包含足够的信息以便在目的地将分组重新组装成原始消息。分组交换中的分组头部具有更多信息，包括目的地和可能的路由信息。分组在链路上以 Flit 的粒度传输，根据分组相对于 Flit 的大小，可能需要多个 Flit 来传输分组。因此，消息将切分成一个或多个分组，分组又可能被分成一个或多个 Flit，而 Flit 最终会分成一个或多个 Phit。当一个分组被分解成 Flit 时，每个 Flit 不会添加“Flit 头部”或“Flit 尾部”，因为 Flit 不是为单独路由设计的。分组的 Flit 将按顺序在链路上传输，路由仅在分组层面执行，Flit 不能单独路由。

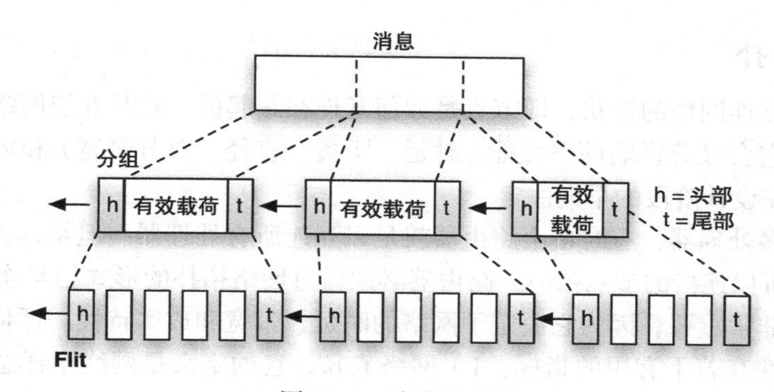

图 11-4　消息和分组

373 ~ 374

分组的头部通常包含路由和控制信息，这些信息使路由器能够确定如何处理分组。如果分组头部被设计为适合 Flit 的大小，则包含头部的 Flit 称为“头部 Flit”。类似地，如果分组尾部被设计成适合 Flit 的尺寸，则包含尾部的 Flit 称为“尾部 Flit”。分组的有效载荷被分解成“体 Flit”。路由器可以基于查验分组头部来决定分组的路由。通过查验分组头部，路由器就能够知道分组应发送到的下一个端口 / 链路，而不必再查验分组的其余部分（有效载荷和尾部）。分组尾部包含诸如校验和之类的信息，校验和是一组冗余的二进制位串，允许检测或校正分组中因传输错误而改变了的二进制位。由于在共享存储多处理器中，大多数消息对应于一致性协议的请求，因此，它们最多传输一个高速缓存块的数据。在许多情况下，一个分组足以发送整条消息，只有在传输大量字节时才需要多个分组。

对比电路交换和分组交换，电路交换会因为建立连接而导致显著的延迟，同时，一旦连接建立，如果不立即使用，会使连接的利用率下降。此外，如果有新的连接与已有连接冲突，需要等到已有连接释放，这会给其他通信或连接带来显著的延迟。然而，电路交换也有其优势：连接建立后，消息传递速度非常快，因为路由器只需要将消息转发到输出端口，而无须决定路由或资源分配；只需要非常少量的缓冲，因为消息会转发到下一个路由器，在那里有足够的资源接收消息。更低的延迟、更简单的路由逻辑和最小的缓冲区降低了路由器的功耗。分组交换的情况则正好相反。分组交换会在每个路由器上引发显著的路由延迟和功耗，但不会引入连接建立或拆除的开销，并且可以在每个分组的基础上管理资源，能够更容易地叠加许多不同的通信任务。

分组流过链路时可能的最大速率称为链路带宽。链路带宽由链路的时钟频率乘以在一个周期内可以传输的数据的二进制位数来确定。

当链路没有竞争时，通过带宽为 B 的网络信道发送大小为 L 的单个消息需要多长时间？通常认为可以由消息首位从源端到目的端的传输时延加上源端发送消息剩余部分的时延组成。前者有时被称为*头部时延*或 T_h，而后者有时被称为*串行时延*或 T_s。如果消息的首位必须经过 H 跳，并且每跳都产生 T_r 的路由延迟，则头部时延为 $H \times T_r$，而串行时延为 L/B。因此，发送消息的延迟为：

$$T = T_h + T_s = H \times T_r + \frac{L}{B} \tag{11.1}$$

该公式说明，为了减少传输时延，可以减少跳数、路由延迟或增加信道带宽。减少路由延迟是困难的，但是，通过更改网络的形状（*拓扑*），可以轻松地增加或减少跳数，这是下一节讨论的重点。

11.2 网络拓扑

网络拓扑是互连网络的形状，即节点是如何互连在一起的。它是互连网络设计最重要的方面之一，因为它会显著影响网络性能（时延、距离、直径、对分带宽）和成本。网络拓扑的选择通常需要在设计阶段的早期决定。

对于小型的多处理器，有时单个路由器就足以互连所有处理器。但是，当节点数大于或等于单个路由器可以连接的节点数时，路由器必须通过网络拓扑的形式相互连接。

拓扑的选择非常重要，因为它决定了网络的时延、带宽和成本特性。评估互连网络拓扑的时延和带宽特性有若干有用的指标：1）*网络直径*，它的定义是网络中任意节点对之间的最长距离，以*网络跳数*（即消息在两个节点之间传播必经的链路数）来度量。2）*平均距离*，通过将所有节点对之间的距离之和除以节点对的数量来计算。因此，网络的平均距离是两个随机选择的节点之间的期望距离。3）对分带宽，表示为了将网络划分为两个相等的部分而必须切断的最小链路数。4）还有两个经常用来表征网络成本开销的指标。一个指标是构成互连网络所必需的链路数量，另一个指标是连接到每个路由器的输入/输出链路数，又称为度数。

网络直径的重要性在于，它体现了网络中可能出现的最坏延迟情况（假定最小路由）。虽然可以通过调整线程的放置来控制网络中的平均通信时延，以使通信发生的距离最小化，但是对于全局（一对一、多对一和多对多）通信，网络直径仍是通信延迟中的限制因素。对分带宽的重要性在于，它是表征整个系统中可用带宽的一个指标。特别是，它代表了系统中可支持全局通信的最大带宽。为什么对分带宽比总带宽或者聚合带宽更重要？聚合带宽在这里是一个不太具有代表性的指标，因为它并没有考虑会成为全局通信带宽瓶颈的那一组链路。例如，在具有 p 个节点的线性阵列中，总链路带宽是链路带宽的 $p-1$ 倍，但对分带宽就等于链路带宽。由于全局通信必须始终通过一条链路，因此对分带宽比聚合带宽更好地概括了网络的带宽特性。

375～376

几种常见的网络拓扑如图 11-5 所示。总线型不同于其他拓扑，因为它允许从任一节点到另一节点的直接连接，因此它不需要路由。二维 Mesh 与线性阵列相关，因为线性阵列可看作一维 Mesh。Cube 本质上是三维 Mesh，同样对于 Hypercube，它是一个多维 Mesh，每个维度中有两个节点。由于这种相似性，这类拓扑被归类为 k 元 d 维 Mesh 拓扑族，其中 d 表示维度，k 表示每个维度中的节点数量。例如，图 11-5 中的线性阵列是 5 元一维 Mesh 拓扑；二维 Mesh 是 3 元二维 Mesh 拓扑；Cube 是具有不同“元”数的三维 Mesh 拓扑；Hypercube 始终是 2 元的（每个维度中有两个节点），可以看作 2 元 d 维的 Mesh 拓扑。类似地，在每个维度的末端节点之间添加链接，就可以将 Mesh 构造成 Torus。例如，将线性阵列的两端节点连接就可以构成环形，二维 Torus 也可以由二维 Mesh 构成。所以，一组相关的拓扑结构就是 k 元 d 维 Torus 拓扑族。

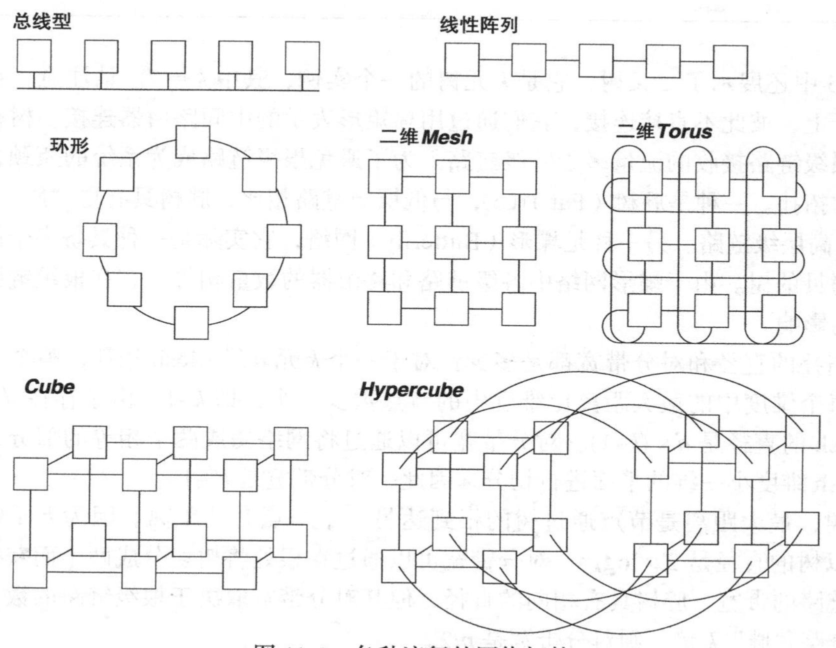

图 11-5　各种流行的网络拓扑

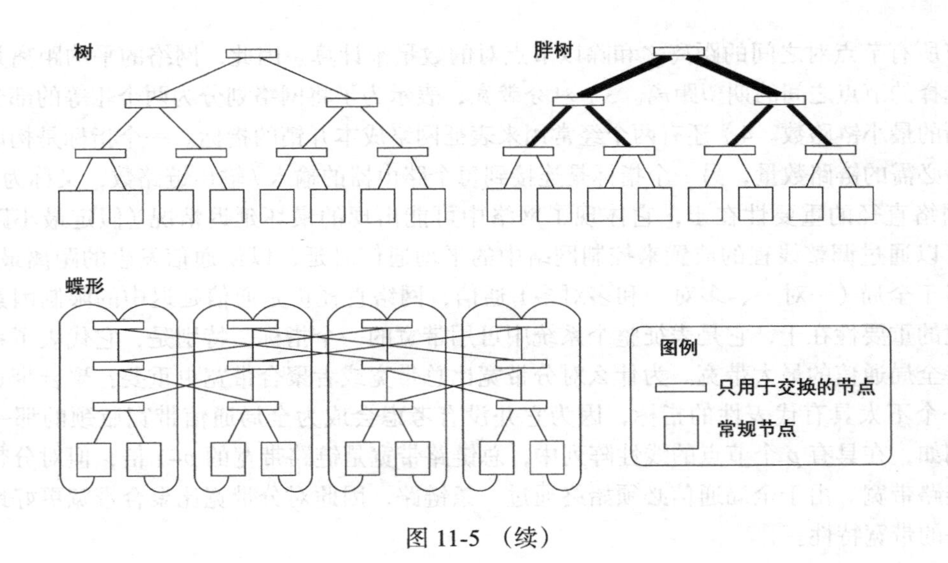

图 11-5 （续）

■ 你知道吗？

在互连网络的实现中，跳数不是唯一重要的。网络中每一跳的连线长度也很重要，链路应尽可能具有统一的长度。下面举例说明了具有不均匀和均匀链路长度的环。为了获得相对均匀的链路长度而布置的节点和链路称为*折叠*。折叠在多核互连网络中非常重要，因为拓扑必须在平面布局中实现（除非使用具有多个逻辑层的三维设计）。

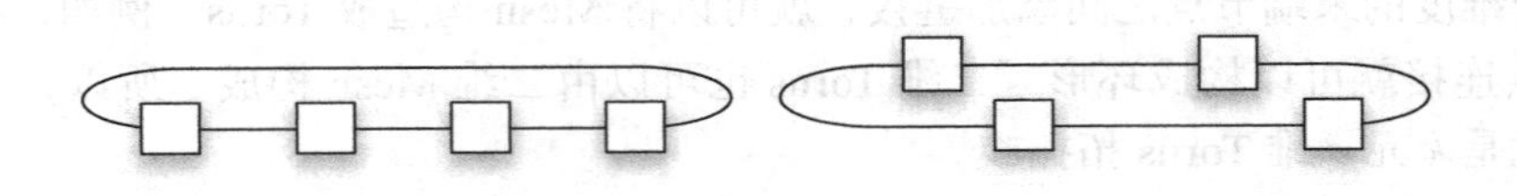

图 11-5 中还展示了二叉树，它是 k 元树的一个实例，其中 $k = 2$。请注意，在树中，节点位于叶子上，彼此不直接连接，它们通过用扁矩形表示的中间路由器连接。树存在有限带宽问题，根级链路接收的流量多于叶级链路。为了避免根级链路成为系统的瓶颈，可以使用两种相关的拓扑。一种是胖树（Fat Tree），与低层级链路相比，胖树具有更“胖”（即具有更多连线）的高层级链路。另一种是蝶形（Butterfly）网络，它实际是一种具备多个高层中间路由和链路拷贝的树。由于蝶形网络中各级链路和路由器的数量相等，它在根级链路不会受到有限带宽的影响。

这些拓扑的直径和对分带宽都是多少？对于一个 k 元 d 维 Mesh 拓扑，整个网络中有 k^d 个节点。每个维度中的最大距离比维度中的节点数少一个，即 $k-1$。由于存在 d 维，所以 k 元 d 维 Mesh 的直径是 $d \times (k-1)$。对分带宽可以通过将网络切成两个相等的部分来获得，可以用比 Mesh 维度小一维的平面进行切分，因此，对分带宽是 $k^{d}-1$。

对于树，最大距离是节点通过树的根到达另一个节点时的距离。因为 k 元树的高度是 $\log_k p$，所以树的直径是 $2 \times \log_k p$。对分带宽可以通过在根处将树切分成两半而获得，因此它等于一条链路的带宽。胖树具有相同的直径，但其对分带宽取决于根级链路的数量。如果父链路比子链路“胖” k 倍，则对分带宽是 $p/2$。

377～378

> **■ 你知道吗?**
>
> 胖树的实现有相当高的难度，因为上层链路（尤其是根级链路）必须通过许多导线才能支持比下层链路更高的带宽。此外，上层链路通常比下层链路在物理上更长，从而降低了它们可以提供的带宽。在一些实现（如 InfiniBand）中，胖树的上层链路使用了不同的电缆。较低层级的链路使用铜缆，而较高层级的链路使用光纤，这样做有几个优点：1）高层级链路由光纤提供的带宽比使用铜缆的低层级链路高得多；2）使用光纤的高层级链路和路由器体积和重量都较小；3）光纤提供的通信时延较低，相对来说不受缆线长度的影响（铜缆的传输时延会随缆线长度的增加而迅速恶化）。

最后，对于蝶形网络，从一个节点到任何其他节点的路径都是经由最低层级链路、路由器到最高层级链路和目的节点。因此，对于每对节点，只有一条路径连接它们，并且所有路径都具有 $\log_2 p$ 的距离（等于其直径）。它的对分带宽与胖树相同，即 $p/2$。

表 11-1 总结了假设使用双工链路的不同拓扑的特性，列出了与时延相关的指标（直径）、带宽相关的指标（对分带宽）和成本相关的指标（链路数和节点度数）。度数（基数）假定为内部节点，由一个路由器到其他路由器的连接数加上 1 得到，1 表示本地节点个数。在表中，由二维 Mesh 和 Hypercube 这两个常见的实例代表 k 元 d 维 Mesh 拓扑族。

表 11-1　各种网络拓扑的比较

拓扑	直径	对分带宽	链路数	度数
线性阵列	$p-1$	1	$p-1$	2+1
环	$p/2$	2	p	2+1
二维 Mesh	$2(\sqrt{p}-1)$	$\sqrt{p}$	$2\sqrt{p}(\sqrt{p}-1)$	4+1
Hypercube	$\log_2 p$	$p/2$	$p/2\log_2 p$	$\log_2 p+1$
k 元 d 维 Mesh	$d(k-1)$	k^{d-1}	$dk^{d-1}(k-1)$	$2d+1$
k 元树	$2\log_k p$	1	$k(p-1)$	$(k+1)+1$
k 元胖树	$2\log_k p$	$p/2$	$k(p-1)$	$(k+1)+1$
蝶形	$\log_2 p$	$p/2$	$2p\log_2 p$	4+1

虽然表 11-1 中未列出，但也可以计算某些拓扑的平均距离。例如，二维 Mesh 的平均距离为 $(\sqrt{p}+1)/3$，而 Hypercube 的平均距离为 $p/2$。

再来看一个关于网络拓扑子集对分带宽和直径的更具体的场景。在给定 p 个节点的情况下，可以选择在每个维度中具有大量节点的低维网络或者在每个维度中具有少量节点的高维网络。为了说明哪种方法（低维与高维）更具可扩展性，比较相同数量节点的二维 Mesh、Hypercube 和蝶形网络。图 11-6 显示了当节点数量从少（4 个节点）到多（256 个节点）变化时，它们的直径和对分带宽是如何缩放的。图中显示，与高维网络的直径相比，低维网络的直径随着节点数量的增加而快速增长。它们在 4 个节点时直径是相等的，而对于 256 个节点，二维 Mesh 的直径是 Hypercube 和蝶形的 3.75 倍（30 比 8）。图中还显示，随着节点数量的增加，低维网络对分带宽的增长比高维网络慢得多。同样，若链路宽度都相等，在 4 个节点时它们的对分带宽是相等的，但在 256 个节点时，Hypercube 和蝶形网络的对分带宽是

379

二维 Mesh 的 8 倍（128 个链路比 16 个链路）。

图 11-6 显示 Hypercube 和蝶形网络具有相等的直径和对分带宽。因此，它们的缩放特性是相似的。它们的区别在于，蝶形网络中每对节点之间只有唯一条路径连接，该路径经过 $\log_2 p$ 个路由器，而 Hypercube 对于不同的路由算法，其不同节点间的路径距离是可变的。因此，通过线程映射使通信经常发生在相邻节点，Hypercube 可以从中受益，但对蝶形网络没有任何益处。

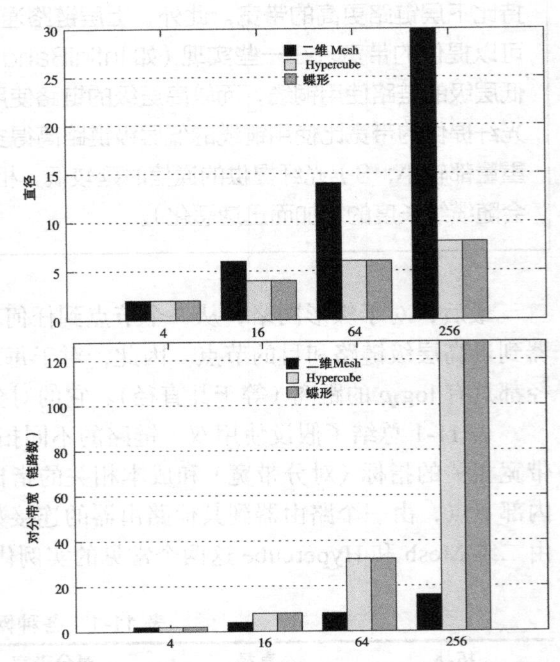

图 11-6 不同数量节点（4、16、64 和 256）的二维 Mesh、Hypercube 和蝶形网络的直径和对分带宽比较

从性能和可扩展性的角度来看，与低维网络相比，高维网络在直径、平均距离和对分带宽方面具有显著优势。不过，还需要考虑成本。例如，在二维 Mesh 中，每个路由器相对简单，只需要有 4 度。而在 Hypercube 中，每个路由器需要具有两倍维度的度数，比如对于具有 5 个维度的 Hypercube，每个路由器具有 10 度。当然，可以通过缩小每个端口的宽度来平衡 Hypercube 较高的度数要求，保持引脚或连线的总数不变维持成本开销。因此，与较低维度的拓扑相比，较高维度的拓扑仍然可以用大致相等的成本实现更好的直径和对分带宽。

路由器体系结构通常依赖交叉开关将输入连接到输出端口，因此额外的端口会以平方的量级增加交换机的复杂性。蝶形网络的度数虽然只有 4，但与 Hypercube 相比，它需要更多的路由器。此外，更高维度的网络往往需要更长的导线（跨芯片或在多核系统的芯片内）、更多的金属层和更复杂的布线，所有这些都可能增加成本。

11.3 路由策略和算法

以上讨论了网络的拓扑结构。在给定网络拓扑的情况下，如何从一个节点向另一个节点发送分组仍然是一个悬而未决的问题。相关的问题有分组传输是否流水线化、分组可以按什么路径传输，以及网络的各种特性是如何限制传输路径的。

第一个问题需要解决的是，当分组需要传输若干跳（链路）时，是完整地从一个节点传输到下一个节点，还是拆分后跨多个链路传输？在*存储 / 转发*路由策略中，分组必须由一个节点完全接收（并存储），然后才能转发到下一个节点。

对于*直通*（cut-through）或*虫洞*（wormhole）路由策略，在分组完全到达当前路由器之前，就允许将分组的一部分转发到下一个路由器。它们与存储 / 转发路由之间的差异如图 11-7 所示。在存储 / 转发路由（图 11-7 的上半部分）中，分组的所有 Flit 在第一个 Flit 发送到下一个路由器之前，都会在当前路由器缓冲。在直通或虫洞路由中，当一个节点接收到 flit 时，它会立即转发到下一个节点。因此，分组可以在多个链路和多个路由器传输。

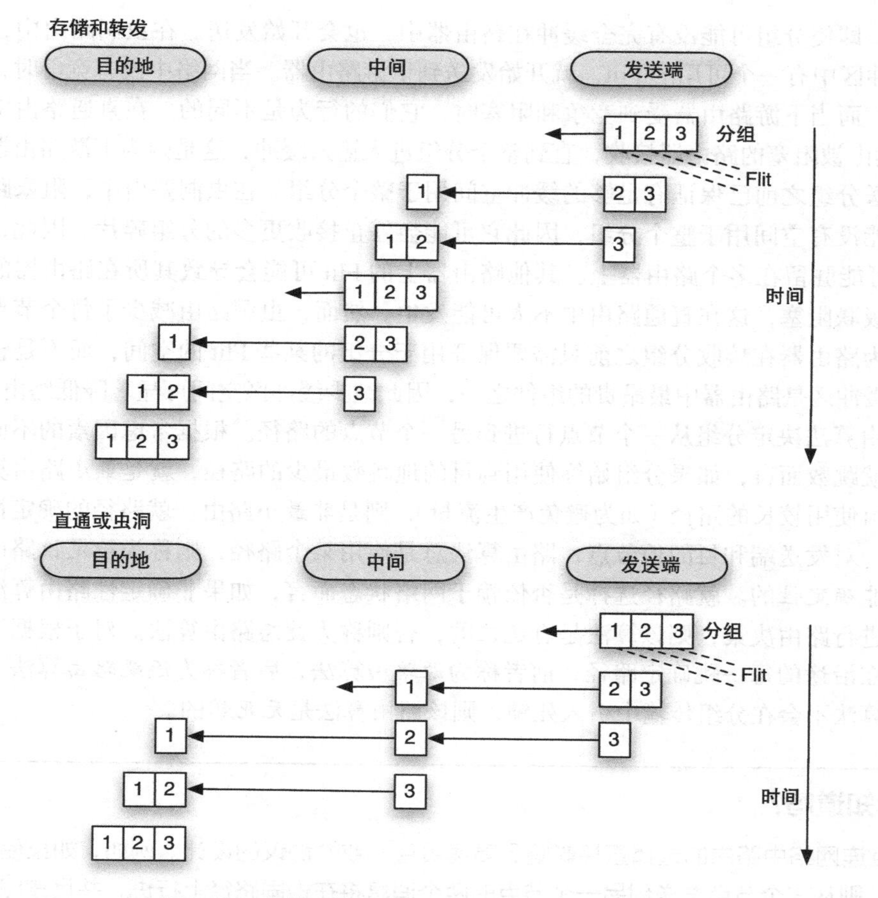

图 11-7　存储 / 转发路由与直通路由之间的不同

图 11-7 说明了直通或虫洞路由的一个关键优势：更低的分组传输延迟。要了解其原因，假设在带宽为 B 的信道上路由一个大小为 L 的分组的时间是 T_r。如果分组传输了 H 跳，则在存储 / 转发路由下，总延迟将是跳数与每跳所用时间的乘积：

$$T_{stfwd} = H \times \left(T_r + \frac{L}{B}\right) \quad (11.2)$$

对于直通或虫洞路由策略，发送一个分组的时间等于在所有跳上发送第一位的时间加上分组其余部分到达最终目的节点的时间。这是因为分组的剩余位是紧跟在第一位之后传输的，没有路由处理延迟。第一位只受每个路由器处理路由时间的影响，而剩余位只受链路传输时延的影响。因此，直通或虫洞路由策略下在网络上传输分组的时间大约是：

380 ~ 381

$$T_{cutthrough} = H \times T_r + \frac{L}{B} \quad (11.3)$$

因此，在存储 / 转发与直通路由之间发送分组的时延差异是 $(H-1) \times L/B$。这意味着当跳数较多（如在低维网络上），或者链路的传输时延高（如当链路窄或时钟频率低时），或者分组较大时，直通路由在减少分组传输时延上就显得更加重要。

虽然直通或虫洞路由与存储 / 转发路由相比都具有传输时延优势，但它们在流量控制单元上是有所不同的。在直通路由中，流量控制在分组粒度上工作，而在虫洞路由中，流量控制在 Flit 粒度上工作。直通路由中，当下一个（或下游）路由器有足够的缓冲区来容纳整个分组时，即使分组可能没有完全缓冲在路由器中，也会开始发送。在虫洞路由中，只要路由器的缓冲区中有一个可用的Flit，就开始发送到下游路由器。当网络中没有竞争时，它们的行为类似，而当下游路由器受到竞争和阻塞时，它们的行为是不同的。在直通路由中，分组的Flit继续由被阻塞的路由器接收，直到整个分组进入输入缓冲，这是因为下游路由器在上游路由器发送分组之前已保证有足够的缓冲空间用于整个分组。在虫洞路由中，阻塞路由器的缓冲区可能没有空间用于整个分组，因此它可能会停止接收更多的分组碎片。因此，一个分组的Flit可能驻留在多个路由器上。其他路由器上的Flit可能会导致其所在路由器的阻塞，从而导致级联阻塞，这在直通路由中不太可能发生。然而，虫洞路由减少了每个节点处的缓冲量，因为路由器在接收分组之前只需要保证用于分组的某些Flit的空间，而不是整个分组的空间。缓冲区是路由器中最昂贵的组件之一，因此减少缓冲区空间可显著降低路由器的成本。

路由算法决定分组从一个节点行进到另一个节点的路径。根据考虑因素的不同，有几类算法。就跳数而言，如果分组始终使用到目的地跳数最少的路径，就是*最小路由算法*。如果允许分组使用较长的路径（如为避免产生流量），则是*非最小路由*。就路径的确定性而言，如果给定一对发送端和目的地节点，路由算法总是使用某个路径，则称为*确定性路由算法*，否则称为*非确定性的*。就路径选择是否依赖于网络状态而言，如果非确定性路由算法使用网络状态来进行路由决策，则该算法是*自适应的*，否则称为*健忘路由算法*。对于根据源端确定路径还是在沿途的每一跳确定路径，前者称为*源路由算法*，后者称为*逐跳路由算法*。最后，如果路由算法不会在分组传输中引入死锁，则该路由算法是*无死锁的*。

■ 你知道吗？

互连网络中路由的选择直接影响到高速缓存一致性协议的设计。例如，如果使用确定性路由，则从一个节点发送到另一个节点的两个消息将在相同路径上行进，并且按照发送顺序到达目的地，因此，与使用非确定性路由算法相比会发生较少的协议竞争。

确定路由算法时须考虑几个重要方面。一个重要方面是*路径多样性*，这是一种度量网络提供多样化路径以支持分组传输能力的属性。路径多样性提高了对非正常流量状况的恢复能力，非正常流量会导致网络性能显著下降。基本上，路径多样性会带来更高的网络带宽利用率，也因此带来更高的网络性能和更低的成本，因为这允许网络在较低峰值带宽设计之下获得更高的可持续带宽。

382
～
383

另一个重要方面是路由算法能否确保没有死锁。虽然死锁可能很少见，但必须避免，因为解决死锁需要昂贵的机制，而不解决会导致系统故障。

路由算法还依赖于网络的拓扑结构。在某些情况下，是拓扑结构决定了路由算法。例如，在蝶形网络中，路由算法是确定性、健忘的，并且采用源路由。图11-8描述了蝶形网络的路由。每个路由器都有两个输出端口，即端口0和端口1。端口选择基于目的节点ID。在图中，节点000和110都向节点011发送分组。目的节点ID“011”用于路由：第一位“0”用于选择第一个路由器中的端口，第二位“1”用于选择第二个路由器中的端口，第三位“1”用于选择第三个路由器中的端口。无论发送方是谁，使用这样的端口选择都可以到达相同的目的地。蝶形网络的路由中不具备路径多样性。当异常的网络流量模式出现时，会导致蝶形网络的利用率降低。

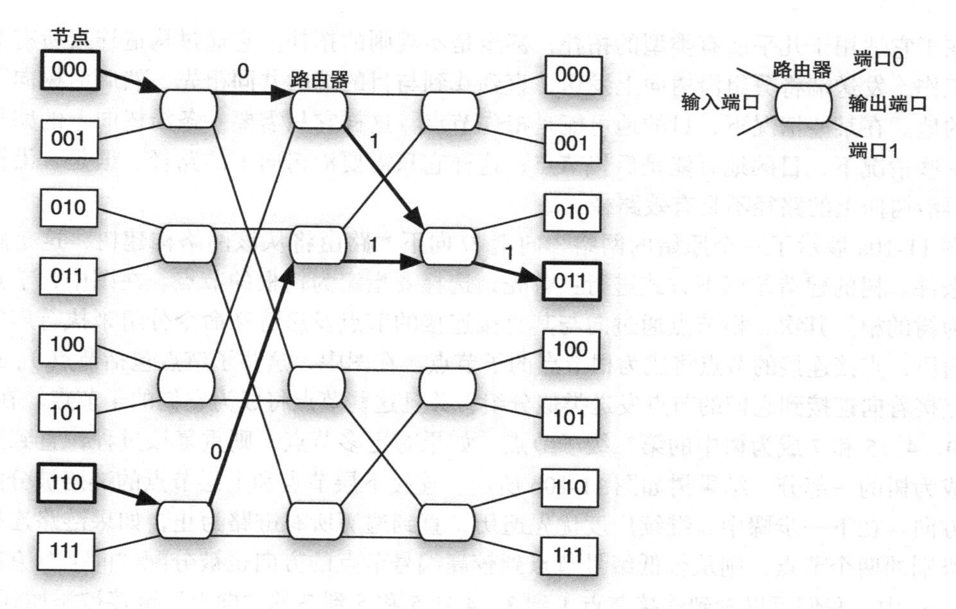

图 11-8　蝶形网络中的路由

在 Mesh 或 Hypercube 拓扑中，一种流行的路由算法是*维度序*（dimension-ordered）路由，它要求分组在进入下一个维度之前完成在上一个维度的传输。例如，在二维 Mesh 中，分组必须首先沿西或东方向行进，然后才能沿北或南方向行进。一旦它向北或向南行进，就不能返回到向西或向东行进。在 Mesh 拓扑中，维度序是最小的（因为它能保证使用最少的跳数）和确定性的路由算法。这种简单性也使其易于实现，是使用 Mesh 拓扑的共享存储多处理器中最流行的路由算法之一。然而，维度序路由策略也有几个缺点。一个缺点是其确定性可能会导致某些端口的争用。如果端口拥塞，即使有其他可能的路径通过空闲端口，分组也会等待直到该端口空闲。另一个缺点是某些端口的利用率比其他端口高，从而导致端口和链路资源的利用率不均衡。另外，确定性路由也导致容错能力不足，如果发生端口或链路故障，必须使用端口或链路的分组将无法传送，整个系统可能会停滞。

384

有多种方法可以改善维度序路由的路径多样性。例如 *01turn 路由*，在两个维度序的路由算法中，随机选择一个：XY 序或 YX 序。另一个例子是*勇士路由*（valiant routing），它依赖于中间节点的随机选择。发送端首先将分组发送到随机选择的中间节点（使用维度序路由），然后从中间节点发送到目标节点（再次使用维度序路由）。这样的路由算法提供了路径多样性，因为中间节点是随机选择的。也可以选择多个中间节点用于实现更多的路径多样性。这种路由可能是非最小的，当然如果期望最小路由，可以将中间节点限制到能保证最小路由的节点，而代价牺牲是路径多样性。如图 11-9 所示。

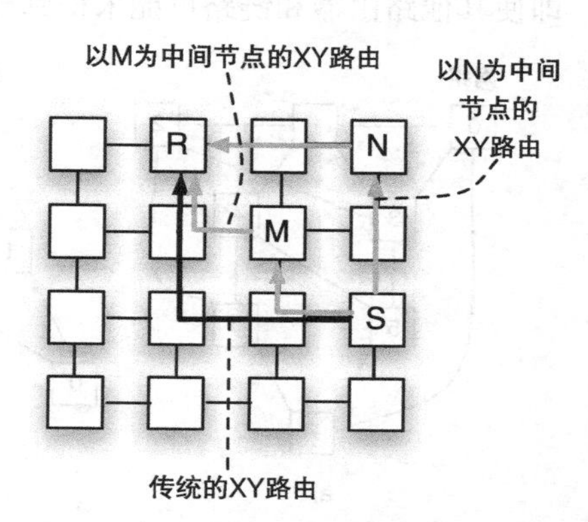

图 11-9　选择随机中间节点的 XY 维度序路由中的路径多样性

到目前为止，已经讨论了几种拓扑的路由。然而，哪些路由算法可用于其他拓扑，尤其是不规则拓扑？是否有适用于任何拓扑的路由？这些问题的一个答案是一种流行的路由算法，称为向上 */ 向下 * 路由。它的独特之处在于它适用于几乎所有类型的拓扑，甚至是不规则的拓扑。它通过构造连接所有节点的树来工作。发送端将分组沿树向上发送，直到找到与目的端的共同祖先，然后沿树向下发送到目的地。在某些情况下，目的地可能是祖先节点，这样它只需要一条沿树向上的路径。在其他一些情况下，目的地可能是后代节点，这样它只需要沿树向下的路径。但是，沿树向下然后再沿树向上的路径不是有效路径。

图 11-10a 展示了一个原始的网络，向上 */ 向下 * 路由将从该网络构建树，这是路由的先决条件。树的建造按以下方式进行：首先，选择要指定为树根的节点。在图中，节点 2 被选择为树的根。其次，根节点通过向与其直接连接的节点发送特殊命令分组来执行广度优先搜索遍历，直接连接的节点将成为根节点的子节点。在图中，这些子节点包括节点 1、3 和 6。子节点接着向连接到它们的节点发送类似分组，并且这些节点将成为它们的子节点。在图中，节点 0、4、5 和 7 成为树中的第二级子节点。如果有更多节点，则重复该过程，直到所有节点都成为树的一部分。结果树如图 11-10b 所示。连接下层节点和上层节点的链路被分配"向上"方向。在下一步骤中，继续广度优先遍历，直到遍历所有链路为止，如果链路连接树中相同级别的两个节点，则从较低编号节点到较高编号节点的方向也被分配"向上"方向。在图 11-10c 中，我们可以看到连接节点 1 到 3、4 到 5 和 5 到 7 的"向上"链接被添加到树中。

图 11-10d 示例了树中从节点 5 到节点 4 的一些有效路径。最短的路径是沿着树（路径 1）向下走，只需一跳。另一个有效路径是路径 2，它需要经过节点 3、1 和 4 共 3 跳（向上、向下、向下）。路径 3 需要经过节点 3、2、1 和 4 共 4 跳。路径 4 需要经过节点 7、6、2、1 和 4 共 5 跳。还有图中未显示的其他有效路径。虽然考虑到时延，选择发送分组的最短路径是有益的，但是这棵树显示了可用于改善路径多样性的备选路径。

385 ~ 386

图 11-10e 说明了向上 */ 向下 * 路由容易遇到的一个问题：有效路径可能不包括网络中的最短路径。因此，向上 */ 向下 * 路由不是最小的。例如，假设发送方是节点 7，而目的地是节点 3。在原始网络中，节点 3 距离节点 7 共两跳，然而这需要在到达节点 3（向上）之前经过节点 5（向下）。由于路径沿树向下然后沿树向上，因此路径无效。唯一有效的路径需要经过节点 6（向上）、节点 2（向上）和最后节点 3（向下）共 3 跳。还要注意，不存在用于从节点 7 向节点 3 发送分组的路径多样性，而从节点 5 向节点 4 发送分组显示了良好的路径多样性。因此，在向上 */ 向下 * 路由中路径多样性是不均衡的。向上 */ 向下 * 路由的最后一个问题是，树根往往比其他节点接收更多的流量，因此它可能成为流量瓶颈并导致高延迟，即使其他路由器和链路可能未得到充分利用。

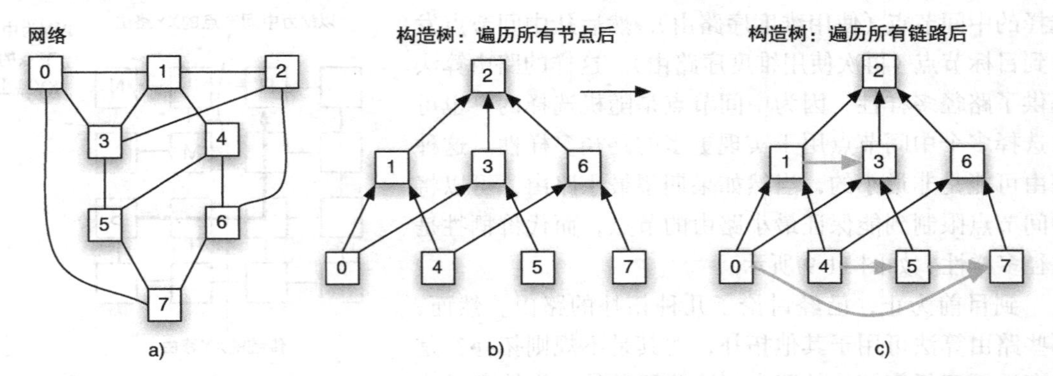

图 11-10　向上 */ 向下 * 路由（显示原始网络（a）、构造生成树（b 和 c）、一些有效路径（d），非最小的属性（e））

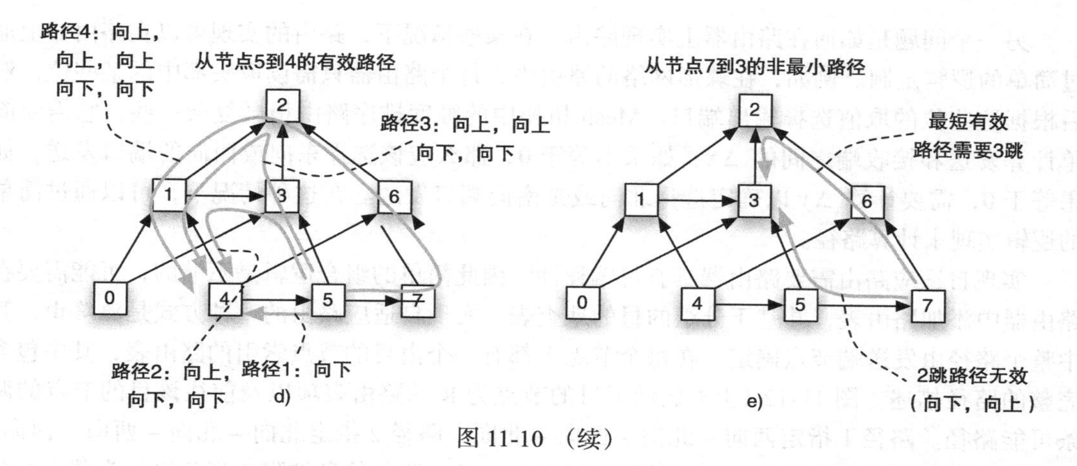

图 11-10 （续）

在 Mesh 或 Hypercube 拓扑中也能够实现自适应路由。自适应路由的目标是减少出现非正常流量模式的概率，即一个路由器或链路中的拥塞不会对网络中其他部分的流量带来压力。在自适应路由中，分组可以绕过拥塞甚至绕过链路故障进行路由。自适应路由通常不依赖于网络的全局状态，因为很难获得整个网络拥塞程度的快照。即使有捕获全局快照的方法，在收集信息时情况也可能已经改变。因此，自适应路由倾向于考虑局部信息，通常是下一个下游路由器的缓冲区占用率。高缓冲区占用率可能表示严重的拥塞，改变分组的路径不仅可以避免拥塞，而且还可以缓解拥塞。

然而，适应局部信息并不能保证自适应的高效，尤其是做出次优路径决策存在着若干风险。首先，新决策可能加重路由器或链路已经存在的拥塞。图 11-11（左图）展示了从发送端 S 发送到接收端 R 的分组。粗线表示拥塞，并且线越粗表示拥塞越严重。分组在遇到第一条拥塞链路时转而向北，然后再转向西。不幸的是，新的西向链路比第一次绕开的链路更加拥塞。图 11-11（右图）显示了自适应路由的另一个问题。分组在目的地附近遇到拥塞并且向东转向，接着它遇到另一个拥塞被迫转而向南，然后，该分组转向西再转向北，并且由于拥塞在环路中再次转向，这样的转向可能持续很长时间，从而产生活锁（livelock）。需要一种机制来避免活锁，如通过限制分组可以转向的次数。对转向的限制还可以避免由于路径显著延长而超过最小路径长度。另一种可能的限制是避免转向中出现 U 形弯。

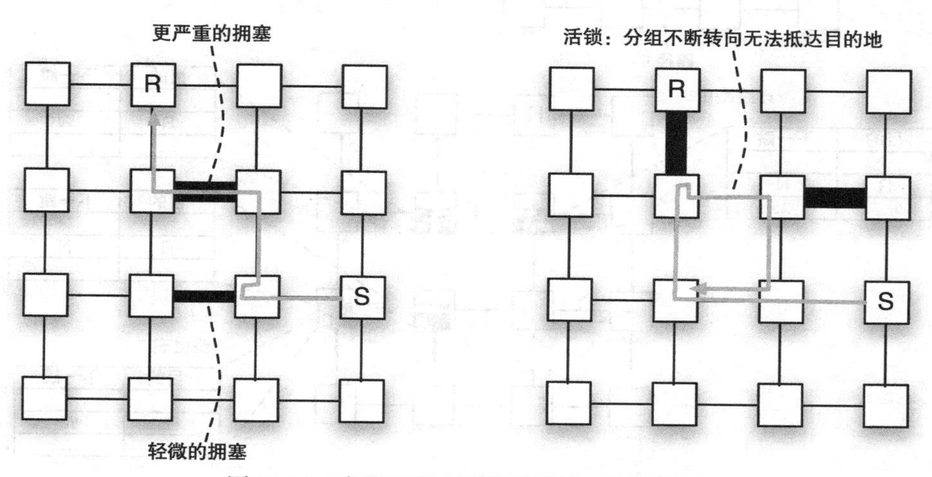

图 11-11　自适应路由可能导致的不理想结果

另一个问题是如何在路由器上实现路由。在某些情况下，路由的实现可以在路由器上通过简单的逻辑定制。例如，在蝶形网络的路由中，每个路由器只需读取头部中的某些位，然后根据这些位的取值选择输出端口。Mesh拓扑中的维度排序路由稍微复杂一些，它需要简单计算发送和接收端之间的 Δx，如果不等于0，那么应该选择东向或西向的端口发送，如果等于0，需要计算 Δy 以确定选择北向或是南向端口发送。在这种情况下，可以通过简单的逻辑实现来计算路径。

387

实现自适应路由需要路由器具有可编程性，因此简单的组合逻辑是不够的，可能需要在路由器中添加路由表，并基于分组的目的地查表。实现自适应路由的一种方式是*源路由*，其中整个路径由发送端节点确定。在每个节点上都有一个由目的节点索引的路由表，其中包含完整的路径描述。图11-12（上）显示了目的节点为R的路由表项以及前往该目的节点的两条可能路径。路径1指定西向－北向－西向－北向，路径2指定北向－北向－西向－西向。多条路径提供了路径多样性，可以随机选择其中一条。路径信息被附加到分组的头部，在分组被发往下一个路由器之前，路径中的每个路由器将从分组头部删去当前方向信息，直到分组头部中所有方向信息都被删除，即抵达目的地。

图11-12（下）显示了逐跳路由的情况，路径决策是在沿着路径的每个路由器上做出的。在每个路由器上，路由表包含去往目的节点的下一个端口信息。在这种情况下，分组首先被发送到第一个下游路由器，第一个下游路由器查找其路由表，得到基于目的节点R确定的转发分组的下一端口。下一个路由器执行类似的步骤，以此类推，直到分组到达目的节点。

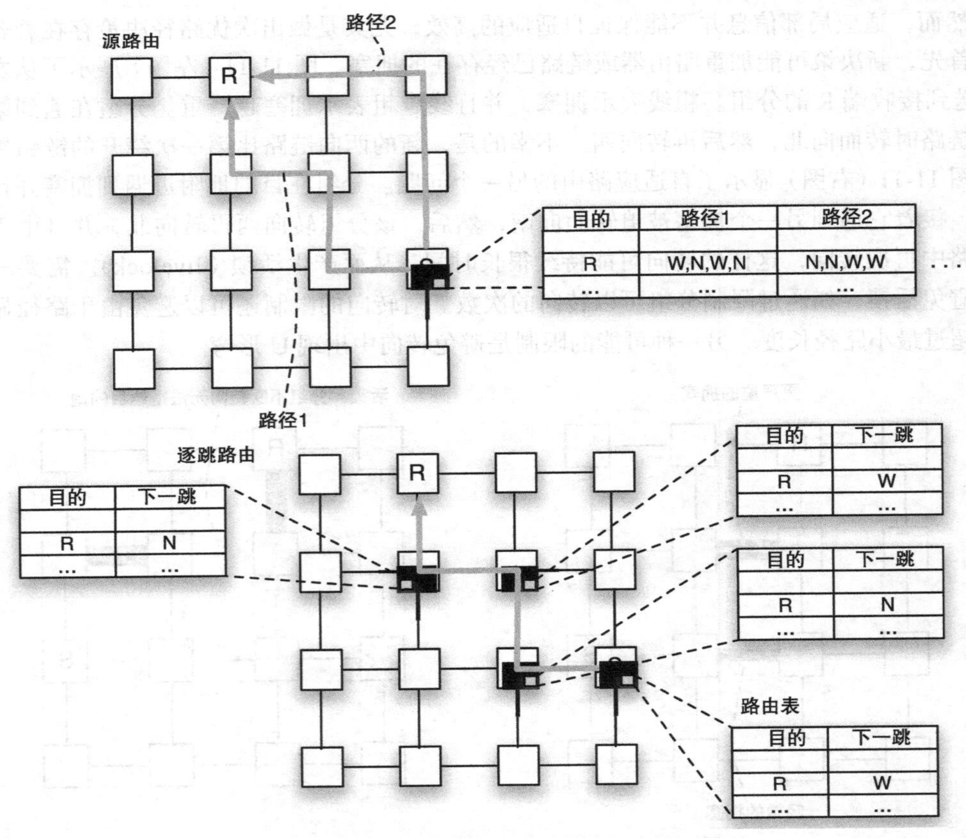

图11-12 源路由与逐跳路由的比较

在源路由和逐跳路由中，路由表可以被周期性地重新编程以适应流量的变化，以更好地平衡负载或者绕过故障。这种容错能力与缺乏容错能力的确定性路由形成对比。逐跳路由的优点是路由表较小，因此查找速度更快。反过来，源路由消除了沿路径传输时查找路由表的必要性。

处理死锁和活锁

死锁是一种所有参与方都陷入僵局，无法取得任何进展的情况。死锁可发生在多处理器的不同组件中。例如，在程序中，锁获取的顺序会导致死锁；在一致性协议中，对协议竞争的不正确处理会导致死锁；在互联网络中，等等。下面将重点讨论在互连网络中具体出现的死锁，这些死锁表现为无法转发分组。 388

互连网络中的死锁是指分组停滞，无法在一组链路上进一步发送的情况，它产生的原因是缓冲区容量有限，同时缓冲区空间的获取存在循环依赖。图 11-13 说明了这种死锁。图中显示了正在传输的四个分组。每个分组已填满信道中的输入缓冲区，需要转发到下一个信道，然而，下一信道中的输出缓冲器已经被需要发送的分组占满，所以分组将停止，以此类推。当这种信道获取依赖形成循环时，就可能发生死锁。

可以通过消除循环信道获取的可能性来检测、打破或避免死锁。虽然存在死锁检测算法，但是在要求节点间低延迟通信的互连网络上部署这样的算法是非常昂贵的。还有一些技术可以从死锁中恢复（如丢弃分组）。丢弃图 11-13 中所示的一个分组能消除死锁并允许所有其他分组继续，然而对于低延迟网络来说这种策略是不期望的，因为当有分组被丢弃时必须检测到（很可能是通过超时实现的）并重新发送。超时机制及其随后的重传在共享存储多处理器系统中引入了不可容忍的延迟，低延迟对于性能是至关重要的。因此，可接受的解决方案必须是避免死锁，或者使用冗余资源来解决死锁。我们首先讨论避免死锁的技术。

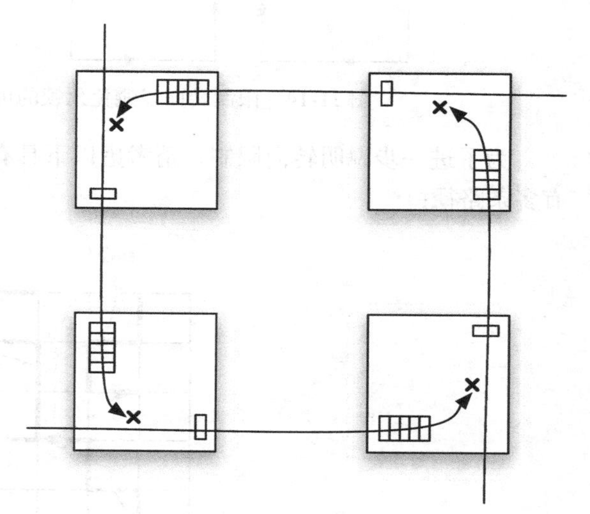

图 11-13　死锁示例

转向限制路由算法是一种流行的用于 Mesh 拓扑族的死锁避免技术。该算法基于如下的观察：要发生死锁，必须发生如图 11-13 所示的有四个逆时针转向。同样，有四个顺时针转向也可能导致死锁。为了消除循环形成的可能性，应该消除四个逆时针转动或顺时针转向中的至少一个。这就是为什么这些算法被称为“转向限制”路由算法。

维度序路由天然地会限制从 y 维度到 x 维度的所有转向，因此它天然不会发生死锁。然而，它强加了确定性路由。放宽转向数量的限制有可能既避免死锁，又从不确定路由中获益。如果我们限制一个逆时针转向和一个顺时针转向，我们可以得到 $4 \times 4 = 16$ 对转向，限制这些转向对可以消除可能的死锁。图 11-14 显示了其中三对。**西向优先**（west first）路由限制所有向西的转向，因为必须在转向任何其他方向之前先向西转。**北向最后**（north last）路由在当前方向为北时，限制转向任何其他方向，因此，必须在所有其他转向完成后才能够向 389～390

北转。最后，负向优先（negative first）路由限制在每个维度上转向负方向（即在 x 维度上转向西或在 y 维度上转向南），因此在第一次转向之前，必须先沿负方向行进。

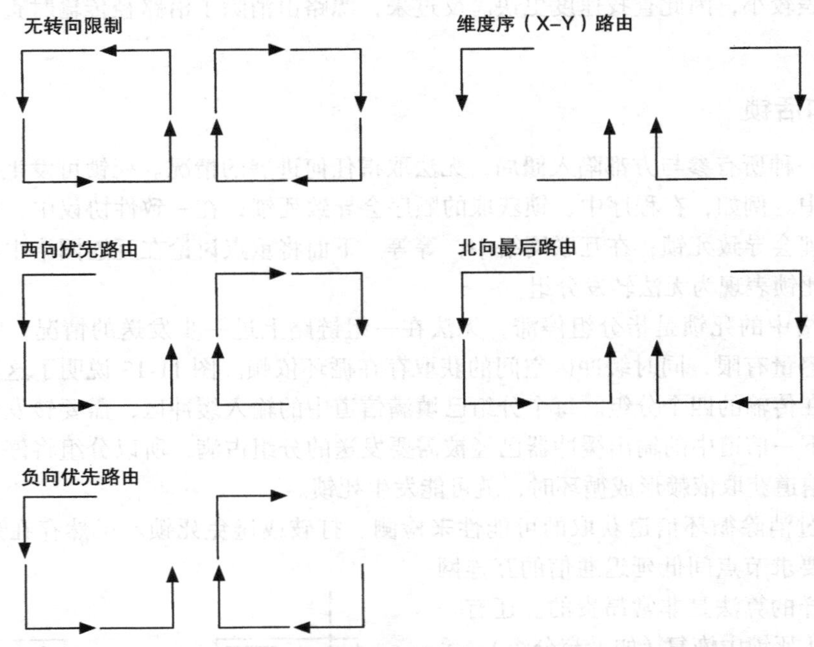

图 11-14　限制转向以避免死锁的可能性（图中显示了合法的转向）

为了进一步说明转向限制，请考虑以下具有双工链路的二维 Mesh 拓扑示例，该网络具有多条路径：

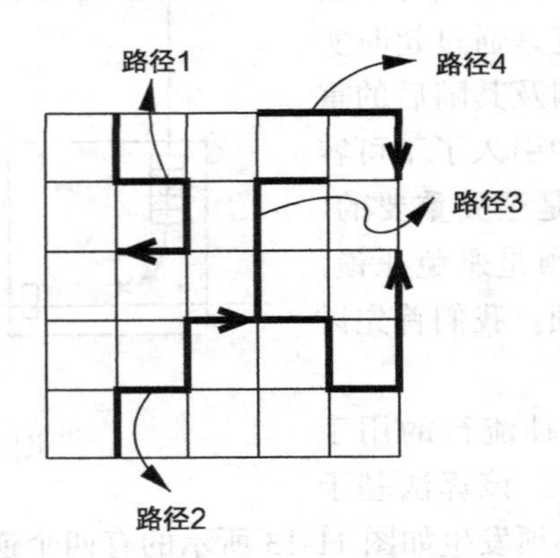

在西向优先路由下，不允许使用路径 1，因为路径 1 最后一次向西；允许使用路径 2 和路径 4，因为路径 2 和路径 4 从不向西；允许使用路径 3，因为路径 3 在转向之前先向西。在北向最后路由下，允许路径 1 和 4，因为它们从不向北行进；不允许路径 2，因为它在中间转向北，然后转向东；允许路径 3，因为最后一个向北转后则不再转向。

391

转向限制算法不仅提高了路径多样性，还允许两个节点之间的非最小路径，这种属性可用于绕过故障链路和拥塞链路进行路由。

处理死锁的另一种方法是在死锁发生时解决它，一种实现方法是使用冗余信道。例如，假设在相邻的每对节点之间不只有一个信道，而是添加由缓冲区和链路组成的冗余信道。在没有发生死锁的正常情况下，只使用一个信道。当死锁（或拥塞）发生时，可以利用冗余信道路由可能发生死锁的分组。为了避免在冗余信道中也发生死锁，可以一次只允许一个分组使用冗余信道，或者对冗余信道施加转向限制等。因此，可以在不丢弃分组的情况下解决死锁。需要注意的是，准确识别死锁是很难的。但是，由于互连中的死锁通常表现为较长的分组传输时延，因此可以将拥塞的检测作为可能出现死锁的检测。

■ 你知道吗？

向上 */ 向下 * 路由只允许路径沿树向上、沿树向下或沿树向上后再沿树向下，但不允许路径沿树向下后再沿树向上，其原因是为了避免产生死锁的可能性。通过禁止沿树向下后沿树向上保证了不会发生信道获取中的循环依赖性。因此，向上 */ 向下 * 路由是无死锁的。

冗余信道的一个关键缺点是成本太高：它需要双倍数量的链路，并在新信道两端加入缓冲，因此路由器变得更昂贵。有一种方法可以降低冗余信道的成本。由于死锁发生的原因是路由器中的缓冲区已满，无法接收更多的 Flit。当这种情况发生时，链路级的流量控制阻止发送端发送新的 Flit，直到缓冲区再次变得空闲。但由于存在死锁，缓冲区不会变为空闲，因此当缓冲区满时链路是空闲的，并且在死锁中未被使用。因此，实际上冗余信道只需要包括路由器上的缓冲区，而不需要额外的链路。两个或多个信道拥有它们自己的缓冲区，但是可以共享单个链路。这样的信道被称为*虚拟信道*，对于网络协议来说好像有多个单独的信道，而实际上它们只是共享公共链路。

图 11-15 说明了虚拟信道如何解决死锁。网络有两个虚拟信道，VC1 用于常规路由，VC2 用作*逃生信道*（escape channel），当分组被阻塞或阻塞超过阈值时间时，会将它转移到逃生信道中。在图中，向北行进并想向西转向的分组被转移到逃生信道中，从而允许分组继续沿其路径行进。这样也会消除对其他分组的阻塞，并允许它们继续行进。但是，必须确保在逃生信道中不能出现死锁，如前所述的路由限制（如维度序、转向限制、向上 */ 向下 *）可以实现这一点。

392

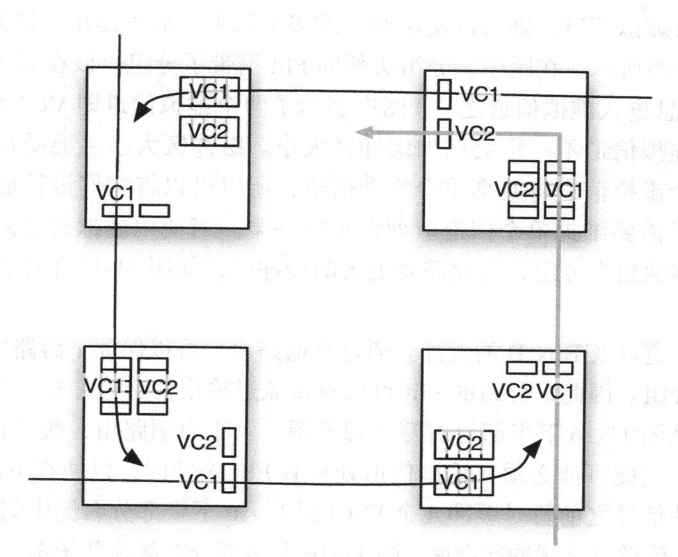

图 11-15　使用虚拟信道解决死锁

■ 你知道吗？

除了死锁，网络架构师还必须担心活锁。某些分组可能多次被丢弃，导致长时间甚至无限期的延迟。一种特殊情况是当一致性请求的数据应答分组丢失时，将导致很长时间的延迟。如果数据应答没有反馈给请求者，就无法完成并关闭对应的一致性事务。对同一个块地址的其他请求将持续得到否定的确认并被撤销。这些撤销的请求可能会持续冲击缓冲区资源，而让数据应答分组无法通过。为了避免这种情况，路由器可以将分组分类，并为每个分组类型强制最小的缓冲空间保证。这可以通过为不同的分组类型提供不同的虚拟信道来实现。

11.4　路由器体系结构

到目前为止，我们已经知道路由器如何正确地将一个分组发送到下一个信道。但是路由器内部到底有哪些组件呢？图 11-16 显示了路由器体系结构。

图 11-16 中是一个度数为 5 的路由器，它具有连接到 5 个输入和 5 个输出物理信道的输入和输出端口。5 个输入信道中的任何一个都能够向 5 个输出信道中的任何一个发送分组，交换（switch）模块提供了输入和输出信道之间的互连。交换模块可以是交叉开关（Crossbar）或其他设计。将输入信道连接到交换模块的盒子（Box A）可以具有如图 11-16 下半部分左侧所示的不同设计。

393

从最简单的（图 11-16 下半部分左侧底部子图）开始。Box A 可以很简单，只有处理来自相应信道的 Flit 或分组的缓冲队列。队列可以是先进先出（FIFO）队列，也可以是不同的设计。FIFO 队列的设计很简单，但会产生头部阻塞的风险，当队列块头部的 Flit 阻塞（比如无法预留输出信道）时，则它后面的其他 Flit 也将被阻塞，即使它们想要进入不同的输出信道。非 FIFO 队列可能允许以更复杂的设计、更长的时延和更高的功耗为代价实现对 Flit 的乱序服务。若加入虚拟信道，则可以使用两个或多个队列，而不是单个队列，如图 11-16 下半部分左侧中间子图所示。在图中，分组头部的 Flit 携带了分组应该在哪个信道中传输的信息。Flit 基于该信息进入虚拟信道之一（图中表示了两个虚拟信道即 VC1 和 VC2）。与单个信道相比，多个虚拟信道不一定会增加缓冲区大小。缓冲区大小主要受每个信道可用带宽的影响。因为两个虚拟信道将共享单个物理信道，所以可以将它们设计成分别处理一半的带宽，因此也就只需要维护单个信道队列大小的一半。当使用虚拟直通路由时，流量控制要求缓冲区能够容纳整个分组，因此需要更大的缓冲区，如图 11-16 下半部分左侧顶部子图所示。

再来看输出信道以及 Box B 的设计。通过直通路由，可以保证下游路由器有足够的缓冲空间来容纳整个分组。因此，分组的 Flit 可以直接流过输出信道，并在下游路由器的输入信道中被接收。参见图 11-16 下半部分右侧底部子图。对于虫洞路由，流量控制是在 Flit 的粒度上逐个执行的，因此可能必须在输出信道处具有 Flit 缓冲区，以便在下游路由器发出 Flit 缓冲区空间可用性信号之前暂时缓冲几个 Flit（图 11-16 下半部分右侧中间子图）。加入虚拟信道，需要为每个信道复制缓冲区空间（图 11-16 下半部分右侧顶部子图）。

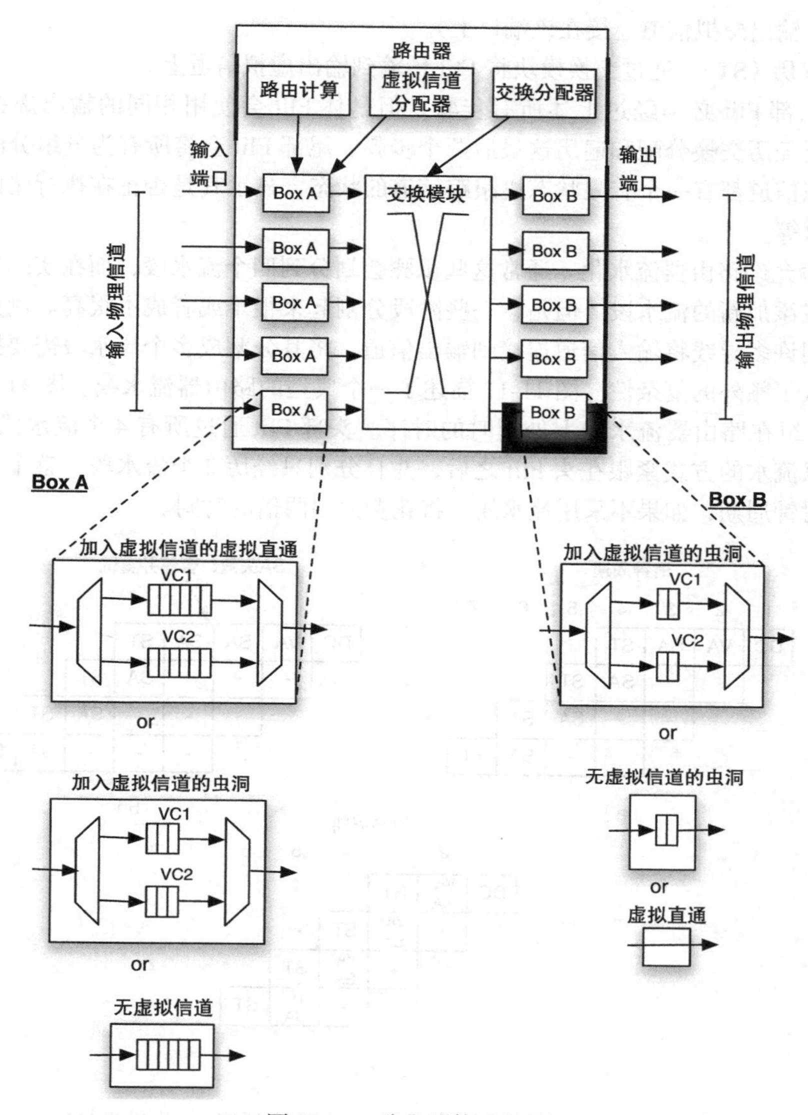

图 11-16　路由器体系结构

当 Flit 到达路由器时，需要经过几个步骤的处理之后才能从路由器的输出端口发送出去。首先在输入信道缓冲 Flit 并且将其头部解码，然后计算其输出信道。接着分配输出端的资源，如确保下游路由器上的 Flit 或分组缓冲区空间能够接收它。同样需确保交换模块可用以便将 Flit 传输到输出信道（要考虑其他输入信道竞争输出信道）。最后，开始传输 Flit。这些步骤通常被设计到路由器流水线的微体系结构中，如下：

- 解码和计算（DC）。在这一步骤中，对 Flit 头部进行解码得到输入信道和目的地。然后在正确的输入虚拟信道缓冲 Flit。目的地信息用于通过算术计算或基于路由表查找得到输出端口。
- 虚拟信道分配（VA）。基于上一步计算出的输出端口，对输出虚拟信道提出请求，全局虚拟信道仲裁将决定所请求的输出虚拟信道是否可用（或可以被分配）。
- 交换分配（SA）。全局交换分配器根据输出端口控制交换模块以连接输入信道和输出端口（输出虚拟信道连接在该端口上）。

- 交换遍历（ST）。通过交换模块将Flit传输到输出虚拟信道上。

分组的头部Flit必须经过上述所有步骤。但是体Flit会使用相同的输出虚拟信道，因此它们只需要经历交换分配和遍历这最后两个步骤。尾部Flit会将所有为分组分配的资源释放。每个虚拟信道都有一个有限状态机跟踪信道的状态，显示其是否正在执行路由以及分配输出虚拟信道等。

394~395

上述步骤允许路由器流水化。通常这些步骤会划分到四个流水段，而在实际实现中可以组合、拆分或添加新的流水段。但是，一些阶段分割起来很难或者成本很高。例如，虚拟信道分配器使用许多导线将输入信道连接到输出信道，将其分割成多个流水段需要插入大量锁存器，这引入了额外的复杂性。图11-17描述了一个典型的路由器流水线。图11-17a给出了一个4-Flit分组在路由器流水线上处理时的时序。头部Flit通过所有4个流水段，而体Flit和尾部Flit以流水的方式紧跟在头Flit之后，并且分别只经历2个流水段。整个分组的处理时间是7个时钟周期，如果不采用流水线，将花费大约两倍的时间。

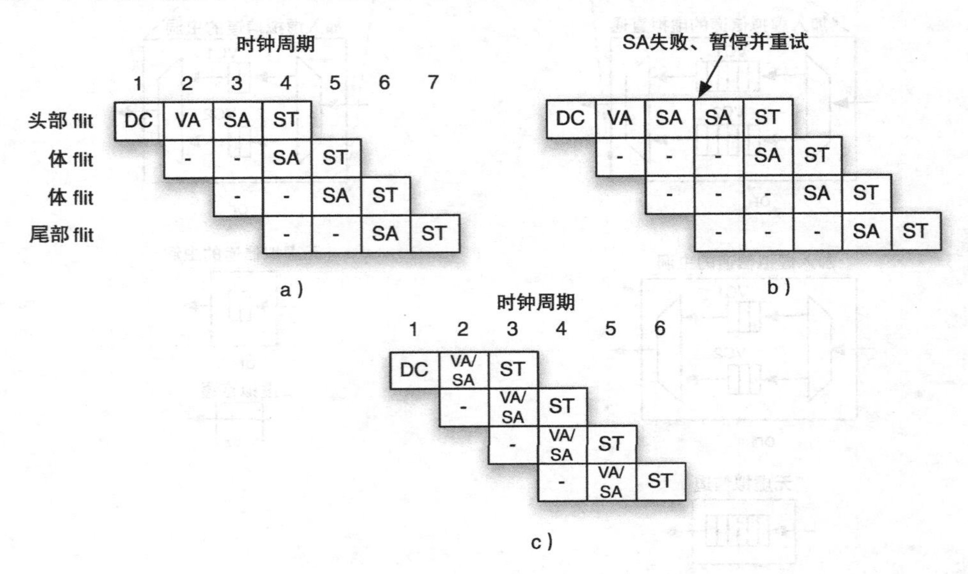

图11-17　路由器流水线（a为无暂停、b为有暂停、c为投机的）

与处理器流水线一样，可能发生结构冒险并影响到不同的流水段。例如，当输出信道缓冲区不可用时，虚拟信道分配可能产生结构冒险。当交换仲裁逻辑决定将对输出信道的访问权交给竞争的输入信道时，某个分组的交换分配可能失败。当遇到结构冒险时，会引发流水线暂停。如图11-17b所示，由于头部Flit的交换分配失败，引发了一个时钟周期的流水线暂停。

虚拟信道分配和交换分配可以并行执行，这样对分组的处理将减少一个时钟周期（见图11-17c）。在这种方式下，交换分配就变成一种投机执行，即，如果虚拟信道分配失败，则可以分配但暂时不使用交换模块。头部Flit是投机Flit，而体Flit则是非投机Flit。

路由器的成本占互连网络总成本的比例很大。首先，大量的缓冲区占用了大量管芯面积，并且消耗了大量的功率。管芯面积的开销等于端口数量乘以虚拟信道数量乘以每个缓冲区的深度。其次，为了将任意输入和输出端口互连，通常使用交叉开关实现交换模块。

396

当端口数量较多时，这样的交换模块成本很高。假设输入和输出端口数量都为 n，则交叉开关的复杂度为 $O(n^2)$。虽然可以用多级网络代替交叉开关来降低成本，但是会导致时延的增加。

回想一下，从性能和可扩展性的角度来看，与低维网络相比，显然高维网络是更优的。但是路由器的成本是采用高维网络的主要障碍。增加路由器度数（基数）提高了仲裁、分配虚拟信道和交换模块控制逻辑的复杂性，同时使得交换模块的复杂性呈平方量级增加。

有趣的是，链路和缓冲区的成本并不一定随着维数的增加而增加。虽然与低维网络相比，高维网络的链路数量更多，但是链路可以被制造得更“窄”，使得导线的数量恒定（因此链路的总成本也可以是恒定的）。较窄的链路还意味着较低的链路带宽，这需要较浅的信道缓冲区。因此，虽然缓冲区的数量随着路由器的度数线性增加，但是由于每个缓冲区变小，所以可以使总缓冲区大小恒定。

总之，为了允许多处理器系统扩展，路由器体系结构的主要挑战之一是如何降低高维网络中路由器的控制逻辑和交换的成本与时延。

11.5 案例研究：Alpha 21364 网络体系结构

Alpha 21364 是一个由单核节点组成的多处理器系统，于 21 世纪初投入市场。它采用一个二维 Torus 网络拓扑连接 128 个节点。节点包含一个处理器、主存储器和两个内存控制器，并连接到路由器。与环这一类一维拓扑相比，Torus 具有更低的网络直径和更高的对分带宽。虽然三维或更高维拓扑具有更低的直径和更高的对分带宽，但是 Torus 路由器由于度数更小因而更简单且更便宜。对于 128 个节点的系统，Torus 似乎是一个合理的选择。

Alpha 21364 的 Phit 和 Flit 都是 39 位，包括 32 位数据和 7 位纠错码（ECC）。消息具有数量可变的 Flit，具体取决于分组类别。包含块地址的存储器读 / 写请求分组有 3 个 Flit。包含 64 字节数据块的数据响应类分组占用 18 ～ 19 个 Flit。其他类包括转发（3 个 Flit）、非数据响应（2 ～ 3 个 Flit）、I/O 读（3 个 Flit）、I/O 写（19 个 Flit）和特殊类别（1 ～ 3 个 Flit）。每台路由器有 8 个端口，包括 4 个与其他路由器连接的端口（北、东、南和西）、1 个本地端口（连接到本地高速缓存）、2 个连接到两个内存控制器的端口、1 个连接到 I/O 的端口。这 8 个端口的总聚合带宽为 22.4GB/s。

每个物理信道具有 19 个虚拟信道。虚拟信道按以下方式使用：首先，为每个分组类分配自己的虚拟信道。这避免了不同分组类型相互干扰或阻塞，如请求分组长时间阻塞响应分组。其次，该系统使用虚拟直通路由，因此每个虚拟信道具有足以容纳一个完整分组的缓冲空间。因为不同的虚拟信道用于不同的分组类，而不同分组类的大小不同，所以不同虚拟信道的缓冲区大小也不相同。 397

为了提供路径多样性，系统使用最小自适应路由，路由器在考虑各种影响因素（如不同端口的拥塞状态）之后从两个端口中选择一个来转发分组。由于只可以选择能够缩短到目的节点的曼哈顿距离的端口，因此对于任何路由器而言，最多有两个端口满足这个要求。为了分散流量，当两个端口都不拥塞时，选择在相同维度上的端口执行下一跳传输。图 11-18a 显示了从一个节点到另一个节点的所有有效路径。从节点 S 到 R 有 4 条最小的有效路径，在每条路径中，所选择的每一跳都缩短了 S 和 R 之间的曼哈顿距离。

对于自适应路由，由于没有转向限制，因此无法保证不会发生死锁。为了解决死锁，提供了两个额外的虚拟信道作为逃生信道。按以下方式使用逃生信道能够确保消除死锁：所有

节点按 *1*、*2*、*3*、…、*N* 编号作为它们的 ID，如果源节点 ID 小于目的节点 ID，使用一个逃生信道；如果源节点 ID 大于目的节点 ID，则使用另一个逃生信道。除了特殊分组类只使用一个虚拟信道，其他六个分组类每一个都有一个自适应虚拟信道和两个逃生虚拟信道。因此，总共有 $6 \times 3+1 = 19$ 个虚拟信道。

路由器与处理器采用相同的时钟频率（1.2GHz），这使得路由器可以进行深度的流水操作。路由器有 7 个流水段，如图 11-18b 所示。此外，为同步延迟、填充接收端和驱动延迟额外增加了 6 个时钟周期，因此路由器和链路的总延迟为 $7 + 6 = 13$ 个时钟周期，即 10.8ns。图 11-18b 所示的路由器流水线中，头部 Flit 会流过两条流水线：调度流水线（上）和数据流水线（下）。体 Flit 只流过数据流水线。第一个流水段（ECC）计算 Flit 的纠错码，并将其与接收到的纠错码进行比较。ECC 可以检测出 2 位传输错误，能够更正 1 位传输错误。在极少数情况下即存在大量错误时激活恢复模式，在调度流水线中，解码头部 Flit 并写入相应表项（DW），然后执行本地仲裁（LA）、读取相应表项（RE）并执行全局仲裁（GA）。接着执行交换遍历（X），生成新的 ECC 以匹配新的头部内容（ECC）。在数据调度流水线中，Flit 写入输入缓冲（WrQ），等待一个时钟周期（W），再从输入缓冲中读出（RQ）。

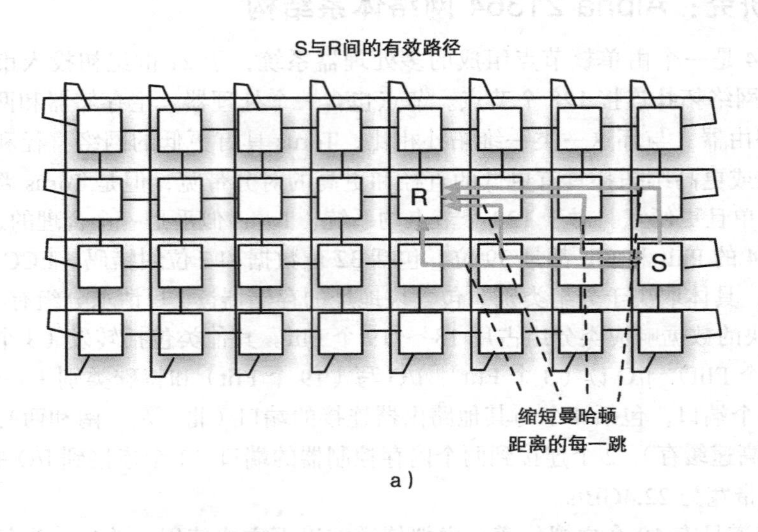

图 11-18　Alpha 21364 的自适应路由（a）和路由器流水线（b）

分组的头部有 16 位，可以完整地放入头部 Flit，包括：1 位表示东向或西向，1 位表示北向或南向，8 位目的地坐标（每个维度 4 位），1 位表示分组是否可以使用自适应信道，1 位表示分组是否是 I/O 分组类，2 位编码虚拟信道号以及 2 位预留。

仲裁分两个流水段执行：本地仲裁在竞争交换模块输入端口的输入虚拟信道间进行，全局仲裁在竞争输出端口的输入端口之间进行。全局和本地仲裁都采用最近最少选择（LRS）的策略，以提高公平性。同时使用优先级策略，即数据响应分组类的优先级高于请求分组类。

11.6 多核设计的问题

以上讨论了互连网络的一般情况，并没有区分在共享存储服务器中互连多个芯片或者在单个芯片中互连多个核，后者又叫片上网络（NoC）体系结构。虽然芯片间的互连网络和NoC在网络拓扑、路由、死锁和路由器体系结构方面面临类似的设计问题，但NoC具有多核特有的设计特性。这是本节要讨论的问题。

NoC的一个特性是布线。用于互连的布线通常被限制在上层的几个（如两个）金属层，这些金属层是与电源和时钟信号分发网络共享的。当这些金属层与下面的层中有逻辑连接时，需要水平或垂直布线。导线要尽可能短以获得更低的阻容（RC）积，降低延迟和功耗。布线还要注意底层管芯面积的可用性，例如，在逻辑密集（例如核及其L1高速缓存）的层之上不适合布置过长的导线，因为其需要在底层逻辑层中设置中继器。这使得布置全局互连的导线变得更具挑战性。布线约束的结果是一些拓扑比其他拓扑更容易实现。例如，二维Mesh拓扑比二维Torus拓扑的链路更短，即使折叠之后也是如此。此外，由于具有低直径和高对分带宽，高维拓扑在通用互连网络中可能更具有吸引力，但是在NoC中实现可能是非常昂贵的。即使对于连接拓扑相邻的节点，三维Mesh也需要物理上较长的链路。

398 ~ 399

更深入地研究三维Mesh可以发现，当节点数目较大时，三维Mesh的直径和平均距离较低等优点是很明显的，尽管会有长导线链路，仍有可能比二维Mesh更具吸引力。如何将三维Mesh映射到平面布局是决定链路长度的重要因素。图11-19显示了NoC中三维Mesh的逻辑拓扑（左图）以及不同布线效率的影响。较低的布线效率中导线可能跨越半个芯片（中间图），而较高的布线效率中导线最多只跨越两个相邻节点（右图）。

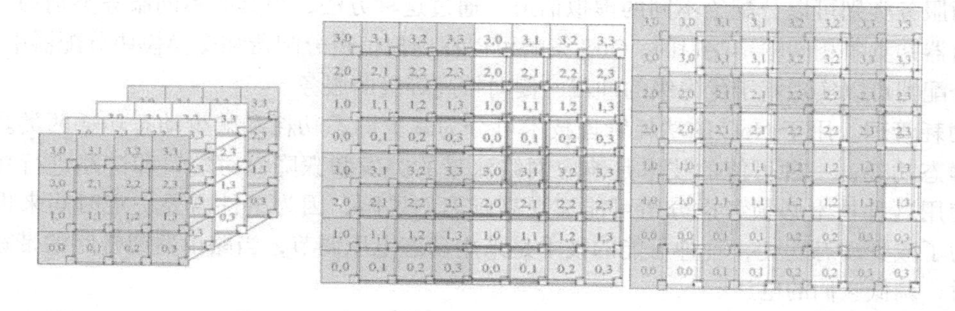

图11-19　NoC中的三维Mesh（逻辑拓扑（左）、效率较低的布局（中）和效率较高的布局（右）[31]）

NoC另一个特别之处在于链路延迟与路由器延迟的关系。在芯片间互连的场景下，链路延迟与路由器延迟相比是显著的。而在NoC中，链路延迟相对于路由器延迟可能较小。例如前面讨论的Alpha 21364，链路延迟是6个时钟周期，而路由器延迟是7个时钟周期。在NoC中可以具有更短的链路延迟，如一个或两个时钟周期。因此，在NoC中设计低延迟、高度流水化的路由器变得越来越重要。

最后，在功耗方面，NoC将与核或高速缓存等其他组件竞争芯片功耗预算，因此选择低功耗NoC设计非常重要。最近的研究表明，当所有的核被100%利用时，Intel SCC、Sun Niagara、Intel的80核芯片和MIT RAW芯片中的NoC分别消耗芯片总功率的10%、17%、28%和36%。当某些核进入低功耗模式时，这些比例还会增加。在许多实现中，即使某些节点处于空闲状态并且断电，NoC 也必须保持通电以提供连接。这使得降低 NoC 的功耗更具挑战性。随着核数的增加，核之间的通信带宽可能呈平方量级增加，导致 NoC 的功耗份额在整个芯片功耗中的比例进一步提高。

图 11-20 显示了各种 NoC 拓扑的功耗估计比较。该图仅显示交叉开关和链路消耗的功率。从图中可以看出，总的来说，较高维度的拓扑会导致更高的功耗。因此，即使更高维的拓扑有更低的直径和平均距离以及更高的对分带宽，更高的功耗仍然是它们致命的缺陷。

400

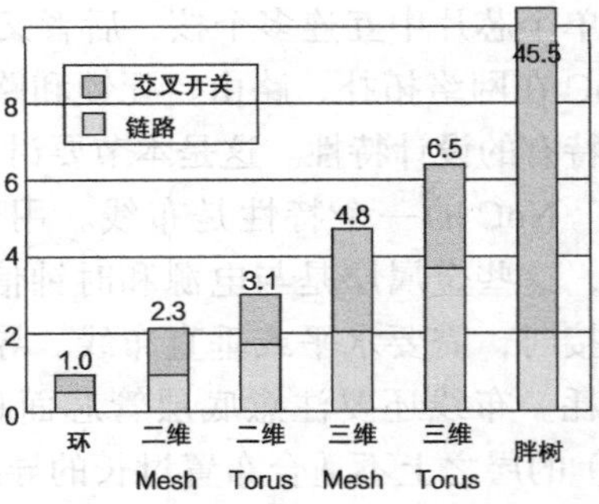

图 11-20　各种 NoC 拓扑的功耗估计[31]

当前设计问题

不规则拓扑。在某些情况下，多核芯片可以集成异构核、异构高速缓存和各种 IP 块，如加速器。这种设计导致异构通信带宽的需求。例如，高性能的核可能需要比高能效的核更快的速率馈送数据。这种核可以通过更高带宽的拓扑连接到内存控制器。这种不同的需求可能要求片上网络在拓扑、路由器设计和路由算法方面是不规则的。这使得 NoC 的设计更具挑战性。

服务质量。服务质量（QoS）是最近的研究热点之一。对 QoS 的需求随着多核多样性的增加而增加，如在单个多核芯片上协同调度着的不同应用程序或虚拟机，以及集成在一块多核芯片上的不同组件。例如，显示控制器可能有其特定的带宽要求，以确保无瑕疵的显示。带宽需求的这种差异性可以编码在服务类别中，比如为带宽敏感应用或 IP 块指定一类服务，而为带宽适应性强的应用或 IP 块指定另一类服务。分组可以基于它们各自的服务类别来标记，而服务类别可以分配给不同的虚拟信道。通过这种方法，当具有不同服务类别的分组到达路由器并竞争相同输出端口时，QoS 策略可以在虚拟信道分配器和交换模块分配器中实现。这些分配器可以实现基于优先级的仲裁，偏向较高等级的服务。

功耗管理。用于 NoC 的功耗管理技术可分为减少静态功耗和减少动态功耗两类。为了减少静态功耗，一种可能的技术是响应网络流量的突发和骤降而对端口和链路进行功率门控。使用这种技术必须考虑分组可能遭受高延迟的风险，因为组件需要一定时间来再次通电。为了减少动态功耗，一种可能的技术是采用动态电压调节，当路由器或链路的带宽利用率低时，调低它们的电压。

另一种技术称为*路由器停车*（router parking）[52]，对与休眠的核连接的路由器也进行功率门控。这需要将流量重新路由到有活动路由器的备用路径上，也就是需要自适应路由。路由器停车仍需提供连通性，因此必须通过约束保证网络不会断开连接。此外，必须仔细设计由于新路由器的功率门控而引起的网络拓扑变化，以避免引入死锁。

电路交换。在电路交换中，在连接以发送数据之前已预留发送端和接收端之间的连接，一旦连接建立完成，消息可以非常高效地传输，具有最小的缓冲量，同时由于不需要对路由器资源进行仲裁而具有非常小的路由器延迟。电路交换的缺陷是带宽利用率低以及连接建立延迟高。但是它在某些情况下变得更有吸引力：高路由器延迟、多跳和较大的分组。随着多核开始集成加速器，许多加速器一次处理的数据不是一个高速缓存块，而通常是几千字节的数据。在某些时候，电路交换成为比分组交换更节能的替代方案。未来的路由器可能被设计成能同时处理电路交换和分组交换[32, 57]。

401 ~ 402

11.7　习题

课堂习题

1. **网络拓扑指标。**假设有 6 个节点通过 Mesh 连接，如图所示。

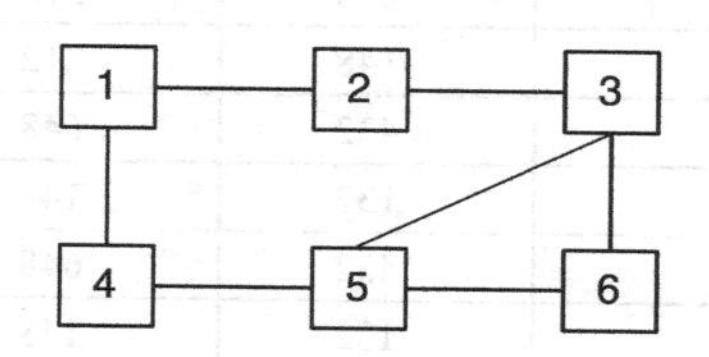

（a）计算网络的直径和平均距离。

（b）计算网络的对分带宽。

答案：

（a）直径是网络中的最大距离。节点 1 和节点 6 之间的距离，用 d(1,6) 表示，是最大的距离之一。因此网络直径为 3。要计算平均距离，需要列出所有节点对及其距离，并取它们的平均值。这些节点对及其距离为：

d(1,2)=1, d(1,3)=2, d(1,4)=1, d(1,5)=2, d(1,6)=3,

d(2,3)=1, d(2,4)=2, d(2,5)=2, d(2,6)=2,

d(3,4)=2, d(3,5)=1, d(3,6)=1,

d(4,5)=1, d(4,6)=2,

d(5,6)=1

所有距离的总和是 24，节点对的数量是 $\binom{6}{2} = 15$，因此平均距离是 24/15 = 1.6。

（b）可以通过多种方式对网络进行分区，对分带宽是创建两个相等分区所需切断的最小链路数。在本题中，由于有 6 个节点，需要将它们划分为各有 3 个节点的两部分。如果分成（1，2，3）和（4，5，6），需要切断三条链路，如果分成（1，2，4）和（3，5，6），需要切断两条链路。因此对分带宽是链路带宽的两倍。

2. **路由时延。**假设某多处理器系统使用 1B 宽、500MHz 的链路互连。要测量一对节点之间传输分组的最大时延。假设分组大小为 100B，在路由器中路由分组所花费的时间为 8 个时钟周期。计算以下时延：

（a）16、64、256 和 1024 个处理器的系统，采用二维 Mesh 互连网络拓扑，存储 / 转发路由。

（b）16、64、256 和 1024 个处理器的系统，采用二维 Mesh 互连网络拓扑，直通路由。

（c）16、64、256 和 1024 个处理器的系统，采用 Hypercube 互连网络拓扑，存储 / 转发路由。

（d）16、64、256 和 1024 个处理器的系统，采用 Hypercube 互连网络拓扑，直通路由。

（e）16、64、256 和 1024 个处理器的系统，采用蝶形互连网络拓扑，存储 / 转发路由。

（f）16、64、256 和 1024 个处理器的系统，采用蝶形互连网络拓扑，直通路由。

403

答案：500MHz 的链路，1B 宽，分组大小 100B，8 时钟周期路由延迟。

最大距离（直径）：

拓扑	公式	P = 16	P = 64	P = 256	P = 1024
二维 Mesh	$2(\sqrt{p}-1)$	6	14	30	62
Hypercube	$\log_2 p$	4	6	8	10
蝶形网络	$\log_2 p$	4	6	8	10

存储 / 转发路由的分组路由延迟 $T_{sf} = h(n/b + \Delta)$，而直通路由的路由延迟 $T_{ct} = n/b + h\Delta$，其中 h

是网络中每跳的距离，Δ 是路由延迟，n 是分组大小，b 是带宽。

因为 $\Delta = 8$ 个时钟周期，$n/b = 100/1 = 100$ 个时钟周期，所以：

拓扑	16	64	256	1024
二维 Mesh，存储 / 转发	648	1512	3240	6696
二维 Mesh，直通	148	212	340	596
Hypercube，存储 / 转发	432	648	864	1080
Hypercube，直通	132	148	164	180
蝶形网络，存储 / 转发	432	648	864	1080
蝶形网络，直通	132	148	164	180

3. **互连网络特性**。对以下场景计算：i）度数；ii）网络直径；iii）链路数量；iv）对分带宽。

(a) 环，其中节点数为 16、64 和 256。

(b) 二维 Mesh，其中节点数为 16、64 和 256。

(c) 蝶形网络，其中节点数为 16、64 和 256。

(d) Hypercube，其中节点数为 16、64 和 256。

(e) 胖树，其中节点数为 16、64 和 256。

答案：

拓扑	直径	对分带宽	链路数	度数
环，16 节点	8	2	16	2
环，64 节点	32	2	64	2
环，256 节点	128	2	256	2
二维 Mesh，16 节点	6	4	32	4
二维 Mesh，64 节点	14	8	128	4
二维 Mesh，256 节点	30	16	512	4
Hypercube，16 节点	4	8	8	8
Hypercube，64 节点	6	32	12	12
Hypercube，256 节点	8	128	16	16
胖树，16 节点	8	8	30	3
胖树，64 节点	12	32	126	3
胖树，256 节点	16	128	510	3
蝶形网络，16 节点	4	8	128	4
蝶形网络，64 节点	6	32	768	4
蝶形网络，256 节点	8	128	4096	4

4. **路由**。对于下图中的 4 条路径，在以下几种路由策略下哪些是合法的：最小路由、X-Y 维度序路由、西向优先路由、北向最后路由、负向优先路由？

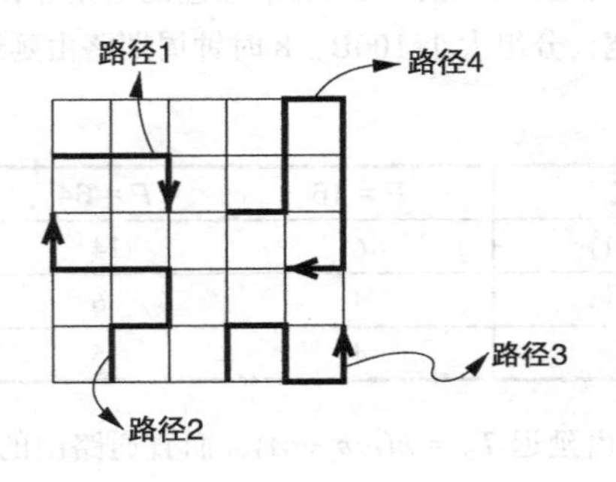

答案：

是否合法?	路径 1	路径 2	路径 3	路径 4
最小路由	是	否	否	否
X-Y 维度排序路由	是	否	否	否
西向优先路由	是	否	是	否
北向最后路由	是	否	否	否
负向优先路由	否	否	否	否

课后习题

404～405

1. **路由时延。**假设某多处理器系统使用 1B 宽、100MHz 的链路互连。要测量一对节点之间传输分组的最大时延。假设分组大小为 1KB，在路由器中路由分组所花费的时间为 20 个时钟周期。计算以下时延：
   (a) 16、64、256 和 1024 个处理器的系统，采用二维 Mesh 互连网络拓扑，存储 / 转发路由。
   (b) 16、64、256 和 1024 个处理器的系统，采用二维 Mesh 互连网络拓扑，直通路由。
   (c) 16、64、256 和 1024 个处理器的系统，采用 Hypercube 互连网络拓扑，存储 / 转发路由。
   (d) 16、64、256 和 1024 个处理器的系统，采用 Hypercube 互连网络拓扑，直通路由。
   (e) 16、64、256 和 1024 个处理器的系统，采用蝶形互连网络拓扑，存储 / 转发路由。
   (f) 16、64、256 和 1024 个处理器的系统，采用蝶形互连网络拓扑，直通路由。
2. **拓扑特性。**对于以下网络，计算直径、平均距离和对分带宽（用链路带宽 L 的倍数表示）。假设每条链路都是双工的。

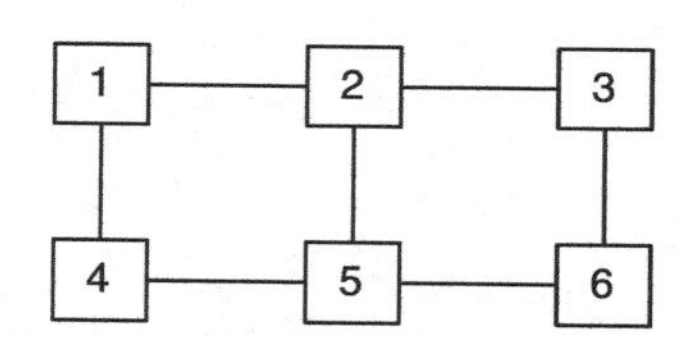

3. **路由。**在下图的网络中，节点 4 向节点 3 传输分组，请找出以下路由策略下的最小合法路径或最小有效路径：(a) X-Y 维度序路由；(b) 西向优先路由；(c) 北向最后路由。

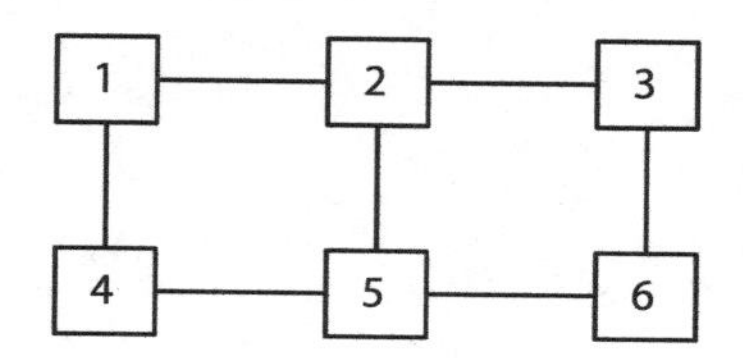

4. **向上 */ 向下 * 路由。**对于下面的网络：(a) 构造向上 */ 向下 * 路由树，用箭头表示出向上的方向，假设节点 5 是树根；(b) 标出节点 1 发送分组到节点 6 的有效路径，包括非最小路径。

406

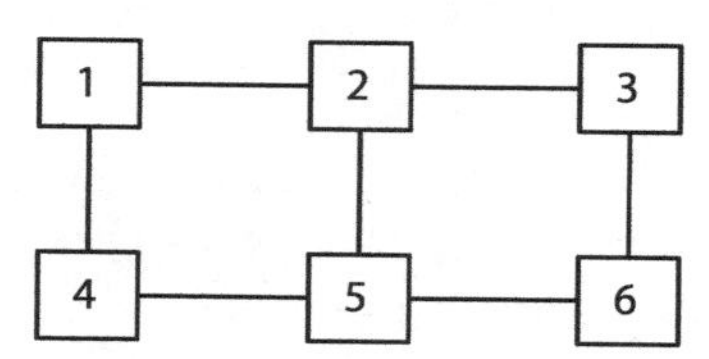

5. **Hypercube 拓扑特性。**
   对于拥有 $p=2^d$ 个节点的 d 维 Hypercube，请证明：
   (a) 其直径为 $\log_2 p$。

（b）其对分带宽为 $p/2$。

（c）其链路总数（假定是双工链路）为 $p/2 \times \log_2 p$。（提示：一种有用的方法是考虑用一个 $(d-1)$ 维平面将网络分割成两个分区有多少种方式，并且这个平面移除了多少链接。）

（d）其路由器度数为 $\log_2 p$。

6. **k 元 d 维 Mesh 拓扑特性。**

对于拥有 $p = 2^d$ 节点数的 k 元 d 维 Mesh，请证明：

（a）其直径为 $d(k-1)$。

（b）其对分带宽为 k^{d-1}。

（c）其链路总数（假定是双工链路）为 $dk^{d-1}(k-1)$。（提示：对喜欢数学的人来说这个问题是能悦人心智的。一个有用的推导方法是归纳法。首先表达出给定节点数量 p 之下链路的数量，用更小的维度即 p/k 个节点下链路数量的函数来表达。一旦找到这个函数，就可以展开它，并将展开的函数直接表示为 d 和 k 的函数。）

407

（d）其路由器的度数为 $2d$。

第 12 章

Fundamentals of Parallel Multicore Architecture

SIMT 体系结构

近年来出现了单指令流多线程（Single-Instruction Multiple-Thread，SIMT）体系结构，它已成为一种实现“高吞吐计算 + 高能耗效率”的技术路线。最著名的 SIMT 处理器就是图形处理单元（GPU）。SIMT 体系结构的创新来源于硬件体系结构和软件两方面：

- 在软件方面，SIMT 编程模型（如 CUDA 和 OpenCL）可以将数据并行表示为任务级并行。这样，应用开发人员通过编写标量程序实现任务级并行即可，这比暴露数据并行性的经典向量处理方法更加友好。
- 在硬件体系结构方面，SIMT 体系结构提供了一种简洁的方法，将标量指令转换为向量化风格的单指令流多数据流（Single-Instruction Multiple-Data，SIMD）处理，以获得高能耗效率。其中，它通过采用细粒度多线程来隐藏指令执行延迟，以获得较高的计算吞吐能力。

本章采用自顶向下的方法来介绍 SIMT 体系结构。首先介绍 SIMT 编程模型。接着讨论 SIMT 工作负载如何映射到 SIMT 处理器上。之后介绍 SIMT 处理器的微体系结构。在讨论的过程中，本章借用了 CUDA 和 OpenCL 中的术语。本章对于 SIMT 的介绍是针对通用 SIMT 处理器的，而不是关注在一款特定的 GPU 产品上。

12.1 SIMT 编程模型

SIMT 编程模型用任务级并行来表示应用中的数据并行性，该模型符合单程序多线程模式，即所有线程共享同一程序。按照 SIMT 模型，应用编程人员编写标量代码，该代码通常称为核函数。程序中的所有线程（又称为*工作项*）将执行相同的核函数，其中每个线程使用自己的唯一线程标识符来确定它处理哪些数据。

代码 12.1 给出了一段 SIMT 代码示例，这段代码实现了向量加操作，每个线程计算求和向量中的一个元素。

代码 12.1　向量加操作的 SIMT 代码

```
1 kernel vec_add(float * A, float *B, float *S) {
2     //tid is the thread identifier int tid = ...;
3     S[tid] = A[tid] + B[tid];
4 }
```

在代码 12.1 的核函数代码中，没有显式地指定向量长度，我们可以通过核函数调用设定线程个数来指定向量长度；增加了向量长度控制后，核函数代码就变为如代码 12.2 所示。

代码 12.2　向量加操作的 SIMT 代码（增加了向量长度 N 的显式控制）

```
1 kernel vec_add(float * A, float *B, float *S, int N) {
2     //tid is the thread identifier int tid = ...;
3     if(tid < N)
4         S[tid] = A[tid] + B[tid];
5 }
```

SIMT线程按层次结构组织。一个核函数是通过多个线程块（thread block）构成的二维网格来调用的，线程块也称为工作组（workgroup）或协作线程阵列（Cooperative Thread Array，CTA）。一个线程块包含多个线程。线程块有一个特性，即同一线程块中的线程间可以通过称为共享存储的专门硬件支持来实现高效的通信和/或同步。线程二维网格中的线程块以及线程块中的线程能够按多维来组织。这么做的目的是便于将线程标识符映射到应用领域中的数据项。通常，一个线程块中的线程个数受到硬件限制。

对于向量加的例子，我们可以采用如下线程组织。每个线程块包含128个线程，这些线程按一维组织。线程块的个数设置为(N%TBsize) ? (N/128) : (N+128)/128，其中TBsize是线程块的大小，此处为128。所有这些线程块按一维组织。代码12.3描述了基于CUDA规范的SIMT线程层次，它用于核函数调用。

410

代码12.3　向量加操作的线程组织和核函数调用

```
1 dim3 threadBlockDim(256, 1);
2 int numBlocks = (N%TBsize)? (N/128) : (N+128)/128; // (N+TBsize-1)/TBsize;
3 dim3 threadGridDim(numBlocks, 1);
4 vec_add <<<threadGridDim, threadBlockDim>>>(A, B, S, N);
```

通常可以用两种方式来开发SIMT核函数。第一种方式是从算法层面开始，一个线程可以负责完成结果中的一个或多个元素的计算，或者负责一个或多个输入元素。基于这种方式，在前面所举的向量加示例中，一个线程负责计算输出向量中的一个和。第二种方式是从已有的串行代码开始，首先寻找循环次数多的可并行循环，然后给每个线程分配一次循环迭代，也就是说，用线程标识符来替换循环下标。

举一个例子，代码12.4给出了矩阵乘的串行代码。在这段代码中，外层的两重循环都是可以并行的，因为循环之间没有相关性。为了获得更高的线程级并行，我们选择把两重循环都并行化。它实际上等价于让每个线程计算结果矩阵中的一个元素。由于本例中数据按二维矩阵分布，我们相应地把线程和线程块也按二维组织。代码12.5给出了核函数调用中使用的核函数代码和线程层次。

代码12.4　矩阵乘的串行代码

```
1 void matrixMul()    //matrix multiplication C = A * B
2 {
3     for(int i = 0; i < N; i++)
4         for(int j = 0; j < N; j++)
5         {
6             float sum = 0;
7             for(int k = 0; k < N; k++)
8                 sum += A[i][k] * B[k][j]
9             C[i][j] = sum;
10        }
11 }
```

代码12.5　矩阵乘的核函数和线程组织

```
1 void matrixMulKernel()    //Kernel code for matrix multiplication C = A * B
2 {
3     //tidx is the thread identifier along the X direction
4     //tidy is the thread identifier along the Y direction
5     int tidx = ...;  int tidy = ...;
6             float sum = 0;
7     for(int k = 0; k < N; k++)
```

```
8          sum += A[tidy][k] * B[k][tidx]
9      C[tidy][tidx] = sum;
10 }
11 dim3 threadBlockDim (BLOCK_SIZE, BLOCK_SIZE);
12 dim3 threadGridDim(B.width / dimBlock.x, A.height / dimBlock.y);
13 matrixMulKernel<<threadGridDim, threadBlockDim>>(A, B, C);
```

411

在上述代码示例中，我们能看到在 SIMT 编程模型中程序员可以用任务级并行来表示数据级并行，这种任务级并行使用标量指令实现，这大大简化了编程。对于矩阵乘例子来说，可以用经典的向量编程风格来显式地利用数据级并行，这一工作并不烦琐。

12.2 将 SIMT 工作负载映射到 SIMT 核上

在典型的 SIMT 体系结构中，片上有多个 SIMT 核，这种 SIMT 核用 CUDA 术语称为流式多处理器（Streaming Multiprocessor，SM），用 OpenCL 术语称为计算单元（compute unit）。

一个 SIMT 核函数通过线程块（TB）的二维网格来调用。如图 12-1 所示，负载调度根据线程网格信息将这些线程块传送到 SIMT 核。每个 SIMT 核检查它的可用资源，包括寄存器、本地（scratchpad）存储器（即共享存储）、线程个数、线程块个数等，判断它是否还能接受一个线程块。如果可以，负载调度就给这个 SIMT 核分派一个线程块。当线程块结束在 SIMT 核上的执行后，它所占用的所有资源都被释放，随后可以分派一个新的线程块。

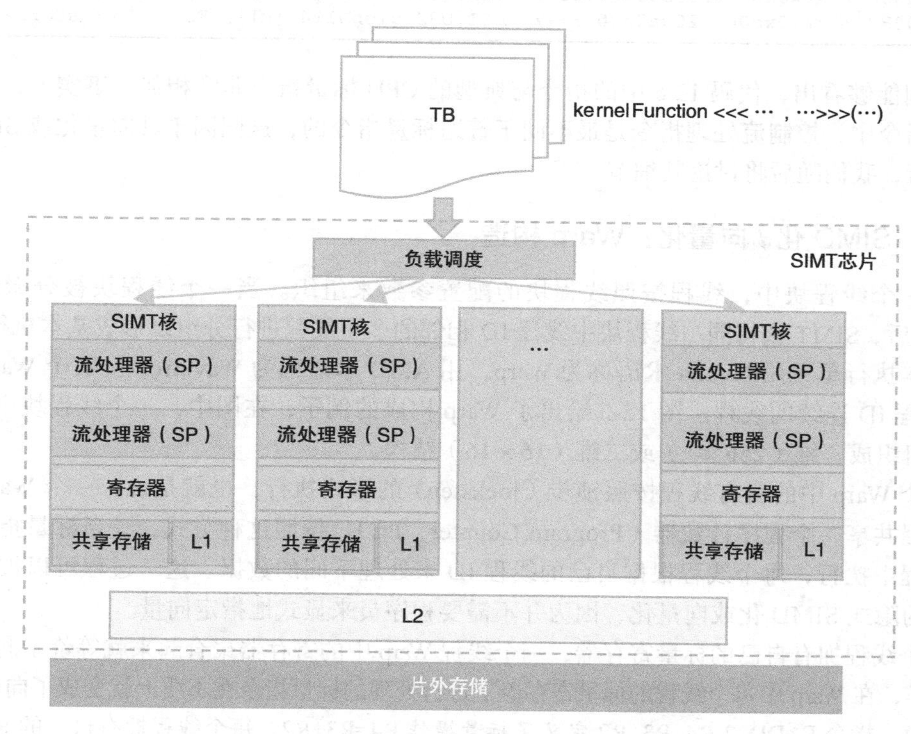

图 12-1 将 SIMT 工作负载分发到 SIMT 核

除了这种线程块层面的负载调度，还采用了细粒度资源管理以更高效地利用资源[65]。无论哪种情形，一个线程块中的所有线程都在同一 SIMT 核上执行以支持线程间同步，一个 SIMT 核可以承载一个或多个线程块。

412

12.3 SIMT 核体系结构

SIMT 体系结构使用标量指令集体系结构（ISA），并在运行时将这些标量指令向量化执行。为了隐藏指令执行延迟，使用了细粒度多线程来支持数量众多的线程并发运行。在某种意义上，SIMT 体系结构可以被视为基于硬件的向量化和细粒度多线程二者的集成。

12.3.1 标量 ISA

SIMT 执行模型中的每个线程都包含一个标量指令序列，它与 CPU 上运行的串行程序是相同的。近期，AMD 和 Nvidia GPU 都采用了 RISC 风格的 ISA。作为示例，代码 12.6 给出了向量加核函数的 Nvidia GPU 汇编代码。

代码 12.6　向量加的核函数汇编代码

```
1PC        Binary encoding              Assembly                          Comments
2/*0000*/  /*0x1100e804          */     MOV32 R1, g [0x4];                /*base */
3/*0004*/  /*0x1100ea08          */     MOV32 R2, g [0x5];                /*base */
4/*0008*/  /*0x6004000500000003*/       IMAD32I.U16 R1, R0L, 0x4, R1;     /*index*/
5/*0010*/  /*0x6004000900000003*/       IMAD32I.U16 R2, R0L, 0x4, R2;     /*index*/
6/*0018*/  /*0xd00e020d80c00780*/       GLD.U32 R3, global14 [R1];        /*load */
7/*0020*/  /*0xd00e040980c00780*/       GLD.U32 R2, global14 [R2];        /*load */
8/*0028*/  /*0x1100ec04          */     MOV32 R1, g [0x6];                /*base */
9/*002c*/  /*0xb0020608          */     FADD32 R2, R3, R2;                /*add  */
10/*0030*/ /*0x6004000500000003*/       IMAD32I.U16 R1, R0L, 0x4, R1;     /*index*/
11/*0038*/ /*0xd00e0209a0c00781*/       GST.U32 global14 [R1], R2;        /*store*/
```

我们能够看出，代码 12.6 中的指令与典型的 CPU 标量指令非常相似。事实上，在不同类型的指令中，控制流处理指令是最不同于普通标量指令的，这归因于其向量化或 SIMD 风格的执行，我们随后将讨论其细节。

12.3.2 SIMD 化 / 向量化：Warp 构造

在一个线程块中，线程按照线程块的配置参数来组织。当一个线程块被分派给一个 SIMT 核后，SIMT 核将同一线程块中线程 ID 相邻的多个线程进行分组以形成基本执行单元。这种基本执行单元用 Nvidia 术语称为 Warp，用 AMD 术语称为 Wavefront。一个 Warp 包含 32 个线程 ID 连续的线程。图 12-2 给出了 Warp 构成的例子，在图中，一个线程块中的 256 个线程组织成一维（256×1）或二维（16×16）结构。

一个 Warp 中的所有线程按照锁步（lockstep）的形式执行，也就是说，一个 Warp 中的所有线程共享一个程序计数器（Program Counter，PC）。按照这种方式，一条标量指令将在多个线程中执行，每个线程根据自己的线程 ID 来处理不同的数据。这一过程可以被看作基于硬件的隐式 SIMD 化或向量化，因为并不需要程序员来显式地指定向量。

413　每个线程拥有自己的标量寄存器，一个线程 Warp 中的寄存器聚合起来就等价于向量寄存器。这样，在 Warp 中每个线程的标量寄存器上进行处理的标量指令在本质上就变成了向量操作。举例来说，指令 FADD32 R4, R3, R2 定义了标量操作 R4=R3+R2。每个线程拥有自己的 R2、R3、R4 等。当该指令由一个线程 Warp 执行时，它就完成了 R4.0=R3.0+R2.0、R4.1 = R3.1 + R2.1，…，R4.n = R3.n + R2.n，其中 $R_{i.k}$ 表示线程 k 的寄存器 R_i，Warp 大小是 $(n+1)$。图 12-3 显示了这一执行过程。图中可以看出，当一个线程 Warp 执行标量指令 FADD32 R4, R3, R2 时，该指令变为等价于向量操作 FADD32 VR4, VR3, VR2，其中 VR2、VR3、VR4 是向量寄存器，向量长度是

Warp 大小。

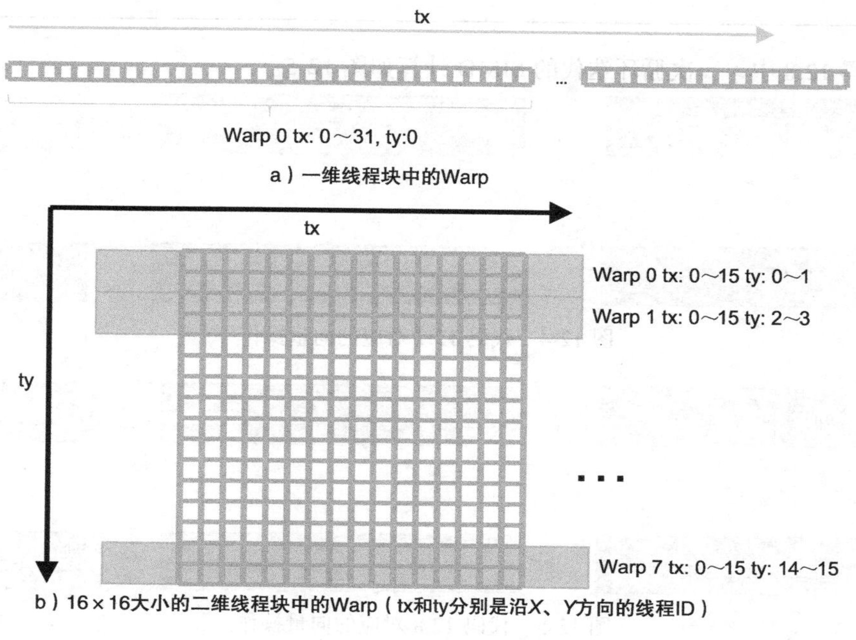

图 12-2　Warp 构成

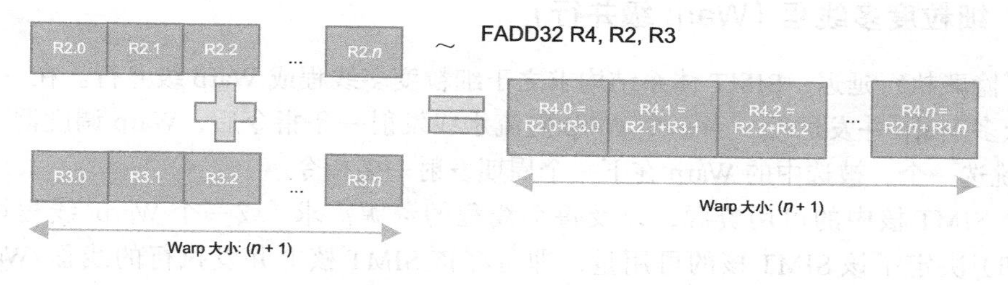

图 12-3　使用标量指令执行 SIMD

基于 Warp 的向量化提供了如何将数据项向量化的灵活性。以代码 12.5 中的矩阵乘核函数为例，如果线程块配置为 32×8，一个 Warp 包含 32 个线程，按一行组织，线程块 0 中的 Warp 0 就执行了代码 12.7 所示的向量计算。

414

代码 12.7　线程块配置为 32×8 时一个线程 Warp 的向量操作

```
1 for(int k = 0; k < N; k++)
2     C[0][0:31] += A[0][k] * B[k][0:31];
```

在代码 12.7 中，C[0][0:31] 和 B[k][0:31] 均为长度等于 32 的向量。一次循环迭代的 SIMD 计算如图 12-4 所示。

如果核函数代码保持不变，线程块配置变为 16×16，一个 Warp 中的 32 个线程扩展为连续 2 行，相应地，线程块 0 中的 Warp 0 完成的向量计算就变为代码 12.8 所示。

代码 12.8　线程块配置为 16×16 时一个线程 Warp 的向量操作

```
1 for(int k = 0; k < N; k++){
```

```
2        C[0][0:15] += A[0][k] * B[k][0:15];
3        C[1][0:15] += A[1][k] * B[k][0:15];
4 }
```

在代码 12.8 中，一次循环迭代的 SIMD 计算如图 12-5。

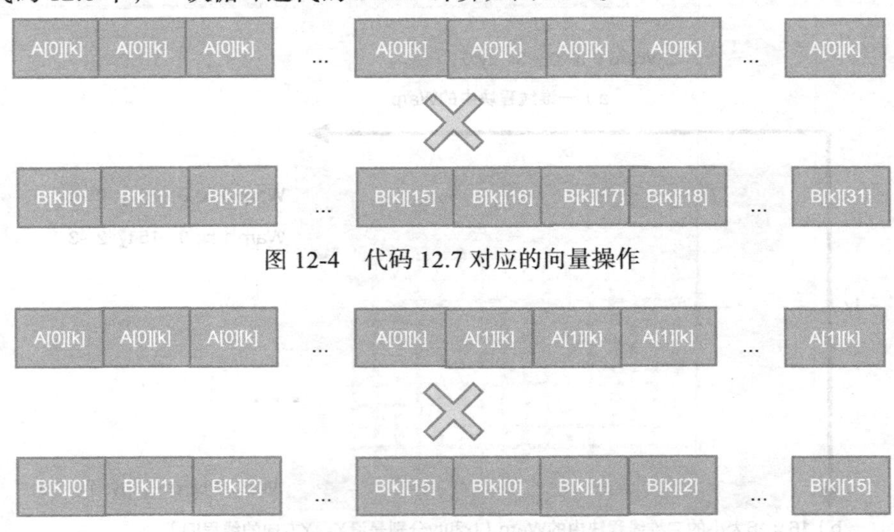

图 12-4　代码 12.7 对应的向量操作

图 12-5　代码 12.8 对应的向量操作

12.3.3　细粒度多线程（Warp 级并行）

为了隐藏执行延迟，SIMT 体系结构求之于细粒度多线程或 Warp 级并行。在一个 SIMT 核中，众多 Warp 并发运行。当一个 Warp 向流水线发射一条指令后，Warp 调度器从活跃的 Warp 中挑选一个，被选中的 Warp 在下一个周期发射一条指令。

415

一个 SIMT 核中的可用资源，以及每个线程的资源需求（或一个 Warp/ 线程块的资源需求总和）决定了该 SIMT 核的可用量，即可在该 SIMT 核上并发执行的线程 /Warp/ 线程块数。例如，对一个核函数，每个线程占用 10 个寄存器（即 $10 \times 4B=40B$），线程块大小为 256，如果一个 SIMT 核中的寄存器是 64KB，且以线程块粒度进行资源管理的话，那么这个 SIMT 核的最大可用量是 6 个线程块（$64KB/(256 \times 40B)$）。

12.3.4　微体系结构

图 12-6 给出了一个 SIMT 核的微体系结构。在一个 SIMT 核中，一个 Warp 调度器从就绪 Warp 中挑选 Warp 并向多条执行流水线中发射指令，执行流水线也被称为流处理器（Streaming Processor，SP）或处理单元（Processing Element，PE）。一个就绪的 Warp 是指该 Warp 中的下一条指令已解决了所有的依赖。Warp 调度器中的每个表项包含一个 Warp 的信息，调度器可通过程序计数器（PC）字段从指令 Cache 中读取指令。

解码后的指令存放在 Warp 调度器表项或者一个小的独立解码指令缓冲区中。使用 Warp 调度器表项存放解码指令的原因之一是寄存器重命名。由于多个 Warp 使用同一个核函数，就需要区分它们的操作数。在解码过程中，使用线程块 ID、Warp ID 和线程 ID 来生成逻辑寄存器号到物理寄存器号的映射，以便执行流水线读写物理寄存器。例如，指令 FADD32

R2, R3, R2 可以对 Warp 1 变为 FADD32 PR12, PR13, PR12，而对另一个 Warp 变为 FADD32 PR32, PR33, PR32，其中 PRk 指物理寄存器 k。

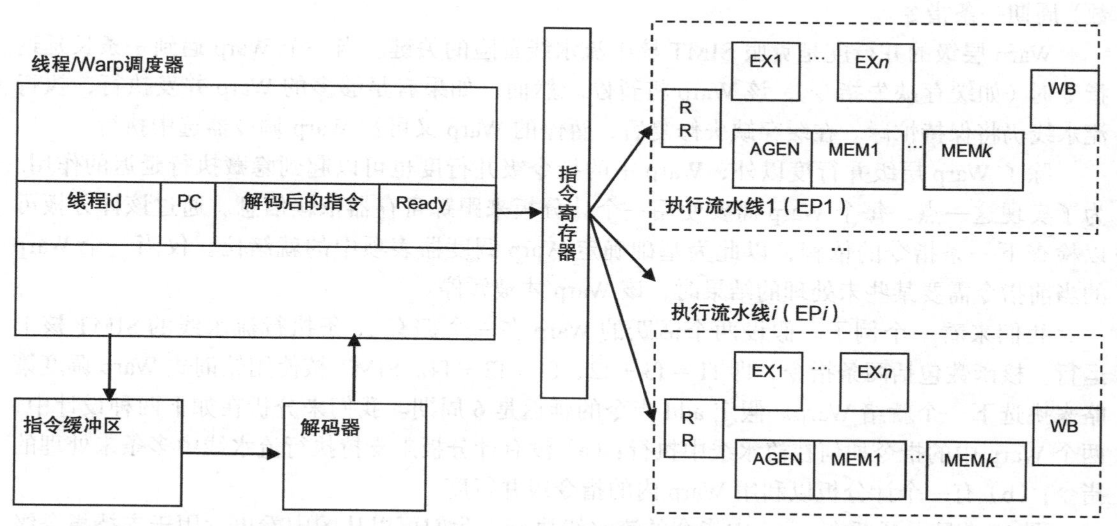

图 12-6　SIMT 核的微体系结构（RR 表示寄存器读，EX 表示执行，AGEN 表示地址生成，WB 表示写回。多个 EX 或 MEM 阶段导致多周期延迟）

一条指令被发射后，将在本 Warp 中所有线程的多条按序执行流水线中执行。根据不同的指令类型，该指令可能进入 ALU 流水线、内存流水线或特殊功能单元。一种管理就绪位的简单方法如下：当一条指令从某个 Warp 被发射后，该 Warp 调度器表项中的就绪（Ready）字段被清除；当一条指令到达写回阶段，使用其 Warp ID 来定位对应的 Warp 调度器表项并设置就绪位。按照这种方法，一个 Warp 在执行流水线中最多有一条未处理指令。 416

12.3.5　流水线执行

根据一个 SIMT 核中的执行流水线条数，Warp 调度器每过若干个周期发射一条指令。例如，假设一个 SIMT 核中有 8 条执行流水线，对于一个大小为 32 的 Warp，Warp 调度器每 4(=32/8) 周期发射一条指令，如图 12-7 所示，其中假设 add 指令的延迟是 2 周期。我们可以从图 12-7 中看到，尽管 Warp 0 的指令 f1 = f2 + f3 和 Warp 1 的指令 f4 = f1 + f5 都用到了寄存器 f1，它们彼此之间却没有相关性，因为它们来自不同的 Warp。如前所述，在解码阶段，Warp 0 的体系结构（或逻辑）寄存器 f1 和 Warp 1 的体系结构寄存器 f1 将根据其 Warp ID 被映射到不同的物理寄存器。

Cycle	1	2	3	4	5	6	7	8	9	10	11	12	13	14	15	16	17	18	19	
f1=f2+f3	IF				ID				RR	EX1	EX2	WB								threads 0~7
warp 0										RR	EX1	EX2	WB							threads 8~15
											RR	EX1	EX2	WB						threads 16~23
												RR	EX1	EX2	WB					threads 24~31
f4=f1+f5					IF				ID				RR	EX1	EX2	WB				threads 0~7
warp 1														RR	EX1	EX2	WB			threads 8~15
															RR	EX1	EX2	WB		threads 16~23
																RR	EX1	EX2	WB	threads 24~31

图 12-7　两条来自不同 Warp 指令的流水线执行（尽管两条指令都用到寄存器 f1，但彼此没有相关性，因为它们来自于不同的 Warp）

当执行流水线条数增加到16时，指令发射速率是每2(=32/16)周期一条指令。给定一个指令发射速率，取指（IF）和解码（ID）的吞吐量也可减为每 N（=Warp 大小 / 执行流水线条数）周期一条指令。

Warp 层级的并行度是克服 SIMT 核中流水线冒险的关键。当一个 Warp 遇到一条长延迟指令时（如缓存缺失指令），该 Warp 将暂停。然而，如果有足够多的 Warp 并发执行，执行流水线仍将保持忙碌。在缓存缺失修复后，暂停的 Warp 又可被 Warp 调度器选中执行。

除了 Warp 层级并行度以外，Warp 中的指令级并行度也可以起到隐藏执行延迟的作用。为了实现这一点，每个 Warp 需要使用一个计分板来跟踪寄存器依赖信息。通过该计分板可以检查下一条指令的依赖，以此为基础确定 Warp 调度器表项中的就绪位。仅当一个 Warp 的当前指令需要某些未处理的结果时，该 Warp 才被暂停。

我们来看一个例子。假设两个活跃的 Warp 在一个拥有16条执行流水线的 SIMT 核上运行。核函数包括两条指令，即 f1 = f3 + f2、f4 = f2 + f4。SIMT 核使用轮询式 Warp 调度策略来挑选下一个就绪 Warp。假定 add 指令的延迟是6周期。我们来分析在如下两种设计中，两个 Warp 中的指令如何在流水线中执行：(a) 没有计分板来支持执行流水线中多条未处理的指令；(b) 有一个计分板以利用 Warp 内的指令级并行度。

417

图 12-8 显示了两个 warp 中指令的流水线执行。我们可以从图中看出，用于支持指令级并行度的计分板缓解了 add 指令的计算延迟。

Cycle	1	2	3	4	5	6	7	8	9	10	11	12	13	14	15	16	17	
f1=f2+f3	IF		ID		RR	EX1	EX2	EX3	EX4	EX5	EX6	WB						threads 0~15
(warp 0)						RR	EX1	EX2	EX3	EX4	EX5	EX6	WB					threads 16~31
f1=f2+f3			IF		ID		RR	EX1	EX2	EX3	EX4	EX5	EX6	WB				threads 0~15
(warp 1)								RR	EX1	EX2	EX3	EX4	EX5	EX6	WB			threads 16~31
f4=f5+f6					IF		ID		s	s	s	s	RR	EX1	EX2	EX3	EX4	threads 0~15
(warp 0)														RR	EX1	EX2	EX3	threads 16~31
F4=f5+f6							IF		ID	s	s	s	s	s	RR	EX1	EX2	threads 0~15
(warp 1)																RR	EX1	threads 16~31

a）没有计分板来支持一个Warp中的多条未决指令

Cycle	1	2	3	4	5	6	7	8	9	10	11	12	13	14	15	16	17	
f1=f2+f3	IF		ID		RR	EX1	EX2	EX3	EX4	EX5	EX6	WB						threads 0~15
(warp 0)						RR	EX1	EX2	EX3	EX4	EX5	EX6	WB					threads 16~31
f1=f2+f3			IF		ID		RR	EX1	EX2	EX3	EX4	EX5	EX6	WB				threads 0~15
(warp 1)								RR	EX1	EX2	EX3	EX4	EX5	EX6	WB			threads 16~31
f4=f5+f6					IF		ID		RR	EX1	EX2	EX3	EX4	EX5	EX6	WB		threads 0~15
(warp 0)										RR	EX1	EX2	EX3	EX4	EX5	EX6	WB	threads 16~31
F4=f5+f6							IF		ID		RR	EX1	EX2	EX3	EX4	EX5	EX6	threads 0~15
(warp 1)												RR	EX1	EX2	EX3	EX4	EX5	threads 16~31

b）计分板支持同一个Warp中的多条指令被发射。s表示暂停

图 12-8　两个 Warp 中指令在一个 SIMT 核上的流水线执行（两条指令间无相关性）

12.3.6　控制流处理

在各种类型的指令中，SIMT 体系结构格外关注控制流指令，这主要由于其分支发散（branch divergence）。当一个 Warp 中的线程执行一条分支指令时，如果该指令在不同的线程中产生了不同的分支结果，就出现了分支发散。一个此类例子是语句 if (tid%2==0)，在执行这条指令时，Warp 中的奇数线程和偶数线程将通向不同的路径。

处理分支发散的常用方法是通过屏蔽 SIMD 通道来串行执行不同的执行路径，即当 PC（程序计数器）执行一条执行路径时，只有那些实际通向该路径的线程处于活跃状态，

剩余的其他线程被禁用（通过分支预测寄存器），当本路径完成后，PC 回转执行另一条执行路径。为此引入一个称为 SIMT 栈的栈结构来管理 PC 和与不同控制路径相关的执行屏蔽码。

作为一个具体实例，我们以控制结构"IF…THEN ELSE"为例来说明一个发散的分支是如何在 Nvidia Fermi 体系结构中执行的。SIMT 栈的每一个表项称为 token 栈[15]，它包含三个字段，如图 12-9 所示。其中"active mask"字段是一个屏蔽位，用于定义一个 Warp 中的哪些线程是活跃的；"re-convergence PC"是分支的会聚点；"entry type"字段用来区分不同类型的控制流指令。除了 token 栈以外，每个 SIMT 核还有一些特殊用途的寄存器，用来辅助处理控制流，包括每 Warp 一个的活跃屏蔽寄存器和活跃 PC 寄存器，前者用于禁用那些非活跃线程，后者是一个 Warp 的当前 PC。

418

entry type	active mask	re-convergence PC

图 12-9　SIMT 栈中的一个表项结构

对于图 12-10a 中所示的"IF…THEN ELSE"代码实例，在图 12-10b 中给出了相应的汇编代码，图 12-10c 则显示了栈内容是如何更新的。为简单起见，我们使用了一个大小为 8 的 Warp，为了支持分支发散，在 ISA 中引入了一条控制指令，即位于 PC=0x0020 的 SSY，该指令的操作数 0xF0 定义了一个会聚点。当该指令执行时，一个 token 被推入栈，该 token 包括了从当前活跃屏蔽寄存器拷贝来的活跃屏蔽码，从 SSY 操作数中提取的会聚 PC 值，以及设置为 SSY 的表项类型。

接下来执行条件分支指令 @P0 BRA 0xb8，其中 P0 是预测寄存器，存有分支条件。如果分支导致了发散，即同一 Warp 中多个线程执行的分支结果不同，如前 4 个线程满足条件，其余线程不满足条件，此时该 Warp 中 8 个线程的分支结果是 0xF0，随之，一个包含内容 DIV, 0xF0, 0xB8 的 token 被推入栈，其中活跃屏蔽码用预测寄存器 P0(0xF0) 填充，会聚 PC 字段用分支目标地址（0xB8）填充，表项类型用 DIV 填充。

随后，先执行不满足条件的路径，这通过将活跃屏蔽寄存器设置为 P0 的反码，并将活跃 PC 寄存器设置为分支 PC+8 来实现。该指令序列将继续执行直到遇到一个栈弹出操作。在 Nvidia Fermi 指令系统中，栈弹出操作可以跟随在任何一个带有 .S 标志的指令之后，而不必使用专门的弹出指令。在本例中，弹出标志添加在 store 指令后（PC=0x00B0 处），它标出了 ELSE 路径的终点。栈弹出操作从栈顶取出数据用以设置活跃屏蔽寄存器和活跃 PC 寄存器，这就导致满足条件的路径被选择执行，直到遇到另一个栈弹出操作（PC=0x00E8 处）。此时，栈顶包含数据 SSY, 0xFF, 0xF0。又一次栈弹出操作将设置活跃屏蔽寄存器和活跃 PC 寄存器，由此，所有发散的线程会聚于会聚点 0xF0。

12.3.7　内存系统

包括 CUDA 和 OpenCL 在内的 GPU 编程模型都支持多个内存空间，包括全局内存、局部内存、常量内存和纹理内存。一个线程网格中的所有线程都可以访问全局内存。与此不同的是，局部内存为个体线程私有，同时有共享存储用于支持线程块内线程间的数据通信和同步。常量内存和纹理内存通常用于存储只读数据（尽管纹理内存是可以更新的），且对网格中所有线程可见。共享存储位于片内并放置在每个 SIMT 核中，而全局、局部、纹理和常量内存都在片外。为了降低访存延迟，引入了片内高速缓存，包括只读的常量缓存、纹理缓

419　存、L1 数据缓存和一个 L2 缓存。L1 数据缓存用于局部和全局内存数据（或仅用于局部内存数据），它是 SIMT 核内私有的，并且可能与共享存储使用相同的物理资源。在这种情况下，API 用以在 L1 数据缓存和共享存储之间配置可用的容量。L2 缓存在所有 SIMT 核间共享，通常包括多个 Bank。在片上还集成多个内存控制器以提供高带宽来访问片外内存。

```
int index = blockIdx.x*blockDim.x + threadIdx.x;
if (condition(index))   // Path 1: "IF...THEN"
{
    …
}
else                    //Path 2: ELSE
{
    …
}
d_e [index] = d_c [index] + d_d [index] ;
```

a）if…then else的CUDA代码段

PC	Instruction	Comment
/*0000*/	MOV R1, c [0x1] [0x100];	
/*0020*/	SSY 0xf0;	SSY Instruction (**push stack**)
……	……	……
/*0090*/	@P0 BRA 0xb8;	Branch related to IF-THEN part (**push stack**)
/*0098*/	LD.E R3, [R2];	ELSE part entry
……		
/*00b0*/	ST.E.S [R6], R2;	ELSE part end. Notice ".S" flag. (**pop stack**)
/*00b8*/	LD.E R5, [R4];	IF-THEN part entry.
……		
/*00E8*/	NOP.S CC.T;	IF-THEN part end. Notice ".S" flag. (**pop stack**)
/*00F0*/	LD.E R3, [R10];	Threads synchronizes at this point.
/*00F8*/	LD.E R4, [R8];	
/*0100*/	LD.E R2, [R6];	Go till Exit
……		
/*0140*/	EXIT;	EXIT

b）if…then else的汇编代码（集中展示栈管理）

PC	Active Mask	TOS	TOS-1	TOS-2	Comments
0x00	0xFF	Empty	Empty	Empty	
0x20	0xFF	Empty	Empty	Empty	Before SSY
0x28	0xFF	**SSY, 0xFF, 0xF0**	Empty	Empty	After SSY
……	0xF0	SSY, 0xFF, 0xF0	Empty	Empty	
0x90	0xFF	SSY, 0xFF, 0xF0	Empty	Empty	Before Branch
0x98	0x0F	**DIV, 0xF0, 0xB8**	SSY, 0xFF, 0xF0	Empty	After Branch
……	0x0F	DIV, 0xF0, 0xB8	SSY, 0xFF, 0xF0	Empty	
0xB0	0x0F	DIV, 0xF0, 0xB8	SSY, 0xFF, 0xF0	Empty	Before ST.S
0xB8	0xF0	SSY, 0xFF, 0xF0	Empty	Empty	After ST.S
……	0xF0	SSY, 0xFF, 0xF0	Empty	Empty	
0xE0	0xF0	SSY, 0xFF, 0xF0	Empty	Empty	
0xE8	0xF0	SSY, 0xFF, 0xF0	Empty	Empty	"NOP.S Instruction"
0xF0	0xFF	Empty	Empty	Empty	
0xF8	0xFF	Empty	Empty	Empty	Go Till Exit.
……					

c）执行过程中的token栈内容（TOS为栈顶，TOS−1为栈顶的下一个表项）

图 12-10　控制流处理

在多种不同类型的内存中，全局内存由软件进行显式管理，它被高度 bank 化以获得高吞吐量。对于一个共享存储数组，其元素分布在多个 Bank 中，如图 12-11 所示。

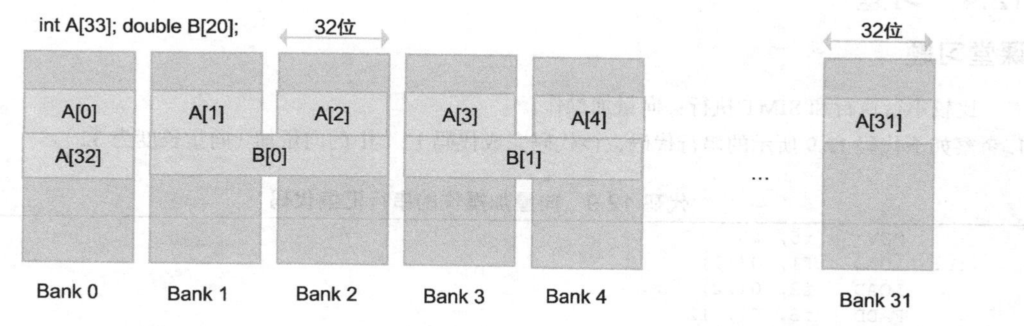

图 12-11　multi-banked 共享存储器（32-banked）中的数据分布

如图 12-11 所示，共享存储中每个 Bank 的宽度是 32 位，因此，对于一个整数数组，每个元素占用一个 Bank 中的一个位置。如果该数组数据类型变为双精度浮点（double)，则每个元素将跨两个 Bank。

由于共享存储的每个 Bank 有一个读端口和一个写端口，当一个 Warp 中的多个线程需要同时访问一个 Bank 时，就发生了 Bank 冲突，这些访问只能逐个串行进行。

对于全局内存访问，获得高访问带宽的关键是访存合并。当执行一条访存指令时，Warp 中的每个线程都生成一个访存请求，这些访存请求会被检查以判断是否能合并成尽可能少的缓存行访问。使用缓存行粒度的原因是缓存行是高速缓存的访问单位。对于每线程单字访问（如 int/float 数据类型)，如果一个 Warp 的所有访问可以用一个缓存行访问完成，对应的访存指令就满足访存合并要求。否则，就将产生多个顺序的缓存行访问。举一个例子，图 12-12 给出了一个合并访问 A[tid/2]，以及一个非合并访问 A[tid+1]，后者导致了两次缓存行访问。对于非合并访存，一种常用的代码优化策略是利用共享存储，以合并访存方式装入全局内存数据，随后在共享存储中访问数据 [66]。

420～421

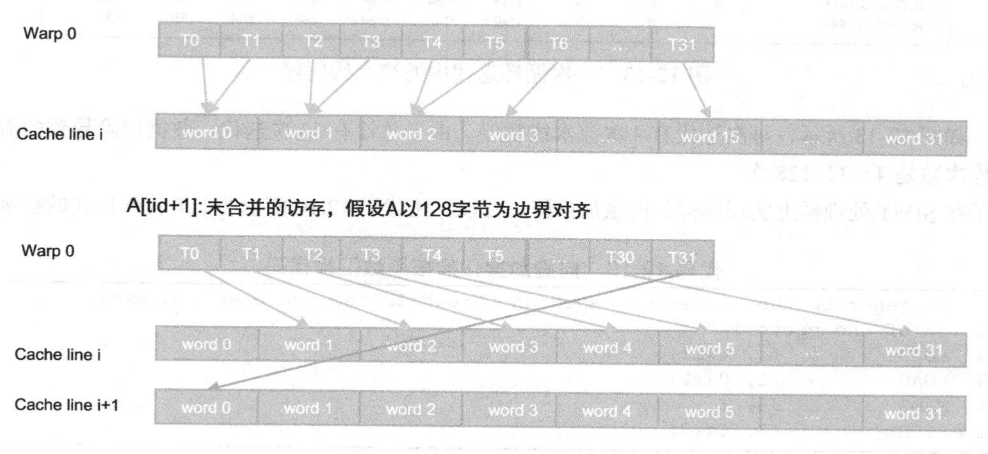

图 12-12　合并与非合并的访存

对于每线程多字访问（如双精度浮点或向量数据类型)，Warp 请求的数据量超过了一个

422 缓存行，因此，在这种情形下的合并访存也将产生多个缓存行访问。

12.4 习题

课堂习题

比较串行执行和SIMT执行：向量加操作。

1. 考察如下代码12.9所示的串行代码，该代码完成代码12.1中的向量加（向量长度为32）。

代码12.9 向量加操作的串行汇编代码

```
1     MOV    r5, #0
2 L:  LOAD   f1, 0(r1)
3     LOAD   f2, 0(r2)
4     FADD   f3, f1, f2
5     STORE  f3, 0(r3)
6     ADD    r1, r1, #4
7     ADD    r2, r2, #4
8     ADD    r3, r3, #4
9     ADD    r5, r5, 1
10    BRLE   r5, 32, L  /* loop upper bound as 32 */
```

假定一个按序的标量处理器，该处理器有如下流水线阶段

IF ID RR EX WB

其中EX阶段数的变化表示不同的指令执行延迟。如果FADD的延迟是5周期，LOAD/STORE的延迟是2周期，其他指令的延迟都是1周期，那么在生成的代码中，数据冒险导致的流水线暂停次数是多少？

解答：

在每一次迭代中，主要的数据冒险是写后读（read-after-write），因为FADD指令后跟一条store指令，其中store指令用到了FADD的结果。给定5周期延迟的话，这两条指令的执行如图12-13所示。

Cycle	1	2	3	4	5	6	7	8	9	10	11
FADD f3,f1,f2	IF	ID	RR	EX1	EX2	EX3	EX4	EX5	WB		
STORE f3, 0(r3)		IF	ID	RR	stall	stall	stall	stall	EX1	EX2	WB
ADD r1,r1, #4			IF	ID	stall	stall	stall	stall	stall	RR	EX

图12-13 一次循环迭代中的流水线暂停

如图12-13所示，每次迭代有4次流水线暂停。由于总计有32次迭代，数据冒险导致的流水线暂停次数是4×32=128次。

423 2. 为了在SIMT处理器上实现同样的向量加操作，可以利用代码12.10所示的汇编代码形式的核函数。

代码12.10 向量加操作的核函数汇编代码

```
1 /* generate the addresses based on thread ID and the base addresses
2    of the vectors*/
3 LOAD        f1, 0(r1)
4 LOAD        f2, 0(r2)
5 FADD        f3, f1, f2
6 STORE       f3, 0(r3)
```

假设指令的延迟与上一题相同。一个SIMT核拥有1条执行流水线和一个计分板（用于支持同一Warp中多条未决指令发射），那么在生成的代码中，数据冒险导致的流水线暂停次数是多少？

解答：

与第 1 题类似，代码中的主要数据冒险是 FADD 指令后跟一条 STORE 指令。由于向量长度是 32，SIMT 核上只运行 1 个 Warp，该 Warp 中的所有 32 个线程将共享一条执行流水线。因而 Warp 中的两条指令执行过程如图 12-14 所示。从图 12-14 可以看出，没有数据冒险导致的流水线暂停，原因是该 Warp 中不同线程的 FADD 指令可以相互重叠运行，当 STORE 指令发射时，对应的线程已经完成了 FADD 指令执行。

Cycle	n	n+1	n+2	n+3	n+4	n+5	n+6	n+7	…	n+37	n+38	
FADD f3,f1,f2	RR	EX1	EX2	EX3	EX4	EX5	WB					Thread 0
		RR	EX1	EX2	EX3	EX4	EX5	WB				Thread 1
			…					…	…			…
				…						WB		Thread 31
STORE f3, 0(r3)								…	…	EX2	WB	Thread 0
									…	EX1	EX2	Thread 1
												…

图 12-14　拥有 1 条执行流水线的 SIMT 核中的流水线暂停

3. 对第 2 题中的核函数，假设一个 SIMT 核拥有 16 条执行流水线，那么在生成的代码中，数据冒险导致的流水线暂停次数是多少？

解答：

在拥有 16 条执行流水线的 SIMT 核中，对于 FADD 和 STORE 指令导致的流依赖来说，STORE 指令需要被暂停 4 个周期，如图 12-15 所示。与第 1 题中的串行执行相比，一个 Warp 中所有线程的流水线暂停相互重叠，即所有的 32 个元素执行将产生 4 次流水线暂停。

从第 1 题和第 2 题的讨论中我们可以看出，SIMT/SIMD 执行比串行执行更加高效的一个关键原因就是不同数据项的流水线暂停可以重叠。在某种程度上，这类似于把代码 12.9 中的串行循环展开以隐藏指令执行延迟。

424

Cycle	n	n+1	n+2	n+3	n+4	n+5	n+6	n+7	n+8	n+9	
FADD f3,f1,f2	RR	EX1	EX2	EX3	EX4	EX5	WB				Threads 0~15
		RR	EX1	EX2	EX3	EX4	EX5	WB			Threads 16~31
STORE f3, 0(r3)			stall	stall	stall	stall	stall	RR	EX1	EX2	Threads 0~15
									RR	EX1	Threads 16~31

图 12-15　拥有 16 条执行流水线的 SIMT 核中的流水线暂停

课后习题

1. **流水线执行。**假设有 4 个活跃的 Warp 运行在一个 SIMT 处理器核上，该 SIMT 处理器核有 16 条执行流水线。内核包含两个指令：f1=f3+f2; f4=f1+f4。该 SIMT 处理器核采用轮询调度策略来选择下一个就绪的指令。假设加指令需要 6 个时钟周期的时延，分析对于以下两种设计，这两个 Warp 中的指令是如何在流水线中执行的：（a）没有计分板来支持执行流水线中有多于 1 个等待的指令；（b）有计分板支持。
2. **分支发散。**对于代码 12.11 中的 CUDA 内核代码片段，假设每个线程块包含多于两个 Warp，检查对于线程块 0 中的 Warp0 和 Warp1 是否会造成分支发散。

代码 12.11　分支发散检查的代码段

```
1  gid =  threadIdx.x + blockIdx.x * blockDim.x;
2  if(gid < 8) //the branch of interest
3  {
4      //taken path
5  }
```

```
6 else
7 {
8     //not taken path
9 }
```

3. **内存合并。**对于代码 12.12 中的 CUDA 内核代码片段，检查全局访存是否满足内存合并的要求。

代码 12.12　分支发散检查的代码段

```
1 // A is a 2D integer array in global memory with the size of 1024x1024
2 gid =  threadIdx.x + blockIdx.x * blockDim.x;
3 for(i = 0; i < N; i++)
4     sum += A[gid][i];  // A[gid][i] is the global mem access of interest
```

4. **串行与 SIMT 执行。**考虑课堂习题及其解答。
   (a) 假设没有计分板来支持同一个 Warp 中有多于 1 个的指令被发射到执行流水线中，重新考虑课堂习题中的问题 2。
   (b) 改变循环的边界为 64（即有两个 Warp 要执行），重新考虑课堂习题中的问题 3。
   (c) 除了前面课堂习题中讨论的数据冒险导致的流水线暂停以外，是否还有其他影响 SIMT 代码性能的因素？

425

第13章
Fundamentals of Parallel Multicore Architecture

专家访谈

Josep Torrellas：并行多核体系结构

Josep Torrellas，伊利诺伊大学香槟分校（UIUC）计算机科学与电子计算机工程学院教授，可编程高可扩展计算中心主任，曾任香槟－英特尔并行中心（I2PC）主任。IEEE会士（2004）和ACM会士（2010）。2015年获得IEEE计算机学会科技成就奖，获奖理由为“在共享存储多处理器体系结构和线程级投机执行的杰出贡献”；获得ICCD最高影响力论文奖，获奖理由为“ICCD最开始的30年内最高引用的5篇论文之一”。担任IEEE计算机体系结构技术委员会（TCCA）（2005～2010）主席；担任CRA计算社区联席会（CCC）（2011～2014）咨询委员；UIUC Willett教职学者（2002～2009）。

Torrellas的研究方向包括共享存储并行计算机体系结构、高能效体系结构、硬件可靠性和软件可靠性。发表了超过200篇论文，其中12篇获得最佳论文奖。在20世纪90年代早期，Torrellas参与了斯坦福DASH和伊利诺伊Cedar验证性多处理器项目。此后，他主持了伊利诺伊Aggressive Cache Only Memory Architecture（I-ACOMA）项目，该项目是受到联邦政府资助的Ten Point-Design Studies项目之一，目的是加速petascale机器的研制。他主持了DARPA资助的M3T多态计算机体系结构项目，并且是NSF资助的FlexRAM智能存储项目的主管之一。他曾是DARPA资助的IBM PERCS多处理器项目的主管之一。作为伊利诺伊－英特尔并行中心的一部分，他主持设计了改善并行编程效率的Bulk多核体系结构。他同时曾是DARPA资助的英特尔Runnemede多处理器项目主管之一，该项目针对普适高性能计算程序，构建高可扩展和高能效的多处理器。

Torrellas在大量的专业会议和研讨会上担任职务。最近的学术服务包括担任PACT2014、ISCA2012、HPCA2005、IEEE-Micro Top Picks 2005和SC 2007程序委员会主席。截至2015年，培养博士生35人，其毕业生都成为学术和产业界的领军人物。

［Yan Solihin］请介绍一下您在研究和开发针对多核体系结构，以及如何支持程序高效并行执行方面的经历。

［Josep Torrellas］我在共享存储多处理器体系结构领域从事研究已经超过25年。我的研究涉及缓存一致性协议、存储一致性支持、预取、线程投机执行、低功耗设计和软硬件可靠性。

20世纪80年代末我就在斯坦福DASH多处理器上分析基于目录协议的共享数据行为。之后我分析了伊利诺伊Cedar多处理器的性能。再之后，我参与了支持线程投机执行（TLS）的共享存储多处理器的设计。我证明了投机多线程在并行计算机体系结构中的多种用途，包括投机同步、程序调试和低开销程序监控。我同时证明了投机多线程是实现高性能、低复杂度顺序一致性（SC）的原语。

在20世纪90年代，我参与了伊利诺伊 Aggressive Cache Only 存储体系结构（I-ACOMA）项目。我设计和实现了多个 NUMA 机器架构、一致性协议和预取机制。一些重要的贡献包括嵌入式环形监听缓存一致性协议和 ReVive 增量、基于内存的多处理器检查点机制。我们同时发布了被广泛使用的多处理器体系结构模拟器 SESC。

在21世纪初，我参与了作为英特尔并行中心一部分的 Bulk 多核体系结构项目。该项目针对并行编程效率设计了全新的体系结构。作为项目成员，我与来自英特尔的研究者一起构建了支持并行程序记录和重放并且与 x86 兼容的硬件原型。

在此期间，我对工艺差异和高能效多处理器设计产生了兴趣。作为高可扩展计算的一部分，我们开发了针对工艺差异的 VARIUS-NTV 模型，以及多种用于缓解和屏蔽工艺差异的技术。我与来自英特尔的研究者一起，将这部分工作最终集成到 Runnemede 高可扩展多核设计中。

[YS] 在过去的20～30年，并行体系结构包括多核架构是如何演化的？

[JT] 我在20世纪90年代早期完成了博士学业。在当时，有很多关于缓存一致共享存储多处理器的想法，特别是可扩展的设计。我的博士论文就与斯坦福 DASH 多处理器有关，而之后我也加入了在伊利诺伊香槟的研究小组，从事关于伊利诺伊 Cedar 多处理器的性能评测工作。开发这两台验证性机器的研究团队提出了很多研究想法。

在那时，公司中的开发团队对这些想法非常感兴趣。他们会邀请研究者讨论最新的实验结果。市场上也出现了一些新的产品。

在这之后，20世纪90年代晚期和21世纪早期，多处理器技术进一步发展的难题不断出现。与此同时，超标量单处理器不断改善，而多处理器设计团队无法适应这些变化。每一代新的单处理器出现后都需要对多处理器的设计进行重大调整。不久，同时多线程（SMT）处理器出现了，进一步推动了单处理器的性能提升。即便在这段时期，我也始终坚持在多处理器上开展工作。

428

最终，在21世纪头三至六年，由于功耗和能耗的限制，多核体系结构出现了，自此它们就变成了计算机体系结构的中心。10～20年前很多研究的主题都在不同的限制条件下重新考虑。现在，多核或者众核形式的并行体系结构非常流行。然而，对设计问题的讨论与以前相比显得更加增量化。这个领域已经非常成熟。

[YS] 您认为程序员需要付出多大的努力才能写好并行程序？

[JT] 许多年前，当多核将要变得普及时，我认为所有的程序员都必须编写并行程序。然而，后来我明白很多程序员并不需要发掘并行性。他们编写用户接口或者一个大型工程的不同层。只有那些需要编写核心并行算法如并行库的程序员才需要掌握并行知识。他们通常都是非常有经验的程序员（虽然并不总是）。这些程序员应该付出更多的努力去设计高性能、没有 bug 的并行程序。

为了这些程序员，计算机体系结构研究者们需要更加努力。计算机体系结构研究者们需要提供必要的硬件支持，使得程序员编程更加容易。特别地，计算机体系结构研究者们需要提供缓存一致性支持、高效的同步、透明的高速缓存和预取，以及直观的存储一致性模型。

[YS] 能够有效抽取或者管理线程级并行的关键硬件技术是什么？

[JT] 管理线程级并行的关键硬件技术包括缓存一致性、存储一致性支持和同步。这些技术被设计成可以与存储层次和处理器核更好地对接。硬件事务内存对于支持并行也很有用，但是现在这么讲还有点早。

另一方面，硬件支持的代码并行化并没有成功，这让人有些失望。21世纪初投入大量的精力设计结构，以投机地并行化有潜在依赖关系的代码。这些努力包括运行时监控违反依赖情况、在高速缓存中保存相同数据的多个版本，以及当违反依赖时放弃－重执行等技术。这些技术目前都没有被使用，尽管它们启发了事务性内存技术。我希望这些技术有一天会被用到。

[YS] 现在多核体系结构中的缓存一致性协议有哪些不足？

[JT] 长期以来，学术圈提出了许多针对缓存一致性协议的改进。包括以全新的方式使得缓存一致性协议可以扩展到大量的核，以及以全新的设计使得在时间、空间或者能耗上更加经济。

429

目前的主要问题是多处理器公司受到过去成果的限制。缓存一致性协议是一个复杂的硬件模块，它的设计包括状态机的复杂工艺和时钟问题的深入分析。除此之外，它与机器的其他部分相交互，包括高速缓存、处理器 load-store 单元，以及总线或者网络模块。因此，它会花费许多人年去调试缓存一致性协议。当公司实现了一个可以运行的协议后，他们非常不愿意对其进行任何改动。

目前，每个公司都有一些缓存一致性协议可以正确工作。然而这些设计的细节却极少公布给公司以外的研究者。此外，这些协议即使在公司内部也可能缺乏很完整的文档。实际上，这些协议相对于实际需要都可能过于复杂，一些用于优化特殊情况的状态可能已经不再需要。这些状态实际上在通常情况下会减慢一致性协议的运行。

总而言之，这些协议在性能、能耗、复杂性和可扩展性方面都不是最优的。然而，对于研究者而言，如何改变缓存一致性协议的现状尚未明确。

[YS] 能否介绍一下在 Bulk 一致性上的研究工作？它能解决什么问题以及它有哪些有特色的地方？

[JT] Bulk 一致性[⊖]致力于从新的原则上设计缓存一致性协议，从而提供一个更容易编写并行程序的环境。除此之外，它也改善性能并且不会增加硬件复杂性。

Bulk 一致性提供软件高性能顺序存储一致性，从而改善可编程性。此外，Bulk 一致性支持许多新的硬件原语。这些原语可以被用于设计更加复杂的编程和调试环境，包括低开销的数据竞争检测、并行程序的确定性重放和地址组高速无二义性。这些原语开销足够低从而在生产运行中总是可以处于激活状态。

Bulk 一致性中核心想法有两个：一是硬件自动执行所有的软件，这些软件被当作动态创建的原子块序列，并且原子块包含成千上万的动态指令，这些原子块也被称为 Chunk。Chunk 的执行对于软件不可见，因此对于编程语言和模型没有任何限制。二是 Bulk 一致性使用了“硬件地址签名”来操作地址组。签名作为一种低开销的机制保证了 Chunk 的原子和隔离执行，并且能够提供高性能的顺序存储一致性。

⊖ J.Torrellas, L.Ceze, J.Tuck, C.Cascaval, P.Montesinos, W.Ahn, and M.Prvulovic. The Bulk Multicore Architecture for Improved Programmability. CACM, December 2009.

Bulk一致性能够实现较高的性能，因为处理器硬件可以更加激进地在Chunk之间重排序和重叠程序的存储访问，而且不存在违反多核环境下程序正常行为的可能。更进一步，编译器可以创建Chunk，并且通过对每个Chunk内的指令进行深度优化来继续优化性能。

最后，Bulk多核组织方式减少了硬件设计的复杂性，因为执行存储一致性的功能大部分从处理器结构中分离了出来。在传统的发射乱序存储访问的处理器上，支持顺序一致性需要对处理器进行侵入式修改。

430

[YS]对于并行程序的高效执行，体系结构层面的支持还面临哪些重要的挑战？

[JT]幸运的是，在体系结构支持的高效并行执行方面不乏挑战。第一个也是最重要的一个是，随着多处理器设计者们越来越多地关注高能效和低功耗，可能会忽略可编程性问题。一个例子就是正在出现的异构趋势。另一个例子是1000核的众核体系结构设计很可能不是缓存一致的。在这个领域的挑战是设计低开销、高能效的原语，从而更好地支持可编程性，并且与高能效的目标相兼容。

另一个挑战是如何支持有效的服务质量（QoS）。在未来，将会出现拥有成百上千核的众核处理器。它们将会同时运行多个应用，这些应用之间会竞争资源。有效的服务质量需要全新的硬件支持。

另一个重要的挑战是全新的动态语言的出现，这种动态语言也被称为脚本语言。程序员喜欢这些语言，因为它们支持原型程序的快速实现。然而对编译器而言，这些语言难以管理，因为这些语言中只存在很少的静态信息。因此，编译器需要在运行时期间做很多工作，这就降低了程序执行的速度。对于硬件如何支持这些动态语言，这里存在很多机会。

对同步和栅栏的硬件支持也需要重新被设计。现存的硬件并不是针对在未来几年才出现的众核处理器而设计的。现存的硬件设计开销太大而且无法扩展。

最后，对安全和隐私的关注给硬件设计者提出了一个巨大的挑战。如何识别出需要添加到单处理器和多处理器中的最符合成本效益的硬件原语从而保障安全性和隐私性，仍然是一个开放性问题。

431

[YS]Josep，感谢您花费宝贵的时间，以及在本访谈中提出的观点。谢谢！

Li-Shiuan Peh：片上网络设计

Li-Shiuan Peh，MIT电子工程和计算科学系教授，自2009年起担任MIT教职。在加入MIT之前，从2002年开始在普林斯顿大学任教。2001年在斯坦福大学获得计算机科学博士学位，1995年于新加坡国立大学获得计算机科学学士学位。研究领域包括互连计算、众核芯片和移动无线系统。2011年入选MICRO名人堂并获得ACM杰出科学家奖，2007年获得CRA Anita Borg杰出青年基金，2006年获得斯隆研究奖学金，2003年获得美国国家自然科学基金会的杰出青年基金。担任未来城市移动（FM）和低能耗电子系统（LEES）研究中心主管，该中心是新加坡-MIT研究和技术联盟（SMART）的一部分。2015年起担任SMART副主管。

[Yan Solihin] Li-Shiuan，您能简单地告诉我们有关您的背景吗？

[Li-Shiuan Peh] 我自 2002 年起担任教授职务。起初我在普林斯顿待了 8 年，2008 年来到了 MIT，并从那以后一直待在 MIT。我的研究领域主要在网络，特别是片上网络、计算机体系结构和多核芯片。另外，最近我也开始研究移动系统中的互连计算。

[YS] 您能评论一下过去几十年互连网络设计的变化吗？

[LSP] 互连网络是连接系统内组件的网络。几十年前，需要高可扩展性的系统大多是超级计算机。随着时间的迁移，我们从超级计算机（如 Cray，其在系统内拥有复杂的互连网络），到由工作站组成的集群（如类似 Infinitband 的互连），到过去的 10 ～ 15 年间片上网络连接芯片内的组件。因此，设计随着时间而变化，主要是由这些形式各异的系统中不同的设计限制所驱动的。对于超级计算机，我们通常不强调成本，其系统规模巨大，而关注点主要在性能。因此，在该领域性能是互连网络设计的驱动力量。随着关注的方向转向由工作站组成的集群，如 Infinitband、千兆以太网、Myrinet 等设计被提出。在这个领域中，成本是需要考虑的问题，除此之外，也需要网络灵活、可扩展。因此，大量的研究关注于如何使得网络可配置、对非规则拓扑如何允许路由，以及无死锁的路由算法等。紧接着在过去的 15 ～ 20 年，研究方向转向片上网络，网络的设计需要考虑芯片设计的限制。除了性能之外，网络设计也需要考虑功耗、面积和复杂性。

[YS] 随着晶体管数的不断增加，片上的处理器核会越来越多，设计者在设计片上网络（NoC）时需要考虑哪些因素？

[LSP] 我将这些因素划分到服务器的领域进行考量。在多核处理器领域，主要依赖于内部的设计；而在 MPSoC 领域设计模块则来自不同的组织。这两个领域虽然在慢慢融合，但是有多少接口需要保持一致仍然是一个问题。考虑到其他的限制条件，功耗和面积是最大的问题，另外时钟也是。过去在超级计算机中考虑的更多的是网络层面的性能，如需要经过多少跳、带宽多大、路由路径的差异性等。在 NoC 中，需要在性能的视角中考虑时钟，因为现在要求时钟的间隔越来越小，才能避免 NoC 的逻辑和流水线不会成为芯片时钟的限制。随着 NoC 复杂性的增加，为了获得更高的带宽，需要确保 NoC 的时钟频率与处理器时钟相当。

[YS] 您提到了对功耗的关注在不断增加，能具体说一下吗？

[LSP] 片内设计的关键是，网络正在取代之前的连线或者总线。因此，考虑到多核处理器芯片的功耗预算，对于全局网络，如果不考虑时钟的话，设计者希望 NoC 的功耗为芯片功耗预算的 10% ～ 20%。但当将总线扩展到众核处理器时，功耗就会成为问题。基本上功耗会不断增加，延迟也会成为问题。相同的趋势也会影响 Crossbar 网络。因此，NoC 的出现正是为了应对在增加带宽时仍然保证功耗可控。但是，如果只是按照过去的方式实现 NoC，如借鉴超级计算机中的互连网络，NoC 仍然会存在高功耗。如果观察之前已经量产的几款众核芯片，可以发现它们都能保持 NoC 功耗在芯片功耗预算的 10% ～ 20%。NoC 的功耗来自多个地方。我们在这方面做过一些研究工作。基本上讲，大量的功耗都产生于缓冲，其他在于连线和逻辑。对于连线，芯片上本来就存在着大量的连线，只需要将其与专用连线相比，因此 NoC 在这方面是有助于互连连线的。NoC 不需要依赖于过长的连线，可以通过

432

共享连线的方式使得连线变得较短。添加逻辑和缓冲使得网络流量可以共享连线。通常，逻辑可以很平缓地扩展，与摩尔定律保持一致，因此并不会产生大量的功耗。当我们构建了自己的功耗模型时，我们发现主要的逻辑部件如仲裁逻辑并不会产生较多的功耗。因此，最终我认为应该是存储，也就是缓冲产生了大量的功耗。当共享连线时，需要拥有足够的数据从而可以提高连线上的带宽，当需要使用连线时，可以保证所有的连线都被利用起来。如果观察已经开发出来的高带宽 NoC，如 Intel NoC 原型，它们都有很多缓冲。因为许多虚拟通道需要缓冲，这可以使 NoC 获得更高的带宽。否则，连线的利用率就会降低。因此，缓冲增加了功耗和面积。在过去的 10 年间，大量的 NoC 研究都关注在高带宽和低延迟，以及更加高效地利用缓冲，从而保持较低的功耗和面积开销。

[YS] 您能评价一下对于通用互连网络，时钟变短意味着什么？

[LSP] 在过去的互连网络设计中，主要关注带宽。超级计算机已经在服务器板卡和机架之间进行互连，因此在 I/O 组件和芯片之间的互连时延已经很大，因此增加一些流水线阶段也不会产生较大的影响。例如，路由器有 10 个流水线阶段。但是，当在芯片层面时，如 NoC 互连高速缓存，你就需要将 NoC 的延迟与高速缓存（例如，L2 高速缓存）的访问延迟进行比较。取决于缓存的大小，L2 高速缓存的访问时延可以是 5 ～ 10 时钟周期。此时，互连网络中的每一跳都会变成高速缓存关键路径中的一部分，并最终会累加到存储访问时延中。因此，时延对于片上网络而言至关重要。有大量的研究工作指出，不能简单地降低经过路由的时延，如时钟周期数，还需要保证处理器能够应对这样的时钟周期。因此，流水线的阶段数应该减少，但是背后的本质是，网络时钟的设计不能限制处理器的时钟频率。当然，这里还得考虑功耗。

433

[YS] 还有另外一个维度，即可靠性。当晶体管越变越小，故障率在不断增加，逻辑和高速缓存中的软错误也随之增加。这些会如何影响 NoC 的设计？

[LSP] 已经有大量的研究开始关注 NoC 的可靠性。在存储方面，研究人员通过在缓冲中增加冗余，并通过 CRC 检测来提高可靠性，这些都与高速缓存中典型的错误检测一样。对于逻辑而言就是冗余，如利用大多数投票进行仲裁。对于链路，可以利用网络层重试和重传。对于 NoC，新的问题是数据包的丢失会对整体系统产生影响。不像其他网络，NoC 与芯片的其他部分紧密集成。例如，在共享存储芯片中，特定类型消息的丢失会导致缓存一致性协议出现问题，并最终导致程序错误。识别出哪些消息可以丢失、哪些消息不能丢失，以及如何回滚丢失消息已经造成的改动，对于可靠性至关重要。考虑到功耗的问题，解决 NoC 上的可靠性问题变得更加困难。当降低功耗时，电压也跟着降低。例如，随着电压的降低，链路上的信号的位错误率就会增加。所以，最终会归结到如何在节省功耗和错误率之间进行权衡，此外，芯片面积在不断减小，而典型的冗余方法则需要更多的面积，常常需要已有面积的两倍甚至三倍（如 TMR，即三模冗余）。这在 NoC 上实现起来就变得很难，因为功耗和面积的预算都非常有限。

[YS] 您觉得哪些技术对于未来解决这些挑战至关重要？

[LSP] 这里可以介绍一些我的研究小组所做的工作。从我的博士生涯开始，我们就一直致力于片上网络的研究。对于如何提高性能（在带宽和延迟方面）而不显著增加功耗，我

们提出了许多方法来缩短路由的流水线，从而可以降低延迟并且共享连线。我们最近的工作包括 SMART——单时钟周期多跳异步传输。该工作的核心思想是利用一组连线在每一跳上设置一个中继器。与已有的方法不同，我们的方法不需要在每个路由处停下来，因为我们有中继器。这些中继器可以提前一个时钟周期进行动态设置，这样我们就可以预先共享这些链路而不需要真正停下来。SMART 支持在一个时钟周期内传输很远的距离。我们已经验证了在 1GHz 的时钟下传输 11 ～ 13mm 不到 1ns。这就解决了时钟和延迟的性能问题，并且可以提高互连的带宽，减少空闲的时钟周期。回到功耗的问题上，我们一直在研究如何利用有限的缓冲降低功耗。基本的想法是当流量经过时并不需要在每个路由处停下来，实际上可节省大量的缓冲，同时可以支撑更多的网络流量，类似于传输网络（我喜欢用传输网络来解释互连网络）。因此，我们研究的技术可以同时最大化很多指标。一旦可以减少缓冲，就可以减小面积，同时也改善了功耗，并且在延迟和带宽的性能指标上得到提高。 434

［YS］在上述情况下，您如何解决共享 NoC 时的流量仲裁问题？

［LSP］所有的复杂度都来自于仲裁，仲裁不仅仅涉及同一个时钟周期内来自于邻居的流量，还可以是来自任何一个可达地方的流量。这时，参与共享的流量就会变得很多。因此，需要设计多层次的仲裁机制。我们这里使用了逻辑单元，因为随着摩尔定律的发展，逻辑单元变得越来越便宜。无论如何增加逻辑和仲裁部分的复杂度，它们仍然只会占据很小的面积，关键是不能延长关键路径。在我们的论文中，研究了连线的布局。如果只是连线，可以实际达到一个时钟周期传输 16mm。但是这样的话就需要增加多路复用器，从而可以进行切换。一旦增加了多路复用器，传输距离就降低到 13mm。因为增加了更多的输出端和多路复用器，这也就是 1ns 能够传输的最远距离。但当你接着增加了仲裁功能后，传输距离会进一步降低到 11mm。我们最近做的一件事就是将该芯片制作出来，该芯片在 32ns 的 NoC 上有 64 个路由。性能测量部分的工作还没有完成。制作工艺本身并没有太多可以讲的，但是我认为芯片原型可以真实地证明体系结构想法的实用性，并且也需要芯片原型从而更好地将 NoC 推向产业界。还需要有更多类似的验证性工作，从而帮助产业界更好地认识到学术界体系结构想法的价值。

［YS］这个想法使我想起了 Borkar 和 Chien 的一篇文章，在该文中他们倾向于使用电路交换而不是分组交换，您对此有什么看法？

［LSP］电路交换涉及建立连线并将这些连线用于传输，因此典型的电路交换对于那种网络流可以达到很好的带宽。分组交换将消息分解成更小的 Chunk，并在传输的过程中保存它们。对于电路交换，始终存在的问题是需要共享多大的带宽，因为在跨芯片之间建立连线会造成很大的时延，本质上来说是时延问题。如果有足够的数据可以发送，那么可以达到很高的带宽。否则，链路的利用率会很低。电路交换的优点是功耗。一旦发送之后不需要等待，因此也不需要缓冲。一旦在传输的过程中预留带宽，就可以很好地控制时延。当然，也有很多采用混合的方式（电路和分组交换）。SMART 基本上属于动态电路交换网络，因为在 SMART 中没有缓冲也不会停止传输。SMART 属于混合方式，当有多个数据传输时需要竞争网络通道，而不会为每个传输预留带宽。因此，SMART 在大部分时候可以达到像电路交换网络一样的低延迟，但是允许多个传输共享带宽。这也是其他学者关注的研究点。过去的电路交换网络并不能共享带宽。为了利用好电路交换网络的优势，这也是 NoC 体系结构研究

者们在设计时需要考虑的。

[YS] 对于片上网络未来需要改变，您怎么看?

435

[LSP] 在共享存储系统中，无论在哪个领域，如服务器、笔记本、嵌入式 MPSoC 等，都需要 NoC 不仅仅承担通信的角色。分组交换 NoC 通常不保证分组的时序或者保证一定层面的服务。因此，对于不同的消息类型就有许多虚拟信道，这样就可以在请求和应答之间保证时序。NoC 自身尝试着满足点到点的时序，并且由于每个虚拟网络都需要缓冲，而且这些缓冲都位于传输的关键路径上，这就增加了开销。我们也研究过 NoC 如何处理时序的问题。我们开展了一系列工作并尝试在 NoC 上实现缓存一致性。我们制作并发布了 36 核的 SCORPIO 芯片，通过该芯片我们证明了 NoC 是处理数据时序性问题最高效的地方，而不是现在的典型做法，即在如目录或者高速缓存控制器上处理时序性问题。我们展示了，既然网络可以看到所有的流量，那么实际上就可以在 NoC 内对一些流量进行排序，即在接口层面。这将有助于解决在共享存储系统中使用分组交换网络，特别是在 MPSoC 中接口的作用更加关键。在这个方面，我们无法改变 IP 模块，但是这些功能模块仍然需要时序性才能进一步扩展。IP 模块假设它们是通过总线互连的，将这些功能模块放在 NoC 上会对这些模块的功能提出新的挑战。对于 MIT SCORPIO 芯片，主要的目标是证明可以设计一个低功耗、小面积、高性能且符合工业标准 ARM ACE 协议的 NoC。我们从 Freescale 拿到了 PowerPC 处理器，该处理器对外是完全的黑盒且与 ARM 总线协议接口。对该处理器，我们插入了一个 NoC 以用于模拟连接内存控制器和高速缓存控制器的 NoC 内部的时序行为。这里的关键是，我们并不会改动控制。此外，除了性能、功耗和面积，我们还需要处理好兼容性和可扩展性。为此，如何保证时序是实践中的关键问题，因为我们并不想定制或者重新设计已有的 IP 模块。

[YS] 对于新兴的技术如 3D 芯片和光互连您怎么看?

[LSP] 我还没有在 3D NoC 上开展过工作，不过我知道已经有许多项目在研究它。无论 3D 可以做什么，其关键是会在 NoC 上产生更多的压力。NoC 需要提供更高的带宽，而且需要更加快速。对于现在而言，许多性能瓶颈都是由于片外接口所导致的。内存控制器无法提供足够的数据，因此可以构建一个 NoC。由于还没有大量的数据到来，该 NoC 不需要提供很高的带宽。NoC 的延迟还不是关键，因为往返 DRAM 仍然需要 100 个时钟周期。对于带宽和性能的压力实际上被片外的瓶颈所缓解。但是有了 3D 技术之后，就可以绕开片外的限制，新的限制会再次回到片上。现在我们能够为上百个处理器核快速提供大量的数据。NoC 的研究需要显示其可以支持上述目标。现有的研究主要假设只有 2 ～ 4 个内存控制器。从技术上讲，片上有很多的连线，因此片上的带宽应该比较高。如果想要扩展到上百个处理器核，需要 NoC 在不违反时序、功耗和面积限制的前提下提供大量的带宽。因此，我认为 3D 技术实际上推动了 NoC 研究进一步向前发展。

在光互连技术方面，过去的 5 ～ 10 年有了大量的进展。最重要的事就是光互连应该与电子互连肩并肩地一起发展，这也是我们在过去几年间经常看到的情况。我个人参与了许多光互连研究的项目，这些项目都尝试着理解不同光互连设计的优缺点。光互连和电子互连研究的社区需要在一起紧密合作，因为在实际结合的过程中存在很多权衡。例如，我们可以使

436

用轻型材料将光互连设计得非常低功耗并且丢包率较低，但这就会将复杂性转移到电子互连

的设计上，因为在多核系统上与NoC接口的是电子互连。这时，电子互连的研究就需要解决在光互连研究中出现的问题，例如如何消除二义性。我们也可以降低光检测器件的准确度，但这就会导致很多的噪声产生，需要电子接收器能够正确识别出0和1。因此，最终的问题是我们是否需要提高电子互连性能，从而可以更好地检测出光互连的信号。或者说，我们是否需要改善光互连的性能，从而可以使用更加简单的接收器电路。这些都是光互连和电子互连研究者们需要一起考虑的权衡点。我的研究组做了一些光学－电子互连建模的工作，我们开发了DSENT工具。为了使光互连材料的性能超过铜，需要对当前最新的电子互连进行建模并作为基准。我们与光互连和电子互连研究者们一起合作，分析了O2E（光信号转电子信号）的接口。

我们需要进一步推动电子互连的发展，并且确定什么时候光互连可以胜过电子互连。最终，这会回归到最基础的物理学，即在时延方面，光对于距离是不敏感的，而这与电子正好相反。

[YS] Li-Shiuan，感谢您花费宝贵的时间，以及在本访谈中提出的观点。谢谢！

437

Youfeng Wu：针对并行多核体系结构的编译技术

Youfeng Wu，Intel公司首席科学家。1982在中国上海复旦大学计算机科学系获得学士学位，1984年和1988年在俄勒冈州立大学计算机科学系分别获得硕士和博士学位。在1995年加入Intel公司之前，Youfeng在Sequent Computer Systems公司工作了7年。现在的研究兴趣包括针对高性能计算的问题解决环境、持久化存储编程、二进制翻译、动态优化和增强未来Intel处理器的软硬件协同技术。2012年进入MICRO名人堂。曾担任PLDI、PACT、CGO等的程序委员会委员，当前担任CGO16的程序委员会联合主席。已经获得超过50余项专利以及发表60余篇论文。

[Yan Solihin] Youfeng，您能跟读者介绍一下有关您的背景吗？

[Youfeng Wu] 我担任过编译器程序员、研究学者、研究主管和Intel实验室中的编程系统实验室主管。我的职业生涯主要关注于编译器优化、二进制翻译、并行、性能和能耗等。最初，我在Sequent Computer Systems公司负责共享存储多处理器的编译器工作。在早期，并行性主要来自于多任务。我们并没有一开始就并行化单个应用，而是通过人工修改的方式，让多个程序并行运行并共享存储。这种方法通常是针对数据库事务处理。在那时，编译器的任务主要是支持人工并行化。人工并行化是通过对C/Fortran语言进行扩展，对并行结构增加关键字如shared、private、volatile和directives。随着时间的推移，研究方向转向了自动并行化。我们使用的自动并行化工具来自于KAI。它是一款并行预处理器。给定应用后，该工具可以利用类似OpenMP pragma标识，如parallel for、parallel doacross和其他directive，产生并行的C/Fortran代码。从编译器的角度来看，主要的任务就是将并行directive映射到多进程上，针对每个进程产生线程安全的代码，并调用运行时原语进行线程/进程管理、同步和存储共享等。KAI工具经常无法找到足够好的并行性，因此程序员最后

还得人工地实现并行化。

后来，我加入了Intel。Intel做出了一个重大的决策，即从高性能的单核处理器转向简单的多核处理器。那时，大家非常担心应用中是否有足够的并行性从而可以利用多核的优势。在我们的研究实验室中，我们分析了有代表性的工作负载，研究了它们的可扩展性、需要什么样的运行时管理才能达到可扩展、是强可扩展性还是弱可扩展性，以及编译器如何并行化这些应用。

即使许多应用都有潜在的并行性，它们仍然没有实现自动并行化。原因非常有趣。许多438真实世界的应用，如数据挖掘应用，具有很高的并行性，但是由于数据和控制依赖，实现自动并行非常困难。除此之外，自动管理负载均衡和数据局部性也非常困难，因此需要专家的帮助才能实现并行化。

我们也尝试了投机并行。自动并行只能并行化相互独立的操作。利用投机并行，即使操作之间存在依赖关系，编译器也仍然可能将它们并行化。对于通用的应用，编译器并不清楚其内部的依赖关系，一个简单的例子就是循环迭代。在迭代之间可能存在依赖，并且编译器无法确定这些依赖发生的频度以及是否会发生。在这种情况下，编译器只能投机地将循环并行化。这时，就需要硬件提供一定的支持来检测在运行时期间发生的依赖关系，并且维持投机的状态以及在投机错误的情况下进行回滚。我们花费很多精力在这个研究方向上，但是结果并不令人满意。一个原因是开销，硬件的支持也并没有真实存在。例如，Intel也只是在最近发布了硬件事务内存支持。更进一步，只有硬件事务内存也是不够高效支持投机并行的。仍然无法解决的问题是，在投机出错的情况下，投机并行可能会造成严重的性能下降。

[YS] 投机并行的开销主要来自于回滚、维持投机状态还是冲突检测?

[YFW] 这三个都是重要的开销。第一个开销是必须要检测冲突。冲突检测的开销取决于采用了什么样的机制。例如，如果使用了事务内存，那么必须要有足够的硬件支持。基本上，你需要检测任意线程之间的冲突。如果需要在软件中实现，那么需要记录所有读写的内存地址，以及哪些内存地址的内容被其他线程改变过。因此，冲突检测自身就非常复杂。一旦检测到冲突，就需要回滚。回滚的开销可能非常大，但是只会在冲突发生时产生。第三个开销就是投机状态。直到投机执行被确定为合法之前，它的执行结果不能提交。在提交时，投机状态需要全局可见。这也是在很多程序中存在的问题，即并行部分并不多。在这种情况下，开销就变得极其重要。

[YS] 在粒度的问题上，存在着一个权衡。即如果投机并行区域或者事务大小过小，并行的收益可能就比较低，但是如果区域过大，缓冲投机状态可能就比较困难。您觉得在这方面编译器可以做些什么?

[YFW] 事务内存并不足以支持投机并行。例如当你在循环迭代间投机并行时，循环迭代需要按照原先的迭代顺序执行，而事务内存在线程之间并不提供这种顺序。需要软件或者硬件扩展来允许变量在冲突时不被追踪，支持通过指定迭代之间的顺序来实现同步。通常，投机缓冲的大小受限，并且编译器自身由于只有静态信息，很难确定最好的粒度。例如，如果使用8路高速缓存来缓冲投机状态，当有9个投机写需要写入同一个缓存组时，就会出现439高速缓存溢出。编译器并不知道哪些写会写入不同的缓存组。所以典型的办法就是不断地试错。当尝试并行化一个特定的区域后，如果有太多的回滚，那么就需要减小粒度。静态编译

器可能需要使用回滚频度的评测信息来协助进行决策。也可以使用动态编译器，在运行时期间评测并动态确定并行的区域。我们也提出了“条件提交”机制来动态管理投机区域的粒度，该机制可以利用硬件提供投机资源的可用信息，而通过软件检查如何针对这些资源适配优化和并行策略。

最近我们在更高的层面开展研究，因为传统的编译器很难进行并行化应用。一种方法是利用面向领域的编程语言。可以考虑一个特定的领域，如图遍历应用。在类似 C 或者 C++ 的编程语言中，由于算法的指针追逐特性，很难实现应用的自动化并行。如果编译器知道代码是广度优先搜索等，那么应用就可以被并行化以及并行执行。因此，一个针对图遍历的面向领域的编程语言（DSL）可以进行如下描述：这里有一个节点的列表、这是施加在每个节点上的操作、节点被处理的顺序采用广度优先遍历等。之后编译器就更加容易创建应用的并行化版本。熟悉图算法的人都比较了解遍历，他们可以很容易地使用 DSL 编写程序，因此编程效率得到了提高。这背后的想法与并行模式有关。如果可以利用某种特定的模式编写代码，那么编译器可以很容易地将它们并行化。这是目前比较活跃的研究领域。已经有针对图分析、图像处理以及其他领域的 DSL。

DSL 可以嵌入另一种编程语言中，如 Python、Scala 等。因此可以使用一种编程语言，但是支持多个不同领域扩展或者模式。只要应用采用了领域扩展，那么就很容易并行化。程序员可以使用领域扩展之外的编程语言特性进行其他操作。这是我们正在研究的趋势。我们可以将其称为问题解决环境。在该环境中，可以提供足够的模块供程序员使用，这样就可以更容易地编程并且通过编译器、运行时和库获得并行性能。

［YS］您认为 DSL 的主要用户是谁：应用开发人员还是库开发人员？

［YFW］这是一个很好的问题。为了达到更好的性能，两者都是 DSL 的主要用户。单独使用库我觉得是不够的。DSL 允许领域程序员利用领域知识提供算法层面的指导，编译器可以利用这些信息，要么将其映射到库上，要么生成目标代码。一些人提出了将所有的工作都放在库中，然而这对于特定的应用非常困难。例如，许多应用都调用了不同的 Stencil 模式。开发一款通用且高效的库来支持所有可能的 Stencil 模式非常困难。库的组合也存在一些问题。当调用一个库时，该库可能调用了另一个库。如何保证在这两个库上的并行性和数据局部性是一致的？这并不容易，因为库的开发者无法预料所有的用途。一个库无法知道数据如何被下一个库使用。因此，利用相互独立的库构建一个并行应用非常困难。解决这个问题需要了解应用的领域知识以及库的实现知识，这样编译器才能帮助达到最佳的性能。领域知识将会提供数据访问“形状”和流向。库开发人员将提供库调用对数据影响的描述。这样，编译器才能协调在库模块之间的领域层数据流动。利用 DSL，编译器可以决定是并行化代码还是调用并行库。并行性可以在 DSL 的源码层由领域专家提供，也可以在编译时由编译器提供，也可以调用具有并行实现的库。 440

［YS］在过去，编译器的目标是产生机器指令，但是现在看起来它向更高层面发展了，目标是针对特定问题产生优化的库调用。

［YFW］这是看待它的一种方式。概念上讲，编译器可以定位在更高的抽象层面，即通过产生库调用而不是单独的指令。另一方面，总会有一些代码无法被容易地映射到库调用，而需要直接生成为并行代码。编译器将会尽最大努力将并行应用映射为库调用，并且并行化

其他部分。并行化应用并且选择合适的库需要领域特定的知识。更进一步，大多数的应用需要调用多个库，并且利用库的组合来达到最优的性能。这些都极具挑战性。

[YS] 针对多核和传统并行系统（如 SMP 或者 NUMA），并行程序的编译技术有哪些不同？

[YFW] 多核系统与 SMP 相似，但是只在一块芯片上。多核系统是共享存储的机器，而且所有处理器核也共享高速缓存——这是最大的不同。传统的共享存储多处理器主要关心的是存储共享和一致性。但是在多核系统中，如 4 个处理器核需要共享 L2 高速缓存，而 16 个处理器核需要共享 L3 高速缓存。这时数据共享和同步就变得更加容易和快速。通过在同一块芯片上的处理器核之间共享数据可以获得更好的性能。但由于缓存较小且采用层次化组织，这也会产生新的问题。当有一个大系统时，可能有 4 个处理器核共享 L2 高速缓存，16 个处理器核共享 L3 高速缓存，而对于 32 个处理器核则需要共享内存。这时，数据局部性和进程迁移就会变得相对开销较大。用户或者编译器的运行时系统，如线程调度器，需要知道数据的局部性并且将数据分配到共享高速缓存中，从而不需要跨高速缓存或者节点访问数据，减少数据访问开销。

[YS] 在多核芯片上，对于软件和硬件来说，并行执行的关键决策是什么？

[YFW] 从软件的角度，需要做出两个关键的高层决策。一个是数据放置的决策，另一个是线程分配的决策。例如计算应该被分配到哪个处理器核上，数据应该被放置在哪个高速缓存里。这两个决策需要相互匹配。如果决策不匹配，那么就会出现性能下降。编译器也需要分配线程间的通信模式，这会影响运行时的决策以减少数据移动。硬件通常管理更底层的决策，如高速缓存替换、一致性等。软件和硬件需要相互协同从而实现更好的多核资源管理决策，如高能效和节能等。

[YS] 最近在体系结构设计上更加关注能耗和功效，编译器需要关注特定的功效问题吗？或者说应该在并行化和并行性能的上下文上考虑？

441

[YFW] 我们可以从不同的角度来看待这个问题：为什么我们会转向多核设计？其中一个原因就是功耗。多核的设计可以直接带来功耗节省。相对于单核处理器，利用多核处理器可以使用相同的功耗达到更高的吞吐。这是最原始的假设并且已经被证明是正确的。从这个角度来看，当编译器尝试着运行并行任务时，它就自动节省了功耗，因为我们已经尝试着将任务分发到多个处理器核上，这种方式本身就可以提高功效。然而，多核执行可能会引入冗余和通信开销，因此功耗管理仍然很重要。这里有两个研究领域很重要。一个是应该运行在更少的处理器核上还是运行在更多的处理器核上？这就需要权衡。如果能够发现一个代码段并行度很小，那么运行在更少且功耗高的核上速度会更快，而不是运行在更多且功耗低的核上。因为运行在更多的低功耗核上可能最终的能耗要高于更少且功耗高的核。

第二个领域与异构处理器核相关。加速器对于特定的任务功效较高，那么问题是什么样的任务应该运行在加速器上。例如，GPU 是图形类工作负载的理想加速器，在 GPU 上也可以运行更多的通用应用。如果运行的应用不适合 GPU，那么功效可能会更差。对于任何加速器，如果不在其上运行合适的代码，那么功效会比运行在其他类型的处理器核上还要差。特别是如果想要在异构系统上对大多数应用获得较好的功效，任务调度就显得非常具有挑战性。

［YS］对于未来，有哪些潜在技术、重要趋势或者挑战是编译器和运行时系统设计者需要考虑的？

［YFW］一个有潜力的方向是针对通用或特定领域的编程语言、编译器、库和运行时的联合设计。在这种联合设计的问题解决环境中，应用的开发更加高效，可以针对用户的特长在不同层面进行性能优化。此外，既可以进行全自动优化，也可以通过用户协助获得并行性能。如果需要自动优化，这就意味着需要对编程语言进行清理，这样与类似 C/C++ 的编程语言相比，就不会存在太多的依赖。如果需要半自动化，那么面临的挑战就是如何增加足够的语言扩展，从而允许用户对可以并行运行的操作和代码片段进行标识。编译器可以推导其他不会发生的依赖，这样用户就不需要标识所有的地方。例如，语言扩展可以允许用户指定并行标识，并且编译器可以使用这些标识进行并行化。第三个维度就是我们之前讨论过的 DSL。我们需要领域专家提供特定且易于使用的 DSL。这些专家了解相关领域，但是他们不想关注并行的细节。我们可以认为半自动化是一个中间步骤，因为它可以直接被移植到现有的编程语言中，如 C/C++ 和 Java。而如果需要实现最好的编程效率和性能，则可能需要 DSL。

［YS］还有什么您想补充的吗？

［YFW］一个新的研究领域就是在云计算环境下编译器的角色。开始时，我们关注多核处理器，但仍然只是一个节点，而现在越来越多的任务运行在云端。你无法知道你的任务在哪里运行。那么并行的问题就不再是针对一个 SMP，而是分布式系统。如何在云环境下实现并行、负载均衡、服务质量等都是非常有趣的研究问题。MapReduce 和 Hadoop 是基于云的分布式编程系统的典型例子，虽然它们主要是面向高度并行的问题。另一个领域是当系统中有多个任务运行时执行就变得更加复杂，那么问题是如何保证程序运行的可靠性。编译器可以帮助并行程序的调试变得更加容易。通常人们并不太关注调试，但是并发错误需要花费很长的时间来识别和修复，这就阻碍了并行在特定领域的使用。如果调试需要花费很长时间，那么用户就可能不会使用并行而是直接运行串行程序了。 442

［YS］Youfeng，感谢您花费宝贵的时间，以及在本访谈中提出的观点。谢谢！ 443

Paolo Faraboschi：针对以数据为中心的系统的未来存储和外存体系结构

Paolo，HP 系统研究实验室 HP 院士。1994 年加入 HP 并且在 HP 剑桥实验室工作至 2003 年，在此期间担任嵌入式 VLIW 处理器（Lx/ST200）系列的首席架构师。2004 年创建了 HP 巴塞罗那研究办公室，并领导系统层面的建模和模拟研究工作直至 2009 年。2010 ～ 2013 年，作为 Moonshot 小组成员参与低功耗定制服务器工作，该工作由前期的实验室研究转化为相关技术应用到实际产品中。2014 年工作调动到 Palo Alto 并领导 The Machine 项目的体系结构研发。

Paolo 发表了 70 余篇技术论文，合作发表了 28 篇授权专利，撰写专著《Embedded Computing, a VLIW Approach to Architecture, Compiler and Tool》。2014 年成为 IEEE 院士，评选理由为“在嵌入式处理器体系结构和 SoC

技术领域的杰出贡献”。1993年在（意大利）热那亚大学电子工程和计算机科学学院获得博士学位。

[Yan Solihin] Paolo，能给我们介绍一下您的背景：您之前和当前的研究工作？

[Paolo Faraboschi] 我的研究领域是在计算体系结构、硬件和系统软件的交汇处。在过去的20年间，我主要研究的技术领域有4个：以存储为中心的计算（The Machine项目）、面向高可扩展服务器的片上系统Moonshot（项目）、针对大规模计算系统的建模工具（COTSon模拟器）、嵌入式VLIW处理器和编译器（Lx/ST200项目）。

针对服务器的SoC工作（2009～2014）已经变成Moonshot的核心元素，该工作在定制化和专门化方面进行了探索，从而将服务器市场开放给更多的半导体厂商，包括ARM。模拟器的工作（2004～2008）产生了COTSon模拟器框架，该模拟器与AMD合作开发，已经被广泛应用于HP实验室的数据中心研究。该模拟器开放源码，目前已经被许多科研项目所采用。嵌入式VLIW的工作（1994～2003）产生了Lx/ST200系列嵌入式处理器核，该处理器核授权给了STMicroelectronics，集成到了HP打印机和扫描仪中，也集成到了成百上千万视频和音频消费者SoC内。

在HP的职业生涯内，我有机会将自己的研究兴趣扩展到其他领域。例如，2003年，我领导了针对内容理解的分布式处理系统（非结构数据分析的前身）研发小组，该工作用于重新收集《Time》杂志的全部内容（80年）。

我目前参与了HP实验室的The Machine项目，研究以全新的方式构建存储驱动计算系统。我们的目标是从传统的以CPU为中心的组织方式中脱离开来，转向以数据为中心的体系结构，该体系结构对大数据应用具有巨大优势。

444

[YS] 您能评价一下为什么当今我们采用了较深的存储层次，即从寄存器、多层高速缓存、内存到外存系统？

[PF] 较深的存储层次主要用于通过利用数据局部性来隐藏延迟并节省能耗。CPU变得越来越快，直到10年以前（大致在2005年），之后就是并行，利用多核和众核体系结构。然而，DRAM和转动介质作为内存和外存层次的两根支柱，其延迟却本质上保持不变。对于读取–使用延迟，DRAM通过DDRx协议链接需要大致100ns的时延，对于2～3GHz处理器时钟，相当于200～300个时钟周期。同时由于在访问DRAM时需要预先充电和激活，会产生能耗峰值，需要利用行数据局部性来有效地节省能耗。程序员和编译器开发人员很难调度有用的工作来隐藏上百个时钟周期的延迟，这就需要高速缓存和较深的存储层次。当程序展现出空间和时间局部性时，高速缓存就会非常有效，这一点已经在历史上被证明是正确的。当然，创建更多的线程也可以缓解这个问题，但是并不能任意地增加线程数量，因为随着线程数量增加，跟踪CPU上正在执行的请求的开销就会增加。

对于外存，情况类似，只不过在不同的时间规模上。本质上，基于旋转的磁盘可以运行在毫秒级，这就相当于百万量级的CPU时钟周期。因此，从实用的角度，程序员不可能依靠调度工作来隐藏磁盘的时延。与DRAM相比，磁盘延迟会慢4个数量级。这就是为什么操作系统通常会用DRAM来缓冲（缓存）磁盘访问。类似Flash的技术（可以运行在数十微秒级的延迟），可以被用来部分填补这个差距，然而仍然不足以因之去掉中间的高速缓存硬件。

如果考虑企业级外存系统，情况则更加复杂。它们内部就包括一个存储层次，类似于计算系统。外存系统（如企业磁盘驱动阵列）的目标是提供高性能、耐久性好且功能丰富，同时优化成本。它们包括一组复杂的SRAM和DRAM缓冲、Flash加速器，以及隐藏在块、文件或者对象接口之后的磁盘备份外存。

这些缓冲和高速缓存增加了性能的不确定性（访问模式不可预测），同时对程序员利用数据局部性来优化数据布局也增加了额外的负担。最后的结果是大量的时间都被浪费在存储/外存层次之间上下移动数据，造成大量的能耗和带宽浪费。

很明显，即使这种方式已经被我们在具有较好时间和空间数据局部性的规则工作负载上使用了几十年，但这种情况并不理想。当我们进入大数据时代后，主要面对的数据变成需要进行分析和关联的非结构化富多媒体信息，较深的存储层次开始变成性能的负担，以及明显的低能效的根源。例如，最近若干研究显示较大的CPU最后一级高速缓存对云工作负载并不有效，需要有更好的办法来针对大数据的场景构建计算和存储层次。

[YS] 为什么我们需要区分存储（内存）和外存？未来它们会继续分开还是合并为一个整体，或者继续共存并在它们之间增加另一个层次？

[PF] 历史上，程序员被训练成考虑两种完全不同的数据表现，即应用工作集的瞬时状态及其持久化状态。这两种表现通常由不同的程序阶段处理，具有不同的错误域、管理域、服务性和共享属性。因此，瞬时状态通常被保存在易失的存储中，而持久化状态被保存在非易失的外存。这主要是由于一个“历史事故”造成的，即主流的存储技术——DRAM——是易失的。需要注意的是，过去的主存技术如处理器核存储，实际上是持久的。因此，假设这个技术发展成功的话，那么今天就会变成完全不同的情况。即使存储技术是非易失的，以计算为中心的系统仍然认为它是易失的。因为重启之后它们会将存储中的内容擦掉，并不能保留足够的信息以在应用或者操作系统崩溃时恢复状态。即便是在今天，内存对CPU而言也是附属的：只能通过CPU访问并且与CPU处于同一个单点故障错误域。另一方面，外存必须保证持久性和数据可用性，因此需要提供冗余（如RAID）、可服务性（如热交换媒介）、多路径和丰富的数据服务（擦洗、记账、一致性检查、镜像、版本管理、日志等）。

445

由于快速DRAM存储是易失的，程序员需要考虑周期性地将程序状态拷贝到持久化介质中，从而避免在出现软硬件故障时，包括应用或操作系统崩溃而丢失重要数据。不幸的是，存储中的表示形式倾向于不可移植。例如，它们使用了应用特定的虚拟地址指针来链接复杂的数据结构，而这些只在单次执行的上下文中有效。将数据持久化到非易失存储中涉及序列化和反序列化存储中的数据表示，将其转化为一种后来可以被另一个进程或者完全不同的计算系统恢复（或者与其他共享）的数据格式。这正好是文件系统、数据库或者对象外存发挥作用的地方，因为它们提供了标准化的接口以将存储数据表示转化为一种持久化状态。例如，在企业级应用中，通常会将持久化状态保存到数据库中，而数据库常常被配置和管理成提供高可用和高扩展的系统。这样，只要状态周期性地被持久化到数据库中，应用业务逻辑的程序员就不需要担心数据的完整性或者应用崩溃。类似的，高性能计算应用会周期性地将相关的状态做检查点并记录到文件中（称为“防卫I/O”），当出现崩溃时可以将分布式应用的状态恢复到最新的检查点上。当然，除了检查点之外还可以采用日志，但其背后的考量是类似的。

通常，即使是在编程了半个世纪之后，情况并没有从根本上发生变化：存储和外存的表示还是不同，将其中的一种表示转化为另一种表示需要执行开销较大的序列化和反序列化步骤。这明显不是优化的，特别是当存储技术在瞬时是非易失的且可以按字节寻址，而每个存储访问可以被持久化到非易失介质中而无须额外的I/O操作时。然而，即使存储是持久化的也并不意味着存储的状态是一致的，如在应用或硬件崩溃后存储的状态可能被错误解析。为了保证一致性，程序员（或者运行时）需要执行额外的记账工作，从而保证有足够的元数据被保存下来，用于在失败后恢复存储的一致状态。

从软件的角度来看，存储和外存的区分相当明显，因此有研究认为它们会继续保持分离且共存很长一段时间。然而，性能的考量和新技术的出现使得二者之间的界限变得模糊。一个例子就是Memcached层，该层的出现改善了在大规模Web服务中数据库的可扩展性，可以被认为是混合系统的例子。Memcached层只缓存和复制已经在数据库中的信息，所以严格地说它属于易失层。然而，如果Memcached层掉线，由于数据库有限的可扩展性，数据对于大多数客户端来说变得不可用。所以从实用的角度看，该系统是不可操作的。程序员需要意识到该缓存层并为此制定相应的计划。

446

［YS］扩展当前的存储和外存技术所面临的技术和商业挑战有哪些？

［PF］如果我们退一步看，实际上存储和外存作为基础技术改变着整个IT产业，包括硬件、软件和服务。在2013年，存储和外存组件占据了整个产业中1千亿美元的支出。今天，我们看到许多用户驱动和技术驱动的结构性变化的出现。

在长达50年的主导之后，DRAM存储来到了一个转折点，需要重新考虑如何调和性能和容量两方面的需求，特别是在设备技术发展缓慢和商业环境不断压缩的情况下。简单地说，DRAM面临的技术挑战来自于不断变小的工艺技术，以至于能够保存在存储单元中的电量不断减小，然而在制造越来越深的沟槽电容时都无法持续满足上述要求。从商业的角度，DRAM的制造商正在稳步减少。在1985年，有超过20家制造商，而到了今天实际上只有3家。制造商响应市场导向，随着移动设备主导市场，导致大量的研发投资转向低功耗存储(如LPDDR)，而不是高端系统。

物理法则导致了高性能存储系统所面临的其他挑战：不可能同时提供高带宽、低延迟和大容量。因此，当延迟和带宽比较重要时，存储系统会分片并趋向于多层组织，即一个性能层（小、并行且与计算部分紧密集成）、一个容量层（大、串行连接、可能共享）。避免编程模型过度复杂也是面临的另一个挑战。NUMA对于今天的多处理器系统来说已经足够复杂，对于大多数程序员，除了简单的内层循环和数组分片之外，很少有人知道如何管理数据局部性。当需要处理大数据工作负载时，其模式更加不规则，在这种情况下如何高效使用多层存储系统就变得更加困难。

外存主要考虑的是提供数据的可用性，但是这个目标的确很难泛化：不同的计算领域对于外存及其面临的挑战具有完全不同的观点。

在使用电池的系统中，将数据持久化到本地外存是最基本的需求。你会买一个在掉电之后丢失数据的笔记本电脑、平板电脑或者手机吗？这可能会随着普适互联的出现部分改变，因为状态可以被直接持久化到云端。然而仍然需要本地外存来至少保存操作系统和偶发的离线数据。这里面临的挑战是在低功耗下的速度和持久化，这也很可能是NVM最先应用的领域。

传统的企业级外存系统关注于数据的可用性、管理性和丰富的服务。丢失或者无法访问商业关键数据的代价极大，因此企业级外存系统致力于通过冗余增加MTTF(平均失效时间)，并通过复制、备份和灾备恢复降低MTTR（平均恢复时间）。如何在合理的成本下提供高性能和丰富的功能是企业级外存系统所面临的挑战。

最后，高可扩展外存已经出现并成为传统系统的替代。在具有成百上千台服务器的大规模基础设施中，可以通过在常见的外存块上复制数据来构建高可用服务。单个系统的MTTF可能较低，可以通过软件层将数据复制在不同的地方来实现高可用。在这种环境中，成本和能效是关键的挑战。

447

［YS］**为什么非易失性存储技术具有较好的应用前景？相对于传统存储系统，它们能够提供哪些好处？**

［PF］第一个也是最重要的一个就是，*需求是发明之母*：所有的存储制造商都在投资NVM技术的研发，其关键原因在于DRAM和Flash已经无法再随着工艺尺寸继续扩展。许多研究者包括我，都相信从DRAM和Flash向NVM的转变不可避免。至于这种转变需要花费多长时间则并不确定；我们非常确定这几种技术会共存若干年，并且转化的速度取决于使用的模式、包装的方式，以及不同存储市场中成本和收益的权衡。换句话讲，新的存储技术带来的最重要的收益就是在越来越小的工艺尺寸下能够提供比DRAM和Flash更好的扩展性。然而，这种收益不会在一夜之间就能实现，而这正是核心业务所面临的挑战之一，也是Christensen著作的《创新者的困境》的一个真实的例子。最终，研发投资能够开发的新型存储技术是有限的，并在不断压缩的市场中进行淘汰，虽然新技术能够提供的特性优于现有技术（DRAM和NAND Flash），对于制造商来说转向新的生产工艺仍然需要巨大的投入。

从竞争者的角度，我认为基本上有三个候选者：STT-RAM（Spin-Transfer Torque）、PCM（Phase-Change Memory）和忆阻器。STT-RAM利用电子的自循环和对准特性定义其通过磁通道接合点（MTJ）的状态。STT-RAM非常快并且本质上具有无限的*使用寿命*（存储单元可以可靠地被编程的次数），然而它的*数据保持时间*（正确的数据在存储中可靠保持的时间）较短且密度较低。PCM存储单元由两个电极以及夹在其间的氧化材料组成。PCM存储单元可以通过改变材料的形态（结晶体或者形变体）而具有不同的电阻，从而定义它的状态。PCM的速度和密度处于中等水平，但是写时的能耗较高，且会出现电阻漂移从而使用寿命有限，因此对半导体制造工艺提出了严峻的挑战。忆阻器是阻抗随机访问存储（Resistive RAM，ReRAM）设备，该设备通过在一个金属氧化物接合点内移动具有正电荷的氧离子来进行操作。忆阻器展现出较长的稳定性和写寿命，速度快、密度高（也是因为它们分层叠加在同一个设备上，有效地达到了F^2的密度，这是采用单层单元并在特征大小为F的工艺下的最好结果），并且随着设备尺寸的缩减具有较好的扩展性。尽管人们还在讨论哪个技术会成为最终的赢家，我相信忆阻器展现出了一组很强势的基本性质，从而可以覆盖大量的使用范围和领域。

非常有趣的是，新型存储技术的非易失属性在一定程度上属于次要的优势，并且不同的市场对其价值评价不一。我们已经讨论过，移动市场很可能比其他市场对快速NVM更感兴趣，即使该技术的密度较低。因为将主存作为持久化存储设备会减少访存流量，这会降低能耗。此外，相比于DRAM，NVM不需要刷新能耗。然而，在服务器和高可扩展性市场，则需要其他机制在更大规模上实现持久性。因此，NVM的应用会被大大推迟直到一些特性（密度、每位的成本、每位的能耗）明显超过了现有的替代技术。特别是相对于DRAM，能效可

448 能会成为最受关注的短期优势，尤其是越来越多的网页内容被保存到了缓存层。

最后，值得一提的是，一些新型的NVM技术展示出将计算和存储组合在同一个设备上的可能。例如，研究人员已经展示了忆阻器可以存储信息并且同时执行计算，这可以被用于实现神经网络。虽然这些工作今天仍然处于基础研究水平，但这对克服传统计算/存储的障碍、在未来真正实现以数据为中心的模型至关重要。

[YS] 随着快速NVM集成到存储中，存储体系结构需要在哪些方面做出改变?

[PF] 存储体系结构中第一个需要改变的组件就是内存控制器。从大约2005年开始，为了减少延迟并利用SoC高度集成的优势，内存控制器被集成到主流的微处理器中。然而，这导致了存储协议发展的严重滞缓（DDR4标准的制定花费了8年!），并且成为计算和存储独立发展的障碍。我相信如果希望加速新型NVM技术的应用，就必须重新考虑计算和存储这两者之间的关系。例如，我们可以将在高层事务协议中涉及发送存储操作的部分（置于处理器中）和介质相关的操作部分（置于存储中）切分开来。CPU侧的控制器需要关注其相关且可以增加其价值的部分（例如高速缓存、流水线、预取和服务质量）。介质侧的控制器则处理与介质相关的依赖（例如时序、寻址、缓冲优化和错误处理）。假设中间协议成为一个标准，那么这两个独立的系统（CPU和存储）可以按照它们各自的节奏独立发展。

另一个需要改变的方面就是程序员通过指令集向处理器传达将数据持久化意图的方式。深度分层的存储层次结构面临的一个挑战就是程序员需要明确设置一致性的位置，从而保证对一个存储位置的缓存副本的改变可以在合适的时间点被所有观察者看到。今天，缓存一致性协议可以实现这个功能，只要程序员可以正确地设置需要一致性栅障的位置，硬件就可以确保一致性而无须程序员去关注大量数据竞争的细节。然而，当NVM出现在存储系统中，指令集需要为程序提供额外的机制进行通信，从而存储的修改对于设备本身而言变得持久化，并且保证可以被正确写入。CPU制造商最近开始承认需要增加操作从而保障存储的改变可以实现持久化。伴随着有效的高速缓存清空机制，程序在存储状态需要持久化时将会执行这些新的操作。我相信这是第一步，需要更多的研究工作来完全覆盖和优化所有可能的场景，包括如何处理一致性，以及最重要的——故障。

随着我们将存储和外存融合到单独的NVM这一层，需要留意当今存储系统所需要的属性，如共享、高可用、冗余、抗灾性、服务性、富服务。当今的存储附属于CPU，特别是它们处于同一个故障域，并且当CPU失效或者OS阻塞时则无法访问存储。这种情况对于外存系统而言不可接受。如果将NVM组件当作一个完全融合的存储/外存设备，需要设计一个449体系结构来支持这些特性。例如，必须增加抗灾支持（RAID或者擦除代码）。需要通过热插拔的方式替换有缺陷（或者老化）的模块从而能够持续提供存储服务，而无须系统离线。需要在处理器发生故障的情况下能够提供访问存储的其他路径。有一些对存储体系结构的重大改变，这些改变涉及超越DDR4设计新的协议、超越DIMM设计新的物理连接、超越直接相连的体系结构设计逻辑连接方式。这些都是未来若干年内产生丰硕研究成果的领域，直到有新的标准出现。

最后，如果展望以存储为中心的未来，可以期待传统的存储管理功能会逐渐从以处理器为中心的节点操作系统中迁移到存储控制器、加速器和更多新型的分布式计算组件上，从而形成高可扩展的服务。这些服务可能包含分配、释放、保护、翻译、擦洗、错误处理和恢复、数据管理等。

[YS] 随着快速 NVM 集成到外存系统中，文件系统需要做出哪些改变？

[PF] 文件系统在历史上针对磁头旋转媒介进行了大量优化，是运行在毫秒级延迟的设备。因此，包括了多层的高速缓存、缓冲和元数据处理，这些会造成数十微秒的延迟。虽然这对于一个需要在上述延迟 100 倍的时间内做出响应的设备来说已经足够好，但对于具有与存储相同速度的 NVM 来说则明显不可接受。许多产业界和学术界的研究已经在尝试通过移除中间缓冲层，并且在通过一个实现了高层接口的较薄的层之后直接访问 NVM 媒介来解决这个问题。

第二个需要重新审视的领域就是 POSIX 接口。虽然新的系统已经完全抛弃 POSIX 转而采用基于对象的接口，仍然有很多重要的应用，包括最明显的 Linux 本身，严重依赖于 POSIX 文件系统。随着 NVM 集成到外存系统中，需要重新考虑哪些 POSIX 接口可以保留。理想情况下，我们需要的是一些经过高度优化的操作来达到高性能：如打开、存储映射和关闭操作。其他的接口，如那些不可交换的、造成许多性能问题的，最好可以弃用。然而，遗留应用需要一个具有更多扩展的子集，同时需要去掉 DRAM 的缓冲，并且保留原子性和有序的属性。

[YS] 如果想要利用快速 NVM 字节可寻址的优势，需要什么样的编程模型以及与之相关的持久性和故障模型？

[PF] 这个问题的答案又回到了先前提到的一致性 / 持久性问题。如果想要持久性存储具有一致性，特别是在出现故障的情况下，必须保证 NVM 内部状态采用了事务性的、全部或者都没有更新模型。为了达到这一点，我可以想到两种其他方法。

程序在编写的时候并不会考虑到 NVM，可以采用一个中间件抽象（例如一个文件系统、对象仓储、数据库或者透明检查点）来负责处理 NVM。该中间件抽象就包含了对持久性和故障处理的考量。只要存在一组针对 NVM 优化过的程序库，就可以很容易地移植遗留程序，或者利用熟悉的遗留 API 编写新的程序。

然而，这就留下了大量的性能优化空间，并且我期望随着时间的推移，程序将会直接意识到快速、字节可寻址的 NVM 的存在。为了发掘 NVM 持久化的属性，针对 NVM 编写的程序需要从数据库领域借鉴事务的概念。例如，最近的研究显示，可以通过扩展锁原语使其具有持久化的语义，那么至少对于没有数据竞争的程序（如使用 C++11 语法编写的程序），即使在出现故障的情况下也可以自动维持一个全局一致的状态。简单地讲，程序可以使用持久化区域和*故障原子片段*来编写。持久化区域可以使用根指针来寻址，而故障原子片段保证对持久化区域的更新是原子的，并且通过编译器和运行时的组合实现可恢复性。

450

在过去的 5 年里，涌现出了大量的研究工作来解决以上以及更多 NVM 编程所面临的挑战。我相信这只是一个开始：存储系统构造上的迁移将会带来大量的改变，再经过很短的一段时间，将会从根本上重塑我们已知的 IT 产业。

[YS] Paolo，感谢您花费宝贵的时间，以及在本访谈中提出的观点。谢谢！

[PF] 在这里，我要感谢我的同事 Al Davis 和 Rob Schreiber 提供了深入和有价值的反馈。

451

参考文献

[1] N.R. Adiga, et al. An Overview of the BlueGene/L Supercomputer. *Proceedings of the Conference on High Performance Networking and Computing*, 2002.

[2] H. Al-Zoubi, A. Milenkovic, and M. Milenkovic. Performance Evaluation of Cache Replacement Policies for the SPEC CPU2000 Benchmark Suite. In *Proc. of the 42nd ACM Southeast Conference*, April 2004.

[3] G.S. Almasi and A. Gottlieb. *Highly Parallel Computing*. Benjamin-Cummings, Redwood City, CA, 1989.

[4] AMD. AMD Opteron Processor for Servers and Workstations. *http://www.amd.com/us-en/Processors/ ProductInformation/0,,30_8796_8804,00.html*, 2005.

[5] AMD. Advanced Synchronization Facility - Proposed Architectural Specification. *http://developer.amd.com/wordpress/media/2013/09/45432-ASF_Spec_2.1.pdf*, Publication 45432(Revision 2.1), 2009.

[6] B.M. Beckmann, M.R. Marty, and D.A. Wood. ASR:Adaptive Selective Replication for CMP Caches. In *Proc. of the International Symposium on Microarchitecture*, 2006.

[7] L.A. Belady. A study of replacement algorithms for a virtual-storage computer. *IBM Systems Journal*, 5:2, 1966.

[8] S. Borkar, R. Cohn, G. Cox, and T. Gross. Supporting systolic and memory communication in iwarp. *ACM SIGARCH Computer Architecture News*, 18(3a):70–81, 1990.

[9] Jason F. Cantin, James E. Smith, Mikko H. Lipasti, Andreas Moshovos, and Babak Falsafi. Coarse-grain coherence tracking: RegionScout and region coherence arrays. *IEEE Micro*, pages 70–79, January 2006.

[10] C. Cascaval, L. DeRose, D.A. Padua, and D.A. Reed. Compile-Time Based Performance Prediction. *Lecture Notes in Computer Science: Languages and Compilers for Parallel Computing*, 1863(2000):365–379, 2000.

[11] J. Chang and G.S. Sohi. Cooperative caching for chip multiprocessors. In *Proc. of the 33rd International Symposium on Computer Architecture*, pages 264–276, 2006.

[12] M. Chaudhuri and M. Heinrich. The Impact of Negative Acknowledgments in Shared Memory Scientific Applications. *IEEE Transactions on Parallel and Distributed Systems*, 15(2), 2004.

[13] T.F. Chen and J.L. Baer. Reducing Memory Latency via Non-Blocking and Prefetching Cache. In *Proc. of the 5th International Conference on Architectural Support for Programming Languages and Operating Systems*, pages 51–61, October 1992.

[14] S. Cho and L. Jin. Managing Distributed, Shared L2 Caches through OS-Level Page Allocation. In *Proc. of the 39th Annual IEEE/ACM International Symposium on Microarchitecture*,

pages 455–468, 2006.

[15] B.W. Coon, J.E. Lindholm, P.C. Mills, and J.R. Nickolls. Processing an indirect branch instruction in a simd architecture, 2010. US Patent 7,761,697.

[16] A. Danowitz et al. CPU DB Database. *http://cpudb.stanford.edu/*, 2013.

[17] A. Danowitz, K. Kelley, J. Mao, J.P. Stevenson, and M. Horowitz. CPU DB: Recording Microprocessor History. *Communications of the ACM*, 55(4), 2012.

[18] M.J. Flynn. A taxonomy for computer architectures. *IEEE Transactions on Computers*, C-21(9):948–60, Sept 1972.

[19] K. Gharachorloo, M. Sharma, S. Steely, and S.V. Doren. Architecture and design of alphaserver gs320. In *Proc. of the International Conference on Architectural Support for Programming Languages and Operating Systems*, 2000.

[20] F. Guo and Y. Solihin. An Analytical Model for Cache Replacement Policy Performance. In *Proc. of ACM SIGMETRICS/Performance 2006 Joint International Conference on Measurement and Modeling of Computer System*, 2006.

[21] Daniel Hackenberg, Daniel Molka, and Wolfgang E. Nagel. Comparing cache architectures and coherency protocols on x86-64 multicore smp systems. In *International Symposium on Microarchitecture*, 2009.

[22] A. Hartstein, V. Srinivasan, T.R. Puzak, and P.G. Emma. On the Nature of Cache Miss Behavior: Is It $\sqrt{2}$? *The Journal of Instruction-Level Parallelism*, 10, 2008.

[23] Allan Hartstein and Thomas R. Puzak. The optimum pipeline depth for a microprocessor. In *ISCA*, pages 7–13, 2002.

[24] J.L. Hennessy and D.A. Patterson. *Computer Architecture: A Quantitative Approach*. Morgan-Kaufmann Publishers, Inc., 3rd edition, 2003.

[25] G. Hinton, D. Sager, M. Upton, D. Boggs, D. Carmean, A. Kyker, and P. Roussel. The Microarchitecture of the Pentium 4 Processor. *Intel Technology Journal*, First Quarter, 2001.

[26] Hypertransport Consortium. Hypertransport I/O Technology Comparison with Traditional and Emerging I/O Technologies. *White Paper*, June 2004.

[27] IBM. IBM Power4 System Architecture White Paper. http://www1.ibm.com/servers/eserver/pseries/hardware/ whitepapers/power4.html, 2002.

[28] ITRS. International Technology Roadmap for Semiconductors: 2005 Edition, Assembly and Packaging. *http://www.itrs.net/Links/2005ITRS/AP2005.pdf*, 2005.

[29] J. Dongarra. The LINPACK Benchmark: an Explanation. *Lecture Notes in Computer Science*, 297, 1987.

[30] Aamer Jaleel, Eric Borch, Malini Bhandaru, Simon C. Steely Jr., and Joel S. Emer. Achieving non-inclusive cache performance with inclusive caches: Temporal locality aware (tla) cache management policies. In *MICRO*, 2010.

[31] D.N. Jayasimha, B. Zafar, and Y. Hoskote. On-Chip Interconnection Networks: Why They are Different and How to Compare Them. *Platform Architecture Research, Intel Corporation*, 2006.

[32] Natalie D. Enright Jerger, Li-Shiuan Peh, and Mikko H. Lipasti. Circuit-switched coherence. In *Proceedings of the Second ACM/IEEE International Symposium on Networks-on-Chip*, NOCS '08, pages 193–202, 2008.

[33] N. Jouppi. Improving Direct-Mapped Cache Performance by the Addition of a Small Fully-Associative Cache and Prefetch Buffers. In *Proc. of the 17th International Symposium on Computer Architecture*, pages 364–373, May 1990.

[34] M. Kharbutli, K. Irwin, Y. Solihin, and J. Lee. Using Prime Numbers for Cache Indexing to Eliminate Conflict Misses. In *Proc of the International Symposium on High-Performance Computer Architecture*, 2004.

[35] C. Kim, D. Burger, and S.W. Keckler. Wire-Delay Dominated On-Chip Caches. In *Proc. of the International Conference on Architectural Support for Programming Languages and Operating Systems*, 2002.

[36] R. Kumar, V. Zyuban, and D.M. Tullsen. Interconnection in Multi-Core Architectures: Understanding Mechanisms, Overheads, and Scaling. In *Proc. of the International Symposium on Computer Architecture*, 2005.

[37] L. Lamport. How to Make Multiprocessor Computer that Correctly Executes Multiprocess Programs. *IEEE Transactions on Computers*, C-29(9):690–691, 1979.

[38] J. Laudon and D. Lenoski. The SGI Origin: a ccNUMA highly scalable server. In *Proceedings of the International Symposium on Computer Architecture*, 1997.

[39] F. Liu, F. Guo, S. Kim, A. Eker, and Y. Solihin. Characterization and Modeling of the Behavior of Context Switch Misses. In *Proc. of the International Conference on Parallel Architectures and Compilation Techniques*, 2008.

[40] M.K. Martin, M.D. Hill, and D.A. Wood. Token Coherence: Decoupling Performance and Correctness. In *Proc. of the International Symposium on Computer Architecture*, 2003.

[41] M.R. Marty and M.D. Hill. Virtual Hierarchies to Support Server Consolidation. In *Proc. of the International Symposium on Computer Architecture*, 2007.

[42] R. L. Mattson, J. Gecsei, D. Slutz, and I. Traiger. Evaluation Techniques for Storage Hierarchies. *IBM Systems Journal*, 9(2), 1970.

[43] E. McCreight. The Dragon Computer System: an Early Overview. *Technical Report, Xerox Corporation*, 1984.

[44] S. Palacharla, N.P. Jouppi, and J.E. Smith. Quantifying the Complexity of Superscalar Processors. *University of Wisconsin Technical Report*, (1328), 1996.

[45] S. Palacharla and R. Kessler. Evaluating Stream Buffers as a Secondary Cache Replacement. In *Proc. of the 21st International Symposium on Computer Architecture*, pages 24–33, April 1994.

[46] M.S. Papamarcos and J.H. Patel. A low overhead coherence solution for multiprocessors with private cache memories. In *Proc. of the International Symposium on Computer Architecture*, pages 348–454, 1984.

[47] Fabrizio Petrini, Darren J. Kerbyson, and Scott Pakin. The case of the missing supercomputer performance: Achieving optimal performance on the 8,192 processors of asci q. In *Proceed-*

ings of the 2003 ACM/IEEE Conference on Supercomputing, SC '03, New York, NY, USA, 2003. ACM.

[48] M.K. Qureshi. Adaptive spill-receive for robust high-performance caching in cmps. In *Proceedings of the 15th International Symposium on High Performance Computer Architecture*, pages 45–54, Feb. 2009.

[49] B. Rogers, A. Krishna, G. Bell, K. Vu, X. Jiang, and Y. Solihin. Scaling the bandwidth wall: Challenges in and avenues for cmp scaling. In *Proc. of International Symposium on Computer Architecture*, 2009.

[50] Valentina Salapura, Matthias Blumrich, and Alan Gara. Design and Implementation of the Blue Gene/P Snoop Filter. In *Proc. of the International Symposium on High-Performance Computer Architecture*, 2008.

[51] A. Samih, A. Krishna, and Y. Solihin. Evaluating Placement Policies for Managing Capacity Sharing in CMP Architectures with Private Caches. *ACM Transactions on Architecture and Code Optimization*, 2011.

[52] Ahmad Samih, Ren Wang, Anil Krishna, Christian Maciocco, Charlie Tai, and Yan Solihin. Energy-efficient interconnect via router parking. In *Proceedings of the 2013 IEEE 19th International Symposium on High Performance Computer Architecture (HPCA)*, HPCA '13, pages 508–519, Washington, DC, USA, 2013. IEEE Computer Society.

[53] B. Sinharoy, R. Kalla, W.J. Starke, H.Q. Le, R. Cargnoni, J.A. Van Norstrand, B.J. Ronchetti, J. Stuecheli, J. Leenstra, G.L. Guthrie, D.Q. Nguyen, B. Blaner, C.F. Marino, E. Retter, and P. Williams. Ibm power7 multicore server processor. *IBM J. Res. Dev.*, 55(3):191–219, May 2011.

[54] Y. Solihin. Cache coherence directory in multi-processor architectures. *US Patent Application 20140082297*, 2012.

[55] Y. Solihin. Multi-granular cache coherence. *WO Patent Application WO/2014/065802*, 2012.

[56] Y. Solihin. Aggregating cache eviction notifications to a directory. *US Patent Application 20140229680*, 2013.

[57] Y. Solihin. Hybrid routers in multicore architectures. *US Patent application US 14/005,520*, 2013.

[58] Y. Solihin. Multi-core processor cache coherence for reduced off-chip traffic. *US Patent 8,615,633*, 2013.

[59] Y. Solihin. Virtual cache directory in multi-processor architectures. *US Patent Application 20140223104*, 2013.

[60] K. Strauss, X. Shen, and J. Torrellas. UncoRq: Unconstrained Snoop Request Delivery in Embedded-Ring Multiprocessors. In *Proc. of the International Symposium on Microarchitecture*, 2007.

[61] G.E. Suh, S. Devadas, and L. Rudolph. A New Memory Monitoring Scheme for Memory-Aware Scheduling and Partitioning. In *Proc. of International Symposium on High Performance Computer Architecture*, pages 117–128, 2002.

[62] A.S. Tanenbaum. *Modern Operating Systems*. Prentice Hall, 1992.

[63] Michael B. Taylor. Is dark silicon useful? Harnessing the four horsemen of the coming dark silicon apocalypse. In *Design Automation Conference*, 2012.

[64] Devesh Tiwari and Yan Solihin. Modeling and analyzing key performance factors of shared memory mapreduce. In *IPDPS*, pages 1306–1317, 2012.

[65] Ping Xiang, Yi Yang, and Huiyang Zhou. Warp-level divergence in gpus: Characterization, impact, and mitigation. In *20th IEEE International Symposium on High Performance Computer Architecture, HPCA 2014, Orlando, FL, USA, February 15-19, 2014*, pages 284–295. IEEE Computer Society, 2014.

[66] Yi Yang, Ping Xiang, Jingfei Kong, and Huiyang Zhou. A GPGPU compiler for memory optimization and parallelism management. In Benjamin G. Zorn and Alexander Aiken, editors, *Proceedings of the 2010 ACM SIGPLAN Conference on Programming Language Design and Implementation, PLDI 2010, Toronto, Ontario, Canada, June 5-10, 2010*, pages 86–97. ACM, 2010.

[67] M. Zhang and K. Asanovic. Victim Replicatoin: Maximizing Capacity while Hiding Wire Delay in Tiled Chip Multiprocessors. In *Proc. of the International Symposium on Computer Architecture*, 2005.

索　　引

D

E

J

L

M

N

O

P

R

S